AEROPORTOS

Planejamento e Gestão

Os autores

Seth B. Young é professor adjunto de Aviação na Faculdade de Engenharia da Ohio State University, em Columbus, Ohio, e é o presidente do International Aviation Management Group, Inc. Tem vasta experiência em consultoria em gestão aeroportuária e é membro da American Association of Airport Executives. Ele também preside o comitê do Transportation Research Board da National Academies sobre Planejamento do Sistema de Aviação e possui brevê da FAA para voos por instrumentos e certificação como instrutor de voo. Ele é coautor de *Planning and Design of Airports*, quinta edição, da McGraw-Hill.

Alexander T. Wells recentemente se aposentou como professor na Faculdade de Administração da Embry-Riddle Aeronautical University, em Daytona Beach, Flórida, e ainda atua na área de consultoria em gestão aeroportuária, tendo mais de 25 anos de experiência. Ele é autor de vários textos de destaque na área, como *Commercial Aviation Safety*, segunda edição, da McGraw-Hill.

Y68a Young, Seth.
          Aeroportos : planejamento e gestão / Seth Young, Alexander Wells ; tradução: Ronald Saraiva de Menezes ; revisão técnica: Kétnes Ermelinda de Guimarães Lopes. – 6 ed. – Porto Alegre: Bookman, 2014.
          xvi, 539 p. : il. ; 25 cm.

          ISBN 978-85-8260-205-8

          1. Aeroportos – Planejamento. 2. Aeroportos – Gestão. I. Wells, Alexander. II. Título

                                              CDU 656.71

Catalogação na publicação: Ana Paula M. Magnus – CRB 10/2052

SETH YOUNG
Ohio State University

ALEXANDER WELLS
Embry-Riddle Aeronautical University

AEROPORTOS

Planejamento e Gestão

6ª edição

Tradução
Ronald Saraiva de Menezes

Revisão técnica
Kétnes Ermelinda de Guimarães Lopes
Engenheira Civil pela Universidade Federal de Minas Gerais (UFMG)
Mestre em Engenharia de Infraestrutura Aeronáutica pelo
Instituto Tecnológico de Aeronáutica (ITA)
Professora do curso de Ciências Aeronáuticas da Universidade FUMEC

2014

Obra originalmente publicada sob o título *Airport Planning and Management*, 6th Edition
ISBN 007175024X / 9780071750240

Original edition copyright © 2011, The McGraw-Hill Global Education Holdings, LLC., New York, New York 10020. All rights reserved.

Portuguese language translation copyright © 2014, Bookman Companhia Editora Ltda., a Grupo A Educação S.A. company. All rights reserved.

Gerente editorial: *Arysinha Jacques Affonso*

Colaboraram nesta edição:

Editora: *Maria Eduarda Fett Tabajara*

Capa: *Paola Manica*

Imagem da capa: *Business travel. Sergey Nivens/iStock/Thinkstock*

Imagem do verso da capa: *Planes background. Hollygraphic/iStock/Thinkstock*

Leitura final: *Isabela Beraldi Esperandio*

Editoração: *Techbooks*

Reservados todos os direitos de publicação, em língua portuguesa, à
BOOKMAN EDITORA LTDA., uma empresa do GRUPO A EDUCAÇÃO S.A.
Av. Jerônimo de Ornelas, 670 – Santana
90040-340 – Porto Alegre – RS
Fone: (51) 3027-7000   Fax: (51) 3027-7070

É proibida a duplicação ou reprodução deste volume, no todo ou em parte, sob quaisquer formas ou por quaisquer meios (eletrônico, mecânico, gravação, fotocópia, distribuição na Web e outros), sem permissão expressa da Editora.

Unidade São Paulo
Av. Embaixador Macedo Soares, 10.735 – Pavilhão 5 – Cond. Espace Center
Vila Anastácio – 05095-035 – São Paulo – SP
Fone: (11) 3665-1100   Fax: (11) 3667-1333

SAC 0800 703-3444 – www.grupoa.com.br

IMPRESSO NO BRASIL
PRINTED IN BRAZIL
Impresso sob demanda na Meta Brasil a pedido de Grupo A Educação.

Agradecimentos

A sexta edição de *Aeroportos: planejamento e gestão* representa, na verdade, minha segunda oportunidade de revisar este livro. Durante os quase oito anos desde que o Dr. Wells me convidou para ser coautor desta obra, tive a benção de ver os primeiros estudantes a adotarem a edição anterior se tornarem líderes na indústria aeroportuária, muitos dos quais auxiliaram na criação desta edição. Espero que mais uma nova geração de planejadores e gestores aeroportuários possa se beneficiar deste texto nos próximos anos. Continuo agradecendo a meus alunos e a meus colegas, atuais e passados, da Ohio State University, Embry-Riddle Aeronautical University, American Association of Airport Executives, Transportation Research Board, University of California, em Berkeley, Leigh Fisher, Federal Aviation Administration e aos gestores aeroportuários por todo o seu apoio e por nossas relações profissionais. Eu gostaria de agradecer especialmente ao Sr. Jeff Price, por suas contribuições no capítulo sobre segurança aeroportuária; à Sra. Keri Spencer, por sua contribuição no capítulo sobre gestão de aeroportos sob a FAR Parte 139; e ao Dr. Kim Kenville, Dr. David Byers e Dr. Ted Syme, por suas contribuições gerais e apoio. É um prazer poder trabalhar com um grupo tão ilustre de colegas. Meus sinceros agradecimentos vão para todos os meus parceiros na indústria aeroportuária e de aviação. Agradeço especialmente, é claro, ao Dr. Alex Wells, que me honrou com a oportunidade de ser mais uma vez coautor desta obra. Espero que o material encontrado neste livro consiga exprimir a grande massa de informações que eu próprio obtive a partir de suas valiosas fontes de conhecimento.

Por fim, o mais especial dos agradecimentos se dirige a meus amigos e à minha família, especialmente meus pais, Rosalie e Dennis Young, cuja ênfase na educação imprimiu uma marca indelével em minha vida pessoal e profissional, e que me apoiaram em tudo o que a vida nos trouxe. Assim como ocorre com nossa indústria da aviação e com nossas vidas em geral, os impactos a curto prazo dos eventos que nos cercam só servem para dar suporte ao crescimento a longo prazo.

Seth Young

Agradeço sinceramente às diversas instituições públicas e privadas que forneceram os recursos materiais a partir dos quais pude dar vida a esta obra. Sou especialmente grato à Federal Aviation Administration por suas inúmeras publicações.

Colegas e alunos nas instituições da University Aviation Association que revisaram materiais nas quatro edições prévias ajudaram muito a dar forma a este livro. A eles devo um agradecimento especial, pois representam o verdadeiro círculo de apoio a qualquer autor de livros-texto.

Sou grato também a muitos planejadores e gestores aeroportuários atuantes, por suas ideias, e à American Association of Airport Executives (AAAE), que adotou este livro em seu programa de certificação durante muitos anos antes de desenvolver o seu próprio material.

Por fim, devo agradecer a minha esposa, Mary, pela considerável paciência e por seu apoio ao longo do processo.

Alex Wells

Prefácio

Em 1986, a primeira edição de *Aeroportos: planejamento e gestão* apresentou uma estrutura inovadora para um curso básico de princípios aeroportuários desenvolvido para diversos mercados similares, ainda que distintos entre si: o estudante de ensino superior matriculado em um curso de aviação, bem como o profissional da área de gestão ou operações aeroportuárias que busca complementar sua formação. Desde então, cinco edições deste texto foram publicadas, cada uma atualizando temas da indústria da aviação, que está em constante evolução. A resposta dos professores e dos estudantes ao longo dos anos tem sido bastante gratificante. O livro *Aeroportos: planejamento e gestão* e os exercícios práticos que o acompanham são os mais utilizados em cursos sobre gestão aeroportuária.

Nos 25 anos desde a publicação da primeira edição, o mundo da aviação civil, incluindo a gestão aeroportuária, testemunhou mudanças enormes em tecnologia, estrutura e cenários políticos. A indústria da aviação se ajustou a grandes alterações nos regulamentos, passou por crises econômicas, testemunhou uma prosperidade econômica recorde, adaptou-se a um maior rigor na segurança e, mais recentemente, sofreu com a recessão econômica mundial: agora está pronta para um paradigma tecnológico inteiramente novo. Além disso, a área da gestão aeroportuária continua evoluindo para se tornar uma disciplina mais analítica e voltada aos negócios, aplicando teorias de operações, economia, finanças e administração pública para se adaptar a ambientes em constante desenvolvimento.

Demos o nosso melhor para que a sexta edição de *Aeroportos: planejamento e gestão* atinja um novo padrão de qualidade como recurso para atuais e futuros gestores aeroportuários. Trabalhamos muito para aprimorar os elementos principais das edições anteriores, adicionando, ao mesmo tempo, novas perspectivas, teorias e informações obtidas a partir de nossas experiências de ensino, pesquisa e aviação. Todo o texto foi revisado, atualizado e reorganizado. Além disso, trechos significativos foram acrescentados e reescritos. Uma comunicação clara e interessante foi sempre a prioridade, como nas edições passadas.

Reconhecendo que um curso de planejamento e gestão de aeroportos costuma representar o primeiro contato de um estudante com a área, este livro oferece uma quantidade significativa de material introdutório. Embora nenhum texto seja capaz de esgotar um tópico específico, este livro visa proporcionar um conjunto de informações que permita aos alunos obterem conhecimento a respeito das diversas facetas do planejamento e da gestão de aeroportos em um nível fundamental e, ainda assim, rico e abrangente. O foco deste texto é o estabelecimento de uma base sólida de compreensão sobre todos os elementos importantes para a gestão aeroportuária.

Partimos do princípio de que os professores irão complementar o material encontrado neste livro com estudos de caso atuais, exemplos tirados de suas próprias experiências, fontes adequadas de notícias e da Internet, bem como publicações acadêmicas e do ramo. É importante que os estudantes explorem e acompanhem revistas atuais, como *Airport*, *Airport Business*, *Air Transport World* e *Aviation Week*. Espera-se que a capacidade de raciocinar com cuidado e objetividade sobre problemas enfrentados pelos aeroportos e que o desenvolvimento de um interesse duradouro no planejamento e na gestão de aeroportos representem dois subprodutos valiosos dos objetivos básicos deste guia.

Organização da sexta edição

Durante os quase oito anos após a publicação da quinta edição deste livro houve algumas das mudanças mais radicais na aviação civil, especialmente na gestão aeroportuária, e hoje há a perspectiva da implementação de um paradigma inteiramente novo para o sistema de aviação. Não por coincidência, a sexta edição de *Aeroportos: planejamento e gestão* inclui revisões significativas, bem como novos conteúdos, que esperamos que possam seguir atualizados por muitos anos.

O texto foi reorganizado em três partes: *Aeroportos e sistemas aeroportuários*, *Gestão de operações aeroportuárias* e *Gestão administrativa dos aeroportos*. Cada parte foi desenvolvida para abordar o planejamento e a gestão de aeroportos a partir de perspectivas específicas.

Parte I: Aeroportos e sistemas aeroportuários

A Parte I oferece um panorama dos aeroportos a partir de uma perspectiva dos sistemas, bem como informações gerais e históricas sobre o desenvolvimento de aeroportos e as regras que a gestão aeroportuária deve obedecer. Nessa parte, há três capítulos.

Capítulo 1: *Introdução* oferece um panorama abrangente dos aeroportos nos Estados Unidos, da estrutura norte-americana de administração aeroportuária e das definições básicas que descrevem aeroportos e tipos de atividades aeroportuárias.

Capítulo 2: *Organização e administração* descreve a propriedade pública e privada e as estruturas administrativas que existem para aeroportos de uso civil nos Estados Unidos e no mundo todo. Uma amostra abrangente de cargos existentes dentro dos aeroportos é apresentada, assim como descrições dos deveres do gestor aeroportuário e uma introdução às questões de relações públicas enfrentadas pela gestão aeroportuária.

Capítulo 3: *Perspectiva histórica e legislativa* inclui uma narrativa do desenvolvimento dos aeroportos dentro do sistema de aviação civil. Essa narrativa foi rigorosamente revisada e atualizada até o início do ano de 2010, incluindo os debates legislativos mais recentes quanto ao financiamento de aeroportos e, é claro, à segurança aeroportuária.

Parte II: Gestão de operações aeroportuárias

A Parte II foi escrita para proporcionar ao estudante de gestão aeroportuária, bem como ao funcionário novo nessa área, uma fonte abrangente de informações descrevendo as instalações e as operações que existem dentro do sítio aeroportuário, incluindo aeródromo, espaço aéreo, terminais e sistemas de acesso terrestre. Essa parte é fundamental tanto para estudantes quanto para profissionais da área. Nela, há cinco capítulos.

Capítulo 4: *O aeródromo* descreve as instalações aeroportuárias que facilitam a operação de aeronaves, incluindo uma descrição completa das pistas de pouso, das pistas de táxi e dos auxílios à navegação, juntamente com as sinalizações, iluminações e marcações associadas. Boa parte das informações deste capítulo provém diretamente do *Airman's Information Manual* da Federal Aviation Administration (FAA – Agência Federal de Aviação dos Estados Unidos), um guia desenvolvido para fornecer descrições completas sobre o ambiente da aviação para os pilotos de aeronaves civis.

Capítulo 5: *Gestão do espaço e do tráfego aéreos* oferece uma descrição básica, mas detalhada, da gestão do espaço aéreo norte-americano e de seu controle de tráfego aéreo, no que tange à gestão aeroportuária. Uma breve história do controle de tráfego aéreo é apresentada, bem como uma descrição da estrutura gerencial atual do sistema. Os princípios do controle de tráfego são descritos, incluindo as diversas classes de espaço aéreo e as regras às quais elas estão submetidas. Ademais, é apresentada uma descrição das melhorias atuais e planejadas para o sistema de tráfego aéreo, de forma que o gestor aeroportuário se prepare bem para as futuras mudanças.

Capítulo 6: *Gestão de operações aeroportuárias sob o CFR 14 Parte 139* discute como as instalações descritas nos Capítulos 4 e 5 devem ser administradas nos aeroportos certificados para acomodar serviço aéreo civil sob a FAR Parte 139 – Certification of Airports (Certificação de Aeroportos). Esta edição foi atualizada para refletir as principais revisões na FAR Parte 139.

Capítulo 7: *Terminais aeroportuários e acesso terrestre* descreve a infraestrutura utilizada para facilitar a transferência de passageiros e de cargas entre a aeronave e o embarque/desembarque em uma área metropolitana. O capítulo inclui uma narrativa histórica do desenvolvimento dos terminais aeroportuários, uma descrição da geometria dos terminais, os componentes do terminal aeroportuário, incluindo pátios para aeronaves, hangares, instalações de processamento de passageiros e instalações de acesso a veículos, como rodovias, calçadas, estacionamentos e sistemas de transporte público.

Capítulo 8: *Segurança aeroportuária* foi atualizado para descrever a história, a atualidade e o futuro das operações de um aeroporto a partir das perspectivas da segurança. Há narrativas históricas de eventos relacionados com a segurança, bem como uma análise abrangente dos eventos de 11 de setembro de 2001. O Transportation Security Administration (Departamento de Segurança em Transportes) e as regulamentações que afetam a gestão aeroportuária são discutidos. Além disso, são descritas tecnologias atuais e futuras que podem ser usadas para aumentar a segurança nos aeroportos.

Parte III: Gestão administrativa de aeroportos

A Parte III foi elaborada para apresentar conceitos e regulamentações fundamentais inerentes ao planejamento e à gestão de aeroportos. Essa parte se concentra nos aspectos financeiros, administrativos e de planejamento da gestão aeroportuária. Ela contém cinco capítulos.

Capítulo 9: *Gestão financeira de aeroportos* apresenta as várias estratégias praticadas para o pagamento de terrenos, mão de obra e capital necessários para manter as operações e os desenvolvimentos aeroportuários financeiramente estáveis. São descritas estratégias de contabilidade aeroportuária, bem como questões que envolvem seguro aeroportuário, estratégias geradoras de receitas, orçamento aeroportuário e estratégias de custeio e financiamento aeroportuário.

Capítulo 10: *Os papéis econômico, político e social dos aeroportos* descreve os impactos que os aeroportos têm em suas comunidades vizinhas, incluindo os benefícios financeiros de serviços adicionais de transporte e atividade econômica associada e os impactos ambientais, como ruídos, qualidade do ar e da água, e industrialização. Além disso, descreve-se o papel político da gestão aeroportuária ao lidar com locatários do aeroporto e com a comunidade no seu entorno.

Capítulo 11: *Planejamento de aeroportos* descreve as estratégias empregadas nos âmbitos local, regional e nacional para preparar os aeroportos para o futuro da atividade aeronáutica. O capítulo descreve sistemas de planejamento em âmbitos nacional e regional e concentra-se nos planejamentos-mestre dos aeroportos, incluindo previsão de demanda, planos de *layout* aeroportuário e avaliação econômica das alternativas de planejamento. Este capítulo foi elaborado para preparar o aluno para estudos mais avançados em planejamento e projeto de aeroportos.

Capítulo 12: *Capacidade aeroportuária e atrasos* foi aprimorado a partir das edições prévias pelo acréscimo de informações atualizadas referentes aos últimos desenvolvimentos em regulamentações e tecnologias que afetam a capacidade aeroportuária e os atrasos. Ademais, este capítulo introduz conceitos fundamentais que governam as leis sobre a capacidade e os atrasos em aeroportos.

Capítulo 13: *O futuro da gestão aeroportuária* conclui o livro apresentando questões com o potencial de exercer impactos significativos no futuro da gestão e do planejamento de aeroportos. Foram incluídas neste capítulo descrições de novas tecnologias de aeronaves, desde aeronaves superjumbo até sistemas de transporte por aeronaves pequenas. Ao final, há uma breve discussão sobre a necessidade dos futuros gestores aeroportuários aprenderem de forma autodidata sobre as muitas facetas da gestão, sobretudo de um ponto de vista dos negócios, na medida em que os aeroportos se desenvolvem cada vez mais como empreendimentos comerciais centrados em sistemas de operações.

Ferramentas didáticas

O objetivo deste livro é ajudar os estudantes a aprender os ingredientes básicos no processo de planejar e gerir um aeroporto, bem como servir de referência para aqueles profissionais que já estão trabalhando no ramo de gestão aeroportuária. Para alcançar essas metas, empregamos diversas ferramentas didáticas recorrentes ao longo do texto, incluindo:

- *Objetivos dos capítulos:* cada capítulo inclui os objetivos gerais que o estudante deve ser capaz de alcançar ao completar a leitura o capítulo.
- *Figuras, tabelas e fotos:* dentro de cada capítulo, há representações gráficas do material, visando complementar o texto.
- *Organização lógica e subtítulos frequentes:* o texto foi disposto em uma estrutura sistemática para que o leitor possa encontrar continuidade e lógica em sua leitura.
- *Palavras-chave:* cada capítulo é concluído com uma lista das palavras-chave e de outras referências citadas no texto. Os termos também podem ser encontrados no glossário ao final do livro.
- *Questões de revisão:* uma série de questões foram incluídas para revisão e discussão ao final de cada capítulo. Essas questões visam estimular o estudante a resumir e aprofundar a discussão sobre as informações aprendidas com a leitura do capítulo.
- *Leituras sugeridas:* há uma lista de leituras sugeridas ao final de cada capítulo para aqueles que desejam pesquisar mais sobre o assunto.
- *Glossário:* todas as palavras-chave que aparecem ao final de cada capítulo, bem como muitos outros termos usados no texto e outros de importância para o planejamento e a gestão de aeroportos estão incluídos no glossário.

- *Índice completo:* o texto inclui um índice completo para ajudar o leitor a encontrar as informações de que precisa.

Materiais complementares

Exclusivo para professores

Os seguintes materiais de apoio (em inglês) estão disponíveis para o professor no site do Grupo A:
- Mais de 1.000 questões nos formatos verdadeiro ou falso, múltipla escolha e preenchimento de lacunas abrangendo todo o conteúdo do livro.
- Apresentação em PowerPoint® de grande parte das figuras e tabelas apresentadas ao longo do texto.

Para acessá-los, o professor deve buscar pela página do livro em **www.grupoa.com.br**, clicar em "Material para o professor" e cadastrar-se.

Acesso livre

Os seguintes materiais de apoio (em português) podem ser acessados livremente no site do Grupo A:
- Code of Federal Regulations (Código de Regulamentações Federais) CFR 14 – Aeronáutica e Espaço, partes 1 a 199: Federal Aviation Regulations (Regulamentações Federais de Aviação)
- Code of Federal Regulations (Código de Regulamentações Federais) CFR 49 – Transporte, Série 1500: Transportation Security Regulations (Regulamentações para Segurança em Transportes)
- Advisory Circulars (Circulares Consultivas), Série 150, da Federal Aviation Administration (Agência Federal de Aviação)
- Alfabeto fonético
- Relação de siglas utilizadas no livro

Basta buscar pela página do livro em **www.grupoa.com.br**, clicar em "Conteúdo online" e cadastrar-se.

Sumário

Parte I Aeroportos e sistemas aeroportuários 1

1 Introdução 3

Introdução 3
Gestão de aeroportos em nível internacional 9
National Plan of Integrated Airport Systems 10
As regras que governam a gestão de aeroportos 19
Organizações que influenciam diretrizes regulatórias aeroportuárias 22
Observações finais 25

2 Organização e administração 28

Introdução 28
Propriedade e operação de aeroportos 28
O organograma dos aeroportos 33
Gestão aeroportuária como carreira 41
O gestor aeroportuário e as relações públicas 45
Observações finais 48

3 Perspectiva histórica e legislativa 51

Introdução 51
O período da criação da aviação e dos aeroportos: 1903–1938 51
Crescimento dos aeroportos: a Segunda Guerra Mundial
  e o período pós-guerra 57
Modernização dos aeroportos: o início da era dos jatos 60
Legislação aeroportuária após a desregulamentação
  das empresas aéreas 69
Aeroportos no século XXI: da prosperidade dos tempos de paz
  à insegurança gerada pelo terrorismo 80
Observações finais 90

Parte II Gestão de operações aeroportuárias 97

4 O aeródromo 99

Os componentes de um aeroporto 99
O aeródromo 100
Iluminação do aeródromo 131
Auxílios à navegação (NAVAIDS) 144
Instalações de controle de tráfego aéreo e de vigilância 149
Instalações de relatórios meteorológicos 150
Infraestrutura de segurança em aeródromo 152
Observações finais 153

5 Gestão do espaço e do tráfego aéreos 156

Introdução 156
Breve história do controle de tráfego aéreo 156
Gestão de controle de tráfego aéreo e infraestrutura operacional atuais 160
Os fundamentos do controle de tráfego aéreo 162
Aprimoramentos atuais e futuros para a gestão de tráfego aéreo 178
Observações finais 184

6 Gestão de operações aeroportuárias sob o CFR 14 Parte 139 188

Introdução 188
Classificação de aeroportos segundo a Parte 139 189
Inspeções e conformidade 193
Áreas específicas da gestão aeroportuária importantes para aeroportos sob o CFR 14 Parte 139 194
Programas de autoinspeção 214
Sistemas de Gestão de Segurança (SGS) para aeroportos 218
Observações finais 221

7 Terminais aeroportuários e acesso terrestre 224

Introdução 224
Desenvolvimento histórico dos terminais aeroportuários 225
Componentes do terminal aeroportuário 239
Acesso terrestre ao aeroporto 258
Observações finais 272

8 Segurança aeroportuária 276

Introdução 276
História da segurança aeroportuária 277
Transportation Security Administration 282
Segurança em aeroportos de serviço comercial 284
Segurança em aeroportos da aviação geral 297
O futuro da segurança aeroportuária 300
Observações finais 301

Parte III   Gestão administrativa de aeroportos 305

9 Gestão financeira de aeroportos 307

Introdução 307
Contabilidade financeira do aeroporto 308
Seguro de responsabilidade civil 310
Planejando e administrando um orçamento operacional 313
Estratégias de arrecadação de receitas em aeroportos comerciais 314
Precificação de instalações e serviços aeroportuários 319
Variação nas fontes de receitas operacionais 324
Aumento dos encargos financeiros aeroportuários 325
Custos aeroportuários 326
Programas de concessão 326
Financiamento aeroportuário 334
Investimento privado 341
Observações finais 343

10 Os papéis econômico, político e social dos aeroportos 346

Introdução 346
O papel econômico dos aeroportos 347
Papéis políticos 348
Impactos ambientais dos aeroportos 352
Responsabilidades sociais 360
Observações finais 360

11 Planejamento de aeroportos 363

Introdução 363
Planejamento de sistemas aeroportuários 365
O *master plan* aeroportuário 370

Plano de *layout* aeroportuário 375
Previsões 378
Requisitos para instalações 384
Alternativas de projeto 386
Planos financeiros 397
Planejamento do uso do solo 402
Planejamento ambiental 403
Observações finais 405

12 Capacidade aeroportuária e atrasos 410

Introdução 410
Definindo capacidade 412
Fatores que afetam a capacidade e os atrasos 414
Estimando a capacidade 417
Ilustrando a capacidade com um diagrama de tempo *versus* espaço 420
Tabelas de estimativas da FAA 424
Modelos de simulação 425
Definindo os atrasos 427
Estimando atrasos 431
Estimativas analíticas dos atrasos: o diagrama da formação de filas 432
Outras mensurações de atrasos 434
Abordagens para reduzir atrasos 435
Gestão administrativa e de demanda 437
Observações finais 444

13 O futuro da gestão aeroportuária 455

Introdução 455
Revisão de previsões anteriores 456
O futuro da gestão aeroportuária 459
Observações finais 463

Glossário 467

Índice 513

PARTE I
Aeroportos e sistemas aeroportuários

Capítulo 1   Introdução. 3
Capítulo 2   Organização e administração 28
Capítulo 3   Perspectiva histórica e legislativa 51

CAPÍTULO 1
Introdução

Objetivos de aprendizagem

- Avaliar as características das propriedade dos aeroportos.
- Descrever o National Plan of Integrated Airport Systems e sua aplicação na categorização dos aeroportos de uso público nos Estados Unidos.
- Descrever as organizações administrativas governamentais que supervisionam os aeroportos.
- Identificar regulamentações federais e circulares consultivas que influenciam operações aeroportuárias.

Introdução

Costuma-se dizer que administrar um aeroporto é como ser o prefeito de uma cidade. Um aeroporto, assim como uma cidade, é constituído por uma enorme variedade de instalações, sistemas, usuários, trabalhadores, regras e regulamentações. Além disso, da mesma forma como os municípios prosperam com negócios e comércio com outros municípios, o sucesso dos aeroportos se deve em parte ao seu êxito em se tornarem os locais de entrada e saída de passageiros e cargas partindo e chegando de outros aeroportos. E como se não bastasse, assim como as cidades encontram sua posição na economia de sua região, seu estado e país, os aeroportos também precisam operar com sucesso como parte do seu sistema nacional de aeroportos. Neste capítulo, o sistema aeroportuário dos Estados Unidos será descrito de diversas formas. Primeiramente, o sistema aeroportuário norte-americano, como um todo, será examinado. Em seguida, analisaremos as diversas instalações que compõem o sistema aeroportuário. Por fim, serão descritas as várias regras e regulamentações que governam o sistema aeroportuário.

Aeroportos nos Estados Unidos: uma visão geral

Os Estados Unidos possuem o maior número de aeroportos no mundo. Mais da metade dos aeroportos do mundo e dois terços dos 400 aeroportos mais movimentados do planeta encontram-se nos Estados Unidos. Existem mais de 19 mil áreas civis de aterrisagem no país, incluindo heliportos, bases para hidroaviões e aeródromos. A maioria desses lugares é de propriedade privada e voltada apenas para uso particular.

Eles incluem heliportos operados por hospitais e edifícios empresariais, lagos privados para operações com hidroaviões e, mais comumente, pequenas pistas de pouso particulares para operações de proprietários locais de aeronaves pequenas. Muitas dessas dependências não passam de uma área aberta muitas vezes conhecida como "pista de grama". Ainda assim, elas são reconhecidas e registradas como áreas de aterrisagem de uso civil e compõem, pelo menos operacionalmente, parte do sistema de aeroportos dos Estados Unidos.

Há aproximadamente 5.200 aeroportos que são abertos para uso público em geral, dentre os quais quase todos possuem pelo menos uma pista iluminada e/ou pavimentada. Desse total, aproximadamente 4.200 são de propriedade privada, quer seja pelo município ou pelo estado, quer seja por uma "autoridade" constituída por representantes do município, empresas ou do estado. Os mil aeroportos restantes pertencem a indivíduos, corporações ou empresas privadas (Figura 1-1).

Alguns Estados norte-americanos, especialmente o Alasca, o Havaí e Rhode Island, são proprietários de todos os aeroportos dentro do seu território, operando como um sistema aeroportuário amplo. Anteriormente, o governo federal norte-americano era responsável pela operação de certos aeroportos, incluindo o Ronald Reagan Washington National Airport e o Washington Dulles International Airport, mas a propriedade foi transferida para um órgão público independente conhecido como Metropolitan Washington Airport Authority (MWAA). Muitos aeroportos nos Estados Unidos pertenciam originalmente ao governo federal, especificamente aos militares, já que foram criados para uso militar durante a Primeira e a Segunda Guerras Mundiais. Desde então, muitos desses aeroportos foram transferidos para a propriedade de municípios. A transferência da maioria desses aeroportos foi feita com cláusulas que permitem que o governo federal recupere o seu poder sob certas condições e também que revise e aprove qualquer transferência de propriedades federais oficiais destinadas a usos não aeroportuários. Aproximadamente 600 aeroportos civis têm esse ônus. Além disso, nos Estados Unidos, unidades do Exército, da Reserva da Força Aérea e da Guarda Nacional operam a partir de diversos aeroportos civis, geralmente sob algum tipo de acordo de arrendamento. Esses aeroportos são conhecidos como **aeroportos de uso comum civil e militar.**

A grande maioria dos aeroportos civis de uso público nos Estados Unidos, de propriedade pública ou privada, são aeroportos bem pequenos, cada um atendendo a

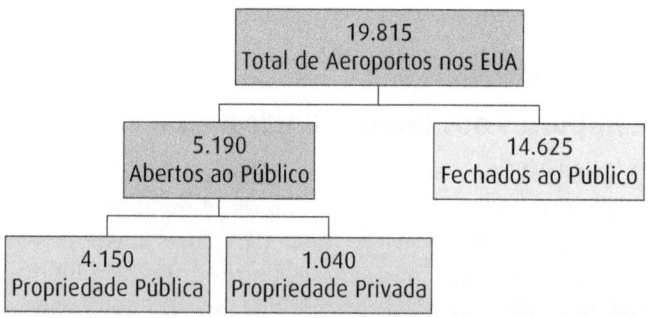

FIGURA 1-1 Número de aeroportos existentes e propostos dividido por propriedade e uso (janeiro de 2008). (Figura cortesia da FAA)

uma porção limitada das operações nacionais de pousos e decolagens, e movimentam uma pequena parcela do número total de passageiros de transporte aéreo comercial. Boa parte da atividade que ocorre nesses aeroportos inclui operações em pequenas aeronaves para fins recreativos, treinamento de voo e transporte particular ou de pequenos grupos privados. Ainda que a maior parte do público aéreo raramente, ou jamais, utilize esses aeroportos*, as instalações aeroportuárias menores cumprem um papel vital no sistema norte-americano de aeroportos (Figura 1-2).

Geralmente, os aeroportos são descritos por seus níveis de atividade. Os níveis de atividade, de serviços e de investimento variam bastante entre os aeroportos norte-americanos. Os parâmetros mais comuns usados para descrever o nível de atividade em um aeroporto são o número de passageiros atendidos, a quantidade de carga transportada e o número de operações horárias praticadas no aeroporto.

O número de passageiros atendidos em um aeroporto é em geral usado para medir o nível de atividade em aeroportos que atendem predominantemente passageiros comerciais. A mensuração da atividade de passageiros fornece à gestão de aeroportos informações que permitirão o planejamento e a administração apropriados das dependências utilizadas por passageiros, incluindo os componentes operacionais

FIGURA 1-2 Muitos aeroportos não passam de pistas de pouso privadas. (Foto de Seth Young)

---

* N. de R.T.: No Brasil, aeródromo é toda área destinada a pouso e decolagem de aeronaves. Pode ser civil (público ou privado) ou militar. Já aeroportos são os aeródromos públicos dotados de instalações e facilidades para apoiar as operações de aeronaves, e embarque e desenharque de passageiros e cargas.

e não operacionais dos terminais de passageiros, das áreas de estacionamento e dos pontos comerciais alugados.

Especificamente, o termo **passageiros embarcados** é usado para descrever o número de passageiros que embarcam em uma aeronave em determinado aeroporto. O número de passageiros embarcados anualmente é usado muitas vezes para avaliar a adequação das atividades aeroportuárias, e até mesmo dimensionar o montante de investimento necessário para projetos de melhoria. O termo **passageiros desembarcados** é usado frequentemente para descrever o número de passageiros que desembarcam de uma aeronave em determinado aeroporto.

O termo *passageiros totais* é usado para descrever a soma do número de passageiros que embarcam e desembarcam em um aeroporto. Em muitos aeroportos, o número de passageiros totais é aproximadamente igual ao dobro do número de passageiros embarcados anualmente. Contudo, em aeroportos onde a maioria dos passageiros consiste em **passageiros em conexão**, o número total de passageiros é maior do que o dobro do número de passageiros embarcados. Isso ocorre porque os passageiros em conexão são contados duas vezes, uma quando desembarcam de seus voos de chegada e outra quando embarcam em seu próximo voo. Devido a essa distorção, o número de passageiros totais não costuma ser usado para estimar a atividade dos passageiros em um aeroporto, embora os maiores aeroportos *hub* de companhias aéreas usem essa métrica para exaltar a sua própria grandiosidade. Para remover essa distorção, a maioria das medições oficiais de atividade de passageiros em aeroportos é apresentada em termos de passageiros embarcados.

A movimentação de cargas geralmente é usada para medir o nível de atividade em aeroportos que lidam com mercadorias e correio. Aeroportos localizados perto de grandes portos, de *hubs* ferroviários e de amplas áreas metropolitanas, bem como aeroportos que atendem grandes transportadoras de encomendas (como a FedEx e a UPS), acomodam milhares de toneladas de carga anualmente.

O número de **operações com aeronaves** é o principal parâmetro para avaliar a atividade em aeroportos da aviação geral (AG). Uma operação com aeronave é definida como uma decolagem ou uma aterrissagem. Quando uma aeronave faz uma aterrissagem e logo em seguida decola, chama-se isso de "toque e arremetida" e computam-se duas operações. Essa atividade é comum em muitos aeroportos AG onde há uma quantidade significativa de treinamento de voo. Quando uma aeronave decola e pousa em determinado aeroporto, sem pousar em nenhum outro, diz-se que a aeronave está realizando **operações locais**. Por outro lado, uma **operação itinerante** é um voo cuja decolagem se dá em um aeroporto e cuja aterrissagem se dá em outro.

Outro parâmetro, ainda que indireto, de atividade aeroportuária é identificado pela quantidade de aeronaves "base" de um aeroporto. Uma **aeronave base** é uma aeronave que está registrada como "residente" de um aeroporto. Em geral, o proprietário de tal aeronave costuma pagar uma taxa mensal ou anual para estacionar a aeronave no aeroporto, quer seja a céu aberto, em uma área designada para estacionamento, ou em um hangar coberto. O número de aeronaves bases é usado para medir indiretamente a atividade, sobretudo naqueles aeroportos pequenos onde a aviação geral privada é dominante. Em aeroportos que lidam principalmente com empresas aéreas, relativamente poucas aeronaves são, de fato, bases.

Operações e aeronaves bases são parâmetros de atividade que influenciam o planejamento e a gestão de áreas aeroportuárias diretamente ligadas aos voos, como o planejamento e a gestão de pistas de pouso e decolagem, pistas de táxi, auxílios à navegação, portões e áreas de estacionamento de aeronaves.

Em geral, a gestão de aeroportos mede os níveis de atividade de seus aeroportos com base em todos os níveis de atividade de passageiros, cargas, operações e aeronaves bases; praticamente todos os aeroportos, sobretudo os maiores, acomodam passageiros e cargas, bem como operações de empresas aéreas e de aeronaves particulares.

A estrutura administrativa norte-americana de aeroportos

Todos os aeroportos norte-americanos de uso civil, pequenos e grandes, de uma forma ou de outra, utilizam o Sistema de Aviação Civil dos Estados Unidos. O sistema de aviação civil é uma parte integral da infraestrutura de transporte norte-americana. Essa infraestrutura vital é administrada pelo **Department of Transportation** (DOT – Departamento de Transporte) dos Estados Unidos, chefiado pelo Secretário do Transporte (Figura 1-3).

O DOT é dividido em vários setores administrativos que supervisionam os diversos modos de transporte regional e nacional nos Estados Unidos. Tais setores incluem:

FHWA – The Federal Highway Administration (Agência Federal de Rodovias)

FMCSA – The Federal Motor Carrier Safety Administration (Agência Federal de Segurança de Transporte Rodoviário de Cargas)

FRA – The Federal Railroad Administration (Agência Federal de Ferrovias)

FTA – The Federal Transit Administration (Agência Federal de Trânsito)

MARAD – The Maritime Administration (Agência Marítima)

NHTSA – The National Highway Traffic Safety Administration (Agência Nacional de Segurança de Tráfego em Rodovias)

O setor que supervisiona a aviação civil é a **Federal Aviation Administration** (FAA – Agência Federal de Aviação). A missão primordial da FAA é supervisionar a segurança da aviação civil. Ela é responsável pela avaliação e certificação de pilotos e aeroportos, especialmente aqueles que são operados por empresas aéreas comerciais. A FAA opera o sistema norte-americano de controle de tráfego aéreo, incluindo a maioria das torres de controle de tráfego aéreo dos aeroportos, e é reponsável pela compra, instalação e manutenção de aparelhos eletrônicos de auxílio à navegação espalhados pelos aeroportos. Além disso, a FAA supervisiona a maior parte das normas que governam a aviação civil e as operações aeroportuárias, bem como cumpre um importante papel no investimento em melhorias e expansões de aeroportos. A FAA é chefiada por um administrador indicado pelo Secretário do Transporte para um mandato de cinco anos.

A FAA está sediada em Washington, D.C. Dentre os departamentos localizados na sede central encontram-se o Air Traffic Services (ATS – Serviços de Tráfego Aéreo), o Office of Security and Hazardous Materials (ASH – Departamento de Segurança e Materiais Perigosos), o Commercial Space Transportation (AST – Transporte em Espaço Comercial), o Regulation and Certification (AVR – Regulação e

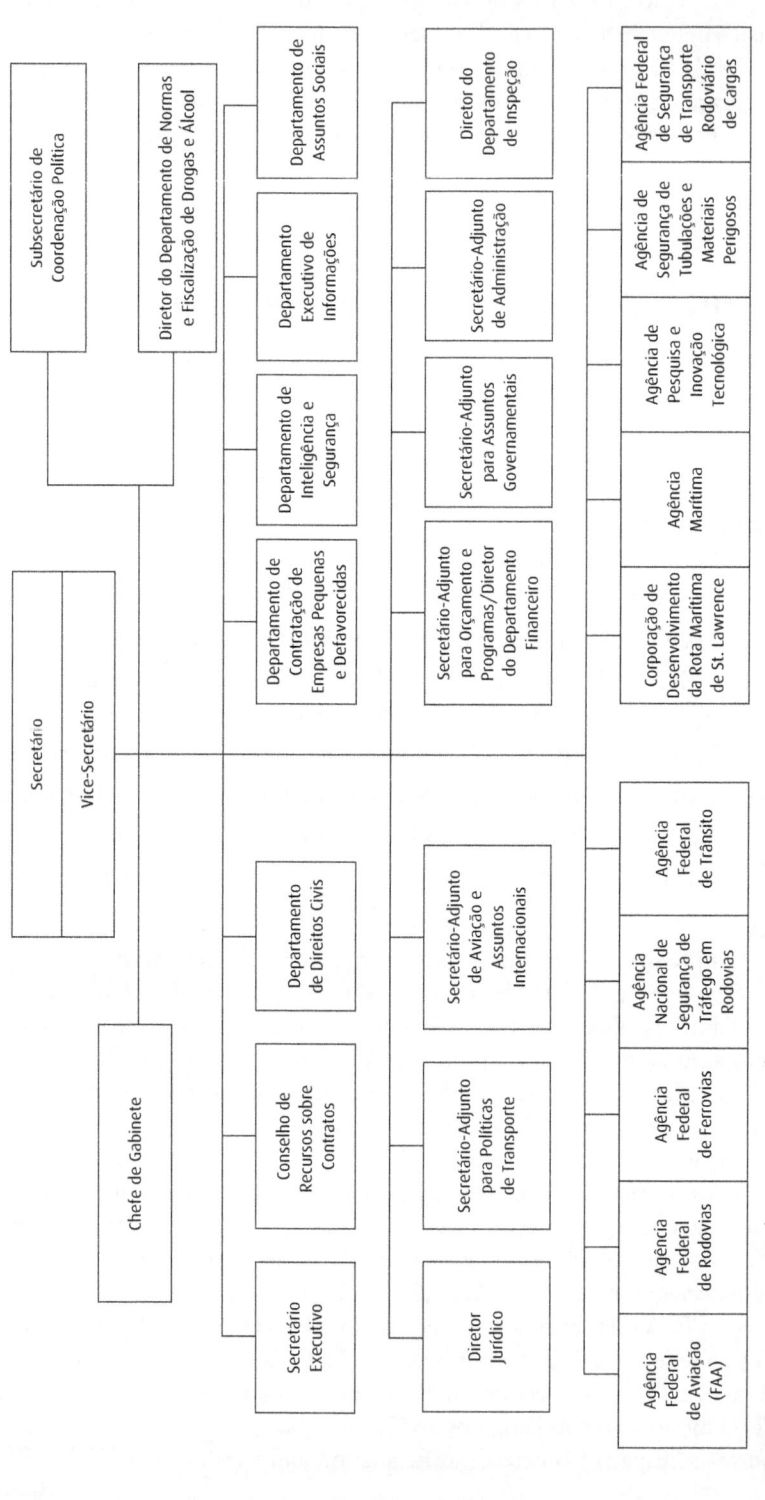

FIGURA 1-3 Organograma do Departamento de Transporte dos Estados Unidos.

Certificação), o Research and Acquisitions (ARA – Pesquisa e Aquisições) e o Airports (ARP – Aeroportos).

Dentro do Office of Airports, encontra-se o Office of Airport Safety and Standards (AAS – Departamento de Segurança e Padrões em Aeroportos) e o Office of Planning and Programming (APP – Departamento de Planejamento e Programação). São nesses departamentos que os Regulamentos Federais de Aviação e as diretrizes específicas de cada aeroporto são gerenciados.

A FAA também está dividida em nove regiões geográficas, conforme ilustrado na Figura 1-4. Dentro de cada região há dois ou mais **Airport District Offices** (ADOs – Departamentos Distritais de Aeroportos). Os ADOs mantêm contato com aeroportos em suas respectivas regiões para assegurar sua conformidade com as regulações federais e para auxiliar na gestão de operações aeroportuárias seguras e eficientes, bem como no planejamento de aeroportos.

Muitos aeroportos de uso civil, incluindo aqueles que não são diretamente administrados pela FAA, podem estar sob controle administrativo de seus respectivos Estados, que possuem, por sua vez, seus próprios departamentos de transporte. A gestão aeroportuária individual deve inteirar-se com todos os níveis da administração federal, estadual e até mesmo local.

Gestão de aeroportos em nível internacional

Internacionalmente, os padrões recomendados para a operação e a gestão de aeroportos de uso civil são fornecidos pela **Organização da Aviação Civil Internacional** (OACI, ou ICAO na sigla em inglês). A OACI, cuja sede se encontra em Montreal, Quebec, Canadá, é uma organização formada por 188 Estados participantes espalha-

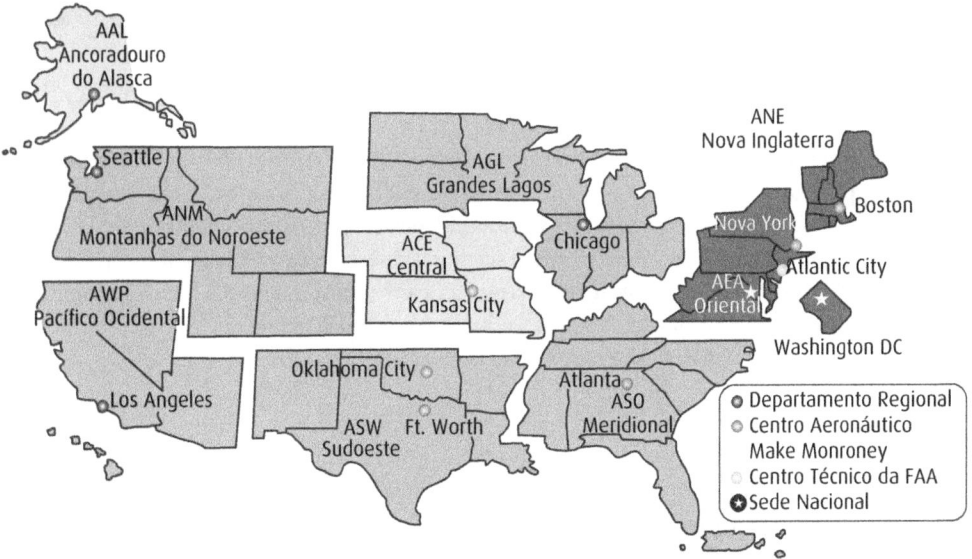

FIGURA 1-4 Regiões da FAA.

dos por todo o mundo. Ela teve seu início na Convenção de Chicago, ocorrida em 1944, tendo como objetivo criar uma fonte de comunicação e padronização entre os Estados participantes com relação às operações da aviação civil internacional. A OACI publica uma série de diretrizes e regulamentações recomendadas para aplicação por Estados individuais na gestão de seus aeroportos e sistemas de aviação civil.

Na maioria dos países, os aeroportos são administrados diretamente pelo governo federal, mais frequentemente sob a chefia do Ministério dos Transportes*. Em alguns países, incluindo os Estados Unidos, muitos aeroportos pertencem e são operados pela iniciativa privada, embora ainda estejam sujeitos à maior parte das normas nacionais referentes às operações da aviação.

National Plan of Integrated Airport Systems

Desde 1970, a FAA vem identificando um subconjunto dos 5.400 aeroportos de uso público nos Estados Unidos como vitais para o atendimento das necessidades públicas de transporte aéreo, seja direta ou indiretamente, e como qualificados a receber investimentos federais para a manutenção de suas dependências. O **National Airport System Plan** (NASP – Plano Nacional de Sistema Aeroportuário) foi o primeiro da categoria, que incorporou aproximadamente 3.200 desses aeroportos. Além disso, o NASP dividiu tais aeroportos em categorias referentes ao total de passageiros embarcados anualmente e o tipo de serviço fornecido. O NASP categoriza os aeroportos como "aeroportos de serviço comercial" caso tenham embarcado mais de 2.500 passageiros ao ano em companhias aéreas comerciais ou em voos *charter*. Os aeroportos de serviço comercial foram subdivididos em aeroportos comerciais e aeroportos de serviços complementares, dependendo do tipo de serviço predominante. Aeroportos que embarcaram menos que 2.500 passageiros ao ano foram classificados como aeroportos da aviação geral (AG). Em 1983, um total de 780 aeroportos de serviço comercial (635 aeroportos comerciais e 145 aeroportos de serviços complementares) e 2.423 aeroportos AG foram contabilizados no plano.

Com a promulgação nos Estados Unidos da Airport and Airway Act (Lei de Aeroportos e da Navegação Aérea), em 1982, a FAA foi encarregada de preparar uma nova versão do NASP, a ser batizada como **National Plan of Integrated Airport Systems** (NPIAS – Plano Nacional de Sistemas Aeroportuários Integrados). O NPIAS revisou o método de classificação de aeroportos, principalmente para refletir o grande crescimento do número de embarques anuais verificados, na época, em alguns dos maiores aeroportos norte-americanos. Assim, em 2008, um total de 3.411 aeroportos dos Estados Unidos foi incluído no NPIAS.

As categorias de aeroportos listadas no NPIAS são:

1. Aeroportos principais
2. Aeroportos de serviço comercial
3. Aeroportos AG
4. Aeroportos *reliever*

---

* N. de R.T.: No Brasil, a chefia é do Ministério da Defesa.

A Figura 1-5 fornece uma ilustração geográfica dos aeroportos do NPIAS nos Estados Unidos (os números incluem o Alasca e o Havaí, embora eles não estejam ilustrados).

Aeroportos de serviço comercial

Os **aeroportos de serviço comercial** são aqueles que acomodam serviços agendados de empresas aéreas, oferecidos pelas empresas aéreas mundiais certificadas. Praticamente todos os 770 milhões de passageiros que embarcaram em aeronaves comerciais domésticas e internacionais nos Estados Unidos em 2009 tiveram suas viagens iniciadas e finalizadas em aeroportos de serviço comercial. Esses aeroportos operam sob normas bastante específicas aplicadas pela FAA e pelo Transportation Security Administration (TSA – Departamento de Segurança em Transportes), bem como por governos estaduais e locais. Além disso, outras instituições federais e locais, como a Enviromental Protection Agency (Agência de Proteção Ambiental), e organizações de desenvolvimento econômico local afetam indiretamente o modo como os aeroportos de serviço comercial operam. O objetivo dos aeroportos de serviço comercial é garantir o movimento seguro e eficiente de passageiros e cargas entre os grandes centros populacionais. Em 2008, havia um total de 522 aeroportos de serviço comercial espalhados pelos Estados Unidos.

Os **aeroportos principais** são categorizados no NPIAS como aeroportos de uso público que embarcam pelo menos 10 mil passageiros anualmente no território dos Estados Unidos. Em 2008, contabilizaram-se 383 aeroportos nessa categoria (menos de 3% do total de aeroportos do país).

Dentro desse grupo de aeroportos, a quantidade e os níveis de atividade são bem amplos, mas a distribuição de embarques de passageiros é bastante irregular. Cerca de metade dos aeroportos principais operam relativamente pouco tráfego, uma vez que a grande maioria dos passageiros embarca em alguns poucos aeroportos de grande porte.

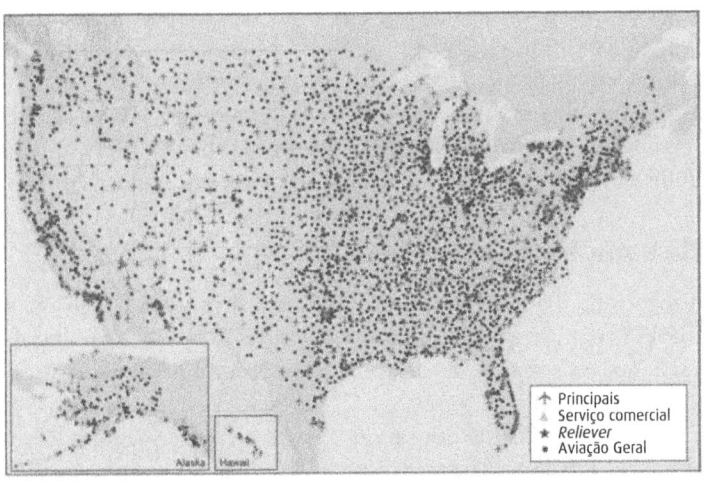

O NPIAS inclui todos os aeroportos de serviço comercial e *reliever* (aeroportos da aviação geral de alta capacidade em áreas metropolitanas) e uma seleção de aeroportos da aviação geral.

FIGURA 1-5 Aeroportos do NPIAS. (Figura cortesia da FAA)

Esse fenômeno é resultado direto da estratégia de rotas comerciais, conhecida como sistema *hub and spoke*, adotada pelas maiores empresas aéreas norte-americanas. Na verdade, os cinco maiores aeroportos dos Estados Unidos, em termos de passageiros embarcados anualmente, foram responsáveis pelo embarque de quase 25% de todos os passageiros no país. Os dois maiores aeroportos, o Hartsfield-Jackson Atlanta International Airport e o O'Hare Field de Chicago, embarcaram quase 80 milhões (cerca de 10%) dos passageiros aéreos comerciais nos Estados Unidos em 2009 (Tabela 1-1).

Devido ao grande número de aeroportos classificados como principais, o NPIAS os subdivide em categorias de *hub*. Vale ressaltar que o termo *hub* usado pela FAA no NPIAS é bem diferente do termo usado pelas empresas aéreas. Enquanto este setor emprega o termo *hub* para denotar um aeroporto onde a maioria dos passageiros faz escalas e conexões entre voos para chegar a seus destinos finais, a FAA define *hub* estritamente segundo o número de passageiros embarcados no aeroporto em questão (Tabela 1-2).

As classificações de *hub* usadas pela FAA no NPIAS são:

1. *Hubs* grandes
2. *Hubs* médios
3. *Hubs* pequenos
4. Não *hubs*

Hubs grandes são aqueles aeroportos responsáveis por pelos menos 1% do total anual de passageiros embarcados no país. Em 2008, contabilizavam-se 30 aeroportos na categoria de *hubs* grandes no NPIAS. Eles eram responsáveis por praticamente 70% de todos os embarques de passageiros no país. **Hubs médios** são aqueles aeroportos responsáveis por entre 0,25% e 1% do total anual de passageiros embarcados. Em 2008, contabilizavam-se 37 aeroportos classificados como *hubs* médios. **Hubs pequenos** são definidos como aqueles aeroportos que acomodam entre 0,05% e 0,25% dos embarques anuais nos Estados Unidos. Setenta e dois aeroportos do NPIAS foram classificados como *hubs* pequenos. Aeroportos principais definidos como **não *hubs*** são aqueles que embarcam no mínimo 10 mil passageiros ao ano, mas menos do que 0,05% do total anual de embarques nos Estados Unidos. Em 2008, 244 aeroportos principais foram classificados como não *hubs*.

Aeroportos que lidam com entre 2.500 e 10 mil embarques anuais são classificados como aeroportos não principais, ou simplesmente aeroportos de serviço comercial. Em 2008, contabilizavam-se 139 aeroportos não principais no NPIAS.

Aeroportos da aviação geral

Aeroportos com menos de 2.500 passageiros embarcados ao ano e exclusivamente usados por aeronaves de empresas privadas que não oferecem serviços comerciais a passageiros são incluídos na categoria de **aeroportos da aviação geral (AG)**. Embora existam mais de 13.000 aeroportos que se encaixam nessa categoria, apenas um subconjunto está incluído no NPIAS. Em termos gerais, há pelo menos um aeroporto AG no NPIAS para cada condado dos Estados Unidos. Além disso, qualquer aeroporto AG que possua no mínimo 10 aeronaves bases e que esteja localizado

TABELA 1-1 Passageiros embarcados nos 50 maiores aeroportos dos Estados Unidos

Posição	Aeroporto	Total de passageiros embarcados em 2008
1	Atlanta, GA (Hartsfield-Jackson Atlanta International)	43.238.440
2	Chicago, IL (Chicago O'Hare International)	31.351.227
3	Dallas, TX (Dallas/Fort Worth International)	26.830.947
4	Denver, CO (Denver International)	23.919.713
5	Los Angeles, CA (Los Angeles International)	22.439.873
6	Las Vegas, NV (McCarran International)	19.887.290
7	Houston, TX (George Bush Intercontinental)	19.239.836
8	Phoenix, AZ (Phoenix Sky Harbor International)	19.209.392
9	Charlotte, NC (Charlotte Douglas International)	17.185.243
10	Nova York, NY (John F. Kennedy International)	16.955.540
11	Detroit, MI (Detroit Metropolitan Wayne County)	16.794.472
12	Mineápolis, MN (Wold-Chamberlin International)	16.302.227
13	Orlando, FL (Orlando International)	16.122.383
14	Newark, NJ (Newark Liberty International)	16.105.083
15	San Francisco, CA (San Francisco International)	15.727.533
16	Filadélfia, PA (Philadelphia International)	15.257.081
17	Seattle, WA (Seattle-Tacoma International)	15.206.521
18	Miami, FL (Miami International)	13.577.782
19	Boston, MA (Logan International)	11.588.988
20	Nova York, NY (LaGuardia)	11.159.038
21	Fort Lauderdale, FL (Fort Lauderdale Hollywood International)	10.370.421
22	Baltimore, MD (Baltimore/Washington Thurgood Marshall)	10.078.747
23	Washington, DC (Dulles International)	9.917.944
24	Salt Lake City, UT (Salt Lake City International)	9.877.540
25	San Diego, CA (San Diego International)	8.931.211
26	Tampa, FL (Tampa International)	8.689.410
27	Washington, DC (Ronald Reagan Washington National)	8.599.934
28	Chicago, IL (Chicago Midway)	8.012.938
29	Honolulu, HI (Honolulu International)	7.785.515
30	Portland, OR (Portland International)	6.942.236

(Continua)

TABELA 1-1 Passageiros embarcados nos 50 maiores aeroportos dos Estados Unidos (*continuação*)

Posição	Aeroporto	Total de passageiros embarcados em 2008
31	St. Louis, MO (Lambert-St. Louis International)	6.626.545
32	Cincinnati, OH (Cincinnati/Northern Kentucky International)	6.480.292
33	Oakland, CA (Oakland International)	5.482.324
34	Memphis, TN (Memphis International)	5.375.733
35	Kansas City, MO (Kansas City International)	5.346.702
36	Cleveland, OH (Cleveland-Hopkins International)	5.277.778
37	Sacramento, CA (Sacramento International)	4.891.967
38	Raleigh, NC (Raleigh-Durham International)	4.741.753
39	San Jose, CA (Norman Y. Mineta, San Jose International)	4.698.523
40	Nashville, TN (Nashville International)	4.615.999
41	San Juan, PR (Luis Munoz Marin International)	4.546.996
42	Santa Ana, CA (John Wayne - Orange County)	4.462.999
43	Pittsburgh, PA (Pittsburgh International)	4.264.809
44	Austin, TX (Austin Bergstrom International)	4.255.238
45	Houston, TX (William P. Hobby)	4.224.294
46	Dallas, TX (Love Field)	4.030.509
47	Indianápolis, IN (Indianapolis International)	4.025.647
48	Nova Orleans, LA (Louis Armstrong International)	3.976.840
49	San Antonio, TX (San Antonio International)	3.949.819
50	Milwaukee, WI (General Mitchell Field)	3.824.181

Cortesia RITA

no máximo a 30 km do próximo aeroporto do NPIAS geralmente está incluído no NPIAS. Em 2008, um total de 2.564 aeroportos AG estava no NPIAS.

Ao passo que os aeroportos de serviço comercial acomodam praticamente todos os passageiros embarcados nos Estados Unidos, os aeroportos AG acomodam todos os tipos de operações de aviação, desde treinamentos de voo, operações agrícolas e viagens de passageiros corporativos até voos *charter* usando as maiores aeronaves civis. Patrulhamento de tubulações, operações de busca e resgate, transporte médico, deslocamentos de executivos em aeronaves e helicópteros, voos *charter*, táxi aéreo, treinamento de voo, transporte pessoal e os diversos outros usos comerciais e recreativos de aviões e helicópteros utilizam os aeroportos AG.

TABELA 1-2 Aeroportos por nível de atividade

Número de aeroportos	Tipo de aeroporto	Percentual do total de embarques em 2008	Percentual de TODAS as aeronaves bases[1]	Percentual do custo do NPIAS 2009–2013	Percentual de população a um raio de 30 km do aeroporto
30	*Hub* Grande Principal	68,7	0,9	36	26
37	*Hub* Médio Principal	20,0	2,6	14	18
72	*Hub* Pequeno Principal	8,1	4,3	8	14
244	Não *Hub* Principal	3,0	10,9	10	20
139	Não Principal de Serviço Comercial	0,1	2,4	2	3
270	*Reliever*	0,0	28,2	7	56
2.564	Aviação Geral	0,0	40,8	19	69
3.356	Aeroportos Existentes no NPIAS	99,9	89,8	100	98
16.459	Áreas de Aterrissagem de Baixa Atividade (Não NPIAS)	0,1	10,2	N/A	N/C

[1] Baseado na atividade da frota de 221.942 aeronaves em 2008.
N/A: não apropriado; N/C: não calculado.
Cortesia da FFA

Similar ao que se vê nos aeroportos de serviço comercial, as características dos aeroportos AG variam muito. Muitos deles apresentam dependências de pequeno porte, geralmente com uma única pista que acomoda apenas pequenas aeronaves, e são limitados em suas instalações. Esses pequenos aeroportos atendem a um pequeno número de aeronaves.

Outros aeroportos AG contam com instalações e atividades comparáveis àqueles de serviço comercial. Esses aeroportos têm múltiplas pistas, longas o suficiente para acomodar aeronaves de grande porte, e dispõem de instalações para manutenção, abastecimento e outros serviços. Muitos desses aeroportos AG contam até mesmo com locadoras de veículos, restaurantes e serviços de hotelaria, a fim de acomodar seus clientes.

Um aspecto importante dos aeroportos AG é que eles atendem a muitas funções para uma ampla variedade de comunidades. Alguns deles oferecem a comunidades isoladas vínculos valiosos com outros centros populacionais. Isso é especialmente válido em áreas do Alasca onde certas comunidades são acessíveis apenas pelo ar, embora muitas outras partes dos Estados Unidos, sobretudo o oeste, também dependam fortemente da AG como modo de transporte. Em tais áreas, o aeroporto AG é, às vezes, a única forma de abastecer comunidades com necessidades. Além disso, esse tipo de aeroporto atua como acesso vital a muitos serviços de emergência.

A função primordial dos aeroportos AG, contudo, é oferecer instalações para aeronaves de uso privado a serem usadas para negócios e atividades pessoais. Nos últimos anos, tem-se observado um crescimento significativo na quantidade de aeronaves a jato pertencentes a pequenas empresas utilizando aeroportos AG. Devido a esse crescimento, os aeroportos AG estão buscando continuamente aprimorar suas instalações, seja ampliando suas pistas ou fornecendo mais serviços, a fim de atenderem às necessidades do passageiro a negócio.

Os aeroportos AG são geralmente classificados como uma **instalação de utilidade básica** ou uma **instalação de utilidade geral**. Aeroportos de utilidade básica são projetados para acomodar principalmente aeronaves mono e bimotores. Esses tipos de aeronaves compõem aproximadamente 95% da frota dos aeroportos AG. Os aeroportos de utilidade geral são capazes de acomodar aeronaves maiores, bem como aeronaves menores e mais leves, atendidas em aeroportos de utilidade básica.

A Tabela 1-3 identifica os aeroportos mais movimentados dos Estados Unidos em termos de atividade da aviação geral. A maior parte desses aeroportos é classificada na categoria de utilidade geral. Como é ilustrado na Tabela 1-3, muitos desses também atendem a operações de serviço comercial, sendo, portanto, identificados no NPIAS como aeroportos principais ou de serviço comercial. Outros, contudo, não dispõem de serviço comercial e são, portanto, considerados aeroportos AG ou *reliever*, de acordo com o NPIAS.

Aeroportos *reliever*

Aeroportos *reliever* compreendem uma categoria especial de aeroportos da aviação geral. Em geral localizados a uma distância relativamente pequena (menos de 80 km) de um aeroporto principal, eles são especificamente designados pelo NPIAS como "aeroportos de aviação geral que auxiliam grandes aeroportos congestionados". Para

TABELA 1-3 Os 50 maiores aeroportos segundo o número de operações da aviação geral, 2008

Posição	Aeroporto	Nome	Nº de ops
1	VNY	Van Nuys Airport, CA	258.155
2	DAB	Daytona Beach International Airport, FL	232.077
3	TMB	Kendall-Tamiami Executive Airport, FL	139.528
4	FXE	Fort Lauderdale Executive Airport, FL	137.403
5	RVS	Richard Lloyd Jones Airport, OK	136.382
6	FFZ	Falcon Field, AZ	135.382
7	LGB	Long Beach Airport, CA	133.576
8	DVT	Phoenix Deer Valley Airport, AZ	133.150
9	APA	Centennial Airport, CO	128.521
10	BFI	Boeing Field, Kind County Airport, WA	127.003
11	MYF	Montgomery Field Airport, CA	124.079
12	PDK	Dekalb - Peachtree Airport, GA	121.055
13	CRQ	McClellan - Palomar Airport, CA	113.781
14	SNA	John Wayne - Orange County Airport, CA	113.763
15	TEB	Teterboro Airport, NJ	108.493
16	SDL	Scottsdale Airport, AZ	107.351
17	SEE	Gillespie Field Airport, CA	103.667
18	ADS	Addison Airport, TX	102.286
19	SFB	Orlando Sanford International Airport, FL	96.634
20	HPN	Westchester County Airport, NY	96.631
21	VRB	Vero Beach Municipal Airport, FL	94.422
22	BED	Laurence G Hanscom Field Airport, CT	88.113
23	FRG	Republic Airport, NY	87.907
24	ISM	Kissimmee Gateway Airport, FL	84.531
25	DWH	David Wayne Hooks Memorial Airport, TX	83.487
26	SAT	San Antonio International Airport, TX	83.412
27	EVB	New Smyrna Beach Municipal Airport, FL	82.634
28	PRC	Ernest A. Love Field, AZ	82.536
29	MLB	Melbourne International Airport, FL	82.376
30	APF	Naples Municipal Airport, FL	81.794
31	FPR	St. Lucie County International Airport, FL	80.291

(Continua)

TABELA 1-3 Os 50 maiores aeroportos segundo o número de operações da aviação geral, 2008 (*continuação*)

Posição	Aeroporto	Nome	N° de ops
32	HOU	William P. Hobby Airport, TX	80.156
33	GYR	Phoenix Goodyear Airport, AZ	78.263
34	CMA	Camarillo Airport, TX	77.974
35	HIO	Portland-Hillsboro Airport, OR	76.256
36	TOA	Zamperini Field Airport, CA	75.896
37	CHD	Chandler Municipal Airport, AZ	75.280
38	PTK	Oakland County International Airport, MI	75.097
39	PBI	Palm Beach International Airport, FL	74.388
40	FAT	Fresno Yosemite International Airport, CA	73.707
41	SAC	Sacramento Municipal Airport, CA	73.525
42	OMN	Ormond Beach Municipal Airport, FL	73.328
43	MMU	Morristonwn Municipal Airport, NJ	73.058
44	DAL	Dallas Love Field, TX	72.731
45	FTW	Fort Worth Meacham International Airport, TX	72.334
46	GKY	Arlington Municipal Airport, TX	71.947
47	IWA	Phoenix-Mesa Gateway Airport, AZ	71.903
48	ORL	Orlando Executive Airport, FL	70.226
49	ANC	Ted Stevens Anchorage International Airport, AK	69.498
50	CRG	Craig Municipal Airport, FL	69.327

Fonte: AirportJournals.com

ser classificado como *reliever*, um aeroporto precisa ter pelo menos 100 aeronaves bases ou lidar com no mínimo 25 mil operações. Como o próprio nome sugere, aeroportos *reliever* visam incentivar o tráfego da aviação geral a utilizar essas instalações em vez de aquelas de um aeroporto de serviço comercial mais movimentado, que pode apresentar atrasos. Para isso, eles fornecem dependências de qualidade e conveniência similares àquelas disponíveis nos aeroportos de serviço comercial.

Em grandes áreas metropolitanas, os aeroportos *reliever* são responsáveis pela maior parte das operações aeroportuárias. Na **área metropolitana estatística padrão** (SMSA, sigla de *standard metropolitan statistical area*) de Atlanta, Geórgia, por exemplo, os 11 aeroportos designados como *reliever* são responsáveis por mais operações do que o Hartsfield-Jackson Atlanta International Airport, aeroporto de serviço comercial mais movimentado dos Estados Unidos. Dentre os aeroportos AG reconhecidos no NPIAS, 270 foram classificados como aeroportos *reliever*. Esses aeroportos operam 28% de todas as aeronaves AG.

Muitos dos mais de 2 mil aeroportos AG não incluídos formalmente no NPIAS são ainda assim reconhecidos pelos Estados Unidos como aeroportos AG de uso público. No entanto, esses aeroportos não estão aptos a receber verba federal para melhorias aeroportuárias. Dos quase 1.900 aeroportos abertos ao público que não constam no NPIAS, a maior parte não atende aos critérios mínimos de classificação: ter pelo menos 10 aeronaves bases ou localizar-se a, no máximo, 30 km de um aeroporto já incluído no NPIAS. Geralmente se encontram em locais inadequados e não podem ser ampliados e melhorados para oferecer dependências seguras e eficientes, ou não podem ser adequadamente justificados em termos de interesse nacional. Esses aeroportos estão muitas vezes incluídos em planos aeroportuários estaduais e locais, e recebem, portanto, algum nível de suporte financeiro. As mais de 12 mil áreas de pouso que são de propriedade privada e que não são abertas ao público em geral não estão incluídas no NPIAS e não recebem investimentos de qualquer entidade pública. Ainda assim, elas são consideradas parte do sistema nacional aeroportuário, já que cada instalação é usada como acesso ao restante do sistema nacional de transporte aéreo.

Muitas das dificuldades no planejamento de um sistema nacional aeroportuário advêm do seu tamanho e de sua diversidade. Cada aeroporto tem problemas singulares, e cada operador de aeroporto – ainda que restrito por leis, normas e práticas – toma essencialmente decisões independentes. Embora os aeroportos coletivamente formem um sistema nacional, o sistema NPIAS não é integralmente planejado e gerido de forma central. O papel tradicional da FAA no planejamento do sistema tem sido o de coletar e divulgar informações quanto a decisões de aeroportos individuais e de desencorajar desenvolvimentos redundantes.

Desde 1970, os planos aeroportuários nacionais são preparados por departamentos regionais da FAA, trabalhando em conjunto com a administração local de cada aeroporto. O NPIAS apresenta um inventário das necessidades projetadas de capital de mais de 3.200 aeroportos "em que há um interesse federal potencial e nos quais verbas federais podem ser aplicadas". Como as verbas disponíveis a partir de fontes federais e locais só são suficientes para completar uma fração dos projetos elegíveis, muitas das ampliações e melhorias em aeroportos propostas pelo NPIAS nunca chegam a ocorrer.

Os critérios para a seleção dos aeroportos e dos projetos a serem incluídos no plano não estão livres de críticas. Algumas pessoas argumentam que a maioria dos 3.300 aeroportos no NPIAS não são verdadeiramente de interesse nacional e que os critérios deveriam ser mais rigorosos a fim de reduzir o número total para uma quantia mais administrável. Por outro lado, há aqueles que contestam que o plano só poderá ser de escopo nacional se contiver todos os aeroportos de propriedade pública. Argumenta-se que, como o NPIAS só lista projetos de desenvolvimento aptos a receberem auxílio federal, e não aqueles que seriam financiados exclusivamente por fontes estaduais, locais ou privadas, as necessidades totais de desenvolvimento de aeroportos acabam sendo subestimadas pelo plano.

As regras que governam a gestão de aeroportos

Assim como ocorre com qualquer sistema voltado para o uso público, um sistema complexo de normas federais, estaduais e muitas vezes locais foi instaurado por meio de legislação para garantir operações seguras e eficientes dos aeroportos de uso público. Todos aqueles incluídos no NPIAS estão sujeitos a **Federal Aviation Regulations** (FAR – Regulamentações Federais de Aviação). As FARs são encontradas no Título 14 do **Code of Federal Regulations** (CFR – Código de Regulamentações Federais) dos Estados Unidos (CFR 14 – Aeronáutica e Espaço). A série CFR 14 é composta por mais de 100 capítulos, conhecidos como partes, cada qual fornecendo normas regulatórias que governam vários elementos do sistema da aviação civil, incluindo regulamentações para pilotos, operações da AG e de voos comerciais e, é claro, operações e gestão de aeroportos. No âmbito da gestão de aeroportos, constam regulamentações referentes a operações aeroportuárias, diretrizes ambientais, financeiras e administrativas, planejamento de aeroportos e outras questões diretamente relacionadas ao tema.

Embora todas as FARs sejam importantes para a gestão de aeroportos, as FARs a seguir são de importância específica para a gestão, as operações e o planejamento de aeroportos e serão abordadas em detalhes ao longo do texto:

CFR 14 Parte 1	Definições e Abreviações
CFR 14 Parte 11	Procedimentos Gerais de Regulamentação
CFR 14 Parte 36	Padrões de Ruídos: Tipos de Aeronave e Certificação de Aeronavegabilidade
CFR 14 Parte 71	Designação de Áreas de Espaço Aéreo Classe A, Classe B, Classe C, Classe D e Classe E; Aerovias, Rotas e Pontos de Controle
CFR 14 Parte 73	Uso Especial do Espaço Aéreo
CFR 14 Parte 77	Objetos que Afetam o Espaço Aéreo Navegável
CFR 14 Parte 91	Operação Geral e Regras de Voo
CFR 14 Parte 93	Regras Especiais de Tráfego Aéreo e Padrões de Tráfego Aeroportuário
CFR 14 Parte 97	Procedimentos Padrão para Aproximação por Instrumentos
CFR 14 Parte 121	Exigências de Operação: Operações Domésticas, Internacionais e Suplementares
CFR 14 Parte 129	Operações: Empresas Aéreas Estrangeiras e Operadoras Estrangeiras de Aeronaves Norte-Americanas Envolvidas no Transporte de Passageiros e Mercadorias
CFR 14 Parte 139	Certificação de Aeroportos
CFR 14 Parte 150	Ruídos em Aeroportos e Plano de Compatibilidade
CFR 14 Parte 151	Auxílio Federal a Aeroportos
CFR 14 Parte 152	Programa de Auxílio a Aeroportos
CFR 14 Parte 156	Programa-Piloto de Concessões de Recursos para Estados
CFR 14 Parte 157	Sinalização de Construção, Alteração, Ativação e Desativação de Aeroportos
CFR 14 Parte 158	Cobranças pelo Uso de Dependências por Passageiros

CFR 14 Parte 161   Sinalização e Aprovação de Ruídos e Restrição de Acesso em Aeroportos

CFR 14 Parte 169   Destinação de Recursos Federais para Aeroportos Não Militares ou suas Instalações de Navegação Aérea (para aeroportos não operados sob as regulamentações da FAA)

Além da série CFR 14, regulamentações referentes à segurança de aeroportos e de outras operações de aviação civil estão publicadas sob o Título 49 do Code of Federal Regulations (CFR 49 –Transporte) e são conhecidas como **Transportation Security Regulations** (TSRs – Regulamentações para a Segurança em Transportes). As TSRs são aplicadas e fiscalizadas pelo TSA. Dentre as TSRs de importância específica para a gestão de aeroportos estão:

CFR 49 Parte 1500	Aplicabilidade, Termos e Abreviações
CFR 49 Parte 1502	Organização, Funções e Procedimentos
CFR 49 Parte 1503	Procedimentos de Investigação e Execução Legal
CFR 49 Parte 1510	Taxas de Serviços de Segurança de Aviação Civil a Passageiros
CFR 49 Parte 1511	Taxa de Infraestrutura de Segurança na Aviação
CFR 49 Parte 1520	Proteção de Informações de Segurança (em substituição à FAR Parte 191)
CFR 49 Parte 1540	Segurança na Aviação Civil: Regras Gerais
CFR 49 Parte 1542	Segurança Aeroportuária (em substituição à FAR Parte 107)
CFR 49 Parte 1544	Segurança de Operadores de Aeronaves: Empresas Aéreas e Operadoras Comerciais (em substituição à FAR Parte 108)
CFR 49 Parte 1546	Segurança de Empresas Aéreas Estrangeiras (em substituição a partes da FAR Parte 129)
CFR 49 Parte 1548	Segurança Indireta de Empresas Aéreas (em substituição à FAR Parte 109)
CFR 49 Parte 1550	Segurança de Aeronaves sob as Regras Gerais de Operação e Voo (em substituição a partes da FAR Parte 91)

As TSRs como um todo entraram em vigência em 19 de novembro de 2001, com a assinatura da Aviation and Transportation Security Act (TSA – Lei de Segurança em Aviação e Transporte). Regulamentações e diretrizes de segurança sob o TSA encontram-se desde então em um constante estado de mudança, conforme o setor de aviação civil se adapta ao aumento das ameaças de terrorismo.

Para ajudar o gestor de aeroportos e outras operações aeroportuárias a compreender e aplicar os procedimentos ditados pelas normas federais, a FAA divulga uma série de **circulares consultivas** (ACs, sigla de *advisory circulars*) associada a cada regulamentação e diretriz. As ACs específicas para aeroportos estão compiladas na Série 150 das Circulares Consultivas. Há mais de 100 ACs atuais e antigas na Série

150 disponíveis para a gestão de aeroportos. As ACs de especial interesse para a gestão de aeroportos são referidas ao longo deste texto. Dentre elas, encontram-se:

AC 150/5000-5C	Aeroportos Designados como Internacionais nos Estados Unidos
AC 150/5020-1	Controle de Ruídos e Planejamento de Compatibilidade para Aeroportos
AC 150/5060-5	Capacidade e Atrasos em Aeroportos
AC 150/5070-6A	Master Plans Aeroportuários
AC 150/5190-5	Direitos Exclusivos e Padrões Mínimos para Atividades Aeronáuticas Comerciais
AC 150/5200-28B	Avisos ao Aviadores para Operadores de Aeroportos
AC 150/5200-30A	Segurança e Operações de Aeroportos no Inverno
AC 150/5200-31A	Plano Aeroportuário de Emergência
AC 150/5300-13	Projeto Aeroportuário
AC 150/5325-4	Exigências de Comprimento de Pista para Projetos de Aeroporto
AC 150/5340-1H	Padrões para Marcações em Aeroportos
AC 150/5360-12C	Cartazes e Indicações em Aeroportos
AC 150/5360-13	Diretrizes de Planejamento e Projeto para Instalações de Terminais de Aeroportos
AC 150/5360-14	Acesso a Aeroportos por Indivíduos com Deficiências

As ACs são constantemente atualizadas e muitas vezes modificadas. As ACs e também as FARs mais recentemente disponíveis podem ser encontradas contatando-se a FAA. As informações mais recentes referentes a TSRs podem ser encontradas contatando-se a TSA.

Os aeroportos também estão sujeitos a regulamentações estaduais e locais específicas das áreas metropolitanas onde se encontram. Além disso, os próprios gestores do aeroporto podem impor regulamentações e diretrizes governando sua operação e administração. Cada aeroporto é encorajado a dispor de um conjunto publicado de regras e regulamentações abrangendo todas as diretrizes federais, estaduais e locais aplicáveis, a ser disponibilizado a todos os funcionários e usuários do aeroporto que o solicitem. Uma lista completa de Federal Aviation Regulations e Circulares Consultivas atuais e antigas pode ser encontrada no *site* da FAA: http://www.faa.gov.

Organizações que influenciam diretrizes regulatórias aeroportuárias

Há muitas organizações nacionais e regionais com interesse na operação de aeroportos. Essas organizações, em sua maioria, estão interessadas no desenvolvimento e na preservação de aeroportos, devido ao seu papel no sistema de transporte nacional e a seu valor para as áreas que atendem. O principal objetivo desses grupos é oferecer apoio político para as suas causas na esperança de influenciarem leis federais, estaduais e locais referentes a operações aeroportuárias e da aviação a seu favor. Além disso, esses grupos disponibilizam estatísticas e publicações informativas e oferecem palestrantes convidados e sessões explanatórias a fim de auxiliar gestores de aeroportos e outros membros da comunidade aeronáutica a dar suporte à aviação civil.

Cada uma dessas organizações está preocupada com os interesses específicos de seus usuários; no entanto, há inúmeras ocasiões em que elas se agrupam e trabalham em conjunto por metas comuns que afetam a comunidade aeronáutica como um todo. A seguir, temos uma breve lista das associações mais proeminentes. Uma lista completa pode ser obtida em *World Aviation Directory*, publicado pela McGraw-Hill. Essas organizações, devido aos acrônimos pelos quais são geralmente identificadas, integram a "sopa de letrinhas" das organizações relacionadas à aviação.

- *Aerospace Industries Association (AIA) – fundada em 1919.* As empresas-membros representam os principais fabricantes de aeronaves comerciais de grande porte, aeronaves militares, motores, foguetes, naves espaciais e itens relacionados.
- *Aircraft Owners & Pilots Association (AOPA) – fundada em 1939.* Com mais de 400.000 membros, a AOPA representa os interesses dos pilotos da aviação geral. A associação oferece planos de seguro, planejamento de voo e outros serviços, além de patrocinar grandes encontros comunitários. Ademais, a Rede de Apoio a Aeroportos da AOPA cumpre um importante papel no suporte e no desenvolvimento de todos os aeroportos, com apoio especial a pequenos aeroportos AG.
- *Air Line Pilots Association (ALPA) – fundada em 1931.* A Air Line Pilots Association é o maior e mais antigo sindicato de pilotos de empresas aéreas, apoiando os interesses dos pilotos comerciais e dos aeroportos comerciais.
- *Airports Council International–North America (ACI–NA) – fundado em 1991.* Fundado originalmente como Airport Operators Council em 1947, a ACI–NA se considera a "voz dos aeroportos", representando órgãos governamentais locais, regionais e estaduais que possuem e operam aeroportos comerciais nos Estados Unidos e no Canadá. No ano de 2003, um total de 725 aeroportos-membros pertencia ao ACI–NA. A missão do ACI–NA é identificar, desenvolver e aprimorar diretrizes e programas comuns para a melhoria e a promoção de aeroportos e seus gestores, a fim de que sejam eficientes, efetivos e atenciosos com relação aos consumidores e às necessidades da comunidade.
- *Air Transport Association of America (ATA) – fundada em 1936.* A ATA representa as empresas aéreas certificadas nos Estados Unidos em um amplo espectro de questões técnicas e econômicas. Ela promove segurança, programas em todo o âmbito do setor, diretrizes e compreensão pública em relação às empresas aéreas.

- *American Association of Airport Executives (AAAE) – fundada em 1928*. Uma divisão da Aeronautical Chamber of Commerce em sua origem, a AAAE se tornou uma entidade independente em 1939. Dentre os membros, encontram-se representantes de aeroportos de todas as categorias espalhados pelos Estados Unidos, bem como parceiros na indústria e na academia aeronáuticas.
- *Aviation Distributors and Manufacturers Association (ADMA) – fundada em 1943*. Representa os interesses de uma ampla variedade de empresas de aviação, incluindo operadores com base fixa (FBOs, sigla de *fixed-base operators*) que atendem operações da AG e fabricantes de peças para aeronaves. A ADMA é uma forte defensora da educação aeronáutica.
- *Experimental Aircraft Association (EAA) – fundada em 1953*. A EAA, com mais de 700 unidades locais, promove os interesses dos proprietários de aeronaves artesanais e esportivas. Ela organiza as duas maiores convenções do ramo no mundo, em Oshkosh, Wisconsin, e Lakeland, Flórida.
- *Flight Safety Foundation (FSF) – fundada em 1947*. A principal função da FSF é promover a segurança no transporte aéreo. Dentre os seus membros, encontram-se executivos e consultores de aeroportos e empresas aéreas.
- *General Aviation Manufacturers Association (GAMA) – fundada em 1970*. Dentre os membros da GAMA, estão fabricantes de aeronaves AG, motores, acessórios e equipamentos de aviação. A GAMA é uma grande defensora dos aeroportos AG.
- *Helicopter Association International (HAI) – fundada em 1948*. Os membros da HAI representam mais de 1.500 organizações em 51 países, as quais operam, fabricam e apoiam operações com helicópteros civis.
- *International Air Transport Association (IATA) – fundada em 1945*. A IATA é uma associação que engloba mais de 220 empresas aéreas internacionais e cuja principal função inclui a coordenação de taxas e operações das empresas aéreas. A IATA avalia anualmente aeroportos internacionais quanto à qualidade de seus serviços e publica seus resultados para acesso de todo o setor.
- *National Agricultural Aviation Association (NAAA) – fundada em 1967*. A NAAA representa os interesses dos operadores da aviação agrícola. Ela representa mais de 1.250 membros, incluindo proprietários de empresas de aplicação aérea; pilotos; fabricantes de aeronaves, motores e equipamentos; e demais empresas relacionadas.
- *National Air Transportation Association (NATA) – fundada em 1941*. Conhecida originalmente como National Aviation Training Association e posteriormente como Trades Association, a NATA representa os interesses de FBOs, serviços de táxi aéreo e fornecedores e fabricantes relacionados.
- *National Association of State Aviation Officials (NASAO) – fundada em 1931*. A NASAO representa departamentos de transporte e comissões estaduais da aviação de 50 Estados norte-americanos, de Puerto Rico e de Guam. A NASAO encoraja a cooperação e o auxílio mútuo entre governos locais, estaduais e federais.

- *National Business Aviation Association (NBAA) – fundada em 1947.* A NBAA representa os interesses aeronáuticos de mais de 7.400 companhias que possuem ou operam aeronaves da aviação geral, com o objetivo de auxiliar na condução de seus negócios, ou que estejam envolvidas com algum outro aspecto da aviação comercial.
- *Professional Aviation Maintenance Association (PAMA) – fundada em 1972.* A PAMA promove os interesses de técnicos de estrutura mecânica e de distribuição de energia.
- *Regional Airline Association (RAA) – fundada em 1971.* A RAA representa os interesses de empresas aéreas que oferecem transporte agendado de passageiros a médio curso, conhecidas como "empresas aéreas regionais", e de transportadoras aéreas de cargas.

Observações finais

Conforme descrito nesta introdução, o complexo sistema de aeroportos civis é composto por instalações aeroportuárias individuais de diversos portes e que atendem a diversos propósitos, todas organizadas no planejamento regional, nacional e internacional. As inúmeras regras, regulamentações e diretrizes, administradas por vários níveis de governo, abrangem todo tipo de operações do sistema aeroportuário e da aviação. Além disso, um grande número de organizações profissionais e industriais cumpre um importante papel, na medida em que influenciam as políticas segundo as quais os gestores de aeroportos devem operar. Ao se compreender o papel do gestor aeroportuário dentro do sistema de aviação civil, conhecer as regras que devem ser seguidas e quais fontes de apoio e auxílio estão à disposição, a tarefa de administrar com eficiência o sistema complexo que é um aeroporto se torna bem mais fácil.

Palavras-chave

- aeroportos de uso comum civil e militar
- passageiros embarcados
- passageiros desembarcados
- passageiros em conexão
- operações com aeronaves
- operações locais
- operações itinerantes
- aeronave base
- Department of Transportation
- Federal Aviation Administration
- Airport District Offices
- Organização da Aviação Civil Internacional

- National Airport System Plan
- National Plan of Integrated Airport Systems
- aeroporto de serviço comercial
- aeroporto principal
- *hub* grande
- *hub* médio
- *hub* pequeno
- não *hub*
- aeroporto da aviação geral (AG)
- instalação de utilidade básica
- instalação de utilidade geral
- aeroporto *reliever*
- área metropolitana estatística padrão
- Federal Aviation Regulations
- Code of Federal Regulations
- Transportation Security Regulations
- circulares consultivas

Questões de revisão e discussão

1. Quantos aeroportos existem nos Estados Unidos?
2. Quem são os proprietários dos aeroportos nos Estados Unidos?
3. Qual é a diferença entre um aeroporto privado e um aeroporto de uso público?
4. Quais são os diferentes tipos de aeroportos dos Estados Unidos, conforme descrito no NPIAS?
5. Quais são os principais aeroportos dos Estados Unidos em termos de passageiros embarcados?
6. Quais são os principais aeroportos dos Estados Unidos em termos de operações com aeronaves?
7. Quais são as diferentes classificações de *hub* descritas no NPIAS?
8. Quais são os requisitos necessários para que um aeroporto seja classificado como *reliever*?
9. Para que servem os aeroportos da aviação geral?
10. Quais agências federais existem para apoiar e supervisionar operações aeroportuárias?
11. Quais agências profissionais independentes existem para apoiar aeroportos?
12. Quais regras e regulamentações específicas são usadas para operar aeroportos?
13. O que são circulares consultivas? Para que elas servem em termos de gestão de aeroportos?

Leituras sugeridas

de Neufville, Richard. *Airport System Planning*. London, England: Macmillan, 1976.

de Neufville, R., and Odoni, A. *Airport Systems: Planning, Design, and Management*. New York: McGraw-Hill, 2002.

Howard, George P., ed. *Airport Economic Planning*. Cambridge, Mass. MIT Press, 1974.

National Plan of Integrated Airport Systems (NPIAS), 2009–2013, Washington, D.C.: FAA, March 2008.

Sixteenth Annual Report of Accomplishments under the Airport Improvement Program. FY 1997. Washington, D.C.: FAA, April 1999.

Wiley, John R. *Airport Administration and Management*. Westport, Conn.: Eno Foundation for Transportation, 1986.

CAPÍTULO 2
Organização e administração

Objetivos de aprendizagem

- Discutir as estruturas de propriedades de aeroportos.
- Identificar as diversas tarefas que existem nos aeroportos.
- Compreender o organograma de um aeroporto.
- Discutir a gestão de aeroportos como uma carreira em potencial.
- Compreender as questões de relações públicas associadas à gestão de aeroportos.

Introdução

Quer seja de propriedade privada ou do sistema público, existem características fundamentais na estrutura administrativa e organizacional de qualquer aeroporto. O número de pessoas empregadas em determinado aeroporto pode ir de apenas uma, na menor das dependências da aviação geral, até 50 mil, nas maiores organizações aeroportuárias do mundo.

Os gestores dos aeroportos que empregam um pequeno número de pessoas esperam que elas assumam inúmeras responsabilidades. Em um pequeno aeroporto, por exemplo, um dos funcionários pode ser responsável pela manutenção do aeródromo, pela gestão financeira e pela manutenção de um bom relacionamento com o público local. Já nos aeroportos maiores, os funcionários geralmente recebem responsabilidades bastante específicas, referentes a um segmento particular da gestão aeroportuária.

Propriedade e operação de aeroportos

Nos Estados Unidos, os aeroportos públicos pertencem e são operados por sistemas organizacionais e jurisdicionais diferentes. Geralmente, a propriedade e a operação coincidem: aeroportos comerciais podem pertencer e ser operados por uma cidade, um condado ou um Estado, ou por mais de uma jurisdição (uma cidade e um condado). Em alguns casos, um aeroporto comercial pertence a uma ou mais dessas entidades governamentais, mas é operado por um órgão público separado, como uma autoridade aeroportuária criada especificamente para o propósito de administrá-lo. Independentemente da propriedade, a responsabilidade legal sobre a operação e a administração cotidianas pode ser incorporada por qualquer um dos cinco tipos de entidades governamentais ou públicas: governo municipal ou de condado, autoridade portuária com múltiplos propósitos, autoridade aeroportuária, governo estadual ou governo federal.

Um típico **aeroporto operado municipalmente** é de propriedade do município e conduzido como um departamento municipal, com suas diretrizes guiadas pela câmera legislativa e, em alguns casos, por uma comissão aeroportuária ou um conselho consultivo independente. Aeroportos administrados por condados apresentam uma organização similar. Sob esse tipo de operação pública, decisões sobre diretrizes aeroportuárias são tomadas geralmente no contexto mais amplo das necessidades de investimento público da cidade ou do condado, de restrições orçamentárias e de metas de desenvolvimento.

Alguns aeroportos comerciais nos Estados Unidos são administrados por autoridades portuárias com múltiplos propósitos. **Autoridades portuárias** são órgãos legalmente instituídos com o *status* de corporações públicas e que operam uma variedade de instalações de propriedade pública, como portos, aeroportos, pedágios e pontes. Ao gerirem as propriedades sob sua jurisdição, as autoridades portuárias contam com uma ampla independência do Estado e dos governos locais. A sua independência financeira deriva em grande parte do poder de suprir suas próprias dívidas, na forma de títulos de receita, e da amplitude de suas próprias receitas, que podem ser advindas de taxas e encargos em terminais marítimos e em aeroportos, bem como de proventos (como pedágios em pontes ou túneis) de outras autoridades portuárias. Além disso, algumas autoridades portuárias têm o poder de cobrar impostos dentro de seu distrito portuário, embora isso raramente ocorra.

Outro tipo de organização é a de **autoridade aeroportuária** com propósito exclusivo. Similares às autoridades portuárias quanto à estrutura e à instituição legislativa, essas autoridades de propósito exclusivo também têm uma considerável independência com relação a governos estaduais e locais, os quais muitas vezes retêm a propriedade do aeroporto ou dos aeroportos operados pela autoridade. Assim como as autoridades portuárias com múltiplos propósitos, as autoridades aeroportuárias detêm o poder de suprir suas próprias dívidas, a fim de financiar o desenvolvimento de capital e, em alguns casos, o poder de cobrar impostos. Ao contrário das autoridades portuárias, porém, elas dependem de uma base muito mais restrita de receitas para conduzir um empreendimento autossustentável financeiramente.

Desde o início dos anos 1950, tem havido uma gradual transição do controle de aeroportos por cidades e condados para as autoridades independentes de propósito múltiplo ou exclusivo. A forma predominante ainda é a de propriedade e operação municipal, especialmente no que diz respeito aos aeroportos comerciais menores e da aviação geral; no entanto, existem razões para essa transição:

- Muitos mercados aeroportuários e áreas de serviço cresceram para além da jurisdição política responsável pelo aeroporto. Em alguns casos, percebe-se um considerável encargo fiscal – vigente ou potencial – sobre uma área bastante limitada. Nesses casos, a criação de uma autoridade visando "distribuir a manutenção de impostos vigentes ou potenciais" para o aeroporto pode ser recomendada. Com a dispersão da base fiscal de manutenção do aeroporto, é possível que haja um tratamento mais equitativo dos contribuintes individuais, fazendo com que os cidadãos que sustentam financeiramente o aeroporto mais se aproximem dos verdadeiros usuários de suas dependências.

- Outra vantagem do controle de um aeroporto por uma autoridade é que tal organização permite que o conselho se concentre e se especialize em temas aeroportuários.
- Autoridades aeronáuticas também podem ser eficientes na operação e na economia de escala quando diversas jurisdições políticas, cada uma com responsabilidades aeroportuárias separadas, optam por combiná-las sob um único conselho. Isso já foi realizado com considerável sucesso em muitas áreas dos Estados Unidos. Normalmente, o pessoal necessário para o funcionamento de uma autoridade aeroportuária será pequeno se comparado às exigências de pessoal do governo de uma cidade ou Estado. Esse fator geralmente resulta em uma melhor coordenação com a equipe de gestão do aeroporto.
- As autoridades também possibilitam que os funcionários tomem decisões no próprio local, além de aplicarem impostos e taxas, não influenciados por custos alheios ao próprio aeroporto, tudo isso com menor impacto político na administração do aeroporto.

Aeroportos operados pelo Estado normalmente são administrados pela secretaria estadual de transporte. Tanto obrigações gerais quanto títulos de receita podem ser usados para obter capital de investimento, e impostos estaduais sobre combustível de aviação podem ser aplicados para projetos de melhoria importantes.

Embora diversos Estados administrem seus próprios aeroportos comerciais, são poucos os aeroportos comerciais de grande e médio porte operados dessa forma, notadamente no Alasca, em Connecticut, no Havaí, em Maryland e em Rhode Island. O governo federal é o proprietário do aeroporto de Pomona (Atlantic City), em Nova Jersey, que é parte do Centro Técnico da Federal Aviation Administration (FAA). A South Jersey Transportation Authority opera essa instalação.

Privatização de aeroportos

Diversos aeroportos nos Estados Unidos são administrados por empresas privadas que operam geralmente sob um contrato de taxas fixas com o governo local. Em contrapartida, muitos aeroportos norte-americanos são geridos pelo governo local, mas um número significativo de funções aeroportuárias é terceirizado para empresas privadas, incluindo zeladoria, segurança, manutenção e gestão de concessões. Nenhuma dessas situações é polêmica, nem são incomuns as questões econômicas desses aeroportos.

A privatização diz respeito a uma transferência de funções e responsabilidades governamentais, no todo ou em parte, para o setor privado. As privatizações mais extensivas envolvem a venda ou o arrendamento de bens públicos.

A privatização de aeroportos, especificamente, costuma envolver o arrendamento da posse e/ou das instalações para uma empresa que venha a criar, operar e/ou gerir serviços comerciais oferecidos no aeroporto. Nenhum aeroporto nos Estados Unidos teve a sua propriedade completamente vendida para uma entidade privada. Arrendamentos operacionais de longo prazo representam o padrão nos contratos de privatização.

Nos últimos anos, houve tentativas de privatizar completamente alguns aeroportos de serviço comercial nos Estados Unidos. Em 1997, a FAA implementou o Pilot Program on Ownership of Airports (Programa-Piloto de Propriedade Privada de Aeroportos), sob o qual cinco aeroportos de uso público seriam operados por um grupo privado de gestão. Dentre os aeroportos selecionados para participar do programa estavam o Stewart International Airport, em Newburgh, Nova York; o Brown Field, em San Diego, Califórnia; o Rafael Hernández Airport, em Aguadilla, Porto Rico; o New Orleans Lakefront Airport, em Nova Orleans, Louisiana; e o Niagara Falls International Airport, em Niagara Falls, Nova York. O programa alcançou um sucesso limitado, com apenas o Stewart International Airport concluindo o processo de privatização. Em 2008, o Stewart International foi adquirido pela Port Authority of New York and New Jersey (Autoridade Portuária de Nova York e Nova Jersey), uma agência pública autônoma que opera portos, aeroportos, pontes e túneis da região.

Coincidentemente, em 2008, foi feita uma tentativa de privatizar o Midway Airport, de Chicago, por meio de uma venda para um consórcio privado que incluía o YVR Airport Services, proprietário e operador do Vancouver International Airport e de outros aeroportos do mundo. A tentativa, contudo, fracassou, já que o consórcio não conseguiu receber o financiamento desejado para completar o negócio. No entanto, em 2010, tentativas de reviver a privatização do Midway foram retomadas. Dentre outros esforços de privatização em andamento no ano de 2010 sob o Federal Airport Privatization Program (Programa Federal de Privatização) estão o Gwinnett County–Briscoe Field Airport, em Lawrenceville, Geórgia; o Luis Muñoz Marin International Airport, em San Juan, Porto Rico; e o Louis Armstrong New Orleans International Airport, em Nova Orleans, Louisiana.

Embora nenhum aeroporto comercial norte-americano tenha sido vendido por completo para uma entidade privada, aeroportos de propriedade pública têm, de fato, um amplo envolvimento com o setor privado. A maior parte dos serviços realizados em grandes aeroportos comerciais, como processamento de passageiros de empresas aéreas, transporte de bagagens, limpeza, concessões de lojas e transporte em terra, é fornecida por empresas privadas. Algumas estimativas indicam que até 90% dos funcionários que trabalham nos maiores aeroportos dos Estados Unidos são empregados por empresas privadas. Os 10% restantes são funcionários do governo local e estadual que realizam tarefas administrativas e de segurança pública; funcionários federais, como controladores de tráfego aéreo da FAA e examinadores de segurança do Transportation Security Administration (TSA – Departamento de Segurança em Transportes); ou outros funcionários públicos. Os aeroportos estão cada vez mais dependentes do setor privado para o fornecimento de serviços a custos reduzidos e maior qualidade e melhor atendimento nos serviços oferecidos.

Em meados dos anos 1990, algumas administrações públicas contrataram empresas privadas para gerir seus aeroportos; mais notadamente, em 1995, a Indianapolis Airport Authority (Autoridade Aeroportuária de Indianápolis) contratou uma empresa privada, a British Airports Authority, para gerir o seu sistema de aeroportos, incluindo o Indianapolis International Airport. Desde 1995, alguns aeroportos tiveram sua gestão totalmente terceirizada. Mais frequentemente, a gestão de uma parte do aeroporto, como terminais, estacionamento e assim por diante, tem sido terceirizada por empresas do setor privado.

Os aeroportos, no entanto, vêm buscando diversificar suas fontes de investimento e ampliar os montantes advindos do setor privado. Tradicionalmente, os aeroportos sempre dependeram das empresas aéreas e de recursos federais para financiar suas operações e seu desenvolvimento. Nos últimos anos, porém, especialmente os aeroportos maiores, têm buscado diminuir sua dependência com relação às empresas aéreas e aumentar, ao mesmo tempo, as receitas geradas por outras fontes. Receitas não advindas de empresas aéreas, como receitas comerciais, representam atualmente mais de 50% da receita total dos grandes aeroportos.

Na maioria dos outros países, o governo federal é o dono e o operador dos aeroportos. Contudo, um número cada vez maior de países, incluindo Canadá, Austrália e Índia, tem implementado estratégias para envolver mais amplamente o setor privado como forma de proporcionar capital para desenvolver e aumentar a eficiência. As atividades de privatização vão desde a terceirização de serviços e de ampliação da infraestrutura, papel similar ao das atividades do setor privado nos aeroportos norte-americanos, até a venda ou o arrendamento de aeroportos de propriedade federal.

O México, por exemplo, promulgou em 1995 uma lei para a concessão de 58 grandes aeroportos por meio de contratos a longo prazo. A maior parte dos esforços de privatização desses países não diz respeito à transferência de propriedade dos aeroportos, mas a arrendamentos de longo prazo, contratos de gestão, venda de ações minoritárias de aeroportos individuais ou desenvolvimento de pistas e terminais pelo setor privado. Somente o Reino Unido acabou vendendo aeroportos importantes para o setor privado. Para privatizá-los, o Reino Unido vendeu a empresa governamental British Airports Authority (BAA) e os sete maiores aeroportos que ela operava (incluindo o Heathrow e o Gatwick, de Londres) em uma oferta pública de ações de US$ 2,5 bilhões. Os rendimentos dessa venda foram usados para reduzir a dívida nacional. Mesmo após a privatização, os aeroportos permaneceram sujeitos a regulamentações do governo quanto ao acesso de empresas aéreas, cobranças aeroportuárias, segurança e proteção ambiental. O governo também mantém direito a veto sobre novos investimentos ou não investimentos em aeroportos. A BAA tem gerado lucros todos os anos desde que assumiu a propriedade dos aeroportos mais importantes do Reino Unido em 1987.

Diversos fatores motivaram o interesse em ampliar o papel do setor privado em aeroportos comerciais nos Estados Unidos. Em primeiro lugar, os defensores da privatização acreditam que empresas privadas gerariam capital adicional para o desenvolvimento aeroportuário. Em segundo lugar, os proponentes creem que os aeroportos privatizados seriam mais lucrativos, já que o setor privado os operaria com mais eficiência. Por fim, eles defendem que a privatização beneficiaria todos os níveis de governo ao reduzir a demanda de recursos públicos e ao ampliar a base fiscal.

O entusiasmo frente à privatização integral de aeroportos parece ter diminuído a partir do final dos anos 1990, quando a economia dos Estados Unidos em geral entrou em declínio. Entretanto, os conceitos que estimulam os empreendimentos privados rumo a operações eficientes e competitivas vêm sendo acolhidos por aeroportos sob posse e gestão pública. Como resultado, estruturas organizacionais e de responsabilidades gerenciais se modernizaram em estruturas de gestão aeroportuária mais dinâmicas e eficientes.

O organograma dos aeroportos

Um **organograma** mostra os relacionamentos formais de autoridade entre superiores e subordinados em vários níveis, bem como os canais formais de comunicação dentro da organização. Ele proporciona uma estrutura de referência dentro da qual as funções de gestão podem ser postas em prática. O organograma ajuda os funcionários a perceberem mais claramente suas posições na organização com relação aos outros e como e onde os gerentes e os trabalhadores se encaixam dentro da estrutura organizacional em geral.

Os organogramas de gestão aeroportuária vão desde os mais simples até os mais complexos, dependendo principalmente do tamanho, da posse e da estrutura gerencial do aeroporto.

O organograma é um modelo estático da estrutura gerencial de um aeroporto, ou seja, ele mostra como o aeroporto está organizado em determinado período. Isso representa uma importante limitação do organograma, já que os aeroportos operam em um ambiente dinâmico e, por isso, precisam se adaptar continuamente às condições mutáveis. Algumas posições antigas podem não ser mais necessárias, ou novas posições talvez precisem ser criadas para que novos objetivos venham a ser alcançados; portanto, é necessário que o organograma seja revisado e atualizado periodicamente, a fim de refletir essas mudanças de condições.

Os deveres, diretrizes e teorias que governam a tarefa de gestão de um aeroporto variam amplamente com o tempo. Além disso, muitas dessas diretrizes variam de aeroporto para aeroporto, dependendo de suas características operacionais. Como resultado, é difícil indicar algum organograma que seja típico ou saber se o organograma de determinado aeroporto em um instante específico ainda estará vigente após alguns meses; no entanto, todos os aeroportos compartilham, de fato, algumas áreas funcionais comuns nas quais as suas atividades aeroportuárias são divididas. É compreensível que, quanto maior for o aeroporto, maior será a especialização das tarefas e maior será o número de departamentos. A Figura 2-1 apresenta as áreas funcionais mais importantes e os títulos gerenciais mais comuns de um aeroporto comercial.

Descrições dos cargos

A seguir, é apresentada uma breve descrição das tarefas de cada cargo da Figura 2-1.

Diretor do aeroporto O diretor do aeroporto é responsável pela operação cotidiana do aeroporto. Ele responde diretamente à autoridade aeroportuária, ao conselho ae-

```
                  ┌─────────────────────────────────────────┐
                  │  Autoridade aeroportuária, conselho     │
                  │  aeroportuário ou representantes         │
                  │  da cidade/condado                      │
                  └─────────────────────────────────────────┘
                                    │
                  ┌─────────────────────────┐
                  │   Diretor do aeroporto  │
                  └─────────────────────────┘
```

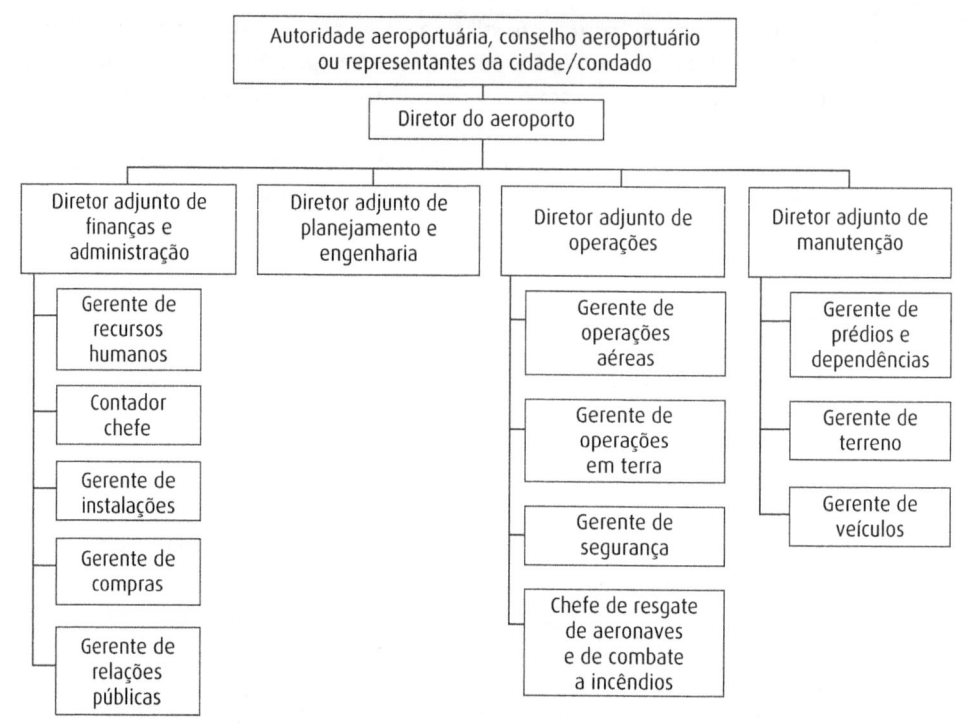

FIGURA 2-1 Organograma gerencial típico de um aeroporto.

Abaixo do Diretor do aeroporto, há quatro diretores adjuntos:

- **Diretor adjunto de finanças e administração**
  - Gerente de recursos humanos
  - Contador chefe
  - Gerente de instalações
  - Gerente de compras
  - Gerente de relações públicas

- **Diretor adjunto de planejamento e engenharia**

- **Diretor adjunto de operações**
  - Gerente de operações aéreas
  - Gerente de operações em terra
  - Gerente de segurança
  - Chefe de resgate de aeronaves e de combate a incêndios

- **Diretor adjunto de manutenção**
  - Gerente de prédios e dependências
  - Gerente de terreno
  - Gerente de veículos

roportuário ou à comissão governamental encarregada do desenvolvimento e da administração do aeroporto. Por meio de supervisores subordinados, dirige, coordena e revisa todas as operações das aeronaves, a manutenção de campo e de edificações, projetos de construção, relações públicas e questões financeiras e de recursos humanos no aeroporto. O diretor do aeroporto também:

- Supervisiona e coordena o uso das instalações do aeroporto por parte de empresas aéreas, aviação geral e arrendatários militares.
- Verifica se as atividades dos arrendatários do aeroporto estão em conformidade com os termos de arrendamentos e outros acordos.
- Supervisiona a fiscalização do tráfego de aeronaves no ar e em terra e outras regulamentações aplicáveis.
- Discute com empresas aéreas, arrendatários, a FAA e outros sobre regulamentações e instalações do aeroporto e outras questões relacionadas.
- Participa do planejamento para o aumento do volume de aeronaves e passageiros e para a ampliação de instalações.
- Determina e recomenda exigências para a contratação de pessoal.
- Compila e submete para revisão o orçamento aeroportuário anual.
- Coordena atividades aeroportuárias com trabalhos de construção, manutenção e outros realizados por funcionários, arrendatários, empresas de serviços públicos e fornecedores.

- Promove a aceitação de atividades relacionadas ao aeroporto em comunidades vizinhas.

Diretor adjunto de finanças e administração O diretor adjunto de finanças e administração é encarregado das questões gerais envolvendo finanças, recursos humanos, aquisições, gestão de instalações e gestão de gabinete. Especificamente, as tarefas desse funcionário incluem:

- Planejamento fiscal e administração orçamentária.
- Realização de funções financeiras básicas, como controle de contas a pagar e a receber, auditoria e folha de pagamento.
- Administração da função de compras.
- Administração e uso de bens imóveis, incluindo negociação de arrendamentos com locatários e controle de inventário.
- Funções de recursos humanos, incluindo pagamentos, relações com funcionários e treinamento.
- Adequação de serviços de telefone e correio.
- Relações públicas.

Gerente de recursos humanos O gerente de recursos humanos é responsável pela administração do programa de funcionários do aeroporto. Para tal cargo, as tarefas incluem:

- Lidar com problemas de recursos humanos envolvendo classificações de cargos, pagamentos, recrutamento, atribuições, transferências, demissões, promoções, licenças, relacionamentos supervisor-subordinado e condições de trabalho.
- Atuar como o encarregado por direitos e oportunidades iguais em nome do aeroporto.
- Tratar de casos de pagamento de funcionários.
- Avaliar o padrão de organização, revisar e recomendar mudanças propostas de organização e de departamentos e preparar descrições de cargos.
- Conferir problemas laborais junto aos funcionários e seus supervisores.
- Preparar documentos do funcionário e fazer a manutenção de seus registros.
- Entrevistar ou supervisionar as entrevistas de candidatos a cargos no aeroporto.

Contador-chefe O contador-chefe é responsável pelo planejamento financeiro, orçamento, contabilidade, folha de pagamento e auditoria. Seus principais deveres são:

- Coordenar, consolidar e apresentar planos financeiros.
- Administrar a contabilidade básica, como contas gerais, contabilidade de custos e contas a pagar e a receber.
- Administrar o orçamento; revisar e analisar o verdadeiro desempenho em sessões de revisão orçamentária.
- Supervisionar todas as receitas e despesas.

- Administrar a folha de pagamento.
- Conduzir auditorias internas periódicas de todas as funções aeroportuárias.

Gerente de instalações O gerente de instalações estabelece critérios e procedimentos para a administração de todas as propriedades do aeroporto. É responsável pelo controle do inventário de todos os equipamentos e instalações. Os principais deveres e responsabilidades desse funcionário incluem, ainda:

- Identificação e controle de todas as propriedades e equipamentos, incluindo auditorias periódicas.
- Avaliação e recomendação das formas mais eficientes de utilização dos bens imóveis do aeroporto.
- Angariação de arrendatários e concessionários.
- Desenvolvimento de diretrizes aplicáveis para o uso de propriedades por parte de arrendatários e concessionários.
- Coordenação com o setor jurídico e de compras com relação a arrendamentos para locatários e concessionários.

Gerente de compras O gerente de compras dirige as compras de materiais e serviços para a manutenção do aeroporto; ele prepara, negocia, interpreta e administra contratos com empreiteiros. Os principais deveres desse funcionário são:

- Coordenar solicitações de materiais e serviços a serem adquiridos.
- Fazer a aquisição de todos os materiais e serviços.
- Estabelecer diretrizes e procedimentos de licitação.
- Trabalhar conjuntamente com o gerente de instalações e com o setor jurídico com relação a contratos associados à compra de equipamentos.

Gerente de relações públicas O gerente de relações públicas é o encarregado dos contatos entre o aeroporto e a comunidade vizinha. Esse cargo é responsável por todas as atividades de relações públicas, incluindo o desenvolvimento de publicidade e propaganda envolvendo o aeroporto. Esse funcionário também é responsável por lidar com o ruído e com outras questões ambientais. Seus principais deveres incluem:

- Consultoria e aconselhamento do gestor do aeroporto no que tange às diretrizes e práticas de relações públicas.
- Coordenação de todas as divulgações públicas nos diversos meios de comunicação.
- Supervisão de todos os guias e guichês de informação do aeroporto.
- Coordenação de visitas de pessoas importantes ao aeroporto.
- Recebimento e análise de todas as queixas públicas referentes a questões como ruídos e outros assuntos ambientais.
- Preparação de respostas a reclamações e aconselhamento da diretoria, conforme apropriado.
- Patrocínio de atividades e eventos especiais para gerar boa vontade e aceitação pública.

Diretor adjunto de planejamento e engenharia O diretor adjunto de planejamento e engenharia fornece auxílio técnico a todas as organizações do aeroporto e garante a integridade da engenharia dos projetos de construção, reformas e instalações. Esse funcionário também estabelece padrões de segurança industrial. Seus principais deveres e responsabilidades incluem:

- Desenvolver padrões e especificações para projetos de construção, reformas e instalações; monitorar tais projetos para assegurar a sua conformidade.
- Revisar todos os planos de construção, a fim de determinar a integridade técnica e a conformidade com os padrões estéticos do projeto.
- Desenvolver e publicar padrões e procedimentos para a segurança industrial.
- Participar na negociação de contratos de construção.

Diretor adjunto de operações O diretor adjunto de operações é responsável por todas as operações aéreas e terrestres, incluindo a segurança e as operações contra incêndios, de acidente e de resgate. Entre os seus deveres principais, estão:

- Dirigir as operações e os programas de segurança para o aeroporto.
- Coordenar e supervisionar as atividades de segurança com o setor de manutenção de campo, com os departamentos de polícia e de bombeiros, com as agências federais e com os arrendatários do aeroporto.
- Recomendar e avaliar a divulgação de regras e procedimentos operacionais.
- Supervisionar investigações de violações de normas do aeroporto.
- Preparar o orçamento anual de operações.
- Gerenciar o monitoramento do nível de ruídos e coordenar estudos desse nível.
- Participar de programas especiais relacionados às operações do aeroporto, como estudos de limites de altura dentro das propriedades do aeroporto e estudos sobre o controle de ruídos.

Gerente de operações aéreas O gerente de operações aéreas é responsável por todas as operações relacionadas ao aeródromo. Suas principais tarefas são:

- Fiscalizar regras, regulamentações e procedimentos operacionais e de segurança referentes a aterrissagens, taxiamento, estacionamento, serviços de carga e descarga de aeronaves, operação de tráfego veicular pelo aeródromo, atividades de companhias aéreas e situações de emergência.
- Inspecionar condições da iluminação, da pista de pouso, das pistas de táxi e das rampas de acesso do aeródromo.
- Corrigir condições de risco.
- Coordenar atividades no aeródromo com o setores de manutenção e segurança.
- Acompanhar todas as chamadas de emergência e de desastres na área de circulação de aeronaves, notificando a torre de controle para o fechamento das pistas, dirigindo o setor de manutenção e os encarregados de segurança para o controle de multidões e supervisionando outras considerações e atividades de segurança para a retomada das operações normais do aeroporto.

- Investigar e divulgar reclamações e operações aeroportuárias problemáticas, incluindo chegadas não planejadas de aviões, acidentes com aeronaves, violações de regras e procedimentos, atividades de empresas aéreas e outras operações no aeroporto.
- Designar portões e espaços de estacionamento para todas as aeronaves.
- Coordenar organizações especiais para chegadas e partidas de pessoas importantes.
- Completar todos os relatórios vinculados a atividades operacionais de determinados turnos.
- Auxiliar na condução de estudos sobre níveis de ruído com funcionários de outros departamentos.

Gerente de operações em terra O gerente de operações em terra é responsável por todas as operações realizadas em terra. Seus deveres principais incluem:

- Fiscalizar regras, regulamentações e procedimentos operacionais e de segurança referentes a edificações, estradas de acesso e estacionamentos.
- Exercer autoridade para interromper atividades perigosas ou não autorizadas de locatários, de funcionários ou do público, em violação a regulamentações e procedimentos de segurança.
- Responder a questionamentos e explicar procedimentos de uso de terminais e regulamentações de segurança a locatários.
- Coordenar a construção de terminais e outras atividades em dependências do aeroporto com o setor de manutenção e de segurança.
- Coordenar todas as atividades envolvendo estacionamentos em conjunto com locatários e empresas de trânsito.
- Preparar relatórios de danos pessoais e a propriedades e relatórios de incidentes em geral.
- Completar todos os relatórios concernentes a atividades de operação em determinados turnos.

Gerente de segurança O gerente de segurança fiscaliza a segurança, o tráfego e as regras e regulamentações internas e participa de atividades de fiscalização de cumprimento das leis no aeroporto. Esse funcionário também trabalha em conjunto com oficiais federais de segurança designados ao aeroporto. Seus principais deveres são:

- Fiscalizar portarias e regulamentações concernentes a estacionamento, controle de tráfego, segurança e proteção a propriedades.
- Patrulhar dependências para prevenir transgressões e usos perigosos ou não autorizados.
- Impedir a entrada de público em áreas perigosas ou restritas.
- Emitir intimações e advertências por violações de disposições específicas de regras e regulamentações do aeroporto.

- Organizar a segurança de portões e passagens interditadas e vasculhar prédios e instalações em busca de indicações de incêndio, condições perigosas, entradas não autorizadas e vandalismo.
- Responder a emergências e tomar medidas imediatas, a fim de controlar multidões, dirigir tráfego, ajudar feridos e acionar alarmes.
- Responder a chamados em que há necessidade de serviços policiais; participar de prisões; apreender ou ajudar membros do departamento de polícia em apreensões de infratores da lei.
- Fornecer informações ao público referentes a localizações e operações no aeroporto.
- Auxiliar funcionários uniformizados e armados no patrulhamento e permanecer em alerta, 24 horas por dia, a fim de proteger e defender todas as pessoas no aeroporto e todas as propriedades dentro dele.

Chefe de resgate de aeronaves e de combate a incêndios O chefe de resgate de aeronaves e de combate a incêndios desenvolve e implementa planos contra acidentes, incêndios e desastres. Suas principais funções incluem:

- Conduzir um programa (continuado) de treinamento para o setor de resgate e de combate a incêndios em aeronaves.
- Desenvolver e implementar todos os programas de resgate de aeronaves e combate a incêndios.
- Formar equipes e operar todos os equipamentos de resgate de aeronaves e combate a incêndios no aeroporto.
- Inspecionar e testar todos os tipos de prevenção fixa a incêndios e todos os extintores no aeroporto.
- Inspecionar todas as dependências para a prevenção de incêndios e/ou para segurança.

Diretor adjunto de manutenção O diretor adjunto de manutenção é responsável pelo planejamento, coordenação, direção e revisão da manutenção de edificações, instalações, veículos e serviços de utilidade pública. Os principais deveres são:

- Desenvolver, dirigir e coordenar diretrizes, programas, procedimentos, padrões e cronogramas para edificações, serviços de utilidade pública, manutenção de veículos e instalações de campo.
- Coordenar o trabalho realizado por locatários e empreiteiros.
- Inspecionar o trabalho de manutenção para garantir sua conformidade com projetos, especificações e leis aplicáveis.
- Fazer recomendações referentes à adequação, suficiência e condições de edificações, instalações e veículos.
- Supervisionar contratos de manutenção.

Gerente de prédios e dependências O gerente de prédios e dependências é responsável por assegurar que os prédios estejam com a manutenção adequada, a um custo mínimo. Os principais tipos de manutenção obrigatória são referentes à elétrica, mecânica, encanamento, pintura, carpintaria, maçonaria e edificações em geral. Os principais deveres do cargo incluem:

- Desenvolver um cronograma aprovado de manutenção para as exigências de cada prédio.
- Atribuir pessoal qualificado para realizar a manutenção.
- Inspecionar os trabalhos, visando à adequação e à conformidade com as exigências.
- Desenvolver métodos especiais de manutenção onde necessário.

Gerente de terreno   O gerente de terreno é responsável por garantir que os terrenos sejam mantidos em bom estado e que a paisagem receba manutenção adequada. Os principais deveres são:

- Desenvolver cronogramas aprovados para a manutenção de todas as áreas de superfície do aeroporto, incluindo pavimento, paisagismo e sistemas de drenagem.
- Designar pessoal qualificado para realizar a manutenção dos terrenos.
- Inspecionar a adequação e a conformidade do trabalho com relação a padrões de manutenção.

Gerente de veículos   O gerente de veículos é responsável pela manutenção de todos os veículos utilizados pelo aeroporto. A manutenção de veículos inclui regulagem de motores, manutenção preventiva, lavagem e polimento, cuidado com pneus e baterias, lubrificação e abastecimento. Os principais deveres do cargo incluem:

- Desenvolver um cronograma aprovado de manutenção de veículos.
- Coordenar o cronograma com usuários dos veículos do aeroporto.
- Designar funcionários qualificados para realizar a manutenção.
- Inspecionar todos os trabalhos para determinar a conformidade com padrões estabelecidos de manutenção.
- Fazer a coordenação com o departamento de compras para obter serviços de fornecedores conforme necessário.
- Manter registros sobre a utilização dos veículos e sua manutenção.
- Fazer a coordenação com o departamento de compras para desenvolver um programa de descarte e substituição de veículos.

Embora os cargos recém-mencionados representem uma estrutura gerencial típica em um aeroporto comercial, existem inúmeros funcionários com uma ampla variedade de habilidades subordinados a eles. Alguns dos títulos mais comuns de cargos encontrados nos principais aeroportos incluem os seguintes:

- Analista de contratos
- Analista financeiro
- Arborista
- Arquiteto
- Assentador de azulejos
- Assistente administrativo
- Assistente de operações
- Auditor

- Bombeiro
- Carpinteiro
- Contador
- Desenhista
- Encanador
- Encarregado de manutenção
- Engenheiro civil
- Engenheiro de *software*
- Engenheiro industrial
- Estagiário
- Funcionário do Recursos Humanos
- Guia do aeroporto
- Inspetor de construções
- Limpador de janelas
- Mecânico automotivo
- Mecânico de ar-condicionados
- Mecânico de elevadores
- Mecânico de equipamentos
- Modelador em gesso aeroportuário
- Motorista de ônibus
- Oficial de segurança
- Operador de caminhão
- Operador de equipamentos
- Operador de equipamentos pesados
- Pintor
- Projetista de instalações
- Representante de relações públicas
- Responsável direto por compras
- Responsável pelo controle de ruídos
- Secretário
- Sinalizador de tráfego
- Soldador
- Supervisor de operações
- Técnico de manutenção e construção
- Técnico em concreto
- Técnico em eletricidade
- Técnico em metal-mecânica
- Zelador
- Zelador de almoxarifado
- Zelador-geral

Gestão aeroportuária como carreira

Há muitas carreiras na área de gestão aeroportuária, conforme evidenciado pela variedade de cargos descritos na seção anterior. Até mesmo o cargo de gestor aeroportuário varia bastante. Em um extremo, temos o gestor de um grande aeroporto metropolitano, quer seja uma pessoa nomeada ou um funcionário do governo municipal ou da autoridade aeroportuária, o qual comanda um amplo grupo de assistentes e especialistas por meio dos quais administra uma organização altamente complexa. No outro extremo, está o proprietário-gestor de um pequeno campo de pouso privado próximo a uma comunidade rural. Ele pode combinar suas atividades de gestão de aeroporto com um trabalho em outra área de atuação.

Entre esses dois extremos, está o gestor de um aeroporto privado ou pertencente a um município, onde há um número limitado de voos agendados de empresas aéreas a cada dia. Baseados no aeroporto, encontram-se operadores com base fixa e certo número de aeronaves da propriedade de indivíduos e empresas. O gestor típico de um aeroporto de médio porte lida com todos os segmentos da comunidade aeronáutica, incluindo empresas aéreas, aviação geral e agências federais e estaduais.

Nos primórdios da aviação, uma pessoa podia se tornar um gestor aeroportuário caso fosse um piloto e tivesse muitos anos de experiência em algum segmento do setor. Ainda que o indivíduo fosse capaz de gerir a operação aeroportuária, sua própria experiência provavelmente vinha de outra área da aeronáutica, e não da gestão de negócios.

Hoje um gestor de aeroportos deve ser primordialmente um executivo habilidoso, com *expertise* envolvendo todas as atividades da aviação e da gestão em geral. Já não é mais necessário que o gestor seja um piloto. A posição de gerência em aeroportos é única no que diz respeito aos seus principais aspectos, devido à ampla variedade de portes de aeroporto, de tipos de propriedade e de operação. Também há amplas variações nos procedimentos governamentais em diferentes comunidades. Isso, por vezes, faz com que as responsabilidades, os salários e o nível de autoridade dos gestores de aeroportos sejam completamente diferentes de uma cidade para outra. Até mesmo o título do cargo sofre variações. Diretor de aviação, superintendente aeroportuário, diretor executivo, diretor de aeroporto, gerente-geral e outros títulos muitas vezes são usados no lugar de gestor aeroportuário.

Deveres de um gestor aeroportuário

Um gestor aeroportuário geralmente é parte proprietário e parte empresário. Como proprietário, a condição e operação seguras do aeroporto representam a mais importante responsabilidade do gestor. A manutenção dos prédios e terrenos do aeroporto também é importante. Enquanto empresário, o gestor está encarregado das relações públicas; do planejamento financeiro; da operação cotidiana rentável e eficiente; e da coordenação de empresas aéreas, concessões e dependências do aeroporto, de forma a melhor atender aos locatários e ao público aeronáutico.

O principal dever do gestor aeroportuário é a operação segura e eficiente do aeroporto e de todas as suas dependências, independentemente de seu tamanho. No entanto, pelo menos nos maiores aeroportos civis, o gestor não possui controle direto sobre a maior parte das atividades aeronáuticas. Ele precisa lidar com todos os grupos e indivíduos que utilizam as dependências do aeroporto. Isso inclui representantes de empresas aéreas que agendam voos, fazem a manutenção e o serviço de suas próprias aeronaves e realizam o processamento de seus passageiros; todos os segmentos da comunidade da aviação geral, incluindo operadores com base fixa e proprietários, e operadores individuais e corporativos de aeronaves; funcionários de gestão de tráfego aéreo operados e contratados pela federação; e funcionários da alfândega, da segurança e do patrulhamento de fronteiras.

Todos esses grupos podem ser encarados como locatários do aeroporto, cada um conduzindo suas atividades independentes. Além de lidar com as empresas e os indivíduos diretamente envolvidos com viagens aéreas, o gestor permanece em contato com os concessionários que operam restaurantes, lojas e áreas de estacionamento, e com o público viajante.

O tamanho do aeroporto e os serviços que ele oferece a seus locatários e ao público cumprem um papel importante na determinação dos deveres específicos do seu gestor. A pessoa nesse cargo precisa formular diretrizes fiscais, assegurar novos negócios, recomendar e fiscalizar regras e regulamentações de campo, estabelecer disposições para o tratamento de transeuntes e passageiros, supervisionar projetos de construção e garantir que o aeroporto esteja adequadamente policiado e que o tráfego de aviões e automóveis esteja devidamente regulado.

O gestor representa as funções e atividades do aeroporto frente à cidade ou outros governos locais e ao público; ele é tanto um especialista em relações públicas quanto um administrador de negócios. Essa função de relações públicas é extremamente importante e será abordada ao final deste capítulo, em uma seção separada.

Nem todas essas tarefas são exigidas de todos os gestores de aeroportos. Muitos aeroportos são pequenos demais para comportar instalações de gestão de tráfego, como torres de controle. Outros não dispõem de voos agendados por parte de empresas aéreas. Nesses aeroportos, o trabalho pode parecer menos complexo de um ponto de vista organizacional, mas o gestor geralmente precisa fazer todo o trabalho pessoalmente. Já nos grandes aeroportos, o gestor conta com uma equipe de funcionários mais numerosa, à qual boa parte do trabalho é delegada.

O trabalho do gestor aeroportuário obviamente não se enquadra no horário comercial usual. Os turnos são muitas vezes irregulares e a maioria dos gestores precisa trabalhar em alguns finais de semana e feriados. O trabalho noturno também é comum. Condições climáticas difíceis, problemas operacionais, irregularidades de funcionários e mudanças no cronograma de voos são apenas alguns dos percalços encontrados durante as horas de trabalho. Mesmo quando se encontram fora do horário de trabalho, os gestores permanecem de plantão 24 horas por dia.

Educação e treinamento

A principal exigência do cargo de gestor aeroportuário é a capacidade empresarial e administrativa, ou seja, a capacidade de tomar decisões, de coordenar detalhes, de dirigir o trabalho dos outros e de trabalhar sem atrito com todos. Talvez a formação mais indicada seja a gestão aeronáutica. Cursos universitários como engenharia, administração, contabilidade, finanças e economia, negócios e lei aeronáutica, e gestão de empresas aéreas, de aviação geral e de aeroportos também são indicados para quem quer seguir a carreira de gestor aeroportuário. Muitas escolas que integram a University Aviation Association (UAA) oferecem programas e cursos que podem ser aplicados aos problemas da gestão aeroportuária.

Inúmeros aeroportos principais nos Estados Unidos contam com programas de estágio de um ou dois anos que treinam estudantes universitários de graduação para vários aspectos da gestão aeroportuária. Outros estudantes começam em pequenos aeroportos da aviação geral, onde se envolvem em todos os aspectos da gestão aeroportuária – desde a manutenção até a participação em reuniões de comissão metropolitana. Alguns estudantes de graduação assumem cargos em empresas de aviação e consultoria aeroportuária e, após muitos anos, acabam se tornando gestores aeroportuários. Muitos outros adquirem experiência em outra área da aviação antes de entrar no ramo.

O avanço na carreira de gestor aeroportuário é muitas vezes descrito como uma trajetória "diagonal". Um profissional aeroportuário costuma começar sua carreira em um aeroporto menor, assumindo posteriormente uma posição sênior de gestão em um aeroporto maior. Já outros avançam verticalmente, galgando posições em um mesmo aeroporto. Em aeroportos menores, porém, o avanço é limitado, devido ao tamanho do quadro de funcionários. Nos aeroportos maiores, limitações similares são encontradas devido à grande quantidade de funcionários que buscam promoções para posições relativamente escassas. Uma típica carreira de gestor aeroportuário pode passar por diversos aeroportos do país e, cada vez mais, do mundo.

O importante serviço público que um aeroporto proporciona, em conjunto com suas vantagens econômicas, para uma comunidade levou governos municipais a reconhecerem a necessidade de uma gestão aeroportuária profissional. Para atender a essa necessidade, a American Association of Airport Executives (AAAE) deu início a um programa de certificação para aqueles atualmente empregados na área de gestão aeroportuária. Um mínimo de um ano de experiência de trabalho em um aeroporto de uso público, um diploma de curso universitário de quatro anos de duração ou alguns anos de experiência em gestão de aeroporto civil, um artigo original sobre um problema aeroportuário e a conclusão de um exame abrangente são as principais exigências do programa de certificação. O candidato deve ter pelo menos 21 anos e um bom caráter moral. Quando um gestor aeroportuário cumpre todas essas exigências, ele está apto a usar as iniciais A.A.E. (*Accredited Airport Executive* – Executivo Aeroportuário Certificado) após o seu nome e tem direito de voto nas reuniões de negócio da AAAE. O aeroporto administrado por alguém nessa posição pode ser designado como um aeroporto AAAE.

Para aqueles que não estão atualmente empregados em um aeroporto, a AAAE oferece certificação de Membro Certificado (C.M. – *Certified Member*). A certificação C.M. pode ser alcançada completando o exame escrito com uma nota mínima.

Muitas oportunidades de carreira profissional na gestão aeroportuária devem surgir nos próximos anos, devido à expansão das dependências e à rotatividade. À medida que crescer o número de novos aeroportos e que forem expandidas as dependências de muitos daqueles já existentes, novas posições administrativas serão criadas. Muitas delas não serão cargos de primeiro escalão, mas o aeroporto do futuro exigirá que gestores adjuntos se especializem em determinada parte da enorme operação. Além disso, pessoas qualificadas serão necessárias, a fim de substituir aquelas que forem se aposentando, sem contar que há uma demanda crescente ao redor do mundo por gestores aeroportuários experientes e qualificados, especialmente no Oriente Médio e na Ásia.

Como o trabalho de gerir um aeroporto comercial de médio a grande porte é fascinante e exige muitas qualificações, haverá uma forte concorrência por empregos; contudo, o indivíduo motivado com uma sólida base educacional e uma experiência variada nas áreas de aviação e gestão encontrará seu lugar em um campo de trabalho que é e permanecerá sendo comparativamente pequeno.

O gestor aeroportuário e as relações públicas

Inquestionavelmente, um dos aspectos mais importantes e desafiadores do trabalho de um gestor aeroportuário é o das relações públicas. **Relações públicas** é a função gerencial que visa criar uma boa imagem para uma organização e seus produtos, serviços ou ideais junto a grupos de pessoas capazes de afetar o seu negócio no presente e no futuro. O tipo mais avançado de relações públicas busca não apenas criar uma boa imagem para a organização tal como ela existe, mas também ajuda a formular diretrizes, caso necessário, que resultam em uma reação favorável.

A aviação e os aeroportos exercem tal impacto em nossas vidas, e na vida do país como um todo, que é até difícil encontrar uma pessoa sem qualquer conhecimento ou opinião sobre aeroportos. Apesar do tremendo crescimento de todos os segmentos da aviação nos últimos 50 anos, e dos desafios, problemas e oportunidades daí resultantes, a aviação não esteve imune a controvérsias, que são parte inevitável de qualquer empreendimento que afeta a vida de um grande número de pessoas. Essa controvérsia é a razão pela qual qualquer opinião, seja ela positiva ou negativa, será veemente. O resultado final é que cada aeroporto tem uma imagem – seja boa ou ruim.

Os grandes problemas com aeroportos sempre estão relacionados às imagens resultantes das opiniões do público. Essas imagens são, na verdade, os fatores de equilíbrio que correspondem aos problemas que o público encontra nos aeroportos. As imagens são depósitos que representam a experiência acumulada com ruídos de jato, horas de dificuldade para chegar até um aeroporto em vias congestionadas e em construção, frustração de tentar encontrar uma vaga de estacionamento não muito distante, filas para retirar as passagens, tempo de espera pelas bagagens e outras inconveniências, sem mencionar os impactos dos procedimentos de segurança cada vez mais rigorosos e da consolidação da capacidade das empresas aéreas e até mesmo o impacto dos desastres naturais. Muitas vezes, questões operacionais que são de responsabilidade de outrem são percebidas como responsabilidades dos aeroportos e, portanto, se incorporam aos seus problemas de relações públicas.

Nesse contexto, parte do público acaba nutrindo uma imagem do aeroporto como um lugar que realiza importantes contribuições para a sociedade, por meio de canais comerciais, e contribuições ainda mais valiosas de natureza pessoal, ao oferecer um meio para uma viagem eficiente e, assim, maior desenvolvimento pessoal e maior aproveitamento da vida. Apesar das centenas de impactos positivos da aviação, imagens negativas acabam surgindo. Talvez tais imagens resultem do fato de a indústria ter se concentrado tanto em aspectos tecnológicos para a resolução de problemas que acabou deixando de lado componentes menos palpáveis. A indústria possui a tecnologia e os recursos para solucionar muitos dos problemas do sistema aeroportos-aerovias; no entanto, o vínculo ou catalisador importante para reconciliar a tecnologia e a opinião da sociedade é o esforço de relações públicas dos aeroportos.

Tanto o aeroporto quanto a comunidade têm a responsabilidade de trabalhar em conjunto para resolver seus problemas mútuos, para alcançar metas estabelecidas e, acima de tudo, para conquistar uma comunidade melhor. São necessárias contribuições continuadas – e às vezes sacrifícios também – por parte dos cidadãos e da indústria da aviação para aproveitar as oportunidades e as recompensas de uma boa comunidade para o público. Mas esse relacionamento de duas vias também tem os seus problemas. Muitos deles surgem por mal-entendidos que podem acabar tomando um tamanho desproporcional e, em nosso contexto, resultar em uma imagem negativa para o aeroporto e na perda de confiança pública em relação à indústria da aviação. Garantir que os problemas sejam encarados de frente, com informações completas e explícitas sendo oferecidas ao público, a fim de evitar mal-entendidos, é a função que as relações públicas devem cumprir nesse cenário.

Independentemente do tamanho de um aeroporto, há diversos princípios básicos subjacentes ao processo de relações públicas:

- Todos os aeroportos e todas as empresas que nele atuam possuem relações públicas, quer as exerçam ou não.
- A boa vontade do público é o maior bem que um aeroporto pode ter, e a opinião pública é a força mais poderosa. A opinião pública que é devidamente informada pode ser compreensiva. A opinião pública mal-informada ou não informada provavelmente acabará sendo hostil e danosa a um aeroporto.
- O ingrediente básico para boas relações em qualquer aeroporto é a integridade. Sem ela, não é possível haver boas relações públicas.
- Diretrizes e programas aeroportuários que não sejam do interesse público não têm qualquer chance de obter sucesso ao final.
- As relações públicas de um aeroporto não podem ser direcionadas apenas para responder a uma situação negativa. Boas relações públicas precisam ser conquistadas por meio de um esforço contínuo.
- As relações públicas de um aeroporto vão muito além das relações com a imprensa e a publicidade. As relações públicas precisam elucidar os interesses do aeroporto para o público e devem representar um fluxo de duas vias, com o repasse e o esclarecimento da opinião pública para a gestão do aeroporto e para a liderança comunitária. As relações públicas precisam usar diversos meios para alcançar os vários segmentos do público interessados nas operações do aeroporto e devem tentar incutir o espírito de relações públicas em toda a operação aeroportuária.

O aeroporto e seu público

Basicamente, cada aeroporto lida com quatro tipos de público, e, apesar da ampla variação de tamanho e escopo de atividades dos aeroportos, esses públicos são basicamente os mesmos para todos eles:

- *Público empresarial externo.* São os clientes passados, presentes e futuros de todos os serviços oferecidos pelo aeroporto. Eles incluem todos os segmentos do público aeronáutico empresarial, governamental, educacional e geral.

- **Público geral externo.** São os cidadãos e os contribuintes locais, muitos dos quais nunca estiveram no aeroporto, mas que votam sobre questões aeroportuárias ou que representam grupos de cidadãos com interesses específicos.
- **Usuários e locatários do aeroporto.** São os executivos e as empresas cujos interesses estão vinculados diretamente ao aeroporto: empresas aéreas, FBOs, membros da comunidade geral da aviação, funcionários do governo e outras empresas, organizações comerciais locais ligadas à aviação e os funcionários de todas essas empresas.
- **Funcionários do aeroporto.** Esse grupo inclui todos que trabalham para o aeroporto e para suas organizações afiliadas.

Esses são os usuários mais importantes para os aeroportos. Eles representam as fontes vitais de informação com que o gestor conta para avaliar se o que está sendo feito é o adequado e como está se saindo, e são eles que devem ser informados e persuadidos para que os objetivos do aeroporto venham a ser alcançados.

Objetivos das relações públicas

Os principais objetivos das atividades de relações públicas de um aeroporto são os seguintes:

- Estabelecer o aeroporto na opinião do público externo como um lugar dedicado a atender o interesse público: muitos aeroportos trabalham intimamente com a câmara de comércio local no desenvolvimento de folhetos ou panfletos citando várias conquistas e atividades do aeroporto que podem ser do interesse da comunidade empresarial local e da comunidade em geral.
- Comunicar-se com o público externo com o objetivo de instaurar e estimular uma boa imagem: o gestor aeroportuário e outros membros de seu quadro de funcionários se apresentam muitas vezes como palestrantes convidados em diversas organizações locais e cívicas. Eles também se tornam membros ativos de organizações locais e cívicas para promover informalmente o aeroporto e avaliar as opiniões da comunidade. Anúncios públicos de novos desenvolvimentos no aeroporto são feitos através de todos os meios de comunicação. Esta é uma parte contínua do processo de comunicações.
- Responder a reclamações gerais e ambientais caso a caso: é importante que o aeroporto desenvolva um bom relacionamento com seus vizinhos e com os grupos interessados de cidadãos. Trabalhando de perto com as empresas aéreas e com outros públicos empresariais internos, a gestão aeroportuária busca solucionar problemas como ruídos por meio de alterações nos padrões de tráfego e pelo ajuste dos horários de operação dos voos. Passeios pelo aeroporto são oferecidos a diversos grupos comunitários para que obtenham uma melhor compreensão de suas operações. Atividades para o público também são conduzidas no aeroporto para melhorar as relações com seus vizinhos e para buscar a solução de problemas. A participação de cidadãos no planejamento do aeroporto

e audiências públicas são outros meios pelos quais a gestão aeroportuária está continuamente em contato com os sentimentos da comunidade com relação às atividades aeroportuárias.

- Estabelecer boas relações de trabalho com públicos empresariais internos cujos interesses são similares aos da gestão aeroportuária.
- Promover programas desenvolvidos para elevar o moral dos funcionários.

Como qualquer outro local que atende a toda uma comunidade, um aeroporto requer um entendimento total por parte dessa comunidade. Um programa bem executado de relações públicas pode conscientizar a comunidade quanto ao aeroporto e seus benefícios e criar uma atmosfera de aceitação. Percepções não mudam da noite para o dia; por isso, o esforço de relações públicas deve ser uma campanha contínua para estimular a compreensão e a aceitação da comunidade.

Observações finais

Cada um dos aeroportos dos Estados Unidos é único em sua estrutura organizacional e administrativa. Além disso, cada aeroporto está sujeito a regras, regulamentações e diretrizes singulares, aplicáveis às características operacionais de cada um deles, à sua estrutura de propriedade e às leis da municipalidade local, regional ou estadual em que está localizado.

Em contrapartida, cada aeroporto está sujeito a regulamentações fundamentais determinadas pela FAA, pelo TSA e por departamentos estaduais de transporte, e cada um funciona sob estruturas organizacionais básicas que permitem o movimento eficiente e seguro de aeronaves, passageiros e cargas através do aeroporto.

O grande desafio na gestão aeroportuária é estabelecer a propriedade e a estrutura organizacional que atenda às necessidades de cada um dos seus "públicos", desde os usuários diretos do aeroporto, passando por seus funcionários, até a comunidade local. Além disso, a propriedade e a estrutura organizacional de um aeroporto devem ser flexíveis para se adaptar às necessidades dos seus públicos. Essa não é uma tarefa fácil, embora seja ela que mantenha o entusiasmo na gestão de um aeroporto.

Palavras-chave

- aeroportos operados municipalmente
- autoridades portuárias
- autoridades aeroportuárias
- aeroportos operados pelo Estado
- organograma
- diretor do aeroporto
- diretor adjunto de finanças e administração
- gerente de recursos humanos

- contador-chefe
- gerente de instalações
- gerente de compras
- gerente de relações públicas
- diretor adjunto de planejamento e engenharia
- diretor adjunto de operações
- gerente de operações aéreas
- gerente de operações em terra
- gerente de segurança
- chefe de resgate de aeronaves e de combate a incêndios
- diretor adjunto de manutenção
- gerente de prédios e dependências
- gerente de terreno
- gerente de veículos
- relações públicas

Questões de revisão e discussão

1. Quem geralmente é o proprietário dos aeroportos nos Estados Unidos?
2. Quem geralmente é o proprietário dos aeroportos em outros países?
3. O que é privatização?
4. Qual é a diferença entre a forma de propriedade e a operação de um aeroporto por uma autoridade portuária e por uma autoridade aeroportuária?
5. Qual é o propósito de um organograma?
6. Quais são os principais deveres de um típico gestor aeroportuário em um aeroporto comercial de médio porte?
7. Por que as relações públicas representam uma função tão importante da gestão aeroportuária?
8. Quais são alguns dos princípios básicos subjacentes ao processo de relações públicas em um aeroporto?
9. Quais são os principais objetivos do processo de relações públicas de um aeroporto?
10. Quais tipos de programas de treinamento formal e de educação existem para gestores aeroportuários atuais e futuros?

Leituras sugeridas

Ashford, Norman, H. P. Martin Stanton, and Clifton A. Moore. *Airport Operations*. London: Pitman, 1993.

Doganis, Rigas. *The Airport Business*. New York: Routledge, Chapman and Hall, 1992.

Eckrose, Roy A., and William H. Green. *How to Assure the Future of Your Airport*. Madison, Wis.: Eckrose/Green Associates, 1988.

Gesell, Laurence E. *The Administration of Public Airports*. San Luis Obispo, Calif.: Coast Aire, 1981.

Odegard, John D., Donald I. Smith, and William Shea. *Airport Planning and Management.* Belmont, Calif.: Wadsworth, 1984.

Wiley, John R. *Airport Administration and Management.* Westport, Conn.: Eno Foundation for Transportation, 1986.

Young. *Airport Workforce Development Practices*, ACRP Synthesis 18, Airport Cooperative Research Program, FAA, 2010.

Referências na Internet

FAA Airport Privatization Program:
http://www.faa.gov/airports/airport_compliance/privatization/

AAAE Accredited Airport Executive Program:
http://www.aaae.org/training_professional_development/professional_development/accredited_airport_executive_program/

CAPÍTULO 3
Perspectiva histórica e legislativa

Objetivos de aprendizagem

- Discutir os vários atos legislativos que influenciaram o desenvolvimento e a operação de aeroportos desde os primórdios da aviação civil.
- Destacar diversos eventos políticos importantes que influenciaram a aviação civil.
- Descrever o desenvolvimento das administrações que estabeleceram regulamentações para a aviação civil ao longo da história.
- Descrever os diversos programas de investimento para desenvolver aeroportos ao longo da história.
- Discutir alguns dos problemas atuais e futuros envolvendo aeroportos e como o governo norte-americano busca resolvê-los.

Introdução

A história relativamente curta, mas bastante rica, da aviação civil exerceu grandes impactos sobre a sociedade. O crescimento da aviação civil em geral, e dos aeroportos em particular, avançou em paralelo com eventos industriais, técnicos, econômicos e sociopolíticos e sempre esteve associado à legislação, a fim de se adaptar a um mundo em constante mudança. Este capítulo destaca o crescimento da aviação e dos aeroportos a partir de um ponto de vista legislativo, incluindo decisões e outros atos do congresso norte-americano que regulamentaram financeira, técnica, econômica e politicamente a indústria ao longo dos seus 100 primeiros anos.

O período da criação da aviação e dos aeroportos: 1903-1938

O nascimento da aviação civil: 1903-1913

O dia 17 de dezembro de 1903, quando Orville e Wilbur Wright conseguiram fazer voar um veículo de asas fixas mais pesado do que o ar em Kitty Hawk, Carolina do Norte, entrou para a história como o "nascimento da aviação". O primeiro voo de um avião ocorreu em um campo amplo, com espaço suficiente para que a aeronave decolasse e pousasse. Não havia pistas de táxi pavimentadas, portões, dependências para abastecimento, iluminação ou controle de tráfego aéreo. Não havia um terminal nem garagem para o estacionamento de automóveis. Não havia regras nem regulamentações normatizando o voo. Aquele campo em Kitty Hawk, porém, foi o primeiro aeroporto.

Nos 10 anos que se seguiram ao primeiro voo dos irmãos Wright, o mundo da aviação acabaria evoluindo muito lentamente e de modo hesitante, com a maior parte dos avanços voltada para o aprimoramento tecnológico das aeronaves e com muitos dos esforços direcionados à promoção da tecnologia. Pouca, ou nenhuma, atenção foi dada à criação de instalações para o pouso e a decolagem de aeronaves.

Como resultado, em 1912, havia somente 20 instalações de pouso reconhecidas nos Estados Unidos, todas de propriedade privada e operadas de modo particular. Os primeiros aeródromos operacionais remontam a 1909, embora fossem, em termos gerais, similares a pistas de atletismo, parques e campos de golfe ou funcionassem como tais. A construção e a manutenção dos aeródromos eram, em geral, consideradas de responsabilidade local, e, com investimentos municipais limitados, sem mencionar o baixíssimo nível de operação, as prioridades para construir "aeroportos" eram compreensivelmente baixas.

Primeira Guerra Mundial: 1914–1918

A eclosão da Primeira Guerra Mundial criou oportunidades para que aeronaves de asa fixa fossem usadas em atividades militares. O esforço para usar a aviação como uma força militar na Primeira Guerra Mundial resultou na produção de milhares de aeronaves (a maioria das quais foi produzida e usada pela França, Alemanha e Inglaterra) e em centenas de pilotos militares, para realizarem primeiramente voos de reconhecimento e posteriormente missões de combate. Como consequência, os militares construíram 67 aeroportos nos Estados Unidos. Em sua maioria, eram gramados e ofereciam dependências para estacionamento, abastecimento e manutenção de aeronaves, além de proporcionarem espaço suficiente para pousos e decolagens – mas disponibilizavam poucos itens de infraestrutura. Após a guerra, 25 desses aeródromos militares permaneceram operacionais, e o restante foi abandonado.

As origens do correio aéreo: 1919–1925

Após o final da Primeira Guerra Mundial, em 1918, muitas aeronaves e aviadores que serviram ao comando militar voltaram os seus talentos para usos civis. Nos Estados Unidos, uma das primeiras aplicações civis da aviação foi o fornecimento de transporte aéreo para o correio norte-americano. A primeira rota regular de correio aéreo no país foi estabelecida em 15 de maio de 1918, entre as cidades de Nova York e Washington D.C. Esse serviço era conduzido conjuntamente pelo Departamento de Guerra e pelo Departamento de Correios dos Estados Unidos. O Departamento de Guerra era responsável pela operação e manutenção das aeronaves e pelo treinamento dos aviadores, e o Departamento de Correios era responsável pela triagem das correspondências e por seu transporte para e do aeródromo, bem como pela carga e descarga das aeronaves nos aeródromos. Esse arranjo conjunto durou até 12 de agosto de 1918, quando o Departamento de Correios assumiu a responsabilidade exclusiva sobre o desenvolvimento do serviço de correio em uma escala mais ampla (Figura 3-1).

FIGURA 3-1 Um Curtis JN4-H se prepara para transportar o correio em um voo rumo ao norte, partindo do Polo Field, de Washington. (Fotografia cortesia da Smithsonian Institution, National Air and Space Museum)

De uma hora para a outra, as comunidades se conscientizaram da importância de contarem com conexões aéreas com o restante do país, e, como resultado, os municípios começaram a construir e operar aeroportos locais. Em 1920, havia nos Estados Unidos 145 aeroportos municipais. Um sistema aeroportuário de dimensões nacionais estava começando a tomar forma. O serviço doméstico de correio aéreo cresceu consideravelmente entre 1918 e 1925. Instalações para o transporte aéreo foram estabelecidas, e a preferência pela continuação de uma operação direta por parte do governo ou pela operação privada sob contrato com o governo foi amplamente discutida.

Tradicionalmente, a política do governo norte-americano para o transporte intermunicipal de correio era a de utilizar outros meios de transporte intermunicipal mais populares e amplamente aceitos na época: linhas férreas e barcos a vapor. Para facilitar o uso da aviação no transporte de correio, arranjos formais precisavam ser feitos entre o governo e as transportadoras aéreas (Figura 3-2).

Esse arranjo formal de correio aéreo foi desencadeado pela Contract Air Mail Act (Lei do Contrato de Correio Aéreo), de 1925. Essa lei, também conhecida como **Kelly Act**, autorizava o diretor dos correios a iniciar contratos formais com pessoas físicas ou com empresas para o transporte de correio por via aérea. Foram estabelecidos contratos para diversas linhas alimentadoras e auxiliares durante 1925 e 1926 e para partes da rota de correio aéreo transcontinental em 1927 (Figura 3-2).

Air Commerce Act: 1926-1938

O crescimento potencial da indústria do correio aéreo, em particular, e da atividade aeronáutica, em geral, passou a exigir que a aviação fosse administrada, controlada e regulamentada como um sistema abrangente para que esse potencial crescimento fosse alcançado. Em 20 de maio de 1926, o presidente norte-americano Calvin

FIGURA 3-2 Pilotos da National Air Transport, uma das empresas que mais tarde se tornaria a United Airlines, preparando-se para partir do Midway Airport, em Chicago, em 1927. (Fotografia cortesia de Landrum & Brown)

Coolidge assinou e promulgou a **Air Commerce Act** (Lei do Comércio Aéreo). O objetivo da Air Commerce Act era promover o desenvolvimento e a estabilidade da aviação comercial, de forma a atrair capital adequado para o empreendimento e proporcionar a assistência e base legal necessárias para o fortalecimento dessa indústria ainda emergente. A lei atribuía ao Secretário de Comércio o dever de encorajar o setor aéreo, estabelecendo aerovias civis e instalações para auxiliar a navegação e o comércio aéreos. Sob essa lei, o Departamento de Comércio era encarregado de estimular o desenvolvimento local e municipal de aeródromos, para fins de crescimento econômico e para contribuir com a infraestrutura que possibilitaria o crescimento do serviço de correio aéreo, bem como oferecer instalações de pouso para o recém-formado U.S. Army Air Service (Serviço Aéreo do Exército dos Estados Unidos).

A regulamentação da aviação prevista pela lei incluía licenciamento, inspeção e operação de aeronaves, classificação de aeronaves licenciadas e não licenciadas, licenciamento de pilotos e de mecânicos, e regulamentação da navegação aérea (Figura 3-3).

Em julho de 1927, foi indicado um diretor de aeronáutica responsável pelo trabalho do Department of Commerce (Departamento de Comércio) na administração da Air Commerce Act. Em novembro de 1929, foi necessário descentralizar a organização, desligando-a do Department of Commerce, sobretudo devido ao aumento no volume de trabalho proveniente do desenvolvimento acelerado da aviação. Três assistentes e as equipes de funcionários das divisões sob suas respectivas supervisões foram designados para trabalhar com o Assistant Secretary of Commerce for Aero-

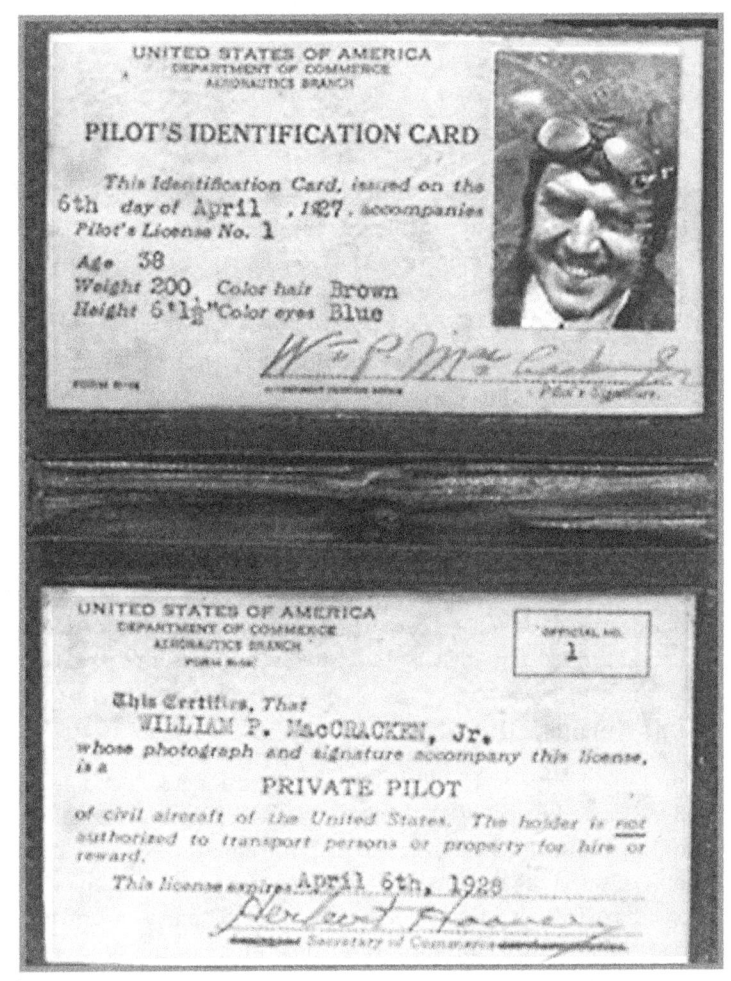

FIGURA 3-3 O Setor Aeronáutico do Department of Commerce dos Estados Unidos iniciou a certificação de pilotos com esta licença, emitida em 6 de abril de 1927. O beneficiário era o diretor do Setor, William P. MacCracken, Jr. (Fotografia cortesia da FAA)

nautics (Secretário Adjunto de Comércio Aeronáutico). Entre eles, encontrava-se um diretor de regulamentação aérea, um engenheiro-chefe da divisão de navegação aérea e um diretor de desenvolvimento aeronáutico, para auxiliarem na regulamentação e promoção da aeronáutica. A organização ficou conhecida como Setor Aeronáutico do Department of Commerce.

A autoridade da aviação civil foi reatribuída, mais tarde, por ordem executiva do presidente norte-americano em 1933, a um gabinete constituído separadamente no Department of Commerce, para delegar a promoção e a regulamentação da aeronáutica. Uma ordem administrativa do Secretário de Comércio determinou o estabelecimento do **Bureau of Air Commerce** (Gabinete de Comércio Aéreo) em 1934. O gabinete era constituído por duas divisões: a divisão de navegação aérea e a divisão de regulamentação aérea.

Uma organização revisada do Bureau of Air Commerce, adotada em abril de 1937, atribuía todas as atividades do gabinete a um único diretor, auxiliado por um diretor adjunto, supervisionando seis divisões principais: engenharia aérea, operações aéreas, segurança e planejamento, administração e estatística, certificação e inspeção, e regulamentação.

De 1926 a 1938, o governo federal ficou proibido, pela Air Commerce Act, de 1926, de participar diretamente do estabelecimento, da operação e da manutenção de aeroportos. Contudo, houve uma exceção a essa lei, em resposta à grande depressão. O Civil Works Administration (Departamento de Trabalhos Civis) – desde o quarto trimestre de 1933 até ser substituído pela Federal Emergency Relief Administration (FERA – Departamento Federal de Auxílio em Emergências) em abril de 1934 – gastou aproximadamente US$11,5 milhões na criação de 585 novos aeroportos, a maioria em pequenas comunidades. A FERA investiu seus recursos em 943 projetos aeroportuários, a maioria em cidades pequenas, com 55 aeroportos novos recebendo auxílio.

Em julho de 1935, a **Works Progress Administration** (WPA – Departamento de Desenvolvimento de Empregos) assumiu o trabalho de desenvolvimento de aeroportos federais. Sob a administração da WPA, houve uma ênfase no investimento em aeroportos de maior porte e em projetos de natureza mais perene. Além disso, nesse período, cerca de metade dos custos com materiais e equipamento foi arcado por patrocinadores. O restante das despesas, incluindo mão de obra, foi suprido pelo governo federal.

Civil Aeronautics Act: 1938-1939

Em 23 de junho de 1938, a **Civil Aeronautics Act** (Lei da Aeronáutica Civil), de 1938, foi aprovada pelo presidente Franklin Delano Roosevelt. Essa lei substituiu por um estatuto federal único os diversos estatutos federais que até então eram responsáveis pela regulamentação da aeronáutica civil. A lei colocou toda a regulamentação da aviação e do transporte aéreo sob uma única autoridade. Por meio dela, foi criada uma agência administrativa constituída por três órgãos parcialmente autônomos. A **Civil Aeronautics Authority** (Autoridade Aeronáutica Civil), composta por cinco funcionários, cuidava sobretudo da regulamentação econômica das novas empresas de transporte aéreo de passageiros. A Air Safety Board (Comissão de Segurança Aérea) era um órgão independente encarregado da investigação de acidentes. O administrador da aviação civil se encarregava da construção, operação e manutenção do sistema aéreo como um todo.

A transferência de responsabilidades, funcionários, propriedades e do saldo remanescente do orçamento do Bureau of Air Commerce para a Civil Aeronautics Authority, efetuada em agosto de 1938, sob os dispositivos dessa lei, levou ao encerramento de um período de 12 anos, durante o qual o desenvolvimento e a regulamentação da aviação civil esteve sob a jurisdição do Departament of Commerce.

Durante seu primeiro ano e meio de existência, inúmeras dificuldades organizacionais surgiram dentro da Civil Aeronautics Authority. Como resultado, o presidente Roosevelt, investido da autoridade conferida a ele pela Reorganization Act (Lei da Reorganização), de 1939, reorganizou a Civil Aeronautics Authority, criando duas entidades separadas. A autoridade formada por cinco funcionários originalmente conhecida como Civil Aeronautics Authority permaneceu como uma operação independente e passou a ser conhecida como **Civil Aeronautics Board** (CAB – Conselho Aeronáutico Civil). O Air Safety Board foi abolido e suas funções foram repassadas ao CAB. O administrador da antiga Civil Aeronautics Authority tornou-se o chefe do gabinete do Department of Commerce conhecido como **Civil Aeronautics Administration** (CAA – Departamento de Aeronáutica Civil). Os deveres da autoridade original de cinco funcionários permaneceram os mesmos, exceto certas responsabilidades que foram acrescentadas, como a investigação de acidentes, atribuídas anteriormente ao Air Safety Board. O administrador, além da função de supervisão da construção, manutenção e operação das aerovias, passou a ser o responsável pela administração e fiscalização das regulamentações de segurança e pela administração das leis referentes à operação de aeronaves. O termo CAA, que originalmente identificava a Civil Aeronautics Authority, tornou-se a abreviação da Civil Aeronautics Administration.

Crescimento dos aeroportos: a Segunda Guerra Mundial e o período pós-guerra

A Seção 303 da Civil Aeronautics Act (Lei da Aeronáutica Civil), de 1938, autorizou investimentos federais na construção de áreas de pouso, contanto que o administrador certificasse "que tais áreas de pouso eram razoavelmente necessárias para uso no comércio aéreo ou para os interesses da defesa nacional". Quando a Segunda Guerra Mundial eclodiu na Europa, em setembro de 1939, o administrador confirmou a necessidade de auxílio federal devido a questões de defesa nacional. Como resultado, o Congresso norte-americano autorizou a destinação de US$ 40 milhões para o **Development of Landing Areas for National Defense** (DLAND – Desenvolvimento de Áreas de Pouso para a Defesa Nacional). Sob o DLAND, com a aprovação dos Secretários de Guerra, Comércio e da Marinha, a CAA foi autorizada a construir no máximo 250 aeroportos. Então, em 1941, iniciou-se a construção de 200 aeroportos, com mais 149 sendo adicionados ao programa ao final daquele ano. Sob esse programa, subdivisões governamentais prepararam os terrenos e concordaram em operar e manter a melhoria dos campos, e as instalações essenciais de pouso foram desenvolvidas por meio de recurso federal. O programa DLAND foi coordenado com o trabalho e com o recurso de outros programas e fontes governamentais, incluindo o Exército dos Estados Unidos, ao longo dos anos de guerra.

Em 1940, o Army Air Corps (precursor da Força Aérea dos Estados Unidos) deu início a um programa agressivo de expansão. Essa expansão resultou rapidamente na necessidade de um número muito maior de aeroportos do que estava previsto originalmente pelo DLAND. Como resultado, foi permitindo ao DLAND ampliar o número de construção de aeroportos para 504, posteriormente 608 e, finalmente, um total de 986 aeroportos.

Durante os anos de guerra, o governo federal, por meio da CAA, gastou mais de US$ 353 milhões com melhorias e construção de áreas de pouso militares nos Estados Unidos, isso sem incluir o recurso gasto pelos militares. Durante esse mesmo período, a CAA gastou US$ 9,5 milhões para o desenvolvimento de áreas de pouso nos Estados Unidos exclusivas para o uso da aviação civil.

Muitos do novos aeroportos construídos para uso militar durante a guerra foram planejados de modo a se tornarem úteis para a aviação civil após a guerra. Como resultado, mais de 500 aeroportos construídos para os militares pela CAA foram declarados como excedentes militares após a guerra e foram repassados para as autoridades de municípios, condados e Estados para uso na aviação civil. O governo federal e os patrocinadores chegaram a um entendimento de que as instalações deveriam ficar à disposição do público, sem discriminação, e para o governo, em caso de uma emergência nacional.

A Seção 302(c) da Civil Aeronautics Act instruía o administrador da aeronáutica civil a realizar um levantamento de campo sobre o sistema existente de aeroportos e a divulgar recomendações ao Congresso norte-americano quanto à participação federal futura na construção, melhoria, desenvolvimento, operação ou manutenção de aeroportos. Para conduzir esse levantamento, foi indicado um comitê consultivo composto por representantes interessados de agências federais civis e militares, oficiais estaduais da aviação, gestores de aeroportos, representantes de empresas aéreas e outros. O primeiro levantamento e seu relatório, feitos em 1939, não resultaram em qualquer ação por parte do Congresso, mas um projeto revisado, com recomendações, encaminhado em novembro de 1944, exerceu, enfim, alguma influência, chamando a atenção para deficiências dos aeroportos privados quanto a distribuição e instalações inadequadas. Esse plano de 1944 ficou conhecido como o primeiro **National Airport Plan** (NAP – Plano Nacional de Aeroportos). Esse primeiro NAP estabeleceu as bases para o planejamento de um sistema aeroportuário e de programas de financiamento federal para a construção e melhoria dos aeroportos nos Estados Unidos.

Federal Airport Act: 1946

Após a guerra, o Congresso norte-americano aprovou um conjunto de leis, levando em consideração o NAP, e estabeleceu os primeiros programas contínuos de financiamento federal de aeroportos com a assinatura da **Federal Airport Act** (Lei Federal dos Aeroportos) em 13 de maio de 1946. O objetivo dessa lei era reconhecer formalmente os aeroportos de uso civil nos Estados Unidos como um sistema aeroportuário abrangente, administrado pela Civil Aeronautics Administration. Os beneficiados por esse programa, teoricamente, seriam as pequenas comunidades que haviam herdado aeródromos excedentes dos militares.

A partir de 1º de julho de 1946, o Congresso norte-americano destinou US$ 500 milhões para auxílio aeroportuário, ao longo de um período de sete anos, com não mais do que US$ 100 milhões destinados a cada ano. Do recurso total alocado, 25% foram destinados a um fundo discricionário a ser usado pelo administrador da aeronáutica civil na construção de aeroportos. Dos 75% restantes, metade foi destinado aos Estados, proporcionalmente à população de cada um deles, e a outra metade proporcionalmente à área de pouso. O fundo discricionário permitia que o administrados escolhesse os projetos independentemente de sua localização. Os recursos alocados estavam restritos à construção de instalações operacionais, como pistas de pouso e pistas de táxi.

Esse programa de auxílio federal, conhecido como **Federal-Aid Airport Program** (FAAP – Programa Federal de Auxílio Aeroportuário), determinava que o governo federal arcaria com até 50% do custo dos grandes projetos de construção de aeroportos, e o restante ficaria a cargo do patrocinador de cada aeroporto, geralmente o município, o condado ou o Estado. Essa política funcionou bem para grandes cidades, já que elas podiam emitir e vender títulos públicos para arcar com a sua parcela de despesas. Já no caso das cidades menores, o fardo de arcar com 50% dos custos de um grande projeto muitas vezes impedia a construção de aeroportos.

Para que um aeroporto ou uma unidade governamental estivesse apto a receber tal auxílio, era necessário que o aeroporto fosse considerado parte do National Airport Plan. Sob a Federal Airport Act, o administrador precisava levar em consideração as necessidades do comércio aéreo, da aviação privada, do desenvolvimento tecnológico, do crescimento provável e quaisquer outras questões consideradas apropriadas, ao determinar se o aeroporto fazia ou não parte do National Airport Plan.

Como condição para a aprovação de recursos destinados a um projeto, o administrador recebia por escrito uma garantia de que as seguintes disposições seriam obedecidas:

1. O aeroporto seria aberto ao uso público sem discriminação injusta.
2. O aeroporto seria operado e mantido de forma adequada.
3. A zona de aproximação aérea seria desobstruída e protegida, e riscos futuros seriam evitados.
4. Um zoneamento apropriado seria garantido, a fim de restringir o uso de terrenos adjacentes ao aeroporto.
5. Todas as instalações desenvolvidas com auxílio federal ficariam à disposição dos militares.
6. Todas as contas de projetos seriam mantidas em conformidade com um sistema padrão.
7. Todos os registros do aeroporto ficariam à disposição para a inspeção de um agente do administrador, mediante solicitação razoável.

O Federal-Aid Airport Program saiu do papel e chegou à etapa de construção durante o ano de 1947, e, já em fevereiro do ano seguinte, a CAA havia feito 133 ofertas de concessão a patrocinadores locais, totalizando US$ 13,3 milhões. Isso marcou o início da participação contínua do governo federal na construção de infraestruturas aeroportuárias.

Em 3 de agosto de 1955, o presidente norte-americano Dwight Eisenhower assinou a Public Law 211, realizando pequenas alterações ao Federal-Aid Airport Program, e removeu a data de expiração de 1958 prescrita pela Federal Airport Act, conforme emenda de 1950. Essas mudanças estabeleceram um programa de investimentos de quatro anos, totalizando US$ 63 milhões para cada ano fiscal de 1957 a 1959. Todos os tipos e tamanhos de aeroportos seriam elegíveis ao auxílio, prédios aeroportuários foram incluídos como itens elegíveis de desenvolvimento e recursos destinados anualmente aos Estados continuariam obedecendo à fórmula área-população.

Durante os seus 24 anos de vigência (1946-1969), o Federal-Aid Airport Program gerou US$ 1,2 bilhão em auxílio federal a aeroportos. A maior parte do dinheiro, quase US$ 1 bilhão, foi usada para a construção de pistas de pouso, pistas de táxi e rodovias de acesso, enquanto o restante foi investido em terrenos, prédios de terminais e sistemas de iluminação. Mesmo com todo o seu sucesso, o programa não conseguiu prever a explosão no mercado de viagens que se deu a partir do final dos anos 1950, a qual sobrecarregou as rotas aéreas comerciais dos Estados Unidos e levou as empresas aéreas a ampliarem suas frotas.

Modernização dos aeroportos: o início da era dos jatos

Airways Modernization Act, de 1957

Reconhecendo que as demandas do governo federal nos anos vindouros seriam substanciais, o diretor do Bureau of the Budget (Gabinete de Orçamento) solicitou uma revisão dos problemas nas dependências aeroportuárias em 1955, com William B. Harding sendo apontado como consultor do diretor. Harding, por sua vez, solicitou a ajuda de várias pessoas proeminentes na aviação para formar o seu comitê. Ao final do mês de dezembro de 1955, Harding encaminhou o seu relatório. Declarando que a necessidade de aprimorar a gestão do tráfego aéreo já havia alcançado proporções críticas, o grupo recomendou que uma pessoa de reputação nacional, reportando-se diretamente ao presidente, fosse indicada para assumir um cargo de liderança, em tempo integral e de alto nível, no desenvolvimento de um programa para solucionar os complexos problemas técnicos e organizacionais enfrentados pelo governo e pela indústria da aviação.

Após a aprovação das recomendações do Comitê de Harding, o presidente Eisenhower nomeou Edward P. Curtis como assistente especial para o planejamento de instalações de aviação. Sua tarefa era dirigir e coordenar um "estudo de longo alcance sobre as necessidades da nação" a fim de desenvolver "um plano abrangente para suprir da maneira mais eficiente e econômica possível as necessidades descobertas pelo estudo" e "formular recomendações legislativas, organizacionais, administrativas e orçamentárias para implementar o plano completo".

Em 1956, um Super Constellation da Trans World Airlines e um Douglas DC-7 da United Airlines colidiram em pleno voo sobre o Grand Canyon, com 128 vítimas fatais (Figura 3-4). Como resultado desse acidente de grandes proporções, o público clamou por reformas, levando a um sistema mais seguro de gestão de tráfego aéreo. Além disso, a ameaça descortinada pela colisão de duas aeronaves relativamente lentas com motores a pistão prenunciava um perigo bem maior com a introdução das aeronaves a jato no sistema de aviação civil.

Em 10 de maio de 1957, Curtis encaminhou ao presidente o seu relatório, intitulado "Planejamento de Instalações Aeronáuticas". O relatório alertava para "uma crise em processo gestativo" como resultado da inabilidade do sistema de gestão do

FIGURA 3-4 Os destroços de um DC-7 da United Airlines após ter colidido com um Constellation da TWA sobre o Grand Canyon, no Arizona, em 30 de junho de 1956. Todas as 128 pessoas a bordo de ambos os aviões faleceram. (Fotografia cortesia de www.planecrashinfo.com)

espaço aéreo de então em acompanhar os padrões complexos do tráfego civil e militar. O crescente congestionamento do espaço aéreo estava inibindo a defesa e retardando o processo de crescimento da atividade aérea comercial. Concluindo que muitos planos excelentes para melhorar as instalações de aviação da nação haviam sido incapazes de amadurecer devido à inabilidade da organização governamental do país em acompanhar o ritmo dinâmico de crescimento da aviação, Curtis recomendou o estabelecimento de uma agência federal de aviação independente, "na qual sejam consolidadas todas as funções essenciais de gestão necessárias para atender às exigências comuns da aviação civil e militar nos Estados Unidos". Até que tal organização permanente fosse instituída, Curtis recomendou a criação de um **Airways**

Modernization Board (Conselho de Modernização da Navegação Aérea) na forma de um setor independente responsável por desenvolver e consolidar as exigências dos sistemas futuros de comunicação, navegação e controle aéreo necessários para acomodar o tráfego aéreo norte-americano.

O Congresso foi favorável a essa recomendação e promulgou a **Airways Modernization Act** (Lei de Modernização da Navegação Aérea) em 14 de agosto de 1957. O objetivo da lei era "determinar o desenvolvimento e a modernização do sistema nacional de navegação e das instalações de controle de tráfego (muitas das quais existem na propriedade de aeroportos civis), a fim de atender às exigências presentes e futuras da aviação civil e militar". A lei ainda determinava a sua própria expiração em 30 de junho de 1960. A nomeação de Elwood R. Quesada como diretor do Airways Modernization Board foi confirmada pela Senado norte-americano em 16 de agosto de 1957.

Federal Aviation Act, de 1958

Em 20 de maio de 1958, um jato militar de treinamento e um avião de transporte civil colidiram sobre Brunswick, Maryland, com 12 vítimas fatais, o terceiro maior desastre aéreo em um período de três meses e meio. Essa tragédia impeliu uma ação governamental para instituir uma abrangente agência federal de aviação. Em vez de esperar pelos dois ou três anos previstos para criar uma agência de aviação única, o Congresso decidiu aprovar uma lei imediatamente. Como resultado, a **Federal Aviation Act** (Lei Federal de Aviação), de 1958, foi assinada pelo presidente em 23 de agosto de 1958. Abordando de forma abrangente o papel do governo federal na promoção e regulamentação da aeronáutica civil e do comércio aéreo, o novo estatuto revogava a Air Commerce Act, de 1926, a Civil Aeronautics Act, de 1938, a Airways Modernization Act, de 1957, e aquelas partes de vários planos presidenciais de reorganização da aviação civil.

A lei determinava a conservação do CAB como um gabinete independente, com todas as suas funções, com exceção dos poderes de estabelecimento de regras, que foram transferidos para a nova **Federal Aviation Agency** (Agência Federal de Aviação). A Federal Aviation Agency foi criada tendo um administrador que se reportava ao presidente. A agência incorporava a função da Civil Aeronautics Administration e do Airways Modernization Board.

A Seção 103 da lei declarava concisamente os principais poderes e responsabilidades do administrador:

1. A regulamentação das atividades aéreas, de modo a melhor promover o seu desenvolvimento e segurança e a atender às exigências da defesa nacional.
2. A promoção, o estímulo e o desenvolvimento da aviação civil.
3. O controle do uso do espaço aéreo navegável nos Estados Unidos e a regulamentação das operações civis e militares em tal espaço, no interesse da segurança e da eficiência de ambos.
4. A consolidação da pesquisa e do desenvolvimento com relação às instalações de navegação aérea, bem como a instalação e a operação destas.

5. O desenvolvimento e a operação de um sistema comum de controle de tráfego aéreo e navegação para aeronaves civis e militares.

Em 1º de novembro de 1958, Elwood R. Quesada, assistente especial do presidente para questões da aviação e diretor do Airways Modernization Board, tornou-se o primeiro administrador da Federal Aviation Agency (Figura 3-5).

Department of Transportation: 1967

Durante muitos anos, observou-se um crescimento irrestrito e uma duplicação considerável das atividades federais referentes aos transportes. Em 1966, o presidente Lyndon Johnson decidiu enviar um apelo especial ao Congresso norte-americano, observando a necessidade de uma coordenação do sistema nacional de transportes, da reorganização das atividades de planejamento de transportes e de uma promoção ativa da segurança. Em seu discurso, o presidente Johnson sustentou que o sistema norte-americano de transportes carecia de uma verdadeira coordenação e que isso resultava em ineficiências do sistema. Ele defendeu a criação de um departamento federal de transporte para promover a coordenação dos programas federais já existentes e para atuar como um ponto focal para esforços futuros de pesquisa e desenvolvimento na área de transporte.

Ocorreram diversas audiências no congresso norte-americano sobre projetos de lei envolvendo a maioria das recomendações do presidente Johnson. Embora tenha

FIGURA 3-5 Em 1º de novembro de 1958, Elwood R. Quesada fez o juramento como o primeiro administrador da FAA. (Fotografia cortesia da FAA)

sido expressa alguma oposição frente a propostas específicas, o que se viu foi um apoio geral à criação do **Department of Transportation** (DOT – Departamento de Transporte). A legislação que criava o DOT foi aprovada em 15 de outubro de 1966, e o departamento iniciou suas operações em 1º de abril de 1967, com Alan S. Boyd no cargo de primeiro Secretário dos Transportes.

Dentre as agências e funções transferidas para o DOT ligadas ao transporte aéreo estavam a Federal Aviation Agency e as funções de segurança do CAB, incluindo a responsabilidade pela investigação e determinação da causa provável de acidentes e funções de segurança envolvendo revisão do apelo de suspensão, modificação ou negação de certificados ou licenças. A Federal Aviation Agency foi colocada sob comando do DOT e rebatizada como Federal Aviation Administration (FAA). O administrador da FAA continuava sendo nomeado pelo presidente, mas passou a se reportar diretamente ao Secretário dos Transportes.

A lei também criou dentro do novo departamento um **National Transportation Safety Board** (NTSB – Conselho Nacional de Segurança nos Transportes), formado por cinco membros. A lei encarregava o NTSB de (1) determinar a causa ou provável causa de acidentes com transportes e relatar fatos, condições e circunstâncias relacionados a tais acidentes; e (2) revisar apelos referentes à suspensão, emenda, modificação, revogação ou negação de qualquer certificado ou licença emitido pelo Secretário ou por um administrador.

Airport and Airway Development Act, de 1970

O imenso crescimento em todos os segmentos da aviação durante o final dos anos 1960 exerceu grande pressão sobre o sistema aéreo existente. Atrasos para chegar ou partir de grandes aeroportos começaram a ser cada vez mais comuns. Além dos atrasos no ar, havia também congestionamentos nos estacionamentos e em terminais. A indignação pública com o fracasso do sistema em acompanhar o ritmo da demanda por transporte aéreo chegou ao seu auge em 1969. Isso se deveu, sem dúvida, à grande repercussão do primeiro voo da nova família de jatos de grande porte, incluindo o Boeing 747. Em discurso ao Congresso norte-americano em 1969, o presidente Richard Nixon afirmou que o grande número de aviões nos aeroportos do país era um indício claro de que algo precisava ser feito.

Era evidente que, para reduzir o congestionamento, quantias substanciais de dinheiro precisariam ser investidas na melhoria da navegação aérea e de aeroportos. Calculou-se que, apenas para a melhoria dos aeroportos públicos, seria necessário um investimento na casa dos US$ 11 bilhões, pelo período de 10 anos entre 1960 e 1970. A quantia de dinheiro autorizada pela Federal Airport Act, de 1946, era insuficiente para financiar um programa tão vasto. As fontes normais e antecipadas de receita disponíveis para os aeroportos públicos tampouco eram suficientes para angariar os fundos necessários para as despesas de capital.

O Congresso norte-americano respondeu com uma ideia emprestada do programa de estradas interestaduais: um fundo fiduciário sustentado por impostos cobrados sobre pessoas usuárias do sistema nacional de aviação. Tal mecanismo, de acordo com seus proponentes, transferiria o custo da expansão do sistema dos contribuintes em geral para aqueles grupos que se beneficiavam mais diretamente: passageiros, remetentes de cargas e proprietários de aeronaves.

Em 21 de maio de 1970, o presidente Nixon assinou uma lei que ficaria vigente por 10 anos. O Título I era **Airport and Airway Development Act** (Lei de Desenvolvimento de Aeroportos e da Navegação Aérea), e o Título II era **Airport and Airway Revenue Act** (Lei de Receitas de Aeroportos e da Navegação Aérea). A nova legislação garantia um fundo que geraria, segundo estimativas da época, mais de US$ 11 bilhões em verbas para a modernização de aeroportos e da navegação aérea durante uma década. Com o estabelecimento do **Airport and Airway Trust Fund** (Fundo Fiduciário para Aeroportos e Navegação Aérea), seguindo o modelo bem-sucedido do já existente fundo fiduciário para estradas, o desenvolvimento de aeroportos e da navegação aérea já não precisava mais competir por recursos do caixa único da união, o que representava a razão básica para as incertezas e inadequações orçamentárias do passado. Nesse fundo, ingressariam novas receitas advindas de impostos sobre usuários cobrados pela Airport and Airways Revenue Act e outros recursos que o Congresso norte-americano poderia escolher como apropriados para atender a gastos autorizados.

O Airport and Airway Trust Fund era mantido por cobranças impostas aos usuários da aviação, incluindo:

1. Um imposto de 8% sobre as tarifas de voos domésticos.
2. Uma sobretaxa de US$ 3 nas passagens de passageiros de voos internacionais originários nos Estados Unidos.
3. Um imposto de 7% por galão tanto de gasolina (Avgas) quanto de combustíveis para aviação (Jet-A) usados na aviação "geral".
4. Um imposto de 4% sobre o *waybill* de cargas aéreas.
5. Uma taxa anual de registro de US$ 25 sobre todas as aeronaves civis, mais, (1) no caso de aeronaves movidas a pistão e pesando mais de 2.500 libras, 2 centavos por cada libra de peso máximo certificado para decolagem, ou, (2) no caso de aeronaves movidas a turbina, 3,5 centavos por libra de peso máximo certificado para decolagem.

As principais vantagens dessa abordagem de impostos sobre usuários para a manutenção de um fundo era que ela (1) fornecia uma fonte previsível e crescente de receita, mais compatível com a necessidade; (2) permitia um planejamento mais eficiente e a longo prazo; e (3) garantia que as receitas fiscais geradas pela aviação não fossem desviadas para interesses alheios à aviação.

Dois programas de concessão de subvenção pública foram desenvolvidos sob a Airport and Airway Development Act: o **Planning Grant Program** (PGP – Programa de Subvenção de Planejamento) e o **Airport Development Aid Program** (ADAP – Programa de Auxílio ao Desenvolvimento de Aeroportos). Esses programas de subvenção eram programas de assistência por equivalência de fundos, nos quais o governo federal arcava com uma parcela predeterminada dos custos de projetos aprovados de planejamento e desenvolvimento de aeroportos, e os proprietários dos aeroportos nos diversos níveis, estaduais e locais, que estavam aptos a participarem do programa, arcavam com o restante das despesas. A lei também determinava que a autoridade de financiamento dos programas de concessão de subvenção pública acabaria em 30 de junho de 1975. O objetivo disso era examinar se alguma mudança precisava ser feita antes de outros fundos serem autorizados para duração restante do programa.

As principais deficiências da Federal Airport Act, de 1946, que foram revogadas pela Airport and Airway Development Act, de 1970, eram a inadequação geral dos recursos fornecidos, bem como a distribuição desses recursos. A autorização anual sob a lei de 1946 totalizava apenas US$ 75 milhões e, desse total, menos de US$ 8 milhões eram destinados de modo verdadeiramente discricionário – um nível de investimento baixo demais para exercer um impacto significativo sobre as necessidades cruciais.

Em contrapartida, a Airport and Airway Development Act, de 1970, aumentava o total anual de investimentos em quase quatro vezes para cada um dos cinco primeiros anos, em um total de US$ 280 milhões, e apresentava uma fórmula aprimorada de distribuição à luz da experiência da Federal Airport Act. Dos US$ 280 milhões, US$ 250 milhões ficariam disponíveis anualmente para programas de modernização e melhoria de empresas aéreas e aeroportos *reliever*, e US$ 30 milhões seriam gastos anualmente em aeroportos da aviação geral (ver Tabela 3-1).

National Airport System Plan

Em suas disposições referentes ao planejamento, a nova legislação refletia não apenas certas lições ensinadas pela experiência, mas também o surgimento de novos fatores de planejamento. Por exemplo, a partir do que foi observado sob a Federal Airport Act com o National Airport Plan, que cobriu um período de cinco anos e que era revisado anualmente, passou-se a exigir, na nova lei, a criação de um **National Airport System Plan** (NASP – Plano Nacional de Sistema Aeroportuário). O NASP preconizava um programa de 10 anos, a ser revisado apenas quando necessário. Em destaque entre os fatores explicitamente apontados para a deliberação do Secretário estavam, dentre outros, (1) o relacionamento de cada aeroporto com o sistema local

TABELA 3-1 Gastos do ADAP (em milhões), 1971-1975

Ano Fiscal	Total permitido pela lei de 1970 (autorizações)	Total aprovado pelo Congresso a cada ano (orçamento)	Total realmente investido pela FAA (obrigações)
1971	US$ 280	US$ 170	US$ 170
1972	280	280	280
1973	280	280	207
1974	310	300	300
1975	310	335	335
Total	US$ 1.460	US$ 1.365	US$ 1.292

Fonte: FAA.

de transporte, com os desenvolvimentos tecnológicos previstos na aeronáutica e com os desenvolvimentos previstos em outros modos de transporte intermunicipal; e (2) fatores afetando a qualidade do meio ambiente. O NASP definiu efetivamente o **National Airspace System** (NAS – Sistema de Espaço Aéreo Nacional) dos Estados Unidos.

A navegação aérea também se beneficiou dos maiores investimentos autorizados pela Airport and Airway Development Act. Durante os anos 1960, o orçamento para instalações e equipamentos aéreos ficou na média de US$ 93 milhões ao ano. A nova legislação autorizava "não menos do que" US$ 250 milhões ao ano para os cinco primeiros anos fiscais para a aquisição, o estabelecimento e a melhoria de instalações de navegação aérea. A principal beneficiária desses investimentos mais generosos acabaria sendo a automação por parte da FAA do sistema de controle de tráfego aéreo do NAS.

O financiamento do ADAP sob essa lei, para o qual a parcela federal para *hubs* de grande e médio porte costumava ser de 50% e de 75% para empresas aéreas menores, aviação geral e aeroportos *reliever*, era inicialmente de US$ 280 milhões ao ano. Em 1973, devido a emendas promulgadas, o nível de financiamento cresceu para US$ 310 milhões.

O total de fundos do ADAP, ao longo do período de cinco anos, totalizou US$ 1,3 bilhão, uma cifra que excedeu em US$ 100 milhões os recursos de auxílio ao desenvolvimento de aeroportos desembolsados pelo governo federal em todos os 24 anos de história do Federal-Aid Airport Program anterior. O US$ 1,3 bilhão possibilitou que a FAA promovesse e financiasse um total de 2.434 projetos do ADAP durante o período de cinco anos. Desse total, 1.528 projetos foram finalizados em 520 aeroportos comerciais, 757 projetos em 624 aeroportos da aviação geral e 149 projetos em 81 aeroportos *reliever*. Mais de US$ 1,09 bilhão foi investido em aeroportos comerciais; US$ 212,8 milhões em aeroportos da aviação geral; e, em aeroportos *reliever*, US$ 61,6 milhões.

Com a infusão adicional de dinheiro federal, 85 novos aeroportos foram construídos e mais de 1.000 outros foram significativamente aprimorados. A melhoria incluiu a construção de 178 novas pistas de pouso, 520 novas pistas de táxi, 201 ampliações de pista, centenas de quilômetros de cercas de segurança e equipamentos de resgate e combate a incêndio em aeronaves (ARFF – *aircraft rescue and fire fighting*). Ela também abrangeu alguns dos mais avançados equipamentos de auxílio à navegação disponíveis, incluindo 28 Sistemas de Pouso por Instrumentos (ILS – *Instrument Landing Systems*), 141 sistemas de iluminação (REIL – *runway end identifier lighting systems*) e 471 indicadores de ângulo de aproximação visual (VASI – *visual approach slope indicators*).

A lei atendeu bem ao seu propósito durante seus cinco primeiros anos. Porém, quando sua vigência se aproximou do fim, ficou claro que a revisão já prevista precisava ser feita. Com um acentuado crescimento nas operações das empresas aéreas e da aviação geral, o que levou a um acúmulo de problemas ambientais e de acesso a terminais, juntamente com a inflação elevada, percebeu-se que não havia tempo a perder no encaminhamento de uma revisão legislativa.

Airport and Airway Development Act Amendments, de 1976

Em 12 de julho de 1976, o presidente norte-americano Gerald Ford promulgou as **Airport and Airway Development Act Amendments** (Emendas à Lei de Desenvolvimento de Aeroportos e da Navegação Aérea). Os níveis de financiamento do ADAP para os cinco anos remanescentes sob a lei de 1970 foram acentuadamente aumentados.

Algumas das emendas importantes à lei de 1976 determinavam o seguinte:

1. Expansão dos tipos de projetos de desenvolvimento aeroportuário aptos a receberem financiamento do ADAP. Eles passaram a incluir (1) equipamentos de remoção de neve, (2) equipamentos de supressão de ruídos, (3) barreiras físicas e paisagismo para reduzir os efeitos do ruído das aeronaves e (4) aquisição de terrenos para garantir compatibilidade ambiental. Terminais de uso público não geradores de receitas usados para a movimentação de passageiros e bagagens em aeroportos certificados pelo CAB também se tornaram aptos a receber financiamento do ADAP, exceto nos casos em que a participação do governo federal excedesse 50%.

2. Estabelecimento do "aeroporto de serviços complementares", uma nova categoria, compreendendo aproximadamente 130 aeroportos que serviam a empresas aéreas não certificadas e que embarcavam pelo menos 2.500 passageiros ao ano. Essa nova categoria aeroportuária foi criada em reconhecimento ao substancial crescimento dos serviços complementares ao longo dos cinco anos anteriores, ao seu potencial de crescimento futuro e à consequente necessidade de garantir o financiamento para o desenvolvimento de tais aeroportos.

3. Determinação de que os aeroportos *reliever* no National Airport System, agrupados anteriormente junto com os aeroportos comerciais para fins de investimentos, passassem a ser incluídos na categoria da aviação geral, já que, além de desafogarem grandes aeroportos, funcionavam primordialmente como aeroportos da aviação geral.

4. Aumento na parcela federal para subvenções do ADAP. Para aeroportos menores de serviço comercial e da aviação geral, a parcela de financiamento federal passou a ser de 90%, para os anos fiscais de 1976 a 1978, e de 80%, para os anos fiscais de 1979 a 1980. Para os 67 maiores aeroportos de serviço comercial no National Airport System, a parcela de financiamento subiu de 50 para 75% para o período de cinco anos.

5. Aumento da parcela federal para subvenções do PGP, de 66,7 para 75%.

6. Exigência de preparação e publicação da revisão do National Airport System Plan até 1º de janeiro de 1978. Da última vez em que fora encaminhado ao Congresso norte-americano, em 1973, o NASP abrangia mais de 4.000 localizações, incluindo 649 instalações atendidas por empresas aéreas certificadas.

7. Determinação do início de uma série de estudos envolvendo (1) a viabilidade de um "banco de terrenos" para o desenvolvimento de aeroportos; (2) a

possibilidade de isolamento acústico de instituições públicas localizadas perto de aeroportos; (3) a identificação de locais nos Estados Unidos em que novos aeroportos pudessem ser necessários, e abordagens alternativas para o seu financiamento; e (4) a identificação da demanda pontual de aeroportos pelo país que, por motivos econômicos, estivessem ameaçados de fechamento, com uma análise caso a caso do que poderia ser feito para mantê-los em funcionamento.

8. Autorização de uma destinação de recurso por cinco anos (1976-1980), proveniente do Airport and Airway Trust Fund, a ser incrementada anualmente nas seguintes somas: (1) até US$ 1,15 bilhão para cobrir os custos de verificação de voos e de manutenção das instalações do sistema federal de navegação aérea; (2) US$ 1,275 milhão para auxiliar os Estados a desenvolverem os padrões de aeroportos da aviação geral; e (3) US$ 1,3 bilhão para a aquisição, o estabelecimento e a melhoria das instalações federais de navegação aérea (ver Tabela 3-2).

Ao assinar a nova legislação, o presidente Ford declarou: "a Airport and Airway Development Act, de 1976, possibilitará a contínua modernização de nossas aerovias, nossos aeroportos e suas instalações em comunidades espalhadas por nossos 50 Estados".

TABELA 3-2 Gastos do ADAP (em milhões), 1976–1980

Ano Fiscal	Aeroportos Comerciais	Aeroportos da Aviação Geral	Total
1976	US$ 435	US$ 65	US$ 500
1977	440	70	510
1978	465	75	540
1979	492	80	575
1980	525	85	610
Total	US$ 2.360	US$ 375	US$ 2.735

Fonte: FAA.

Legislação aeroportuária após a desregulamentação das empresas aéreas

As leis de desregulamentação de 1976 e 1978

A promulgação da **Air Cargo Deregulation Act** (Lei de Desregulamentação das Cargas Aéreas), de 1976, e, acima de tudo, da **Airline Deregulation Act** (Lei de Desregulamentação das Empresas Aéreas), de 1978, assinalaram o fim dos 40 anos de história de regulamentação econômica do setor de empresas aéreas. A desregulamentação das empresas aéreas foi parte de uma tendência geral que ganhou impulso nos anos 1970, visando reduzir a regulamentação do governo sobre a indústria privada. Nessa época, muitos observadores no Congresso e em outros lugares começaram a duvidar que a regulamentação federal estivesse encorajando a concorrência e passaram a suspeitar que o processo regulatório estava impondo custos desnecessários e criando distorções no mercado. Antes mesmo de o Congresso promulgar as leis de desregulamentação, o próprio CAB já havia conduzido inúmeras reduções experimentais de certos tipos de regulamentação, a fim de encorajar a concorrência. Com a lei de 1978, o mercado se abriu para novos concorrentes, e as empresas aéreas obtiveram muito mais liberdade para ingressar ou abandonar o mercado, para modificar rotas e para competir com base nos preços. A lei de 1978 também determinava o "declínio" do CAB ao final de 1984, com a transferência de suas funções essenciais remanescentes para o DOT e outros departamentos.

A desregulamentação das companhias aéreas tem exercido um profundo efeito sobre os aeroportos dos Estados Unidos. Assim que se permitiu que elas modificassem suas estratégias sem a aprovação obrigatória por parte do CAB, muitos mercados menos rentáveis foram abandonados, confirmando os temores de que a desregulamentação causaria uma perda de serviços aéreos para as comunidades menores. Os serviços para algumas dessas cidades continuaram sob as disposições do **Essential Air Service** (EAS – Serviço Aéreo Essencial) da Deregulation Act, as quais forneciam subsídios para as últimas empresas aéreas remanescentes, de forma a impedir que determinadas cidades perdessem os serviços aéreos por completo. Em muitos casos, pequenas empresas aéreas ingressaram em mercados abandonados por grandes empresas. Além disso, as novas liberdades das companhias aéreas acabaram modificando as suas relações com os operadores aeroportuários, que já não podem mais depender da estabilidade de serviço proporcionada pelas companhias para atender a seus aeroportos, precisam acomodar novos concorrentes e precisam lidar com situações adversas quando companhias já existentes decidem reduzir significativamente ou mesmo remover completamente suas operações do mercado.

Talvez o impacto mais profundo da desregulamentação das empresas aéreas tenha sido a proliferação da estratégia de rotas *hub and spoke* dentre as maiores empresas. Segundo a estratégia de rotas *hub and spoke*, as empresas aéreas organizavam cronogramas de voo e rotas de tal forma que um grande número de aeronaves chegasse à instalação *hub* vindo de aeroportos *spoke* em um curto espaço de tempo, fazendo com que os passageiros desembarcassem e fizessem conexões até seu destino final. Essa estratégia de desenho de rotas proporcionava às empresas aéreas a capacidade de atender mais mercados com uma mesma frota de aeronaves e tripulantes. A Figura 3-6 ilustra as estruturas de rota ponto a ponto, remontando a períodos pré-desregulamentação, e a Figura 3-7 ilustra uma estrutura de rotas comum à estratégia *hub and spoke*.

A rede de rotas *hub and spoke* resultou em aumentos significativos nas operações com aeronaves e no total de movimentações de passageiros naqueles aeroportos

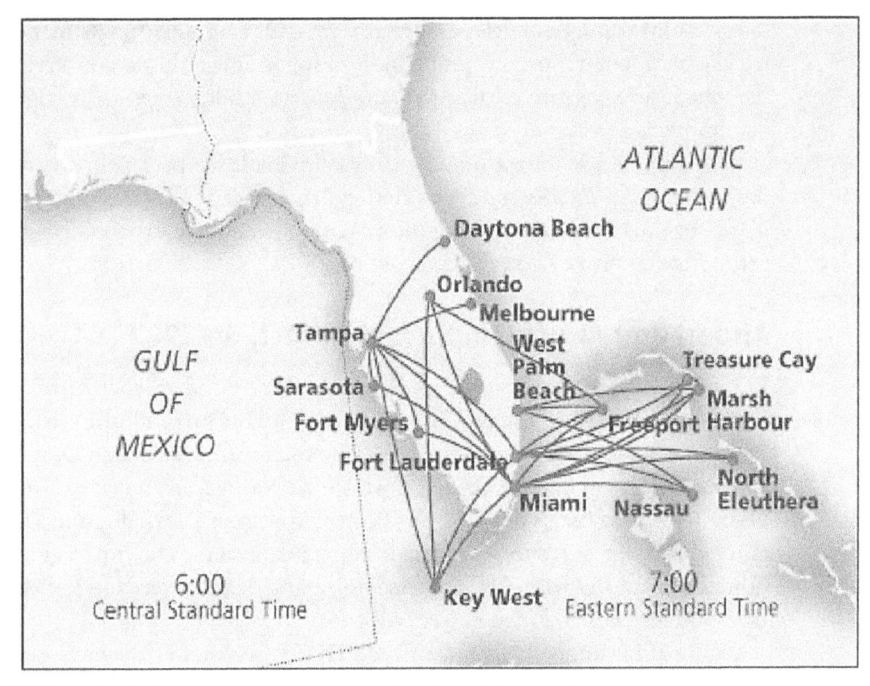

Capítulo 3 Perspectiva histórica e legislativa 71

FIGURA 3-6 Rede de rotas ponto a ponto. (Cortesia da Gulfstream Airlines)

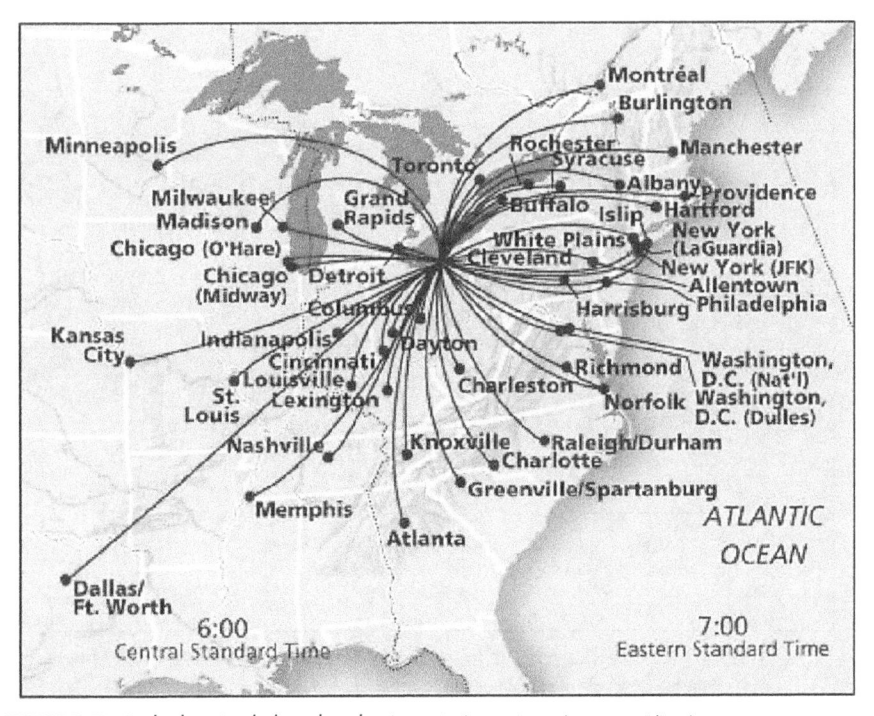

FIGURA 3-7 Rede de rotas *hub and spoke*. (Cortesia da Continental Express Airlines)

selecionados como *hubs* pelas empresas aéreas. Os aeroportos *spoke* menores, por outro lado, acabaram muitas vezes prejudicados por uma redução nos serviços, especialmente em serviços sem escalas, para destinos atendidos antes da desregulamentação das empresas aéreas.

A Figura 3-8 ilustra o aumento na atividade de passageiros como resultado das estratégias *hub and spoke* pós-desregulamentação. Tais aumentos em atividade de passageiros e de aeronaves resultou na necessidade de expansão significativa dos aeroportos em um curto espaço de tempo.

Airport and Airway Improvement Act, de 1982

Entre 1971 e 1980, o Airport and Airway Trust Fund recebeu aproximadamente US$ 13,8 bilhões, dos quais US$ 4,1 bilhões foram investidos no sistema aeroportuário por meio de subvenções do ADAP. A Airport and Airway Development Act (Lei de Desenvolvimento de Aeroportos e da Navegação Aérea) expirou em 1980. Durante os anos fiscais de 1981 e 1982, as disposições fiscais do fundo fiduciário foram reduzidas, e os recursos angariados foram depositados no fundo geral e no fundo fiduciário para rodovias. O Congresso norte-americano arrecadou aproximadamente US$ 900 milhões ao longo desses dois anos.

A expiração do financiamento do ADAP, somada às operações de desregulamentação das principais companhias aéreas, criou novas necessidades de financiamento para melhorias em aeroportos. Especificamente, aeroportos que recém haviam se tornado *hubs* operacionais exigiam investimentos para ampliações de pistas, terminais e instalações de acesso terrestre. É interessante notar que o Congresso pas-

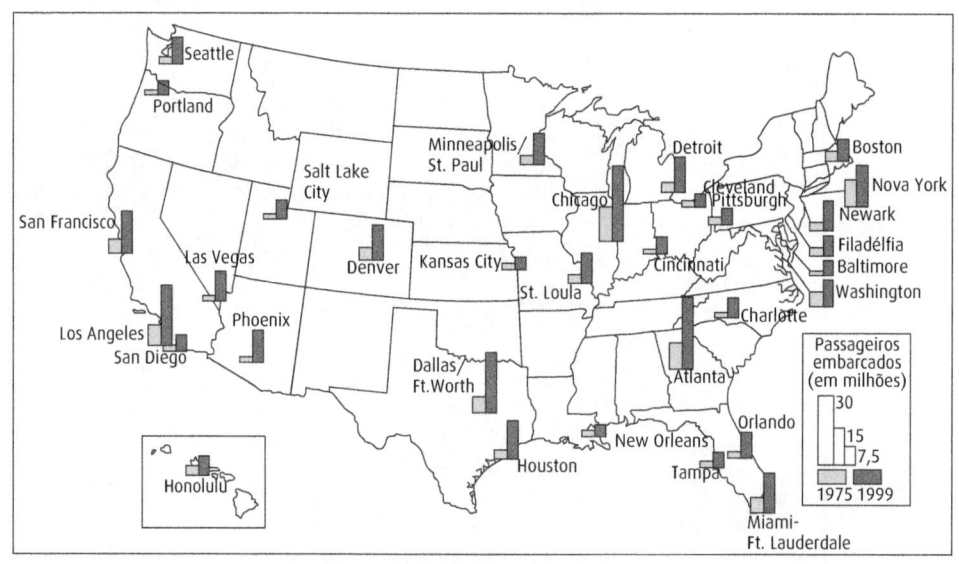

FIGURA 3-8 Níveis de passageiros embarcados pré *versus* pós-desregulamentação em aeroportos selecionados. (Cortesia do U.S. Bureau of Transportation Statistics)

sou a discutir se esses grandes aeroportos deveriam sequer receber algum tipo de auxílio federal, questionando se as receitas maiores advindas do extraordinário crescimento no serviço das empresas aéreas não seriam suficientes para cobrir as melhorias necessárias. Essa ideia de "desfederalização" dos maiores aeroportos acabou sendo descartada, com a descoberta de que as melhorias cruciais necessárias para acomodar as redes *hub and spoke* das empresas aéreas excediam em muito quaisquer aumentos projetados nas receitas dos aeroportos. De fato, a versão final da **Airport and Airway Improvement Act** (Lei de Melhoria de Aeroportos e da Navegação Aérea), de 1982, favoreceu o aumento do recurso federal para esses grandes aeroportos.

A Airport and Airway Improvement Act, de 1982, reestabeleceu a operação do Airport and Airway Trust Fund, ainda que com um cronograma revisado de impostos cobrados de usuários. Passou-se a cobrar dos operadores de aeronaves a pistão, por exemplo, 12 centavos por galão de "avgas", um aumento de 5 centavos sobre a taxa cobrada em 1970. Aeronaves a turbina passaram a pagar 14 centavos por galão de combustível de aviação, um aumento de 7 centavos.

A lei autorizou um novo programa de subvenção de capital, chamado de **Airport Improvement Program** (AIP – Programa de Melhoria de Aeroportos). Em sua filosofia básica, o AIP era similar ao ADAP. Sua intenção era dar suporte a um sistema nacional de aeroportos integrados que reconhecesse o papel dos aeroportos grandes e pequenos em um sistema de transporte aéreo nacional. A maximização do uso conjunto de aeródromos militares subutilizados e não estratégicos também foi encorajada.

Como parte da lei, o NASP foi reorganizado e chamado de **National Plan of Integrated Airport Systems** (NPIAS – Plano Nacional de Sistemas Aeroportuários Integrados). Essa reorganização acrescentou as categorias de *hub* grande, *hub* médio, *hub* pequeno e não *hub* aos aeroportos de serviço comercial. Os aeroportos eram classificados nas categorias de *hub* de acordo com suas próprias contribuições percentuais ao total anual de embarques nos Estados Unidos. Os recursos do AIP eram distribuídos com base na categoria em que cada aeroporto figurava no NPIAS.

A lei de 1982 também continha a disposição de recursos para planejamento de controle de ruídos e para conduzir programas de compatibilidade de ruídos, conforme autorizados pela **Aviation Safety and Noise Abatement Act** (Lei de Segurança e Redução de Ruídos na Aviação), de 1979.

A Airport and Airway Improvement Act recebeu emendas diversas vezes. Em outubro de 1982, a **Continuing Appropriations Act** (Lei de Orçamento Contínuo) acrescentou uma seção autorizando a emissão, em certas circunstâncias, de subvenções discricionárias no lugar de fundos reservados não utilizados, e a **Surface Transportation Assistance Act** (Lei de Assistência ao Transporte de Superfície), promulgada em 1983, aumentou as autorizações anuais para o AIP para os anos fiscais de 1983 a 1985. Em geral, a Airport and Airway Improvement Act, de 1982, destinou um total de US$ 4,8 bilhões para auxílio aeroportuário nos anos fiscais de 1983 a 1987 (ver Tabela 3-3).

TABELA 3-3 Financiamento do AIP por tipo de aeroporto (em milhões), 1982–1998

Ano fiscal	Recursos autorizados pelo Congresso	Principal	Comercial não principal	Aviação geral	Reliever	Total de recursos
				Orçamento por tipo de aeroporto		
1982	US$ 460,0	US$ 312,3	US$ 31,5	US$ 62,4	US$ 48,2	US$ 454,4
1983	800,0	465,0	69,2	155,1	98,7	788,0
1984	993,5	502,8	62,0	146,5	103,6	814,9
1985	987,0	623,4	52,4	154,1	110,1	940,0
1986	1.017,0	542,0	58,9	146,5	100,8	848,2
1987	1.017,2	525,6	72,2	155,8	129,7	883,3
1988	1.700,0	1.082,9	47,7	190,9	135,1	1.456,6
1989	1.700,0	1.013,5	43,9	178,0	171,2	1.406,6
1990	1.700,0	1.010,6	43,7	168,5	138,0	1.360,8
1991	1.800,0	1.210,1	45,5	248,7	211,1	1.715,4
1992	1.900,0	1.203,4	56,4	249,2	166,5	1.675,5
1993	2.025,0	1.296,4	41,2	199,1	180,6	1.717,3
1994	2.070,3	1.316,1	41,4	181,1	133,2	1.671,8
1995	2.161,0	1.166,3	32,5	157,6	85,7	1.442,1
1996	2.214,0	1.025,3	27,8	145,6	105,6	1.304,3
1997	2.280,0	1.209,3	57,7	140,1	114,6	1.521,7
1998	2.347,0	956,7	39,1	185,5	127,8	1.309,1
Subtotal	US$ 27.172,0	US$ 14.145,6	US$ 823,1	US$ 2.864,7	US$ 2.160,5	US$ 21.310,0
		72,6%	3,9%	13,4%	10,1%	100,0%
Planejamento de fundos e concessões de recursos pelo governo, 1982-1998					US$ 754,1	
Total						US$ 22.064,1

A **Airport and Airway Safety and Capacity Expansion Act** (Lei de Expansão de Segurança e Capacidade em Aeroportos e Navegação Aérea), de 1987, ampliou a autoridade do AIP para cinco anos. A lei autorizou US$ 1,7 bilhão para cada ano fiscal até 1990 e US$ 1,8 bilhão cada para os anos fiscais de 1991 e 1992. Essa lei também autorizou um novo procedimento, segundo o qual o investidor de um aeroporto devia ser informado das intensões federais de custear projetos de longo prazo e de alta capacidade, conforme os recursos disponíveis, e de reembolsar os investidores por certos trabalhos específicos realizados antes de uma subvenção ser recebida. Esse procedimento é implementado por meio de uma carta de intenções emitida para os investidores.

Outra disposição da Airport and Airway Safety and Capacity Expansion Act estabeleceu uma exigência de que 10% dos recursos disponibilizados pelo AIP deveriam ser destinados para pequenas empresas pertencentes e controladas por indivíduos social e economicamente desfavorecidos, o que ficou conhecido como **Disadvantaged Business Enterprise Program** (DBE – Programa para Empreendimentos Desfavorecidos).

Aviation Safety and Capacity Expansion Act, de 1990

Ao passo que a Airport and Airway Improvement Act havia beneficiado os maiores aeroportos, os pequenos aeroportos de serviço comercial, especialmente aqueles que haviam apresentado uma queda nos serviços aéreos desde a desregulamentação das empresas aéreas, sofriam com níveis estagnados e por vezes decrescentes de investimentos. Argumentava-se que os grandes aeroportos *hub* eram capazes de gerar receitas por si próprios, talvez por meio de algum tipo de imposto por passageiro.

Historicamente, sempre foi permitido que os aeroportos cobrassem impostos por passageiro que utilizava suas instalações, até que, em 1973, o Congresso norte-americano impôs uma legislação abrangente que proibia essa prática. Logo depois, em 1978, porém, empreenderam-se esforços para acabar com essa proibição; no entanto, isso veio acompanhado da extinção de todos os outros recursos federais para grandes aeroportos.

Em 1990, o Secretário de Transportes Samuel R. Skinner fez coro à defesa de uma legislação que removesse efetivamente o imposto por passageiro, sem eliminar outros níveis correntes de financiamento federal. No segundo trimestre de 1990, o Secretário Skinner solicitou que o Congresso norte-americano aprovasse uma legislação que permitisse aos aeroportos impor **cobranças pelo uso de dependências por passageiros** (PFCs – *passenger facility charges*) de até US$ 3 por passageiro, como parte da ampliação dos programas da Airport and Airway Improvement Act. Tendo identificado a necessidade de um capital de investimento de US$ 50 bilhões para a melhoria de aeroportos ao longo dos cinco anos subsequentes, o Airport Operators Council International (AOCI) e a American Association of Airport Executives (AAAE) organizaram uma grande campanha legislativa em prol das PFCs.

Em novembro de 1990, o Congresso norte-americano aprovou uma lei que autorizava PFCs como parte da **Aviation Safety and Capacity Expansion Act** (Lei de

Expansão de Segurança e Capacidade na Aviação), de 1990. Algumas das disposições importantes dessa lei eram as seguintes:

1. O operador aeroportuário pode propor o recolhimento de US$ 1, US$ 2 ou US$ 3 por passageiro embarcado, em voo doméstico ou internacional. Nenhuma quantia intermediária (p. ex., US$ 2,50) é permitida.
2. As PFCs serão recolhidas pelas empresas aéreas.
3. As PFCs ficam limitadas a não mais do que duas cobranças por cada etapa da viagem de ida e volta em aeroportos nos quais os passageiros embarcaram em uma única aeronave.
4. As receitas advindas das PFCs devem ser gastas no aeroporto controlado pela mesma entidade que cobra a taxa.
5. As receitas advindas das PFCs podem ser usadas para financiar apenas os custos permitidos de quaisquer projetos aprovados.
6. As receitas advindas das PFCs podem ser usadas para projetos de planejamento e desenvolvimento de aeroportos aptos a receberem verbas do AIP. Além disso, as receitas advindas das PFCs podem ser usadas para a preparação de planos e medidas de compatibilidade de ruídos.
7. A legislação exige que as verbas do AIP destinadas a um aeroporto *hub* de grande ou médio porte sejam reduzidas caso uma PFC seja imposta nesse aeroporto.

Até dezembro de 2002, 309 aeroportos arrecadaram PFCs, totalizando mais de US$ 10,9 bilhões. Mais de mil projetos aeroportuários foram aceitos para participarem do programa, com níveis aprovados de arrecadação totalizando mais de US$ 30 bilhões.

Como resultado, o programa de PFC tem obtido sucesso ao permitir que os maiores aeroportos *hub* alcancem os níveis necessários de financiamento por dependerem menos do AIP, possibilitando, assim, que mais recursos do AIP sejam alocados aos aeroportos menores com níveis reduzidos de passageiros embarcados.

Military Airport Program (MAP)

Outro projeto autorizado pela Aviation Safety and Capacity Expansion Act foi o **Military Airport Program** (MAP – Programa Militar Aeroportuário). O MAP é um orçamento reservado (atualmente de 4%) da parcela discricionária do AIP, a ser usado para projetos relacionados à capacidade e/ou conversão em aeroportos militares atuais e antigos. O MAP permite ao Secretário de Transportes promover o desenvolvimento capital em aeroportos militares atuais e antigos que tenham sido designados como aeroportos comerciais civis ou aeroportos *reliever* pelo NPIAS. Especificamente, o critério exige que projetos aprovados em qualquer local do MAP sejam capazes de reduzir atrasos em um aeroporto de serviço comercial já existente que apresente mais de 20.000 horas de atrasos ao ano em decolagens e aterrissagens de aeronaves comerciais de passageiros. Os aeroportos designados permanecem aptos a participar do programa por cinco anos fiscais após sua designação original como participante. Foi inicialmente permitida a participação no MAP de, no máximo, 12 aeroportos (agora 15) durante cada ano. Aeroportos participantes do apoio do MAP aprovaram projetos de aquisição de terrenos, construção e melhoria de aeródromos, desenvolvimento de iluminação e de terminais, entre outros, facilitando o diálogo entre as bases militares e as instalações de aviação civil.

A FAA continua a buscar uma série de iniciativas junto ao Department of Defense (DOD – Departamento de Defesa), aos Estados e aos governos locais para o uso conjunto civil e militar de aeródromos militares existentes, além da conversão do fechamento de aeródromos militares pelo DOD. Mais de 50 aeródromos militares foram ou estão sendo fechados desde que o MAP foi autorizado. A previsão é de que aproximadamente 40 deles venham a ser convertidos em aeroportos civis. Estima-se também que, para replicar a infraestrutura desses aeródromos, seria necessário um investimento de quase US$ 50 bilhões. A pequena fração dos recursos do AIP alocada para o MAP facilitará a conversão desses aeródromos com muito menos investimento.

Aviation Security Improvement Act, de 1990

Em 1988, dois acidentes fatais envolvendo a sabotagem de aeronaves comerciais introduziram novas ameaças à segurança da aviação civil. Em 7 de dezembro de 1988, um ex-funcionário inconformado da Pacific Southwest Airlines a bordo de uma aeronave PSA BAE 146-200, indo de San Francisco a Los Angeles, matou os membros da tripulação e derrubou a aeronave, vitimando, no total, 43 pessoas. O êxito das intenções do assassino foi atribuído em parte à sua capacidade de acessar a aeronave com uma arma letal, apesar da existência de medidas de triagem de segurança no Aeroporto Internacional de Los Angeles. Em 21 de dezembro, o voo 103 da Pan American Airlines, em um Boeing 747, explodiu sobre Lockerbie, Escócia, matando todos a bordo. A investigação que se seguiu revelou que a causa da explosão foi uma bomba acondicionada como um aparelho de rádio/fita cassete guardado dentro de uma bagagem despachada. A bomba foi originalmente transportada em uma aeronave da Air Malta, em Malta, e mais tarde foi transferida para o voo 103, a partir de outra aeronave da Pan American em Londres. O "passageiro" associado à explosão não embarcou no voo 103. Sua única intenção era realizar o ato de terrorismo.

Como resultado desses incidentes, o presidente George H. Bush instituiu a Comission on Aviation Security and Terrorism (Comissão Presidencial sobre Terrorismo e Segurança na Aviação), a fim de avaliar a efetividade geral do U.S. Civil Aviation Security System (Sistema de Segurança Norte-Americano para Aviação Civil). O resultado divulgado pelo relatório da comissão estabeleceu as bases da **Aviation Security Improvement Act** (Lei de Melhoria da Segurança na Aviação), de 1990.

Em 1990, a Aviation Security Improvement Act determinou que a FAA acelerasse a pesquisa e o desenvolvimento da detecção de explosivos. Como resultado, a FAA criou um programa de pesquisa e desenvolvimento de segurança voltado a aplacar a ameaça de terrorismo e de atos criminosos na aviação.

Airport and Airway Safety, Capacity, Noise Improvement, and Intermodal Transportation Act, de 1992

A **Airport and Airway Safety, Capacity, Noise Improvement, and Intermodal Transportation Act** (Lei de Melhoria de Segurança, Capacidade e Ruído e do Transporte Intermodal na Aviação), de 1992, autorizou a ampliação do AIP para um nível de recursos de US$ 2,1 bilhões até 1993. A lei também incluía inúmeras mudanças no custeio do AIP. As principais delas foram ampliação da elegibilidade de desenvolvimento sob o MAP; elegibilidade para realocação de torres de controle de tráfego aéreo e auxílios à navegação (incluindo radares), caso eles estivessem barrando outros projetos financiados pelo AIP; elegibilidade de terrenos, pavimentação, drenagem, equipamentos e estruturas para áreas centralizadas de degelo de aeronaves; e obediência à Americans with Disabilities Act (Lei Norte-Americana dos Portadores de Deficiências), de 1990, à Clean Air Act (Lei do Ar Limpo) e à Federal Water Pollution Control Act (Lei Federal de Controle da Poluição das Águas). A lei também aumentava de três para sete o número de Estados que podiam participar do State Block Program (Programa Governamental de Concessão de Recursos) e estendia o programa até 1996.

AIP Temporary Extension Act, de 1994

A **AIP Temporary Extension Act** (Lei de Expansão Temporária do AIP), de 1994, ampliou a disponibilização de recursos do AIP até 1994. Ela determinava que a quantia mínima a ser destinada para um aeroporto principal, com base no número de passageiros embarcados, seria de US$ 500.000. A lei também fez modificações no percentual de recursos do AIP que podia ser destinado a aeroportos *reliever* (diminuindo de 10 para 5%), a aeroportos de serviço comercial não principais (diminuindo de 2,5 para 1,5%) e a projetos de planejamento de sistema (aumentando de 0,5 para 7,5%). A elegibilidade de desenvolvimento de terminais foi ampliada, passando a permitir o uso de fundos discricionários em aeroportos *reliever* e em aeroportos principais que embarcavam menos de 0,05% do total de embarques nacionais anuais.

Federal Aviation Administration Authorization Act, de 1994

A **Federal Aviation Administration Authorization Act** (Lei Federal de Autorização da Administração da Aviação), de 1994, estendeu o custeio de recursos pelo AIP até 1996. Mudanças significativas no AIP incluíam o aumento de 12 para 15 no número de aeroportos que podia ser designado no MAP, mas exigiu que a FAA assegurasse que projetos em aeroportos recém-designados iriam reduzir atrasos em aeroportos com 20.000 horas ou mais de atraso. Além disso, ampliou-se a elegibilidade, abrangendo dispositivos de controle de acesso universal e de detecção de explosivos, e passou-se a exigir inúmeras medidas por parte de FAA e dos investidores de aeroportos quanto a taxas e cobranças aeroportuárias e desvio de receitas aeroportuárias.

Federal Aviation Reauthorization Act, de 1996

A **Federal Aviation Reauthorization Act** (Lei Federal de Reautorização da Aviação), de 1996, estendeu a duração do AIP até setembro de 1998. Várias modificações foram impostas à fórmula do cálculo de valores a receber por aeroportos principais e de cargas, de partilha estadual e de alocações discricionárias. Em relação aos valores a receber por aeroportos principais, especificamente, a fórmula foi ajustada alterando-se o crédito geral de US$ 0,65 para cada passageiro embarcado acima de 500.000, passando para US$ 0,65 para cada passageiro entre 500.000 e 1 milhão e para US$ 0,50 para cada passageiro acima de 1 milhão. Os valores a receber por aeroportos de cargas foram reduzidos de 3,5% do AIP para 2,5% do AIP. O teto anterior de 44% do AIP para valores a receber por aeroportos principais e de cargas foi removido.

Os orçamentos estaduais subiram de 12 para 18,5% do AIP, sendo removidas as alocações prévias para aeroportos *reliever* e aeroportos de serviço comercial não principais. A elegibilidade para o uso de recursos estaduais foi ampliada, passando a abranger aeroportos de serviço comercial não principais. As alocações para o planejamento de sistema também foram eliminadas.

Os cálculos de recursos alocados para ruídos e para o MAP também foram modificados de 12,5% e 2,5% do total do AIP, respectivamente, para 31% e 4% do fundo discricionário. Além disso, havia anteriormente um nível mínimo de US$ 325 milhões para o fundo discricionário após a subtração dos diversos fundos alocados e reservados. A nova lei alterou o nível mínimo para US$ 148 milhões para os pagamentos necessários para cartas de intenção (emitidas até 1° de janeiro de 1996) a partir do fundo discricionário.

Três novos programas-pilotos para técnicas inovadoras de financiamento, manutenção de pavimentos e privatização de aeroportos foram acrescidos ao programa. Outras mudanças envolveram alterações no MAP quanto ao número de aeroportos abrangidos pelo programa, quanto à elegibilidade de projetos e quanto à permissão para a extensão de participantes do MAP por um período adicional de cinco anos. O programa governamental de concessão de recursos foi formalmente adotado, removendo-se a designação de "piloto", e o número de Estados participantes aumentou de sete para oito em 1997 e para nove em 1998.

A lei também alinhou as PFCs e o AIP para permitir que ambos fossem usados para financiar projetos, adequando-os a normas federais e realocando auxílios à navegação e torres de controle de tráfego aéreo. Essas realocações são elegíveis apenas quando necessárias em conjunção com o desenvolvimento aeroportuário aprovado usando financiamento do AIP ou de PFC. Por fim, novas disposições sobre a fiscalização de desvio de receitas foram adicionadas à autoridade da FAA.

Aeroportos no século XXI: da prosperidade dos tempos de paz à insegurança gerada pelo terrorismo

Os anos que se seguiram à reautorização do AIP em 1996 representaram uma época de prosperidade econômica ímpar para os Estados Unidos. A revolução da tecnologia da informação do final dos anos 1990 coincidiu com níveis recordes de atividade de aviação comercial. As maiores empresas aéreas presenciaram um crescimento exponencial de suas receitas e de seus lucros líquidos. Boa parte dessas receitas foi reinvestida pelas empresas aéreas na compra de mais aeronaves, na ampliação de mercados e na ampliação da frequência de serviços. Grande parte da nova frota de aeronaves colocada em serviço era formada por jatos regionais recém-projetados, que foram utilizados pelas empresas aéreas para oferecer maior frequência de serviço entre os principais mercados.

A rápida expansão da atividade das empresas aéreas excedeu o ritmo de expansão e modernização dos sistemas de controle de tráfego aéreo de muitos aeroportos que atendiam a essas empresas. Como resultado, a indústria da aviação comercial apresentou níveis recordes de congestionamento e atrasos. Boa parte do congestionamento se concentrou nos aeroportos responsáveis pelos maiores *hubs* e naqueles em grandes áreas metropolitanas (ver Tabela 3-4).

Ironicamente, enquanto muitos dos aeroportos de grande porte dos Estados Unidos apresentavam níveis recordes de congestionamento, muitos dos aeroportos de serviço comercial que serviam a comunidades menores estavam encontrando dificuldades para manter os níveis correntes de serviço, especialmente na forma de serviço sem escalas, já que a estratégia de muitas das grandes empresas aéreas era consolidar operações voltadas a suprir seus *hubs* individuais. Como resultado, a disparidade entre as necessidades dos aeroportos se tornou extrema, com os maiores lutando para obter financiamento a fim de acomodar demandas crescentes e os menores lutando para obter financiamento a fim de atrair o tão necessário serviço aéreo para as suas comunidades.

TABELA 3-4 Aeroportos mais congestionados, 2000

Aeroporto	Total de voos	Percentual de atrasos	Nº de atrasos
Newark	463.000	7,89	36.553
LaGuardia	368.311	7,73	28.474
O'Hare	897.290	5,48	49.202
San Francisco	441.606	4,79	21.187
JFK	355.677	3,80	13.547
Atlanta	909.840	3,59	32.737
Philadelphia	480.279	3,02	14.516
Boston	502.822	2,98	14.989
Phoenix	570.788	2,08	11.919
Detroit	559.509	2,05	11.522

Fonte: Federal Aviation Administration.

AIR-21: The Wendell H. Ford Aviation Investment and Reform Act for the Twenty-First Century

A carência de recursos suficientes providos pelo AIP foi citada como uma das causas primárias para o ritmo lento de construção e desenvolvimento de aeroportos e de modernização do controle de tráfego aéreo. Em resposta, o Congresso norte-americano começou a desenvolver uma legislação para aumentar os níveis de investimento e encorajar as melhorias de infraestrutura.

A lei resultante, a **Wendell H. Ford Aviation Investment and Reform Act for the Twenty-First Century** (Lei Wendell H. Ford para Reforma e Investimento na Aviação no Século XXI), conhecida como **AIR-21**, foi promulgada em 5 de abril de 2000. A AIR-21 elevou em US$ 10 bilhões os níveis de recursos para investimentos na aviação, sendo a maior parte destinada a modernizações do controle de tráfego aéreo e aos tão necessários projetos de construção e melhoria de aeroportos. Além disso, a AIR-21 garantiu recursos para projetos de aviação por meio de questões de ordem pública, protegendo efetivamente o investimento integral de impostos aeronáuticos e de taxas cobradas de usuários em melhorias na área da aviação. O recurso total autorizado para programas federais de aviação com destinação vigente por três anos era de quase US$ 40 bilhões, sendo US$ 33 bilhões garantidos pelo fundo fiduciário da aviação.

Os recursos assegurados pela AIR-21 eram destinados tanto a auxílio a aeroportos grandes e congestionados quanto àqueles menores e subutilizados. Para os aeroportos de maior porte, os níveis mínimos de financiamento anual pelo AIP foram dobrados, de US$ 500.000 para US$ 1 milhão por aeroporto, e a quantia máxima de financiamento anual para um aeroporto grande subiu de US$ 22 milhões para US$ 26 milhões. Para os aeroportos de menor porte, os níveis mínimos de financiamento anual pelo AIP também foram dobrados. Além disso, foram garantidos recursos para melhorias em aeroportos da aviação geral e em aeroportos *reliever*.

Outra determinação da AIR-21 foi a elevação do teto das taxas cobradas dos passageiros pelo uso de dependências, que foi aumentado de US$ 3,00 para US$ 4,50. Esse aumento visava beneficiar tanto os grandes quanto os pequenos aeroportos. Para os maiores, os fundos gerados pelo aumento das PFCs gerariam recursos suficientes para melhorias aeroportuárias, sem precisar recorrer aos fundos do AIP. Como resultado, mais recursos do AIP puderam ser alocados para os aeroportos de menor porte, que arrecadavam menos com as PFCs devido aos seus níveis relativamente baixos de embarques.

Com a promulgação da AIR-21, muitos aeroportos aderiram a planos de grandes projetos de melhoria capital, totalizando muitos bilhões de dólares em despesas planejadas (ver Tabela 3-5).

O Wendell H. Ford Aviation Investment and Reform Act foi autorizado para os anos fiscais de 2001 a 2003, período para o qual se previa um aumento contínuo do crescimento da demanda por viagens aéreas e da atividade econômica nos Estados Unidos.

Uma queda acentuada na economia norte-americana a partir do final do ano 2000, estimulada em parte pela "explosão da bolha da indústria da Internet", resul-

TABELA 3-5 Principais projetos de expansão de aeroportos, 1998-2003

Projeto	Orçamento do projeto, em bilhões de US$
Reconfiguração/ampliação da pista de pouso do Chicago O'Hare	6,6
Ampliação da pista de pouso/terminal do Hartsfield Atlanta	5,4
Expansão do Newark International Airport	3,8
Washington Dulles International Airport	3,4
Ampliação da pista de pouso do Seattle-Tacoma International Airport	3,3
Minneapolis-St. Paul International Airport	3,1
Ampliação do terminal do Dallas/Fort Worth Airfield	2,6
Expansão do San Francisco International Airport	2,4
Las Vegas-McCarran International Airport	2,0
Baltimore-Washington International Airport	1,8
Cleveland Hopkins International Airport	1,1

tou no início de uma nova era de dificuldades financeiras para muitas das maiores empresas aéreas do país. Isso, por sua vez, suscitou temores quanto aos planos de expansão dos aeroportos. Inicialmente, porém, o foco da indústria da aviação, em geral, e dos aeroportos, em particular, era aprimorar e modernizar o sistema, a fim de reduzir o congestionamento e aumentar a eficiência do sistema.

Aviation and Transportation Security Act, de 2001

Embora questões envolvendo a segurança do sistema de aviação civil, em geral, e dos aeroportos, em particular, tivessem sido reconhecidas e abordadas das mais diversas formas desde os primórdios da aviação, nenhum outro evento na história conseguiu afetar tanto o modo como o sistema de aviação civil opera para garantir a segurança aeroportuário quanto os ataques terroristas nos Estados Unidos em 11 de setembro de 2001 (Figura 3-9).

Entre as 8h e as 9h da manhã da terça-feira, 11 de setembro de 2001, quatro aeronaves comerciais, partindo de três grandes aeroportos norte-americanos, foram sequestradas e então usadas em missões de ataque suicida para destruir importantes marcos na cidade de Nova York e em Washington, D.C. Os voos 11 da American Airlines e 175 da United Airlines, ambos em aeronaves Boeing 767 que partiram do Logan International Airport, de Boston, foram jogados por sequestradores terroristas contra as duas torres de 110 andares do World Trade Center, em Nova York. Isso acabou causando o colapso de ambas e de alguns prédios vizinhos, e resultando na morte de quase 3 mil pessoas e em danos estruturais de bilhões de dólares para a cidade. Já o voo 77 da American Airlines, a bordo de uma aeronave Boeing 757 que partiu do Dulles International Airport, em Washington, D.C., foi sequestrado e

FIGURA 3-9 O voo 175 da United Airlines colide com a torre sul do World Trade Center, em 11 de setembro de 2001. (Fotografia cortesia de www.cnn.com)

jogado contra uma das laterais do Pentágono, quartel-general do Departamento de Defesa dos Estados Unidos, levando à morte quase 300 pessoas. A última aeronave a ser sequestrada, o voo 93 da United Airlines, em um Boeing 757 que partiu do Newark International Airport, aparentemente tinha como alvo algum outro marco da cidade de Washington, D.C., talvez a Casa Branca ou o Capitólio. Esse voo caiu em um campo aberto em Shankesville, Estado da Pensilvânia, após os passageiros a bordo da aeronave, tendo recebido notícias sobre os ataques ao World Trade Center através de seus telefones celulares, entrarem em combate com os sequestradores na tentativa de recuperar o controle da aeronave. Os sequestros suicidas de 11 de setembro de 2001 representaram o maior número de mortes da história da aviação e marcaram um dos dias mais tristes da história dos Estados Unidos.

Assim que o governo tomou conhecimento dos eventos que se descortinavam em 11 de setembro, a FAA ordenou uma interrupção completa do sistema de aviação civil, tanto de atividades comerciais como da aviação geral, dirigindo todos os voos em progresso para o solo nos aeroportos mais próximos e determinando que todas as aeronaves em terra cancelassem as atividades até nova ordem. Todas as aeronaves fora do espaço aéreo norte-americano foram proibidas de ingressar nos Estados Unidos, forçando centenas delas com destino ao país a pousar no Canadá e no México ou a retornar aos seus locais de origem (Figura 3-10). Ao meio-dia de 11 de setembro, não havia qualquer aeronave civil sobrevoando os Estados Unidos, marcando a primeira vez na história em que a FAA interrompia por completo a aviação civil.

Investigações iniciais que buscavam identificar os métodos empregados pelos sequestradores suicidas para obter êxito em sua missão concluíram o seguinte:

1. Dezenove sequestradores, associados, conforme se descobriu mais tarde, à organização terrorista Al-Qaida, embarcaram nas aeronaves com passagens no Boston Logan International Airport, no Newark International Airport e no Washington Dulles International Airport. Pelo menos dois dos sequestradores embarcaram no Portland International Airport, no Estado do Maine, com conexão para o voo 11 da American Airlines.
2. Os sequestradores usaram facas e estiletes para atacar os passageiros e a tripulação, com intenção de tomar o controle completo da aeronave.
3. Diversos sequestradores receberam treinamento de voo em preparação à sua missão de ataque. Além disso, a identificação geográfica dos marcos foi realizada antes do ataque, a fim de ajudar na navegação em direção aos seus alvos.
4. Um automóvel pertencente a um dos sequestradores foi encontrado no estacionamento do Boston Logan International Airport. Dentro do automóvel, foi encontrado um cartão que permitia acesso às aeronaves no aeroporto.
5. Uma busca em outras aeronaves comerciais imediatamente após o ataque revelou facas e estiletes escondidos nos assentos de pelo menos duas outras aeronaves no Boston Logan International Airport e no Hartsfield Atlanta International Airport.
6. Indivíduos suspeitos de serem cúmplices dos ataques de 11 de setembro foram detidos nos aeroportos La Guardia e John F. Kennedy, em Nova York, com uniformes e credenciais da tripulação da American Airlines.

As investigações iniciais revelaram a suspeita de:

- Sabotagem hostil de aeronave em voo, por meio de ingresso ilegal na cabine de pilotagem, usando armas brancas.
- Ocultamento de armas em aeronave antes do embarque dos sequestradores.
- Planos de ataque significativos/mundiais.
- Outros ataques usando conhecimento sobre operações de aviação comercial e geral.

FIGURA 3-10 Aeronaves mantidas em terra nos Estados Unidos, no Halifax International Airport, em 11 de setembro de 2001. (Cortesia do Halifax International Airport)

Do ponto de vista da segurança, os ataques de 11 de setembro de 2001 representaram a maior infiltração ao Civil Aviation System (Sistema de Aviação Civil) dos Estados Unidos através de múltiplas brechas na segurança aeronáutica.

Logo após as investigações iniciais, uma série de diretrizes de segurança emergenciais foram impostas pelo governo federal, algumas afetando as operações com aeronaves e outras visando especificamente às operações aeroportuárias.

Dentre as diretrizes obrigatórias para a operação de aeronaves estavam modificações nas próprias aeronaves, incluindo o reforço das portas das cabines de comando (para impedir o acesso a partir da cabine de passageiros durante o voo), procedimentos de inspeção de segurança obrigatórios antes e após o voo, e obediência estrita e absoluta à verificação da identificação de todos os tripulantes e de outros funcionários embarcando nas aeronaves. Além disso, o programa federal de policiamento aéreo, instituído nos anos 1970 para oferecer proteção contra sequestros, mas que, com o passar do tempo, fora reduzido, foi ampliado para incluir o uso de seguranças federais a bordo de voos domésticos.

No âmbito dos aeroportos, as seguintes diretrizes de segurança foram implementadas:

- Passageiros passaram a ser proibidos de entrar em uma aeronave portando facas, estiletes ou qualquer outra arma branca em potencial.
- Somente passageiros com bilhetes podiam acessar pontos de controle de segurança dentro de terminais aeroportuários.
- Todas as áreas de *check-in* contíguas à pista foram fechadas.
- Todas as áreas de estacionamento de automóveis localizadas a menos de 90 metros de um terminal aeroportuário receberam ordem de fechamento.
- Membros da Guarda Nacional norte-americana foram designados a cada um dos aeroportos comerciais quando da reabertura da atividade de aviação civil, a fim de proporcionar maior segurança aos passageiros.

Enquanto essas diretrizes de segurança eram implementadas, o Congresso norte-americano agiu para desenvolver uma legislação que levasse em conta a questão da segurança na aviação. Com base no conhecimento e nas experiências com ameaças e incidentes prévios de segurança, nas legislações, recomendações e diretrizes que já haviam sido implementadas com diferentes níveis de eficácia e nas novas ameaças de sequestros suicidas, o Congresso apresentou o esboço da **Aviation and Transportation Security Act** (ATSA – Lei de Segurança em Aviação e Transporte), de 2001. Declarando que a legislação oferecia "medidas permanentes e agressivas para aumentar a segurança de nossas atividades aéreas", o presidente George W. Bush promulgou a ATSA em 19 de novembro de 2001 (Figura 3-11).

O princípio fundamental da lei era o estabelecimento de uma agência federal encarregada de garantir a segurança dos sistemas de transporte do país. Dessa forma, o **Transportation Security Administration** (TSA – Departamento de Segurança em Transportes) foi instituído no ato da promulgação da ATSA. Além disso, a ATSA estabelecia uma série de prazos para reforços de segurança a serem cumpridos pela agência recém-instituída. Esses prazos incluíam:

19 de novembro de 2001 Todos os funcionários de aeroportos e de empresas aéreas com acesso a áreas de segurança intensiva devem passar por novas verificações federais de antecedentes antes de receberem liberação de acesso.

18 de janeiro de 2002 Todas as bagagens despachadas em aeroportos norte-americanos devem passar por triagem através de sistemas de detecção de explosivos, de conferência de bagagens de passageiros, de revistas manuais, de cães farejadores ou de outros meios aprovados.

FIGURA 3-11 O presidente George W. Bush durante a promulgação da Aviation and Transportation Security Act no Ronald Reagan Washington International Airport, em 19 de novembro de 2001.
(Fonte: TSA)

17 de fevereiro de 2002 O TSA assume oficialmente todas as funções da aviação civil da FAA.

21 de novembro de 2002 Todos os passageiros e suas bagagens de mão devem passar por triagem de segurança realizada por funcionários contratados pelo TSA nos 429 maiores aeroportos comerciais do país (em termos de passageiros embarcados).

31 de dezembro de 2002 Todas as bagagens despachadas devem passar por triagem com equipamento certificado de detecção de explosivos operado por funcionários contratados pelo TSA nos 429 maiores aeroportos comerciais do país (em termos de passageiros embarcados).

Para cumprir esses prazos, o TSA investiu mais de US$ 5 bilhões para contratar mais de 50 mil funcionários para a fiscalização de passageiros e bagagens, bem como para funções administrativas, além de comprar equipamentos necessários para atender às metas da ATSA, mantendo, ao mesmo tempo, um sistema capaz de proporcionar uma viagem eficiente a passageiros por meio do sistema nacional de aviação.

Com o passar do tempo, muitas das diretrizes emergenciais implementadas desde 11 de setembro de 2001 foram suspensas. A Guarda Nacional dos Estados Unidos abandonou sua presença nos aeroportos em maio de 2002. Áreas de *check-in* contíguas à pista foram reabertas, e a proibição das áreas de estacionamento de automóveis localizadas a menos de 90 metros de um terminal aeroportuário foi suspensa. Em 2010, somente passageiros portando passagens eram autorizados a passar pelos pontos de controle de segurança dos terminais aeroportuários, e, embora a lista específica de itens proibidos continuasse sendo constantemente alterada, muitos objetos pontiagudos e pesados como facas, estiletes, tacos de beisebol e tijolos permaneceram proibidos na bagagem de mão dos passageiros.

Para custear o TSA, a ATSA autorizou uma sobretaxa de US$ 2,50 sobre as passagens de empresas aéreas por segmento de voo, até um máximo de US$ 10 por itinerário de ida e volta.

Homeland Security Act, de 2002

Em 25 de novembro de 2002, a **Homeland Security Act** (Lei da Segurança Nacional) foi promulgada. Essa lei instituiu o **Department of Homeland Security** (DHS – Departamento de Segurança Nacional) em uma tentativa de coordenar o trabalho de diversas agências responsáveis por proteger os Estados Unidos em um único gabinete. Essas agências incluíam Customs and Border Protection (Alfândega e Proteção de Fronteiras), Immigration and Customs Enforcement (Imigração e Fiscalização Alfandegária), Federal Emergency Management Agency (FEMA – Agência de Gestão Federal de Emergência), Secret Service (Serviço Secreto), Coast Guard (Guarda Costeira) e TSA.

A legislação e as operações referentes à segurança aeroportuária continuam evoluindo para se adaptarem às ameaças ao público viajante. Informações mais detalhadas quanto ao ambiente histórico, atual e futuro da segurança aeroportuária podem ser encontradas no Capítulo 8 deste livro.

Vision 100-Century of Aviation Reauthorization Act, de 2003

A história da aviação civil, em geral, e do desenvolvimento aeroportuário, em particular, tem sido bastante dinâmica desde os seus primórdios, no início do século XX. A primeira metade do século XXI, porém, foi caracterizada por um maior dinamismo e, certamente, por uma maior volatilidade. O início do ano 2000 apresentou níveis recordes de embarques, operações com aeronaves, lucros para as empresas aéreas e planos de ampliação de aeroportos. Contudo, já no início de 2003, a indústria da aviação estava sofrendo as sequelas de atos extremos de terrorismo, uma economia em baixa, perdas financeiras nunca vistas e falências de inúmeras empresas aéreas comerciais, resultando em um novo cenário de desafios para os aeroportos.

Como a AIR-21, em vigência durante um período de relativa prosperidade para a aviação civil, estava prevista para expirar em 30 de setembro de 2003, uma das primeiras tarefas do 108° Congresso norte-americano era apresentar uma lei de reautorização que reavaliasse as necessidades da indústria da aviação e alocasse verbas para atender a essas necessidades. Em resposta a isso, o governo Bush promulgou a **Vision 100-Century of Aviation Reauthorization Act** (Lei de Reautorização de Um Século de Aviação) em 12 de dezembro de 2003. A Vision 100 Act é mais conhecida pela reautorização de uma verba de US$ 3,4 bilhões ao AIP no ano fiscal de 2004, aumentando para US$ 3,7 bilhões no ano fiscal de 2007.

A Vision 100 também instituiu o **Next-Generation Air Transportation System Joint Planning and Development Office** (JPDO – Departamento de Planejamento e Desenvolvimento Conjunto do Sistema de Transporte Aéreo de Última Geração), uma organização dentro da FAA, mas que está intimamente integrada com diversas outras organizações federais, incluindo o DOD, o DOT, o DHS, o Departament of Commerce (Departamento de Comércio), o White House Office of Science and Technology (Gabinete de Ciência e Tecnologia da Casa Branca) e a NASA. A missão do JPDO era criar e conduzir um plano integrado para um **Next--Generation Air Transportation System** (Sistema de Transporte Aéreo de Última Geração), conhecido como "**NextGen**", que fosse capaz de atender à demanda potencial de viagens aéreas no ano de 2025. Como será discutido em mais detalhes no Capítulo 5, o NextGen tem como foco a implementação de tecnologias do século XXI para a navegação e comunicações digitais e baseadas em satélite, a fim de proporcionar uma gestão mais eficiente do tráfego aéreo dentro do sistema aeroespacial dos Estados Unidos. Devido à enormidade e à complexidade da tarefa de reformar por completo o sistema de transporte aéreo do país, o JPDO foi formado para coordenar os esforços de todas as organizações governamentais com interesses e influência sobre o tema. No ano de 2010, quando da escrita deste texto, o JPDO continuava a coordenar esforços no desenvolvimento, no teste e na implementação incremental de novas tecnologias de gestão de tráfego aéreo. Mais informações concernentes ao JPDO podem ser encontradas em http://www.jpdo.gov.

Os anos posteriores à promulgação da Vision 100 Act continuaram tumultuados para a indústria da aviação. A concorrência advinda de um setor crescente de empresas de serviço comercial, conhecidas como "empresas aéreas de baixo custo", continua levando a uma queda nas tarifas aéreas, criando dificuldades não apenas para as empresas mais tradicionais, que trabalham com custos operacionais mais altos, como também para os aeroportos, já que os recursos disponibilizados pelo programa AIP reduziram. Sob o modelo atual, os recursos do Aviation Trust Fund começaram a diminuir, exatamente quando as demandas por investimentos do AIP para a melhoria da infraestrutura aeroportuária começaram a aumentar novamente. Por causa disso, teve lugar um debate significativo a respeito de como reautorizar o programa AIP quando da expiração da Vision 100 Act em 2007.

Até o ano de 2010, o debate sobre a reautorização do AIP continuava sem solução. O programa segue operando sob uma "resolução contínua", que limitou o aumento de recursos do AIP e negou a autorização para qualquer aumento em PFC ou para outras políticas de aumento de recursos para o sistema da aviação.

Em março de 2010, o Senado norte-americano aprovou sua própria versão de um projeto de lei conhecido como "FAA Reauthorization Act" (Lei de Reautorização da FAA); uma versão similar da lei foi debatida no Congresso. A lei tem como foco o aumento da segurança na aviação, devido a diversos acidentes fatais envolvendo empresas regionais de serviço comercial, e o aumento da capacidade dos aeroportos. Até o final do ano de 2010, porém, a lei ainda não havia sido promulgada, deixando no ar o futuro legislativo da aviação.

Observações finais

Como tem se confirmado ao longo da história da aviação civil, o contexto dos eventos e do clima econômico, bem como de questões sociais, tende a exercer impactos significativos sobre ela, especialmente quando se trata da história legislativa. Nos últimos anos da primeira década do século XXI, quatro questões fundamentais figuravam na vanguarda da aviação civil: a recessão econômica nos Estados Unidos e em outras nações industrializadas, a atenção dada às questões ambientais e os problemas envolvendo a segurança aeronáutica e a segurança dos passageiros. O desaquecimento financeiro acarretou a redução e a consolidação das empresas aéreas comerciais e um acentuado declínio da atividade da aviação geral. Esses problemas afetaram a saúde econômica dos aeroportos do país e do sistema de aviação em geral. Apesar dos desafios econômicos existentes, tem havido uma tentativa de aumentar a sustentabilidade ambiental da aviação. A iniciativa busca, entre outras coisas, tornar os aeroportos mais eficientes em termos energéticos. Espera-se que os gestores e planejadores de aeroportos venham a desenvolver maneiras de projetar suas dependências de modo a minimizar o uso de energia e a buscar métodos operacionais que reduzam o impacto da atividade aeroportuária sobre o meio ambiente, sem esquecer as novas ameaças à segurança dos passageiros e buscando diminuir constantemente os riscos envolvidos nas operações aeroportuárias.

Por fim, no futuro distante, sempre haverá a necessidade de aumentar a capacidade e a eficiência do sistema, já que, com a recuperação da economia mundial, certamente haverá um aumento da demanda por viagens aéreas, e os sistemas mundiais aeroportuários e aeronáuticos precisam estar preparados para acomodar essa demanda. Acredita-se que o desenvolvimento de novas tecnologias para o sistema de aviação contribuirá significativamente para o aumento da capacidade e da eficiência do sistema.

O futuro da legislação aeronáutica estará amparado, sem dúvida, pela rica história de mais de um século de aviação civil. Desse modo, é a formação histórica da legislação baseada em eventos tecnológicos, econômicos e políticos, bem como em preocupações com a eficiência, a capacidade e a segurança do sistema, que precisa ser compreendida para se alcançar uma melhor gestão e para se criar uma legislação para o futuro da aviação civil.

Principais leis

- 1925   Kelly Act (Lei Kelly)
- 1926   Air Commerce Act (Lei do Comércio Aéreo)
- 1938   Civil Aeronautics Act (Lei da Aeronáutica Civil)
- 1946   Federal Airport Act (Lei Federal dos Aeroportos)
- 1957   Airways Modernization Act (Lei de Modernização da Navegação Aérea)
- 1958   Federal Aviation Act (Lei Federal de Aviação)
- 1966   Department of Transportation Act (Lei do Departamento de Transporte)

- 1970 Airport and Airway Development Act (Lei de Desenvolvimento de Aeroportos e da Navegação Aérea)
- 1976 Airport and Airway Development Act Amendments (Emendas à Lei de Desenvolvimento de Aeroportos e da Navegação Aérea)
- 1976 Air Cargo Deregulation Act (Lei de Desregulamentação das Cargas Aéreas)
- 1978 Airline Deregulation Act (Lei de Desregulamentação das Empresas Aéreas)
- 1979 Aviation Safety and Noise Abatement Act (Lei de Segurança e Redução de Ruídos na Aviação)
- 1982 Airport and Airway Improvement Act (Lei de Melhoria de Aeroportos e da Navegação Aérea)
- 1982 Continuing Appropriations Act (Lei de Orçamento Contínuo)
- 1983 Surface Transportation Assistance Act (Lei de Assistência ao Transporte de Superfície)
- 1987 Airport and Airway Safety and Capacity Expansion Act (Lei de Expansão de Segurança e Capacidade em Aeroportos e Navegação Aérea)
- 1990 Aviation Safety and Capacity Expansion Act (Lei de Expansão de Segurança e Capacidade na Aviação)
- 1990 Aviation Security Improvement Act (Lei de Melhoria da Segurança na Aviação)
- 1992 Airport and Airway Safety, Capacity, Noise Improvement, and Intermodal Transportation Act (Lei de Melhoria de Segurança, Capacidade e Ruído e de Transporte Intermodal na Aviação)
- 1994 AIP Temporary Extension Act (Lei de Expansão Temporária do AIP)
- 1994 Federal Aviation Administration Authorization Act (Lei Federal de Autorização da Administração da Aviação)
- 1996 Federal Aviation Reauthorization Act (Lei Federal da Reautorização da Aviação)
- 2000 AIR-21: The Wendell H. Ford Aviation Investment and Reform Act for the Twenty-First Century (Lei Wendell H. Ford para Reforma e Investimento na Aviação no Século XXI)
- 2001 Aviation and Transportation Security Act (Lei de Segurança em Aviação e Transporte)
- 2002 Homeland Security Act (Lei da Segurança Nacional)
- 2003 Vision 100-Century of Aviation Reauthorization Act (Lei de Reautorização de Um Século de Aviação)

Principais organizações e departamentos

- Bureau of Air Commerce (Gabinete de Comércio Aéreo)
- Works Progress Administration (WPA – Departamento de Desenvolvimento de Empregos)
- Civil Aeronautics Authority (Autoridade Aeronáutica Civil)
- Civil Aeronautics Board (CAB – Conselho Aeronáutico Civil)
- Civil Aeronautics Administration (CAA – Departamento de Aeronáutica Civil)
- Airways Modernization Board (Conselho de Modernização da Navegação Aérea)

- Federal Aviation Agency (FAA – Agência Federal de Aviação)
- Department of Transportation (DOT – Departamento de Transporte)
- National Transportation Safety Board (NTSB – Conselho Nacional de Segurança nos Transportes)
- Transportation Security Administration (TSA – Departamento de Segurança em Transportes)
- Department of Homeland Security (DHS – Departamento de Segurança Nacional)
- Next-Generation Air Transportation System Joint Planning and Development Office (JPDO – Departamento de Planejamento e Desenvolvimento Conjunto do Sistema de Transporte Aéreo de Última Geração)

Principais planos, programas e diretrizes

- DLAND – Development of Landing Areas for National Defense (Desenvolvimento de Áreas de Pouso para a Defesa Nacional)
- NAP – National Airport Plan (Plano Nacional de Aeroportos)
- FAAP – Federal-Aid Airport Program (Programa Federal de Auxílio Aeroportuário)
- Airport and Airway Trust Fund (Fundo Fiduciário para Aeroportos e Navegação Aérea)
- PGP – Planning Grant Program (Programa de Subvenção de Planejamento)
- ADAP – Airport Development Aid Program (Programa de Auxílio ao Desenvolvimento de Aeroportos)
- NASP – National Airport System Plan (Plano Nacional de Sistema Aeroportuário)
- NAS – National Airspace System (Sistema de Espaço Aéreo Nacional)
- EAS – Essential Air Service Program (Programa de Serviço Aéreo Essencial)
- AIP – Airport Improvement Program (Programa de Melhoria de Aeroportos)
- NPIAS – National Plan of Integrated Airport Systems (Plano Nacional de Sistemas Aeroportuários Integrados)
- DBE – Disadvantaged Business Enterprise Program (Programa para Empreendimentos Desfavorecidos)
- PFC – Passenger Facility Charge (Cobrança pelo Uso de Dependências por Passageiros)
- MAP – Military Airport Program (Programa Militar Aeroportuário)
- NextGen – Next-Generation Air Transportation System (Sistema de Transporte Aéreo de Última Geração)

Questões de revisão e discussão

1. Quem estabeleceu o primeiro serviço de correio aéreo nos Estados Unidos? Quanto tempo ele durou?
2. Qual era o principal propósito da Kelly Act (Lei Kelly)?
3. Qual era o principal propósito da Air Commerce Act (Lei do Comércio Aéreo), de 1926?
4. De que forma o Bureau of Air Commerce (Gabinete de Comércio Aéreo) foi instituído?

5. Quando o governo federal norte-americano começou a dar suporte financeiro para o desenvolvimento de aeroportos?
6. Qual era o propósito subjacente da Civil Aeronautics Act (Lei da Aeronáutica Civil), de 1938?
7. Qual era a diferença entre o Civil Aeronautics Board (Conselho Aeronáutico Civil) e a Civil Aeronautics Administration (Departamento de Aeronáutica Civil)?
8. Qual era a função do DLAND?
9. Qual era o propósito da Federal Airport Act (Lei Federal dos Aeroportos), de 1946?
10. Quais eram alguns dos dispositivos que precisavam ser obedecidos antes que recursos federais pudessem ser concedidos pelo Federal-Aid Airport Program (Programa Federal de Auxílio Aeroportuário)?
11. Qual era a principal preocupação da indústria da aviação que acabou levando à Federal Aviation Act (Lei Federal de Aviação), de 1958?
12. Quais eram as principais responsabilidades do administrador da aviação sob a lei de 1958?
13. Qual foi o propósito da Department of Transportation Act (Lei do Departamento de Transporte), de 1966?
14. Quais foram as receitas arrecadadas sob a Airport and Airway Development Act (Lei de Desenvolvimento de Aeroportos e da Navegação Aérea)?
15. Quais são algumas das vantagens da abordagem de cobrança de usuários/fundo fiduciário?
16. O que é o PGP? Como ele funciona?
17. Quais foram algumas das importantes alterações previstas pelas Airport and Airway Development Act Amendments (Emendas à Lei de Desenvolvimento de Aeroportos e da Navegação Aérea), de 1976?
18. De que maneira a Airline Deregulation Act (Lei da Desregulamentação das Empresas Aéreas), de 1978, afetou o sistema aeroportuário nos Estados Unidos?
19. O que é o programa de "serviço aéreo essencial"?
20. Qual é o propósito da Aviation Safety and Noise Abatement Act (Lei de Segurança e Redução de Ruídos na Aviação), de 1979?
21. Qual era o propósito principal da Airport and Airway Safety and Capacity Expansion Act (Lei de Expansão de Segurança e Capacidade em Aeroportos e Navegação Aérea) de 1987?
22. Quais são algumas das características da Aviation Safety and Capacity Expansion Act (Lei de Expansão de Segurança e Capacidade na Aviação)?
23. De que maneira o financiamento dos aeroportos mudou sob a AIR-21?
24. Por que as Passenger Facility Charges (PFC – Cobranças pelo Uso de Dependências por Passageiros) foram finalmente aprovadas pelo Congresso norte-americano? Liste algumas das disposições previstas pela Aviation Safety and Capacity Expansion Act (Lei de Expansão de Segurança e Capacidade na Aviação) referentes às PFCs.
25. O que é o State Block Grant Pilot Program (Programa-Piloto Governamental de Concessão de Recursos?
26. O que é o Military Airport Program (MAP – Programa Militar Aeroportuário)?

27. De que maneira o acentuado aumento em viagens aéreas durante os anos 1980 e 1990 afetou o sistema aeroportuário?
28. Quais foram alguns dos grandes problemas enfrentados pelo sistema aeroportuário durante o início do século XXI?
29. Qual era o propósito da ATSA?
30. Quais foram as mudanças na legislação para a segurança aeroportuária ocorridas desde os eventos de 11 de setembro de 2001?
31. Qual foi o propósito da formação do Department of Homeland Security (DHS – Departamento de Segurança Nacional)?
32. Qual foi o propósito do JPDO?
33. O que é o NextGen?
34. Por que tem havido tanto debate sobre a reautorização da destinação de recursos desde a expiração da Vision 100 Act, em 2007?

Leituras sugeridas

Air Commerce Act of 1926, Public Law 254, 69th Congress, May 20, 1926.

Airport and Airway Development Act of 1970 (Title 1) and the Airport and Airway Revenue Act of 1970 (Title II), Public Law 258, 91st Congress, May 21, 1970.

Airport and Airway Development Act Amendments of 1976, Public Law 353, 94th Congress, July 21, 1976.

Airport and Airway Improvement of 1982, Public Law 248, 97th Congress, September 15, 1982.

Airport and Airway Safety and Capacity Expansion Act of 1987, Public Law 223, 100th Congress, December 30, 1987.

Arey, Charles K. *The Airport,* New York: Macmillan, 1943.

Aviation Safety and Capacity Expansion Act of 1990, Public Law 508, 101st Congress, November 8, 1990.

Briddon, Arnold E., Ellmore A. Champie, and Peter A. Marraine. *FAA Historical Fact Book: A Chronology 1926–1971.* DOT/FAA Office of Information Services. Washington, D.C.: U.S. Government Printing Office, 1974.

Civil Aeronautics Act of 1938, Public Law 706, 76th Congress, June 23, 1938.

Department of Transportation Act of 1966, Public Law 670, 89th Congress, October 15, 1966.

Department of Transportation, Thirteenth Annual Report of Accomplishments under the Airport Improvement Program – Fiscal Year 1994, October 1995.

Federal Airport Act of 1946, Public Law 377, 79th Congress, May 13, 1946.

Federal Aviation Act of 1958, Public Law 726, 85th Congress, August 23, 1958.

Frederick, John H. *Airport Management.* Chicago: Richard D. Irwin, 1949.

Kelly Air Mail Act of 1925, Public Law 359, 68th Congress, February 2, 1925.

National Plan of Integrated Airport Systems (NPIAS) 2009–2013, Washington, D.C.: FAA, 2009.

Richmond, S. *Regulation and Competition in Air Transportation.* New York; Columbia University Press, 1962.

Sixteenth Annual Report of Accomplishments under the Airport Improvement Program. FY 1997, Washington D.C.: FAA, May 1999.

Smith, Donald I., John D. Odegard, and William Shea. *Airport Planning and Management.* Belmont, CA.: Wadsworth, 1984.

VISION 100 – Century of Aviation Reauthorization Act of 2003 Public Law 108-176, 108th Congress, December 12, 2003.

PARTE II
Gestão de operações aeroportuárias

Capítulo 4   O aeródromo....................99

Capítulo 5   Gestão do espaço e do tráfego aéreos......156

Capítulo 6   Gestão de operações aeroportuárias sob o CFR 14 Parte 139...................188

Capítulo 7   Terminais aeroportuários e acesso terrestre..224

Capítulo 8   Segurança aeroportuária 276

CAPÍTULO 4

O aeródromo

Objetivos de aprendizagem

- Identificar as diversas dependências localizadas em um aeródromo.
- Discutir as especificações e os tipos de pistas de pouso.
- Compreender a importância da orientação das pistas de pouso.
- Identificar o código de referência de um aeroporto.
- Familiarizar-se com a iluminação, a sinalização e marcações em aeródromos.
- Descrever os vários auxílios à navegação que existem nos aeródromos.
- Descrever a infraestrutura existente para aumentar a segurança no aeródromo.

Os componentes de um aeroporto

Um aeroporto é uma instalação complexa da rede de transporte, projetada para atender a aeronaves, passageiros, cargas e veículos de superfície. Cada um desses usuários é atendido por diferentes componentes do aeroporto. Esses componentes são geralmente divididos em duas categorias.

Os **componentes do lado ar** são planejados e administrados para acomodar o movimento de aeronaves no aeroporto, bem como suas operações de chegada e partida. Esses componentes são diretamente voltados ao voo e podem ser subdivididos em componentes do espaço aéreo local ou do aeródromo. O **aeródromo** inclui todas as instalações localizadas na propriedade física do aeroporto para facilitar as operações com aeronaves. O **espaço aéreo** se localiza ao redor do aeroporto: é onde as aeronaves manobram após a decolagem e antes do pouso ou por onde se movimentam com destino a outro aeroporto.

Os **componentes do lado terra** do aeroporto são planejados e administrados para acomodar o movimento de veículos, passageiros e cargas em terra. Esses componentes se dividem em componentes do terminal aeroportuário e componentes de acesso, de acordo com os usuários a serem atendidos. O **terminal** aeroportuário é projetado primordialmente para facilitar a movimentação de passageiros e de bagagens do solo até a aeronave. O **acesso terrestre** ao aeroporto acomoda a movimentação de veículos, inclusive entre as diversas edificações encontradas na propriedade do aeroporto.

Independentemente do tamanho ou da categoria do aeroporto, cada um dos componentes mencionados é necessário para movimentar apropriadamente as pessoas de uma área para outra por meio do transporte aéreo. Os componentes de um aeroporto são planejados de modo a permitir o "fluxo" apropriado de um componente para outro. Um exemplo de um "fluxo" típico entre componentes está ilustrado na Figura 4-1. Ela ainda identifica algumas das instalações localizadas nos componentes do aeródromo e do acesso terrestre ao aeroporto.

O aeródromo

A área e as instalações na propriedade de um aeroporto que facilitam a movimentação de aeronaves são consideradas parte do aeródromo. O aeródromo é planejado, projetado e administrado para acomodar especificamente o volume e o tipo de aeronave que utilizarão o aeroporto. Como seria de se esperar, o planejamento e a gestão de aeródromos em pequenos aeroportos da aviação geral são diferentes daquilo que se vê em um grande aeroporto de serviço comercial, embora muitos dos princípios fundamentais que governam o planejamento e a gestão de cada um desses tipos de aeródromos sejam bastante similares.

As instalações mais proeminentes localizadas no aeródromo de um aeroporto são as pistas de pouso, as pistas de táxi, os pátios de estacionamento de aeronaves, os

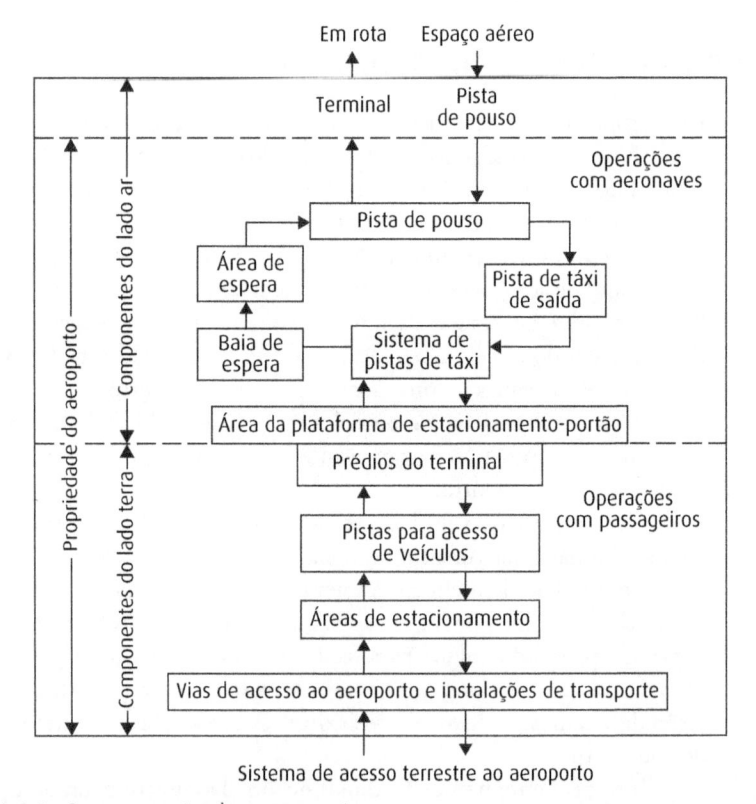

FIGURA 4-1 Os componentes de um aeroporto.

auxílios à navegação, os sistemas de iluminação, as sinalizações e as marcações. Além delas, instalações que ajudam na operação segura do aeroporto, como os **equipamentos de resgate e combate a incêndio em aeronaves** (ARFF, do inglês *aircraft rescue and fire fighting*), estações de remoção de neve e degelo de aeronaves e locais de abastecimento, podem estar localizadas perto ou dentro do aeródromo. Os aeroportos de menor porte costumam contar com infraestruturas bem simples, como uma única pista sem iluminação e com o mínimo de marcações, sem pistas de táxi, escassa sinalização e pequenos pátios de estacionamento de aeronaves, ao passo que os aeródromos maiores podem contar com sistemas complexos de múltiplas pistas de pouso e de táxi, diversos sistemas de iluminação e auxílio à navegação e os mais altos índices de ARFF, entre outras instalações. Especificamente em aeroportos com uma torre de controle operacional, o aeródromo costuma ser dividido em uma **área de movimentação** e uma **área de não movimentação**. A área de movimentação é a parte do aeródromo que está sob a autoridade direta da torre de controle de tráfego aéreo para a movimentação de aeronaves e de veículos em terra. Na verdade, para que uma aeronave ou veículo ingresse na área de movimentação, é necessária a permissão do controle de tráfego aéreo. Dentre as instalações na área de movimentação, estão as pistas de pouso do aeródromo, a maioria de suas pistas de táxi, além das áreas de segurança ao redor desses locais. As áreas de não movimentação incluem as rampas e faixas de táxi mais próximas dos pátios de estacionamento das aeronaves. Nessas áreas, as aeronaves e os veículos de terra se movimentam muitas vezes sem instruções diretas do controle de tráfego. Embora essas áreas não sejam definidas tão explicitamente como aeroportos "sem torre" ou "sem controle" (isto é, aquelas aéreas sem uma torre ativa de controle de tráfego aéreo para gerir a movimentação das aeronaves pelo aeródromo), os gestores aeroportuários e os pilotos geralmente consideram o ambiente de pista de pouso e de pista de táxi como uma área mais delicada no que diz respeito à movimentação segura de veículos.

Muitas das informações referentes à infraestrutura e às instalações localizadas nos aeroportos de uso público nos Estados Unidos podem ser encontradas no **FAA Form 5010 – Master Record**.

Pistas de pouso

Talvez a instalação mais importante na área de movimentação do aeródromo seja a **pista de pouso**. Afinal de contas, sem uma pista de pouso apropriadamente planejada e administrada, as aeronaves seriam incapazes de usar o aeroporto. Regulamentações quanto à gestão e ao planejamento de sistemas de pistas de pouso representam talvez o lado mais abrangente e rigoroso da gestão aeroportuária. Diretrizes estritas de projeto, por exemplo, precisam ser seguidas ao se planejar pistas de pouso, com critérios específicos para comprimento, largura, orientação (direção), configuração (de múltiplas pistas de pouso), inclinação e até mesmo espessura da pavimentação, bem como a área circunvizinha do aeródromo, para garantir que não haja obstruções perigosas colocando em risco a operação segura de aeronaves. Operações em pistas de pouso são facilitadas por sistemas de marcações e de iluminação e por sinalizações associadas no aeródromo, as quais identificam as pistas de pouso e proporcionam orientação direcional para o taxiamento, a decolagem, a aproximação e a aterrissagem de aeronaves. Regulamentações rigorosas referentes ao uso de pistas de pouso, incluindo quando e como a aeronave pode utilizá-las para decolagem e aterrissagem, são impostas às operações com aeronaves.

O projeto e a operação de pistas de pouso são determinados em parte pelo tipo de aeronave que as utiliza. Pistas de pouso projetadas para lidar com operações de aeronaves propelidas por hélices e pesando menos de 5,7 toneladas (12.500 libras) são conhecidas como *pistas de uso geral*. Pistas que não estão na categoria de pistas de uso geral são projetadas para lidar com aeronaves pesando mais de 5,7 toneladas.

Configuração das pistas de pouso

Quando os irmãos Wright realizaram seu primeiro voo em Kitty Hawk, em 1903, não havia qualquer pista de pouso para facilitar o voo. No entanto, havia certas condições durante o voo que levaram diretamente à orientação das pistas de pouso atuais. Os irmãos Wright sabiam que, como as aeronaves de asa fixa dependem do fluxo de ar sobre suas asas para alçar voo, a direção apropriada para a decolagem de uma aeronave é contra o sentido do vento. Isso permite que a aeronave alcance a quantidade necessária de fluxo de ar sobre suas asas com a menor velocidade e a menor distância para a decolagem. De modo similar, a direção mais segura para o pouso de uma aeronave também é contra o vento. Como resultado dessa propriedade física das aeronaves, as pistas de pouso nos aeroportos geralmente estão orientadas no sentido dos ventos predominantes na região. Ainda que muitos aeroportos contem com pistas de pouso orientadas em diferentes direções, aquelas orientadas no sentido dos ventos predominantes são conhecidas como **pistas principais**.

Assim como é mais apropriado que uma aeronave decole e pouse contra o vento, ou seja, com *vento de proa*, é menos apropriado e, na verdade, por vezes, até altamente inseguro pousar e decolar com ventos diretamente perpendiculares à direção do deslocamento, ou seja, com um *vento de través* (*crosswind*). Aquelas aeronaves de menor porte, mais leves e mais lentas tendem a ser muito mais sensíveis a ventos de través do que aquelas de grande porte. Como resultado, aeroportos que acomodam principalmente pequenas aeronaves e/ou que estão localizados em áreas com ventos que sopram de várias direções a velocidades suficientes também são planejados com pistas de pouso orientadas no sentido do vento de través mais comum. Essas pistas são conhecidas como **pistas de *crosswind***. O planejamento de pistas principais e para vento de través com relação à sua orientação é analisado em mais detalhes no Capítulo 11 deste livro.

Embora muitos aeroportos contem com apenas uma pista de pouso, aqueles que costumam atender a aeronaves menores tendem a dispor de pista de pouso adicionais na forma de pistas de *crosswind* (Figura 4-2). Aeroportos que atendem a maiores volumes de aeronaves de grande porte tendem a dispor de pistas de pouso adicionais na forma de **pistas de pouso principais paralelas**, ou simplesmente "pistas de pouso paralelas"(Figura 4-3). Aeroportos que atendem a um grande volume de operações com aeronaves de grande porte e de pequeno porte podem contar tanto com pistas paralelas quanto com pistas de *crosswind*.

Capítulo 4 O aeródromo **103**

FIGURA 4-2 O Flagler County Airport, em Bunnell, Flórida, possui múltiplas pistas de *crosswind* para acomodar pequenas aeronaves em condições variáveis de vento. (Fotografia cortesia de Seth Young)

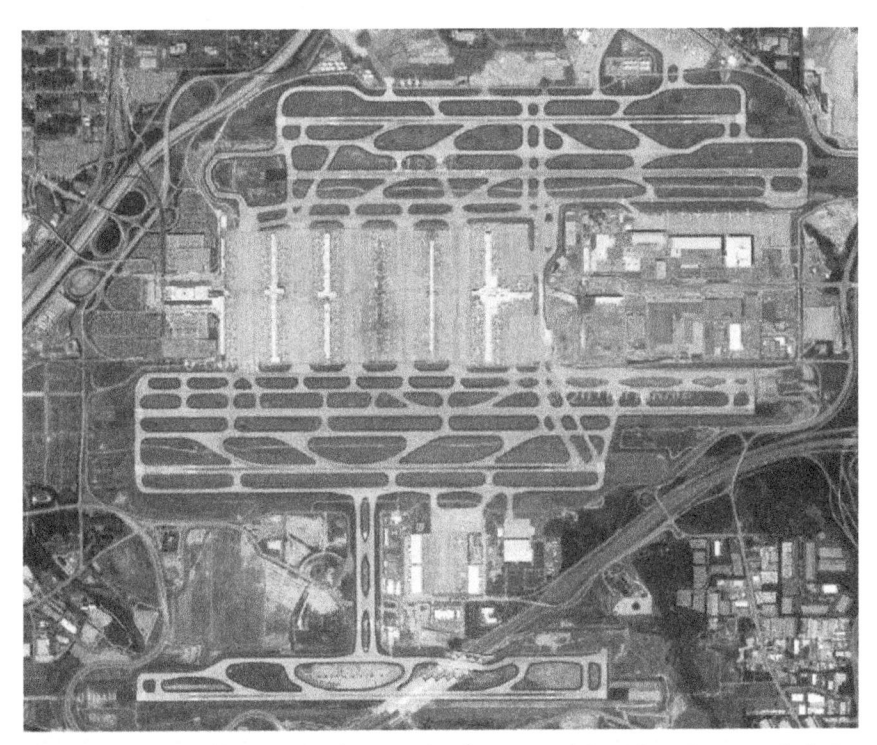

FIGURA 4-3 O Hartsfield International Airport, de Atlanta, possui cinco pistas de pouso principais paralelas para acomodar um alto volume de operações com grandes aeronaves. (Cortesia do Google Maps)

Designação das pistas de pouso

As pistas de pouso são designadas conforme sua orientação com relação ao norte magnético. Assim, elas são identificadas pelo ângulo que formam com o eixo que aponta para o norte magnético, dividido por 10 e arredondado para o inteiro mais próximo. Uma pista orientada, por exemplo, para o leste, ou seja, a 90° do norte magnético, seria identificada como uma pista de pouso 9. Já uma pista setentrionalmente orientada é identificada como uma pista de pouso 36. Muitas vezes o planejamento de pistas de pouso é feito de forma a permitir que aeronaves também possam operar com ventos de proa quando os ventos em um aeroporto sopram na direção oposta àquela dos ventos predominantes. Quando são planejadas dessa maneira, as pistas de pouso são identificadas por ambas as suas direções operacionais. Por exemplo, uma pista cuja orientação principal é voltada para o ocidente, mas que também pode ser usada no sentido oriental (isto é, a 270° em relação ao norte magnético), seria identificada como uma pista de pouso 9-27. O número menor sempre é identificado em primeiro lugar, não importando qual seja, de fato, a principal orientação operacional da pista. Quando um aeródromo dispõe de pistas de pouso paralelas, cada número designador recebe uma letra, a fim de identificar se ela fica à esquerda (L – *Left*) ou à direita (R – *Right*) quando observada do ponto de vista de uma aeronave em aproximação. Para duas pistas de pouso, por exemplo, com uma orientação para leste, a paralela mais ao norte seria designada 9L, e a mais ao sul, 9R. Caso as duas pistas de pouso fossem operadas tanto no sentido leste como no sentido oeste, as pistas norte e sul seriam designadas 9L-27R e 9R-27L, respectivamente.

No caso de múltiplas pistas de pouso paralelas, o procedimento padrão é designar duas delas de acordo com os critérios descritos no parágrafo anterior, e, para pares adicionais, o identificador em si é alterado, usando-se um identificador adjacente. Assim, por exemplo, se uma nova pista de pouso fosse construída paralelamente à 9L-27R e à 9R-27L, ela seria designada 8-26 (caso se encontrasse ao norte das pistas originais) ou 10-28 (caso se encontrasse ao sul das pistas originais). Em menor frequência, um conjunto de três pistas de pouso paralelas será designado L, R e C (de centro).

Um exemplo de múltiplas pistas de pouso paralelas é encontrado na Figura 4-3. As pistas paralelas mais ao norte são designadas 8L-26R e 8R-26L, as mais ao sul são designadas 9L-27R e 9R-27L, e a quinta pista paralela é designada 10-28.

É interessante observar que, nos Estados Unidos, identificadores de pista de um único dígito (de 1 a 9) são atribuídos às pistas de pouso sem serem antecedidos por um zero, enquanto, no resto do mundo, os padrões da OACI determinam que esse zero seja usado, como, por exemplo, em "pista de pouso 09-27".

Para fins de planejamento, as pistas de pouso são identificadas por uma ou pelas duas direções operacionais permitidas. Contudo, para fins operacionais, elas são identificadas exclusivamente pela direção corrente de operações.

Comprimento e largura das pistas de pouso

Como as aeronaves precisam de uma distância mínima para acelerar até a decolagem e para desacelerar após a aterrissagem, as pistas de pouso são planejadas com comprimentos específicos para acomodar as operações com aeronaves. As características que determinam o comprimento obrigatório de uma pista de pouso incluem as especificações de desempenho do projeto das aeronaves a serem atendidas e as condições meteorológicas predominantes. Especificamente, são levados em consideração o *peso bruto máximo de decolagem*, a taxa de aceleração e a velocidade segura de decolagem de uma aeronave. Além disso, a altitude acima do nível do mar (conhecida como **MSL** – *mean sea level*, ou nível médio do mar) em que se encontra o aeroporto, juntamente com a temperatura externa do ar, afetam significativamente o comprimento mínimo da pista. Isso se deve ao fato de que o ar, em altas altitudes e a altas temperaturas é menos denso do que o ar mais frio e do que se encontra mais próximo ao nível do mar. A densidade do ar é um fator determinante no desempenho de decolagem de uma aeronave.

A maioria das aeronaves a jato usadas pelas empresas aéreas exige entre 1.800 metros e 3.000 metros de comprimento de pista para decolagem em um aeroporto típico situado ao nível do mar. Muitas aeronaves menores usadas na aviação geral são capazes de utilizar pistas de 760 metros de comprimento (ou, em certos casos, até menores).

Assim como seu comprimento, a largura de uma pista de pouso é determinada pelo projeto das aeronaves. Especificamente, a envergadura das aeronaves maiores que realizam 500 operações ao ano determina a largura de uma pista de pouso. Essas larguras variam de 15 a 60 metros em aeroportos de uso público, ao passo que a largura mais comum em pistas de pouso planejadas para acomodar operações de serviço comercial por empresas aéreas é 45 metros.

Pavimentação das pistas de pouso

Em 1903, o peso relativamente leve da aeronave usada pelos irmãos Wright em seu primeiro voo permitia que ela, ou que qualquer outra aeronave da época, fosse operada na grama. Mesmo hoje, muitas das aeronaves mais leves em uso são capazes de decolar e aterrissar em quaisquer das centenas de pistas de grama existentes nos Estados Unidos. No entanto, com a criação de aeronaves mais pesadas, tornou-se necessário estabilizar e reforçar o pavimento da pista de pouso. Atualmente, praticamente todos os aeroportos de serviço comercial contam com pelo menos uma pista de pouso pavimentada para acomodar toda a frota de aeronaves comerciais e da aviação geral.

A primeira pista de pouso pavimentada foi construída em 1928 no Terminal Ford, em Dearborn, Estado do Michigan. Durante os cinco anos seguintes, pistas de pouso pavimentadas foram construídas em Cheyenne, Wyoming; Glendale, Califórnia; Louisville, Kentucky; e Cincinnati, Ohio. Em meados dos anos 1930, pistas de pouso pavimentadas se popularizaram em aeroportos tanto civis quanto militares. Com a introdução das aeronaves de maior porte nos anos que se seguiram à Segunda Guerra Mundial, a pavimentação de pistas de pouso se tornou uma necessidade em vez de um luxo. Hoje, a espessura das pavimentações de pistas de pouso vai de 15 centímetros para pistas que atendem a aeronaves mais leves até 90 centímetros para pistas que atendem a grandes aeronaves de serviço comercial.

As pistas de pouso podem ser construídas com materiais **flexíveis (asfalto)** ou **rígidos (concreto)**. O concreto, uma pavimentação rígida que pode permanecer útil por até 20 ou 40 anos, é geralmente encontrado em aeroportos comerciais de grande porte e em antigas bases militares. Pistas de pouso feitas de pavimentação rígida costumam ser construídas alinhando-se uma série de placas de concreto, conectadas por juntas, que permitem que o pavimento se contraia ou se expanda como resultado da carga da aeronave sobre a sua superfície e das mudanças na temperatura do ar. Pistas de pouso construídas com misturas flexíveis de pavimentação costumam ser encontradas na maioria dos aeroportos de menor porte, já que esse tipo de construção é geralmente mais barato do que aquele que utiliza materiais rígidos. A vida útil das pistas de pouso feitas de asfalto costuma alcançar entre 15 e 20 anos, caso apresentem projeto, construção e manutenção apropriados.

O planejamento e a gestão da pavimentação de pistas de pouso representam uma operação essencial. A manutenção cuidadosa do pavimento de uma pista bem projetada resultará em muitos anos de uso seguro. Porém, sem uma gestão adequada, os pavimentos das pistas podem apresentar falhas prematuras, fazendo com que já não seja possível acomodar com segurança as operações aeronáuticas. Mais detalhes concernentes à gestão de pavimentação são examinados no Capítulo 6 deste livro.

Marcações das pistas de pouso

Existem três tipos de marcações para pistas de pouso: visuais (também conhecidas como "básicas"), de instrumentos de não precisão e de instrumentos de precisão. Esses tipos de marcação refletem os tipos de auxílio à navegação associados à assistência de aeronaves em aproximação. Uma pista de pouso visual é voltada exclusivamente para operações com aeronaves usando procedimentos de aproximação visual. Uma pista de pouso com instrumentos de não precisão emprega um procedimento de aproximação por instrumentos usando instalações de navegação aérea apenas com orientação horizontal. Uma pista de pouso com instrumentos de precisão é aquela que emprega um procedimento de aproximação por instrumentos usando um sistema de pouso por instrumentos (por exemplo, um ILS – *instrument landing system*) ou um Precision Approach Radar (PAR), que oferecem orientação horizontal e vertical da pista de pouso.

Entre as marcações de pistas de pouso visuais, de instrumentos de não precisão e de instrumentos de precisão estão os designadores e as linhas centrais das pistas. Pistas de pouso com instrumentos de não precisão também incluem marcas de cabeceira e pontos de mira (chamados antigamente de marcadores de distância fixa) (Figura 4-4). As marcas de cabeceira também são encontradas em pistas de pouso visuais voltadas a acomodar operações comerciais internacionais. Pontos de mira também são encontrados em pistas de pouso visuais com pelo menos 1.200 metros de comprimento e são usados por aeronaves a jato. Pistas de pouso com instrumentos de precisão também incluem marcadores de zona de toque e faixas laterais (Figura 4-5). Todas as marcações em pistas de pouso são pintadas de branco.

Os **designadores da pista de pouso** identificam o nome da pista pela sua orientação. O número da pista de pouso é o número inteiro mais próximo de um décimo do azimute magnético da linha central da pista, medido em sentido horário a partir do norte magnético. As letras distinguem entre pistas paralelas à esquerda (L – *Left*), à direita (R – *Right*) ou ao centro (C), conforme aplicável.

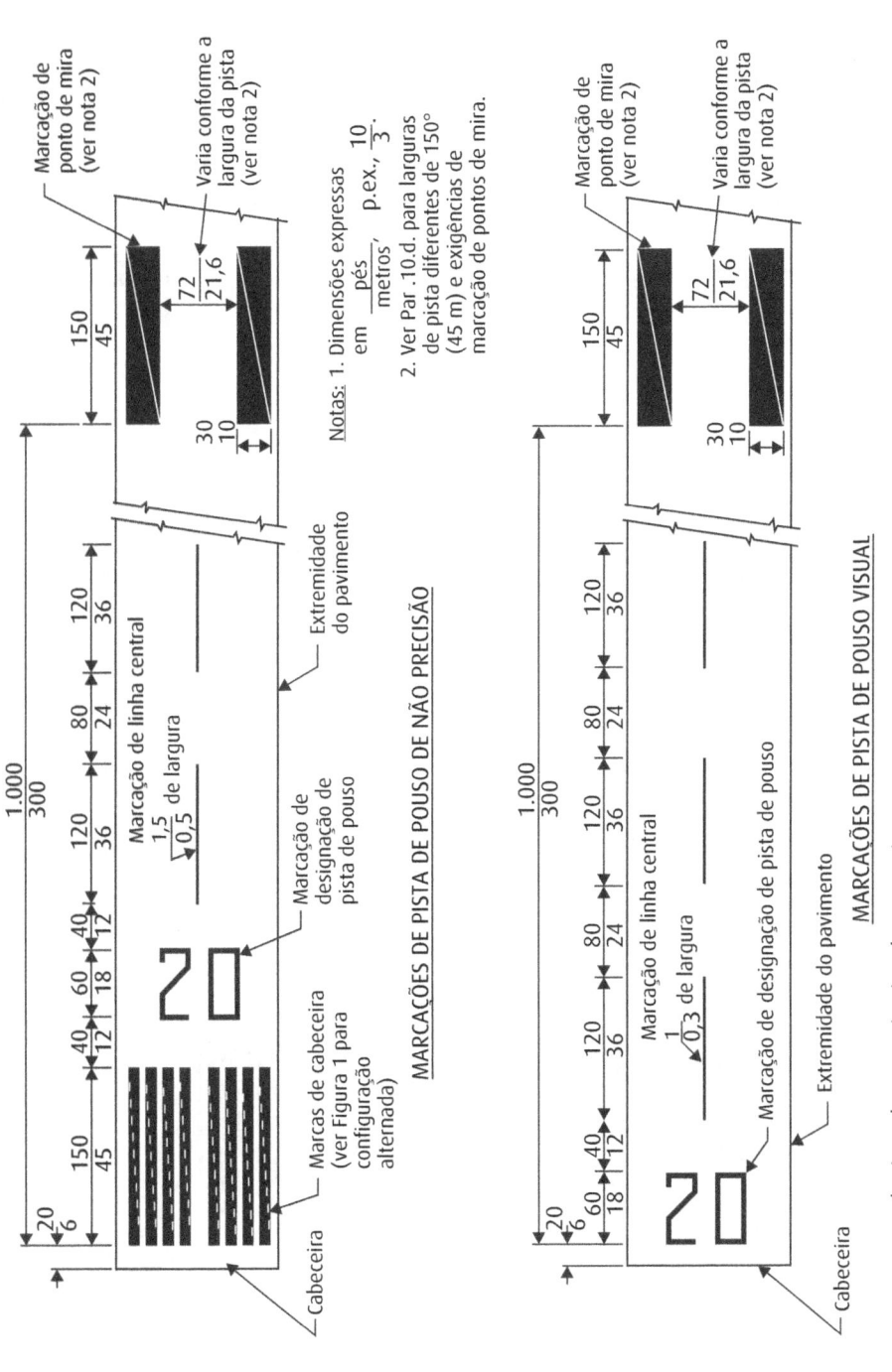

FIGURA 4-4 Marcações de pistas de pouso visuais e de não precisão. (Fonte: Horojneff et al.)

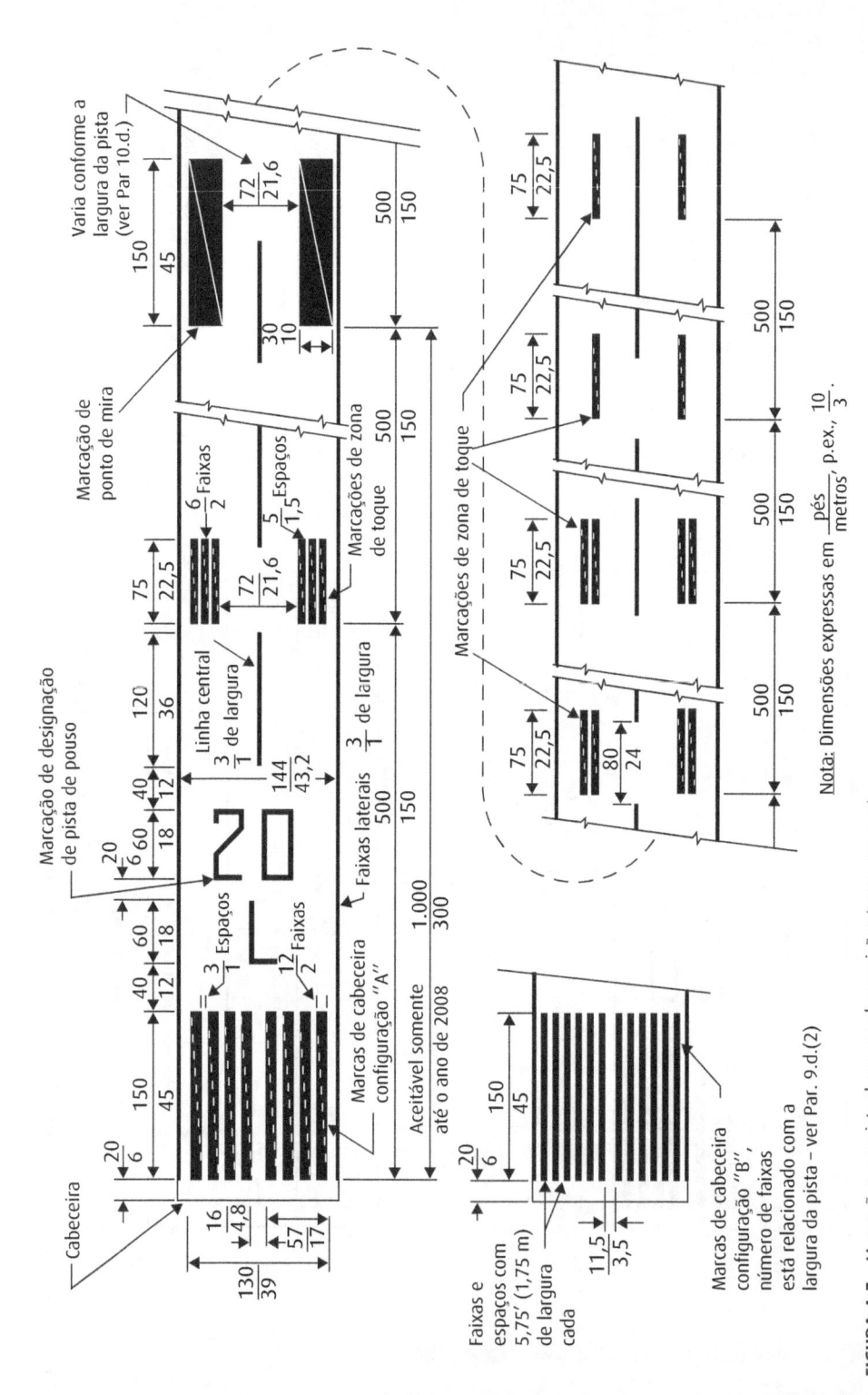

FIGURA 4-5 Marcações em pista de pouso de precisão. (Fonte: FAA AIM)

As **linhas centrais da pista de pouso** identificam o centro da pista e oferecem orientação para o alinhamento durante pousos e decolagens. A linha central consiste em uma linha de faixas e lacunas uniformemente espaçadas.

As **marcas de cabeceira da pista de pouso** ajudam a identificar o início da pista que está disponível para pouso. Em alguns casos, a cabeceira de pouso pode não coincidir com o início propriamente dito do pavimento. As marcas de cabeceira de pista consistem em um certo número de faixas relacionadas à largura da pista. A Tabela 4-1 relaciona as larguras de pista ao número de faixas de marcas de cabeceira. Vale ressaltar que, conforme se vê na Figura 4-5, antes de 2008, permitia-se que as marcas de cabeceira de pista consistissem apenas em oito faixas uniformes. Desde então, as pistas de pouso com essas marcações tradicionais foram obrigadas a adotar o padrão descrito na Tabela 4-1. Até 2010, as tradicionais marcas uniformes de cabeceira de pista ainda podiam ser encontradas em diversos aeroportos norte-americanos.

A Tabela 4-2 fornece um resumo das marcações encontradas em pistas de pouso visuais, de instrumentos de não precisão e de instrumentos de precisão.

Às vezes, a construção, a manutenção e outras atividades requerem que a cabeceira seja reposicionada, avançando mais na pista se comparada à cabeceira original. Essa **cabeceira reposicionada** é marcada por uma *barra de cabeceira de pista*, que

TABELA 4-1 Número de faixas de cabeceira de pistas de pouso

Largura da pista, pés (metros)	Número de faixas
60 (18)	4
75 (23)	6
100 (30)	8
150 (45)	12
200 (60)	16

TABELA 4-2 Mínimos de teto e visibilidade em ILS

Elemento de marcação	Pista visual	Pista de não precisão/ sem precisão de GPS	Pista com precisão/ com precisão de GPS
Designação	X	X	X
Linha central	X	X	X
Marca de cabeceira	X[1]	X	X
Ponto de mira	X[2]	X[2]	X
Zona de toque			X
Faixas laterais	X[3]	X[3]	X

[1] Somente exigido em pistas de pouso usadas, ou preparadas para serem usadas, para transporte comercial internacional.
[2] Em pistas de pouso com 1.200 m (4.000 pés) de comprimento ou mais, usadas por aeronaves a jato.
[3] Usadas quando a largura integral da pavimentação possa não estar disponível como pista de pouso.

consiste em uma faixa com 3 metros de largura pintada com tinta branca perpendicularmente ao eixo da pista de pouso. A distância entre o início do pavimento da pista e a cabeceira reposicionada é marcada por faixas em V pintadas na cor amarela, que denotam que o pavimento não deve ser usado para pouso, decolagem ou táxi de aeronaves. Essa área com marcações em V também é conhecida como **blast pad**, como ilustrado na Figura 4-6.

Uma **cabeceira deslocada** também é uma cabeceira localizada em um ponto da pista de pouso diferente do início da pavimentação. Ao contrário de uma cabeceira reposicionada, uma cabeceira deslocada somente reduz o comprimento de pista disponível para pouso. A porção de pista atrás de uma cabeceira deslocada está disponível para taxiamento e pousos vindos da direção oposta. Uma barra de cabeceira com três metros de largura fica localizada perpendicularmente ao comprimento da pista na cabeceira deslocada. Setas brancas ficam localizadas ao longo da linha central, na área entre o início da pista de pouso e a cabeceira deslocada. Setas brancas ficam localizadas perpendicularmente à largura da pista imediatamente antes da barra de cabeceira, como ilustrado na Figura 4-7.

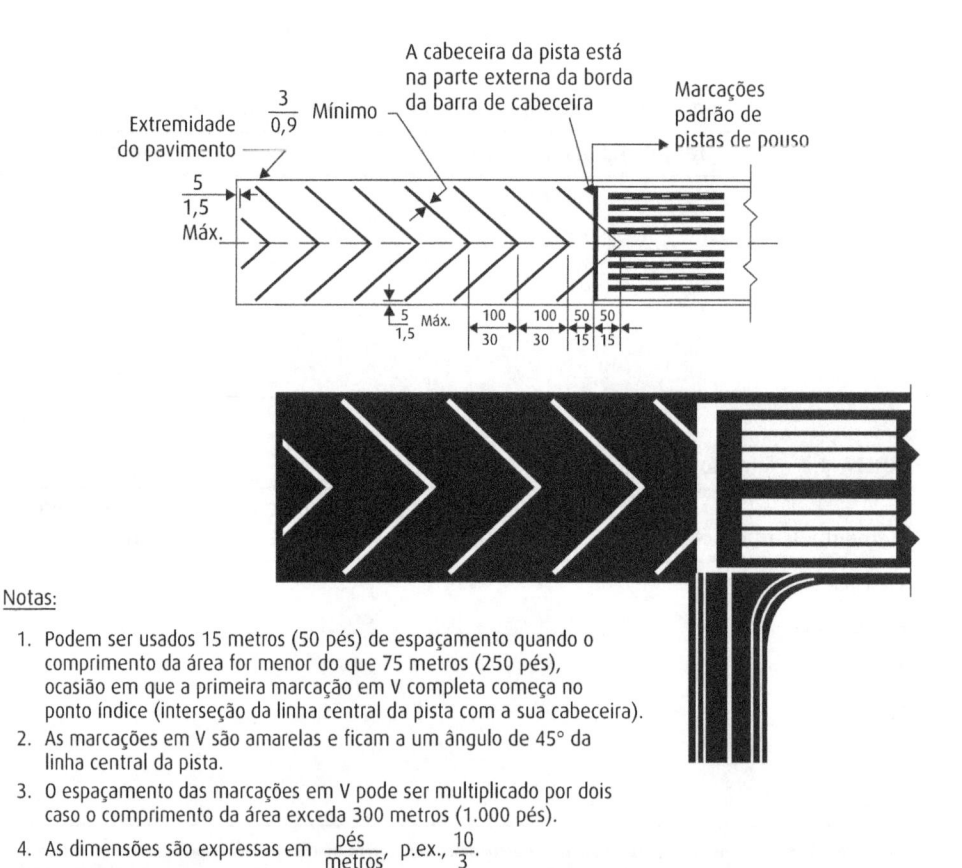

Notas:
1. Podem ser usados 15 metros (50 pés) de espaçamento quando o comprimento da área for menor do que 75 metros (250 pés), ocasião em que a primeira marcação em V completa começa no ponto índice (interseção da linha central da pista com a sua cabeceira).
2. As marcações em V são amarelas e ficam a um ângulo de 45° da linha central da pista.
3. O espaçamento das marcações em V pode ser multiplicado por dois caso o comprimento da área exceda 300 metros (1.000 pés).
4. As dimensões são expressas em $\frac{pés}{metros}$, p.ex., $\frac{10}{3}$.

FIGURA 4-6 Marcas de cabeceira reposicionada. (Fonte: FAA AIM)

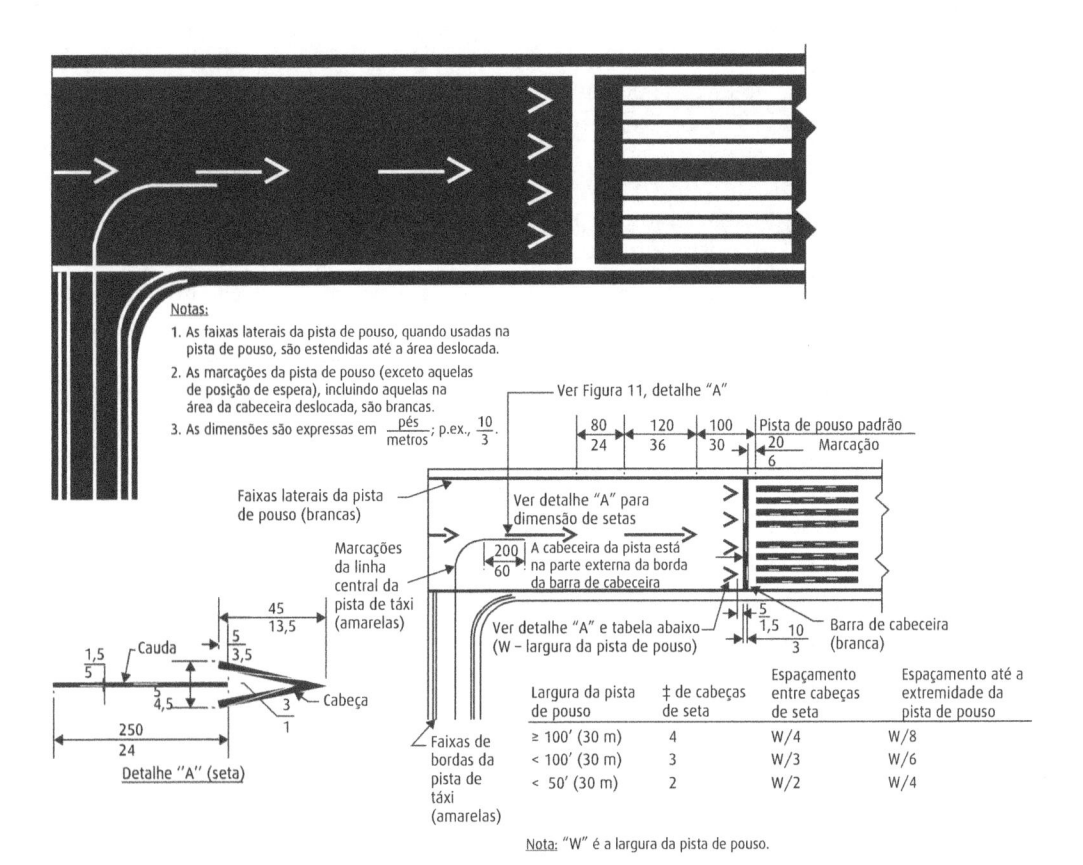

FIGURA 4-7 Marcas de cabeceira deslocada. (Fonte: FAA AIM)

Os **pontos de mira da pista de pouso** servem como pontos de mira visuais para uma aeronave em pouso. Essas duas marcações retangulares consistem em uma larga faixa branca localizada em cada lado da linha central da pista de pouso e a aproximadamente 300 metros (1.000 pés) da cabeceira, ou seja, no início da pista disponível para pouso.

As **marcações de zona de toque em pista de pouso** identificam a zona de toque para operações de pouso. Elas são codificadas para fornecer informações sobre a distância a cada 150 metros (500 pés), até uma distância de 760 metros (2.500 pés) da cabeceira. Essas marcações consistem em grupos de uma, duas e três barras retangulares, posicionadas simetricamente aos pares em ambos os lados da linha central. Para pistas de pouso que apresentam marcações de zona de toque em ambas as extremidades, os pares de marcações que se estendem até 270 metros (900 pés) do ponto intermediário entre as cabeceiras são eliminados.

As **faixas laterais na pista de pouso** delineiam as extremidades da pista. Elas fornecem um contraste visual entre a pista e o terreno contíguo. As faixas laterais consistem em faixas brancas contínuas localizadas nos dois lados da pista de pouso. Faixas no acostamento da pista de pouso também podem ser usadas para identificar áreas pavimentadas contíguas às laterais da pista que não devem ser usadas por aeronaves. Faixas de acostamento são amarelas e marcadas a um ângulo de 45° da direção da pista de pouso, com sua inclinação voltadas para a direção da operação, desde a cabeceira até o ponto intermediário da pista, como ilustrado na Figura 4-8.

Áreas de segurança, zonas de proteção e superfícies de obstrução "imaginária" em pistas de pouso

Enquanto o pavimento físico é claramente o elemento mais visível e mais utilizado da pista de pouso, outros elementos essenciais que são menos visíveis, ou quase invisíveis, existem para a segurança e proteção de todos os usuários do aeródromo. Essa áreas incluem os acostamentos da pista de pouso e as áreas de segurança, que oferecem espaços livres para aeronaves que ultrapassam a lateral ou o final da pista durante um pouso ou uma decolagem abortada, zonas livres de objetos e zonas de proteção de pista, que garantem a segurança de aeronaves que possam estar decolando ou se aproximando da pista de pouso a um ângulo muito agudo, e superfícies imaginárias, para proteger as pistas de pouso da expansão de estruturas mais altas na vizinhança.

Acostamentos de pistas de pouso Assim como ocorre nas estradas, os acostamentos de pistas de pouso proporcionam espaço entre a pista e as sinalizações e os sistemas de iluminação associados, bem como espaço entre o pavimento e o solo não tratado, reduzindo a dispersão de pedras, barro e poeira pelo sopro dos jatos, além de

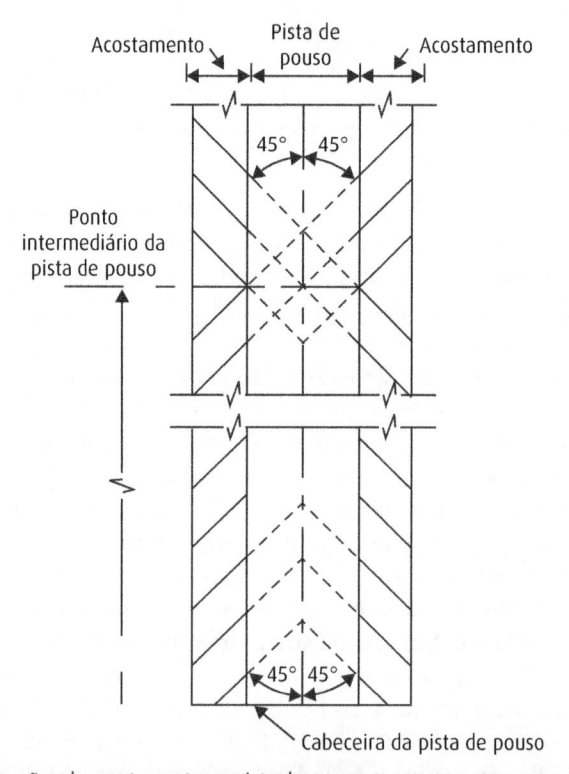

FIGURA 4-8 Marcações de acostamento na pista de pouso. (Fonte: FAA AIM)

acomodar a passagem de veículos de manutenção e emergência próximos à pista. A largura dos acostamentos de pistas de pouso vão de 3 a 8 metros a partir da extremidade da pista propriamente dita.

Áreas de segurança de pistas de pouso As áreas de segurança de pistas de pouso (RSA – *Runway Safety Areas*) são áreas circunvizinhas à pista definidas pela FAA como a superfície ao redor da pista de pouso apta a reduzir o risco de danos para aviões em operação de pouso. A RSA tem geralmente o dobro da largura da pista e se estende por até 300 metros além de cada uma das extremidades dela. As dimensões obrigatórias de RSA dependem do tamanho das aeronaves que utilizam a pista de pouso em questão. A RSA é uma área livre de obstáculos e geralmente define onde as estruturas devem se localizar nas proximidades da pista de pouso em um aeródromo. As dimensões de uma RSA são encontradas em "circulares consultivas" publicadas pela FAA para o projeto de aeroportos (ref. FAA Advisory Circular: 150/5300–13 "Airport Design"). Em aeroportos que atendem a operações de serviço comercial sob a FAR Parte 139, são exigidas RSAs de dimensões específicas (Figura 4-9).

A OACI define a RSA como a área de segurança nas laterais da pista de pouso e define o termo **área de segurança das extremidades da pista de pouso** (RESA – *Runway End Safety Area*) como a área de segurança a partir de cada uma das cabeceiras da pista.

Alguns aeroportos completam as áreas de segurança nas extremidades das pistas de pouso com um **Engineered Material Arresting System (EMAS)**. Trata-se de um material de concreto facilmente quebrável que atua como um agente de freio de emergência para aeronaves que ultrapassam o limite da pista durante o pouso ou em uma decolagem abortada. O EMAS é obrigatório em aeroportos comerciais que operam sob a FAR Parte 139 quando existe uma RSA "fora de padrão". RSAs fora de padrão existem principalmente em aeroportos cujas extremidades das pistas são vizinhas a desenvolvimento urbano, terrenos naturais ou corpos d'água. Até 2010, mais de 30 aeroportos já haviam instalado EMAS em mais de 45 extremidades de pistas de pouso, tendo garantido a parada segura de seis aeronaves em incidentes de ultrapassagem de limite de pista desde que o primeiro EMAS foi instalado, em 1996. Um exemplo de um EMAS está ilustrado na Figura 4-10.

Zonas de proteção da pista de pouso A partir da cabeceira de cada pista de pouso existe uma zona de proteção da pista de pouso (RPZ – *runway protection zone*). A

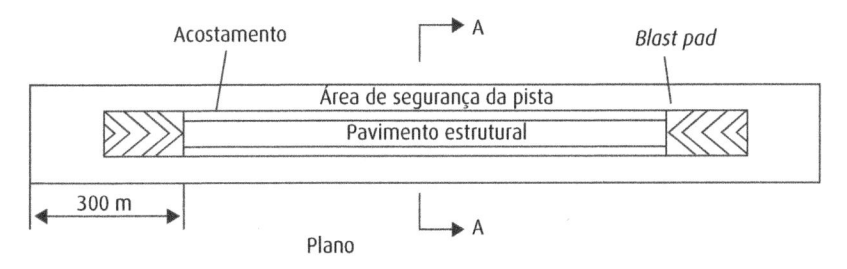

FIGURA 4-9 Ilustração de RSA.

FIGURA 4-10 Sistema EMAS no John F. Kennedy International Airport, de Nova York. (Figura cortesia da Port Authority of New York and New Jersey)

RPZ é uma área trapezoidal começando a 60 metros da extremidade de uma pista e se estendendo por até 760 metros a partir dela. Sua função é "aumentar a proteção das pessoas e das propriedades em terra". Embora não seja necessariamente parte do aeródromo, a FAA recomenda enfaticamente que o terreno que abrange a RPZ seja pertencente ao aeroporto, ou pelo menos controlado por ele. A FAA proíbe o desenvolvimento de áreas residenciais dentro da RPZ. A Figura 4-11 ilustra a configuração da RPZ para uma pista de pouso.

Superfícies imaginárias de uma pista de pouso

Enquanto a pista de pouso propriamente dita está situada dentro do aeródromo, amplos terrenos se estendem bem além da pista de pouso, mas ainda associados a ela, para a proteção do espaço aéreo usado por aeronaves em aproximação.

As aeronaves que decolam e aterrissam em uma pista precisam de uma área livre de obstruções para operarem com segurança. De acordo com a FAR Parte 77 – Objetos que Afetam o Espaço Aéreo Navegável – publicada pela FAA, uma série de *superfícies imaginárias* é definida. Essas superfícies são usadas como referência pela gestão aeroportuária, pelos planejadores dos aeroportos e pela própria FAA para determinar se um terreno natural ou se estruturas feitas pelo homem configuram obstruções para a navegação segura de aeronaves em operação de aproximação.

As superfícies imaginárias definidas pela FAR Parte 77 são: superfície primária, superfície horizontal, superfície cônica, superfície de aproximação e superfície de

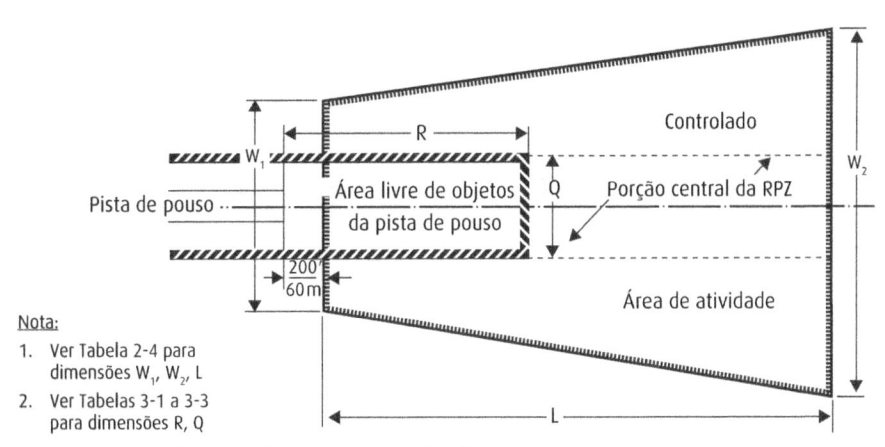

FIGURA 4-11 Configuração da RPZ para uma pista de pouso. (Ver Fonte FAA Advisory Circular 150/5300-13 Airport Design para exigências dimensionais específicas)

transição. As dimensões de cada superfície imaginária estão definidas na FAR Parte 77, como apresentado a seguir (Figura 4-12).

Superfície primária* A superfície primária é uma superfície que envolve a pista de pouso. Quando a pista conta com uma superfície dura especialmente preparada, a superfície primária se estende por 60 metros de cada extremidade da pista, mas, quando a pista de pouso não conta com qualquer superfície dura especialmente preparada ou com uma superfície dura planejada, a superfície primária finaliza com as extremidades da pista. A elevação de qualquer ponto da superfície primária é a mesma que a elevação da linha central da pista. A largura da superfície primária é de:

- 75 metros para pistas de uso geral com aproximação visual.
- 150 metros para pistas de uso geral com instrumentos de não precisão para aproximações.

Para as outras pistas de uso geral, a largura é de:

- 150 metros para pistas de pouso com aproximação visual.
- 150 metros para pistas de pouso com instrumentos de não precisão e com visibilidade mínima maior do que três quartos de uma milha terrestre.
- 300 metros para pistas de pouso com instrumentos de não precisão para aproximações e com visibilidade mínima de até três quartos de uma milha terrestre e para pistas com instrumentos de precisão.

Superfície horizontal A superfície horizontal consiste em um plano horizontal a 45 metros acima da elevação do aeroporto, cujo perímetro é formado por arcos de raios

---

* No Brasil, esta superfície é chamada da Faixa de Pista. Portaria 256/GC5, de 13 de maio de 2011.

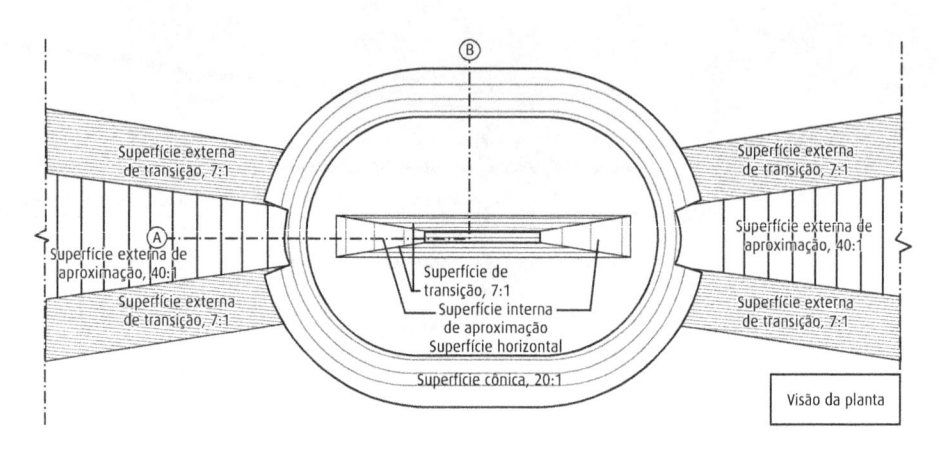

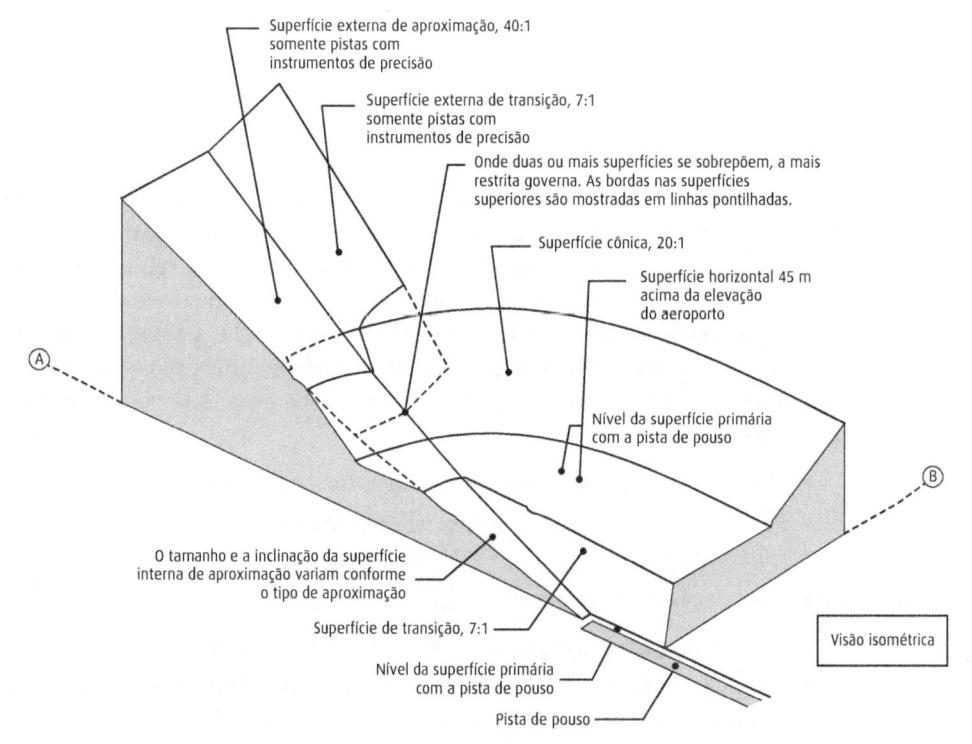

FIGURA 4-12 FAR Parte 77 – Superfícies Imaginárias. (Fonte: FAA)

específicos do centro da extremidade da superfície primária da pista de pouso, conectando os arcos adjacentes por linhas tangentes a esses arcos. O raio de cada arco é de:

- 1.500 metros para todas as pistas de pouso designadas para operações visuais.
- 3.000 metros para todas as outras pistas.

Superfície cônica A superfície cônica se estende a partir da superfície horizontal, a uma inclinação de 20 para 1, por uma distância horizontal de 1.200 metros.

Superfície de aproximação A superfície de aproximação está centralizada longitudinalmente sobre o prolongamento da linha central da pista de pouso e se estende pela extremidade da pista de pouso com base no tipo de aproximação disponível ou planejado para a cabeceira da pista em questão. As dimensões da superfície de aproximação são determinadas da seguinte forma:

- A extremidade interna da superfície de aproximação tem a mesma largura que a superfície primária e se estende uniformemente até uma largura de extremidade externa de:
  - 380 metros para a cabeceira de uma pista de uso geral apenas com aproximação visual.
  - 460 metros para a cabeceira de uma pista apenas com aproximação visual.
  - 610 metros para a cabeceira da pista de uso geral com aproximação por instrumentos de não precisão.
  - 1.000 metros para a extremidade de pouso da pista com instrumentos de não precisão, com visibilidade mínima superior a três quartos de uma milha terrestre.
  - 1.200 metros para a extremidade de pouso da pista com instrumentos de não precisão, com visibilidade mínima de até três quartos de uma milha terrestre.
  - 4.900 metros para pistas de pouso com instrumentos de precisão.
- A superfície de aproximação se estende por uma distância horizontal de:
  - 1.500 metros, a uma inclinação de 20 para 1, para todas as pistas visuais de uso geral.
  - 3.000 metros, a uma inclinação de 34 para 1, para todas as pistas de instrumentos de não precisão que não sejam de uso geral.
  - 3.000 metros, a uma inclinação de 50 para 1, com um adicional de 1.200 metros, a uma inclinação de 40 para 1, para todas as pistas com instrumentos de precisão.

Superfície de transição As superfícies de transição se estendem a uma inclinação de 7 para 1 a partir das laterais da superfície primária e das superfícies de aproximação. As superfícies de transição, em casos em que a superfície de aproximação por precisão se projeta além dos limites da superfície cônica, estendem-se por uma distância de 1.500 metros medida horizontalmente a partir da extremidade da superfície de aproximação.

Essas superfícies imaginárias, juntamente com as áreas de segurança, RPZ e, é claro, as pistas de pouso propriamente ditas, são os elementos-chave dos componentes das pistas do aeródromo e de sua vizinhança.

Pistas de táxi

A principal função das pistas de táxi é fornecer acesso para que as aeronaves se desloquem de e para as pistas de pouso e outras áreas do aeroporto de forma ágil. As **pistas**

de táxi são identificadas como *pistas de táxi paralelas*, *pistas de táxi de entrada*, *pistas de táxi de contorno* ou *pistas de táxi de saída*.

Uma **pista de táxi paralela** é alinhada em paralelo a uma pista de pouso adjacente, ao passo que as pistas de táxi de saída e de entrada são geralmente orientadas perpendicularmente à pista. As pistas de táxi de entrada ficam situadas perto das cabeceiras de decolagem das pistas; as pistas de táxi de saída ficam localizadas em diversos pontos ao longo da pista, para permitir que aeronaves que acabaram de pousar possam sair rapidamente dela. As pistas de táxi de contorno ficam situadas em áreas de congestionamento em aeroportos muito movimentados. Elas permitem que uma aeronave ultrapasse outra aeronave estacionada na pista de táxi paralela ou de entrada, de modo a chegar até a pista para a decolagem.

As pistas de táxi paralelas geralmente são identificadas por caracteres alfabéticos. A letra específica usada para designar determinada pista de táxi é arbitrária, embora alguns aeroportos utilizem letras específicas para identificar o seu sítio aeroportuário. Por exemplo, uma pista de táxi no lado norte de um aeródromo pode ser designada pista de táxi N, e a pista de táxi no lado sul seria designada pista de táxi S. Outros aeroportos simplesmente designam as pistas de táxi em ordem alfabética, de um lado do aeródromo ao outro.

As **pistas de táxi de entrada, de saída e de contorno** conectam a pista de táxi paralela com a pista de pouso. As pistas de táxi de entrada ficam situadas ao final das pistas, perto das cabeceiras. As pistas de táxi de saída geralmente ficam localizadas ao longo da pista de pouso, e as pistas de táxi de contorno correm adjacentes às pistas de táxi de entrada, para permitir um melhor acesso de aeronaves à pista. As pistas de táxi de entrada, de saída e de contorno costumam ser designadas pela pista de táxi paralela associada, junto com um número identificador da pista de táxi específica. Por exemplo, uma série de pistas de táxi de entrada, de saída e de contorno associadas à pista de táxi paralela N pode ser numerada consecutivamente em séries como N1, N2, N3 e assim por diante.

As pistas de táxi são planejadas para atender dentro dos seguintes princípios:

1. Aeronaves que acabaram de pousar não devem obstruir aeronaves que estão taxiando para decolar.
2. As pistas de táxi devem oferecer as menores distâncias entre os pátios de estacionamento de aeronaves e as pistas de pouso.
3. Em aeroportos muito movimentados, as pistas de táxi ficam geralmente situadas em vários pontos ao longo das pistas de pouso, para que aeronaves que acabaram de pousar possam deixar as pistas o mais rápido possível.
4. Uma pista de táxi projetada para permitir velocidades mais altas de rotatividade reduz o tempo que uma aeronave em aterrissagem permanece na pista de pouso. Tais pistas de táxi são chamadas de *pistas de táxi de alta velocidade de saída* e geralmente ficam alinhadas a um ângulo de 30 a 45°, conectando a pista de pouso à pista de táxi paralela.

5. Quando possível, as pistas de táxi são planejadas de modo a não cruzarem uma pista de pouso ativa.

As larguras das pistas de táxi são planejadas de acordo com o tipo de aeronave em uso. Especificamente, a envergadura das aeronaves é usada como a principal característica no planejamento de larguras de pistas de táxi. Essas larguras vão de 8 metros, para as menores aeronaves da aviação geral, até 30 metros, para as aeronaves com as maiores envergaduras.

Marcações das pistas de táxi

Todas as pistas de táxi devem ter marcações de linha central e marcações de posição de espera sempre que interceptarem uma pista de pouso. As marcações de bordas de pistas de táxi estão presentes sempre que há a necessidade de separar a pista de táxi de um pavimento que não deve ser usado pelas aeronaves.

A **linha central da pista de táxi** é uma linha amarela contínua, com 15 a 30 centímetros de largura. Ela proporciona uma referência visual para permitir o taxiamento ao longo de uma trajetória predefinida. As linhas de centro, juntamente com as marcações de bordas de pista de táxi, servem para garantir que as aeronaves se desloquem sem o risco de colidirem em obstáculos.

As **marcações de bordas de pista de táxi** são usadas para definir as laterais da pista em questão. Elas são usadas principalmente quando as bordas da pista de táxi não coincidem com as extremidades do pavimento. Existem dois tipos de marcações, que permitem ou não que as aeronaves ultrapassem esse limite. As **marcações contínuas**, que consistem em linhas duplas de cor amarela e contínuas, com cada linha tendo no mínimo 15 centímetros de largura e com um espaçamento entre elas superior a 15 centímetros, são usadas para distinguir as bordas da pista de táxi de outras superfícies pavimentadas contíguas que não devem ser usadas pelas aeronaves. *Marcações tracejadas* são usadas quando o pavimento adjacente à borda da pista de táxi pode ser usado por uma aeronave, como uma plataforma ou uma área de estacionamento. As marcações tracejadas de bordas de pista de táxi consistem em uma linha dupla de cor amarela e pontilhada, com cada linha tendo no mínimo 15 centímetros de largura e com um espaçamento entre elas superior a 15 centímetros. Essas linhas têm 40 centímetros de comprimento, com lacunas de 60 centímetros.

De modo similar às marcações de acostamento de pistas de pouso, as *marcações de acostamento de pistas de táxi* são usadas às vezes para delimitar ainda mais a extremidade da pista de táxi do pavimento adjacente não utilizável. As marcações de acostamento de pistas de táxi são linhas amarelas que correm perpendicularmente à linha central da pista de táxi.

As **marcações de posição de espera da pista de pouso** definem a fronteira entre as pistas de táxi de entrada, de saída e de contorno e a pista de pouso e decolagem. As marcações de posição de espera da pista de pouso consistem em um conjunto de quatro linhas, duas delas contínuas e duas tracejadas. As duas linhas tracejadas ficam situadas próximas à pista de pouso e decolagem, e as duas linhas contínuas ficam situadas próximas à pista de táxi. As linhas são pintadas sobre fundo preto e se estendem até a área de acostamento da pista de táxi. Esses reforços recentes foram criados para facilitar a percepção da localização dos limites das pistas. Em aeroportos controlados (isto é, aeroportos com uma torre de controle ativa), não é permitido que as aeronaves cruzem a linha de espera sem a permissão explícita do controlador de tráfego aéreo. Em aeroportos sem controle, os pilotos são encorajados a pararem, se assegurarem de que o ambiente de pista de pouso está livre e anunciarem quando cruzam o limite entre a pista de táxi e a pista de pouso. As aeronaves que saem da pista de pouso e entram na pista de táxi podem cruzar a linha de espera sem permissão explícita. Uma ilustração das marcações de linha de espera em pista de táxi é encontrada na Figura 4-13.

As **marcações reforçadas de linha central de pista de táxi** são encontradas nas proximidades entre as pistas de táxi paralelas e as marcações de posição de espera inicando a 45 metros dessas marcações. Essas marcações reforçadas consistem em uma série de longas linhas tracejadas em ambos os lados da linha central existente na pista de táxi, todas elas pintadas sobre fundo preto. Elas foram recentemente implementadas em aeroportos para proporcionar aos pilotos uma melhor referência visual de que eles estão se aproximando da fronteira entre a pista de táxi e a pista de pouso (Figura 4-14).

As **marcações de acostamento de pista de táxi** são às vezes configuradas para identificar acostamentos pavimentados. Quando tais acostamentos existem, eles são marcados por uma série de faixas amarelas desde as **marcações de bordas de pista de táxi**, que definem as bordas do pavimento utilizável, até o limite do pavimento de acostamento. Essas marcações oferecem orientação aos pilotos e aos operadores de veículos terrestres de que o acostamento não deve ser usado para operações normais. Uma ilustração de marcações de acostamento de pista de táxi é encontrada na Figura 4-15.

Em alguns aeroportos bastante movimentados que possuem sistemas complexos de pistas de táxi e que são propensos a condições de baixa visibilidade, a gestão do aeroporto pode implementar um plano de **Surface Movement Guidance Control System** (SMGCS – Sistema de Controle de Orientação de Movimentação por Superfície). Como parte desse plano, pontos ao longo da pista de táxi podem ser demarcados como *marcações de posicionamento geográfico*. Essas marcações são usadas para identificar a localização de uma aeronave em taxiamento durante operações com baixa visibilidade. Elas ficam localizadas à esquerda da linha central da pista de táxi em direção ao taxiamento. A marcação de posicionamento geográfico é um círculo composto por um anel preto externo contíguo a um anel branco com um círculo

FIGURA 4-13 Marcações de posição de espera para pistas de pouso; marcações amarelas sobre fundo preto.

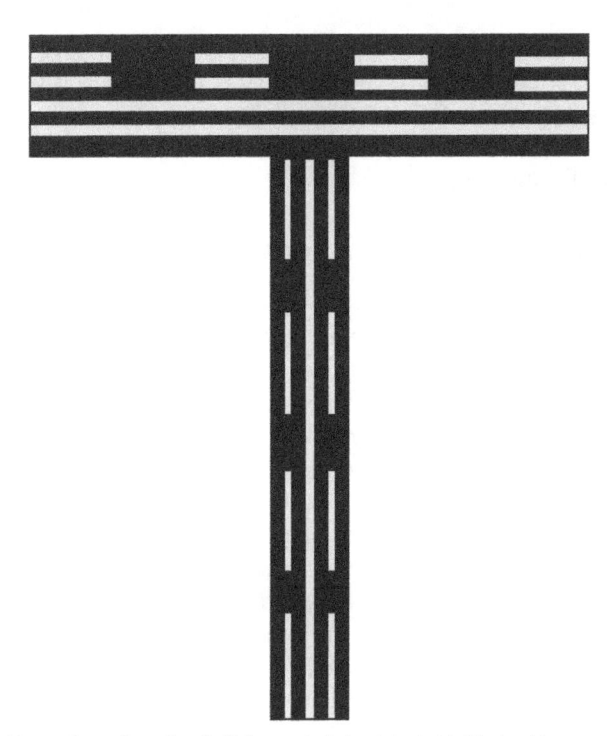

FIGURA 4-14 Marcações reforçadas de linha central de pista de táxi indo até as marcações de posição de espera da pista de pouso.

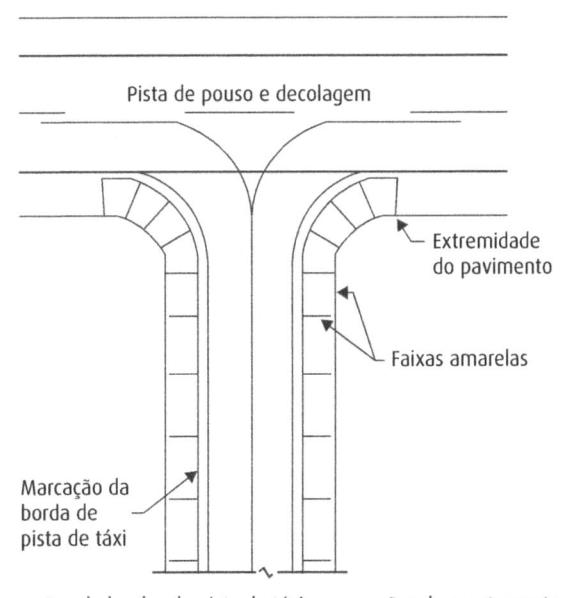

FIGURA 4-15 Marcações de bordas de pista de táxi e marcações de acostamento.

rosa dentro. Quando instalado em pavimentos escuros, o anel branco e o anel preto são invertidos, ou seja, o anel branco se torna o anel externo e o anel preto passa a ser o anel interno. A marcação é designada ou por um número ou por uma letra. O número corresponde à posição consecutiva da marcação ao longo da rota definida de táxi (Figura 4-16).

Outras marcações em aeródromos

Em um aeródromo, costuma existir uma variedade de marcações adicionais àquelas encontradas em pistas de pouso e pistas de táxi. Os principais objetivos dessas marcações adicionais são identificar áreas de espera de aeronaves e outras importantes localizações no aeródromo e proporcionar orientação para os veículos de serviço terrestres que atendem o aeródromo.

As *marcações de vias para veículos* são usadas quando é necessário definir uma trajetória para operações de veículos terrestres que passam por áreas também voltadas para a movimentação de aeronaves. Essas marcações consistem em uma linha branca contínua para delimitar cada borda da via e uma linha tracejada para separar vias que se cruzam. No lugar de linhas contínuas, *linhas em forma de zíper* podem ser usadas para delimitar as bordas da via para veículos (Figura 4-17).

As *marcações de controle de receptor de VOR* permitem que um piloto verifique os instrumentos da aeronave com o sinal emitido a partir do auxílio à navegação VOR do aeroporto (caso haja um no campo). As marcações consistem em um cír-

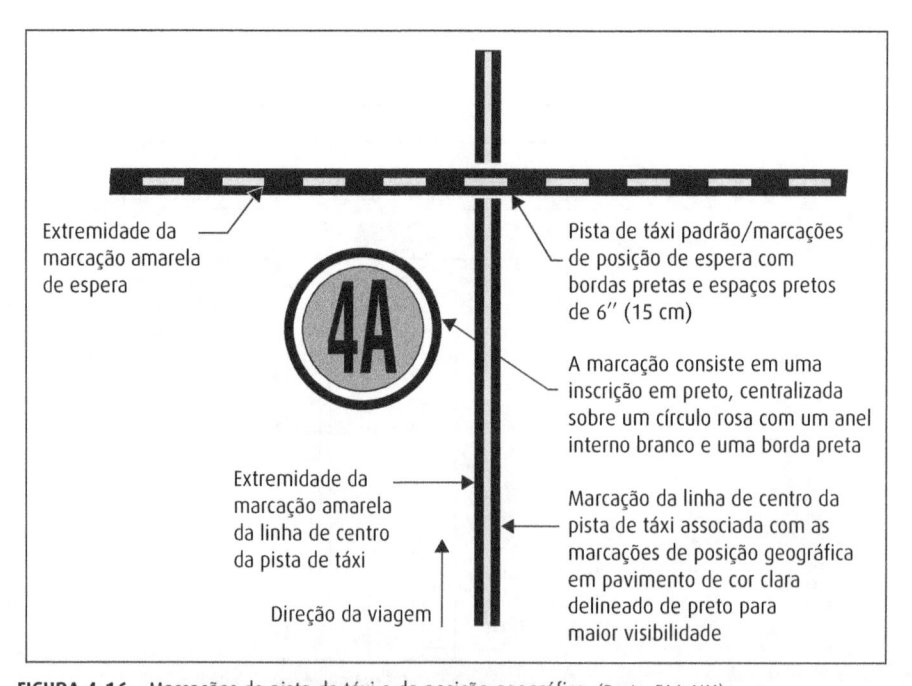

FIGURA 4-16 Marcações de pista de táxi e de posição geográfica. (Fonte: FAA AIM)

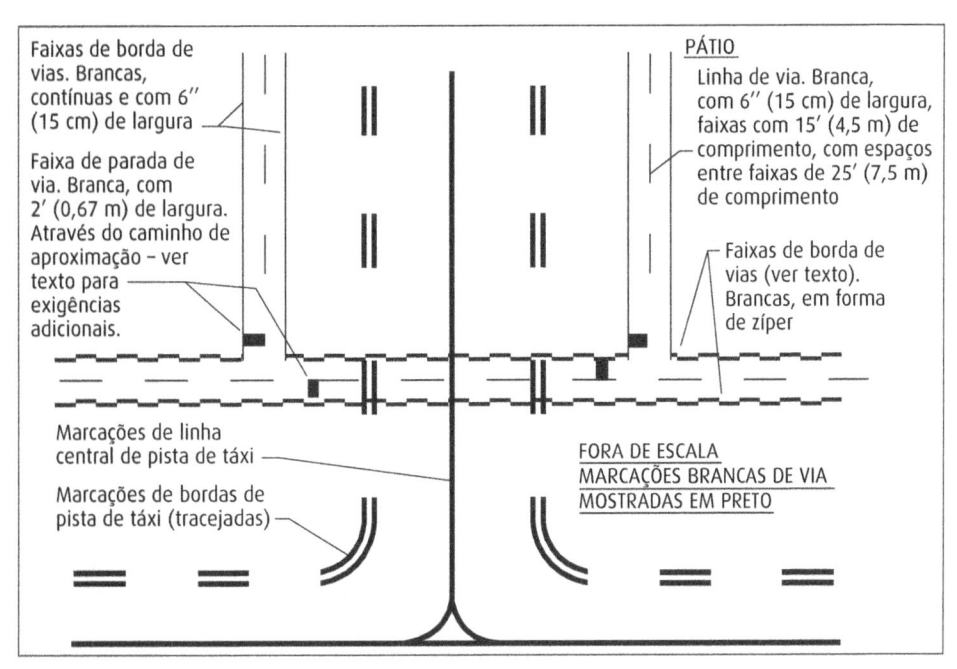

FIGURA 4-17 Marcações de vias para veículos. (Fonte: FAA AIM)

culo pintado com uma seta no meio. A seta está alinhada na direção do azimute de controle do VOR (Figura 4-18).

As *marcações de delimitação de área de restrição de movimentação* delimitam a *área de movimentação* do aeródromo, sob o controle do tráfego aéreo. Essas marcações são amarelas e ficam localizadas no limite entre as áreas de movimentação

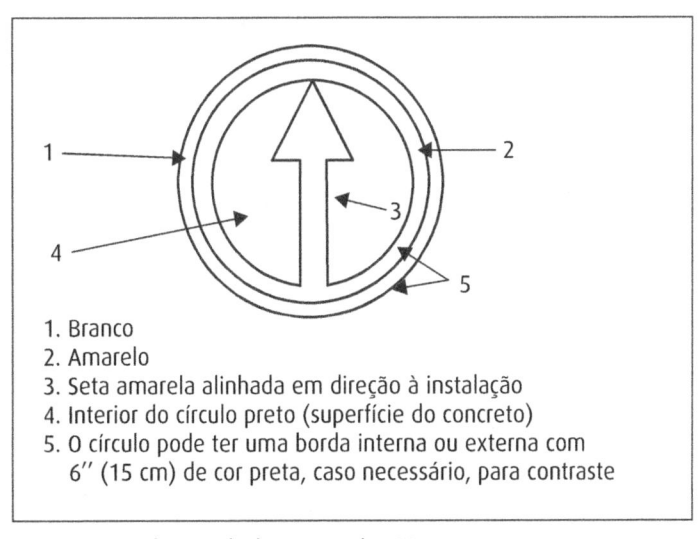

FIGURA 4-18 Marcações de controle do receptor de VOR. (Fonte: FAA AIM)

restrita e livre. As marcações de delimitação de área livre de movimentação consistem em duas linhas amarelas (uma sólida e outra tracejada) com 15 centímetros de largura. A linha sólida fica situada do lado da área de movimentação proibida, e a linha amarela tracejada fica situada do lado da área de movimentação livre (Figura 4-19).

As marcações de pistas de pouso e de táxi que se encontram permanentemente fechadas são identificadas por cruzes amarelas ao final de cada pista, se estendendo ao longo do comprimento do pavimento em intervalos de 300 metros. Todas as outras marcações e luzes são removidas. Pistas de pouso e de táxi temporariamente fechadas são identificadas por cruzes amarelas únicas situadas nas extremidades do pavimento (Figura 4-20). Para marcações temporárias, uma cruz amarela pode ser erguida e iluminada no lugar das marcações pintadas.

Outras áreas do aeródromo

As **áreas de espera** (comumente referidas como *pontos de espera*) ficam situadas na extremidade ou muito próximo à extremidade das pistas de pouso, para que os pilotos façam as últimas conferências e aguardem pela autorização para decolagem. Essas áreas são geralmente grandes o bastante para que outras aeronaves possam ultrapassar aquela ainda realizando as verificações ou aguardando por au-

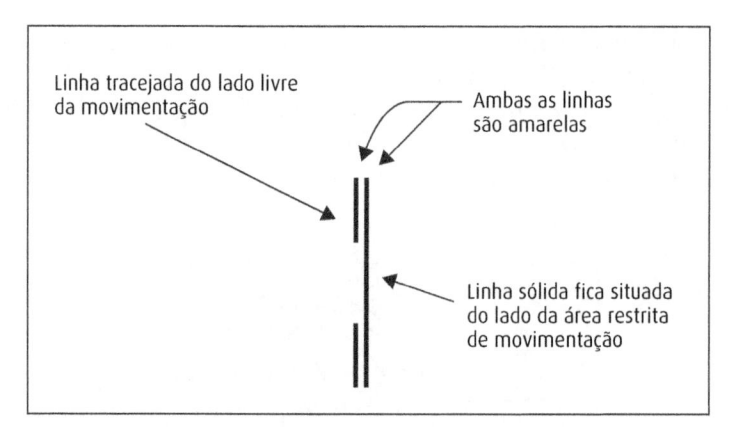

FIGURA 4-19 Marcações de delimitação de área de restrição de movimentação. (Fonte: FAA AIM)

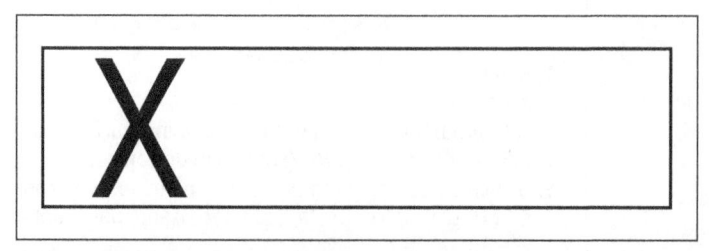

FIGURA 4-20 Pista de pouso ou de táxi temporariamente fechada. (Fonte: FAA AIM)

torização do controle de tráfego aéreo. A área de espera costuma ser projetada para acomodar duas aeronaves ou mais e para permitir espaço suficiente para que uma ultrapasse a outra.

As **baias de espera** são áreas do pátio localizadas em vários pontos externos às pistas de táxi para o estacionamento temporário de uma aeronave. Em alguns aeroportos em que os picos de demanda resultam em ocupação integral de todas as posições de pátio, as aeronaves costumam ser encaminhadas para uma baia de espera até que um portão fique disponível. Algumas baias de espera ficam localizadas a no máximo 75 metros da pista de pouso. Durante os horários de pico, algumas aeronaves são mantidas na baia até que recebam autorização para decolagem; elas se movimentam, então, até a área de espera (Figura 4-21).

Uma aeronave pousando em um aeroporto de serviço comercial pode ter de avançar por um quilômetro e meio ou mais por pistas de táxi até chegar ao **pátio** para aeronaves, ou *área de estacionamento*. Os pilotos geralmente contam com um mapa do aeródromo para ajudá-los a se movimentar de uma posição para outra. Se um piloto se perder, controladores locais de tráfego aéreo irão assisti-lo, fornecendo-lhe orientações *precisas*. Além disso, um veículo "siga-me" pode ser enviado para guiar o piloto até a área de pátio de estacionamento.

Linhas amarelas pintadas no pátio de estacionamento adjacente às pistas de táxi conduzem o piloto até seu posicionamento final. Fiscais de pista recepcionam as aeronaves recém-chegadas e direcionam o piloto com os sinais de estacionamento apropriados.

Sinalização em aeródromos

Existem seis tipos de sinais instalados em aeródromos: sinais de instrução obrigatórios, sinais de localização, sinais de direção, sinais de destinação, sinais de informação e sinais de distância à pista de pouso.

Os **sinais de instrução obrigatórios** têm um fundo vermelho com uma inscrição branca com bordas pretas e são usados para indicar a entrada para uma pista de pouso ou para uma área crítica e áreas onde as aeronaves são proibidas de entrar. Dentre os típicos sinais e instrumentos de instrução obrigatórios estão sinais de posição de espera para pista de pouso, sinais de posição de espera para área de aproximação da pista de pouso, sinais de posição de espera para área crítica de ILS e sinais de proibição de entrada. Os *sinais de posição de espera para pista de pouso* ficam situados nas posições de espera em pistas de táxi que interceptam uma pista de pouso ou em pistas de pouso que interceptam outras pistas de pouso. A inscrição no sinal contém a designação da pista de pouso. Os números de pista de pouso no sinal são arranjados de forma a corresponderem à respectiva cabeceira de pista. Por exemplo, 9-27 indica que a cabeceira da pista de pouso 9 fica à esquerda e que a cabeceira da pista de pouso 27 fica à direita. Em pistas de táxi que interceptam o início de uma pista de decolagem, apenas a designação da pista de decolagem deve aparecer no sinal; todos os outros sinais devem apresentar a designação de ambas as direções da pista de pouso (Figura 4-22). Se o sinal estiver situado em uma pista de táxi que cruza a interseção de duas pistas de pouso, as designações para ambas as pistas serão exibidas no sinal,

Monoslabs são placas pré-moldadas de concreto com sulcos quadriculados colocadas ao redor da baia de espera (pátio) para evitar a erosão do solo.

Pistas de táxi paralelas

Baia de espera (pátio): pilotos aguardam por posição de decolagem durante os horários de pico.

Pista de táxi de saída ou retorno

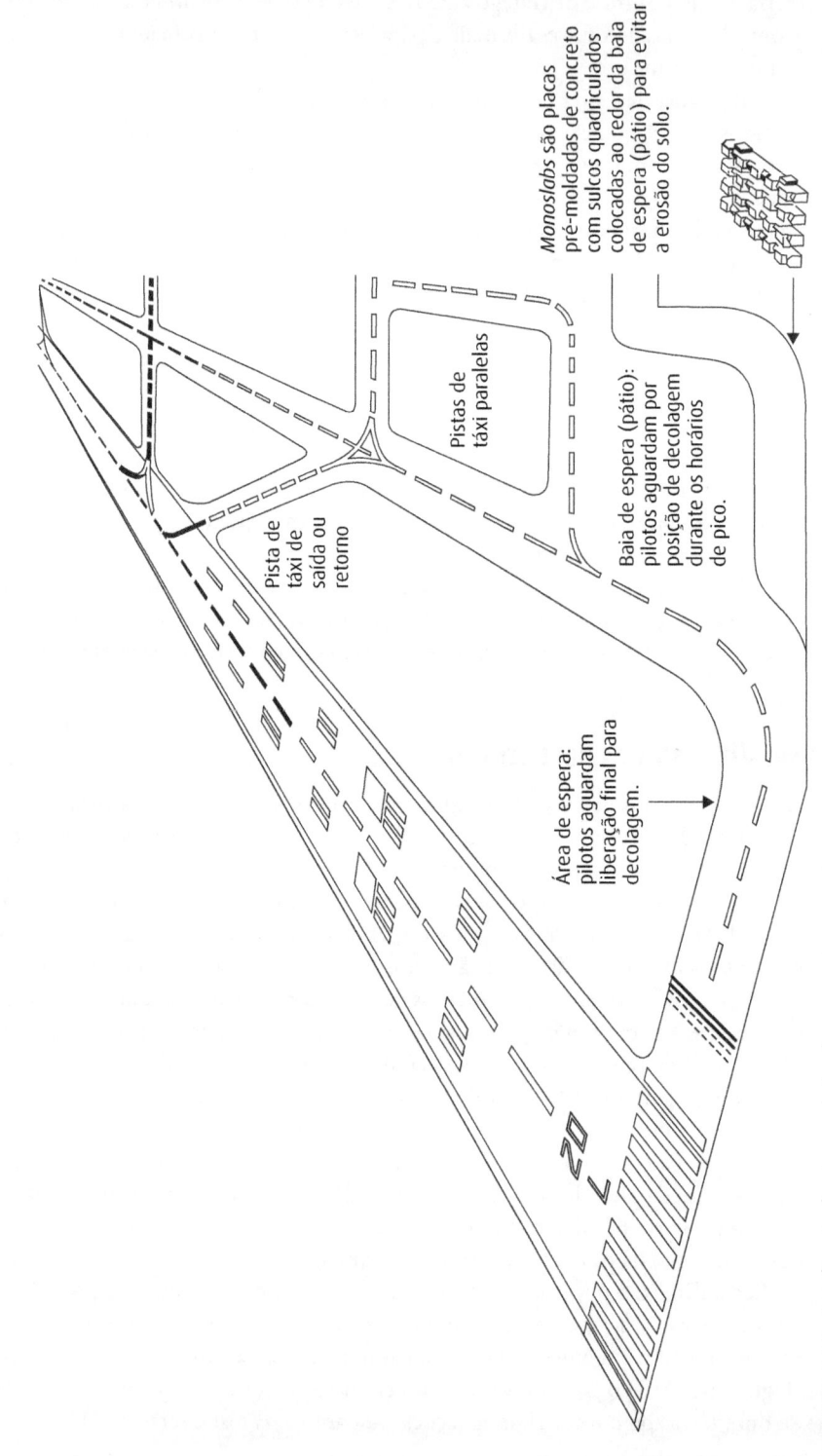

Área de espera: pilotos aguardam liberação final para decolagem.

FIGURA 4-21 Localização das áreas e baias de espera. (Fonte: FAA)

juntamente com setas mostrando o alinhamento aproximado de cada pista. Além de mostrar o alinhamento aproximado de cada pista, a seta indica a direção da cabeceira da pista cuja designação se encontra logo ao lado da seta. Um sinal de posição de espera em uma pista de táxi é sempre instalado às marcações de posição de espera. Em pistas de pouso, a marcação de posição de espera fica situada no pavimento da pista adjacente ao sinal, caso a pista de pouso seja usada normalmente para operações de pouso do tipo LAHSO (*Land and Hold Short Operations*). Em aeroportos de serviço comercial com mais de uma pista de pouso, sinais de posição de espera também são pintados na superfície da pista de táxi em frente às linhas de posição de espera. Esses **sinais de posição de espera para pista de pouso pintados na superfície** oferecem maior orientação para que os pilotos determinem de qual pista eles estão se aproximando.

Em alguns aeroportos, é preciso manter as aeronaves em pistas de táxi localizadas na área de aproximação ou de decolagem da pista de pouso para que a aeronave não interfira com as operações dessa pista. Nessas situações, um *sinal de espera para área de aproximação da pista de pouso* com a designação da cabeceira de aproximação da pista seguida por um hífen (-) e as letras APCH estará situado na posição de espera na pista de táxi (Figura 4-23).

Em alguns aeroportos, quando um Sistemas de Pouso por Instrumentos (ILS – *Instrument Landing System*) está sendo usado, é preciso manter uma aeronave em uma pista de táxi em uma posição diferente da posição de espera. Nessas situações, um sinal de posição de espera para área crítica de ILS com a inscrição ILS é usado (Figura 4-24).

Um *sinal de proibição de entrada* impede as aeronaves de ingressarem em determinada área. Esse sinal é identificado por uma barra horizontal branca cercada por um anel branco sobre um fundo vermelho (similar às placas de "Sentido Único" nas rodovias). Geralmente, esse sinal fica situado em uma pista de táxi usada somente

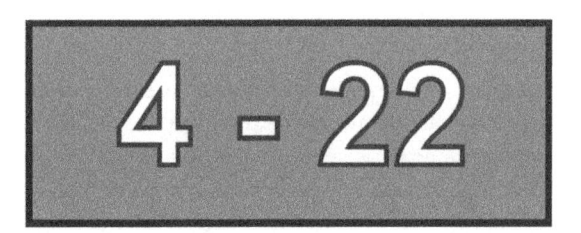

FIGURA 4-22 Sinal de posição de espera para pista de pouso. (Fonte: FAA)

FIGURA 4-23 Sinal de espera para área de aproximação da pista de pouso. (Fonte: FAA AIM)

FIGURA 4-24 Sinal de posição de espera para área crítica de ILS. (Fonte: FAA AIM)

em uma direção ou então na interseção das vias de veículos terrestres com pistas de pouso, pistas de táxi ou pátios onde a via pode ser confundida com uma pista de táxi ou com outra superfície de movimentação de aeronaves (Figura 4-25).

Os **sinais de localização** são usados para identificar uma pista de táxi ou uma pista de pouso em que a aeronave está localizada. Outros sinais de localização proporcionam referência visual para auxiliar os pilotos a determinarem quando deixam certa área. Esses sinais incluem sinais de localização de pistas de táxi, sinais de localização de pistas de pouso, sinais de delimitação de pistas e sinais de delimitação de área crítica de ILS.

Os *sinais de localização de pistas de táxi* são marcados com uma inscrição em amarelo sobre fundo preto. A inscrição é a designação da pista de táxi na qual a aeronave se encontra. Esses sinais são instalados ao longo das pistas de táxi, isoladamente ou em conjunto com sinais de direção ou sinais de posição de espera (Figura 4-26).

Os *sinais de localização de pistas de pouso* possuem fundo preto com inscrições em amarelo e uma borda interna amarela. A inscrição é a designação da pista de pouso na qual a aeronave se encontra. Esses sinais complementam as informações disponíveis aos pilotos por meio de bússolas magnéticas e costumam ser instalados em locais onde a proximidade de duas ou mais pistas de pouso poderia confundir os pilotos quanto à pista em que de fato se encontram. (Figura 4-27).

Os *sinais de delimitação de pista de pouso* possuem fundo amarelo com inscrições em preto e um desenho retratando as marcações de posição de espera no pavimento associadas à delimitação da pista de pouso (Figura 4-28). Esse sinal, localizado em frente à pista de pouso e visível para o piloto que está deixando a pista de pouso, fica ao lado da marcação de posição de espera no pavimento. O objetivo do sinal é proporcionar aos pilotos outra referência visual como guia para identificar quando "liberaram a pista de pouso".

Os *sinais de delimitação de área crítica de ILS* possuem fundo amarelo com inscrições em preto e um desenho retratando a marcação de posição de espera de ILS no pavimento. A marcação é definida por duas barras pretas horizontais ligadas por três conjuntos de pares de barras verticais com pequeno espaçamento (Figura 4-29). O objetivo do sinal é proporcionar aos pilotos outra referência visual para a identificação da "liberaração de área crítica de ILS".

FIGURA 4-25 Sinal de proibição de entrada. (Fonte: FAA AIM)

FIGURA 4-26 Sinal de localização de pistas de táxi. (Fonte: FAA AIM)

FIGURA 4-27 Sinal de localização de pistas de pouso. (Fonte: FAA AIM)

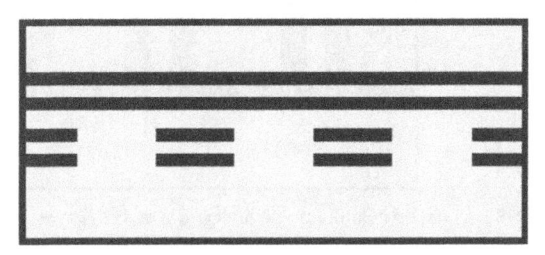

FIGURA 4-28 Sinal de delimitação da pista de pouso. (Fonte: FAA)

Os **sinais de direção** possuem fundo amarelo com uma inscrição em preto. A inscrição identifica as designações das pistas de táxi que se interceptam, nas quais normalmente se espera ou a entrada da aeronave ou sua parada em caso de pouso. Cada designação é acompanhada por uma seta indicando a direção da curva (Figura 4-30). Os sinais de direção normalmente ficam localizados à esquerda, antes da interseção. Quando usados em uma pista de pouso para indicar uma saída, o sinal fica localizado no mesmo lado da saída. As designações de pistas de táxi e as setas a elas associadas são arranjadas em sentido horário, a começar pela primeira pista de táxi à esquerda do piloto.

Os **sinais de destino** também possuem fundo amarelo com uma inscrição em preto indicando uma destinação no aeródromo. Esses sinais sempre têm uma seta mostrando a direção da rota de taxiamento até o destino. Quando a seta no sinal de destino indica uma curva, o sinal fica localizado antes da interseção. As destinações mais comuns exibidas nesses tipos de sinais incluem pistas de pouso, pátios e operadores de base fixa. Uma abreviação pode ser usada no sinal como inscrição para algumas destinações (Figura 4-31).

Quando a inscrição para um ou mais destinos que apresentam uma rota comum de taxiamento é colocada em um sinal, as destinações são separadas por um ponto, e uma única seta é usada. Quando a inscrição em um sinal contém duas ou mais destinações com rotas de taxiamento diferentes, cada destinação é acompanhada de uma seta e fica separada das outras destinações no sinal por um divisor vertical de mensagem.

Os **sinais de informação** possuem fundo amarelo com uma inscrição em preto. Eles são usados para proporcionar ao piloto informações sobre áreas que não podem ser vistas da torre de controle, frequências de rádio aplicáveis e procedimentos de redução de ruídos. O operador do aeroporto determina a necessidade, o tamanho e a localização desses sinais.

Os **sinais de distância à pista de pouso** possuem fundo preto com uma inscrição numeral em branco. Eles podem ser instalados em ambas as laterais da pista

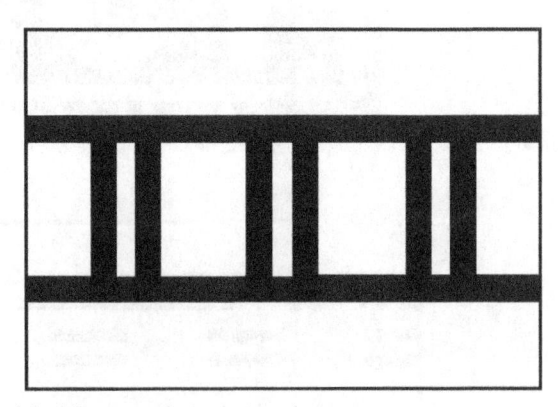

FIGURA 4-29 Sinal de delimitação de área crítica de ILS. (Fonte: FAA AIM)

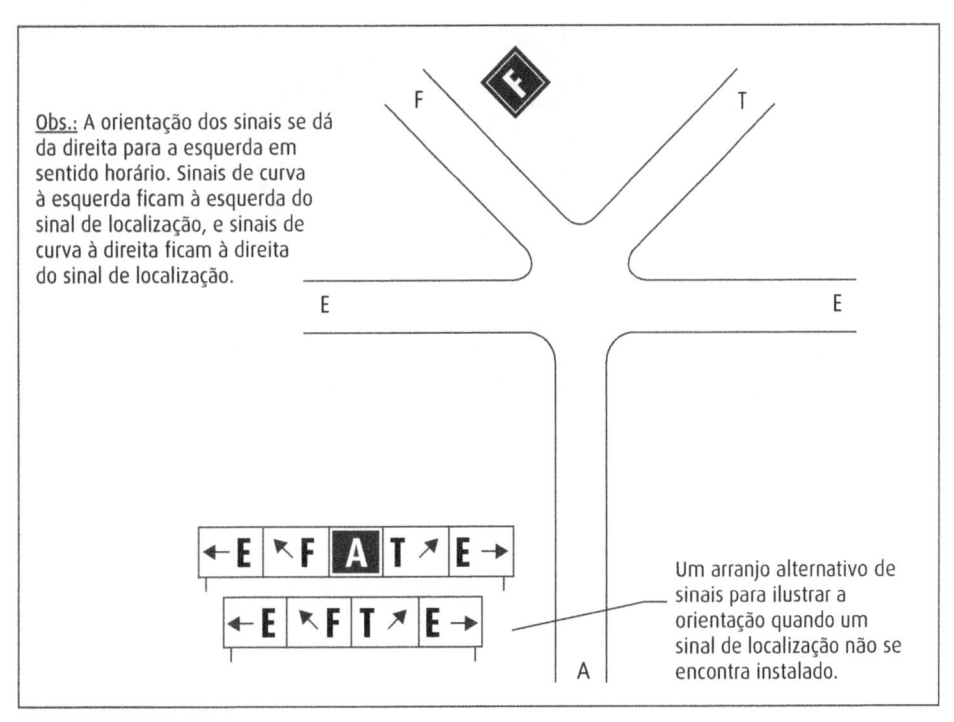

FIGURA 4-30 Sinais de direção. (Fonte: FAA AIM)

de pouso. O número nos sinais indica a distância (em milhares de metros) de pista restante para o pouso (Figura 4-32). O último sinal, ou seja, o sinal com o numeral 1, fica localizado a pelo menos 290 metros do final da pista.

Iluminação do aeródromo

Para permitir que os pilotos pousem, decolem e se movimentem pelo aeroporto durante os horários noturnos ou em períodos de visibilidade reduzida, praticamente todos os aeroportos de serviço comercial e a maior parte dos aeroportos da aviação

FIGURA 4-31 Sinal de destino (para pista militar). (Fonte: FAA AIM)

FIGURA 4-32 Sinal de distância à pista de pouso. (Fonte: FAA AIM)

geral estão equipados com sistemas de iluminação. Esses sistemas podem incluir iluminação da pista de pouso, iluminação da pista de táxi e sistemas de iluminação de aproximação, bem como diversos outros sistemas de iluminação, desde o sistema de faróis do aeroporto até os sistemas de iluminação de pátio e de perímetro. Cada um desses sistemas está disponível em várias configurações e intensidades.

Iluminação de pistas de pouso

A iluminação da pista de pouso é extremamente importante para operações noturnas com aeronaves ou em condições de baixa visibilidade meteorológica. Os sistemas de iluminação de pistas de pouso incluem iluminação de aproximação, indicadores visuais de rampa de planeio (*glideslope*), identificadores de final de pista, iluminação de bordas de pista e iluminação interna da pista. Como seus nomes sugerem, os sistemas de iluminação de aproximação auxiliam as aeronaves no alinhamento apropriado com a pista de pouso em operação de aproximação e pouso, e os sistemas de iluminação interna da pista auxiliam as aeronaves nas operações de pouso e decolagem na própria pista de pouso e em sua vizinhança imediata (Figura 4-33).

Sistemas de iluminação de aproximação Os sistemas de iluminação de aproximação (ALS – *approach lighting systems*) proporcionam os meios básicos para que as aeronaves identifiquem as pistas de pouso quando estão operando sob más condições meteorológicas e quando estão operando sob IFR. Os ALS representam uma configuração de luzes que se inicia na cabeceira de pouso e se estende para fora da pista de pouso, na chamada área de aproximação, a uma distância de 730 a 910 metros para pistas com instrumentos de precisão e 430 a 460 metros para pistas com instrumentos de não precisão. Alguns sistemas incluem luzes de *flash* sequenciais, que, para o piloto, se assemelham a uma bola de luz indo em direção à pista de pouso a alta velocidade (Figura 4-34).

Os sistemas de iluminação de aproximação a seguir estão em uso em aeroportos civis nos Estados Unidos (Figura 4-35):

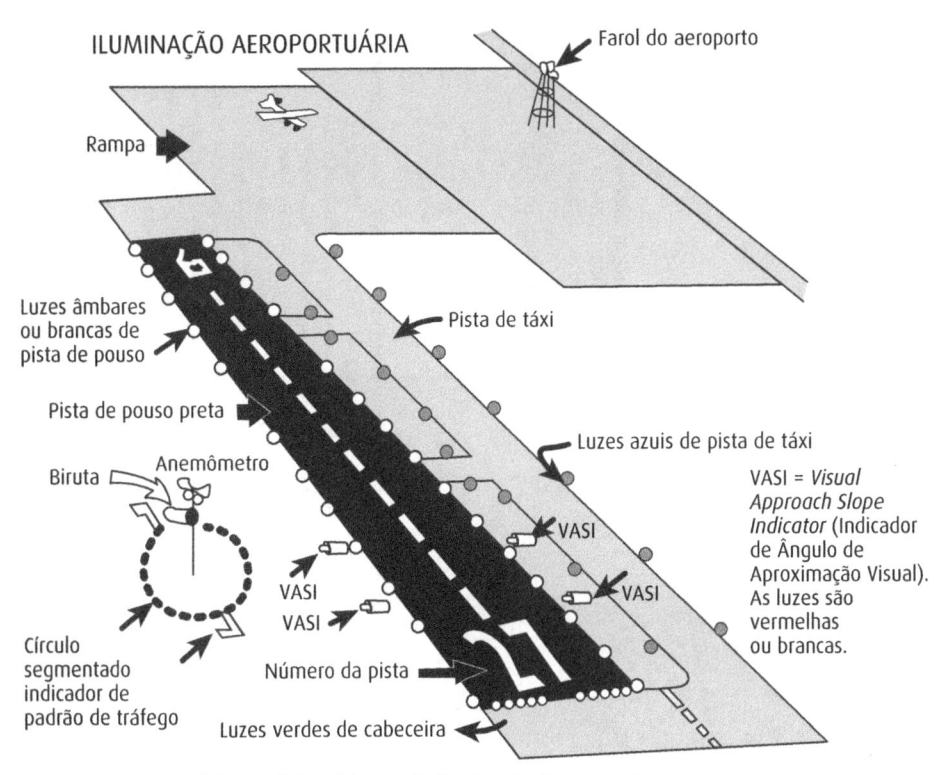

FIGURA 4-33 Visão geral dos sistemas de iluminação de aeroportos. (Fonte: NASA)

ALSF-1: Sistema de iluminação de aproximação de 730 metros de comprimento, com luzes de *flash* sequenciais em configuração ILS Cat-I (ver mais adiante, nesta seção, a descrição completa do ILS).

ALSF-2: Sistema de iluminação de aproximação de 730 metros de comprimento, com luzes de *flash* sequenciais em configuração ILS Cat-II.

SSALF: Sistema simplificado de iluminação de aproximação curta, com luzes de *flash* sequenciais.

SSALR: Sistema simplificado de iluminação de aproximação curta, com luzes indicadoras de alinhamento com a pista de pouso.

MALSF: Sistema de iluminação de aproximação de média intensidade de 430 metros de comprimento, com luzes de *flash* sequenciais.

MALSR: Sistema de iluminação de aproximação de média intensidade de 430 metros de comprimento, com luzes indicadoras de alinhamento com a pista de pouso.

LDIN: Sistema *lead-in-light*. Consiste em uma ou mais séries de luzes de *flash* instaladas no nível do solo ou próximo dele. Fornecem orientação visual ao longo de uma trajetória de aproximação, indicando problemas especiais envolvendo terreno perigoso, obstruções ou procedimentos de redução de ruídos.

134 Parte II Gestão de operações aeroportuárias

Luzes brancas de bordas de pista de pouso precisam ser visíveis em 360° e capazes de suportar o impacto de pedras arremessadas pela força das turbinas a jato.

Luzes de linha central de 200 watts, rentes ao pavimento, podem suportar o impacto direto de um jato de 300 toneladas pousando sobre elas.

Luzes de linha central

VASIs

Luzes de zona de toque

VASIs

Luzes de cabeceira podem ser bidirecionais, apresentando cor verde para os pilotos pousando e cor vermelha para marcar a extremidade da pista de pouso para pilotos em decolagem.

Luzes de aproximação

Luzes vermelhas de aproximação marcam uma zona de toque de emergência com 300 metros de comprimento, na qual as aeronaves em aproximação não devem pousar.

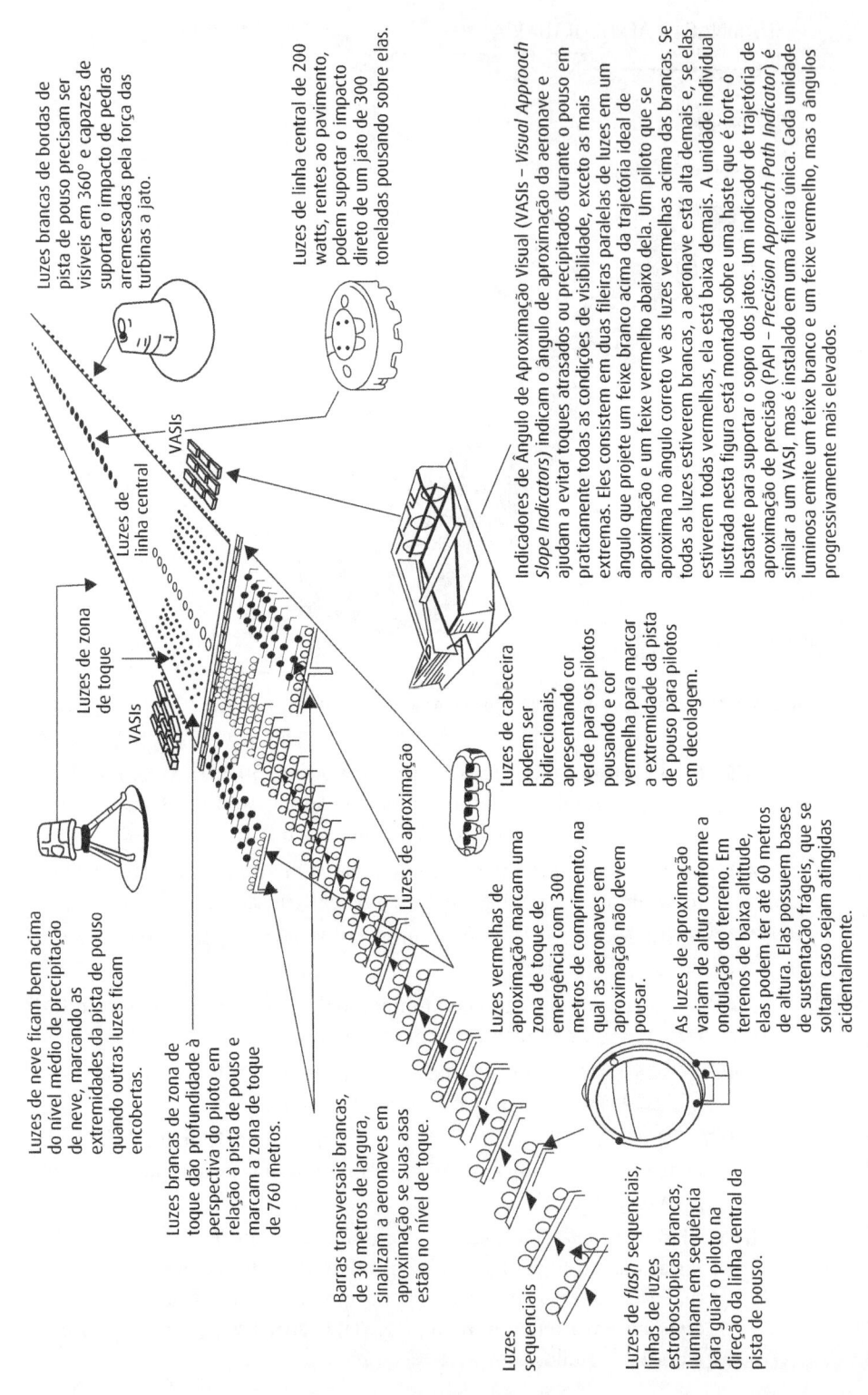

As luzes de aproximação variam de altura conforme a ondulação do terreno. Em terrenos de baixa altitude, elas podem ter até 60 metros de altura. Elas possuem bases de sustentação frágeis, que se soltam caso sejam atingidas acidentalmente.

Indicadores de Ângulo de Aproximação Visual (VASIs – *Visual Approach Slope Indicators*) indicam o ângulo de aproximação da aeronave e ajudam a evitar toques atrasados ou precipitados durante o pouso em praticamente todas as condições de visibilidade, exceto as mais extremas. Eles consistem em duas fileiras paralelas de luzes em um ângulo que projete um feixe branco acima da trajetória ideal de aproximação e um feixe vermelho abaixo dela. Um piloto que se aproxima no ângulo correto vê as luzes vermelhas acima das brancas. Se todas as luzes estiverem brancas, a aeronave está alta demais e, se elas estiverem todas vermelhas, ela está baixa demais. A unidade individual ilustrada nesta figura está montada sobre uma haste que é forte o bastante para suportar o sopro dos jatos. Um indicador de trajetória de aproximação de precisão (PAPI – *Precision Approach Path Indicator*) é similar a um VASI, mas é instalado em uma fileira única. Cada unidade luminosa emite um feixe branco e um feixe vermelho, mas a ângulos progressivamente mais elevados.

Luzes de neve ficam bem acima do nível médio de precipitação de neve, marcando as extremidades da pista de pouso quando outras luzes ficam encobertas.

Luzes brancas de zona de toque dão profundidade à perspectiva do piloto em relação à pista de pouso e marcam a zona de toque de 760 metros.

Barras transversais brancas, de 30 metros de largura, sinalizam a aeronaves em aproximação se suas asas estão no nível de toque.

Luzes sequenciais

Luzes de *flash* sequenciais, linhas de luzes estroboscópicas brancas, iluminam em sequência para guiar o piloto na direção da linha central da pista de pouso.

FIGURA 4-34 Sistemas de iluminação de aproximação de precisão. (Fonte: FAA)

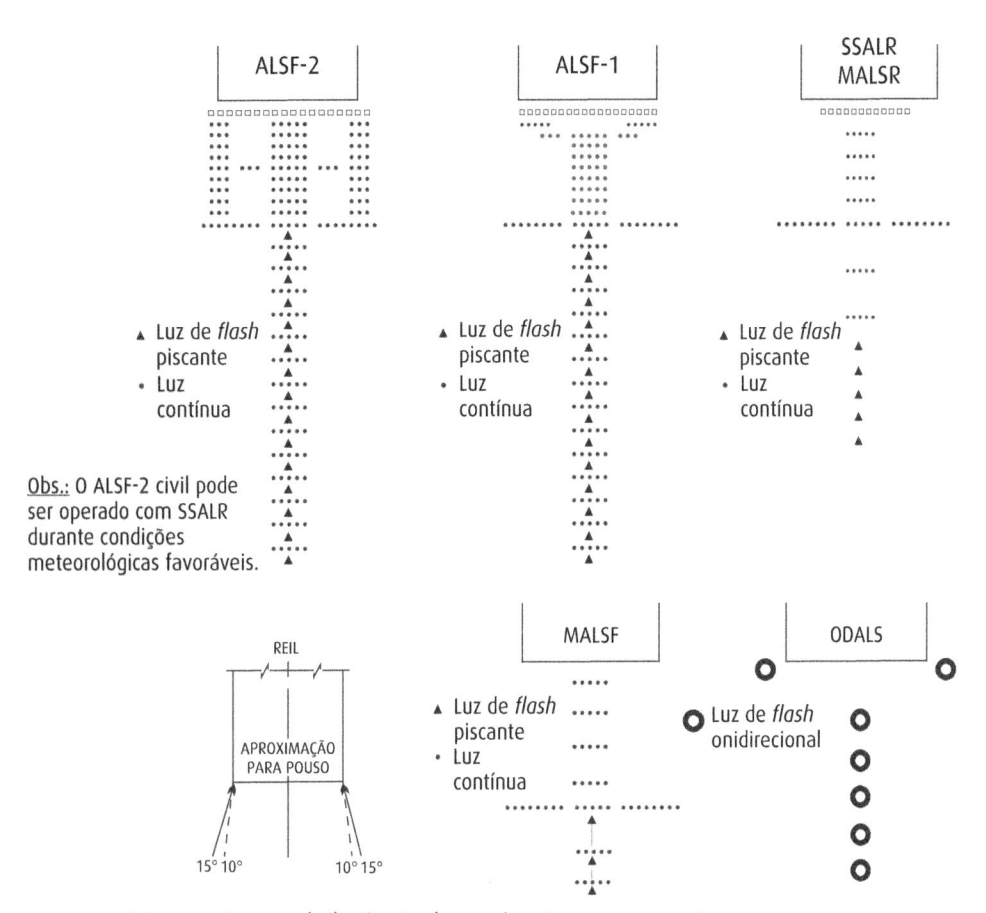

FIGURA 4-35 Sistemas de iluminação de aproximação. (Fonte: FAA AIM)

RAIL: *Runway alignment indicator lights* (luzes indicadoras de alinhamento com a pista de pouso). Luzes de *flash* sequenciais que são instaladas em combinação com outros sistemas de iluminação.

ODALS: *Omnidirectional approach lighting system* (sistema onidirecional de iluminação de aproximação). Consiste em sete luzes de *flash* onidirecionais localizadas na área de aproximação da pista de pouso sem instrumentos de precisão. Cinco luzes ficam localizadas na linha central da pista de pouso, com a primeira luz situada 90 metros após a cabeceira, e as restantes se estendendo em intervalos iguais, até 460 metros da cabeceira. As duas outras luzes ficam situadas uma de cada lado da cabeceira da pista, a uma distância lateral de 12 metros da extremidade da pista, ou a 23 metros da extremidade da pista quando instaladas em pistas equipadas com um Visual Approach Slope Indicator (VASI, ou Indicador de Ângulo de Aproximação Visual).

Indicadores visuais de rampa de planeio Os indicadores visuais de rampa de planeio (*glideslope*) são sistemas de iluminação adjacentes às pistas de pouso que auxiliam aeronaves com visibilidade baseada no alinhamento vertical em aproximação para pouso. Os cinco indicadores visuais de desvio mais comuns são os indicadores de ângulo de aproximação visual (VASIs – *Visual Approach Slope Indicators*), os indicadores de trajetória de aproximação de precisão (PAPI – *Precision Approach Path Indicators*), os sistemas tricolores, os sistemas pulsáteis e os sistemas de alinhamento de elementos.

O **indicador de ângulo de aproximação visual** (VASI – *Visual Approach Slope Indicator*) é um sistema de luzes arranjadas de forma a oferecer informações visuais de orientação de descida durante a aproximação de uma aeronave em relação à pista de pouso. Essas luzes são visíveis a 5 ou 8 quilômetros durante o dia e a até 30 quilômetros ou mais à noite. A trajetória visual de planeio do VASI proporciona uma área livre de obstruções de 10° com relação ao prolongamento da linha central da pista de pouso e de 7,4 quilômetros a partir da cabeceira da pista.

Os VASIs podem ser constituídos por 2, 4, 6, 12 ou 16 unidades luminosas arranjadas em barras, divididos em barras próximas, médias e distantes. A maioria dos VASIs possui duas barras, a próxima e a distante, e pode ser formada por 2, 4 ou 12 unidades luminosas. Alguns VASIs consistem em três barras – a próxima, a média e a distante –, que proporcionam uma trajetória visual de planeio adicional para atender a aeronaves com *cockpits* elevados. Essa instalação pode consistir em 6 ou 16 unidades luminosas. Os VASIs que consistem em 2, 4 ou 6 unidades luminosas ficam localizados de um lado da pista de pouso, geralmente à esquerda. Nos casos em que os VASIs consistem em 12 ou 16 unidades luminosas, estas ficam localizadas em ambos os lados da pista de pouso.

Os VASIs de duas barras fornecem uma única trajetória visual de planeio que normalmente é ajustada a 3° do ângulo de aproximação. Os VASIs de três barras fornecem duas trajetórias visuais de planeio. A trajetória inferior é oferecida pelas barras próxima e média e é normalmente ajustada a 3° do ângulo de aproximação, enquanto a trajetória de planeio superior, fornecida pela barra distante, é normalmente ajustada a 1/4 de grau do ângulo de aproximação. A trajetória de planeio superior geralmente é usada por aeronaves com *cockpits* mais elevados, para assegurar a altura apropriada de cruzamento da cabeceira (Figura 4-36).

O princípio básico do VASI é a diferenciação de cores entre vermelho e branco. Cada unidade luminosa projeta um feixe de luz contendo um segmento branco na sua parte superior e um segmento vermelho na sua parte inferior. As unidades luminosas são arranjadas de tal forma que o piloto utilizando o VASI durante a aproximação irá visualizar a combinação de luzes associada à sua elevação em relação à trajetória de aproximação. No caso de um VASI de duas barras, por exemplo, a rampa de planeio será aquela em que o piloto vê luzes vermelhas da barra distante e luzes brancas da barra próxima. Caso a aeronave em aproximação esteja acima da trajetória de planeio, ambas as barras serão vistas como brancas. Já se ela estiver abaixo da trajetória de planeio, ambas as barras serão vistas como luzes vermelhas (Figura 4-37).

2 barras	2 barras	3 barras
2 unidades	12 unidades	16 unidades
luminosas na	luminosas na	luminosas na
trajetória de planeio	trajetória de planeio	trajetória inferior de planeio

FIGURA 4-36 Várias configurações de VASI: escuro = vermelho; branco = branco.

O **indicador de trajetória de aproximação de precisão** (PAPI – *Precision Approach Path Indicator*) utiliza unidades luminosas similares às do VASI, mas elas são instaladas em uma única fileira de duas ou quatro unidades luminosas. Esses sistemas apresentam um alcance visual de cerca de 8 quilômetros durante o dia e de mais de 30 quilômetros à noite. A fileira de unidades luminosas geralmente é instalada à esquerda da pista de pouso. Assim como o VASI, as unidades luminosas do PAPI são equipadas com feixes vermelhos e brancos que projetam vários ângulos de trajetórias de planeio para a pista de pouso. O PAPI é considerado mais preciso do que o VASI porque permite ao piloto prever aproximadamente os graus acima ou abaixo da trajetória de planeio, quando a aeronave se encontra na aproximação, por meio da proporção entre luzes vermelhas e luzes brancas vistas. Em um PAPI de quatro luzes, por exemplo, a observação de duas luzes vermelhas e duas brancas denota que se está na trajetória correta, três luzes vermelhas e uma branca denota que se está levemente abaixo (aproximadamente 0,2°) da trajetória de planeio, quatros luzes vermelhas denota que se está 0,5° ou mais abaixo da trajetória de planeio, e assim por diante (Figura 4-38).

Os *indicadores visuais tricolores de ângulo de aproximação* normalmente consistem em uma única unidade luminosa que projeta uma trajetória visual tricolor na pista de pouso. A indicação de que se está abaixo da trajetória de planeio é vermelha; a indicação de que se está levemente abaixo ou acima dela é amarelo; e a indicação de que se está na trajetória é verde. Esses tipos de indicadores apresentam um alcance

Barra distante

Barra próxima

Abaixo da trajetória de planeio

Dentro da trajetória de planeio

Acima da trajetória de planeio

■ = Vermelho
□ = Branco

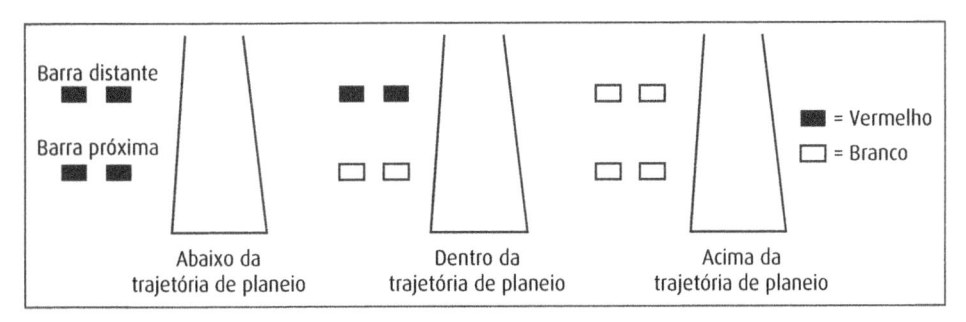

FIGURA 4-37 VASI de duas barras. (Fonte: FAA AIM)

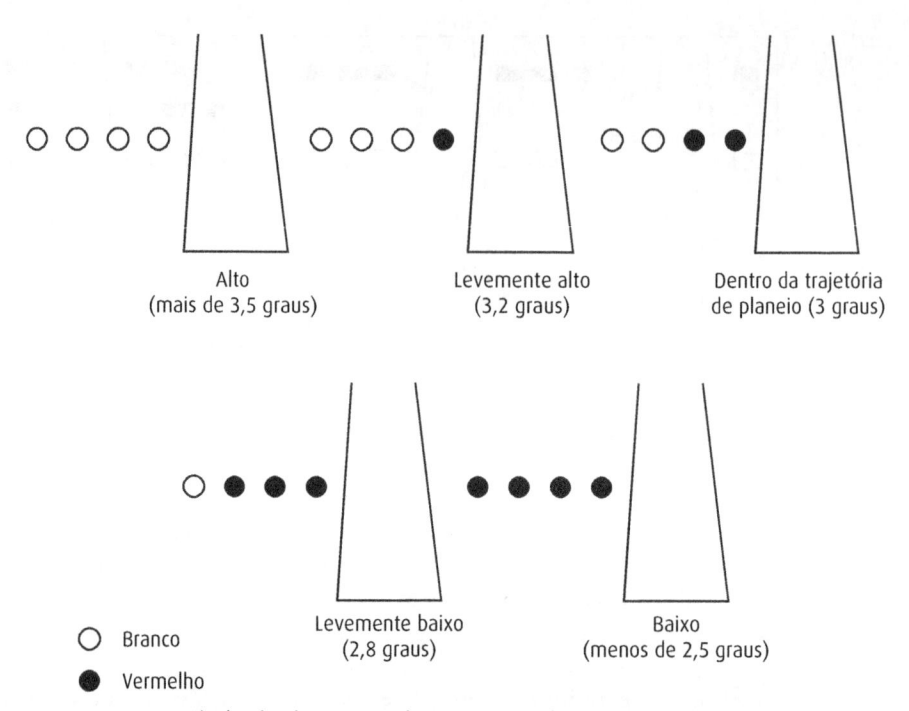

FIGURA 4-38 PAPI (indicador de trajetória de aproximação de precisão). (Fonte: FAA AIM)

útil de aproximadamente 500 a 1.500 metros durante o dia e de até 8 quilômetros à noite, dependendo das condições de visibilidade (Figura 4-39).

Os *indicadores visuais pulsáteis de ângulo de aproximação* normalmente consistem em uma única unidade luminosa que projeta uma trajetória visual bicolor para a pista de pouso. A indicação de que se está na trajetória de planeio é uma luz branca contínua; a indicação de que se está levemente abaixo da trajetória é uma luz vermelha contínua. Se a aeronave baixar ainda mais da trajetória de planeio, a luz vermelha começa a piscar. A indicação de que se está acima da trajetória de planeio é uma luz branca intermitente. A taxa de pulsação aumenta conforme a aeronave se afasta para cima ou para baixo em relação à rampa recomendada de planeio. O alcance útil desse

FIGURA 4-39 VASI tricolor. (Fonte: FAA AIM)

sistema é de cerca de 6,5 quilômetros durante o dia e de até 16 quilômetros à noite (Figura 4-40).

Os *sistemas de alinhamento de elementos* são instalados em alguns pequenos aeroportos da aviação geral. Eles são sistemas de baixo custo, consistindo em três painéis de compensado pintados, normalmente de preto e branco ou de laranja. Alguns desses sistemas são iluminados para uso noturno. O alcance útil desses sistemas é de aproximadamente 1.200 metros. Para usá-los, o piloto posiciona a aeronave de tal modo que os elementos fiquem alinhados. Se o piloto estiver acima da trajetória de planeio, o painel do centro ficará acima dos seus dois painéis vizinhos. Já se o piloto estiver abaixo da trajetória de planeio, o painel do centro ficará abaixo dos seus dois painéis vizinhos (Figura 4-41).

As *luzes indicadoras de final de pista de pouso* (REIL – *runway end identifier lights*) são instaladas em muitos aeródromos para fornecerem identificação rápida da extremidade de aproximação de uma pista de pouso. O sistema consiste em um par de luzes intermitentes sincronizadas, situadas em cada lado da cabeceira da pista. REILs podem ser ou onidirecionais ou unidirecionais. Elas são eficazes na identificação de uma pista de pouso no caso de estar cercada por outras luzes ou carecer de contraste com o terreno circunvizinho, ou durante visibilidade reduzida.

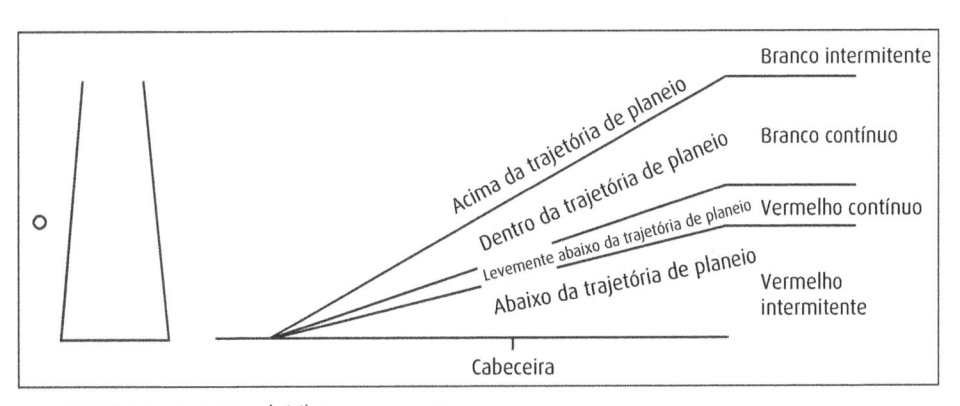

FIGURA 4-40 VASI pulsátil. (Fonte: FAA AIM)

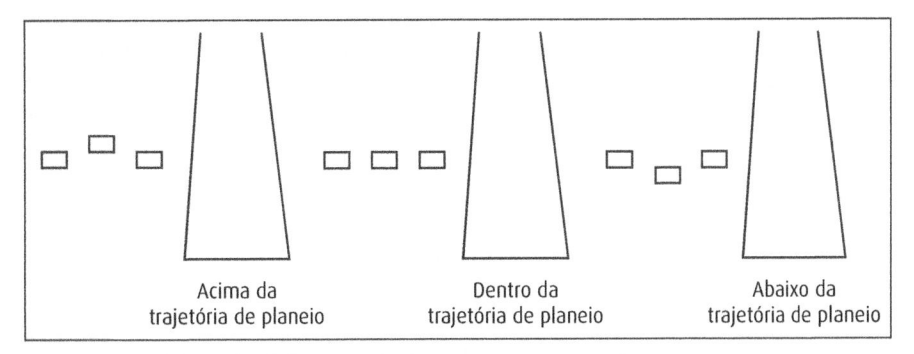

FIGURA 4-41 Sistema de alinhamento de elementos. (Fonte: FAA AIM)

Os *sistemas de iluminação de bordas de pista de pouso* são usados para delinear pistas de pouso durante períodos noturnos ou de baixa visibilidade. Esses sistemas de iluminação são classificados de acordo com a intensidade ou o brilho que conseguem produzir. Os sistemas de iluminação de bordas de pista de pouso incluem:

HIRL – *high-intensity runway lights* (luzes de pista de pouso de alta intensidade)

MIRL – *medium-intensity runway lights* (luzes de pista de pouso de média intensidade)

LIRL – *low-intensity runway lights* (luzes de pista de pouso de baixa intensidade)

Os sistemas HIRL e MIRL contam geralmente com controles de intensidade variável, enquanto o LIRL possui apenas um ajuste de intensidade.

As luzes de bordas de pista de pouso são brancas, exceto em pistas com instrumentos, onde luzes amarelas substituem as brancas nos últimos 600 metros ou na metade do comprimento da pista de pouso, o que for menor, a fim de formar uma zona de precaução para pousos. As luzes que marcam as extremidades finais da pista de pouso emitem luz vermelha em direção à própria pista, a fim de indicar o seu término para as aeronaves em decolagem, e emitem uma luz verde para o lado oposto à pista, a fim de indicar a cabeceira para as aeronaves em pouso.

Iluminação interna da pista de pouso Sistemas de iluminação integrados à pavimentação da pista de pouso incluem sistemas de iluminação da linha central da pista de pouso, luzes de zona de toque, luzes de pista de táxi de saída e luzes de pouso curto. Esses sistemas de iluminação são voltados a auxiliar aeronaves em aproximação, em decolagem e em taxiamento de entrada ou saída da pista de pouso (Figura 4-42).

Os **sistemas de iluminação da linha central da pista de pouso** (RCLS - *runway centerline lighting systems*) são instalados em algumas pistas de pouso com instrumentos de precisão para facilitar o pouso sob condições reduzidas de visibilidade. Ficam situados ao longo da linha central da pista de pouso e são espaçados a intervalos de 15 metros. Quando vistos a partir da cabeceira de pouso, as luzes da linha central da pista de pouso são brancas até os últimos 900 metros da pista. As luzes brancas se alternam com as vermelhas nos 600 metros seguintes, e, ao longo dos últimos 300 metros da pista, todas as luzes da linha central são vermelhas.

As **luzes de zona de toque** (TDZL – *touchdown zone lights*) são instaladas em algumas pistas de pouso com instrumentos de precisão para indicar a zona de toque durante pousos com condições adversas de visibilidade. Elas consistem em duas linhas luminosas transversais dispostas simetricamente em relação à linha central da pista de pouso. O sistema é formado por luzes brancas de brilho contínuo que começam 30 metros após a cabeceira de pouso e se estendem pelos 900 metros seguintes ou até a metade do comprimento da pista de pouso, o que for mais curto.

As luzes de pista de táxi de saída se estendem desde a linha central da pista de pouso até um ponto da pista de táxi de saída, a fim de agilizar a movimentação

FIGURA 4-42 Iluminação interna da pista de pouso no Daytona Beach International Airport. (Foto: S. Young)

de aeronaves que deixam a pista de pouso. Essas luzes se alternam entre verde e amarelo desde a linha central da pista de pouso até a posição de espera para a pista de pouso.

As luzes de pouso curto (*land and hold short lights*) são usadas para indicar o ponto de parada antecipado (*hold short points*) em certas pistas de pouso que são aprovadas para **operações de pouso curto**, ou LAHSO (*Land and Hold Short Operations*). As luzes de pouso curto consistem em uma fileira de luzes brancas intermitentes instaladas na pista de pouso no ponto de parada antecipado. Quando instaladas, as luzes ficarão acesas sempre que LAHSO estiverem em vigor. Essas luzes ficarão apagadas quando LAHSO não estiverem em vigor.

Iluminação de pistas de táxi

Muitos aeroportos estão equipados com iluminação de pistas de táxi para facilitar a movimentação de aeronaves no aeroporto à noite ou sob condições adversas de visibilidade. A iluminação de pistas de táxi inclui luzes de borda de pistas, luzes de linha central, barras luminosas de obstrução, luzes de proteção da pista de pouso e barras luminosas de parada.

As *luzes de borda de pistas de táxi* são usadas para delimitarem as bordas das pistas de táxi durante períodos noturnos ou de condições restritas de visibilidade e brilham na cor azul. As **luzes de linha central de pistas de táxi** ficam localizadas ao longo das linhas centrais das pistas de táxi, em linha reta nos trechos retilíneos, junto à linha central em trechos curvos e ao longo de trajetórias especificadas de taxiamento em trechos de pistas de pouso, rampas para aeronaves e áreas de estacionamento. As luzes de linha central de pistas de táxi emitem um brilho contínuo na cor verde.

As *barras luminosas de obstrução* são instaladas em posições de espera em pistas de táxi, a fim de aumentar a visibilidade da posição de espera em condições de baixa visibilidade. Elas também podem ser instaladas para indicar, durante períodos noturnos, a interseção entre pistas de táxi. As barras de obstrução consistem em três luzes amarelas de brilho constante instaladas no pavimento.

As *luzes de proteção da pista de pouso* são instaladas nas interseções de pistas de pouso com pistas de táxi. Elas são usadas principalmente para aumentar a visibilidade de interseções de pistas de pouso com pistas de táxi durante períodos de baixa visibilidade, mas podem ser usadas em todas as condições meteorológicas. As luzes de proteção da pista de pouso consistem ou em um par de luzes amarelas intermitentes instalado em ambos os lados da pista de táxi ou em uma fileira de luzes amarelas instalada no pavimento, de uma borda à outra da pista de pouso, na marcação de posição de espera.

As *barras luminosas de parada* são usadas para confirmar instruções de liberação dos controladores de tráfego aéreo para que uma aeronave entre ou cruze a pista de pouso sob condições de baixa visibilidade. As barras de parada consistem em uma fileira de luzes vermelhas, unidirecionais e contínuas instalada no pavimento, de uma borda à outra da pista de táxi, na marcação de posição de espera da pista de pouso. Uma barra de parada é operada em conjunto com as luzes de linha central da pista de táxi de entrada, que se estendem até pista de pouso. Após ser concedida liberação para passagem, a barra de parada é desligada e as luzes de entrada são acesas. A barra de parada e as luzes de entrada são controladas automaticamente por um sensor ou por um temporizador de apoio.

Outras iluminações do aeródromo

Além da iluminação localizada em pistas de pouso e pistas de táxi, é preciso a presença de iluminação para identificar potenciais obstruções para operações de aeronaves no aeródromo e em sua vizinhança.

Luzes de obstrução são implementadas para advertir os pilotos da presença de obstruções durante condições diurnas ou noturnas. Elas podem ser iluminadas em quaisquer das seguintes combinações:

Luzes de obstrução aeronáuticas vermelhas são feixes que piscam uma luz vermelha onidirecional a uma taxa de 20 a 40 *flashes* por minuto durante o dia e que brilham continuamente durante a noite.

Luzes de obstrução brancas intermitentes de média intensidade podem ser usadas durante o dia e nos horários de penumbra, com intensidade reduzida automaticamente para operações noturnas. Quando este sistema é usado em estruturas de 150 metros de altura ou menos, outros métodos de marcação e de iluminação da estrutura podem ser omitidos. No entanto, caso a estrutura tenha mais do que 150 metros de altura, o topo da obstrução precisa ser marcado com tinta branca e laranja.

Luzes de obstrução brancas de alta intensidade são usadas durante o dia, com intensidade reduzida em operações em horários de penumbra e durante a noite. Quando esse tipo de sistema é usado, a marcação de estruturas com luzes vermelhas de obstrução e com tinta branca e laranja de aviação pode ser omitida.

Uma combinação de faróis aeronáuticos de luz vermelha intermitente e de luzes vermelhas de brilho contínuo para operações noturnas e luzes brancas intermitentes de alta intensidade para operações diurnas configura uma *iluminação dual* de obstruções. Com iluminação dual, as marcações com tinta branca e laranja podem ser omitidas.

Por fim, a iluminação é usada para identificar a localização e o tipo de determinado aeroporto. O *farol de luz aeronáutica* de um aeroporto é considerado um auxílio visual para a navegação de aeronaves. O farol emite *flashes* de luz vermelha e/ou colorida para indicar a localização de um aeroporto ou heliporto. A luz usada pode vir de um farol rotativo ou de uma ou mais luzes intermitentes.

Faróis de aeroporto e heliporto apresentam uma distribuição luminosa vertical para torná-los mais efetivos a um ângulo entre 1 e 10° acima da horizontal; contudo, eles geralmente podem ser vistos acima e abaixo desse intervalo de intensidade máxima. A luz pode ser proveniente de um dispositivo onidirecional de descarga por capacitor ou pode rodar a uma velocidade constante, o que produz o efeito visual de *flashes* a intervalos regulares. Os *flashes* podem ser de uma ou duas cores alternadas. O número total de *flashes* é de:

1. 24 a 30 por minuto para faróis de marcação de aeroportos.
2. 30 a 45 por minuto para faróis de marcação de heliportos.

A cor ou a combinação de cores apresentada por um farol específico indica o tipo de aeroporto que ele está identificando:

1. Branco e verde alternados: Aeroporto terrestre iluminado
2. Branco e amarelo alternados: Aeroporto aquático iluminado
3. Verde, amarelo e branco alternados: Heliporto iluminado
4. Branco piscante: Aeroporto não iluminado

Os faróis de aeroportos militares piscam luz branca e verde alternadamente, mas são diferentes dos faróis civis por piscarem luz branca em dois picos breves entre os *flashes* verdes.

O *farol de código de um aeroporto*, que pode ser visto de todas as direções, é usado para identificar aeroportos e locais de referência. O farol de código pisca o identificador de três ou quatro caracteres do aeroporto em Código Morse Internacional de seis a oito vezes por minuto. *Flashes* verdes são emitidos para aeroportos terrestres; *flashes* amarelos indicam aeroportos aquáticos.

Os faróis de aeroportos são ativados durante os horários noturnos e durante os horários de visibilidade reduzida. Especificamente, os faróis de aeroportos são acesos durante o dia quando a visibilidade em terra é menor do que 5 quilômetros e/ou o teto está abaixo de 300 metros.

Auxílios à navegação (NAVAIDS)

Diversos tipos de **auxílios à navegação** (NAVAIDS – *navigational aids*) estão em uso atualmente para ajudar as aeronaves a seguirem uma trajetória entre pontos de origem e destino e a se aproximarem de aeroportos para pouso, especialmente sob más condições meteorológicas. Muitas vezes, esses auxílios ficam situados no aeródromo e, portanto, os gestores e planejadores de aeroportos devem estar cientes de como eles operam e de onde devem ser colocados em relação às outras instalações no sítio aeroportuário.

Radiofaróis não direcionais (NDB)

O **radiofarol não direcional**, ou NDB (*nondirectional radio beacon*), é o mais antigo dos auxílios à navegação baseados em rádio usados em sítios aeroportuários. Os NDBs emitem sinais de radiofrequência baixa ou média, por meio dos quais o piloto de uma aeronave adequadamente equipada com um detector automático de direção (ADF – *automatic direction finder*) pode determinar direções e "entrar em sintonia" com a estação. Os NDBs normalmente operam na frequência de 190 a 535 quilohertz (kHz) e transmitem uma mensagem contínua com 400 ou 1.020 hertz (Hz) de modulação. Esse sistema é considerado um auxílio à navegação sem precisão, e, por isso, pistas de pouso que recebem aproximação de aeronaves utilizando um NDB como auxílio à navegação estão equipadas com marcações de instrumentos de não precisão.

Um NDB costuma ser instalado em um poste com 10 metros de altura. Ele deve situar-se a pelo menos 30 metros de distância de construções metálicas, postes de luz ou cercas de metal, a fim de evitar interferência no sinal de rádio (Figura 4-43).

Radiofaróis onidirecionais em VHF (VOR)

O **radiofarol onidirecional em VHF** (VOR) é o mais comum auxílio eletrônico e terrestre à navegação encontrado nos Estados Unidos atualmente. O VOR transmite um conjunto de sinais de navegação de altíssima frequência, os quais, quando identificados por instrumentos de navegação em aeronaves, determinam a localização do VOR em relação ao norte magnético. Os VORs operam dentro de uma faixa de frequência de 108,0 a 117,95 MHz e têm um poder de saída suficiente para oferecer cobertura dentro de seu volume de serviço operacional designado. Os VORs padrão encontrados em aeroportos são chamados de TVORs e possuem um típico volume de serviço operacional de 25 milhas náuticas (cerca de 46 quilômetros) em raio a partir do aeroporto. Os VORs são considerados um auxílio à navegação sem precisão, e, sendo assim, pistas de pouso que recebem aproximação de aeronaves utilizando um VOR como auxílio à navegação estão equipadas com marcações de instrumentos sem precisão.

Quando situados no aeródromo, os VORs devem ser instalados a pelo menos 150 metros da linha central da pista de pouso e a 75 metros da linha central da pista de táxi. Caso o aeroporto possua pistas de pouso que se interceptam, o VOR deve

FIGURA 4-43 Radiofarol não direcional, ou NDB. (Fonte: FAA)

ser colocado próximo da interseção para proporcionar uma orientação precisa para aproximações em ambas as pistas (Figura 4-44).

Os sinais de VORs são suscetíveis à distorção causada por reflexões em outros objetos. Por isso, os VORs situam-se a pelo menos 300 metros de quaisquer estruturas ou árvores. Cercas de metal devem ficar a pelo menos 150 metros da antena, e cabos suspensos de transmissão de energia elétrica devem ficar a pelo menos 300 metros de distância.

FIGURA 4-44 Estação de VOR no Washington Reagan National Airport. (Fotografia cortesia de Seth Young)

Sistemas de Pouso por Instrumentos (ILS)

O auxílio à navegação mais comum usado por aeronaves para orientação lateral e vertical em aproximação a pistas de pouso é o **Sistema de Pouso por Instrumentos** (ILS – *Instrument Landing System*) (Figura 4-45). O ILS é projetado para fornecer uma rota de aproximação para alinhamento e descida exatos a uma pista de pouso. Levando-se em consideração o fato de que o ILS fornece orientação lateral e vertical, ele é considerado um sistema de *aproximação de precisão* e está associado a marcações de aproximação de precisão nas pistas que o operam. Dentre os auxílios navegacionais de precisão, o ILS representa o padrão desde sua introdução nos Estados Unidos em 1941. Esse sistema fornece orientação por feixes de rádio que definem uma trajetória retilínea para a pista de pouso a um ângulo fixo de aproximadamente 3 graus, iniciando entre 8 e 11 quilômetros de distância da cabeceira da pista. Todas as aeronaves em aproximação a um aeroporto sob orientação de ILS devem seguir essa trajetória em fila única.

Os equipamentos de terra que compreendem um ILS consistem em dois sistemas de transmissão altamente direcionais e, instalados ao longo da área de aproximação, até três faróis marcadores. Os transmissores direcionais são conhecidos como *localizador* e *glide slope*.

O **transmissor localizador** opera em um dos 40 canais de ILS dentro da faixa de 108,10 até 111,95 MHz. Os sinais fornecem ao piloto orientação de curso para a linha central da pista de pouso. A antena do localizador fica situada no prolongamento da linha central da pista de pouso, entre 300 e 600 metros da cabeceira da pista de pouso. Uma área com raio de 75 metros somada a uma área retangular que se estende desde a antena por um comprimento entre 600 e 2.100 metros e com uma largura de 150 a 180 metros é chamada de *área crítica de ILS*, a qual deve ser livre de qualquer tipo de obstáculo. Além disso, quando uma aeronave está em aproximação usando o ILS como orientação, nenhum outro veículo ou aeronave tem permissão de permanecer ou passar pela área crítica de ILS.

O **transmissor de *glide slope*** (rampa de planeio) transmite frequências UHF em um dos 40 canais do ILS dentro da faixa de 329,15 até 335,0 MHz, irradiando na direção da aproximação. O transmissor de *glide slope* fica situado entre 230 e 380 metros da cabeceira de aproximação da pista de pouso (na direção da própria pista) e fica afastado da linha central da pista de pouso por cerca de 75 a 200 metros. A antena do *glide slope* localiza-se em qualquer dos lados da pista, mas preferencialmente no lado que ofereça menor possibilidade de reflexões de sinal em edificações, cabos de energia e outros objetos.

Além do localizador e do *glide slope*, o ILS geralmente é equipado com faróis marcadores para auxiliar o piloto a identificar sua localização durante a aproximação. Eles são conhecidos como marcador externo (OM – *outer marker*) e marcador médio (MM – *middle marker*) e, nos casos de sistemas ILS avançados (como Cat-II ou III), como marcador interno (IM – *inner marker*).

O **marcador externo** geralmente fica situado entre 8 e 11 quilômetros do final da cabeceira da pista de pouso. Um sinal de rádio emitido verticalmente ativa uma

Sistemas de Pouso por Instrumentos da FAA

LOCALIZADOR VHF
Fornece Orientação Horizontal

Raio de 108,10 a 111,95 MHz, cerca de 100 watts de polarização horizontal. Frequências de modulação de 90 e 150 Hz. Profundidade de modulação em curso 20% para cada frequência. Identificação de código (1020 MHz, 5%) e comunicação por voz (modulada 50%) fornecidas no mesmo canal.

Comprimento da pista de pouso de 2.100 metros (típico)

Tipicamente 300 metros. O prédio transmissor do localizador está afastado no mínimo 75 metros do centro do arranjo da antena e a 15 m +/- 9 m da extremidade de aproximação. A antena fica na linha central e normalmente está a uma distância planar de menos de 150.

Ponto de interseção entre a pista de pouso e a prolongação do ângulo de aproximação.

75 a 180 metros da linha central da pista

Embutido para permitir altura de 17 m (+/- 1,5 m) cruzando a cabeceira da pista

900 m a 1.800 m da cabeceira

Antigo Transmissor de Ângulo UHF
Fornece Orientação Vertical

500,4 a 545,5 quilômetros. Radiância de cerca de 5 watts. Polarização horizontal, modulação em trajetória 40% para 90 Hz e 150 Hz. O ângulo de aproximação padrão é de 3,0 graus. Ele pode ser maior dependendo do terreno local.

ILS
(SISTEMAS DE POUSO POR INSTRUMENTOS DA FAA)
CARACTERÍSTICAS-PADRÃO E TERMINOLOGIA

Gráficos de aproximação por ILS devem ser consultados para obter variações de sistemas individuais.

Bandeira indica se instalação está fora do ar ou se o receptor está com defeito.

MARCADOR MÉDIO
Indica
Ponto de Altura de Decisão Aproximado
Modulação 1350 Hz
95% Ajuste, 95
Ponto e Traço Alternados
Luz amarela

Combinações/Minutos

Frequência de modulação localizadora 90Hz 150Hz

90Hz 150Hz
Frequência de modulação de ângulo de aproximação

Marcador externo localizado entre 6,5 e 11 quilômetros do final da pista, onde o ângulo de aproximação intersepta com a altitude de curva de procedimento, 15 metros verticalmente.

Localizadores de bússola, ajustados a 25 watts saída de 190 a 535 KHz, são instalados nos marcadores externos e médios. Um tom de 400 ou 1020 Hz, modulando o transmissor em cerca de 95%, em chaveamento com as duas primeiras letras da verificação ILS no localizador externo e com as duas últimas letras do localizador médio. Em algumas localizações, transmissão simultânea de voz a partir da torre de controle é fornecida com redução apropriada em percentual de identificação.

MARCADOR EXTERNO
Fornece Conserto de Aproximação
Final para Aproximação
Sem Precisão
Ajuste: dois traços/segundo
Moduladores 400 Hz, 95%
Luz Azul

Todos os transmissores de marcadores aproximadamente 2 watts de 75 MHz modulados cerca de 95%

Aproximadamente 3,5 cm de largura (limites de escala integral)

7,6 mm (aprox.)

7,6 cm acima da horizontal (ideal)

Largura de curso varia; entre 4,6 e 15,5 cm de cauda precisa proporcionar 230 m na cabeceira (escala integral limitada)

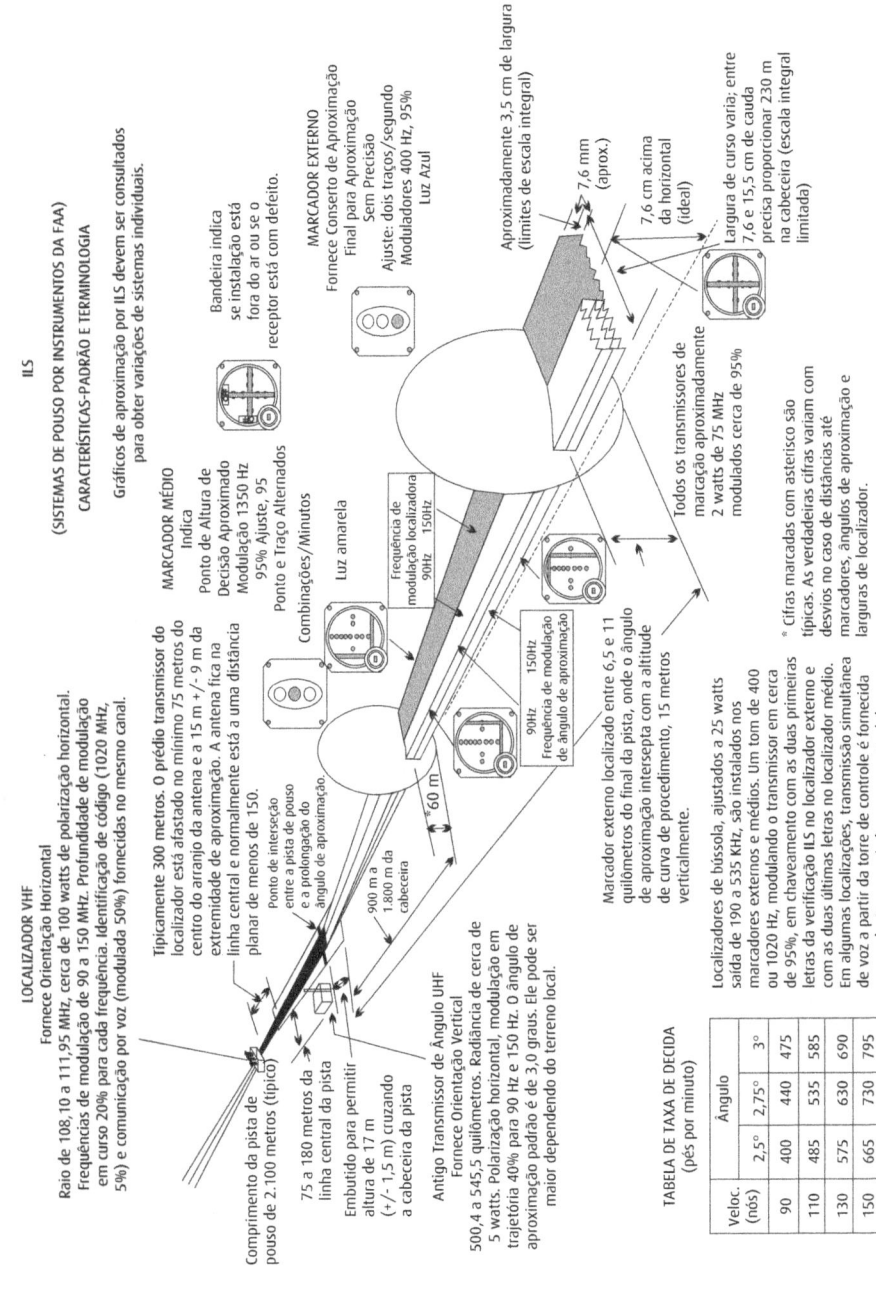

60 m

* Cifras marcadas com asterisco são típicas. As verdadeiras cifras variam com desvios no caso de distâncias até marcadores, ângulos de aproximação e larguras de localizador.

TABELA DE TAXA DE DECIDA
(pés por minuto)

Veloc. (nós)	Ângulo			
	2,5°	2,75°	3°	
90	400	440	475	
110	485	535	585	
130	575	630	690	
150	665	730	795	
160	707	778	849	

FIGURA 4-45 Sistema de Pouso por Instrumentos. (Fonte: FAA AIM)

luz azul intermitente no receptor do marcador da aeronave quando ela o sobrevoa. O marcador externo também produz um sinal de áudio, em dois traços de código Morse por segundo, a um tom baixo, para alertar o piloto sobre a posição da aeronave em aproximação.

O **marcador médio** indica uma posição a aproximadamente 1.000 metros da cabeceira da pista. Esta costuma ser a localização em que uma aeronave em aproximação se encontra a aproximadamente 60 metros acima da elevação da área de pouso. O sinal de áudio desse marcador consiste em uma série de pontos e traços alternados em código Morse a um tom alto. Na maioria dos sistemas ILS, o piloto deve ser capaz de identificar visualmente a pista de pouso, ou pelo pavimento ou com o auxílio de um sistema de iluminação de aproximação associado. Caso o piloto não consiga vislumbrar a pista de pouso a partir dessa altitude, chamada de *altura de decisão*, ele deve declarar *aproximação perdida* e abortar o pouso.

Para sistemas ILS avançados, a altura de decisão pode ser inferior a 60 metros. O **marcador interno** identifica a localização na aproximação da altura de decisão designada. O sinal de áudio do marcador interno consiste em uma série de pontos em código Morse a um tom alto.

Um ILS permite que uma aeronave faça aproximação a uma pista de pouso sob teto reduzido e condições de visibilidade variáveis dependendo da sofisticação do equipamento ILS. A sofisticação de um ILS é determinada por sua categoria. A Tabela 4-2 identifica a menor visibilidade e o menor teto permitidos em um aeroporto para o pouso de uma aeronave apropriadamente equipada.

Os sistemas ILS também podem ser acompanhados de instalações de **alcance visual da pista de pouso** (RVR – *runway visual range*). Instalações de RVR proporcionam uma medida da visibilidade horizontal, ou seja, de qual distância o piloto de uma aeronave é capaz de enxergar luzes de alta intensidade de borda de pista ou objetos contrastantes. Essas instalações consistem em uma unidade ou múltiplas unidades de projetor/receptor localizadas ao longo e à frente da cabeceira da pista de pouso. O número necessário de instalações de RVR depende da categoria do ILS instalado. Sistemas ILS CAT-I e CAT-II que permitem aproximações com visibilidades entre 490 e 730 metros exigem um único RVR, chamado de *RVR de toque* (*touchdown* RVR), localizado entre 230 e 300 metros da cabeceira da pista, normalmente atrás da antena de *glide slope* do ILS. Sistemas CAT-II que permitem aproximações com visibilidades inferiores a 490 metros exigem um RVR adicional, chamado de "*rollout*" RVR, localizado entre 230 e 300 metros da extremidade de saída da pista de pouso. Sistemas ILS CAT-III e sistemas CAT-II em pistas de pouso com mais de 2.400 metros de comprimento exigem um *RVR de ponto intermediário* (*midpoint* RVR), localizado a 250 metros do ponto intermediário longitudinal da pista de pouso. Todos os RVRs ficam situados próximos às pistas de pouso que usam o ILS.

Instalações de controle de tráfego aéreo e de vigilância

Em muitos aeroportos, especialmente naqueles que apresentam um alto nível de atividade operacional, os procedimentos de controle de tráfego aéreo e de vigilância ficam localizados no aeródromo para controlar e facilitar a movimentação segura e eficiente de aeronaves que partem, chegam e se deslocam por ele.

Torres de controle de tráfego aéreo

Talvez a instalação mais proeminente de controle de tráfego aéreo localizada em um aeródromo seja a **torre de controle de tráfego aéreo** (ATCT – *air traffic control tower*). A partir dela, os funcionários do tráfego aéreo controlam as operações de voo dentro do espaço aéreo designado ao aeródromo (geralmente em um raio de 8 quilômetros do aeroporto e até 760 metros acima do nível do solo) e a operação de aeronaves e veículos na área de movimentação do aeródromo.

A aérea típica de uma ATCT varia entre 1 e 4 acres e inclui a instalação, os prédios administrativos associados e o estacionamento de veículos. As áreas de ATCT devem cumprir requisitos específicos. A partir dela, é preciso haver visibilidade máxima do espaço aéreo do aeroporto, incluindo padrões de tráfego aéreo local, aproximações a todas as pistas de pouso ou áreas de pouso, e de todas as superfícies de pistas de pouso e pistas de táxi. Ademais, a ATCT não deve desacreditar o sinal gerado por qualquer auxílio eletrônico à navegação existente ou planejado ou por outra instalação de controle de tráfego aéreo.

Radar de vigilância aeroportuária

Os **radares de vigilância aeroportuária** (*ASR – airport surveillance radars*) são instalações com radares situadas no aeródromo e usadas para o controle de tráfego aéreo. As antenas ASR fazem uma varredura de 360 graus para apresentar ao controlador de tráfego aéreo a localização de toda e qualquer aeronave a até 60 milhas náuticas (111 quilômetros) do aeroporto. As normas para a instalação de ASRs são flexíveis, sujeitas a certos locais e diretrizes de distanciamento.

A localização de uma antena ASR deve ser a mais próxima possível da sala de controle da ATCT. As distâncias típicas entre a antena ASR e a ATCT vão de 3.700 a 6.100 metros. As antenas devem se situar a no mínimo 460 metros de qualquer edificação ou objeto que possa causar interferência de sinal e a pelo menos 800 metros de outros equipamentos eletrônicos. A altura das antenas ASR geralmente é de 7 a 26 metros do solo, a fim de garantir campo livre para a propagação.

Equipamentos aeroportuários de detecção de superfície

A vigilância e o controle de movimentação de aeronaves pela superfície do aeroporto costumam ser realizados por meios visuais, mas, durante períodos de baixa visibilidade devido a chuva, nevoeiro ou noite, a movimentação superficial de aeronaves e veículos de serviço é drasticamente reduzida. Para aumentar a segurança e a eficiência das operações de movimentação terrestre em baixa visibilidade, os controladores utilizam sistemas de dois radares empregados nos aeroportos mais movimentados. Esses sistemas são chamados de **equipamentos aeroportuários de detecção de superfície** (ASDE-3 – *airport surface detection equipment*) e **Sistemas de Segurança para a Área de Movimentação em Aeroportos** (AMASS – *Airport Movement Area Safety Systems*).

O ASDE-3 é um radar de mapeamento terreno de alta resolução que fornece a vigilância de aeronaves em taxiamento e veículos de serviço nos aeroportos com maior atividade. O AMASS aprimora a função do radar ASDE-3 ao fornecer avisos e alertas automáticos para potenciais incursões na pista de pouso e outros riscos. O AMASS avisa os controladores visual e auditivamente para responderem a situações com potencial de comprometimento à segurança. Devido ao alto custo de implementação, o ASDE-3 e o AMASS se limitam apenas aos aeroportos mais movimentados. Um sistema ASDE mais barato, conhecido como ASDE-X, pode ser encontrado em aeroportos com níveis mais limitados de investimento.

A localização ideal para o equipamento ASDE é no alto das torres de controle de tráfego aéreo, de forma a garantir um campo livre de cobertura para todo o aeródromo. Caso não seja instalado na ATCT, o equipamento ASDE pode ser colocado em uma torre isolada de até 30 metros de altura e a uma distância de 1.800 metros da ATCT.

Instalações de relatórios meteorológicos

Muitos aeroportos são equipados com instalações de relatórios meteorológico automatizado para fornecer informações meteorológicas atualizadas aos pilotos, incluindo altura das nuvens, visibilidade, velocidade e direção do vento, temperatura, ponto de orvalho e índices de precipitação. Dois dos sistemas mais comuns são o *Automated Weather Observing System* (AWOS – Sistema Automatizado de Observação Meteorológica) e o *Automated Surface Observing System* (ASOS – Sistema Automatizado de Observação de Superfície).

O *Automated Weather Observing System* (AWOS) consiste em um arranjo de sensores que fornece uma atualização minuto a minuto geralmente repassada aos pilotos por rádio, em uma frequência entre 118,0 e 136,6 MHz. Existem seis tipos diferentes de AWOS, com capacidades variadas de relatório meteorológico. A Tabela 4-3 lista os diferentes tipos de sistemas AWOS e suas capacidades.

O *Automated Surface Observing System* (ASOS) é outro sistema automatizado de observação endossado pela FAA, pelo National Weather Service (NWS – Serviço Nacional de Meteorologia) e pelo Department of Defense (DOD – Departamento de Defesa). O ASOS fornece observações meteorológicas que incluem temperatura do ar e de ponto de orvalho, vento, pressão atmosférica, visibilidade, condições do céu e precipitação. Um total de 882 aeroportos estão atualmente equipados com ASOS ou AWOS de capacidades variadas (Figura 4-46).

Capítulo 4   O aeródromo   **151**

TABELA 4-3 Capacidades dos AWOS

Sistema	Capacidades
AWOS I	Velocidade do vento, velocidade das rajadas, direção do vento, direção variável do vento, temperatura, pressão atmosférica e altitude de densidade
AWOS II	Todas as capacidades do AWOS I, visibilidade e visibilidade variável
AWOS III	Todas as capacidades do AWOS II, condições do céu, altura e tipo das nuvens
AWOS III-P	Todas as capacidades do AWOS III, trovões no momento e identificação de precipitação
AWOS III-T	Todas as capacidades do AWOS III, trovoadas e detecção de raios
AWOS III-P-T	Todas as capacidades do AWOS III, clima atual e detecção de raios

FIGURA 4-46 Sistema ASOS-3. (Fonte: FAA)

Indicadores de vento

Talvez o sistema mais simples encontrado em aeródromos para indicar condições meteorológicas seja o *indicador de vento*. Os três indicadores de vento mais comuns são as birutas, os *wind tees* e os tetraedros. Esses sistemas fornecem informações vitais em aeroportos onde não há outras fontes de informações meteorológicas para que os pilotos possam determinar apropriadamente qual pista de pouso deve ser usada para pousos e decolagens. Em aeroportos que dispõem de outras fontes de informações meteorológicas, os indicadores de vento fornecem ao piloto informações suplementares quanto à possibilidade de ventos muito variáveis durante a aproximação ou a decolagem.

Uma **biruta** é um objeto oco em forma de bandeira que dá uma ideia aproximada da direção e da velocidade do vento. Conforme o ar flui através da biruta, ela se orienta de tal forma que a sua cauda aponta para a direção oposta de onde o vento está soprando, ou seja, na *direção de sotavento*, e em direção à extremidade de aproximação da pista de pouso naquele determinado momento. Além disso, quanto mais forte o vento, mais retilínea é a extensão da biruta.

O *wind tee* é similar a um cata-vento. Ele aponta na direção da fonte de vento. O *wind tee* típico é projetado na forma de uma aeronave para ilustrar a direção sugerida de operações com base na direção do vento. Ele não fornece qualquer informação a respeito da velocidade do vento.

Um **tetraedro** é um indicador de pouso tipicamente situado perto de um indicador de direção do vento. O tetraedro pode oscilar um pouco com sua ponta menor apontada para o vento ou pode ser posicionado manualmente para retratar a direção recomendada de pouso. Ele é geralmente um objeto grande e pintado, de modo a ser facilmente visível para uma aeronave em aproximação.

Em aeroportos sem torres de controle, os indicadores de direção do vento geralmente são instalados no aeródromo cercados por um círculo segmentado. Um círculo segmentado é um conjunto de marcações que representa a configuração da pista de pouso e os padrões recomendados de tráfego de aeronaves. O círculo segmentado fornece um auxílio adicional para os pilotos, sugerindo os procedimentos apropriados de tráfego e de pista a serem empregados no aeródromo em questão.

Infraestrutura de segurança em aeródromo

As instalações aeroportuárias requerem proteção contra atos de vandalismo, furto e ataques terroristas potenciais. Como medida de proteção, pessoas não autorizadas devem ter acesso impedido a todas as instalações do aeródromo. Na maioria dos aeroportos onde há instalações de controle de tráfego aéreo, sistemas de iluminação de aproximação e outros auxílios meteorológicos e à navegação, o *cercamento de perímetro* em torno do aeródromo é enfaticamente recomendado. Além disso, procedimentos de segurança devem ser estabelecidos para a proteção do aeródromo e de suas instalações.

O acesso ao aeródromo a partir do perímetro costuma ser normatizado por algum meio de *acesso controlado*. Em aeroportos menores, medidas de acesso controlado podem se limitar a simples cadeados trancando portões de acesso contíguos à cerca de perímetro. Entre outros controles de acesso, estão o uso de cartões de identificação e de combinações numéricas para abrir pontos de acesso com segurança eletrônica. Mais detalhes referentes à infraestrutura de segurança em aeroportos podem ser encontrados no Capítulo 8 deste livro.

Observações finais

As instalações do aeródromo compreendem uma ampla variedade de tecnologias que acomodam, como um todo, a operação de aeronaves entre o aeroporto e o espaço aéreo local. O planejamento e a gestão apropriados do aeródromo e das instalações a ele associadas são de suma importância para o sucesso das operações de um aeroporto.

Palavras-chave
- componentes do lado ar
- espaço aéreo
- componentes do lado terra
- terminal
- acesso terrestre
- equipamentos de resgate e combate a incêndios em aeronaves
- área de movimentação
- área de não movimentação
- Form 5010 – Master Record
- pistas principais
- pistas de *crosswind*
- pistas de pouso principais paralelas
- MSL (nível médio do mar)
- pavimento flexível
- pavimento rígido
- designadores de pistas de pouso
- linhas centrais de pistas de pouso
- marcas de cabeceira de pistas de pouso
- cabeceira reposicionada
- *blast pad*
- cabeceira deslocada
- pontos de mira de pistas de pouso
- marcações de zona de toque em pistas de pouso
- faixas laterais em pistas de pouso
- acostamentos de pistas de pouso

- áreas de seguranças de pistas de pouso
- área de segurança das extremidades de pistas de pouso
- Engineered Material Arresting System (EMAS)
- zonas de proteção de pistas de pouso
- pistas de táxi
- pista de táxi paralela
- pistas de táxi de entrada, de saída e de encontro
- linha central da pista de táxi
- marcações de bordas de pistas de táxi
- marcações contínuas
- marcações de posição de espera da pista de pouso
- marcações reforçadas de linha central de pistas de táxi
- Surface Movement Guidance Control System
- áreas de espera
- baia de espera
- pátio
- sinais de instrução obrigatórios
- sinais de posição de espera para pista de pouso pintados na superfície
- sinais de localização
- sinais de direção
- sinais de destino
- sinais de informação
- sinais de distância à pista de pouso
- indicador de ângulo de aproximação visual
- indicador de trajetória de aproximação de precisão
- sistemas de iluminação da linha central da pista de pouso
- luzes de zona de toque
- operações de pouso curto
- luzes de linha central de pistas de táxi
- luzes de obstrução
- faróis de aeroporto e heliporto
- auxílios à navegação
- radiofarol não direcional
- radiofarol onidirecional em VHF
- Sistema de Pouso por Instrumentos
- transmissor localizador
- transmissor de *glide slope*
- marcador externo
- marcador médio
- marcador interno

- alcance visual de pistas de pouso
- torre de controle de tráfego aéreo
- radares de vigilância aeroportuária
- equipamentos aeroportuários de detecção de superfície
- Sistemas de Segurança para a Área de Movimentação em Aeroportos
- *Automated Weather Observing System*
- *Automated Surface Observing System*
- biruta
- *wind tee*
- tetraedro

Questões de revisão e discussão

1. Quais são os quatro componentes que formam um aeroporto?
2. De que forma as pistas de pouso são identificadas em um aeródromo?
3. Qual é a diferença entre cabeceira deslocada e cabeceira reposicionada?
4. Quais são as diferenças entre pistas de pouso visuais, com instrumentos de não precisão e com instrumentos de precisão?
5. O que é SMGCS? Como ele ajuda nas operações do aeródromo?
6. De que forma as pistas de táxi são identificadas em um aeródromo?
7. Quais tipos de pistas de táxi existem em um aeródromo?
8. Para que servem as superfícies imaginárias descritas na FAR Parte 77? Quais são as dimensões dessas superfícies?
9. Como funciona um ILS?
10. O que torna o sistema GPS tão diferente das outras tecnologias de auxílio à navegação?
11. Quais tipos de tecnologias existem em aeródromos para auxiliar aeronaves em aproximação para pouso?
12. Quais são os tipos existentes de faróis de aeroportos? O que as diferentes combinações de luzes significam?
13. Quais são os dois conjuntos de regras de voo sob os quais os aeroportos podem operar?
14. Quais são os diferentes tipos de sinais encontrados em um aeródromo? Como eles são marcados? O que eles significam?
15. Quais são algumas das instalações no aeródromo que ajudam a detectar e a comunicar informações meteorológicas e eólicas?

Leituras sugeridas

Ashford, Norman, and Paul H. Wright. *Airport Engineering.* New York: Wiley-Interscience Publications, Wiley, 1979.

Deem, Warren H., and John S. Reed. *Airport Land Needs.* San Francisco: Arthur D. Little, 1966.

FAR/AIM 2010, United States Department of Transportation, 2010.

Horonjeff, Robert. *Planning and Design of Airports,* 4th ed. New York: McGraw-Hill, 1994.

CAPÍTULO 5
Gestão do espaço e do tráfego aéreos

Objetivos de aprendizagem

- Discutir a história do sistema norte-americano de controle de tráfego aéreo.
- Identificar as diversas classes norte-americanas de espaço aéreo.
- Discutir a estrutura hierárquica do controle de tráfego aéreo.
- Discutir as metas da modernização do sistema norte-americano de espaço aéreo.
- Descrever algumas das tecnologias usadas para modernizar o controle de tráfego aéreo.
- Compreender como o controle de tráfego aéreo afeta a gestão aeroportuária.

Introdução

Quer seja em um pequeno aeroporto da aviação geral ou no maior dos *hubs* de companhias aéreas comerciais, todas as aeronaves que operam em um aeroporto irão interagir diretamente ou pelo menos obedecer à hierarquia complexa de organizações, instalações e regulamentações que controla os espaços aéreos do país e do mundo.

Nos Estados Unidos, a Federal Aviation Administration (FAA – Agência Federal de Aviação) é a proprietária e a operadora das instalações que compõem o sistema de controle de tráfego aéreo do país. Em outras partes do mundo, o espaço aéreo da maioria das nações é controlado pelo governo local e supervisionado pela Organização da Aviação Civil Internacional (OACI). Nos últimos anos, muitas regiões do mundo repassaram a propriedade e a operação do controle de tráfego aéreo para a iniciativa privada. Entre elas, estão: Air Services Australia, National Air Traffic Services, Ltd. (que atende ao Reino Unido) e NavCanada.

Breve história do controle de tráfego aéreo

As raízes dos sistemas atuais de **controle de tráfego aéreo (CTA)** remontam aos anos 1920, quando pilotos dependiam de estações de rádio dispersas e de faróis fotoativos para voarem de um aeroporto a outro. Ao final dos anos 1920, o governo norte-americano introduziu os primeiros auxílios navegacionais por rádio, conhecidos como "*four-course radio range*" (faixa de rádio de quatro cursos). Como o nome sugere, esse tipo de emissão transmitia ondas de rádio em quatro direções, geralmente norte, sul, leste e oeste. Ao interpretarem a recepção de cada sinal em rádios de navegação da aeronave, os pilotos conseguiam aferir onde estavam no espaço e repassavam sua localização para controladores de tráfego aéreo local situados geralmente em cada aeroporto.

O primeiro centro norte-americano de controle de tráfego aéreo teve origem no Newark Airport, em Newark, Nova Jersey, na forma de um empreendimento privado formado por uma cooperativa de empresas aéreas, em outubro de 1935. Em 8 de julho de 1936, o Department of Commerce assumiu a operação e a responsabilidade do controle de tráfego aéreo. As tarefas do controle de tráfego aéreo naquela época consistiam em receber boletins de rotina vindos de aeronaves e monitorar as suas respectivas rotas ao longo de cada uma de suas trajetórias planejadas. Na central de controle, cada aeronave era fisicamente identificada pela criação de uma "faixa de voo", conhecida então como "*shrimp boat*" (ou barco de pesca de camarão), colocadas sobre um grande mapa do espaço aéreo dos Estados Unidos. Caso duas aeronaves parecessem estar destinadas a convergir, a central de controle fazia contato por rádio com cada piloto para avisar sobre o tráfego aéreo em suas imediações e talvez até fizesse sugestões para sutis desvios de rota, a fim de evitar uma colisão. Durante os anos 1930 e 1940, o Department of Commerce abriu uma série de centrais de controle de tráfego aéreo por todo o país (Figura 5-1).

FIGURA 5-1 A primeira central de controle de tráfego aéreo, em Newark, Nova Jersey, cerca de 1940. (Fonte: FAA)

Já nos anos 1950, a tecnologia de controle de tráfego aéreo havia sido bastante aprimorada pela introdução do **radar** no ambiente da torre de controle (CTA). A CAA começou a implantar os primeiros sistemas de **radar de vigilância aeroportuária** (ASR-1 – *airport surveillance radars*) (Figura 5-2). As antenas ASR tinham a capacidade de identificar a localização de aeronaves a frequências de até 7 segundos. Essas localizações eram repassadas como "blips" nas telas dos radares monitorados por controladores de trafego aéreo. Entre os avanços subsequentes na tecnologia dos radares estava a *tecnologia de codificação por transponder*, que permitia que os controladores de trafego aéreo identificassem não apenas a localização da aeronave, mas também sua altitude, velocidade e até mesmo informações de itinerário, como o aeroporto de origem e o de destino. Com essas tecnologias à disposição e com as aeronaves voando pelos céus a velocidades cada vez maiores, o controle de tráfego aéreo

FIGURA 5-2 Antigo radar de vigilância aeroportuária. (Fonte: FAA)

adaptou o conceito de *controle positivo* para aeronaves voando em altitudes mais altas, sob más condições de visibilidade meteorológica e através de áreas de alto tráfego aéreo e baixas altitudes próximas de aeroportos mais movimentados. Sob o controle positivo, o controlador de tráfego aéreo determina a altitude, a direção e a velocidade apropriadas para a viagem de uma aeronave. Caso um piloto deseje se desviar do curso, da altitude ou da velocidade, a permissão precisa ser concedida pelo controle de tráfego aéreo antes que o desvio seja de fato realizado.

O advento da tecnologia computacional possibilitou a automatização de muitas das tarefas até então a cargo dos controladores de tráfego aéreo. Em 1967, a IBM entregou um computador protótipo para a central de controle de tráfego aéreo de Jacksonville, Flórida (Figura 5-3). Esse sistema, conhecido como Automated Radar Traffic System (ARTS, ou Sistema Automatizado de Radar de Tráfego Aéreo), representa a fundação das avançadas tecnologias atuais de controle de tráfego aéreo.

Em meados dos anos 1970, a FAA já dispunha de uma sistema semiautomático de controle de tráfego aéreo baseado no casamento do radar com a tecnologia computacional. Ao automatizar certas tarefas de rotina, o sistema permitia que os controladores de voo se concentrassem mais efetivamente na tarefa vital de proporcionar separação entre aeronaves. Porém, apesar de sua eficiência, o sistema exigia ainda mais aperfeiçoamentos para acompanhar o ritmo dos volumes cada vez maiores de tráfego aéreo, especialmente desde a desregulamentação das empresas aéreas comerciais, em 1978.

FIGURA 5-3 Automated Radar Traffic System (ARTS, ou Sistema Automatizado de Radar de Tráfego Aéreo) no Jacksonville Center, cerca de 1970. (Fonte: FAA)

Para superar o desafio do tráfego crescente, a FAA lançou o **National Airspace System Plan** (NASp – Plano do Sistema de Espaço Aéreo Nacional) em janeiro de 1982. O novo plano conclamava por sistemas mais avançados para o controle de tráfego em rota e em âmbito de terminal, por estações de serviço de voo modernizadas e por melhorias na vigilância e na comunicação terra-ar.

Enquanto estava preparando o plano NAS, a FAA enfrentou uma greve de controladores de voo, liderada pela **Professional Air Traffic Controllers Organization** (PATCO – Organização Profissional de Controladores de Tráfego Aéreo), em agosto de 1981. O governo federal norte-americano considerou a greve ilegal, despedindo mais de 11.000 participantes e revogando o certificado da PATCO, como resultados da greve.

Em fevereiro de 1991, a FAA aprimorou o plano NAS com o mais abrangente **Capital Improvement Plan** (CIP – Plano de Aumento de Capital). O novo plano delineava um programa para melhorar ainda mais o sistema de controle de tráfego aéreo, incluindo níveis mais elevados de automação, bem como novos radares e sistemas de comunicação e de previsão do tempo. O programa previa a implantação de sistemas de radar meteorológico do tipo Terminal Doppler Weather Radar, com capacidade de prevenir pilotos e controladores de voo quanto a riscos meteorológicos, em especial raios e trovoadas.

Gestão de controle de tráfego aéreo e infraestrutura operacional atuais

Nos Estados Unidos, o sistema de controle de tráfego aéreo é operado e administrado em uma estrutura hierárquica, indo desde as torres de controle, que monitoram e controlam a movimentação de aeronaves dentro e em torno de aeroportos, até a central de comando do sistema como um todo, que supervisiona aproximadamente 5 mil aeronaves sobrevoando o país a qualquer dado momento.

A organização de tráfego aéreo da FAA

A Air Traffic Organization (ATO – Organização de Tráfego Aéreo) é um órgão no âmbito da FAA responsável principalmente pela segurança e eficiência na movimentação de tráfego aéreo dentro do NAS. Cabe à ATO administrar as regras, as regulamentações e os procedimentos para operações de tráfego aéreo, incluindo operações em rota e oceânicas e operações em área de terminal. O quadro funcional dos controladores de tráfego aéreo dos Estados Unidos está sob a autoridade da ATO. Além disso, ela tem a responsabilidade de garantir a boa manutenção e o bom nível operacional da infraestrutura de gestão de tráfego aéreo que dá apoio ao NAS. A ATO também desenvolve regras, procedimentos e orientações para operações no âmbito do NAS e desenvolve procedimentos de treinamento para quem opera no ambiente de tráfego aéreo.

A ATO supervisiona todos os níveis da hierarquia operacional de controle de tráfego aéreo, descritos a seguir.

Central de comando do sistema de controle de tráfego aéreo

No topo da hierarquia operacional de controle de tráfego aéreo está a **Air Traffic Control System Command Center** (ATCSCC – Central de Comando do Sistema de Controle de Tráfego Aéreo). A ATCSCC oferece gestão de nível generalizado para toda e qualquer aeronave em operação no sistema de espaço aéreo dos Estados Unidos, bem como para aquelas aeronaves com itinerários futuros planejados. Em sua forma atual, a ATCSCC foi estabelecida em 1994 e atualmente tem sua sede em Herndon, no Estado da Virgínia. O papel da ATCSCC é administrar o fluxo de tráfego aéreo dentro dos Estados Unidos continentais. A central regula o tráfego aéreo quando o clima, equipamentos, fechamentos de pista e outras condições adversas colocam o sistema de espaço aéreo sob tensão. Em situações como essas, especialistas em gestão de tráfego da ATCSCC tomam medidas para modificar demandas de tráfego, de modo a reduzir os atrasos em potencial e as situações de risco no ar. Algumas das estratégias usadas pela ATCSCC incluem a implementação de restrições de velocidade para aeronaves e a imposição de programas de atraso em terra, conhecidos como *ground holds*, para aeronaves. Sob um programa de atraso em terra, uma aeronave com destino a um aeroporto com atrasos em potencial será mantida em seu aeroporto de origem, a fim de evitar congestionamento e atrasos em rota.

O Airport Reservation Office (ARO – Departamento de Reservas Aeroportuárias) da ATCSCC processa todas as solicitações para aeronaves operando sob regras de voo por instrumentos (IFR – *instrument flight rules*) em aeroportos designados como de alta densidade e estipula reservas com base no sistema de ordem de chegada. Até o ano de 2010, quatro aeroportos norte-americanos eram considerados de alta densidade: o John F. Kennedy International Airport e o LaGuardia Airport, de Nova York, o O'Hare International Airport, de Chicago, e o Ronald Reagan Washington National Airport, em Washington, D.C. O ARO também aloca reservas para aeroportos com uma demanda de tráfego acima do normal devido a eventos e circunstâncias especiais, como grandes eventos esportivos, evacuações causadas por condições meteorológicas extremas, dentre outras. Ao implementar o Special Traffic Management Program (STMP – Programa de Gestão de Tráfego Especial), o ARO controla o número de operações geradas por um evento, possibilitando um número limitado de reservas a intervalos de tempo específicos (Figura 5-4).

A ATCSCC emprega o Enhanced Traffic Management System (ETMS – Sistema Aprimorado de Gestão de Tráfego) para prever, em âmbito nacional e local, picos de tráfego, lacunas e volume com base em aeronaves em voo e as previstas para voo. Especialistas do ETMS avaliam o fluxo projetado de tráfego e então implementam a ação necessária, o menos restritiva possível, para garantir que a demanda de tráfego não exceda a capacidade do sistema.

A ATCSCC também é responsável por divulgar **avisos aos aviadores** (**NOTAMs**), fornecendo informações atualizadas quanto ao *status* do sistema de espaço aéreo nacional. Entre as informações que constam em NOTAMs, encontram-se: fechamentos de pistas, defeitos em auxílios à navegação, lançamentos de mísseis e foguetes e qualquer área restrita devido a problemas de segurança nacional.

FIGURA 5-4 Central de Comando do Sistema de Controle de Tráfego Aéreo da FAA, em Herndon, Virgínia. (Fonte: FAA)

Embora a ATCSCC tenha controle máximo sobre cada aeronave no sistema, não cabe a ela monitorar e controlar os voos de aeronaves individuais. Essa tarefa, na verdade, é dividida entre os níveis mais baixos da hierarquia do ATC, especialmente as centrais de controle de tráfego de rotas aéreas, as instalações do tipo Terminal Radar Approach Control (TRACON) e as torres de controle de tráfego aéreo.

Os fundamentos do controle de tráfego aéreo

O voo de aeronaves entre aeroportos dos Estados Unidos é operado sob níveis variados de controle de tráfego aéreo, dependendo da localização e da altitude em que elas se encontram e das condições meteorológicas em voo. Em muitas áreas do país, especialmente em baixas altitudes ao redor de áreas pouco povoadas, as aeronaves voam sob nenhum controle direto proveniente do CTA. Por outro lado, sob más condições climáticas, em torno de áreas de tráfego movimentado e de altas altitudes, as aeronaves precisam voar sob *controle positivo*, segundo o qual a altitude, a direção e a velocidade da aeronave são ditadas pelos controladores de tráfego aéreo. As regras operacionais do controle de tráfego aéreo são encontradas no Subcapítulo E – "Espaço Aéreo" – e no Subcapítulo F – "Tráfego Aéreo e Regras Operacionais Gerais" – das Federal Aviation Regulations (FAR), incluindo:

FAR Parte 71	Designação de Áreas de Espaço Aéreo
FAR Parte 73	Uso Especial do Espaço Aéreo
FAR Parte 91	Operação Geral e Regras de Voo
FAR Parte 93	Regras Especiais de Tráfego Aéreo

FAR Parte 95   Altitudes de IFR

FAR Parte 97   Procedimentos-Padrão com Instrumentos

Dentro dessas regulamentações, são estipulados o espaço aéreo dentro do NAS e as regras para se operar com segurança no âmbito das funções de CTA do NAS.

Regras de voo visual *versus* regras de voo por instrumentos

O nível de controle ao qual uma aeronave está sujeita depende, em parte, do tipo de operação à qual está submetida. As regras de voo, por sua vez, dependem, em parte, das condições meteorológicas durante o voo. Sob condições meteorológicas em que a visibilidade é suficiente para enxergar e evitar outras aeronaves, e em que o piloto é capaz de manter a aeronave suficientemente livre de nuvens, é possível operar obedecendo a **regras de voo visual** (VFR – *visual flight rules*). Quando a visibilidade é insuficiente ou a rota leva a aeronave a atravessar nuvens, a aeronave deve voar sob **regras de voo por instrumentos** (IFR – *instrument flight rules*). Quando se está voando sob VFR, frequentemente há ocasiões em que controle positivo por parte do CTA torna-se desnecessário; sob IFR, o controle positivo é obrigatório. No ambiente aeroportuário, as regras VFR geralmente se aplicam quando o teto do aeroporto é superior a 300 metros (1.000 pés) acima da elevação do aeródromo e quando a visibilidade é maior do que 4,8 quilômetros (3 milhas terrestres). Quando o teto ou a visibilidade é menor, diz-se então que o aeroporto está operando por IFR.

Classes de espaço aéreo

Os critérios de visibilidade e teto que determinam se uma aeronave deve voar sob IFR ou VFR dependem em grande parte da classe do espaço aéreo através do qual ela estará voando. A classe de espaço aéreo de qualquer local nos Estados Unidos é definida pela FAA e identificada por pilotos por meio de consultas a mapas de controle de tráfego aéreo, chamados de *seccionais, cartas de área de terminal* ou *cartas aeronáuticas*. Além disso, é importante que a gestão aeroportuária identifique a classe de espaço aéreo na qual seu aeroporto se encontra, já que isso certamente afeta as operações com aeronaves na região. Desde 1993, o espaço aéreo é classificado em Classe A, Classe B, Classe C, Classe D, Classe E ou Classe G (Figura 5-5).

O espaço aéreo **Classe A**, conhecido como **Espaço Aéreo de Controle Positivo** (Positive Control Airspace) até 1993, está localizado continuamente de um lado a outro dos Estados Unidos, incluindo águas até 19 quilômetros da costa e o Alasca, começando a uma altitude de 18.000 pés acima do nível médio do mar (MSL – *mean sea level*) e indo até 60.000 pés MSL (conhecido como FL 600). A menos que recebam uma autorização especial, todas as aeronaves operando no espaço aéreo Classe A devem obedecer às IFR.

O espaço aéreo Classe A é controlado por CTA em Air Route Traffic Control Centers (ARTCCs – Centrais de Controle de Tráfego de Rotas Aéreas). Há 21 ARTCCs em território norte-americano, cada uma controlando uma das 20 áreas contíguas nos Estados Unidos, além da área cercando o Alasca.

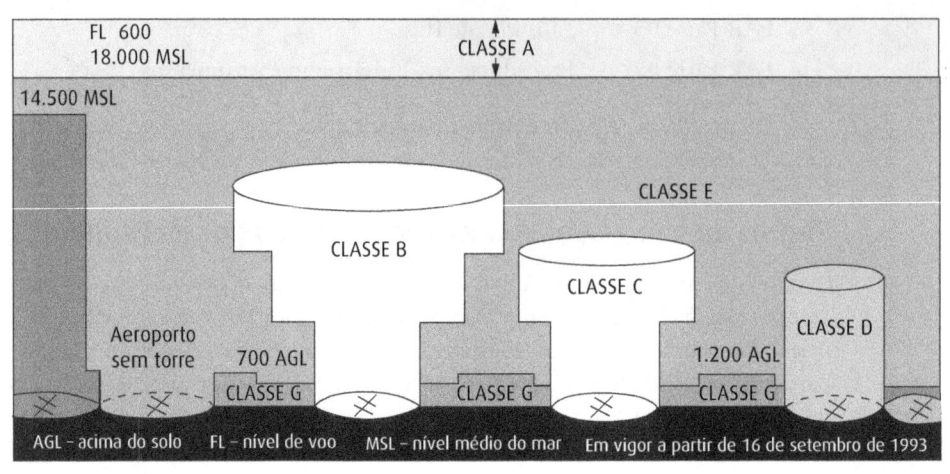

FIGURA 5-5 Classificações de espaço aéreo. (Fonte: FAA)

O espaço aéreo **Classe B**, conhecido como **Áreas Terminais de Serviço Radar** (TRSA – Terminal Radar Service Areas) até 1993, engloba os aeroportos mais movimentados dos Estados Unidos (em termos de passageiros comerciais embarcados ou de operações do tipo IFR). A configuração de cada espaço aéreo Classe B é específica de cada área, mas geralmente consiste em uma área superficial e duas camadas ou mais de espaço controlado. O formato do espaço aéreo Classe B é descrito muitas vezes como um "bolo de casamento de cabeça para baixo". Em geral, o espaço aéreo Classe B tem como centro o aeroporto mais movimentado da área, estendendo-se por 10.000 pés MSL a partir da superfície. As aeronaves precisam receber permissão para voar dentro de um espaço aéreo Classe B. Aeronaves voando sob VFR precisam ser capazes de permanecer longe de nuvens enquanto estiverem em espaço aéreo Classe B. Todas as aeronaves que se encontram em espaço aéreo Classe B voam sob CTA.

O espaço aéreo Classe B é identificado por linhas azuis escuras e grossas e por designações de altitude em cartas aeronáuticas (Figura 5-6). Até o ano de 2010, 29 aeroportos nos Estados Unidos estão centrados em espaço aéreo Classe B, sendo classificados, portanto, como aeroportos Classe B.

O espaço aéreo **Classe C**, conhecido como **Áreas Aeroportuárias de Serviço Radar** (ARSA – Airport Radar Service Areas) até 1993, engloba aqueles aeroportos que atendem a níveis moderadamente altos de operações IFR ou de embarques de passageiros. A Classe C abrange áreas geralmente relacionadas a volumes moderados de tráfego, mas não tão movimentadas quanto o espaço aéreo Classe B. O espaço aéreo Classe C está centrado geralmente em aeroportos com volumes de tráfego moderadamente altos, indo da superfície do aeroporto até 4.000 pés de altura: o seu raio é de 8 quilômetros a partir do aeroporto, até a altura de 1.200 pés; a partir desse ponto até o limite superior desse espaço aéreo, o seu raio é de 16 quilômetros. O espaço aéreo Classe C também tem a forma de um bolo de noiva invertido. Qualquer

FIGURA 5-6 Espaço aéreo Classe B envolvendo o Seattle-Tacoma International Airport. (Fonte: NOAA) (Não voltado para uso navegacional)

aeronave que esteja prestes a ingressar no espaço aéreo Classe C precisa estabelecer comunicações por rádio com a instalação de CTA para receber serviços de tráfego aéreo e, posteriormente, precisa manter essa comunicação enquanto permanecer nesse espaço. Para voar sob VFR, é preciso que haja pelo menos 4,8 quilômetros de visibilidade, e a aeronave deve ser capaz de permanecer 500 pés abaixo, 1.000 pés acima e a 2.000 pés de distância horizontal de quaisquer nuvens. O CTA irá controlar

FIGURA 5-7 Espaço aéreo Classe C envolvendo o Aeroporto Internacional de Mobile, Alabama. (Fonte: National Aeronautical Charting Office, FAA) (Não voltado para uso navegacional)

aeronaves que estejam voando tanto sob VFR quanto IFR a fim de manter uma separação adequada de qualquer outra aeronave sob IFR. Aeronaves voando sob VFR são responsáveis por enxergar e evitar qualquer outro tráfego. O espaço aéreo Classe C é identificado por anéis sólidos na cor magenta e por designadores de altitude em cartas aeronáuticas (Figura 5-7). Um total de 123 aeroportos operados nos Estados Unidos são considerados aeroportos de espaço aéreo Classe C.

TRACONs

O espaço aéreo Classe B e Classe C, bem como o espaço aéreo que se estende além dos limites dessas duas classes, normalmente é atendido por uma **instalação de Terminal Radar Approach Control (TRACON)**. Existem cerca de 160 instalações de TRACON nos Estados Unidos controlando o tráfego aéreo em áreas com aproximadamente 50 quilômetros de raio, a partir do aeroporto mais movimentado da região, e de altitudes inferiores a 15.000 pés MSL, com a exceção de áreas imediatamente vizinhas ao aeroporto, as quais são tipicamente controladas por uma **torre de controle de tráfego aéreo** (ATCT – *air traffic control tower*). O principal objetivo dos controladores de TRACON é facilitar a transição das aeronaves entre o espaço aéreo do aeroporto local e suas fases de voo em rota e coordenar os volumes tipicamente altos de tráfego aéreo nessa área. As instalações de TRACON operam estritamente monitorando aeronaves por radar e, portanto, não precisam necessariamente ficar situadas dentro da propriedade de um aeroporto, ainda que a maioria delas o façam.

O espaço aéreo **Classe D**, conhecido com Áreas de Tráfego Aeroportuário ou **Zonas de Controle** (CZ – Control Zones) até 1993, compreende aqueles aeroportos cujo espaço aéreo não é de Classe B ou Classe C, mas que contam com uma torre de controle em operação. O espaço aéreo Classe D é geralmente uma região cilíndrica com 8 quilômetros de raio a partir do aeroporto, e se estende desde a superfície até 2.500 pés acima dela. A menos que receba autorização, cada aeronave deve estabelecer comunicações por rádio com a instalação de CTA que fornece serviços de tráfego aéreo antes de ingressar nesse espaço aéreo e, a partir de então, manter essas comunicações enquanto permanecer em seus limites. Enquanto o tráfego IFR é controlado por CTA, a fim de se manter separação adequada para as aeronaves, o tráfego VFR geralmente não o é, exceto quando envolve operações de pista (pousos ou decolagens). Para que possam operar em VFR em espaço aéreo Classe D, os pilotos precisam ter pelo menos 4,8 quilômetros de visibilidade e devem ser capazes de permanecer 500 pés abaixo, 1.000 pés acima e a 2.000 pés de distância horizontal de quaisquer nuvens.

O espaço aéreo Classe D é identificado por anéis azuis tracejados e por designadores de altitude em cartas aeronáuticas.

Aeroportos que operam sob espaço aéreo Classe B, Classe C e Classe D quase sempre possuem uma torre de controle (ATCT) operacional que monitora as operações a até 8 quilômetros do aeroporto. A ATCT geralmente controla toda a movimentação de superfície no aeroporto, bem como qualquer tráfego aéreo chegando, partindo ou sobrevoando o aeroporto a uma altura de até 2.500 pés a partir de sua superfície. ATCTs situadas em aeroportos dentro de espaços aéreos Classe B, Classe C e Classe D podem estar equipadas com radares de vigilância aeroportuária (ASR – *airport surveillance radars*) para ajudar os controladores de voo a identificarem e administrarem de forma adequada o fluxo potencialmente alto de tráfego dentro do espaço aéreo local. ATCTs situadas em espaço aéreo Classe B e Classe C também podem estar equipadas com equipamento aeroportuário de detecção de superfície (ASDE – *airport surface detection equipment*) para auxiliar no controle da movimentação de aeronaves pelo aeródromo.

Torres de controle de tráfego aéreo

Até o ano de 2010, quase 500 aeroportos nos Estados Unidos estavam equipados com torres de controle de tráfego aéreo. Muitas dessas ATCTs são administradas diretamente pela FAA, e quase metade delas é operada por empresas privadas em aeroportos menores. Esses aeroportos fazem parte do Contract Tower Program (Programa de Torres Contratadas) da FAA, que fornece recursos para que os aeroportos construam e apoiem a operação de torres contratadas federais (FCTs – *federal contract towers*). Os serviços oferecidos aos aeroportos sob o Contract Tower Program são idênticos àqueles de ATCTs federais, exceto que eles não controlam tráfego sob IFR, mas tendem a apresentar aproximadamente a metade dos custos operacionais de suas correspondentes federais. Sob o Contract Tower Program, "aeroportos de baixa densidade" também estão aptos a participar.

O espaço aéreo **Classe E**, conhecido como **Espaço Aéreo Geral Controlado** (General Controlled Airspace) até 1993, existe geralmente na ausência do espaço aéreo Classe A, B, C ou D e se estende até 18.000 pés MSL e a um raio de 8 quilômetros a partir de aeroportos sem torres de controle. Em outras aéreas, o espaço aéreo Classe E geralmente existe desde 14.500 pés MSL até 18.000 pés MSL sobre os Estados Unidos, incluindo uma extensão de 19 quilômetros a partir da costa e o estado do Alasca. Além disso, aerovias federais norte-americanas, conhecidas como Victor Airways e Jet Routes, que existem geralmente a partir de 700 ou 1.200 pés acima do solo, são consideradas espaço aéreo Classe E. Somente aeronaves operando sob IFR recebem controle positivo em espaço aéreo Classe E. Aeronaves sob VFR são responsáveis por enxergar e evitar todo o tráfego. Além disso, a altitudes inferiores a 10.000 pés, todas as aeronaves operando sob VFR precisam ter pelo menos 4,8 quilômetros de visibilidade e devem ser capazes de permanecer 500 pés abaixo, 1.000 pés acima e a 2.000 pés de distância horizontal de quaisquer nuvens. Dos 10.000 para cima, elas precisam ter pelo menos 8 quilômetros de visibilidade e permanecer 1.000 pés abaixo, 1.000 pés acima e a 1,6 quilômetro de distância horizontal de quaisquer nuvens.

O espaço aéreo **Classe G**, conhecido como **Espaço Aéreo Não Controlado** (Uncontrolled Airspace) até 1993, engloba o espaço aéreo na ausência de espaço aéreo Classe A, B, C, D ou E. Essa área limitada normalmente vai da superfície até 14.500 pés MSL, em regiões que não fazem parte das rotas aerovias federais, e da superfície até 700 ou 1.200 pés acima do solo, em regiões que fazem parte das aerovias federais. Muitos aeródromos remotos estão situados dentro do espaço aéreo Classe G e, portanto, contam com serviços básicos de controle de tráfego aéreo. Aeronaves voando pelo espaço aéreo Classe G só recebem assistência de controle de tráfego aéreo se a carga de trabalho dos controladores de tráfego aéreo permitir. Aeronaves voando sob IFR não costumam operar no espaço aéreo Classe G. Aeronaves voando sob VFR são responsáveis por enxergar e evitar todo o tráfego, precisando terem pelo menos 1,6 quilômetro de visibilidade e serem capazes de permanecer livres de nuvens ao voarem sob condições de luz do dia abaixo de 1.200 pés. À noite, ao operarem abaixo de 1.200 pés, aeronaves sob VFR precisam ter pelo menos 4,8 quilômetros de visibilidade e devem ser capazes de permanecer 500 pés abaixo, 1.000 pés acima e a 2.000 pés de distância horizontal de quaisquer nuvens. Quando operam a altitudes acima de 1.200 pés, mas a menos de 10.000 pés MSL, aeronaves voando pelo espaço aéreo G precisam de pelo menos 1,6 quilômetro de visibilidade durante o dia e 4,8 quilômetros de visibilidade durante a noite, além de permanecer pelo menos 500 pés abaixo, 1.000 pés acima e a 2.000 pés de distância horizontal de quaisquer nuvens. Quando estão operando acima dos 10.000 pés MSL e a 1.200 pés acima do solo (em regiões de alta elevação de terreno, é possível estar voando acima de 10.000 pés MSL e ao mesmo tempo abaixo de 1.200 acima do solo), aeronaves voando pelo espaço aéreo G precisam ter pelo menos 8 quilômetros de visibilidade e permanecer 1.000 pés abaixo, 1.000 pés acima e a 1,6 quilômetro de distância horizontal de quaisquer nuvens.

Todos os requisitos recém-mencionados de visibilidade e distância até as nuvens foram designados pelo CTA em nome da segurança de todos os usuários do sistema de espaço aéreo nacional.

Victor Airways e Jet Ways

Quer estejam operando sob regras VFR ou IFR, as aeronaves voando dentro do sistema de espaço aéreo são tradicionalmente orientadas a trafegarem por corredores designados como Federal Air Routes (Rotas Aéreas Federais). A baixas altitudes, as rotas aéreas são conhecidas como Victor Airways, batizadas assim por normalmente serem definidas por uma linha reta entre uma instalação de navegação VOR até outra. As Victor Airways costumam ter 8 milhas náuticas (15 quilômetros) de largura e geralmente vão de 1.200 pés **acima do solo** (AGL – *above the ground*) até, mas sem incluir, 18.000 pés **acima do nível do mar** (MSL – *above sea level*). As Victor Airways são identificadas por linhas azul-claras e designadores [indicados por um V seguido por um número de rota (por exemplo: V123)] em cartas aeronáuticas de baixa altitude. Em altitudes entre 18.000 pés MSL e 45.000 pés MSL, as rotas são conhecidas como Jet Routes. Elas são identificadas por linhas na cor magenta e designadores [indicados por um J seguido por um número de rota (por exemplo: J4)] em cartas aeronáuticas de alta altitude. Além das Victor Airways e das Jet Routes, um número cada vez maior de Federal Air Routes, conhecidas como T-Routes, estão sendo criadas com a aplicação de navegação baseada em GPS, as quais serão discutidas em detalhes mais adiante neste capítulo.

Espaço aéreo de uso especial

O CTA designa certas áreas do espaço aéreo como espaço aéreo de uso especial (SUA – *special-use airspace*), projetadas para segregar atividades de voo relacionadas às necessidades de segurança militar e nacional de outros usuários do espaço aéreo. Existem seis tipos diferentes de SUA: áreas proibidas, áreas restritas, áreas de operações militares, áreas de alerta, áreas de advertência e áreas controladas de tiro.

As **áreas proibidas** são estabelecidas sobre instalações em terrenos onde a segurança é delicada, como a Casa Branca, certas instalações militares e residências e retiros presidenciais. Todas as aeronaves são proibidas de realizar operações de voo em uma área proibida, a menos que recebam aprovação específica da FAA ou da agência de controle local.

As **áreas restritas** são estabelecidas em locais onde ocorrem atividades duradouras ou intermitentes e que acabam criando riscos pouco comuns para aeronaves, como tiros de artilharia, tiros aéreos e testes de mísseis. A diferença entre as áreas restritas e as proibidas é que as áreas restritas têm horários específicos de operação. Para ingressar nessas áreas durante os horários restritos, é preciso ter permissão da FAA ou da agência de controle local.

Desde 11 de setembro de 2001, a FAA e o TSA trabalham em conjunto na designação e divulgação de **restrições temporárias de voo** (TFR – *temporary flight restrictions*), que identificam áreas restritas por certo período de tempo por motivos de segurança nacional. As TRFs foram lançadas para restringir a atividade aeronáutica, por determinados períodos de tempo, em torno de eventos esportivos, atividades em bases militares ou em outros locais cuja segurança é considerada delicada ou alvo potencial de terrorismo. É de fundamental importância que pilotos e gestores aeroportuários estejam cientes de quaisquer TFRs que possam ser lançadas.

As **áreas de operações militares** (MOA – *military operations areas*) são estabelecidas a fim de conter certas atividades militares, como manobras de combate aéreo, interceptações e manobras acrobáticas. Voos civis são permitidos dentro de uma MOA mesmo quando a área está em uso por militares. O CTA proporcionará serviços de separação para tráfego IFR dentro de MOAs.

As **áreas de alerta** contêm um alto volume de treinamento de pilotos ou um tipo pouco comum de atividade aérea, como atividade de helicópteros perto de plataformas de petróleo, que pode representar um perigo para outras aeronaves. Não há exigências especiais para operações dentro de áreas de alerta, a não ser um aumento da vigilância por parte dos pilotos.

As **áreas de advertência** contêm algum tipo de atividade perigosa de voo, assim como ocorre nas áreas restritas, mas estão localizadas em águas domésticas ou internacionais. As áreas de advertência geralmente começam a 4,8 quilômetros da costa.

As **áreas controladas de tiro** contêm atividades civis e militares que poderiam ser perigosas para aeronaves não participantes, como testes com foguetes, desativação de explosivos e dinamitações. A diferença delas para as áreas proibidas e restritas é que radares ou alertas no solo são usados para indicar quando uma aeronave está se aproximando do local, ocasião em que todas as atividades são suspensas.

Estações de serviço de voo

Muitas das informações disponíveis tanto para pilotos quanto para gestores aeroportuários referentes às mais atualizadas diretrizes de controle de tráfego aéreo, SUA, NOTAMs e itinerários dos pilotos voando sob IFR são fornecidas por estações de serviço de voo (FSS – *flight service stations*) para CTA. As FSSs também transmitem relatórios meteorológicos, processam planos de voo para aeronaves operando sob VFR ou IFR e divulgam notas consultivas aeroportuárias. Existem 12 FSSs nos Estados Unidos. Além delas, existem ainda 61 estações automatizadas de serviço de voo (AFSS – *automated flight service stations*) no país, equipadas com as mais avançadas tecnologias meteorológicas, de tráfego e de comunicações.

Procedimentos de Controle de Tráfego Aéreo em Área Terminal

Um elemento significativo da gestão de tráfego aéreo é a coordenação de aeronaves partindo e chegando em aeroportos. Para facilitar esses movimentos, especialmente para aeronaves operando sob IFR, a ATO da FAA publica procedimentos-padrão de aproximação e/ou de partida na maior parte dos aeroportos de uso público dos Estados Unidos. Em geral, eles são conhecidos como **Terminal Instrument Procedures** (TERPS – Procedimentos por Instrumentos em Terminais). Procedimentos que são usados durante a partida de um aeroporto são conhecidos como **Standard Instrument Departures** (SIDs – Procedimentos de Saída Padrão por Instrumentos), ou também como **Departure Procedures** (DPs – Procedimentos de Saída); aqueles usados durante uma operação de aproximação são conhecidos como **Instrument Approach Procedures** (IAPs – Procedimentos de Chegada por Instrumentos). Esses procedimentos são quase sempre desenvolvidos para uma ou mais pistas em um ou mais aeroportos, dedicam especial atenção aos terrenos e outros obstáculos no entorno e muitas vezes fazem menção a instalações NAVAID, localizadas no aeroporto ou próximo a ele. Esses procedimentos podem ser considerados como as rotas primordiais de chegada e saída de aeroportos, e, por esse motivo, os gestores aeroportuários devem estar completamente cientes de quaisquer procedimentos envolvendo o seu aeroporto.

Procedimentos tradicionais e modernos

Os procedimentos tradicionais de controle de tráfego aéreo terminal foram criados com base nos NAVAIDS tradicionais análogos baseados em terra, como aqueles descritos no Capítulo 4 deste livro. Dentre os procedimentos tradicionais de aproximação mais comuns, estão aqueles que se baseiam em sistemas NDB, VOR e ILS. Os procedimentos de saída (PSs) tradicionais costumam se basear em VORs localizados a alguma distância do aeroporto de origem. As Figuras 5-8, 5-9, 5-10 e 5-11 ilustram exemplos de PSs e procedimentos de aproximação por NDB, VOR e ILS, respectivamente. Procedimentos de aproximação baseados em NDB e em VOR são conhecidos como **aproximações de não precisão**, já que se embasam exclusivamente em orientação lateral para guiar a aeronave até o aeroporto. Aproximações por ILS são consideradas **aproximações de precisão**, já que empregam tanto orientação lateral quanto vertical para guiar a aeronave na aproximação. Aproximações de precisão muitas vezes possibilitam o pouso durante condições meteorológicas piores do que suas correspondentes de não precisão.

Nos primeiros anos do novo milênio, novos procedimentos do tipo TERPS baseados em pontos de rota definidos por GPS, em vez de estações de NAVAIDS baseadas em terra, começaram a ser publicados. Esses procedimentos acabaram adotando o termo **Area Navigation** (RNAV – Navegação de Área). Na parte final daquela década, uma proliferação de procedimentos RNAV mais precisos, conhecidos como procedimentos de **Required Navigation Performance** (RNP – Desempenho de Navegação Requerido), melhoraram em muito o acesso a aeroportos que anteriormente ofereciam limitações geográficas, restrições de espaço aéreo ou conflitos com aproximações a outros aeroportos. Tanto os procedimentos RNAV quanto os RNP estão sendo continuamente publicados em aeroportos de todos os tamanhos e níveis de atividade, muitas vezes substituindo ou *se sobrepondo* a procedimentos tradicionais já existentes. As Figuras 5-12 e 5-13 fornecem exemplos ilustrados de procedimentos RNAV e RNP, respectivamente.

Embora uma descrição completa desses procedimentos esteja fora do escopo deste livro, cabe ressaltar que cada um desses procedimentos é designado primordialmente para a aproximação a uma única pista (ainda que possam ser usados para

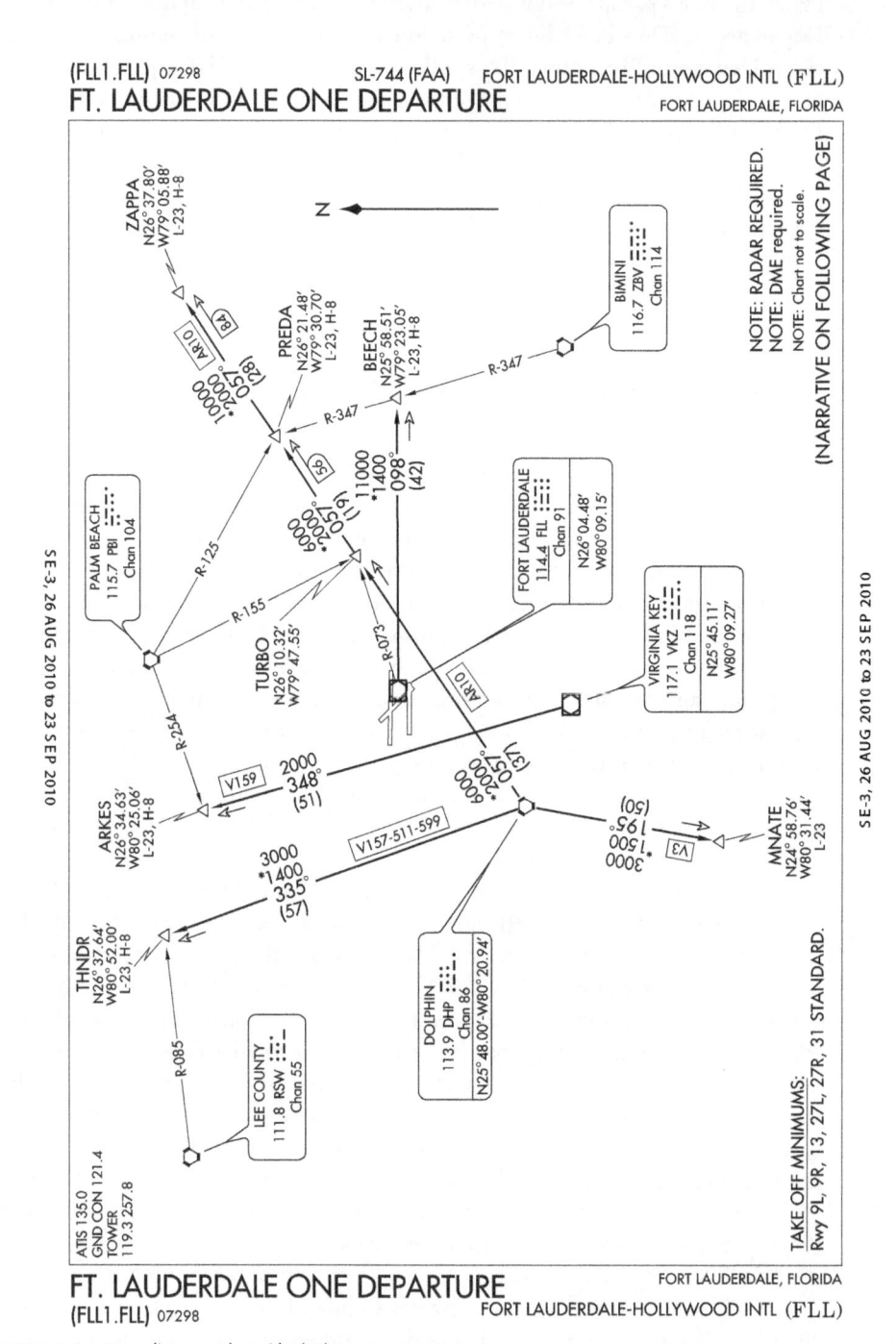

FIGURA 5-8 Procedimento de Saída (PS) por Instrumentos.

Capítulo 5 Gestão do espaço e do tráfego aéreos

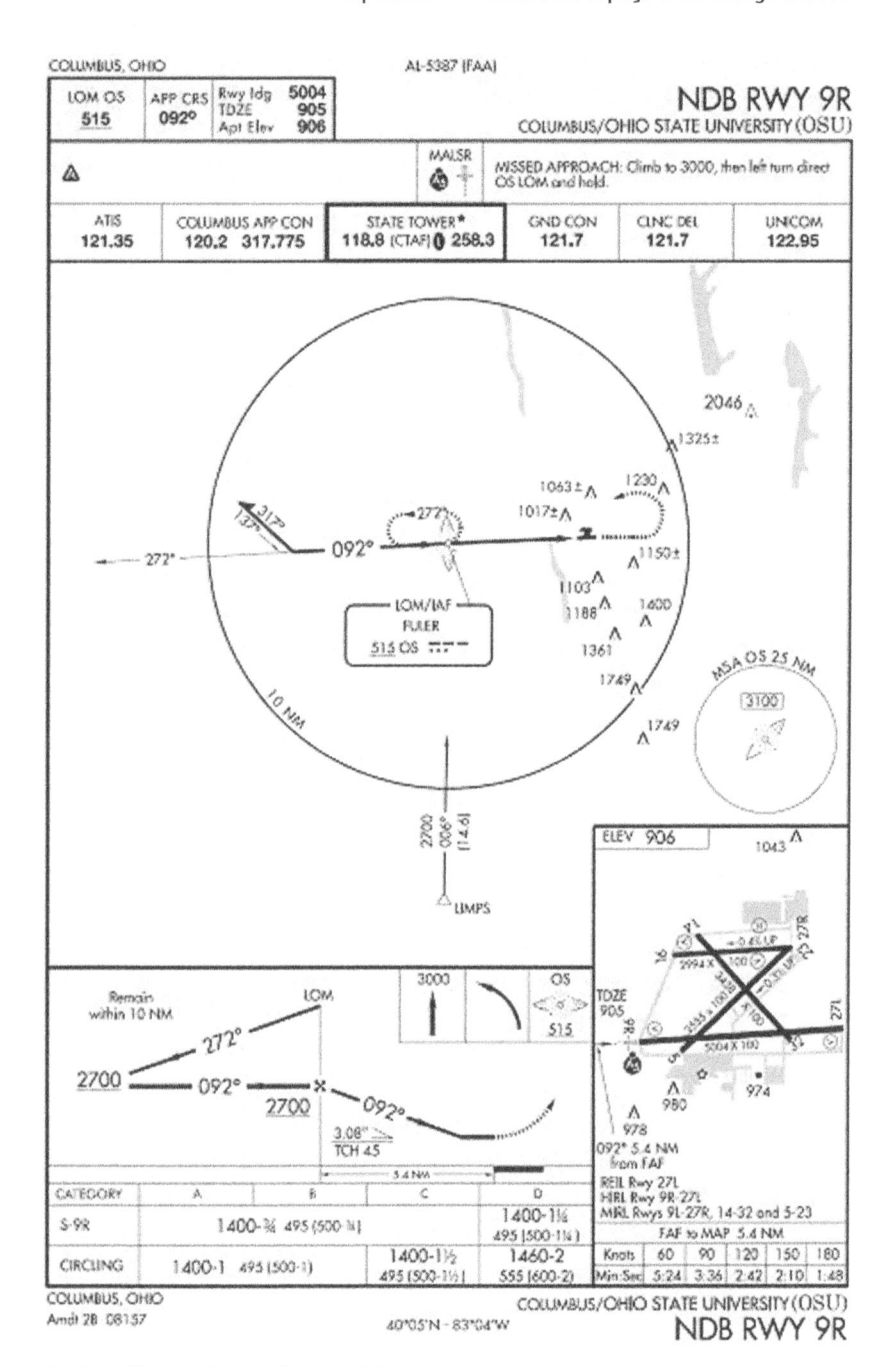

FIGURA 5-9 Procedimento de aproximação NDB.

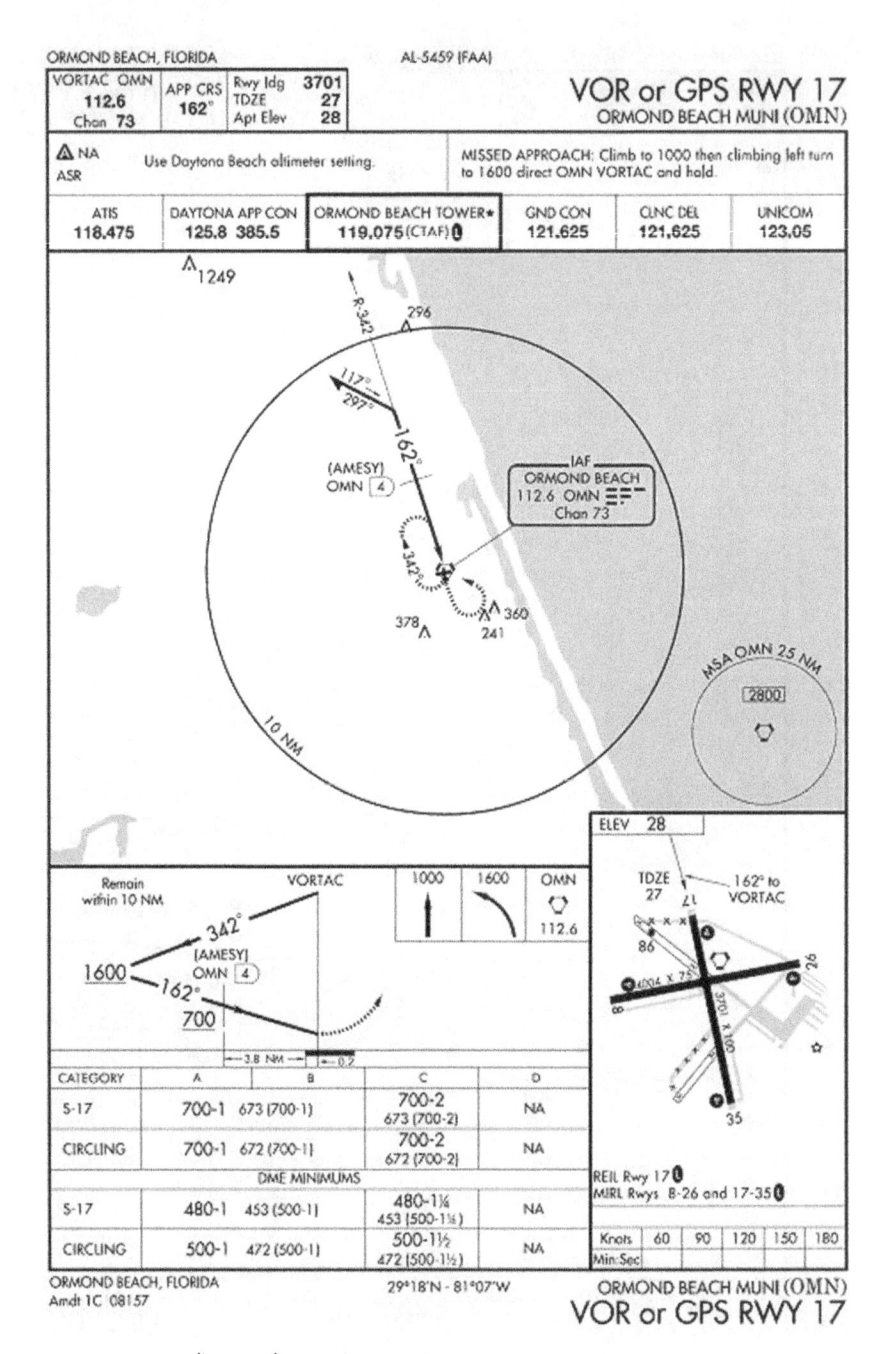

FIGURA 5-10 Procedimento de aproximação VOR.

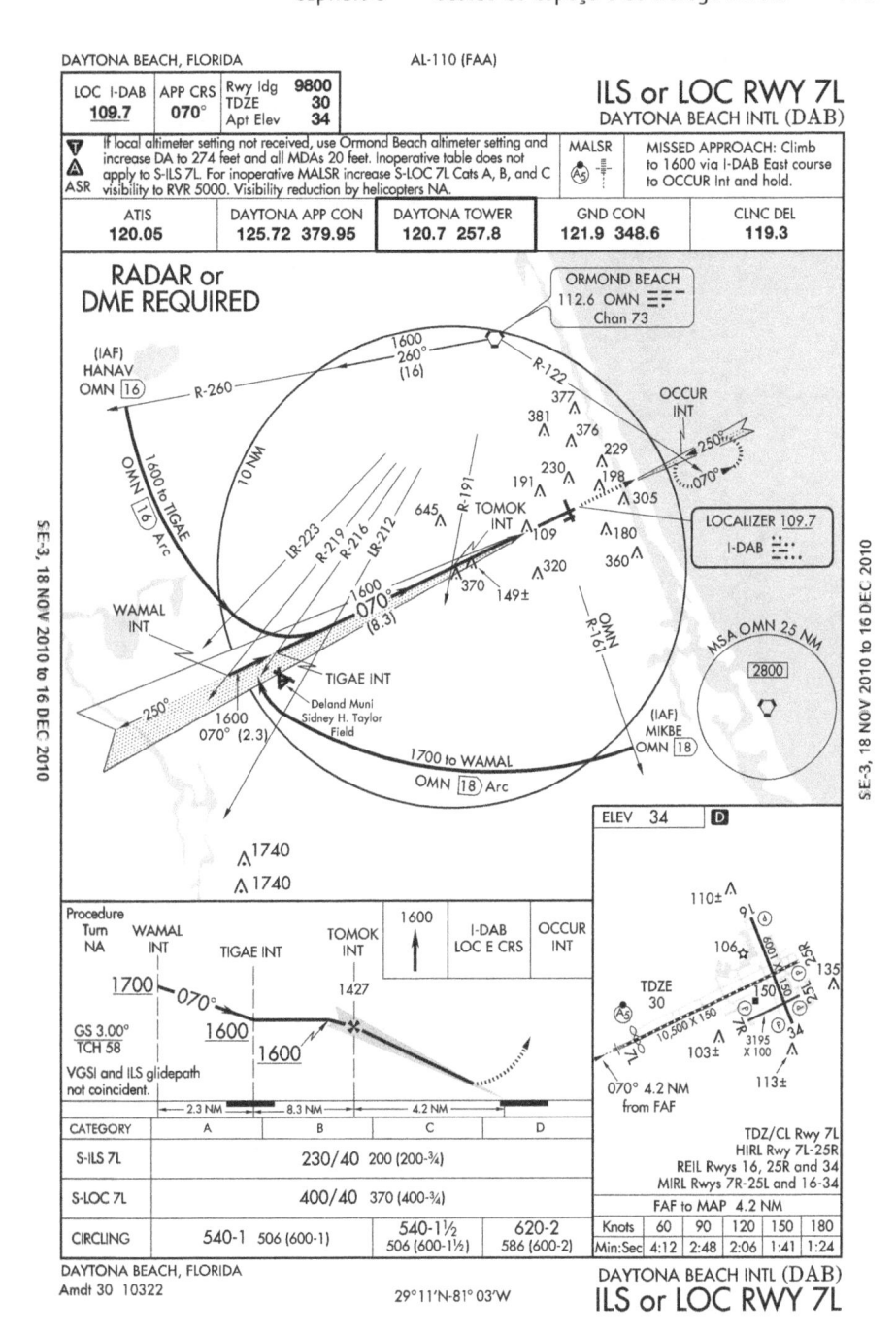

Capítulo 5 Gestão do espaço e do tráfego aéreos 175

FIGURA 5-11 Procedimento de aproximação ILS.

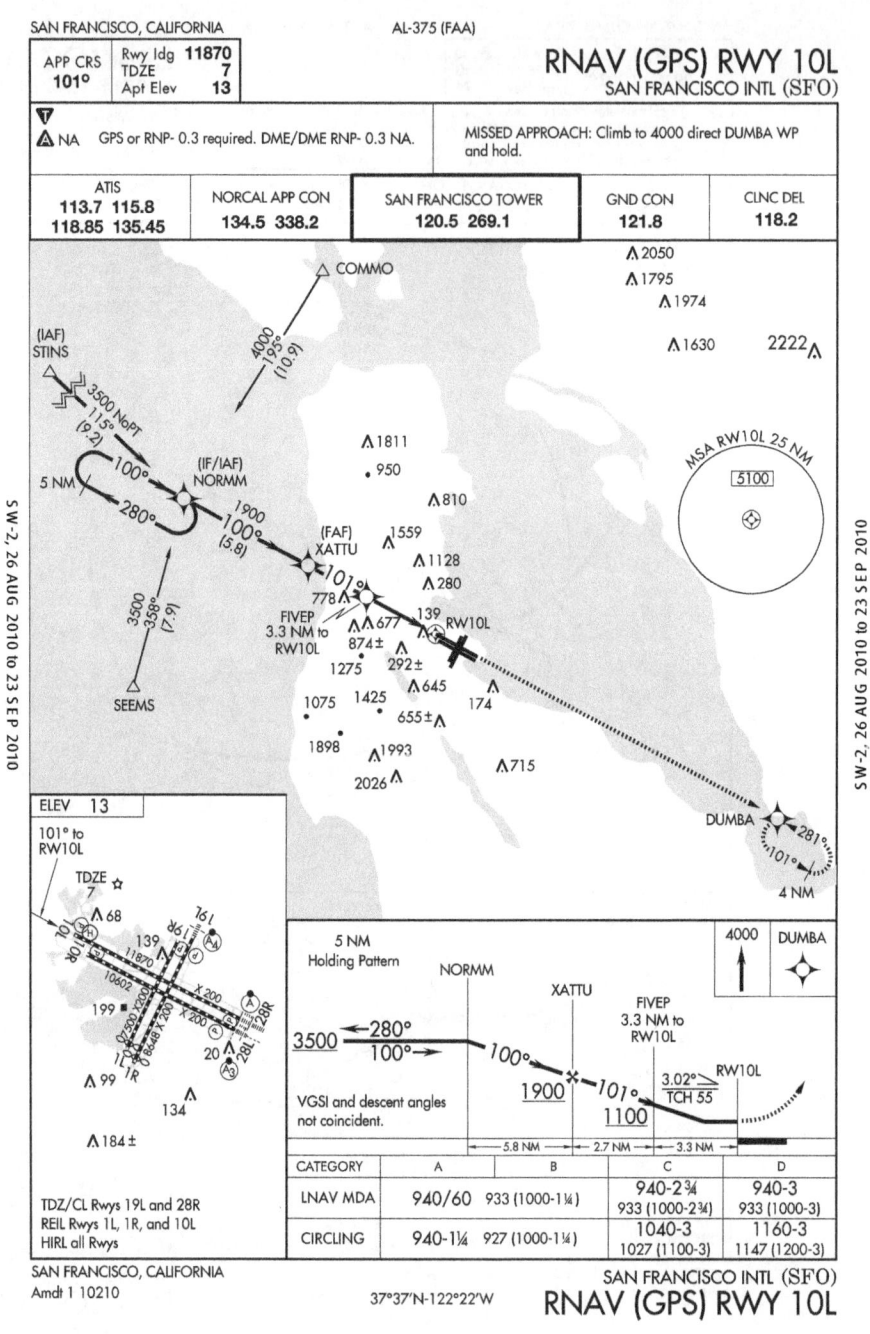

176 Parte II   Gestão de operações aeroportuárias

FIGURA 5-12   Procedimento RNAV.

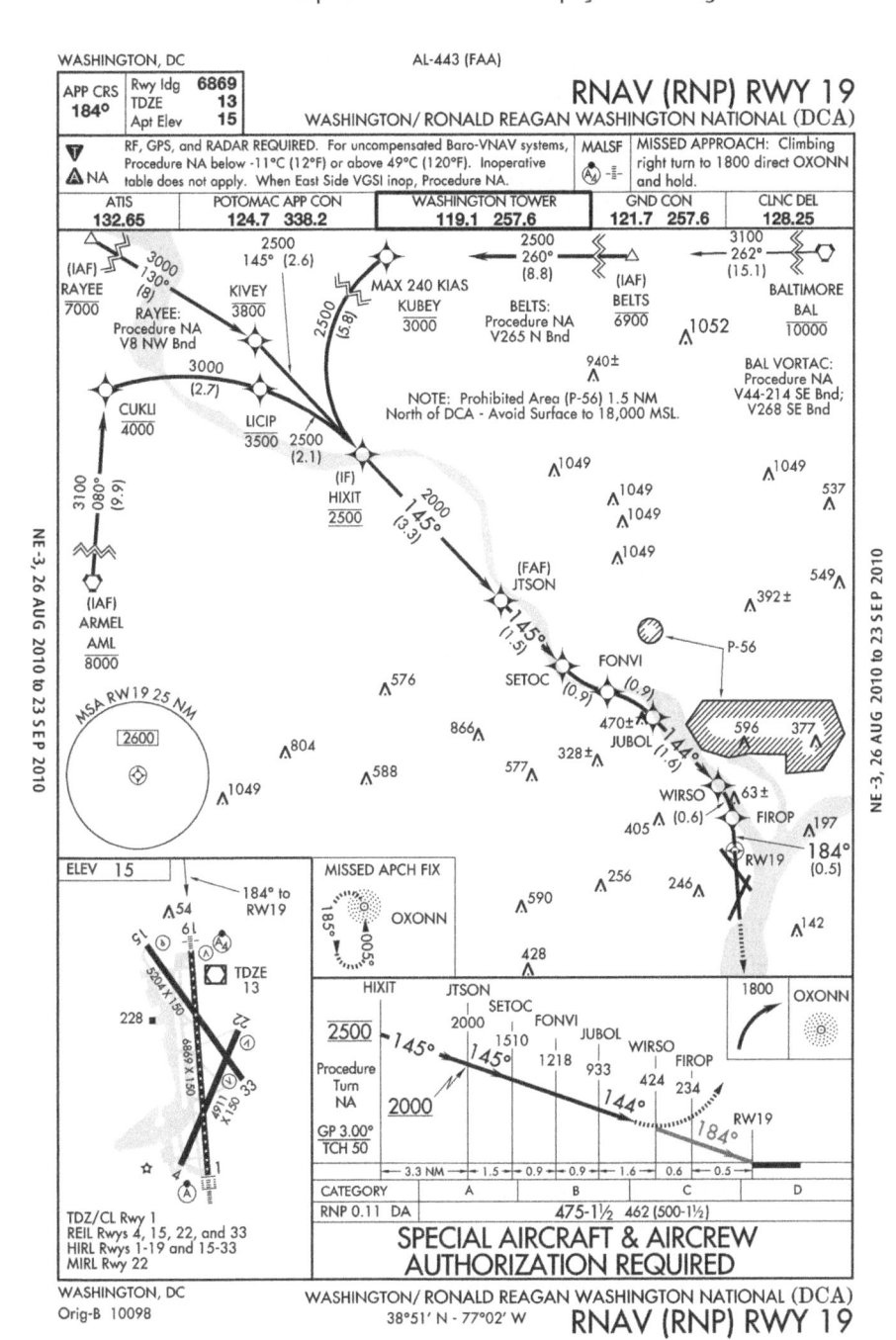

Capítulo 5   Gestão do espaço e do tráfego aéreos   **177**

FIGURA 5-13 Procedimento RNP.

acessar qualquer aeródromo sob determinadas condições meteorológicas). Esses procedimentos têm os seguintes efeitos sobre as operações do aeroporto:

1. Eles definem as condições meteorológicas mínimas sob as quais as aeronaves poderão se aproximar do aeroporto. Esses **mínimos** incluem o teto mais baixo e a visibilidade mínima permitidos para pouso seguro.
2. Eles são criados com base no terreno existente e em obstáculos feitos pelo homem e são muitas vezes afetados por novas construções verticais na vizinhança do aeroporto.
3. Eles afetam a distribuição física do aeroporto, desde as marcações nas pistas até o tamanho das áreas de segurança.

Os procedimentos são publicados e mantidos pela ATO da FAA, a qual não costuma ter comunicação direta com a comunidade de gestores aeroportuários. No entanto, é importante que a gestão aeroportuária esteja ciente desses procedimentos, já que eles exercem um impacto direto no modo como o aeroporto e os usos de terrenos vizinhos são operados, geridos e planejados.

Aprimoramentos atuais e futuros para a gestão de tráfego aéreo

A última década do século XX testemunhou a conexão de duas passagens cruciais que acabou levando à revolução da gestão de tráfego aéreo nos primeiros anos do século XXI. O impressionante crescimento na demanda por transporte aéreo nos anos 1990 e no início da década de 2000 levou a níveis históricos de congestionamentos e atrasos nos aeroportos dos Estados Unidos. Boa parte da culpa acabou sendo atribuída a um sistema antiquado de controle de tráfego aéreo, cuja capacidade estava sendo posta definitivamente à prova, criando uma necessidade de modernização no setor. O desenvolvimento e a proliferação de tecnologias avançadas de navegação e comunicação, incluindo o Global Positioning System (GPS) e as comunicações por meios digitais (como a Internet e a transferência de voz e de dados baseada em célula), estão sendo aplicados agora na modernização do paradigma da gestão de tráfego aéreo. Esse esforço de modernização acabou ficando conhecido como Next-Generation Air Traffic Management System (Sistema de Transporte Aéreo de Última Geração), ou **NextGen**.

O esforço de modernização do NextGen começou quando o Congresso norte-americano criou o Joint Planning and Development Office (**JPDO** – Departamento de Planejamento e Desenvolvimento Conjunto), um consórcio de sete organizações governamentais com os interesses e recursos para estabelecer de forma coletiva e cooperativa a agenda para a modernização do tráfego aéreo. O JPDO foi instituído em 2003 como parte da Vision 100-Century of Aviation Reauthorization Act (Lei de Reautorização de Um Século de Aviação) e inclui os Departamentos de Transporte, Defesa, Segurança Nacional e Comércio dos Estados Unidos, a FAA, a NASA e o Gabinete de Ciência e Tecnologia da Casa Branca. A missão do JPDO é unificar os esforços do governo e da indústria para estabelecer a estrutura de referência para o NextGen.

O NextGen é um sistema amplamente complexo de melhorias e aprimoramentos no âmbito da gestão de tráfego aéreo. O sistema inclui reforços tecnológicos voltados a aumentar a eficiência e a segurança da navegação em rota, da aproximação a aeroportos, das movimentações pela superfície em aeroportos, do planejamento de voo, das informações meteorológicas e das comunicações em geral para todos os usuários do sistema de espaço aéreo norte-americano.

Navegação em rota

A tecnologia central envolvida na melhoria da eficiência da navegação em rota sob o NextGen é conhecida como **Automated Dependent Surveillance – Broadcast** (ADS-B – Serviço de Vigilância Dependente Automática por Radiodifusão). O ADS-B consiste, em parte, em uma aplicação do **Global Positioning System** (GPS – Sistema de Posicionamento Global).

O GPS foi desenvolvido e é mantido pelo Departamento de Defesa dos Estados Unidos, principalmente para os militares e para atividades associadas à defesa nacional. Em julho de 1995, o GPS alcançou capacidade operacional integral para uso civil, ainda que com precisão reduzida. Desde 1995, a tecnologia do GPS tem sido aplicada em um número cada vez maior de áreas, incluindo transporte marítimo de cargas, aviação, automóveis e, mais recentemente, em *smartphones*. Aplicativos de GPS se tornaram a tecnologia padrão para identificar e navegar entre localizações ao redor do mundo e representam um componente integral do NextGen.

O GPS consiste em três segmentos: espaço, controle e usuário. O *segmento espaço* consiste em 24 satélites NAVSTAR (21 em uso ativo e 3 sobressalentes) colocados em órbitas circulares e geossíncronas, a 10.900 milhas náuticas (20.200 quilômetros) acima da Terra. Os satélites estão posicionados de forma que pelo menos cinco deles estejam sempre "à vista" para um usuário, de qualquer localização na Terra. Os satélites transmitem sinais de navegação continuamente, identificando suas posições, que são usadas por receptores de GPS a fim de calcular informações de posição no local de recepção. Cinco estações de monitoramento, três antenas de *uplink* e uma estação-mestre de controle localizada na Base Falcon da Força Aérea norte-americana, em Colorado Springs, Colorado, compõem o *segmento controle*. As estações rastreiam todos os satélites de GPS e calculam localizações orbitais precisas. A partir dessas informações, a estação-mestre de controle lança mensagens de navegação atualizadas para cada satélite, mantendo, assim, a maior precisão possível sobre as informações de posicionamento.

O *segmento usuário* inclui antenas, receptores e processadores que utilizam os sinais de posição e de tempo transmitidos pelos satélites de GPS para calcular posições precisas, bem como velocidade, direção de deslocamento e tempo. Mensurações coletadas simultaneamente de três satélites fornecem informações bidimensionais acuradas, geralmente em termos de latitude e longitude. Um mínimo de quatro satélites fornecendo medidas permite a obtenção de informações tridimensionais: latitude, longitude e altitude. Informações na base de dados contida em receptores de GPS fazem a correlação entre essas informações básicas de posição e pontos de referência na base de dados, como aeroportos, estradas e outros locais de interesse. Unidades de

GPS com a tecnologia de *software* apropriada têm a capacidade de criar, salvar e navegar de acordo com rotas definidas por usuários, conectadas por pontos, conhecidos como *fixes*, associados a localizações de posição.

Inicialmente, a navegação por GPS no NAS foi aprovada apenas como um auxílio à navegação sob condições de VFR. Isso ocorreu porque a precisão de posicionamento do GPS foi rebaixada pelo DOD, sob um programa chamado de *selective availability* (SA, ou disponibilidade seletiva), por motivos de segurança nacional. O SA limitou a precisão das leituras de GPS para entre 90 e 300 metros, o que, entre outras coisas, impedia as aeronaves de navegarem com precisão suficiente para voarem e fazerem aproximações de precisão a aeroportos sob condições de IFR. O SA foi encerrado por ordem presidencial em maio de 2000, fazendo com que os erros de precisão caíssem para 30 metros. Como resultado, juntamente com o desenvolvimento de receptores de GPS mais avançados, abriu-se a possibilidade para que pilotos voassem sob IFR e realizassem aproximações de não precisão usando GPS, legitimando efetivamente o conceito daquilo que originalmente era conhecido como **voo livre**, ou seja, a capacidade de navegar diretamente entre dois pontos usando GPS, em vez de depender de NAVAIDS, o que muitas vezes resultava em rotas tortuosas. Além do voo livre, a FAA continua a aprimorar o sistema norte-americano de rotas aéreas ao criar T-Routes, que se somam às Victor Airways e Jet Routes. As T-Routes usam como referência pontos de rota definidos e baseados em GPS, em vez de sinais de rádio VOR. Essas rotas costumam oferecer trajetos mais diretos para aeronaves e também evitam os tradicionais pontos de congestionamento no espaço aéreo. O desenvolvimento de sistemas GPS diferenciais facilita ainda mais a acurácia das posições do GPS, o suficiente para permitir aproximações de precisão usando GPS sob condições de IFR.

O **Wide Area Augmentation System** (WAAS – Sistema de Reforço de Área Ampla) é um desses reforços para o GPS. O WAAS inclui transmissões com integridade, correções diferenciais e sinais de alcance adicional. O principal objetivo do WAAS é oferecer a precisão, integridade, disponibilidade e continuidade necessárias para sustentar todas as fases de um voo. Ao fazê-lo, o WAAS é projetado para permitir que o GPS seja usado para navegação em rota e para aproximações de não precisão por todo o NAS, além de aproximações de precisão (equivalentes a ILS CAT I) a aeroportos selecionados. O WAAS permite que um piloto determine uma posição horizontal e vertical com uma margem de erro de 7,5 metros. A área ampla de cobertura para esse sistema inclui os Estados Unidos como um todo e algumas áreas remotas.

O WAAS consiste em uma rede de estações terrenas de referência que monitoram sinais de GPS. Dados provenientes dessas estações de referência são vinculados a estações-mestre, onde a validade dos sinais vindos de cada satélite é avaliada e correções de área ampla proporcionam uma verificação direta da integridade do sinal de cada satélite à vista.

A última das 25 estações iniciais de referência do WAAS foi instalada em junho de 1998. As atividades operacionais e de testes em preparação à aprovação inicial do sistema WAAS foram completadas em julho de 1999. A partir de 2010, praticamente todos os receptores de GPS aplicados à aviação vêm equipados com funções WAAS, encorajando ainda mais o uso da navegação por GPS tanto para operações sob VFR quanto IFR.

Para aumentar a eficiência da gestão de navegação em rota, o ADS-B possibilitará transmissão de informações de posição por GPS, identificação de aeronaves, altitude, vetor de velocidade e informações intensivas para outros usuários do sistema, incluindo outras aeronaves. Este é um aprimoramento fundamental em relação ao sistema atual de controle de tráfego aéreo baseado em radares. Sob o sistema atual, tais informações de voo ficam disponíveis apenas para a aeronave em si e para o controlador de tráfego aéreo via varredura do radar. O piloto da aeronave depende do controlador de tráfego aéreo para estar a par de outras aeronaves na vizinhança. Com o ADS-B, as aeronaves serão capazes de "se comunicar" umas com as outras, permitindo que os pilotos conheçam as posições de qualquer outra aeronave nas suas redondezas.

É importante observar que já existiam tecnologias para a troca de informações sobre tráfego. O **Traffic Alert and Collision Avoidance System** (TCAS – Sistema de Alerta de Tráfego e Prevenção de Colisões) foi uma dessas tecnologias, cuja implementação teve início no final dos anos 1990. Aeronaves equipadas com funções TCAS forneciam ao piloto informações suplementares de vigilância de tráfego,

FIGURA 5-14 Projetos conceituais de *cockpit* criados sob o programa SATS no início dos anos 2000 acabaram se desenvolvendo nos *cockpits* de vidro encontrados em um número cada vez maior de aeronaves modernas. (Fotografia cortesia da NASA)

usando a tecnologia do *transponder*. Parte das funções do TCAS envolvem uma tela que exibe ao piloto as posições e as velocidades relativas de aeronaves a até 65 quilômetros de distância. O instrumento dispara um alarme quando determina que outra aeronave passará perto demais de sua própria rota. O TCAS fornece um apoio aos processos regulares de separação a cargo do sistema de controle de tráfego aéreo. O ADS-B consegue aprimorar os sistemas mais antigos, sobretudo o TCAS, ao possibilitar comunicações de dados em duas vias entre aeronaves. Essa tecnologia permite não apenas que o piloto de uma aeronave fique ciente de outros tráfegos na área, mas também proporciona funções de autocorreção à aeronave, a fim de evitar qualquer redução perigosa de separação. Ademais, o ADS-B pode ser aplicado para permitir que as aeronaves comandem suas próprias rotas e até mesmo que estabeleçam uma sequência entre si para uma mesma rota ou uma aproximação que seja idealmente segura e eficiente. As aplicações do ADS-B representam a espinha dorsal do novo paradigma da gestão de tráfego aéreo NextGen. Tais possibilidades foram demonstradas em 2005 sob o programa de pesquisa endossado pela NASA sobre Small Aircraft Transportation Systems (SATS – Sistemas de Transporte para Pequenas Aeronaves). Conforme ilustrado na Figura 5-14, os projetos conceituais criados pelo programa SATS no início dos anos 2000 acabaram evoluindo, até se tornarem os modernos "*cockpits* de vidro" encontrados em um número cada vez maior de aeronaves. Sistemas como o ADS-B são componentes vitais do NextGen e criam a expectativa de que exercerão um profundo impacto na gestão de tráfego aéreo.

Procedimentos de aproximação modernizados

Uma série de auxílios visuais e eletrônicos para pouso situados próximo aos aeroportos ajuda os pilotos a localizarem a pista, especialmente durante IMC. Procedimentos de aproximação se baseiam tradicionalmente no tipo e na precisão dos auxílios ao pouso disponíveis, na geografia, no tráfego e em outros fatores. À medida que as tecnologias navegacionais avançam, os procedimentos operacionais para aproximação vão sendo modificados e aprimorados ao mesmo tempo que as características de cada nova tecnologia.

A aplicação do GPS, do ADS-B e de outras tecnologias está ocorrendo não apenas para criar um sistema de gestão de tráfego aéreo em rota mais seguro e eficiente, mas também para criar um sistema mais eficiente para aeronaves se aproximando e decolando dos aeroportos do país. Este é um aspecto crucial do NextGen, já que boa parte das questões de capacidade, segurança e mesmo ambientais associadas ao atual sistema de controle de tráfego aéreo ocorre nos aeroportos mais movimentados, mais congestionados e com mais dificuldades ambientais dos Estados Unidos.

Uma das aplicações do NextGen que se espera ter mais impacto sobre aproximações a aeroportos é a transição do uso de procedimentos de aproximação com NAVAIDS, como ILS ou VOR, para procedimentos de **navegação de área baseada em GPS** (conhecidos como **RNAV**). O termo, que costumava historicamente definir o uso de triangulação entre certo número de transmissores de rádio baseados em terra, passou a ser conhecido como a aplicação do GPS para criar uma série de pontos de rota ao longo dos quais o piloto voaria, fazendo com que ele se alinhasse com segurança com a pista do aeroporto. Mais flexíveis do que uma aproximação definida por alguns sinais de rádio ILS, os procedimentos RNAV permitem rotas de aproximação específicas para cada caso, a fim de se evitar o terreno local, edificações ou até mesmo áreas com restrições a ruídos. Além disso, múltiplas aproximações RNAV podem ser criadas para determinada pista, o que teoricamente pode aumentar em muito a capacidade do espaço aéreo local em torno do aeroporto. Como a criação de um procedimento RNAV é relativamente barata quando comparada à instalação de sistemas ILS, procedimentos de aproximação RNAV podem ser criados para múltiplas pistas de determinado aeroporto, e talvez até em aeroportos sem qualquer NAVAID, abrindo acesso a milhares de pistas adicionais para aviação comercial e geral durante condições de IFR. Um avanço do RNAV é conhecido como **Required Navigation Performance** (RNP – Desempenho de Navegação Requerido). Os procedimentos do tipo RNP possibilitam o estabelecimento de uma rota extremamente precisa de aproximação a aeroportos, permitindo que as aeronaves voem através de estreitos corredores curvados predefinidos, a fim de evitarem acidentes geográficos. Dois exemplos de como os procedimentos RNP melhoraram o desempenho no espaço aéreo local para aeroportos são encontrados em Juneau, no Alasca, e em Washington, D.C. (ver Figura 5-13).

A aplicação da tecnologia de navegação ADS-B também está abrindo caminho para aproximações mais eficientes e diretas a aeroportos, por meio das chamadas **aproximações de descida contínua** (CDA – *continuous descent approaches*). Em vez de exigir que as aeronaves desçam e permaneçam a baixas altitudes em preparação para uma aproximação a um aeroporto – o que não é apenas ineficiente do ponto de vista do desempenho da aeronave, como também cria sérios impactos para o tráfego aéreo e para o meio ambiente –, a CDA permite que as aeronaves façam uma descida suave e contínua rumo a um aeroporto. Do ponto de vista da gestão aeroportuária, espera-se que isso aumente a capacidade no espaço aéreo local, bem como reduza significativamente a poluição sonora e o impacto sobre a qualidade do ar causados por aeronaves.

Gestão de movimentação por superfície aeroportuária

Além de fornecer tecnologias mais avançadas para a gestão de aeronaves pelo espaço aéreo, o NextGen reconhece que as melhorias na segurança e na eficiência do sistema precisam incluir avanços no modo como a movimentação de aeronaves no aeródromo é controlada. Aplicações do ADS-B, bem como sistemas mais avançados de radares baseados em terra, estão sendo implementadas para cumprir essa missão.

Uma dessas implementações tecnológicas é conhecida como Airport Surface Detection Equipment Model X (ASDE-X – Equipamento Aeroportuário de Detecção de Superfície Modelo X). O ASDE-X combina radar, satélites e tecnologia ADS-B para proporcionar informações altamente precisas de posicionamento e movimentação de aeronaves e veículos terrestres no aeródromo. O ASDE-X está sendo aplicado como método de controle de tráfego de superfície em aeroportos com complexos aeródromos. A aplicação de sistemas ASD-X tem como objetivo principal o aumento da segurança em aeródromos, ao mitigar o risco de incursões em pista, ou seja, a entrada não autorizada em uma pista de pouso por uma aeronave ou por um veículo terrestre, o que pode resultar em colisão entre uma aeronave e outro veículo. Além do aumento da segurança, os sistemas ASD-X estão sendo aplicados para movimentar com maior eficiência as aeronaves e os veículos pelo aeródromo, com a intenção de reduzir atrasos causados por congestionamento. Até o ano de 2010, mais de 40 dos aeroportos mais movimentados de serviço comercial nos Estados Unidos já haviam implementado sistemas ASDE-X.

Observações finais

O complexo sistema da FAA de hierarquias, instalações, diretrizes e tecnologias que compõem o controle de tráfego aéreo cumpre um papel vital na gestão do sistema de aviação civil e na operação de aeroportos. Ainda que as decisões definitivas quanto à estratégia e às operações cotidianas para o controle do tráfego aéreo sejam de responsabilidade do governo e dos controladores contratados de tráfego aéreo (bem como de pilotos de aeronaves de aviação comercial e geral), o conhecimento sobre o sistema de controle de tráfego aéreo – com atenção especial às classificações de espaço aéreo local, à presença de auxílios específicos à navegação e às diretrizes para operações com aeronaves dentro ou na vizinhança do aeroporto – é vital para uma gestão geral eficiente de um aeroporto. A modernização do espaço aéreo norte-americano e da gestão de tráfego aéreo sob o paradigma do NextGen representa um conjunto incrivelmente complexo de soluções que afeta cada uma das partes do sistema, inclusive os aeroportos. A mera complexidade do sistema impõe desafios a uma implementação em todos os seus âmbitos. Hoje, porém, um número cada vez maior de elementos de modernização NextGen estão sendo implementados em aeroportos, em suas vizinhanças e em regiões do espaço aéreo por todo os Estados Unidos. Estima-se que a transição completa de todo o sistema para tecnologias NextGen venha a ocorrer no ano de 2025. Até lá, uma série de avanços incrementais na tecnologia e nos procedimentos continuará acontecendo e contribuindo para aumentar a segurança e a eficiência da movimentação de aeronaves dentro do sistema de espaço aéreo nacional.

Palavras-chave

- Controle de tráfego aéreo (CTA)
- radar
- radar de vigilância aeroportuária
- National Airspace System Plan
- Professional Air Traffic Controllers Organization

- Capital Improvement Plan
- organização de tráfego aéreo da FAA
- Air Traffic Control System Command Center
- avisos aos aviadores (NOTAMs)
- regras de voo visual
- regras de voo por instrumentos
- espaço aéreo Classe A: Positive Control Airspace
- espaço aéreo Classe B: Terminal Radar Service Areas
- espaço aéreo Classe C: Airport Radar Service Areas
- instalação de Terminal Radar Approch Control (TRACON)
- torre de controle de tráfego aéreo
- espaço aéreo Classe D: Control Zones
- espaço aéreo Classe E: General Controlled Airspace
- espaço aéreo Classe G: Uncontrolled Airspace
- acima do solo
- acima do nível do mar
- áreas proibidas
- áreas restritas
- restrições temporárias de voo
- áreas de operações militares
- áreas de alerta
- áreas de advertência
- áreas controladas de tiro
- Terminal Instrument Procedures
- Standard Instrument Departures
- Departure Procedures
- Instrument Approach Procedures
- aproximações de não precisão
- aproximações de precisão
- Area Navigation
- Required Navigation Performance
- NextGen
- JPDO
- Automated Dependent Surveillance – Broadcast
- Global Positioning System
- voo livre
- Wide Area Augmentation System
- Traffic Alert and Collision Avoidance System

- navegação aérea baseada em GPS (RNAV)
- Required Navigation Performance
- aproximações de descida contínua

Questões de revisão e discussão

1. De que forma a implementação de radares afetou o sistema de controle de tráfego aéreo dos Estados Unidos?
2. De que forma é organizada a atual estrutura operacional administrativa de controle de tráfego aéreo nos Estados Unidos?
3. O que é a ATCSCC? A que propósito atende a ATCSCC nos sistemas de CTA?
4. Quais são as diferentes classes de espaço aéreo que existem no NAS atual? Como essas classes variam em localização e em regulação sobre o controle de tráfego aéreo?
5. A que propósito atende as ATCTs nos aeroportos?
6. De que forma as torres contratadas diferem das torres federais de controle de tráfego aéreo?
7. Quais são os diferentes tipos de espaço aéreo de uso especial? De que maneira cada um deles afeta a movimentação de aeronaves em sua vizinhança?
8. O que são TFRs? Por que as TFRs foram implementadas? Como elas afetam o espaço aéreo e o sistema de controle de tráfego aéreo?
9. O que é o NextGen? De que forma se espera que o NextGen transforme a gestão de aeronaves pelo NAS?
10. Como funciona o GPS?
11. Quais tecnologias existem para aprimorar as capacidades do GPS?
12. Quais são os avanços tecnológicos nas comunicações associados à modernização do NAS?
13. O que é Automated Dependent Surveillance – Broadcast (ADS-B – Serviço de Vigilância Dependente Automática por Radiodifusão)?
14. Quais tipos de tecnologia de relatório meteorológico estão sendo desenvolvidos para aumentar a segurança e a eficiência de aeronaves trafegando pelo NAS?
15. Quais são algumas das estratégias de gestão de tráfego aéreo sendo desenvolvidas para aprimorar a movimentação de aeronaves pelo NAS?

Leituras sugeridas

Airport and Air Traffic Control System. Washington, D.C.: U.S. Congress, Office of Technology Assessment, January 2002.

Airport Capacity and Operations. Washington, D.C.: Transportation Research Board, 1991.

Airport Capacity Enhancement Plan. Washington, D.C.: FAA, December 2002.

Airport System Capacity: Strategic Choices. Washington, D.C.: Transportation Research Board, 1990.

Airport System Development. Washington, D.C.: U.S. Congress, Office of Technology Assessment, August 1984.

Capital Investment Plan. Washington, D.C.: FAA, December 1990.

Improving the Air Traffic Control System: An Assessment of the National Airspace System Plan. Washington, D.C.: Congressional Budget Office, August 1983.

Nagid, Giora. "Simultaneous Operations on Closely Spaced Parallel Runways Promise Relief from Airport Congestion," *ICAO Journal* (Montreal, Canada) April 1995, pp. 17–18.

National Airspace System Plan, rev. ed. Washington, D.C.: FAA, April 2001.

Nolan, M. *Fundamentals of Air Traffic Control,* New York: McGraw-Hill, 1994.

Parameters of Future ATC Systems Relating to Airport Capacity/Delay. Washington, D.C.: Federal Aviation Administration, June 1978

NextGen Joint Planning and Development office (http://www.jpdo.gov)

CAPÍTULO 6

Gestão de operações aeroportuárias sob o CFR 14 Parte 139

Objetivos de aprendizagem

- Compreender as exigências impostas pelo CFR 14 Parte 139 para operações aeroportuárias que atendem às companhias aéreas comerciais.
- Descrever os diferentes tipos de pavimentos do aeródromo, suas potenciais falhas e os vários tipos de programas de manutenção.
- Descrever os principais itens incluídos em um plano de controle de neve e gelo.
- Identificar as áreas delicadas com relação a programas de inspeção de segurança.
- Compreender as exigências de resgate e combate a incêndio em aeronaves para determinados aeroportos.
- Abordar questões para mitigar riscos oferecidos por aves e animais selvagens.
- Conhecer os sistemas de gestão de segurança.

Introdução

A gestão efetiva das instalações que existem dentro e em torno de um aeroporto é vital para a segurança e a eficiência das operações com aeronaves. Nesse sentido, a gestão de operações aeroportuárias representa questões definitivas para planejadores e operadores de aeroportos. Para aeroportos que atendem, ou que pretendem atender, a operações de companhias aéreas, as Regulamentações CFR 14 Parte 139 – Certificação de Aeroportos – da Federal Aviation Administration definem diretrizes, atividades e padrões específicos e obrigatórios para a gestão de operações aeroportuárias.

Inicialmente, o CFR 14 Parte 139 se aplicava a aeroportos que atendiam a qualquer operação agendada ou não agendada de empresas aéreas de passageiros que fosse conduzida por aeronaves com capacidade superior a 30 passageiros. Em 2004, a aplicação do CFR 14 Parte 139 foi ampliada para aeroportos que atendiam a serviço de empresas aéreas com operações de aeronaves com capacidade de assentos superior a 9 passageiros. Uma operação de empresa aérea é definida como o pouso ou a decolagem de uma aeronave operando sob a FAR Parte 121 – Exigências de Operação: Operações Domésticas, Internacionais e Suplementares. Durante o período de 15 minutos antes do início de uma operação desse tipo até 15 minutos após a operação ser completada, o aeroporto que está hospedando a operação de empresa aérea deve estar em conformidade com as exigências do CFR 14 Parte 139. Há aproximadamente 550 aeroportos nos Estados Unidos que estão certificados sob a CFR 14 Parte 139. Porém, todos os aeroportos que recebem recursos federais estão condicionados a operar e a manter condições seguras e apropriadas que atendam a padrões mínimos prescritos por outras agências federais, estaduais e locais. Além disso, todos os aeroportos estão sujeitos a atender às regulamentações específicas da comunidade a que pertencem.

Classificação de aeroportos segundo a Parte 139

O CFR 14 Parte 139 classifica os aeroportos em quatro classes, dependendo dos tipos de operações de empresas aéreas neles realizadas. Essa classificação tem como base o tamanho e a regularidade das aeronaves que atendem às operações das empresas aéreas. A tabela a seguir resume a classificação dos aeroportos conforme a Parte 139.

Tipo de operação de empresa aérea	Classe I	Classe II	Classe III	Classe IV
Grande aeronave de transporte aéreo regular (pelo menos 31 assentos)	X			
Grande aeronave de transporte aéreo não regular (pelo menos 31 assentos)	X	X	–	X
Pequena aeronave de transporte aéreo regular (mais de 9, mas menos de 31 assentos)	X	X	X	–
Número de aeroportos nos Estados Unidos segundo as Classes da Parte 139	380	50	35	75

Aeroportos de Classe I podem atender a operações regulares de empresas aéreas em aeronaves com capacidade superior a 9 passageiros, incluindo serviço regular e não regular em aeronaves com capacidade superior a 30 passageiros.

Aeroportos de Classe II podem atender a operações regulares de empresas aéreas em aeronaves com capacidade superior a 9 passageiros, mas somente serviço não regular em aeronaves com capacidade superior a 30 passageiros.

Aeroportos de Classe III só podem atender a serviços regulares em aeronaves com capacidade superior a 9 passageiros, mas inferior a 31 passageiros, e não atendem a quaisquer aeronaves com capacidade superior a 30 assentos.

Aeroportos de Classe IV só podem atender a serviço não regular de transporte aéreo.

A FAA define **operação regular** como "qualquer operação comum de transporte de passageiros mediante compensação ou contratação de uma empresa aérea, a qual oferece previamente o local e o horário de partida e o local de chegada".

A FAA define **operação não regular** como "qualquer operação comum de transporte de passageiros mediante compensação ou contratação, usando-se uma aeronave projetada para pelo menos 31 assentos de passageiros, conduzida por uma empresa aérea, cujo local e horário de partida e local de chegada são negociados especificamente com o cliente ou com o representante do cliente".

Muitas das regulamentações descritas no CFR 14 Parte 139 foram desenvolvidas para apresentar um caráter abrangente e genérico, de forma a serem aplicadas a qualquer aeroporto de uso civil. A partir delas, exige-se então que cada aeroporto crie procedimentos operacionais específicos ao seu ambiente singular, a fim de obedecerem às normas listadas no CFR 14 Parte 139. Para que os aeroportos estejam em conformidade com o CFR 14 Parte 139, é preciso que eles façam a compilação de uma lista abrangente de procedimentos operacionais na forma de um ***Airport Certification Manual*** (ACM – Manual de Certificação Aeroportuária). Os aeroportos que possuem um ACM aprovado e cujas dependências passaram por inspeção da FAA recebem um ***Airport Operating Certificate*** (AOC – Certificado Operacional Aeroportuário), que atesta a conformidade do aeroporto ao CFR 14 Parte 139.

O CFR 14 Parte 139 fornece uma lista das áreas específicas de operações aeroportuárias que precisam atender às exigências de padrões próprios. A Tabela 6-1 oferece uma lista resumida dos 29 elementos do ACM que são exigidos para estar em conformidade com a Parte 139. Deve-se ressaltar que os aeroportos de Classe I, II e III devem cumprir todos os 29 elementos listados, enquanto os aeroportos de Classe IV ficam isentos de alguma exigências.

Os elementos listados na Tabela 6-1 podem ser divididos em três categorias:

Administração e manutenção de registros   Todos os aeroportos certificados precisam ter diretrizes formais de administração e manutenção de registros, como uma descrição formal do aeroporto, incluindo todas as áreas de movimentação, áreas de segurança, obstruções periféricas e quaisquer outras áreas no aeroporto ou em seu entorno que possam ser significativas para operações de emergência; o organograma do aeroporto; linhas de responsabilidade; e procedimentos de treinamento de funcionários.

Operações e manutenção   Todos os aeroportos certificados precisam de procedimentos formais para a operação segura do aeroporto e de procedimentos para controlar a movimentação pela infraestrutura do aeródromo, incluindo áreas pavimentadas e não pavimentadas, luzes, marcações e sinalizações. Para aeroportos de Classe I, II e III, deve haver gestão de riscos oferecidos por animais selvagens e controle de neve e gelo.

Operações de segurança e de emergência   Todos os aeroportos certificados precisam de um plano formal de emergência, uma descrição da proteção pública e padrões de resgate e combate a incêndio em aeronaves.

O ACM de um aeroporto é escrito de modo a descrever para a FAA como o próprio aeroporto abordará tais elementos especificamente. Sem dúvida, o ACM de

TABELA 6-1 Elementos obrigatórios do manual de certificação aeroportuária

Elementos do manual	Classe de certificado aeroportuário			
	Classe I	Classe II	Classe III	Classe IV
1. Linhas de sucessão de responsabilidade operacional do aeroporto	X	X	X	X
2. Isenção atual emitida para o aeroporto em relação às exigências	X	X	X	X
3. Limitações impostas pelo Administrador	X	X	X	X
4. Um mapa cartesiano ou qualquer outro meio para identificar localizações e características geográficas no aeroporto e em seu entorno que sejam significativas para operações de emergência	X	X	X	X
5. A localização de cada obstrução que precisa ser iluminada na área do aeroporto	X	X	X	X
6. Uma descrição das áreas de movimentação disponíveis para as empresas aéreas e suas áreas de segurança e das rodovias descritas no §139.319(k) que atendem a elas	X	X	X	
7. Procedimentos para evitar interrupção ou falha durante o trabalho de construção de utilidades que atendem a instalações ou NAVAIDS de apoio a operações de empresas aéreas	X	X	X	X
8. Uma descrição do sistema para a manutenção de registros, conforme exigido no §139.301	X	X	X	X
9. Uma descrição do treinamento de funcionários, conforme exigido no §139.303	X	X	X	X
10. Procedimentos para a manutenção de áreas pavimentadas, conforme exigido no §139.305	X	X	X	X
11. Procedimentos para a manutenção de áreas não pavimentadas, conforme exigido no §139.307	X	X	X	X
12. Procedimentos para a manutenção de áreas de segurança, conforme exigido no §139.309	X	X	X	X
13. Um plano mostrando o sistema de identificação de pistas de pouso e de pistas de táxi, incluindo a localização e os dizeres de sinais, marcações de pista de pouso e marcações de posição de espera, conforme exigido no §139.311	X	X	X	X
14. Uma descrição das marcações, dos sinais e dos sistemas de iluminação e os procedimentos para mantê-los, conforme exigido no §139.311	X	X	X	X

(*Continua*)

TABELA 6-1 Elementos obrigatórios do manual de certificação aeroportuária (*continuação*)

Elementos do manual	Classe I	Classe II	Classe III	Classe IV
15. Um plano de controle de neve e gelo, conforme exigido no §139.313	X	X	X	
16. Uma descrição de instalações, equipamentos, funcionários e procedimentos para obedecer às exigências de resgate e combate a incêndio em aeronaves, em conformidade com §139.315, §139.317 e §139.319	X	X	X	X
17. Uma descrição de qualquer isenção aprovada para exigências de resgate e combate a incêndio em aeronaves, conforme autorizado no §139.111	X	X	X	X
18. Procedimentos para proteger pessoas e propriedades durante o armazenamento, a distribuição e o manuseio de combustível ou de outras substâncias perigosas, conforme exigido no §139.321	X	X	X	X
19. Uma descrição dos indicadores de tráfego e de direção de vento e os procedimentos para mantê-los, conforme exigido no §139.323	X	X	X	X
20. Um plano de emergência, conforme exigido no §139.325	X	X	X	X
21. Procedimentos para conduzir o programa de autoinspeção, conforme exigido no §139.327	X	X	X	X
22. Procedimentos para controlar pedestres e veículos terrestres em áreas de movimentação e em áreas de segurança, conforme exigido no §139.329	X	X	X	
23. Procedimentos para remoção, marcação e sinalização de obstruções, conforme exigido no §139.331	X	X	X	X
24. Procedimentos para proteção de NAVAIDS, conforme exigido no §139.333	X	X	X	
25. Uma descrição da proteção pública, conforme exigido no §139.335	X	X	X	
26. Procedimentos para a gestão de riscos oferecidos por animais selvagens, conforme exigido no §139.337	X	X	X	
27. Procedimentos para a divulgação de condições do aeroporto, conforme exigido no §139.339	X	X	X	X
28. Procedimentos para identificar, marcar e iluminar construções e outras áreas fora de serviço, conforme exigido no §139.341	X	X	X	
29. Qualquer outro item que o Administrador considerar necessário para garantir a segurança no transporte aéreo	X	X	X	X

determinado aeroporto é diferente de qualquer outro, já que não existem dois aeroportos exatamente iguais. A Federal Aviation Administration avalia a conformidade dos aeroportos às regulamentações operacionais aeroportuárias, sobretudo com base no ACM exclusivo de cada um deles. Por causa disso, o ACM é considerado um dos documentos mais importantes criados pela gestão de um aeroporto.

Inspeções e conformidade

A cada ano, a FAA conduz inspeções em cada um dos aeroportos certificados pelo CFR 14 Parte 139. Essas inspeções verificam se o aeroporto está operando em conformidade com o seu próprio ACM. De acordo com a FAA, uma inspeção da Parte 139 consiste nas seguintes fases:

Revisão pré-inspeção Inclui uma revisão dos arquivos oficiais do aeroporto e de seu manual de certificação.

Reunião de programação com a gestão aeroportuária Organiza o cronograma de inspeções e de reuniões com diferentes funcionários do aeroporto.

Inspeção administrativa dos arquivos, documentos, etc., do aeroporto Também inclui a atualização do Registro-Mestre do Aeroporto (Formulário 5010 da FAA) e a revisão do *Airport Certification Manual*, dos *Notices to Airmen* (NOTAMs – Avisos aos Aviadores), de formulários de autoinspeção do sítio aeroportuário, etc.

Inspeção da área de movimentação Verifica as rampas de aproximação de cada extremidade de pista; inspeciona áreas de movimentação para conhecer a condição do pavimento, das marcações, da iluminação, dos sinais, dos acostamentos limítrofes e das áreas de segurança; observa as operações com veículos terrestres; assegura que o público esteja protegido contra ingresso inadvertido em áreas de segurança e contra a exaustão de turbinas a jato; fiscaliza a presença de qualquer animal selvagem; verifica indicadores de tráfego e de direção do vento.

Inspeção de resgate e combate a incêndio em aeronaves Conduz uma simulação cronometrada; verifica os registros de treinamento do setor de resgate e combate a incêndio em aeronaves, incluindo simulações anuais com incêndio real e documentação de treinamento para atendimento básico de emergência médica; confere equipamentos e vestuário de proteção em termos de operação, condição e disponibilidade.

Inspeção de instalações de abastecimento Inspeção do depósito de combustível e de caminhões de abastecimento; conferência de arquivos aeroportuários para confirmação de documentação de inspeções trimestrais de instalações de abastecimento; revisão da certificação de cada agente locatário envolvido com o abastecimento para conferir a conclusão de treinamento de segurança contra incêndios.

Inspeção noturna Avalia a iluminação e a sinalização em pista de pouso/táxi e pátio, marcações no pavimento, faróis do aeroporto, birutas, sistema de iluminação e iluminação de obstruções para verificar conformidade à Parte 139 e ao ACM. Uma inspeção noturna só é conduzida se as operações das empresas aéreas ocorrerem, ou virem a ocorrer, no aeroporto durante a noite ou se o aeroporto contar com aproximação por instrumentos.

Reunião pós-inspeção com a gestão aeroportuária Discute os resultados; emite uma Carta de Correção apontando as violações e/ou discrepâncias eventualmente encontradas; concorda com uma data razoável para a correção de quaisquer violações; e apresenta recomendações de segurança.

Segundo a FAA, caso se descubra que um aeroporto não está cumprindo suas obrigações, uma ação administrativa é imposta. A FAA também pode impor uma penalidade financeira para cada dia em que o aeroporto continuar a violar uma exigência da Parte 139. Em casos extremos, ela pode revogar o certificado do aeroporto ou limitar as áreas do aeroporto onde as empresas aéreas podem aterrissar ou decolar. Claramente, para aeroportos que desejam atender a operações de serviço comercial, o melhor é manter a administração e as operações em conformidade com um ACM aprovado, a fim de permanecerem obedecendo ao CFR 14 Parte 139.

Além disso, embora não seja uma exigência para operação, é recomendado que os aeroportos que não operam sob uma certificação da Parte 139 também implementem os elementos que são encontrados em ACMs, já que eles ajudam, de fato, na gestão eficiente de um aeroporto com segurança.

Áreas específicas da gestão aeroportuária importantes para aeroportos sob o CFR 14 Parte 139

Embora não seja a intenção deste texto meramente reproduzir todo o conteúdo encontrado no CFR 14 Parte 139, várias áreas específicas da gestão aeroportuária que nele são enfatizadas são descritas neste capítulo. Recomenda-se enfaticamente que o leitor complemente este capítulo com uma leitura do CFR 14 Parte 139 e, para aqueles que já trabalham com gestão aeroportuária, que revisem os ACMs dos aeroportos.

As áreas descritas em mais detalhes neste capítulo são Gestão de Pavimento, Resgate e Combate a Incêndio em Aeronaves (ARFF – Aircraft Rescue and Fire Fighting), Controle de Neve e Gelo, Gestão de Riscos Oferecidos por Animais Selvagens e Programas de Autoinspeção. Cabe ressaltar que esses assuntos são de importância e de interesse de todos os gestores aeroportuários, e não apenas daqueles que operam sob o CFR 14 Parte 139.

Gestão de pavimento

Superfícies com pavimentos resistentes, nivelados, secos e com boa manutenção é uma exigência para a movimentação de algumas aeronaves no aeroporto. Assim, a inspeção, a manutenção e o reparo de pistas de pouso, pistas de táxi e áreas de pátio como parte do programa de gestão de pavimento de um aeródromo são muito importantes para a gestão aeroportuária.

O CFR 14 Parte 139, Seção 139.305, abrange algumas características específicas que definem os padrões mínimos de qualidade para pavimentos de aeródromos, incluindo:

- As bordas do pavimento não devem exceder a uma diferença de elevação de 7,5 centímetros entre seções contíguas de pavimento e entre seções de reforço integral e de acostamento.
- As superfícies pavimentadas não devem conter buracos com mais de 7,5 centímetros de profundidade ou qualquer buraco cuja inclinação entre sua parte mais alta e sua parte mais baixa seja igual ou superior a 45°, medidos a partir do plano da superfície do pavimento, a menos que a área inteira do buraco possa ser coberta por um círculo de 12,5 centímetros de diâmetro.
- O pavimento não deve apresentar quaisquer rachaduras ou variações de superfície que possam prejudicar o controle direcional das aeronaves.
- Lama, poeira, brita solta, detritos, objetos estranhos, depósitos de borracha e outros elementos nocivos devem ser removidos prontamente e da forma mais completa possível, com exceção das operações de remoção de neve e gelo.
- Qualquer solvente químico que seja usado para limpar qualquer área de pavimento deve ser removido o quanto antes, exceto em operações de remoção de neve e gelo.
- O pavimento deve apresentar drenagem suficiente e deve estar livre de depressões, para evitar a formação de poças que obscureçam marcações ou que prejudiquem operações seguras com aeronaves.

As pistas de pouso geralmente são pavimentadas usando-se um dentre dois conjuntos de materiais: os **flexíveis (asfalto)** e os **rígidos (concreto)**. O concreto, um pavimento rígido que tem uma vida útil de 20 a 40 anos, é geralmente encontrado em grandes aeroportos de serviço comercial e antigas bases militares. Pistas feitas de pavimentos rígidos costumam ser construídas pelo alinhamento de uma série de placas de concreto conectadas por juntas, que permitem a contração e a expansão do pavimento como resultado da carga exercida sobre ele pelas aeronaves e por mudanças na temperatura do ar. Pistas construídas com pavimentos flexíveis geralmente são encontradas em aeroportos menores. A construção de pistas com esse tipo de pavimento costuma ser bem mais barata se comparada com as pistas de pavimento rígido. A vida útil das pistas de asfalto fica em média entre 15 e 20 anos, caso sejam bem projetadas, bem construídas e recebam boa manutenção.

Devido às suas características materiais flexíveis, o pavimento asfáltico não requer juntas ou emendas visíveis. A instalação do asfalto pode ser mais barata que a do concreto, mas as pistas asfálticas geralmente requerem mais manutenção a longo prazo. A preparação e a gradação do terreno subjacente, também conhecido como **subleito**, são muito importantes, bem como a vigilância e a pronta atenção às necessidades de manutenção. A umidade é a principal inimiga. Se a água não for drenada da superfície e para longe das bordas do pavimento, ela irá se infiltrar nas camadas subjacentes ao pavimento, acabando por enfraquecê-lo, até um ponto em que as camadas superiores cederão e afundarão. Então, buracos largos acabarão aparecendo, à medida que as chuvas mais fortes forem removendo esse material solto.

Após anos de uso e devido à mera exposição às condições atmosféricas, as pistas de asfalto começam a perder sua elasticidade. Quando isso ocorre, começam a aparecer rachaduras na superfície do pavimento, as quais permitem que a umidade penetre e enfraqueça ainda mais o pavimento. Em última instância, o pavimento já não é mais capaz de suportar cargas pesadas. Isso é conhecido como falência de pavimento. A vida útil de um pavimento pode ser prolongada em parte pelo recapeamento de seções enfraquecidas e pelo preenchimento de rachaduras, a fim de reduzir a penetração da umidade.

As pistas de pouso ou de táxi feitas de concreto geralmente são encontradas em grandes aeroportos com elevados volumes de tráfego de transporte aéreo, devido a sua capacidade relativamente alta de sustentação de cargas e de sua resistência aos efeitos destrutivos do clima. O concreto também resiste melhor do que o asfalto à deterioração causada por vazamento de óleo ou de combustível e, por esse motivo, costuma ser empregado em pátios de estacionamento e em torno de hangares em todos os tipos de aeroportos.

O concreto, sendo um material rígido que se expande e se contrai conforme a variação da temperatura, é assentado na forma de placas separadas por juntas de contração e expansão. As juntas são preenchidas com uma espécie de cimento flexível, que varia sua forma conforme o concreto se expande ou comprime. A temperaturas mais baixas, que fazem o concreto se contrair, as juntas podem se separar o suficiente para admitir materiais que são essencialmente incomprimíveis, como areia ou água congelada.

Quando materiais incomprimíveis se infiltram no concreto, pressões tremendas são geradas durante a posterior expansão das placas, levando, em certos casos, até à fratura do concreto na área da junta. Isso é conhecido como **esboroamento**. As bordas fraturadas permitem que a precipitação permeie o terreno abaixo da superfície do pavimento, fazendo com que o subleito seja varrido pelas águas. Isso leva a uma fundação vazia sob as placas de concreto, o que, por sua vez, acaba levando ao desalinhamento das placas e até mesmo a fraturas.

Materiais incomprimíveis nas juntas de expansão também podem fazer com que as placas saiam do encaixe, ou seja, que se acavalem umas sobre as outras. É possível também que as placas fiquem abauladas para cima, rachando a superfície e abrindo caminho para que umidade se acumule debaixo da superfície do pavimento. Quantidades consideráveis de superfícies de concreto podem ser destruídas em um espaço relativamente curto de tempo devido à falta de manutenção nas juntas de expansão. Mesmo que as placas de concreto fiquem com um grau ínfimo de desalinhamento, elas já apresentarão risco. Os trens de pouso, especialmente os trens do nariz, podem ser significativamente danificados, já que superfícies irregulares são capazes de estourar pneus e até mesmo fazer com que o piloto perca o controle da aeronave.

Inspeções periódicas em solo podem facilmente identificar fendas em juntas, rachaduras superficiais e outros problemas antes que a pista passe a oferecer riscos para operações de aviação. Dentre os problemas específicos de pista de pouso que são considerados riscos estão as trincas do tipo "couro de jacaré" em superfícies asfálticas, as trincas de pavimento, a corrugação, o esboroamento e a criação de buracos.

Os sintomas a seguir fornecem indícios de uma potencial falência do pavimento:

- Formação de poças no pavimento ou próximo a ele.
- Invasão de solo ou de grama densa nas bordas do pavimento, impedindo o escoamento d'água.
- Valas entupidas ou alargadas.
- Erosão do solo nas bordas do pavimento.
- Juntas a céu aberto ou recobertas por silte.
- Rachaduras ou fragmentação de superfícies.
- Ondulações ou superfícies irregulares.

Diversas medidas podem ser tomadas para reparar os problemas que aparecem em pavimentos de concreto e de asfalto. O fator determinante para a seleção de uma medida é o grau de deterioração em que se encontra o pavimento. Pavimentos com pouca deterioração geralmente exigem uma manutenção moderada, enquanto pavimentos em estado mais avançado de deterioração exigem *reabilitação* ou *reconstrução*. A FAA define **manutenção de pavimento** como "qualquer trabalho regular ou recorrente necessário para preservar um pavimento existente em boas condições e qualquer trabalho envolvido no cuidado ou na limpeza de pavimentos existentes, além de trabalho menor ou incidental em pavimento existente". A manutenção de pavimentos envolve, por exemplo, o selamento de pequenas rachaduras superficiais.

A FAA define **reabilitação de pavimento** como o "desenvolvimento necessário para preservar, reparar ou restaurar a integridade financeira" do pavimento. O acréscimo de mais uma camada de asfalto à superfície de uma pista com o objetivo de reforçar o pavimento seria considerado uma reabilitação. Tipicamente, a FAA fornece recursos para aeroportos por meio do programa AIP para projetos de reabilitação de pavimentos. Já os projetos de manutenção de pavimentos não costumam ser elegíveis ao recebimento de investimentos pelo AIP.

Ainda que as abordagens para o reparo de pavimentos possam variar, alguns especialistas observam que a manutenção e a reabilitação dentro de um cronograma adequado podem prevenir a necessidade da substituição do pavimento como um todo, conhecida como **reconstrução de pavimento**, que é um processo muito mais dispendioso. Um programa adequado de manutenção é capaz de minimizar a deterioração do pavimento. De modo similar, a reabilitação é capaz de estender o prazo necessário para a substituição do pavimento.

Um programa apropriado de gestão de pavimento avalia a condição presente de um pavimento e prevê a sua condição futura mediante o uso de um índice de condição de pavimento. Projetando-se a taxa de deterioração, uma análise de custo de ciclo de vida pode ser realizada para várias alternativas, e o tempo ideal de aplicação da melhor alternativa pode ser determinado.

Durante os primeiros 75% de sua vida útil, o desempenho de um pavimento é relativamente estável. É durante os últimos 25% de sua vida útil que o pavimento começa a se deteriorar com rapidez. O desafio dos programas de gestão de pavimento é prever com a maior precisão possível quando esse ponto de 75% de vida útil será alcançado em um setor específico de pavimento, para que sua manutenção e reabilitação possam ser agendadas para prazos apropriados.

Quanto mais tempo a vida útil de um pavimento puder ser estendida até precisar ser reabilitada, menor será o seu custo geral de ciclo de vida. De acordo com estimativas da própria FAA, o custo total de se ignorar a manutenção e a reabilitação periódicas de um pavimento em más condições pode ser até quatro vezes mais alto do que o custo de manutenção desse mesmo pavimento em boas condições.

Uma avaliação precisa e completa do sistema de pavimento existente é um dos fatores-chave para o sucesso de um projeto de manutenção. Grandes avanços foram feitos nessa área com o desenvolvimento e a aplicação do **ensaio não destrutivo (END)**.

Uma das técnicas não destrutivas mais eficientes e valiosas é o *ensaio vibratório* ou *dinâmico*. Essa técnica mede a força do sistema de pavimento ao sujeitá-lo a uma carga vibratória e ao medir, então, o quanto o pavimento *se deforma* sob essa carga conhecida. Dos inúmeros dispositivos disponíveis para realizar esses testes, um dos mais populares é o Road Rater. Esse dispositivo manobrável é capaz de conduzir um teste preciso em até 12 segundos.

No passado, as avaliações de pavimento normalmente incluíam um grande número de testes destrutivos, caros e demorados, como amostragem de núcleo, alesagem e escavações. Escolhidos visualmente ou ao acaso, os locais em que esses testes eram conduzidos geravam resultados com níveis variados de sucesso. Infelizmente, a realização de testes suficientes para a obtenção de resultados com uma precisão razoável também significava custos altos e períodos excessivos de fechamento de pista.

Tirando proveito da economia e da agilidade do ensaio vibratório, é possível saturar o sistema de pavimento com testes para determinar uma quantidade mínima de locais onde ensaios destrutivos podem ser realizados, a fim de se obter uma avaliação completa e acurada do pavimento e de seus componentes. Além disso, os resultados frequentemente indicam outros fatores que contribuem para a fragilidade do pavimento, como deficiências de drenagem.

Pavimentos rígidos feitos com concreto também podem ser examinados com essa técnica para avaliar a propensão ao surgimento de espaços vazios sob as placas, a extensão de bombeamento, a qualidade de transferência de carga e o grau de movimentação das seções rachadas umas contra as outras sob cargas de tráfego. Essas análises determinam a extensão e a duração da manutenção reparadora ou preventiva apropriada para preparar o sistema de pavimento de concreto para que ele se comporte adequadamente após ser recapeado.

Os testes na superfície aeroportuária irão revelar a manutenção necessária para enquadrar o sistema de pavimento dentro das especificações definidas no plano de gestão aeroportuária a longo prazo. Produtos e métodos para a manutenção de pavimento estão constantemente em mudança. As condições ambientais exigem diferentes aplicações de materiais e métodos de construção similares. As soluções para o problema da manutenção de pavimento assumem características específicas, tendo como base principalmente o ambiente específico e os níveis de atividade apresentados por cada aeroporto.

Em termos gerais, a manutenção reduz substancialmente a necessidade de reparos extensivos ou de substituição de superfícies aeroportuárias em deterioração. A solução definitiva para dificuldades com pavimentos é descobrir e reparar os menores danos antes que eles evoluam para problemas maiores. O setor responsável pelas operações aeroportuárias normalmente realiza inspeções diárias nas superfícies pavimentadas, tomando nota de problemas emergentes e chamando a assistência técnica. Periodicamente, um engenheiro civil realiza uma inspeção para conferir formas mais sutis de identificar problemas com o pavimento.

Fricção superficial das pistas

Uma das características mais importantes dos pavimentos de pistas de pouso, em particular, é a fricção superficial. A fricção superficial permite que as aeronaves acelerem com segurança para a decolagem e que desacelerem após a aterrissagem. A falta de fricção suficiente na superfície acabará resultando em derrapagem, deslizamento e perda geral de controle para as aeronaves sobre a superfície da pista.

A fricção superficial do pavimento de uma pista está sob constante ameaça de desgaste regular, umidade, agentes contaminantes ou anormalidades de pavimento. Movimentações repetidas de tráfego desgastam a superfície da pista. Climas úmidos podem resultar em **aquaplanagem dinâmica** ou **viscosa**. A aquaplanagem dinâmica é um fenômeno que ocorre quando os pneus do trem de pouso deslizam por sobre um filete d'água que recobre a superfície da pista. Já a aquaplanagem viscosa ocorre quando uma fina camada de óleo, sujeira ou partículas de borracha se misturam com a água e impedem que os pneus façam contato direto com o pavimento. Agentes contaminantes, depósitos de borracha e partículas de poeira se acumulam com o passar do tempo e recobrem a superfície. Além disso, o pavimento propriamente dito pode ter áreas de depressão superficial que ficam sujeitas à formação de poças durante períodos de precipitação.

O método mais eficiente e econômico para reduzir a aquaplanagem é aplicar *grooving* **de pista de pouso**. Ranhuras (*grooves*) de 6,35 milímetros de altura, espaçadas a aproximadamente 3,15 centímetros umas das outras, são feitas (geralmente com lâminas de diamante) na superfície da pista. Essas ranhuras de segurança ajudam a proporcionar uma melhor drenagem na superfície da pista, oferecem rotas de fuga para a água sob contato com o pneu, a fim de evitar aquaplanagem dinâmica, e fornecem um meio de escape para o vapor superaquecido em derrapagem. O *grooving* também auxilia na drenagem de áreas superficiais que tendem a formar poças, reduzindo os riscos de entrada de borrifo, arrasto de fluido na decolagem e dano por impacto de borrifo. Infelizmente, as ranhuras acabam ficando repletas de matéria estranha e precisam ser limpas periodicamente. A remoção de depósitos de borracha e de outros agentes contaminantes requer o uso de jatos d'água a alta pressão, solventes químicos e técnicas de impacto a alta velocidade.

O *método de jato d'água a alta pressão* é usado mirando-se os jatos na superfície do pavimento, a fim de livrá-los de agentes contaminantes. A técnica é inócua em termos ambientais e remove depósitos em tempo mínimo. Equipamentos de jato d'água a alta pressão operam entre 5.000 e 8.000 psi e são capazes de atingir pressões de até 10.000 psi. O método de limpeza de superfície de pista com jatos d'água a alta pressão só pode ser usado quando a temperatura está acima dos 4,4 °C, quando o risco de congelamento é minimizado.

Solventes químicos têm sido usados com sucesso para remover agentes contaminantes tanto de pistas de concreto quanto de asfalto. As substâncias químicas devem obedecer a padrões ambientais. Substâncias ácidas são usadas em pistas de concreto e substâncias alcalinas são usadas em pistas asfálticas.

O *método de impactos a alta velocidade* consiste no lançamento de partículas abrasivas a alta velocidade sobre a superfície da pista. Essa técnica varre os agentes contaminantes da superfície e pode ser ajustada a fim de produzir a textura desejada na superfície. O material abrasivo é propelido mecanicamente a partir de pontas periféricas de lâminas radiais em uma roda de alta velocidade em forma de leque. Essa operação de recondicionamento pode ser realizada sob qualquer temperatura e em qualquer estação, exceto sob chuva ou na presença de poças, neve ou gelo.

Independentemente do tipo de pavimento usado nas pistas de pouso, nas pistas de táxi e nas áreas de pátio de um aeródromo, um plano prescrito de inspeção, manutenção e reabilitação de pavimento é essencial para a operação e a movimentação seguras de aeronaves pelo aeroporto.

Resgate e combate a incêndio em aeronaves

Ainda que seja rara a ocorrência de incidentes envolvendo incêndios e emergências em um aeroporto, quando eles ocorrem, especialmente em uma aeronave, as funções de combate a incêndio e de resgate em um aeroporto podem representar a diferença entre a vida e a morte para pilotos, passageiros e outros profissionais que atuam no aeroporto. Por causa disso, serviços de resgate e combate a incêndio em aeronaves (ARFF – *aircraft rescue and fire fighting*) são enfaticamente recomendados em todos os aeroportos e representam um item obrigatório para aqueles aeroportos que operam sob o CFR 14 Parte 139. Para os aeroportos que não operam sob as exigências do CFR 14 Parte 139, um acordo com as agências municipais locais de resgate e combate a incêndio é necessário para operações seguras.

As características dos incêndios em aeronaves são diferentes daquelas em outras estruturas e equipamentos, devido à velocidade com que eles se espalham e ao calor intenso que eles geram. Por causa disso, o CFR 14 Parte 139 designa exigências específicas de ARFF com base no tipo de aeronave predominante em cada aeroporto.

O CFR 14 Parte 139.315 designa o *índice ARFF* de um aeroporto com base no comprimento (do nariz até a cauda) das aeronaves das empresas aéreas que utilizam o aeroporto e no número médio de partidas diárias das aeronaves. O índice ARFF é determinado pela aeronave de maior comprimento que atende ao aeroporto em uma média de cinco ou mais operações por dia. A determinação do índice com base no comprimento das aeronaves se dá da seguinte forma:

- Índice A: aeronaves com menos de 27 metros de comprimento
- Índice B: aeronaves com mais de 27 metros, mas menos de 38 metros de comprimento
- Índice C: aeronaves com mais de 38 metros, mas menos de 48 metros de comprimento
- Índice D: aeronaves com mais de 48 metros, mas menos de 61 metros de comprimento
- Índice E: aeronaves com mais de 61 metros de comprimento

O sistema por índices se baseia no tamanho da área que precisa ser garantida para a evacuação e a proteção dos ocupantes da aeronave em caso da ocorrência de um acidente envolvendo fogo. A área de proteção é igual ao comprimento da aeronave multiplicado por uma largura de 30 metros, consistindo em 12 metros em cada lado da fuselagem, mais uma margem de 6 metros para a largura da fuselagem. O sistema por índices se baseou nesse conceito de área crítica expresso pelo comprimento das aeronaves a fim de proporcionar uma proteção mais equitativa para todas as aeronaves que utilizam o aeroporto.

O ARFF emprega combinações de água, substâncias químicas secas e **espuma formadora de filme aquoso** (AFFF – *aqueous film-forming foam*) para combater incêndios em aeronaves e instalações do aeródromo. O CFR 14 Parte 139.317 descreve os equipamentos e os agentes de ARFF que devem estar presentes no aeroporto, com base no índice ARFF do aeroporto. Essas exigências mínimas são as seguintes: Aeroportos de Índice A precisam dispor de um veículo ARFF carregando, no mínimo:

1. 230 quilos de substância química seca com base em sódio, halon 1211 ou agente de limpeza

   ou

2. 200 quilos de substância química seca com base em potássio e 45 quilos de água e AFFF para aplicação simultânea de água e de espuma

Aeroportos de Índice B precisam atender a uma das seguintes exigências:

1. Um veículo ARFF carregando no mínimo 230 quilos de substância química seca com base em sódio, halon 1211 ou agente de limpeza, 5.700 litros de água e AFFF para produção de espuma

   ou

2. Dois veículos, um deles carregando os agentes exigidos para o Índice A e o outro carregando água e AFFF suficientes para que a quantidade total de produção de água e espuma levada em ambos os veículos seja de pelo menos 5.700 litros

Aeroportos de Índice C precisam ter:

1. Três veículos, um deles carregando os agentes exigidos para o Índice A e os outros dois carregando água e AFFF suficientes para que a quantidade total de produção de água e espuma levada pelos três veículos seja de pelo menos 11.400 litros

   ou

2. Dois veículos, um deles carregando os agentes exigidos para o Índice B e o outro carregando água e espuma suficientes para que a produção de espuma por ambos os veículos seja de 11.400 litros

Aeroportos de Índice D precisam ter três veículos, incluindo:

1. Um veículo ARFF carregando os agentes exigidos para o Índice A
2. Dois veículos carregando água e espuma suficientes para que a produção de espuma pelos três veículos seja de pelo menos 15.100 litros

Aeroportos de Índice E precisam ter três veículos, incluindo:

1. Um veículo ARFF carregando os agentes exigidos para o Índice A
2. Dois veículos carregando água e espuma suficientes para que a produção de espuma pelos três veículos seja de pelo menos 22.700 litros

O CFR 14 Parte 139 indica um tempo mínimo de resposta para que o primeiro veículo atenda a um incidente, definido com base na capacidade de alcançar o ponto mais distante da pista a partir do posto designado ao veículo. Esse tempo mínimo é de 3 minutos após o disparo do alarme, com todos os outros veículos chegando ao local em no máximo 4 minutos.

Até a década de 1960, os equipamentos de combate a incêndio em aeroportos consistiam em pouco mais do que versões modificadas daquilo que era usado pelos serviços municipais de bombeiros. Hoje, praticamente todos os grandes aeroportos contam com veículos de intervenção rápida (VIRs) capazes de chegar às pistas dentro de 2 minutos após soar o alarme. Veículos de carga pesada são projetados para cruzarem áreas não pavimentadas a fim de chegarem até uma pista distante ou para avançarem por terrenos acidentados, onde muitos acidentes tendem a ocorrer (Figura 6-1).

Os VIRs são caminhões rápidos que carregam espuma, água e equipamentos médicos e de resgate, além de luzes para uso em nevoeiro ou na escuridão. Suas equipes iniciam as operações de contenção de fogo e de abertura de rotas de fuga. A eles se seguem os caminhões-tanque com espuma. Eles são grandes, porém rápidos e manobráveis, e levam cerca de 10 vezes mais espuma do que o VIR. Pistolas de espuma montadas em torres giram no próprio eixo para projetar a espuma a até 90 metros de distância (Figura 6-2).

A maior parte das instalações de ARFF se baseia no fornecimento rápido de agentes extintores por espuma até a cena de um acidente. A espuma é o material preferido nesse cenário porque os seus dois principais ingredientes, espuma concentrada e água, podem ser levados até a cena e aplicados da maneira mais eficiente possível.

A espuma abafa o fogo e resfria a área vizinha, impedindo o seu alastramento. A água, na verdade, só é efetiva como um agente resfriador. Pó seco (com base de sódio ou de bicabornato de potássio) é mais eficaz em incêndios localizados em rodas e pneus ou em aparatos eletrônicos. A espuma também tem suas limitações como um agente extintor. Ela precisa ser aplicada em grandes quantidades e de maneira, como descrita pela National Fire Protection Association (Associação Nacional de Proteção Contra Incêndio), como "delicada, de modo a formar um cobertor impermeável e resistente ao fogo" quando se está lidando com grandes derramamentos de líquidos inflamáveis, como combustível ou fluidos hidráulicos.

O cobertor de espuma, uma vez aplicado, pode ser rompido pelo vento, por água corrente, por turbulência ou até mesmo por "cozimento" gerado pelo calor residual em metais ou em superfícies queimadas. A aplicação de uma boa camada de espuma e a manutenção dessa camada intacta são as principais preocupações dos procedimentos de ARFF.

O treinamento é um ingrediente-chave para a eficiência do ARFF em geral. Existem dois desafios básicos para a gestão aeroportuária nesse quesito: treinamento inicial e manutenção da prontidão e da eficiência no combate a incêndios. Para

A unidade leve de resgate ilustrada à esquerda é capaz de carregar 135 quilos de bicabornato de sódio em pó seco em duas unidades pressurizadas por dióxido de carbono. Cada pistola de descarga é capaz de ejetar pó a uma taxa de 1,5 quilo por segundo a um raio de 12 metros.

O caminhão-tanque de carga pesada ilustrado à direita é capaz de descarregar 38.000 litros de água ou espuma por minuto através de seu monitor e mais de 3.800 litros através de cada uma de suas linhas manuais, enquanto se movimenta para frente ou para trás.

O tanque armazena 760 litros de concentrado de espuma e é projetado de tal forma que sua base se inclina para um poço.

A cabine de quatro portas para quatro pessoas é feita com revestimento duplo e isolante de alumínio.

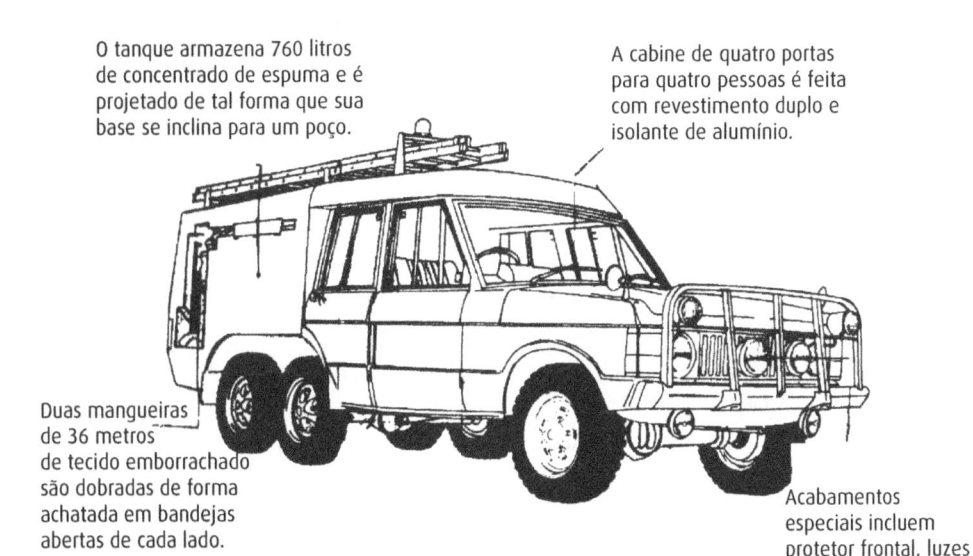

Duas mangueiras de 36 metros de tecido emborrachado são dobradas de forma achatada em bandejas abertas de cada lado.

Acabamentos especiais incluem protetor frontal, luzes poderosas para nevoeiros e refletores (não mostrados) no teto do veículo.

O veículo de intervenção rápida em caso de incêndio mostrado acima é projetado para acelerar até 110 km/h, tão rápido quanto um carro esportivo, apesar do peso da espuma e do equipamento. Ele leva 910 litros de uma solução de água e espuma concentrada e pronta para misturar, além de equipamentos de primeiros socorros e de resgate. Ele é usado para conter o fogo e manter abertas as rotas de fuga da aeronave até que a força principal de combate a incêndio chegue. Esse chassi versátil pode ser encaixado, com alongadores e outros equipamentos especiais, para uso como uma ambulância.

FIGURA 6-1 Veículos típicos de ARFF.

FIGURA 6-2 Veículo "Striker" para ARFF avançado. (Fotografia cortesia de Oshkosh, Inc.)

manter o setor de ARFF e seus equipamentos em plena ordem de funcionamento, programas de treinamento intensivo em serviço devem ser desenvolvidos. O CFR 14 Parte 139 sugere que qualquer currículo de treinamento de ARFF contenha instruções nas seguintes áreas:

- Familiarização com o aeroporto
- Familiarização com as aeronaves
- Segurança pessoal em resgates e combate a incêndios
- Sistemas de comunicação de emergência no aeroporto, incluindo alarmes de incêndio
- Uso de mangueiras, pistolas, torres e outros dispositivos obrigatórios
- Aplicação dos tipos de agentes extintores obrigatórios
- Assistência na evacuação de emergência de aeronaves
- Operações de combate a incêndio
- Adaptação e uso de equipamento estrutural para resgate e combate a incêndio em aeronaves
- Perigos oferecidos por cargas aéreas
- Familiarização com os deveres dos bombeiros sob o plano de emergência do aeroporto

Além disso, pelo menos um funcionário de ARFF por turno deve ter treinamento em atendimento médico, abrangendo as seguintes áreas:

- Sangramento
- Ressuscitação cardiopulmonar

- Choque
- Diagnóstico primário de pacientes
- Lesões no crânio, na espinha, no peito e nas extremidades
- Lesões internas
- Movimentação de pacientes
- Queimaduras
- Triagem

O CFR 14 Parte 139 exige que todos os funcionários de ARFF participem de no mínimo uma simulação com fogo real a cada 12 meses. Muitos aeroportos conduzem simulações de acidente em tempo real, que incluem ARFF, bem como outros elementos da gestão aeroportuária e de serviços comunitários, a cada 3 anos.

Controle de neve e gelo

Em muitas áreas nas regiões setentrionais e montanhosas dos Estados Unidos, a remoção de neve e gelo dos pavimentos dos aeródromos representa uma parcela significativa do orçamento geral de operações. A efetividade envolvida nesses gastos depende da capacidade dos gestores em planejar e executar um plano de controle de neve e gelo (SICP – *snow and ice control plan*) eficiente.

O CFR 14 Parte 139.313 declara especificamente que todos os aeroportos que operam sob o CFR 14 Parte 139 e que estão situados em regiões com ocorrência regular de neve e gelo devem preparar, manter e executar um SICP. Esse plano deve incluir instruções e procedimentos para:

- Pronta remoção ou controle, o máximo possível, de neve e gelo nas áreas pavimentadas
- Posicionamento apropriado dos montantes de neve removida nas superfícies de áreas de movimentação, de tal modo que todas as hélices, turbinas, rotores e pontas das asas das aeronaves fiquem livres de derrapagem e de colisões quando os seus trens de pouso atravessarem qualquer porção de área pavimentada
- Seleção e aplicação de materiais aprovados para o controle de neve e gelo que garantam uma aderência suficiente a esses elementos, a fim de minimizar a entrada de material nas turbinas
- Pronto início das operações de controle de neve e gelo
- Pronta notificação às empresas aéreas que utilizam o aeroporto quando qualquer parte da área pavimentada normalmente disponível a elas estiver abaixo do satisfatório para operações seguras com suas aeronaves

Dentre os itens geralmente incluídos em um SICP estão:

1. Uma breve declaração do propósito do programa.
2. Uma listagem dos funcionários e das organizações (aeroportuárias e outras) responsáveis pelo SICP: muitos aeroportos contratam funcionários adicionais

durante os meses de inverno ou utilizam funcionários dos departamentos de limpeza urbana em contratos emergenciais.
3. Padrões e procedimentos a serem seguidos: existem muitas fontes usadas pelos gestores aeroportuários para se preparar para esse aspecto de seus SICPs, como, por exemplo, o guia *Air Transportation Snow Removal Handbook*, publicado pela ATA, e a Circular Consultiva da FAA 150/5200-30C, Airport Winter Safety and Operations (Segurança e Operações no Inverno em Aeroportos). A AAAE também organiza um simpósio internacional sobre neve na aviação, em que são apresentadas oficinas abrangendo todos os aspectos da remoção de neve.
4. Treinamento: como o programa de remoção de neve em aeroportos requer habilidades especiais, um programa de treinamento é normalmente uma parte integral do plano. Ele inclui treinamento em sala de aula sobre temas como orientação aeroportuária, padrões e procedimentos para a remoção de neve, uso de vários tipos de equipamento, características das aeronaves (capacidades e limitações), descrição das áreas que oferecem riscos e problemas em aeroportos, comunicações e procedimentos de segurança. Os treinamentos práticos envolvem uma revisão das áreas e dos riscos operacionais, manuseio prático de equipamentos para familiarizar os operadores com as dimensões das áreas e com técnicas de manobras e prática de comunicações no local de trabalho.

Além disso, os SICPs devem incluir comunicações de controle de tráfego aéreo, considerações de segurança, padrões de inspeção e responsabilidades associadas a avisos aos aviadores (NOTAMs).

Sincronia de tempo

Saber quando implementar o SICP a fim de manter a segurança das operações e evitar uma repetição desnecessária de certas atividades é algo que se aprende através da experiência. Previsões do tempo incluindo as seguintes informações podem ser úteis nesse aspecto:

- Previsão do início de qualquer precipitação de neve
- Duração, intensidade e acúmulo estimados
- Direções e velocidades do vento previstas durante a precipitação de neve
- Variações de temperatura durante e após a precipitação de neve
- Cobertura de nuvens após a precipitação de neve

A remoção de neve geralmente está vinculada às limitações operacionais das aeronaves mais críticas que utilizam o aeroporto. Grandes aeronaves a jato apresentam limitação para a decolagem de 1,27 centímetros de neve pesada e úmida e de 2,54 centímetros de neve com umidade média. Isso significa que as operações de remoção precisam ser postas em prática antes que tais condições sejam alcançadas e devem continuar sem interrupções até o final do evento de precipitação de neve e até o momento em que as operações possam ser realizadas com segurança.

Especificamente, aeroportos sob o CFR 14 Parte 139 devem incluir no SICP do seu ACM um conjunto de áreas no aeródromo em que a remoção de neve terá prioridade. Essas áreas de "prioridade 1" geralmente incluem pelo menos uma pista de pouso principal e um conjunto de pistas de táxi e áreas de rampa fundamentais para a operação segura das aeronaves durante condições meteorológicas adversas. A tabela a seguir identifica os tempos recomendados pela FAA para a limpeza de superfícies de prioridade 1 em pistas de pouso com no mínimo 2,54 centímetros para operações de pouso ou decolagem (ref. FAA AC 150/5200-30C):

Nº de operações anuais	Tempos para limpeza (horas)	
	Aeroporto de serviço comercial	Aeroporto da aviação geral
40.000 ou mais	$\frac{1}{2}$	2
Entre 10.000 e 40.000	1	3
Entre 6.000 e 10.000	$1\frac{1}{2}$	4
Menos de 6.000	2	6

A tabela acima deve ser usada como uma referência pelos gestores aeroportuários para ajudar a determinar o número apropriado de veículos e de equipamentos de remoção de neve para o seu aeroporto.

Operações de remoção de neve são iniciadas pela pista de pouso e, a partir dela, avançam para as outras pistas de pouso e de táxi. Ao mesmo tempo que esse trabalho é realizado, também se vai limpando a neve das rampas, das posições de carregamento de aeronaves, das áreas de serviço e das instalações públicas, já que todas essas áreas estão intimamente relacionadas à operação aeroportuária como um todo.

Equipamentos e procedimentos

Existem dois métodos básicos para se remover neve e gelo: o *mecânico* e o *químico*. A maior parte dessas operações se dá por meios mecânicos, pois os métodos químicos costumam ser mais caros e menos efetivos do que aqueles disponíveis para rodovias, por exemplo. Sistemas de tubulações subterrâneas com água quente ou com aquecimento elétrico são usados nas áreas de pátio em alguns aeroportos de grande porte. Como a construção e a manutenção desses sistemas é algo bastante dispendioso, sua implementação acaba sendo impossibilitada na maioria dos aeroportos.

Os três métodos mecânicos de remoção de gelo são: limpa-neves, exaustores de neve e varredores de neve. Os limpa-neves disponíveis para uso aeroportuário não diferem significativamente daqueles usados em rodovias. As lâminas do limpa-neves estão disponíveis em aço, em aço com bordas cortantes de carbureto de aço, em borracha e com bordas de poliuretano. As bordas de carbureto de aço oferecem uma vida útil mais longa do que as bordas tradicionais de aço, cortam com mais eficiência porções de neve empedrada e podem ser mais eficazes na remoção de gelo que não está colado à superfície do pavimento.

As lâminas de borracha duram mais do que as lâminas de aço, geram menos ruído e vibração (o que contribui para o conforto do operador) e funcionam bem com neve embarrada, ainda que não tão bem quanto o aço para remoção de neve seca ou empedrada. Lâminas de borracha custam consideravelmente menos do que lâminas de aço, mas costumam durar entre 5 e 10 vezes mais, dependendo dos cuidados com sua manutenção.

O exaustor de neve é o principal aparelho mecânico para a remoção de acúmulos de neve, como leiras e montanhas de neve. Os exaustores de neve são frequentemente usados para a limpeza de pistas de táxi, pátios e áreas de estacionamento antes da remoção de leiras de neve da pista de pouso.

Os varredores de neve são usados sobretudo para limpar resíduos deixados na superfície pelos limpa-neves e pelos exaustores de neve. Eles também são usados para remover neve leve das superfícies e areia espalhada pela pista para aumentar a fricção. O varredor de neve é o único dos três tipos básicos de equipamento que é usado ao longo de todo o ano no aeroporto. Pistas de pouso e de táxi podem ser mantidas limpas e livres de detritos com o varredor, que evita que *objetos estranhos* (*FOD – foreign object debris*) danifiquem as hélices ou as turbinas das aeronaves. O varredor geralmente apresenta a operação mais lenta entre os três tipos de equipamento e, devido à sua relativa falta de efetividade na remoção de um acúmulo apreciável de neve, ele não será útil como máquina de ataque inicial na maioria das precipitações de neve. O seu uso, contudo, pode eliminar os problemas causados por resíduos congelados nas superfícies e as preocupações que os operadores de aeronaves têm quanto à entrada de material pelas turbinas e à erosão em hélices causadas por areia solta e seca na pista. Os varredores podem possuir cerdas de aço ou sintéticas. As cerdas de aço cortam o gelo com maior eficácia, mas as cerdas de náilon ou de polipropileno são mais eficazes com neve muito úmida ou embarrada.

Os equipamentos de remoção de neve são caros, mas as perdas de receita devido ao fechamento de um aeroporto por acúmulo de neve são muito maiores se os equipamentos apropriados não forem adquiridos (Figura 6-3).

Para pavimentos do aeródromo, diferentes tipos de produtos químicos podem ser usados para evitar ou remover neve e seus acúmulos. Tais produtos incluem ureia, compostos a base de acetato e formiato de sódio. A ureia é um composto sintético granular, cristalino e sólido, usado frequentemente como fertilizante. Ela é eficaz na remoção de gelo e de neve a temperaturas de até -10 °C. Compostos a base de acetato incluem acetato de potássio (conhecido como Cryotech), acetato de cálcio e magnésio (CMA – *calcium magnesium acetate*) ou acetato de sódio (Clearway 2). Esses compostos são comprovadamente eficazes a -160 °C.

A remoção de neve normalmente se inicia assim que aparecem traços de precipitação nas pistas de pouso. Costuma-se permitir que a neve se acumule 2,5 centímetros no pátio antes que os funcionários do aeroporto ou agentes terceirizados sejam chamados para remoção. A neve removida geralmente é transportada em caminhões até um depósito especial em áreas contíguas ao aeroporto.

As operações de limpeza de neve em pistas de pouso costumam ser conduzidas por uma cadeia de quatro a cinco veículos trabalhando em formação escalonada. Primeiramente, os limpa-neves atravessam a pista a velocidades de até 55 km/h e empur-

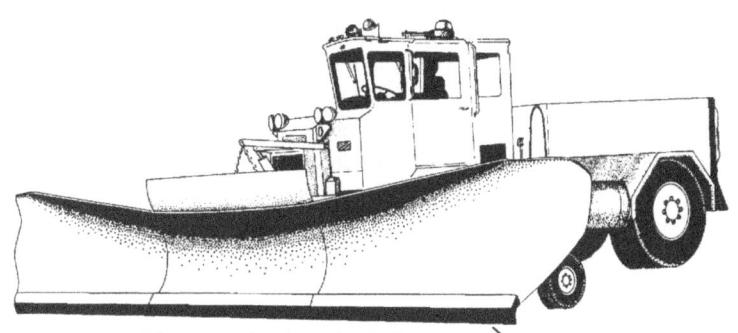

Os limpa-neves são especialmente projetados e ajustáveis para a direita ou para a esquerda, a fim de rolarem a neve e a jogarem para qualquer um dos lados. As lâminas articuladas de borracha são projetadas para limpar as luzes embutidas na pista de pouso. O limpa-neve ilustrado acima é capaz de limpar 6,5 metros por passagem, a velocidades de até 65 km/h.

Base com lâmina articulada de borracha

Um exaustor de neve como o ilustrado acima é capaz de limpar leiras a velocidades de até 55 km/h e lidar com até 3.000 toneladas por hora.

Um varredor de neve como o ilustrado acima é capaz de limpar precipitações pesadas de neve em uma única passagem. Angulado a 45°, o varredor de 4 metros de comprimento espalha a neve para até 45 metros de cada lado. Um controle variável de velocidade pode ser ajustado para uma passagem lenta para a limpeza de neve pesada e embarrada a 550 rpm. Por meio de um defletor a ar, a neve é jogada para o alto, para ser levada pelo vento, ou bem rente ao solo, para evitar seu refluxo.

FIGURA 6-3 Equipamentos para remoção de neve de aeródromos.

ram a neve para as bordas do pavimento (Figura 6-4). Eles normalmente são seguidos por exaustores de neve ou por varredores de neve, que dispersam as leiras de neve nas áreas abertas além do pavimento. Os varredores de neve são usados para limpar as instalações de iluminação embutidas na pista, quando há ocorrência de neve semiempedrada sobre elas, e também para a remoção de neve embarrada e de um pouco de acúmulo.

Acúmulo de gelo

Embora o acúmulo de neve possa ameaçar a segurança das operações em um aeródromo, o gelo é o problema mais difícil de se enfrentar, já que apresenta os maiores riscos para as operações das aeronaves. Muitos aeroportos tentam controlar tais condições por meio do uso de areia. Infelizmente, a areia seca espalhada pelas pistas de pouso e de táxi é rapidamente removida pela exaustão das turbinas das aeronaves, fazendo com que seja necessário empregar um meio para fixar a areia ao gelo. O método mais eficaz emprega equipamentos convencionais para a queima de sementes. O procedimento consiste em aplicar areia à superfície de gelo por meio de caminhões espalhadores movidos e operados hidraulicamente. Eles derramam uma camada uniforme de areia, e são seguidos imediatamente por unidades munidas de queimadores, que aquecem as partículas de areia e derretem suficientemente o gelo para produzir uma superfície grossa como de uma lixa após o recongelamento. Esse método proporciona fricção superficial suficiente para operações das aeronaves, até que temperaturas de fusão façam com que as partículas de areia afundem no gelo. Esse método de controle de gelo costuma ser usado quando a espessura do gelo é igual ou superior a 6,35 milímetros. O processo tem a vantagem adicional de dissipar parte do gelo por meio de evaporação e de enfraquecer a sua estrutura por meio de um efeito alveolar que se dá quando a chama introduz as partículas de areia no gelo.

FIGURA 6-4 Limpa-neves empurram a neve para as bordas do pavimento, onde os exaustores de neve dispersam as leiras formadas. (Fotografia cortesia da FAA)

Glicol de polipropileno e glicol de etileno são dois compostos líquidos aprovados para serem usados na remoção de acúmulos existentes de gelo ou para evitar a sua formação. As substâncias químicas de degelo funcionam ao reduzir o ponto de congelamento da precipitação. No entanto, seu custo tende a ser alto para o uso em controle de gelo em pavimentos, ficando, portanto, limitadas principalmente ao degelo de aeronaves.

Degelo de aeronaves

A presença de gelo ou de acúmulo significativo de neve nas asas de uma aeronave impõe efeitos adversos potenciais significativos para o seu desempenho de voo. Por causa disso, a remoção de tais acúmulos antes do voo é obrigatória. Esse processo de remoção é conhecido como degelo de aeronaves.

As aeronaves são degeladas por meio de banhos de mangueiras, que lançam sobre elas soluções aquosas aquecidas. O calor da solução e a força do jorro derretem e removem os acúmulos. As propriedades químicas da solução agem como um anticongelante para evitar novos acúmulos antes da decolagem.

Os dois tipos mais comuns de fluidos de degelo de aeronaves, conhecidos como fluidos Tipo I e Tipo II, são diferenciados por suas viscosidades relativas. O fluido Tipo I é uma mistura de glicol e água que é aquecida até 82 °C. Aplicado para limpar a precipitação congelada de uma aeronave, o fluido Tipo I a protege por cerca de 15 minutos contra precipitação de neve e por aproximadamente 5 a 3 minutos contra precipitação de chuva glacial.

O fluido Tipo II é uma solução mais grossa de glicol e água que usa um polímero como um agente espessante; além disso, ele não é aquecido antes da aplicação. O fluido Tipo II é usado principalmente durante períodos de forte precipitação de neve. Assim que ele é aplicado, a mistura se adere à superfície externa da aeronave, em vez de escorrer. Caso haja um acúmulo significativo sobre a aeronave, ele deve ser removido usando-se um fluido Tipo I. Os fluidos Tipo II impedem o reacúmulo de neve e de gelo em uma aeronave por até 45 minutos após a sua aplicação.

A aplicação de fluidos Tipo I e Tipo II para degelo é realizada de diversas maneiras em diferentes aeroportos. Muitos deles contam com veículos de degelo que se deslocam de aeronave em aeronave para as aplicações. Outros aeroportos possuem estações fixas de degelo, para as quais as aeronaves se deslocam antes da decolagem. Em geral, a aplicação de fluidos de degelo é realizada em 5 ou 10 minutos, dependendo do tamanho da aeronave.

O custo das soluções Tipo I e Tipo II é relativamente alto, e os efeitos ambientais do escoamento do fluido para o solo e para as fontes d'água nas áreas vizinhas podem ser significativos. Por causa disso, um processo para limitar e controlar o escoamento é uma parte importante do processo de degelo em geral.

Gestão de riscos causados por aves e animais selvagens

Aves e outros animais selvagens colidindo contra aeronaves em operação na vizinhança de um aeroporto podem causar danos sérios a aeronaves e perdas de vidas humanas. Entre 1990 e 2007, mais de 82 mil colisões de aeronaves com animais, conhecidas como *wildlife strikes*, foram relatadas à FAA (fonte: ACI). Somente em 2007, mais de 7.600 colisões foram relatadas – mais do que o quádruplo do número de colisões relatadas em 1990. Mais de 98% das colisões com animais envolveram aves, e o restante envolveu uma ampla variedade de animais terrestres, desde veados e coiotes até jacarés. Embora mais de 85% das colisões com animais tenham exercido um impacto mínimo ao voo, outros mostraram o seu perigo para as aeronaves.

O mais recente evento de grande repercussão ocorreu em janeiro de 2009, quando um grande bando de gansos-canadenses atingiu o voo 1549 da U.S. Airways, ocasionando uma pane dupla de motores após a decolagem do Aeroporto de LaGuardia, em Nova York, e o pouso de emergência nas águas do Rio Hudson. Milagrosamente, não houve vítimas fatais nesse evento. No entanto, ele levou para as manchetes a ameaça da fauna para operações seguras com aeronaves, especialmente nas circunvizinhanças dos aeroportos.

O CFR 14 Parte 139.337 determina que os aeroportos devem conduzir um estudo e oferecer um programa de gestão de fauna quando quaisquer dos eventos a seguir tiverem ocorrido dentro do aeroporto ou próximo dele:

1. A aeronave de uma empresa aérea passa por uma colisão com múltiplas aves ou há entrada nas turbinas.
2. A aeronave de uma empresa aérea passa por uma colisão danosa com animais que não aves.
3. Uma animal com tamanho ou em número suficiente para causar um dos eventos citados acima é observado tendo acesso a qualquer trajetória de voo relacionada ao aeroporto ou a qualquer de suas áreas de movimentação.

Qualquer programa de gestão de risco oferecido por animais selvagens deve ser formulado e implementado com embasamento em um estudo ecológico do meio ambiente.

Riscos causados por aves

Um bando de aves, quando sugado por uma turbina durante a decolagem, pode causar estol, e uma única ave colidindo em um motor com a força de uma bala pode danificar uma das pás de sua ventoinha, que custa milhares de dólares para ser substituída. Gestores aeroportuários, bem como outros membros da comunidade aeronáutica, estão cientes dos riscos oferecidos pelas aves. O CFR 14 Parte 139 exige que os operadores aeroportuários comprovem que estabeleceram instruções e procedimentos para a prevenção ou a remoção de fatores no aeroporto que atraem, ou que podem atrair, a atividade de aves. Muitos gestores aeroportuários solicitam a ajuda de especialistas em ornitologia para analisar a atividade de aves em sua localização específica. O ornitólogo pode fornecer dados importantes, como a identificação de espécies, uma estimativa do número de indivíduos envolvidos, seu *habitat* e sua dieta, características migratórias, tendência de voar em bandos e padrões de voo. Em sua maioria, as técnicas permitidas de controle visam a fazer com que aves que se alojam ou se alimentam no aeroporto vão para outro lugar e passem a usar outras rotas distantes. Há uma variedade de técnicas de controle disponíveis que podem ser usadas individualmente ou em combinação, incluindo:

- Eliminação das fontes de comida através de um melhor planejamento e da implementação de um regime de gestão de vegetação nas propriedades do aeroporto.
- Eliminação de *habitat* como árvores, lagos, parapeitos em prédios e outros locais de nidificação; a gestão apropriada de águas retidas, incluindo uma melhor drenagem e a eliminação de várzeas e restingas, é de especial importância para desencorajar populações de aves.
- Perturbação física, como ruídos, uso de mangueiras jorrando água a alta pressão, e espantalhos, como corujas feitas de papel-machê para espantar aves.
- Tratamento químico para causar dispersão e movimento de bandos ou morte; o controle efetivo de insetos também pode ser usado como parte do tratamento químico.
- Avanço contínuo de métodos científicos usados para avaliar a eficácia de diferentes técnicas de controles de aves.
- Melhor treinamento e gestão de uma equipe dedicada à gestão de riscos oferecidos por aves.
- Uso de armas de fogo e de outros meios mecânicos para abate.

O uso de aves de rapina, como falcões e gaviões, complementa inúmeras outras medidas tomadas nos últimos anos para o combate às colisões com aves. Além disso, os aeroportos têm utilizado cães da raça *border collie* como um meio eficiente de perseguir as aves (Figura 6-5).

Algumas das técnicas listadas nem sempre são praticáveis. Se um grande número de aves estiver envolvido, o uso de espingardas, por exemplo, é geralmente ineficaz. O envenenamento químico de aves indesejadas geralmente não é permitido por razões ambientais, devido aos efeitos colaterais nocivos causados por agentes tóxicos e por altas concentrações de aves mortas, que podem oferecer graves riscos à saúde pública. Existem alguns produtos químicos disponíveis que, quando misturados à comida, levam as aves a exibirem um comportamento errático e a emitirem piados de desespero. Essas reações de alarme resultam na dispersão de bandos e no deslocamento de aves individuais para diferentes locais. Esses produtos químicos só podem ser aplicados por pessoal licenciado pela Enviromental Protection Agency (Agência de Proteção Ambiental) dos Estados Unidos.

O cercamento do sítio aeroportuário o protege de outros tipos de animais selvagens. Para animais que residem no sítio, que vão desde raposas até tartarugas, uma observação cuidadosa de seus padrões de movimentação e inspeções de rotina no aeródromo são recomendadas, a fim de se manter as áreas operacionais livres desses riscos em potencial.

FIGURA 6-5 Cães da raça *border collie* têm sido treinados especificamente para espantar aves para longe das trajetórias de voo das aeronaves. (Fotografia cortesia de Lee County, Flórida, Port Authority)

Programas de autoinspeção

Sem dúvida, uma das preocupações mais importantes da gestão aeroportuária é a segurança operacional. A Federal Aviation Act (Lei Federal da Aviação) de 1958 e as exigências envolvendo a FAR 139 foram estabelecidas acima de tudo no interesse de promover a segurança. Para garantir que essas regulamentações sejam continuamente obedecidas, a gestão aeroportuária deve conduzir um programa abrangente de inspeção de segurança. A frequência das inspeções em geral varia conforme o aeroporto, mas certas instalações e equipamentos precisam ser inspecionados diariamente, ou mesmo a cada hora. Dentre algumas dessas instalações, encontram-se as pistas de pouso, as pistas de táxi e os auxílios à navegação. Já outros elementos são inspecionados com uma frequência proporcional ao seu nível de importância para a segurança geral das operações do aeroporto. O *Airport Certification Program Handbook* (Guia do Programa de Certificação de

Aeroportos) da FAA sugere as categorias gerais a seguir, nas quais se deve enfatizar a eliminação, a melhoria ou a educação:

1. Riscos oferecidos por condições meteorológicas como neve e gelo em pistas de pouso, pistas de táxi, pátios ou próximo a elas
2. Obstáculos nas superfícies do aeródromo e ao seu redor
3. Riscos que ameaçam a segurança do público
4. Riscos oferecidos por erosão ou por instalações danificadas ou fora de funcionamento nas áreas de aproximação, decolagem, táxi e pátio
5. Riscos que se apresentam em aeroportos durante atividades de construção, como perfurações, escavação de valas, obstáculos e assim por diante
6. Riscos oferecidos por aves no aeroporto
7. Funcionários ou equipamentos inadequados de manutenção

Além disso, a Circular Consultiva 150/5200-18C – *Airport Safety Self-Inspection* (Autoinspeção de Segurança em Aeroportos), da FAA, estabelece uma lista de verificação desenvolvida especialmente para operadores de aeroportos. Essa lista inclui alguns dos itens mais importantes que muitas vezes passam despercebidos e resultam em danos para aeronaves e ferimentos para pessoas. Os exemplos a seguir, retirados dessa fonte, não esgotam o tema; ainda assim, eles proporcionam uma boa noção das áreas de principal preocupação para o gestor de um aeroporto, especialmente de um aeroporto da aviação geral.

Áreas de pátio de estacionamento de aeronaves

1. Rachaduras não seladas no pavimento, equipamentos com defeitos, acúmulo de acostamentos gerando retenção de água, drenagem deficiente e crescimento de vegetação são reparados.
2. Áreas adequadas de estacionamento e de ligação são oferecidas, livres de cruzamentos com pistas de táxi, claramente marcadas.
3. As áreas estão livres de obstruções como blocos, calços, brita solta, carrinhos de bagagem e veículos de serviço terrestre mal estacionados.
4. São fornecidas durações máximas de tempo para embarque e desembarque seguros de passageiros, manuseio de cargas e serviços de atendimento a aeronaves.
5. Caminhões de abastecimento e outros veículos do aeroporto ficam estacionados em áreas distantes das aeronaves.
6. Veículos não autorizados são proibidos de ingressar na área de pátio.
7. Há cartazes de "PROIBIDO FUMAR" de forma destacada em todas as áreas em que aeronaves são abastecidas.
8. Extintores de incêndio são fornecidos e estão em boas condições de uso.
9. Sinais adequados de localização e direção são supridos.
10. Luzes de LED, tomadas elétricas e aterramentos estão em boas condições.

Pistas de táxi

1. Rachaduras não seladas no pavimento, pavimentos dilapidados, acúmulo ou erosão de acostamentos e drenagem deficiente são reparados.
2. A pista de táxi está livre de ervas daninhas, objetos estranhos e outras obstruções.
3. Os acostamentos estão firmes e trazem as marcações necessárias para uma referência acessível.
4. Linhas centrais amarelas são fornecidas e estão em boas condições.
5. Linhas de espera são fornecidas de forma claramente visível.
6. Veículos e pessoas não autorizadas ou animais são impedidos de ocupar as pistas de táxi.
7. Sinais de localização e direção necessários são fornecidos e instalados de forma a deixar as pistas de táxi desobstruídas.
8. Os sistemas de iluminação estão em boas condições de funcionamento.

Pistas de pouso

1. As luzes e marcações de pista de pouso estão claramente visíveis, são operadas com o brilho correto, com a angulação e a orientação apropriadas, equipadas com lâmpadas de voltagem correta; são usadas lentes limpas nas luzes de pista de pouso, lentes verdes e limpas nas luzes de cabeceira, e todas as luzes estão desobstruídas de vegetação.
2. A cabeceira está marcada e iluminada de forma apropriada.
3. Os designadores de pista de pouso estão bem pintados.
4. As extremidades das pistas de pouso estão alinhadas com o terreno vizinho (sem invasões).
5. As áreas de ultrapassagem estão em boas condições.
6. Os acostamentos estão firmes, marcados claramente e livres de desgastes, buracos ou valas.
7. A linha central (branca) está bem pintada.
8. Todas as áreas de aproximação estão livres de obstruções. Deve-se verificar se a visualização das extremidades de outras pistas de pouso estão desobstruídas de vegetação, árvores, terreno ou outra obstrução, e se veículos não autorizados ou gado têm acesso às pistas de pouso ou ao aeródromo.
9. Estão previstos procedimentos de remoção de aeronaves em pane das pistas de pouso.

Instalações de abastecimento

1. As áreas de abastecimento estão claramente definidas e localizadas longe das áreas de estacionamento.
2. As bombas de combustível trazem cartazes adequados para identificar cada tipo de combustível.

3. Meios terrestres são fornecidos para todas as operações de abastecimento.
4. Extintores de incêndio são oferecidos e encontram-se em boas condições.
5. As mangueiras de combustível estão armazenadas em áreas limpas e protegidas do clima e de contaminação.
6. Os filtros de combustível são conferidos regularmente.
7. Indícios de água ou de contaminação nos tanques de combustível são regularmente verificados.
8. São fornecidas trancas para proteger as tampas dos tanques de combustível.
9. As aberturas dos tanques de combustível são regularmente verificadas.
10. As áreas de abastecimento são mantidas limpas e livres de detritos.
11. Panos são armazenados em recipientes fechados.
12. O óleo é mantido em depósitos fechados.
13. As latas de óleo são mantidas em recipientes apropriados.
14. Há cartazes de "PROIBIDO FUMAR" em locais adequados.
15. Escadas são fornecidas e adequadamente armazenadas, limpas e mantidas em bom estado.

Prédios e hangares

1. Todos os prédios e hangares de aeronaves estão livres de detritos, lixo, partes descartadas de aeronaves e objetos potencialmente perigosos sem nenhum uso prático.
2. Proteção contra incêndio com um número adequado de extintores em boa condição operacional e com as datas de registro de serviço está disponível. São fornecidos equipamentos de combate a incêndio e resgate e serviços de primeiros socorros e emergência. Detectores de fumaça e luzes de emergência encontram-se em bom funcionamento.
3. Todas as ferramentas e equipamentos fora de uso estão adequadamente armazenados.
4. Tintas, óleos e outros compostos químicos estão armazenados em áreas exclusivas e, de preferência, a prova de fogo.
5. Há cartazes de "PROIBIDO FUMAR" em locais adequados.
6. Há cartazes de áreas restritas em locais adequados.
7. Há cartazes indicando saídas.
8. Os prédios estão apropriadamente identificados com cartazes ou números.
9. Os prédios têm trancas em portas e janelas proporcionais às suas necessidades de segurança.
10. As áreas em torno dos prédios estão limpas, livres de ervas daninhas, detritos e terrenos sem segurança.

Componentes de um programa de autoinspeção de segurança

A FAA recomenda que qualquer programa de autoinspeção de segurança aeroportuária deve conter os quatro componentes a seguir:

Inspeção regularmente agendada de instalações físicas: para aeroportos certificados sob a CFR 14 Parte 139, inspeções agendadas diárias de tais instalações são exigidas, incluindo inspeção noturna de todos os sistemas de iluminação.

Programas contínuos de inspeção de vigilância: de operações, atividades de construção e de manutenção em aeroportos.

Inspeções periódicas de ambientes circunvizinhos: incluindo a delimitação de qualquer construção existente ou planejada que possa se tornar obstáculo para a navegação aérea segura ou trazer qualquer aumento na atividade de fauna silvestre.

Inspeções de condições especiais: durante e após eventos incomuns, como fenômenos meteorológicos, ocorrência de alto volume de tráfego ou outras condições excepcionais.

Qualquer programa de autoinspeção de segurança deve incluir o armazenamento de registros de todas as inspeções e suas descobertas.

Sistemas de Gestão de Segurança (SGS) para aeroportos

O propósito do CFR 14 Parte 139 sempre foi assegurar que a operação de um aeródromo que atende operações de serviço comercial seja o mais seguro possível. Conforme foi detalhado neste capítulo, o CFR 14 Parte 139 tem como foco a segurança da infraestrutura do aeródromo e os serviços que contribuem para manter as operações seguras. No entanto, até hoje não houve qualquer exigência formal para se desenvolver uma *cultura* de segurança propriamente dita. O desenvolvimento de sistemas de gestão de segurança (SGS) em aeroportos é um dos métodos capazes de estabelecer tal cultura.

Embora ainda não esteja formalmente estabelecido no CFR 14 Parte 139, em 2010 o Office of Airports (Departamento de Aeroportos) da FAA divulgou uma notificação de regulamentação proposta (NPRM – *notice of proposed rulemaking*) que iria exigir que os aeroportos sob a Parte 139 desenvolvessem Sistemas de Gestão de Segurança (SGS) formais. Essa medida foi tomada pela FAA após a OACI ter regulamentado, em 2005, a exigência de que todos os seus Estados-membros dispusessem de SGS em seus aeroportos internacionais.

A FAA define SGS como uma "abordagem formal de estilo empresarial, de cima para baixo, para administrar riscos à segurança, incluindo procedimentos sistemáticos, práticas e diretrizes para a gestão da segurança". O SGS compreende quatro elementos principais: política de segurança, promoção da segurança, gestão de riscos à segurança e certificação de segurança.

Política de segurança é definida pela FAA como a "abordagem fundamental à gestão de segurança que deve ser adotada dentro de uma organização". Uma política de segurança inclui as regras segundo as quais o aeroporto mantém operações seguras; a hierarquia de comando e os procedimentos de comunicação relacionados com questões de segurança; e a linguagem que descreve a missão e a visão gerais de um aeroporto seguro. Muitos dos aeroportos que estão atualmente implementando SGS criaram um cargo de **Gerente de Segurança** dentro da organização, cuja responsabilidade é supervisionar o SGS do aeroporto.

Promoção da segurança é definida pela FAA como "uma combinação de cultura de segurança, treinamento e atividades de compartilhamento de dados que sustenta a implementação e a operação do SGS". Como os aeroportos podem ser muitas vezes grandes organizações complexas com uma ampla variedade de funcionários, prestadores de serviço, fornecedores, locatários e, é claro, passageiros, a promoção da cultura de segurança em um aeroporto para todos os seus usuários é de vital importância. A promoção da segurança inclui atividades como treinamento e educação formais, comunicação efetiva e promoção da ideia de uma "melhoria contínua da segurança".

Gestão de riscos à segurança (GRS) é definida pela FAA como o "processo formal dentro do SGS composto por descrição do sistema, identificação dos perigos, avaliação dos riscos e controle dos riscos". A GRS é, na verdade, a fundação operacional dos sistemas de gestão de segurança.

A FAA descreve cinco fases formais para o processo de GRS:

Fase I: descrição do sistema A primeira fase da GRS consiste em identificar formalmente, fazer o inventário e compreender o ambiente operacional do aeroporto. Para que um programa de SGS obtenha sucesso, é importante entender por completo como o aeroporto opera. Os elementos mais importantes do sistema a serem descritos são a disposição física do aeródromo, a quantidade e o tipo de operações que ocorrem nele, a infraestrutura do entorno, a quantidade e os tipos de funcionários e veículos de serviço que operam no aeródromo e em torno dele e os procedimentos operacionais padrão para todas as operações no sítio e em torno dele. Essa compreensão vem se somar a uma compreensão integral do ACM do aeroporto previsto pelo CFR 14 Parte 139.

Fase II: identificação dos perigos A segunda fase da GRS consiste em identificar quaisquer perigos existentes ou potenciais para a operação do sistema. A identificação de perigos inclui a investigação de todas as operações do sistema e o levantamento de todas as possibilidades hipotéticas de falha do sistema que podem resultar em danos para pessoas e propriedades. Dentre os exemplos de perigos em potencial estão os problemas com o pavimento (desde rachaduras até **objetos estranhos**), a presença de certos tipos de animais, o clima (como visibilidade reduzida ou formação de gelo nas pistas), equipamentos (como a operação de maquinário pesado ou equipamento demandando reparos), fatores humanos (desde a formação do quadro de funcionários até o contentamento destes) ou quaisquer externalidades causadas por usuários do aeroporto (desde pilotos pouco familiarizados com o ambiente do aeroporto até o público em geral e sua falta de conhecimento sobre operações aeroportuárias seguras).

Fase III: determinação dos riscos   A terceira fase da GRS consiste em analisar os perigos identificados de acordo com seus impactos potenciais sobre a segurança. Alguns perigos podem ter o potencial de resultar em danos menores (como funcionários do pátio escorregando em piso congelado), enquanto outros podem ter resultados catastróficos (como a colisão de duas aeronaves em uma intersecção de pistas de pouso). Ademais, alguns perigos podem ter o potencial de resultarem em impactos à segurança com maior frequência do que outros. A frequência e a gravidade associadas a um perigo específico em potencial são os fatores que, combinados, determinam o seu risco para a segurança em geral do sistema aeroportuário.

Fase IV: avaliação dos riscos   A quarta fase da GRS consiste em aplicar na matriz de previsão de riscos da FAA, ilustrada na Figura 6-6, a probabilidade e a gravidade de qualquer falha do sistema atribuída a um determinado perigo.

A matriz ilustrada na Figura 6-6 define três níveis de risco, baseados nas composições de probabilidade de ocorrência e gravidade do pior desfecho plausível para a ocorrência. Conforme ilustrado, perigos que não oferecem efeitos sobre a segurança são considerados de baixo risco, independentemente de sua probabilidade de vir a ocorrer. Por outro lado, aqueles perigos que podem resultar em desfechos catastróficos são quase sempre considerados de alto risco, independentemente de sua frequência de ocorrência.

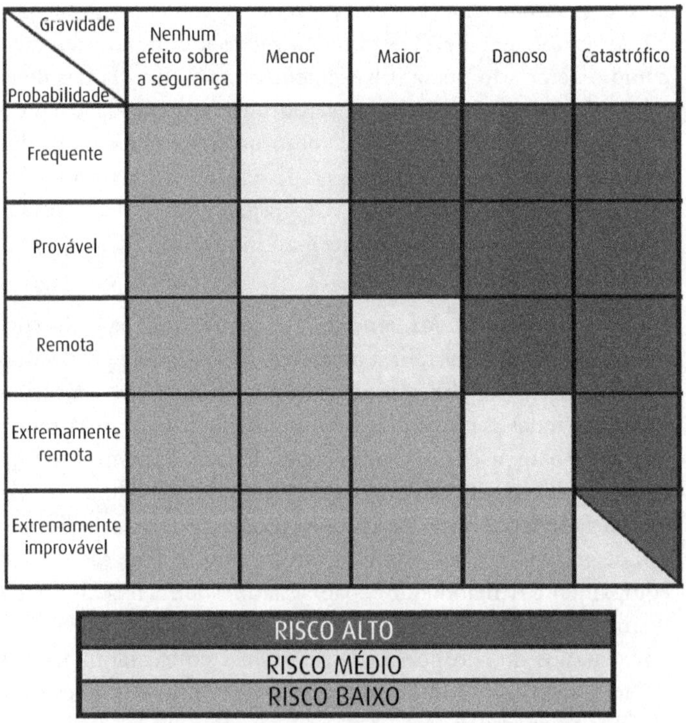

Gravidade / Probabilidade	Nenhum efeito sobre a segurança	Menor	Maior	Danoso	Catastrófico
Frequente					
Provável					
Remota					
Extremamente remota					
Extremamente improvável					

RISCO ALTO
RISCO MÉDIO
RISCO BAIXO

FIGURA 6-6   Matriz de Previsão de Riscos de SGS.

A FAA considera o risco baixo o nível de risco almejado. Nesses níveis, perigos atribuídos a risco baixo devem receber um nível menor de gestão ativa. Esses perigos ainda devem permanecer sob observação contínua para o impedimento de quaisquer ocorrências em que o nível de risco associado a esses perigos venha a subir.

A FAA considera o risco médio um "nível aceitável de risco". Embora esses perigos e quaisquer políticas associadas de mitigação cumpram com os padrões mínimos para risco aceitável, devem ser empreendidos esforços para se gerir ativamente esses riscos.

A FAA considera o risco alto um "nível inaceitável de risco". Programas de SGS devem atribuir a mais elevada prioridade à descoberta de maneiras de reduzir a probabilidade ou a gravidade de quaisquer falhas vinculadas a esses perigos.

Fase V: mitigação de riscos Na quinta fase da GRS, a gestão aeroportuária aborda cada um dos riscos associados a cada um dos perigos identificados, prioriza esses riscos de acordo com a matriz de previsão de riscos e então estabelece procedimentos de mitigação para reduzir os riscos associados a cada perigo, conforme o necessário.

Exemplos de mitigação de riscos incluem *evasão*, como a criação de uma regra que não permite quaisquer operações com determinado nível de risco (proibindo, por exemplo, que veículos de manutenção do aeródromo realizem trabalhos em certas áreas sob condições de baixa visibilidade), ou *controle*, criando medidas de controle para mitigar riscos (como procedimentos de mitigação de certos animais ou melhoria no treinamento para usuários do aeródromo sobre procedimentos em áreas de movimentação).

O recomendado é que a parcela de GRS do SGS seja um processo contínuo, já que os riscos impostos por perigos, bem como os perigos propriamente ditos, estão em constante mudança dentro e em torno do ambiente de um aeródromo.

Certificação de segurança é definida pela FAA como as "funções de gerenciamento que fornecem sistematicamente segurança de que os produtos e serviços cumpriram ou ultrapassarão os requisitos de segurança". A certificação de segurança pode ser considerada os "pesos e contrapesos" do SGS. Práticas associadas à certificação de segurança incluem auditorias de segurança, análise de dados e revisões do SGS em geral para conferir se há alguma margem de melhoria no programa SGS em si.

Até o ano de 2010, mais de 20 aeroportos de Classe I, II, III e IV, segundo a Parte 139, trabalhavam em conjunto com a FAA para desenvolver programas-piloto de SGS. O conhecimento obtido a partir do projeto e da implementação desses programas será aplicado em uma futura regra potencial para todos os aeroportos sob a Parte 139.

Observações finais

Quer seja em um pequeno aeroporto da aviação geral ou em um grande aeroporto de serviço comercial, a gestão apropriada de operações no aeródromo é essencial para a segurança e a eficiência das operações de aeronaves. Para aeroportos que atendem à maior parte das operações de empresas aéreas, um plano por escrito da gestão de operações, abordando áreas específicas de operações e certas especificações obrigatórias, é exigido pela FAA, conforme previsto no CFR 14 Parte 139. Para todos os aeroportos, porém, sugere-se que as áreas de operações descritas no CFR 14 Parte 139 sejam tratadas com rigor, pois os perigos oferecidos pela fauna, pelo clima e pelos acidentes em potencial resultantes de operações de aeronaves podem ocorrer, independentemente da presença de serviço comercial de empresas aéreas.

Palavras-chave

- *Airport Certification Manual*
- *Airport Operating Certificate*
- pavimento flexível
- pavimento rígido
- subleito
- esboroamento
- manutenção de pavimento
- reabilitação de pavimento
- reconstrução de pavimento
- ensaio não destrutivo (END)
- aquaplanagem dinâmica/viscosa
- *grooving* de pista de pouso
- espuma formadora de filme aquoso
- Sistemas de gestão de segurança (SGS)
- política de segurança
- Gerente de Segurança
- promoção da segurança
- gestão de riscos à segurança (GRS)
- objetos estranhos
- certificação de segurança

Questões de revisão e discussão

1. A quais aeroportos o CFR 14 Parte 139 se aplica?
2. Quais são as diferenças entre pavimentos rígidos e pavimentos flexíveis?
3. O que são ensaios vibratórios ou dinâmicos?
4. Quais são alguns dos sintomas de falências potenciais de pavimento?
5. Quais são as vidas úteis dos diferentes pavimentos do aeródromo?
6. Qual é a diferença entre manutenção de pavimento e reabilitação de pavimento?
7. Como é definido o índice ARFF de um aeroporto?
8. Quais são as exigências de ARFF para um aeroporto com base nesse índice?
9. Por que um plano de controle de neve e gelo é tão importante para um aeroporto?

10. Quais são os métodos mais comuns para a remoção de neve e gelo de aeródromos?
11. Quais são algumas das metas do programa de inspeção de segurança de um aeroporto?
12. Quais são alguns dos procedimentos mais comuns associados ao programa de inspeção de segurança de um aeroporto?
13. Quais são alguns dos perigos oferecidos por aves e animais selvagens na vizinhança de um aeródromo?
14. Quais são algumas das técnicas de controle associadas à gestão de riscos oferecidos por aves e animais selvagens?

Leituras sugeridas

FAA Advisory Circular 150/5200-18C – *Airport Safety Self-Inspection*.

FAA Advisory Circular 150/5200-30C – *Airport Winter Safety and Operations*.

FAA, *Wildlife* Strikes to Civil Aircraft in the United States 1990–2001, June 2002.

FAR Part 121 – *Operating Requirements: Domestic, Flag, and Supplemental Operations*.

FAR Part 139 – *Certification* of *Airports*.

FAA Advisory Circular 150/5200-37 – Introduction to Safety Management Systems (SMS) at Airports.

FAA Airports Cooperative Research Program (ACRP) Report 1: *Safety Management Systems for Airports*, Volume 1 & 2, 2009.

CAPÍTULO 7

Terminais aeroportuários e acesso terrestre

Objetivos de aprendizagem

- Entender o desenvolvimento dos terminais aeroportuários desde os primórdios da aviação comercial até os conceitos atuais de projeto de terminais.
- Identificar as instalações dentro de um terminal aeroportuário que facilitam a transferência de passageiros e bagagens de e para as aeronaves.
- Descrever as instalações de processamento principais e auxiliares, incluindo as concessões localizadas dentro dos terminais aeroportuários.
- Familiarizar-se com os diversos tipos de transporte que compreendem os sistemas de acesso terrestre ao aeroporto.
- Descrever várias tecnologias que começaram a ser implementadas para aprimorar o acesso terrestre aos aeroportos.

Introdução

A área do terminal aeroportuário, compreendida pelos prédios do terminal de passageiros e de cargas, pelo estacionamento de aeronaves, pelas áreas de carga, descarga e de serviços, como instalações de serviços para passageiros, pelo estacionamento de automóveis e pelas estações de transporte público, representa um componente vital para o sistema aeroportuário. A principal meta de um aeroporto é fornecer acesso a transporte aéreo para passageiros e cargas, e, assim, a área do terminal alcança a meta do aeroporto ao proporcionar o vínculo entre os seus componentes voltados para o ar e os seus componentes voltados para a terra. A área do terminal oferece instalações, procedimentos e processos para movimentar com eficiência tripulações, passageiros e cargas de chegada e de partida, tanto em aeronaves de aviação comercial quanto geral.

O termo *terminal* é na verdade um tanto enganoso. Terminal remete a término. Embora os itinerários das aeronaves iniciem e finalizem em uma área de terminal aeroportuário, isso não acontece com o itinerário dos passageiros e das bagagens. É de grande importância compreender que o terminal aeroportuário não é um ponto de encerramento, mas uma área de transferência ao longo do caminho. Como será analisado mais adiante neste capítulo, a configuração das edificações, as instalações e os processos que compreendem a área de terminal de um aeroporto requerem gestão e planejamento cuidadosos para garantir a transferência eficiente de passageiros e de cargas pelo aeroporto e pelo sistema de aviação.

Desenvolvimento histórico dos terminais aeroportuários

Assim como não havia qualquer pista de pouso ou outras instalações de aeródromo durante os primeiros anos da aviação, tampouco havia terminais, pelo menos do modo como eles são conhecidos hoje. As primeiras instalações que poderiam ser remotamente consideradas áreas de terminal aeroportuário se desenvolveram no início dos anos 1920, com a introdução do serviço de correio aéreo. As operações de correio aéreo necessitavam de pequenos depósitos para a carga e descarga de correspondências, para o abastecimento de aeronaves e para a realização de manutenções. Como não havia grande demanda para o processamento formal de passageiros e cargas, os terminais aeroportuários não passavam de estruturas de um único recinto com a mais básica infraestrutura.

A introdução do serviço aéreo comercial de passageiros ao final da década de 1920 resultou na necessidade de desenvolver certas políticas básicas de processamento de passageiros. As primeiras estratégias de processamento de passageiros evoluíram a partir do transporte intermunicipal mais importante da época, o ferroviário. Passagens e bilhetes de embarque eram emitidos para os passageiros, e, de forma similar às políticas estabelecidas para o transporte ferroviário, também eram cobradas taxas sobre as cargas, geralmente de acordo com o peso a ser transportado. (Às vezes os passageiros também eram pesados, principalmente para garantir que a aeronave não excederia o seu peso máximo para decolagem! – Figura 7-1.) As instalações necessárias para a realização de funções de bilhetagem e de pesagem básicas, bem como para o embarque e desembarque nas aeronaves dos poucos passageiros e das escassas cargas que utilizavam o transporte aéreo civil, podiam ser, e frequentemente eram, incorporadas em instalações de um único recinto, notavelmente semelhantes àquelas que atendiam às ferrovias.

Conceitos de terminais unitários

Esses terminais iniciais eram as primeiras **instalações centralizadas**, no sentido de que todos os locais de processamento de passageiros no aeroporto se encontravam em um mesmo prédio. Essas instalações centralizadas passaram a ser conhecidas como **terminais de unidade simples**, pois continham todas as instalações de processamento de passageiros para determinada empresa aérea em um único edifício. Além das instalações de processamento de passageiros, os escritórios administrativos do aeroporto, e até mesmo as instalações de controle de tráfego aéreo, ficavam localizados dentro da unidade do terminal (Figura 7-2).

Conforme o serviço aéreo se tornou mais popular, especialmente nos anos 1940 e 1950, os terminais aeroportuários se ampliaram a fim de acomodar volumes crescentes de aeronaves, passageiros e cargas. À medida que múltiplas empresas aéreas começaram a atender a uma mesma comunidade, os terminais aeroportuários

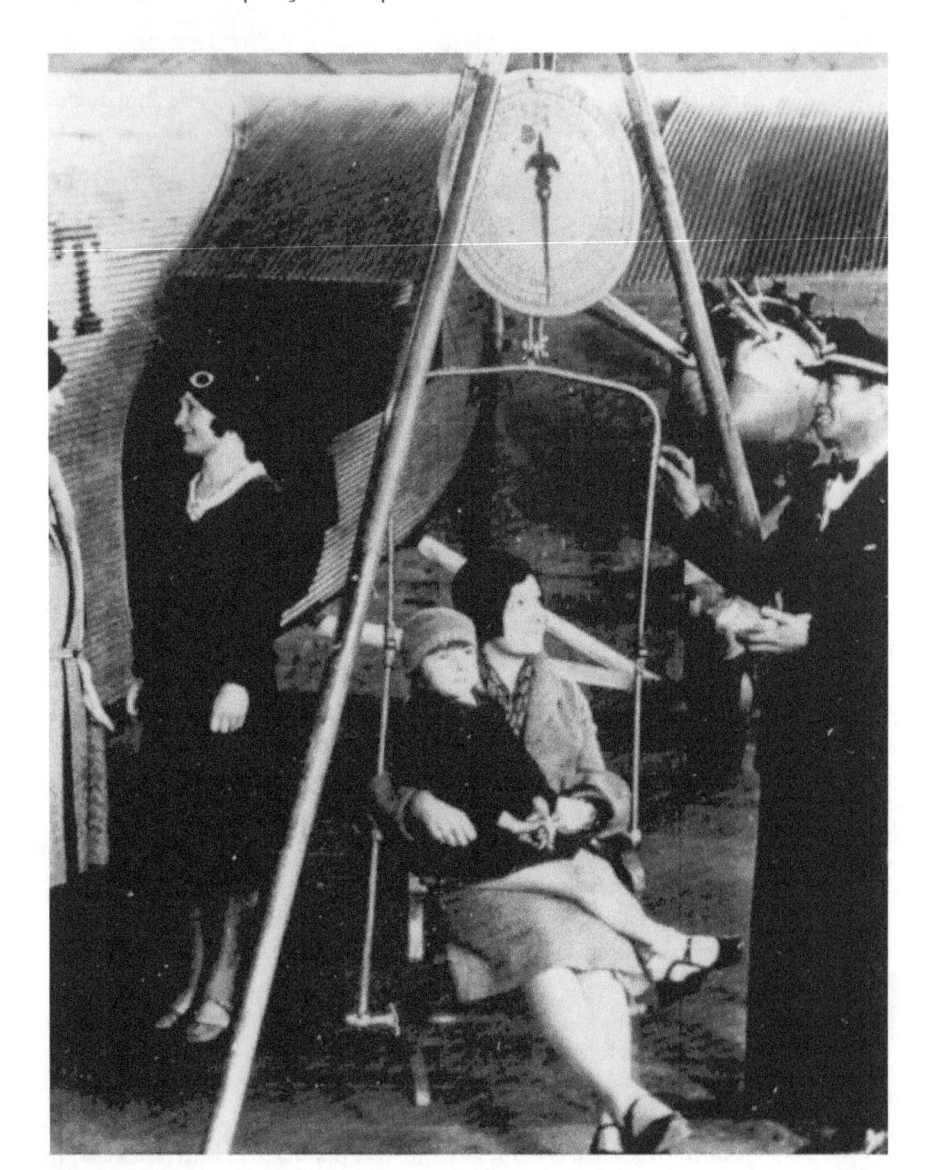

FIGURA 7-1 Pesagem de passageiros antes do embarque no Midway Airport, em Chicago, em 1927.

se expandiram de duas maneiras. Nas menores comunidades, duas ou mais empresas aéreas passaram a compartilhar um mesmo prédio, pouco maior do que um terminal de unidade simples, mas dispondo de instalações separadas para o processamento de passageiros e bagagens. Essa configuração ficou conhecida como **terminal de unidade combinada**. Em áreas metropolitanas maiores, prédios separados eram construídos para cada empresa aérea, cada um atuando como terminal de unidade simples. Essa configuração de área de terminal passou a ser conhecida como o conceito de **terminais em múltiplas unidades** (Figura 7-3). Embora a área de terminais em múltiplas unidades consista em instalações separadas para cada

Capítulo 7 Terminais aeroportuários e acesso terrestre 227

FIGURA 7-2 Terminal de unidade simples histórico no condado de Allegheny, Pensilvânia. (Fotografia cortesia do Allegheny County Airport)

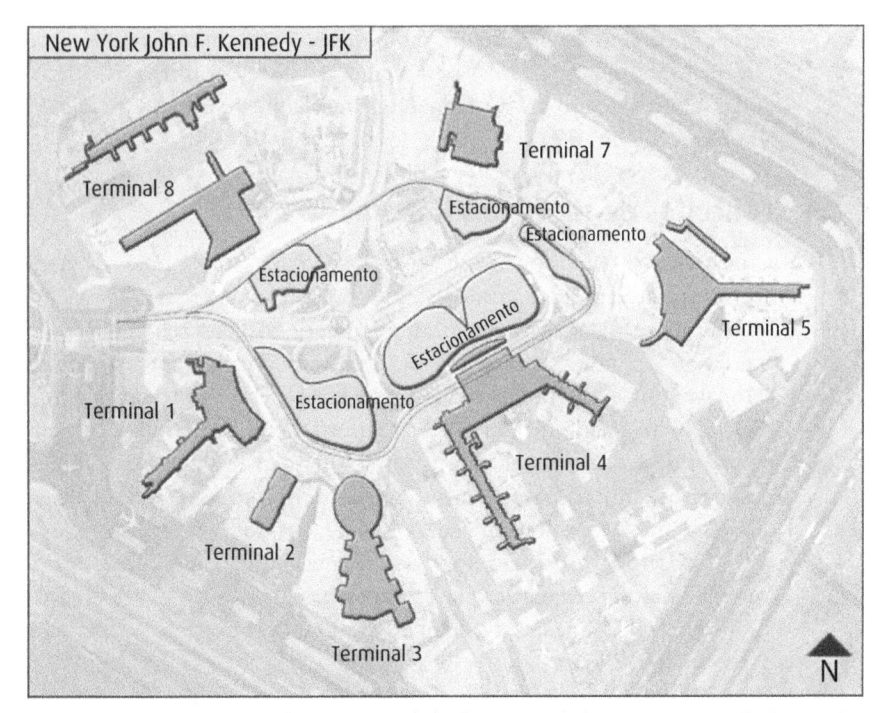

FIGURA 7-3 O JFK International Airport, na cidade de Nova York, fornece um exemplo de conceito de terminais em múltiplas unidades. (Fotografia cortesia de ifly.com)

empresa aérea, sendo assim considerada por alguns como um terminal descentralizado, cada terminal de unidade simples ainda é considerado uma instalação individual *centralizada*, porque todo o processamento de passageiros e cargas necessário para que determinado passageiro ou bagagem embarque em qualquer aeronave ainda se dá em uma única instalação.

Os primeiros terminais centralizados, incluindo os terminais de unidade simples, os terminais de unidade combinada e os terminais em múltiplas unidades, empregavam o **conceito de chegada em portão**. O conceito de chegada em portão é um arranjo centralizado voltado para reduzir o tamanho das áreas de terminal como um todo, ao colocar o estacionamento para automóveis o mais perto possível do estacionamento de aeronaves. O terminal de unidade simples representa o tipo mais comum de instalação de chegada em portão, consistindo em uma área única de espera e de bilhetagem com saídas para um pequeno pátio de estacionamento de aeronaves. Até mesmo hoje em dia, o conceito de chegada em portão é adaptável para aeroportos com baixa atividade de empresas aéreas e é especialmente aplicável para operações da aviação geral, quer na forma de um terminal menor para aviação geral localizado em separado de um terminal maior para empresas aéreas comerciais, quer na forma de um centro operacional para um aeroporto usado exclusivamente para aviação geral.

Nos casos em que o terminal atende a operações de empresas aéreas, geralmente há áreas contíguas para o estacionamento de três a seis aeronaves comerciais. Nos casos em que um terminal de unidade simples atende apenas à aviação geral, a instalação encontra-se a uma distância de rápido acesso a pé até as áreas de estacionamento de aeronaves e até um pátio de serviço de aeronaves. A instalação de um terminal de unidade simples geralmente consiste em uma estrutura de um único andar, onde o acesso até as aeronaves é feito a pé pelo pátio de estacionamento de aeronaves (Figura 7-4).

Conceitos de terminais lineares

À medida que os aeroportos se expandiram para acompanhar as necessidades crescentes do público, bem como as envergaduras cada vez maiores das aeronaves, os terminais de unidade simples se ampliaram de maneira retangular ou *linear*, com o objetivo de manter as curtas distâncias entre os estacionamentos de veículos e os de aeronaves que existiam nos terminais unitários. Com os **terminais lineares**, os balcões de bilhetagem que atendiam a empresas aéreas individuais foram introduzidos e pontes de embarque passaram a ser empregadas nos portões para permitir que os passageiros embarcassem sem que precisassem ingressar na área externa do pátio, aumentando assim a conveniência e a segurança dos passageiros.

Em certos casos, os aeroportos foram ampliados de uma forma **curvilínea**, possibilitando que mais aeronaves estacionassem "de nariz" no prédio de terminal, ainda mantendo uma curta distância a pé desde a entrada do aeroporto até os portões das aeronaves (Figura 7-5).

Em muitos aspectos, os conceitos lineares e curvilíneos de terminais são meras extensões do conceito de terminal de unidade simples. Terminais lineares mais

Simples — Terminal

Linear — Terminal

Curvilíneo — Terminal

(A) Terminais de chegada em portão

(B) Terminais píer *finger* — Terminal

(C) Terminal píer satélite — Terminal

(D) Terminal satélite remoto — Terminal

(E) Transportador — Terminal

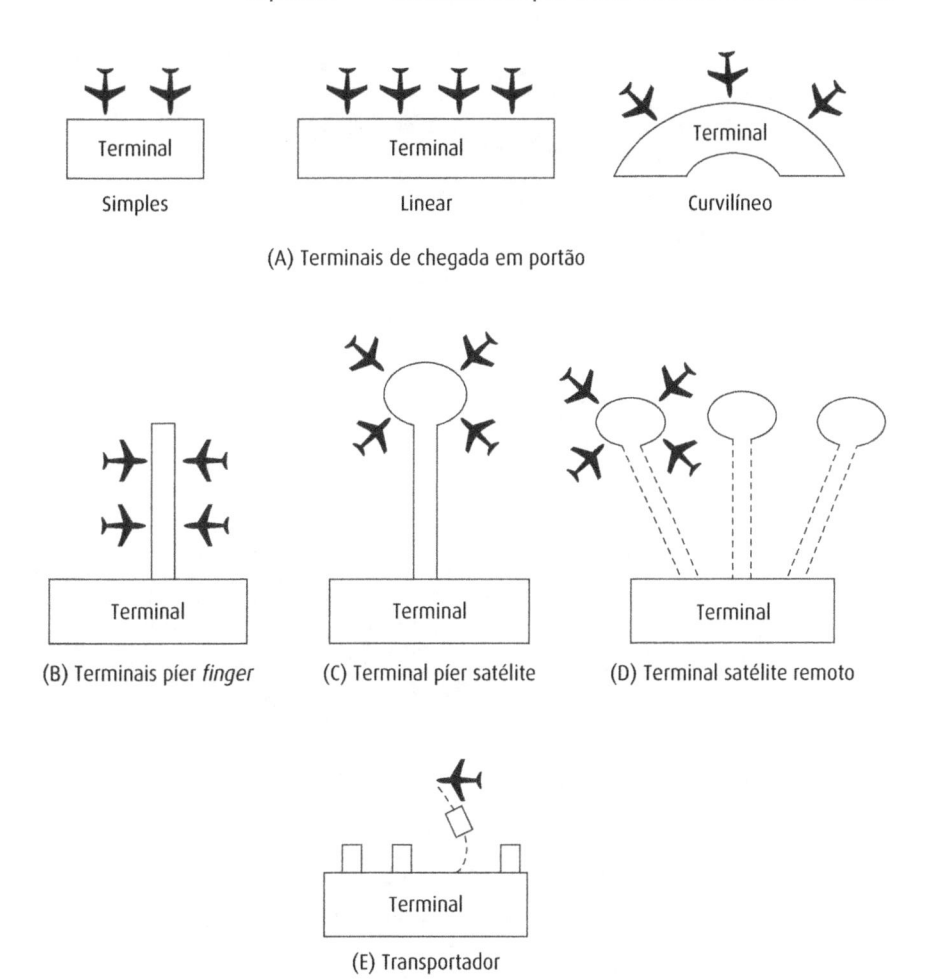

FIGURA 7-4 Conceitos de projeto de terminais. (Fonte: FAA)

sofisticados, especialmente aqueles que atendem a altos volumes de passageiros, apresentam frequentemente estruturas em dois andares, nas quais passageiros embarcando são processados em um dos andares e passageiros desembarcando são processados no outro. Neles, as distâncias da porta do aeroporto até os portões costumam ser curtas, na faixa de 30 metros. A configuração linear também se enquadra ao desenvolvimento de estacionamentos para automóveis bem próximos ao prédio do terminal e proporciona uma zona frontal ampliada na entrada do aeroporto para carga e descarga de veículos de transporte terrestre.

Uma das principais desvantagens dos terminais lineares se torna evidente à medida que o comprimento do prédio do terminal começa a crescer. As distâncias de deslocamento a pé entre as instalações, especialmente entre portões em extremidades opostas, se tornam excessivas para os passageiros cujo itinerário requer trocas de aeronave no aeroporto. Antes da desregulamentação das empresas aéreas nos Estados Unidos, o percentual desses passageiros em conexão era insig-

FIGURA 7-5 O Dallas/Fort Worth International Airport, cuja área de terminal emprega um conceito curvilíneo em múltiplas unidades, acomoda atualmente um grande percentual de passageiros em conexão. (Fotografia cortesia da FAA)

nificante. Após 1978, porém, esse percentual aumentou, e a questão das longas distâncias a pé entre portões se tornou um grande problema, especialmente em aeroportos *hub*.

Terminais píer *finger*

O conceito de terminal píer ***finger*** evoluiu nos anos 1950, quando *saguões* de portões foram acrescentados aos prédios de terminal de unidade simples. Os saguões, conhecidos como píer ou *finger*, ofereciam a oportunidade de maximizar o número de espaços de estacionamento de aeronaves com menos infraestrutura. Era possível estacionar aeronaves em ambos os lados do píer que se estendia a partir da estrutura da unidade de terminal original. O terminal píer *finger* é a primeira manifestação das chamadas **instalações descentralizadas**, com alguns dos processamentos obrigatórios sendo realizados em áreas de uso comum no terminal principal e outros sendo conduzidos dentro e em torno dos saguões individuais.

Muitos aeroportos atuais utilizam terminais píer *finger*. Desde os primeiros projetos de píer *finger*, formas bastante sofisticadas e convolutas do conceito já foram desenvolvidas, com o acréscimo de salas de espera nos portões, pontes para embarques e separação vertical de passageiros de embarque e desembarque na unidade principal do terminal.

Conforme os terminais píer *finger* se expandiram, o comprimento dos saguões em muitos prédios de terminais se tornou excessivo, alcançando uma média de 120 metros ou mais desde o terminal principal até a extremidade do saguão. Além disso, à medida que os terminais se ampliaram pelo acréscimo de píeres adicionais, as distâncias entre os portões e outras instalações não apenas se tornaram excessivas, como também confusas em sua orientação. Ademais, a expansão da unidade principal do terminal e dos corredores que conectam os *fingers* individuais não acompanhou proporcionalmente a construção dos saguões adicionais, levando à formação de multidões de passageiros nessas áreas (Figura 7-6).

Outra das desvantagens dos terminais píer *finger* é que a expansão dos terminais pelo acréscimo ou pelo aumento do comprimento de saguões pode reduzir significativamente o espaço de pátio para estacionamento e movimentação de aeronaves. Além disso, o acréscimo de saguões aos terminais tende a impor restrições à mobilidade das aeronaves, especialmente àquelas estacionadas mais perto do prédio principal do terminal.

Terminais píer satélite e satélite remoto

De forma similar aos terminais píer *finger*, os **terminais píer satélite** se formaram como saguões ampliados a partir dos prédios de unidade principal do terminal, com aeronaves estacionadas na extremidade do saguão, em torno de uma área circular em forma de átrio ou *satélite*. Portões ao estilo satélite são geralmente atendidos por uma área de espera comum de passageiros.

Os conceitos de terminal satélite, desenvolvidos nos anos 1960 e 1970, tiraram proveito da possibilidade de construção de corredores subterrâneos ou de **Sistemas Automatizados de Movimentação de Passageiros** (APMs – Automated Passenger Movement Systems) para conectar prédios principais de terminal com saguões (Figura 7-7). Tais terminais são construídos sob o chamado **conceito de satélite remoto**.

A principal vantagem do conceito de satélite remoto é que as instalações para um ou mais satélites podem ser construídas e ampliadas quando necessário, enquanto se oferece espaço suficiente para operações de taxiamento de aeronaves entre o prédio principal e os satélites. Além disso, embora as distâncias do terminal principal até um satélite sejam bem grandes, os APMs e outros sistemas de movimentação de pessoas, como esteiras rolantes ou micro-ônibus, são oferecidos para reduzir as distâncias de caminhada.

Outra vantagem do conceito de satélite é que ele completa um terminal central relativamente compacto com áreas comuns para o processamento de passageiros, já

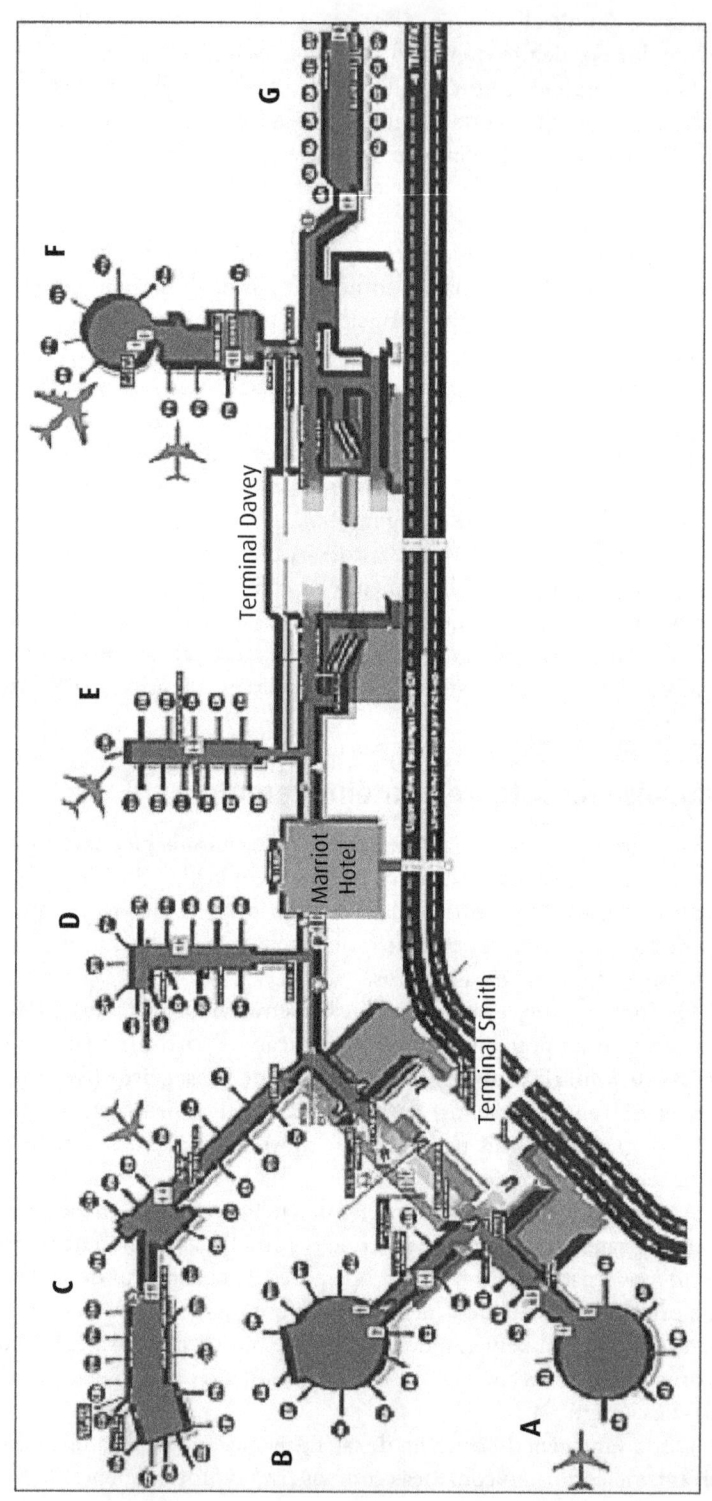

FIGURA 7-6 O antigo complexo de terminais píer *finger* no Metropolitan Airport, de Detroit. (Fotografia cortesia do Metropolitan Airport de Detroit)

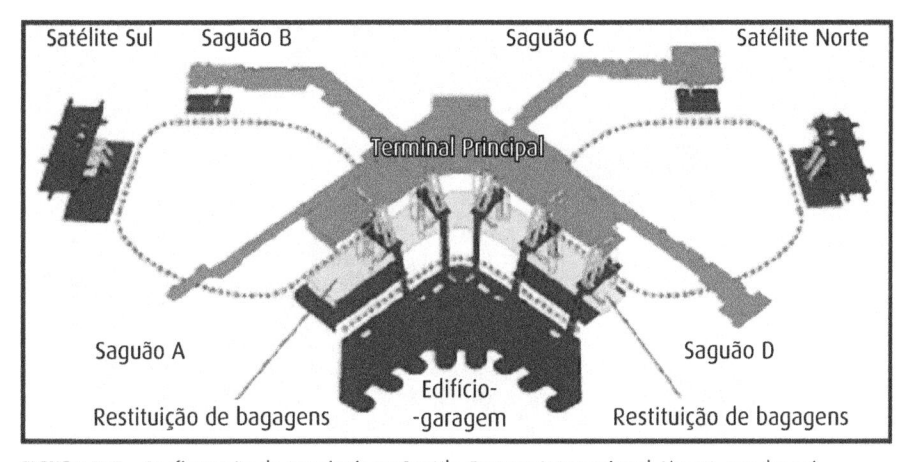

FIGURA 7-7 Configuração de terminais no Seattle-Tacoma International Airport, um dos primeiros aeroportos a empregar APMs para alcançar terminais satélites remotos. (Figura cortesia do Seattle-Tacoma International Airport)

que aeronaves com amplas envergaduras, que ditam o tamanho das áreas de portão do terminal e, consequentemente, dos saguões e satélites, ficam estacionadas em satélites remotos em vez de instalações centrais.

Assim como ocorre com os terminais píer *finger*, a expansão de terminais com conceito de píer satélite e satélite remoto tende a resultar em instalações de terminal não apenas com grandes distâncias entre pontos importantes em sua estrutura, mas que também se tornam muitas vezes confusas para os passageiros que buscam encontrar seus respectivos caminhos para portões, áreas de restituição de bagagens e outros locais desejados.

O conceito de *lounge* móvel ou transportador

Em 1962, a inauguração do Dulles International Airport, de Washington, D.C., designado como o primeiro aeroporto projetado especificamente para receber as novas aeronaves a jato da época, introduziu o **conceito de *lounge* móvel** ou de *transportador* de terminais aeroportuários. Conhecido às vezes como *conceito de estacionamento remoto de aeronaves*, a área de terminal do Washington Dulles tentou maximizar o número de aeronaves estacionadas e maximizar o número de passageiros processados, com uma infraestrutura mínima de saguões. Sob esse conceito, as aeronaves ficam estacionadas em locais remotos, longe do prédio do terminal principal. Para se deslocarem das aeronaves até o prédio do terminal, os passageiros embarcam em transportadores, conhecidos como *lounges* móveis, que cruzam o aeródromo entre veículos terrestres e aeronaves em taxiamento (Figura 7-8).

Com o conceito de *lounges* móveis, as distâncias de caminhada foram reduzidas a um mínimo, já que o prédio do terminal principal (relativamente compacto) contém instalações de processamento comum de passageiros, com zonas de parada e estacionamento de automóveis localizadas bem próximas às entradas do prédio do terminal. Teoricamente, a expansão para acomodar aeronaves adicionais é facilitada

FIGURA 7-8 Terminal do Washington Dulles International Airport. (Fotografia cortesia da Metropolitan Washington Airports Authority)

pelo fato de não haver necessidade de ampliar fisicamente os saguões, os píeres ou os satélites, bastando, para isso, adicionar mais *lounges* móveis, caso seja necessário.

Apesar das vantagens teóricas, o conceito de *lounge* móvel não obteve uma aprovação integral por parte dos passageiros. As áreas de embarque em *lounges* móveis no terminal principal ficaram muitas vezes excessivamente congestionadas, uma vez que as bagagens de mão dos passageiros obstruíam os caminhos e os passageiros eram obrigados a chegar com muita antecedência para não perderem o horário de seu *lounge* móvel. Aliás, os *lounges* móveis relativamente pequenos ofereciam bem menos espaço para os passageiros do que suas respectivas aeronaves de transferência, especialmente em comparação com as aeronaves bem mais amplas introduzidas nos anos 1960, o que deixava muitas vezes os passageiros apertados e sem conforto dentro dos *lounges* móveis. Além disso, os *lounges* móveis exigiam manutenção constante, o que, com o passar do tempo, se tornou um elemento de custo excessivo para as operações (Figura 7-9).

Em meados da década de 1990, o aeroporto Dulles abandonou o conceito de *lounge* móvel ao construir saguões satélites, ou *avançados* (*midfield*), no aeroporto. Em 2010, os *lounges* móveis do Dulles estavam saindo de serviço, com a conclusão de um sistema APM subterrâneo que conecta o terminal unitário original a saguões remotos recém-construídos.

Nos Estados Unidos, nenhum outro aeroporto se voltou exclusivamente para o conceito de *lounges* móveis para suas áreas de terminal; alguns deles, contudo, depen-

FIGURA 7-9 *Lounge* móvel encaixado em uma aeronave no Washington Dulles International Airport, por volta de 1970. (Fotografia cortesia da Metropolitan Washington Airports Authority)

dem de serviços de ônibus até as aeronaves, estacionadas em zonas remotas devido à falta de espaço para portões suficientes no prédio do terminal ou nos saguões.

Geometrias híbridas de terminal

Com as mudanças voláteis na frequência e no comportamento da atividade de aviação civil nos anos 1970, com números cada vez maiores de grandes aeronaves (com ampla capacidade de assentos e grandes envergaduras), de volume de passageiros e de mudanças em estruturas de rota, sobretudo após a desregulamentação das empresas aéreas de 1978, os gestores aeroportuários tiveram de ampliar e modificar as áreas de terminal, a fim de acomodarem ambientes em mudança quase contínua. Como resultado, muitas geometrias de terminais aeroportuários se expandiram de uma maneira improvisada, levando a *geometrias híbridas de terminal* que incorporavam características de duas configurações básicas ou mais (Figura 7-10). Ademais, para aeroportos que acomodam um *hub* de empresa aérea, o planejamento de seus terminais tinha de acomodar 100 ou mais aeronaves ao mesmo tempo e lidar de modo eficiente com volumes recordes de passageiros, especialmente aqueles passageiros em conexão entre aeroportos.

Não é coincidência que nos anos 1970 e 1980 a aprovação do público quanto ao planejamento e à gestão de muitos terminais aeroportuários nos Estados Unidos tenha caído consideravelmente. Problemas incluindo congestionamento, longas caminhadas, orientação confusa, bem como oferta limitada de comodidades e serviços aos passageiros, se tornaram alvos fáceis de críticas. Como resultado, os planejadores de aeroportos começaram a desenvolver projetos de áreas de terminal

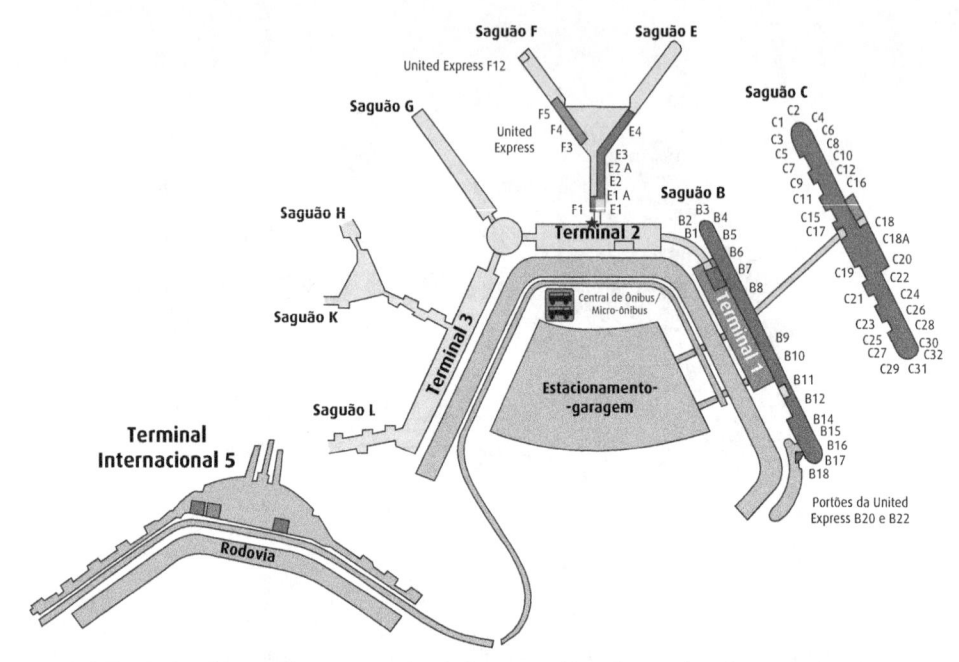

FIGURA 7-10 Chicago O'Hare International Airport, combinando conceitos de terminais unitários, lineares, píer e satélite. (Figura cortesia da United Airlines)

concentrando-se no planejamento e no projeto estratégico de terminais que pudessem acomodar as exigências de acesso de veículos terrestres, de passageiros e de aeronaves, com flexibilidade suficiente para se adaptarem a níveis de crescimento em constante oscilação e aos comportamentos do sistema.

O conceito de componentes do lado ar e componentes do lado terra

O conceito de área de terminal mais significativo envolveu uma separação mais física entre instalações de passageiros e veículos terrestres e aquelas que lidavam primordialmente com as aeronaves. O **conceito de componentes do lado ar e componentes do lado terra** surgiu com a abertura do Tampa International Airport, em 1972, e se proliferou pelos Estados Unidos para aeroportos como o Pittsburgh International Airport e o Orlando International Airport (Figura 7-11).

O conceito de componentes do lado ar e componentes do lado terra se baseia fortemente em sistemas automatizados de movimentação de pedestres para proporcionar deslocamentos rápidos e eficientes de ida e volta entre dois locais separados. Nas instalações de componentes do lado terra, todo o processamento de passageiros e bagagens pode ser realizado sem a necessidade de proximidade a uma aeronave. Além disso, instalações auxiliares suficientes, como concessões, átrios e outros, ficam localizadas em instalações de componentes do lado terra para proporcionar comodidades e uma experiência prazerosa para os passageiros. Já as instalações com componentes do lado ar, que são construídas em diversos formatos e tamanhos, desde formatos em X

FIGURA 7-11 Exemplo de conceito de componentes do lado ar e componentes do lado terra, Tampa International Airport. (Fotografia cortesia da Hillsborough County Airport Authority)

até longos corredores, têm como foco o atendimento eficiente das aeronaves, incluindo abastecimento, carregamento e descarga. A separação dos dois processos permite uma maior flexibilidade na adaptação a mudanças em quaisquer dos ambientes, quer se trate de uma nova aeronave ou de mudanças nas políticas de processamento de passageiros.

Terminais externos ao aeroporto

Nos anos 1980, o conceito de componentes do lado ar e componentes do lado terra formaram a base para uma série de conceitos experimentais conhecidos como **terminais externos ao aeroporto**. Com a noção de que certos processos envolvendo passageiros, como a emissão de bilhetes e o *check-in* de bagagens e, certamente, o estacionamento de automóveis, não precisavam ocorrer próximo às aeronaves, concluiu-se que tais processos poderiam até mesmo ser realizados fora da propriedade do aeroporto. Como resultado, instalações localizadas a quilômetros de distância do aeroporto propriamente dito foram introduzidas, nas quais os passageiros podiam estacionar seus veículos, fazer o seu próprio *check-in* e despachar as bagagens para seus voos, para só então pegar um ônibus até o aeroporto. Com o uso desses terminais externos ao aeroporto, os passageiros evitariam as instalações mais congestionadas de processamento de passageiros no terminal principal. Além disso, os passageiros não seriam obrigados a encontrar uma vaga para estacionar nos edifícios mais congestionados e mais caros junto ao terminal principal.

Terminais externos ao aeroporto atendendo a área da baía de San Francisco, Los Angeles e Las Vegas foram recebidos positivamente, com a maior conveniência para os passageiros sendo apontada como a principal característica desses sistemas. Porém, devido às medidas mais restritivas de segurança após os ataques de 11 de setembro de 2001, terminais externos ao aeroporto foram obrigados a interromper todos os processos de *check-in* de passageiros ou bagagens e agora são usados principalmente como estacionamentos externos ao aeroporto. Ainda assim, esse conceito abriu um precedente para a ideia de processamento de passageiros em locais externos ao terminal principal do aeroporto, preparando o terreno para o futuro potencial dos terminais aeroportuários.

Terminais aeroportuários hoje

Com mais de 1 bilhão de passageiros viajando pelos aeroportos de todo o mundo a cada ano, cada um com diferentes compromissos, itinerários, necessidades e anseios, os terminais aeroportuários se tornaram sistemas complexos. Os terminais aeroportuários modernos incorporam serviços necessários para o processamento de passageiros e bagagens, bem como um espectro abrangente de serviços aos clientes, lojas de varejo, alimentação e outras instalações, a fim de tornar o mais agradável possível a transição dos passageiros entre os componentes do lado terra e os do lado ar no sistema aeroportuário.

É claro que não existe uma configuração singular que seja a ideal para todos os aeroportos. O aeródromo, os cronogramas das empresas aéreas, os tipos de aeronaves, os volumes de passageiros e as idiossincrasias locais, como a arquitetura, a estética e o orgulho cívico, ditam escolhas diferentes de um aeroporto para outro e de uma época para outra. O planejador de um terminal aeroportuário tem a dúbia tarefa de prever as condições para 10 anos no futuro, em um ambiente que parece mudar a cada dia. Para garantir que os planos modernos de terminais aeroportuários venham a permanecer efetivos no futuro, o planejador de um aeroporto deve se embasar nos requisitos fundamentais de terminais aeroportuários e de comportamentos dos passageiros e também precisa planejar tendo em mente a ideia de flexibilidade, levando em consideração, por exemplo, instalações que possam ser ampliadas de forma modular ou que possibilitem modificações simples e relativamente baratas que possam vir a ser exigidas por circunstâncias futuras. Além disso, as demandas do século XXI passaram a exigir que os terminais aeroportuários sejam tanto tecnicamente adaptáveis quanto ambientalmente sustentáveis.

Quando planejadas e administradas apropriadamente, as áreas de terminais aeroportuários acabam gerando, para os gestores aeroportuários, recursos significativos de receitas advindas de arrendamentos para empresas aéreas até concessões ao varejo. Os terminais aeroportuários também se tornaram um motivo de orgulho para as comunidades em geral, já que eles costumam ser a primeira impressão que os visitantes têm das cidades para onde estão viajando e a última experiência quando estão indo embora. Hoje, muitos terminais aeroportuários se parecem mais com *shopping centers* do que com instalações de processamento de passageiros, e outros terminais aeroportuários estão completamente equipados com hotéis e centros de conferência. Na verdade, esses locais têm até incentivado os visitantes a utilizar as instalações do aeroporto sem que pretendam de fato embarcar em uma aeronave.

O tamanho e o formato das configurações de terminais aeroportuários apontam para um futuro tanto incerto quanto animador. As regulamentações de segurança impostas pelo Transportation Security Administration (TSA – Departamento de Segurança em Transportes) mostra a necessidade de ampliar as instalações de segurança aeroportuárias, ao passo que avanços na tecnologia da informação apontam para a possibilidade de reduzir o tamanho de outras instalações de processamento de passageiros, como balcões com atendimento de funcionários para bilhetagem. Todavia, quaisquer que sejam as mudanças nas políticas, regulamentações, tecnologias e comportamentos, a função básica da aérea do terminal aeroportuário – estabelecer um elo eficiente entre passageiros e cargas e os componentes do lado terra e do lado ar do sistema de aviação civil – sempre deve ser compreendida pelos gestores aeroportuários e pelos planejadores do setor.

Componentes do terminal aeroportuário

O terminal de um aeroporto está na posição singular de acomodar as necessidades tanto das aeronaves quanto dos passageiros. Portanto, os sistemas dos componentes do terminal aeroportuário podem ser divididos em duas categorias principais: o **sistema de pátio e portões**, que é planejado e administrado segundo as características das aeronaves, e os *sistemas de processamento de passageiros e bagagens*, que são planejados e administrados para acomodar as necessidades dos passageiros e de suas bagagens.

O sistema de pátio e portões

O pátio e os portões são locais onde as aeronaves estacionam para permitir o carregamento e a descarga de passageiros e cargas, bem como a realização de serviços na aeronave e a preparação pré-voo, antes da entrada no aeródromo e no espaço aéreo.

O tamanho das aeronaves, especialmente seus comprimentos e envergaduras, talvez seja o principal determinante da área necessária para portões individuais e espaço de estacionamento no pátio. De fato, a grandiosidade dos terminais aeroportuários é resultado de grandes quantidades de portões projetados para acomodar aeronaves com envergaduras chegando a 60 metros de comprimento. O tamanho de qualquer área de estacionamento de aeronaves também é determinado pela orientação em que as aeronaves irão estacionar, conhecida como *tipo de estacionamento de aeronaves*. Elas podem ficar posicionadas a diversos ângulos em relação ao prédio do terminal, podem ficar ligadas por pontes de carregamento (*Jetways*) ou podem ficar isoladas e ser acessadas por *escadas móveis* para o embarque e o desembarque de passageiros. Alguns tipos de estacionamento de aeronaves requerem que elas sejam manobradas pelo uso de *reboques de aeronaves*, enquanto outros tipos de estacionamento permitem a movimentação de chegada e de saída de aeronaves por conta própria. Os cinco tipos principais de **estacionamento de aeronaves** são *estacionamento transversal de nariz para dentro, oblíquo de nariz para dentro, oblíquo de nariz para fora, estacionamento paralelo* e *estacionamento remoto* (Figura 7-12).

A maioria das aeronaves a jato em grandes aeroportos de serviço comercial estaciona **transversalmente de nariz para dentro** nos portões do terminal e se conectam diretamente ao prédio do terminal por *fingers* de acesso. As aeronaves são capazes

Oblíquo de nariz para dentro   Oblíquo de nariz para fora   Paralelo

Terminal

FIGURA 7-12 Posições de estacionamento de aeronaves.

de entrar por conta própria em espaços de estacionamento transversal de nariz para dentro e costumam ser puxadas para fora por reboques e orientadas de maneira a se movimentarem para a frente no pátio sem contato com nenhuma outra estrutura. A principal vantagem do estacionamento transversal de nariz para dentro é que ele requer menos espaço físico para as aeronaves do que os outros tipos de estacionamento. A maioria dos aeroportos de serviço comercial, especialmente aqueles com grandes volumes de operações com aeronaves a jato, trabalha sobretudo com estacionamento transversal de nariz para dentro. Com esse tipo de estacionamento, somente a porta frontal da aeronave costuma ser usada para o embarque, já que as portas traseiras ficam longe demais do prédio do terminal para que se estenda um *finger* de acesso (embora alguns aeroportos utilizem escadas móveis e um caminho supervisionado no pátio para permitir que os passageiros desembarquem pela traseira da aeronavc em portões de estacionamento transversal de nariz para dentro). Isso exerce certo impacto, mas não inteiramente significativo, sobre a eficiência do embarque e desembarque de passageiros (Figura 7-13).

O **estacionamento oblíquo de nariz para dentro** traz a aeronave o mais perto possível do prédio do terminal, mantendo, ao mesmo tempo, margem de manobra suficiente para que a aeronave possa deixar a vaga de estacionamento por conta própria. O estacionamento oblíquo de nariz para dentro costuma ser usado por aeronaves de menor porte, como turboélices e pequenos jatos regionais. Escadas móveis costumam ser usadas para embarcar e desembarcar passageiros, eliminando a necessidade de *fingers* de acesso. Esse tipo de estacionamento exige

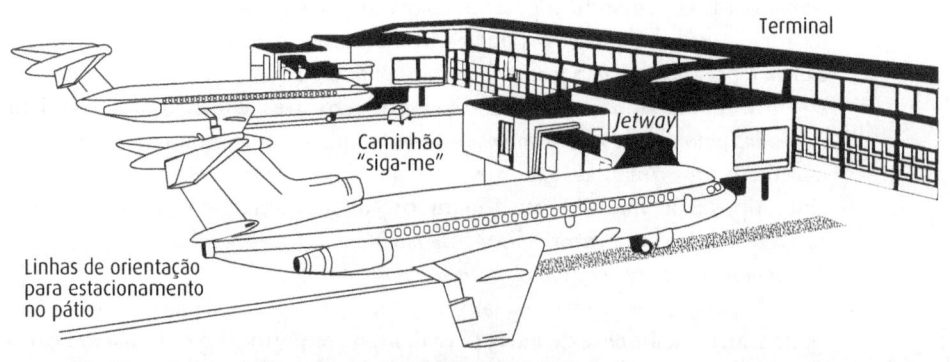

FIGURA 7-13 Estacionamento transversal de nariz para dentro.

uma área um pouco mais ampla do que o estacionamento transversal de nariz para dentro para aeronaves de tamanho similar. Contudo, como as aeronaves de menor porte tendem a usar o estacionamento oblíquo de nariz para dentro, a diferença nos tamanhos das duas áreas de estacionamento não é significativa.

O **estacionamento oblíquo de nariz para fora** deixa a aeronave um pouco mais distante do prédio do terminal do que o estacionamento transversal de nariz para dentro e o oblíquo de nariz para dentro, já que a exaustão dos jatos ou de grandes hélices pode causar danos aos prédios de terminal caso se encontrem perto demais. O estacionamento oblíquo de nariz para fora costuma ser usado por grandes aeronaves da aviação geral e em instalações com níveis relativamente baixos de atividade.

O **estacionamento paralelo** é considerado o mais fácil de ser realizado do ponto de vista de uma aeronave manobrando, embora cada vaga costume exigir espaço físico mais amplo para determinado tamanho de aeronave. Nessa configuração, tanto a porta frontal quanto a traseira de um mesmo lado de uma aeronave podem ser usadas para o embarque de passageiros por *fingers* de acesso. Tipicamente, porém, o estacionamento paralelo é empregado apenas por aeronaves da aviação geral de pequeno porte com grandes espaços de estacionamento próximos ao prédio do terminal. Além disso, aeronaves de cargas podem estacionar em paralelo em terminais de carga para facilitar seu respectivo carregamento ou descarga.

O **estacionamento remoto** pode ser empregado quando há uma disponibilidade limitada de vagas de estacionamento junto ao prédio do terminal propriamente dito ou quando uma aeronave vai estacionar e permanecer por uma noite ou mais parada. Áreas de estacionamento remoto costumam ser formadas por uma série de fileiras de vagas, com espaço suficiente para acomodarem aeronaves de diversos portes. O embarque e o desembarque em aeronaves comerciais e da aviação geral de menor porte podem ser realizados nas próprias áreas de estacionamento remoto, com o uso de ônibus e micro-ônibus. Aeronaves comerciais de grande porte costumam ser taxiadas até um espaço de estacionamento mais próximo antes do embarque de passageiros.

A maioria dos aeroportos conta com mais de um tipo de estacionamento para acomodar as diferentes aeronaves que atendem às várias geometrias de terminal e a atividades de empresas aéreas ou da aviação geral. Além disso, aeroportos com uma grande quantidade de **aeronaves que pernoitam** (RON – *remain overnight*) no aeroporto devem providenciar grandes quantidades de vagas remotas que sejam flexíveis para acomodar aeronaves de diversos formatos e tamanhos.

Linhas de táxi são encontradas em pátios de aeroportos para direcionar aeronaves taxiando entre as pistas de táxi e as áreas de estacionamento de aeronaves no pátio. As linhas de táxi existem na forma de *linhas simples de táxi*, quando existe espaço suficiente para uma aeronave, e de *linhas duplas de táxi*, quando há espaço suficiente para duas aeronaves taxiarem simultaneamente em direções opostas. Linhas duplas de táxi costumam ser encontradas nos aeroportos mais movimentados que atendem a grandes aeronaves.

Gestão de portões de aeronaves

Um dos aspectos mais importantes e às vezes mais desafiadores do planejamento e da gestão de pátio diz respeito ao número de áreas de estacionamento de aeronaves, ou portões, que são necessários para operações eficientes. O número de portões necessários para aeronaves comerciais em um aeroporto, por exemplo, para qualquer dia operacional, depende de uma série de fatores, incluindo: o número e o tipo de aeronaves agendadas para usarem o portão, o *tempo agendado de ocupação de um portão* por uma aeronave e o tipo de *acordo de utilização de portões* que cada empresa aérea estabelece com o aeroporto.

Sem dúvida, é vital conhecer o número e o tipo de cada aeronave que irá utilizar o portão, a fim de planejar essas instalações. Para cada tipo de aeronave que utiliza o aeroporto deve haver pelo menos uma área de estacionamento capaz de acomodá-la. Para pequenos aeroportos que são frequentados por grandes aeronaves de forma esporádica, uma instalação de estacionamento remoto com espaço suficiente pode ser apropriada, ao passo que aeronaves que operam com mais frequência devem ter o seu comprimento considerado na construção de instalações permanentes de portões. Em muitos aeroportos, portões para aeronaves de maior porte são planejados para as extremidades de terminais lineares ou para configurações em satélite, nas quais as envergaduras das aeronaves são acomodadas com mínimo sacrifício de espaço para aeronaves adicionais, e os portões para aeronaves menores costumam ficar localizados mais perto do centro do terminal.

O **tempo agendado de ocupação de um portão** de cada aeronave afeta diretamente o número de aeronaves que podem usar um portão ao longo de um dia. Os tempos de ocupação por aeronaves variam muito, dependendo em parte do tamanho da aeronave, de seu itinerário, do número de passageiros, do volume de cargas a serem carregadas ou descarregadas e dos cronogramas da empresa aérea. O tempo de ocupação por pequenas aeronaves de serviço comercial voando em rotas relativamente curtas, levando menos de 50 passageiros para uma empresa aérea regional, por exemplo, pode ser inferior a 15 minutos, ao passo que aeronaves de grande porte voando em rotas internacionais podem exigir 2 horas ou mais. Sendo assim, um portão que atende a aeronaves de empresas aéreas regionais pode servir a 30 aeronaves ou mais ao longo de um dia operacional, e portões que atendem a voos internacionais só podem acomodar de três a cinco aeronaves por dia.

O **acordo de utilização de portões** que cada empresa aérea estabelece com a gestão de um aeroporto cumpre um papel significativo no número total de portões necessários no terminal de um aeroporto. Os três tipos mais comuns de acordos de utilização de portões são os de *uso exclusivo*, de *uso compartilhado* e de *uso preferencial*.

Como o nome já diz, sob um **acordo de uso exclusivo**, uma empresa aérea retém autoridade única para usar um portão específico ou um conjunto de portões no terminal aeroportuário. Esse acordo confere flexibilidade à empresa aérea ao ajustar seus cronogramas de voo, garantindo-lhe que os portões estarão disponíveis sempre que necessário. Operacionalmente, no entanto, esse tipo de acordo leva a ineficiências na utilização em geral de portões, pois, quando a empresa aérea não está utilizando os seus portões, eles permanecem ociosos, ainda que outra esteja, nesse mesmo instante, precisando daquela vaga de estacionamento. Empresas aéreas que assinam acordos de uso exclusivo geralmente pagam um acréscimo e assinam contratos mais longos, sendo, por isso, denominadas *empresas aéreas signatárias* no aeroporto. Empresas signatárias costumam ter a maior parte das operações em um mesmo aeroporto, levando-as a garantirem acordos de uso exclusivo.

Sob um **acordo de uso compartilhado**, as empresas aéreas agendam o uso do portão em coordenação com a gestão aeroportuária. Dessa forma, portões individuais podem ser compartilhados por múltiplas empresas aéreas. Acordos de uso compartilhado geralmente são arranjados por empresas aéreas que têm relativamente poucas operações no aeroporto. Empresas aéreas internacionais, por exemplo, tendem a estabelecer acordos de uso compartilhado em aeroportos nos Estados Unidos, porque cada uma delas tem poucas operações por dia em determinado aeroporto. Para empresas aéreas que têm muitas operações em um mesmo aeroporto, os acordos de uso compartilhado reduzem a flexibilidade de planejamento de agendas. Porém, do ponto de vista de um aeroporto, acordos de uso compartilhado são operacionalmente eficientes, maximizando o número de aeronaves que podem utilizar portões ao longo de um dia.

Acordos de uso preferencial são acordos híbridos entre os acordos de uso exclusivo e os de uso compartilhado. Sob um acordo de uso preferencial, uma empresa aérea tem preferência no uso do portão. Contudo, caso essa transportadora aérea não tenha operações agendadas envolvendo esse portão por algum período do dia, outras empresas aéreas que fazem parte do acordo podem usá-lo, contanto que o seu uso não interfira nas operações futuras da empresa preferencial. Acordos de uso preferencial costumam ser assinados por uma empresa que tem níveis moderados de serviço no aeroporto e por uma ou mais empresas ou aeronaves de serviços fretados que têm relativamente poucas operações. De um ponto de vista operacional, a quantidade total de aeronaves usando portões sob acordos de uso preferencial depende principalmente do número de operações atendidas pela empresa preferencial, bem como de seu tempo típico de ocupação. Quanto maior for a quantidade de operações e mais longo for o tempo de ocupação exercido pela empresa preferencial, menor será, em geral, o número de aeronaves usando os portões ao longo de um dia operacional.

Tabelas de Gantt

A gestão e o planejamento da utilização de portões em terminais aeroportuários pode ser um empreendimento desafiador, especialmente quando altos volumes de operações ocorrem durante períodos movimentados ou de *pico*. Uma ferramenta usada para auxiliar no agendamento e na gestão de operações em portões é uma variação de uma ferramenta gráfica para a gestão de agendamentos desenvolvida por Henry Gantt em 1917. Uma **tabela de Gantt** (também conhecida como tabela de pátio ou tabela de utilização de portões) é uma representação gráfica da utilização de portões por aeronaves durante determinado período de tempo.

Com base na agenda operacional de cada aeronave e nos tempos agendados de ocupação e com base no acordo de utilização de cada portão, as aeronaves são alocadas a espaços em portões, representados por fileiras na tabela de Gantt, durante seus tempos projetados de utilização de portão, representados por colunas no gráfico. Ao plotarem a operação de cada aeronave na tabela de Gantt, os planejadores de terminal e os gestores de portões são capazes de identificar visualmente ineficiências na utilização de portões e conflitos em potencial, especialmente durante operações irregulares, como quando uma aeronave precisa permanecer no portão além de seu *período limite* agendado devido a circunstâncias imprevistas ou quando uma aeronave chega mais cedo ao aeroporto.

A Figura 7-14 representa um exemplo de tabela de Gantt para determinado conjunto de cronogramas de voo, com os portões 1 e 2 operando sob acordos de uso compartilhado e o portão 3 operando sob acordo de uso exclusivo.

O sistema de gestão de passageiros

O **sistema de gestão de passageiros** do terminal de um aeroporto comercial consiste em uma série de elos e processos que facilitam a transferência de passageiros entre uma aeronave e um dos modos do sistema local de transporte terrestre. Esses processos incluem a *interface de voo*, o *processamento de passageiros* e a *interface de acesso/processamento*.

A **interface de voo** proporciona um elo entre os portões das aeronaves e as instalações de processamento de passageiros. A interface de voo inclui *lounges* dos portões e balcões de atendimento, esteiras rolantes, ônibus e *lounges* móveis; instalações de carregamento, como *fingers* de acesso e escadas móveis; e instalações de transferência entre voos, como corredores, salas de espera e instalações de deslocamento (Figura 7-15).

As instalações de **processamento de passageiros** cumprem as atividades de processamento necessárias para preparar os passageiros de partida para o uso do transporte aéreo e os passageiros de chegada para o uso do transporte terrestre a seus destinos finais. As principais atividades incluem bilhetagem, despacho de bagagens, segurança, verificação de passaportes, restituição de bagagens, alfândega e imigração. Entre as instalações estão balcões de *check-in* e de despacho de bagagens, estações de segurança para a verificação de passageiros e bagagens, quiosques de informação, esteiras para a restituição de bagagens, instalações alfandegárias e guichês de aluguel de automóveis e outros transportes terrestres.

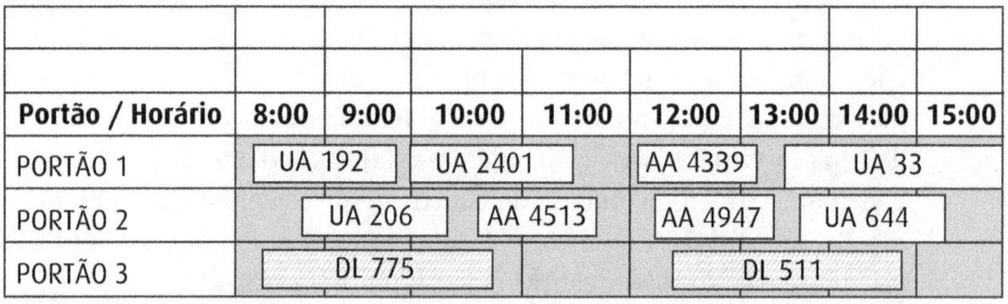

Portão / Horário	8:00	9:00	10:00	11:00	12:00	13:00	14:00	15:00
PORTÃO 1	UA 192		UA 2401		AA 4339		UA 33	
PORTÃO 2		UA 206		AA 4513		AA 4947	UA 644	
PORTÃO 3		DL 775				DL 511		

FIGURA 7-14 Amostra de utilização de portões em uma tabela de Gantt.

FIGURA 7-15 *Fingers* de acesso são parte da interface de voo. (Fotografia cortesia da Dallas Regional Chamber)

A **interface de acesso/processamento** compõe as instalações que coordenam a transferência de passageiros entre o transporte terrestre e o prédio do terminal, onde costumam estar localizadas as instalações de processamento de passageiros. As atividades na interface de acesso/processamento incluem embarque e desembarque de passageiros e de bagagens, a partir das entradas principais do aeroporto e das estações de transporte público, e circulação de pedestres, a partir de estacionamentos de veículos. A interface de acesso/processamento inclui o acesso frontal de veículos ao terminal, as calçadas, os ônibus especiais, os sistemas automatizados de deslocamento para as instalações de estacionamento, as paradas de ônibus e de táxi e as estações ferroviárias.

Além disso, a **interface de acesso/egresso** facilita a movimentação de passageiros e de veículos terrestres entre destinos e origens na comunidade e na propriedade do aeroporto. A interface de acesso/egresso é um componente do sistema de acesso terrestre ao aeroporto.

Os passageiros e as instalações necessárias de processamento

Um dos maiores desafios da gestão de operações em terminais aeroportuários é conseguir acomodar as demandas necessárias de processamento de um grande número de passageiros. É espantoso pensar que praticamente nenhum dentre mais de 1 bilhão de passageiros que viajam anualmente pelo mundo em empresas aéreas comerciais tem um itinerário e necessidades exatamente iguais a serem atendidas. Os **passageiros** podem ser divididos em diversos tipos de categorias, algumas das quais incluem seu segmento de itinerário, o propósito da viagem, o tamanho do grupo, o tipo de bagagem e de bilhete, e se é um viajante internacional ou doméstico. Cada passageiro, pela natureza das diversas categorias em que pode recair, requer certas instalações, conhecidas como instalações de *processamento essencial*, dentro da área de terminal aeroportuário. A compreensão de cada uma dessas instalações específicas, bem como cada instalação interage com outras instalações, é por si só essencial para que as operações de terminal tenham sucesso.

Os requisitos de processamento de passageiros e outras necessidades variam amplamente dependendo do **segmento de itinerário** em que o passageiro se encontra. Os três principais segmentos de itinerário são *partida*, *chegada* e *conexão*. **Passageiros de partida** são aqueles que estão entrando no terminal a partir do sistema de acesso terrestre, através da interface de acesso/processamento. **Passageiros de chegada** são aqueles que acabaram de desembarcar de uma aeronave e entraram no terminal a partir da interface de voo com a intenção de deixar o terminal aeroportuário rumo aos seus destinos, através da interface de acesso/egresso. **Passageiros em conexão** estão ingressando no terminal a partir da interface de voo, com a intenção de embarcar em outros voos rumo aos seus destinos finais, dentro de um período relativamente curto de tempo, novamente através da interface de voo.

Passageiros que viajam dentro de um mesmo país são considerados *passageiros domésticos*. Nos Estados Unidos, até mesmo aqueles passageiros que não são cidadãos norte-americanos são considerados passageiros domésticos se o seu itinerário estiver restrito pelas fronteiras do país. Em outros países, cidadãos estrangeiros podem ser considerados passageiros internacionais, mesmo quando estão viajando dentro dos limites do país. Passageiros que estão entrando ou saindo pelas fronteiras dos Estados Unidos são considerados passageiros internacionais, independentemente de sua cidadania, e são processados como tais.

O **propósito da viagem** de um passageiro é tradicionalmente considerado um indicativo de suas necessidades individuais. Os dois motivos de viagem mais comuns identificados no setor são **viagens de negócios** e **viagens de turismo**, embora se saiba que os itinerários de muitos viajantes combinam ambas as atividades.

O tamanho do grupo de passageiros cumpre um papel significativo na determinação da maneira mais eficiente para o seu processamento, especialmente através das interfaces de acesso/processamento e do sistema de processamento. Os tamanhos dos grupos de passageiros costumam ser divididos nas seguintes categorias: *viagem individual* (ou *em pequenos grupos*) ou *viagem em grandes grupos* (tipicamente com 20 ou mais passageiros em conjunto).

O tipo de bagagem dos passageiros pode determinar não apenas o tipo de processamento indicado para eles como também o projeto e o planejamento das instalações de **manuseio de bagagens**. Os passageiros são divididos entre aqueles que não carregam qualquer bagagem, os que carregam bagagem de mão e os que despacham bagagens e/ou objetos de grandes dimensões ou de formatos incomuns (como tacos de golfe ou esquis).

Mais recentemente, o tipo de bilhete adquirido por um passageiro junto a uma empresa aérea tem contribuído para determinar o tipo de processamento necessário. Desde o início da década de 1990, os passageiros podem comprar *bilhetes de papel* tradicionais ou *bilhetes eletrônicos*. A bilhetagem eletrônica facilita o processamento de passageiros de partida ao abolir a necessidade de levar bilhetes de papel até balcões de *check-in* para o processamento inicial. Ademais, a partir do início do milênio, os passageiros também passaram a ter a possibilidade de fazer seu *check-in* e imprimir bilhetes de embarque a partir de passagens compradas pela Internet ou de receber bilhetes de embarque digitais em seus aparelhos móveis, eliminando ainda mais a necessidade de fazer *check-in* em balcões no aeroporto.

O verdadeiro desafio do planejamento e da gestão de terminais aeroportuários é acomodar as necessidades de todos os passageiros – bem como de seus amigos e familiares que os recebem ou que deles se despedem –, dos funcionários do aeroporto, dos funcionários de empresas aéreas, dos trabalhadores em concessões e dos funcionários do governo, minimizando, ao mesmo tempo, o conflito entre indivíduos ou grupos.

Ainda que cada terminal aeroportuário seja diferente em seu número, tipo e arranjo de instalações de processamento de passageiros, há uma série de **instalações essenciais de processamento** que precisam estar presentes a fim de assegurar o processamento apropriado para passageiros viajando em cada segmento de itinerário.

Para todos os passageiros de partida, essas instalações incluem *check-in de passageiros* (tradicionalmente conhecido como **bilhetagem**) e *revista de segurança de passageiros*. Para aqueles passageiros que viajam levando bagagens a serem despachadas, um processamento de *controle de detecção de explosivos em bagagens* é necessário. Por fim, é preciso haver algum tipo de processamento no portão, logo antes do embarque, para passageiros de partida.

Check-in de passageiros

O processo de *check-in* de passageiros avançou muito desde os primórdios do processamento de passageiros em terminais aeroportuários, embora algumas características que remontam às políticas originais de bilhetagem, incluindo o termo *bilhetagem*, ainda existam. Os balcões tradicionais de *check-in* são instalações atendidas por funcionários das empresas aéreas. Assim como os portões, os balcões de *check-in* podem ser configurados para uso exclusivo ou para uso comum.

Balcões de *check-in* de **uso exclusivo** costumam ser configurados com sistemas de informação, computadores e outros equipamentos específicos de uma empresa aérea. O número de posições no balcão é tipicamente determinado pela empresa aérea, com base na quantidade estimada de passageiros de partida ao longo de um dia operacional, especialmente em horários movimentados, ou de *pico*. A maioria das empresas aéreas com um número considerável de operações agendadas tende a utilizar instalações de *check-in* de uso exclusivo em aeroportos de serviço comercial.

Balcões de *check-in* de uso comum costumam ser configurados para a utilização por múltiplas empresas aéreas. Muitas instalações de bilhetagem de uso comum estão equipadas com **equipamentos de terminal de uso comum** (CUTE – *common-use terminal equipment*), um sistema computadorizado que acomoda os sistemas operacionais de qualquer empresa aérea que compartilhe a instalação de *check-in* (Figura 7-16). Um número cada vez maior de terminais aeroportuários que atendem a empresas aéreas de serviços não frequentes no aeroporto, empresas de voos fretados

FIGURA 7-16 Equipamentos de terminal de uso comum com sinalização variável.

e empresas aéreas internacionais opta por implementar balcões de *check-in* de uso comum, que são capazes de atender a mais empresas aéreas e passageiros com menos espaço físico do que balcões de uso exclusivo.

O processamento tradicional que ocorre em um balcão de *check-in* de uma empresa aérea inclui a venda de passagens tanto para o mesmo dia da compra quanto para o futuro, a escolha de assentos e a emissão de bilhetes de embarque. Para os passageiros que estão despachando bagagens, o balcão de bilhetes tem tradicionalmente servido como o local de *check-in* de bagagens até o sistema de manuseio.

Durante os primeiros 60 anos da aviação comercial, muitas das funções realizadas em um balcão de bilhetagem eram feitas manualmente. Nos últimos anos, a implementação da tecnologia computadorizada, do compartilhamento de informações e da automatização permitiu que boa parte dos processos tradicionais fosse distribuída para outros locais, muitos dos quais não se encontram dentro do aeroporto. A compra de passagens aéreas em agências de viagem, pelo telefone e, mais recentemente, pela Internet ou via aparelhos móveis compreende a maioria das transações de bilhetagem das empresas aéreas. Dessa forma, a possibilidade de comprar assentos com lugar marcado e de receber bilhetes de embarque por meio de sistemas automatizados aboliu a necessidade de processos de *check-in* no terminal aeroportuário para muitos passageiros de partida.

Além disso, praticamente todas as empresas aéreas comerciais já implementaram quiosques automatizados, localizados próximos aos balcões tradicionais de *check-in*, que são capazes de realizar muitos de seus serviços essenciais. Alguns aeroportos, inclusive, já empregam **quiosques de uso comum para autoatendimento**, que oferecem *check-in* para múltiplas empresas aéreas (Figura 7-17), enquanto um número cada vez maior de empresas pelo mundo está facilitando a remoção completa dos processos de *check-in* no aeroporto ao permitirem que os passageiros recebam bilhetes de embarque digitais em seus aparelhos móveis (Figura 7-18).

Apesar das mudanças na tecnologia e nas políticas ao longo do tempo, o tradicional balcão de *check-in* talvez nunca venha a ficar obsoleto. Durante períodos de irregularidade, como na ocorrência de atrasos e cancelamentos de voos, o balcão de *check-in* representa muitas vezes o primeiro local a que os passageiros recorrem a fim de encontrarem um representante da empresa aérea para auxiliá-los.

Revista de segurança

O processamento de passageiros e de bagagens com o propósito de garantir a segurança do sistema de aviação civil passou por uma reformulação quase completa após os ataques terroristas nos Estados Unidos em 11 de setembro de 2001. Desde 2003, a revista de segurança em passageiros e bagagens vem sendo gerida e operada

FIGURA 7-17 Quiosques de uso comum para autoatendimento.

FIGURA 7-18 Bilhete digital de embarque recebido via celular. (Fotografia cortesia da Cathay Pacific Airlines)

pelo Transportation Security Administration (TSA – Departamento de Segurança em Transportes). Embora o TSA tenha autoridade final sobre as instalações e procedimentos que compreendem os processos de revista de segurança, os gestores e planejadores de aeroportos precisam estar por dentro das etapas desses processos, pois foram eles os responsáveis pelos impactos mais significativos no planejamento e nas operações aeroportuárias nos últimos anos. Uma descrição completa dos processos de revista de segurança pode ser encontrada no Capítulo 8 deste livro. Do ponto de vista das operações gerais em terminais aeroportuários, os processos de revista de passageiros e bagagens talvez representem o tipo mais desafiador de processamento no aeroporto, já que todos os passageiros e bagagens precisam ser revistados dentro do próprio aeroporto (e jamais em outro local remoto). Em muitos aeroportos, a revista de segurança pode se tornar o componente mais oneroso no processamento de passageiros dentro do terminal.

Processamento no portão

Todo o processamento restante a ser realizado junto aos passageiros antes do embarque em uma aeronave costuma se dar na área do portão. Cada empresa aérea tem o seu próprio método de embarque de passageiros em aeronaves. Algumas delas realizam o embarque em ordem de classe de tarifas, com a primeira classe embarcando antes e a classe econômica por último. Outras realizam o embarque pela ordem do número das fileiras dos assentos na aeronave (da traseira para a frente) e, mais recentemente, por ordem de grupos predeterminados de embarque, conhecidos como *zonas*, conforme identificado nos bilhetes de embarque dos passageiros.

Em certas ocasiões, o processamento no portão também incorpora políticas de revista de segurança. As diretrizes anteriores do Transportation Security Administration determinavam uma seleção aleatória de passageiros em embarque para revistas adicionais de seus pertences e de sua bagagem de mão. Essa política foi abandonada nos primeiros meses de 2003, mas retorna de tempos em tempos, dependendo da avaliação de riscos conduzida pelo TSA.

Além do embarque, o processamento de passageiros na área do portão também inclui questões administrativas envolvendo o bilhete de um passageiro, como mudanças de lugar, solicitações para espera por um voo e quaisquer irregularidades que possam surgir.

Alfândega e instalações de patrulha de fronteira

Passageiros chegando em voos internacionais precisam passar pela alfândega e por formalidades de imigração no primeiro aeroporto em que pousam dentro dos Estados Unidos. O **Federal Inspection Services** (FIS – Serviços de Inspeção Federal) conduz essas formalidades, que incluem inspeção de passaportes, inspeção de bagagens, coleta de impostos sobre certos itens importados e, às vezes, inspeção em busca de materiais agrícolas, drogas ilegais ou outros itens restritos. O FIS é operado pela Customs and Border Patrol (CBP – Alfândega e Patrulha de Fronteiras) dos Estados Unidos, que é administrada pelo Department of Homeland Security (Departamento de Segurança Nacional).

Nos últimos anos, a introdução de procedimentos dinamizados para o atendimento de cidadãos norte-americanos em retorno, procedimentos aprimorados para a recepção de cidadãos de fora dos Estados Unidos e o acesso computadorizado a registros em estações de inspeção agilizaram substancialmente o fluxo de passageiros em muitos aeroportos. Voos vindos de certos aeroportos do Canadá e do Caribe já passam por uma pré-inspeção no aeroporto de origem, fazendo com que as formalidades na chegada sejam substancialmente reduzidas ou eliminadas. Procedimentos similares também existem em muitos aeroportos pelo mundo.

Instalações auxiliares de terminal de passageiros

Ainda que não sejam tecnicamente obrigatórias para os passageiros, as instalações auxiliares, ou não essenciais, são oferecidas em aeroportos a fim de melhorar a experiência da viagem em geral. Instalações não essenciais incluem serviços de comida e bebida, lojas de varejo, áreas comuns de espera, quiosques de informação, postos de correio, locais para preces religiosas, hotéis, centros de conferências, bares e fumódromos. Essas instalações, conhecidas como **concessões**, quando geridas adequadamente, não apenas oferecem benefícios aos passageiros como também geram níveis significativos de receitas para sustentar as operações do aeroporto (Figura 7-19).

A gestão das concessões dentro dos terminais aeroportuários continua a evoluir. Em muitos aeroportos de grande porte de serviço comercial, onde grandes volumes de passageiros proporcionam um mercado potencial significativo para a venda de produtos e serviços de varejo, os terminais aeroportuários estabeleceram programas

FIGURA 7-19 O átrio do Orlando International Airport é cercado por concessões, incluindo praça de alimentação, restaurantes, lojas de varejo, hotel e um centro de conferências. (Fotografia cortesia da Greater Orlando Airport Authority)

de concessões que oferecem produtos e serviços de nomes de marca, indo desde lanchonetes até itens especiais.

Muitos aeroportos contam com concessões que promovem e apoiam a economia local. Esses programas podem incluir a presença de lojas que oferecem produtos regionais ou produtos associados àquela área específica. Além disso, muitos aeroportos contam com Programas para Empreendimentos Desfavorecidos (DBE – Disadvantaged Business Enterprise) que oferecem espaços para que empresas pertencentes a minorias e mulheres se estabeleçam no aeroporto, mediante taxas reduzidas de aluguel, como parte do seu programa de concessões.

Ao situarem instalações de processamento de passageiros, tanto essenciais como não essenciais, em locais convenientes e em uma ordem lógica, os planejadores de terminais visam manter os passageiros circulando pelo aeroporto com uma quantidade mínima de confusão e congestionamento. Para se compreender completamente o comportamento dos passageiros dentro de um terminal, são elaborados diagramas de fluxo pelo local.

Diagramas de fluxo de passageiros ilustram a direção e o volume de passageiros se deslocando de uma instalação de processamento em um terminal para outra. Com base nessas informações, as instalações de terminais aeroportuários podem ser planejadas e geridas para se manterem eficientes (Figura 7-20).

Distribuição vertical de fluxo

Muitos dos aeroportos de grande porte distribuem o fluxo de passageiros em diversos andares dentro do terminal aeroportuário. O principal objetivo da distribuição das atividades de processamento de passageiros em diversos andares é separar o fluxo de passageiros de partida e de chegada. O número de andares que um prédio de terminal deve ter dependerá sobretudo do volume de passageiros. O número de andares também é influenciado pelos tipos de passageiros: domésticos, internacionais e em conexão. A Figura 7-21 apresenta uma secção transversal das principais áreas funcionais em um terminal de passageiros de vários andares. Passageiros de partida estacionam seus veículos (1) e se dirigem pelo andar intermediário (3) para o terminal, ou descem diretamente na rua circular veicular (via de embarque) (5). O *lobby* (6), o saguão (11) e a área dos portões (4) ficam todos no primeiro andar. Passageiros de chegada se dirigem da área dos portões (14), através do saguão (11), para a área de restituição de bagagens (7). Após retirarem suas bagagens, eles se dirigem para o edifício-garagem (1) via andar intermediário (3) ou se dirigem para o andar térreo (via de desembarque – 4). Observe que os escritórios do aeroporto (10); as instalações mecânica, de armazenamento e de manutenção (8); e a via de veículos de serviço (2) ficam localizados abaixo ou acima do fluxo de passageiros. Os ônibus de trânsito (9) e o túnel de trânsito satélite (13) que leva até o terminal satélite (normalmente para voos domésticos ou internacionais de longo curso) ficam localizados no andar inferior. Variações sobre esse projeto básico podem ocorrer quando exigido pelos volumes de tráfego ou pelos tipos de tráfego. Por exemplo, em grandes aeroportos onde se opera um transporte entre terminais, um andar especial pode ser necessário para proporcionar acesso a esses sistemas. Além disso, alguns aeroportos utilizam andares especiais para acomodar veículos com grande capacidade de passageiros, como lotações e ônibus executivos.

Manuseio de bagagens

Os serviços de **manuseio de bagagens** incluem diversas atividades envolvendo a coleta, a triagem e a distribuição de bagagens. O fluxo eficiente de bagagens pelo terminal é um elemento importante do sistema de processamento de passageiros.

Passageiros de partida normalmente podem despachar suas bagagens em diversos locais, incluindo *check-in* já na calçada do aeroporto, no balcão de *check-in* dentro do prédio do terminal ou em um ponto designado pelo TSA para a entrega de bagagens, tipicamente localizado próximo aos balcões de *check-in* no *lobby* do terminal. As bagagens passam então por uma revista do TSA e são enviadas para uma área central de triagem, onde são divididas conforme seus respectivos voos, e por fim são transportadas para os portões apropriados para serem carregadas na aeronave de

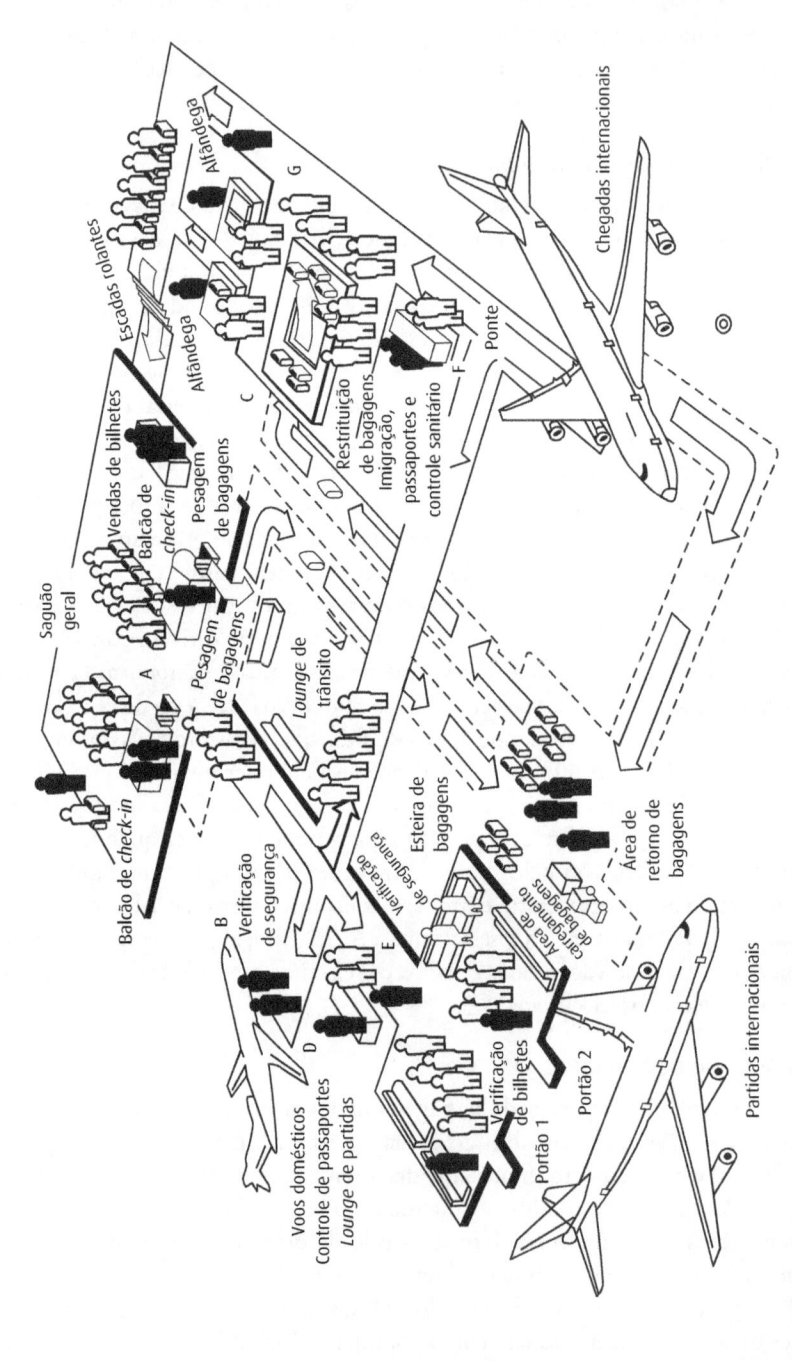

FIGURA 7-20 Fluxo de passageiros e bagagens em terminais aeroportuários.

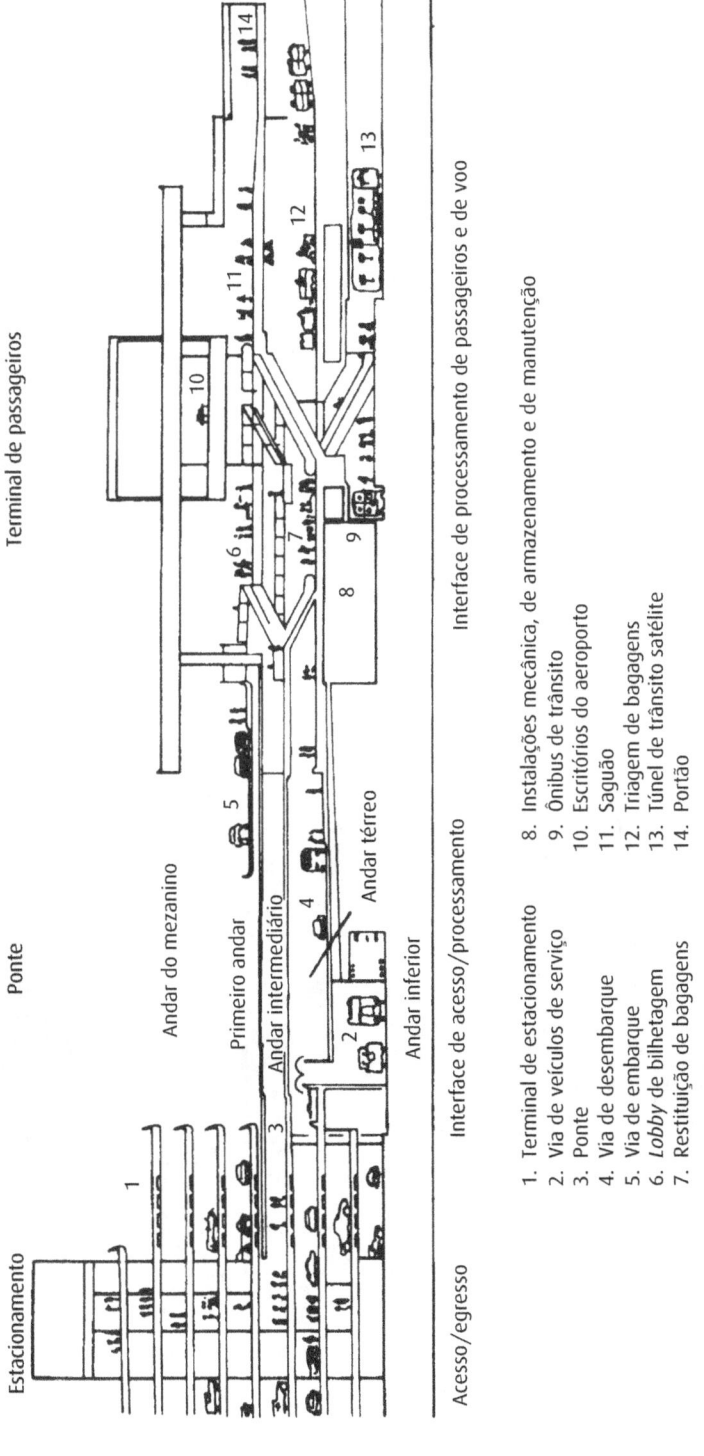

FIGURA 7-21 Distribuição vertical do fluxo de passageiros.

Acesso/egresso — Interface de acesso/processamento — Interface de processamento de passageiros e de voo

Estacionamento — Ponte — Terminal de passageiros

Andar do mezanino
Primeiro andar
Andar intermediário
Andar térreo
Andar inferior

1. Terminal de estacionamento
2. Via de veículos de serviço
3. Ponte
4. Via de desembarque
5. Via de embarque
6. *Lobby* de bilhetagem
7. Restituição de bagagens
8. Instalações mecânica, de armazenamento e de manutenção
9. Ônibus de trânsito
10. Escritórios do aeroporto
11. Saguão
12. Triagem de bagagens
13. Túnel de trânsito satélite
14. Portão

partida. Bagagens de chegada são descarregadas da aeronave e enviadas para uma área central de triagem. Malas triadas são enviadas ou para um voo de conexão ou para áreas de restituição de bagagens (Figura 7-22).

Na maioria do aeroportos norte-americanos, o manuseio das bagagens é de responsabilidade das empresas aéreas. Alguns aeroportos operam um serviço consolidado de bagagens, por funcionários do próprio aeroporto ou por funcionários terceirizados de uma empresa operadora de serviços.

Um dos métodos mais simples e mais amplamente adotados para agilizar o manuseio de bagagens é o *check-in* já na calçada do aeroporto. Esse método separa o manuseio de bagagens de outros tipos de *check-in*, aliviando, assim, as tarefas desses locais e permitindo que as bagagens sejam reunidas e levadas até a aeronave mais diretamente.

A triagem de bagagens, seu transporte para o pátio e o carregamento e a descarga de aeronaves são serviços essenciais para a duração das operações e que exigem ampla mão de obra. Tecnologias para aprimorar esse processo incluem esteiras rolantes de alta velocidade para o transporte de bagagens entre o terminal e a linha de voo, usadas muitas vezes em conjunção com carrinhos de transporte ou contêineres que podem ser colocados e retirados de dentro das aeronaves com equipamentos que poupam mão de obra. Equipamentos computadorizados de triagem de bagagens, capazes de distribuir malas por meio de etiquetas lidas por máquinas, já foram instalados em diversos aeroportos.

Restituição de bagagens

Para aqueles passageiros que despacham bagagens no aeroporto antes de sua partida, também são necessárias instalações para a restituição de bagagens. Essas instalações

FIGURA 7-22 Bagagens sendo carregadas para paletas para transferência às aeronaves.

costumam se situar em áreas convenientemente localizadas próximas às instalações que acomodam transporte terrestre para saída do aeroporto, incluindo estacionamento, ônibus e balcões de locação de veículos.

A bagagem costuma ser apresentada para os passageiros na área de restituição de bagagens pelo uso de uma esteira, configurada de modo a proporcionar área frontal suficiente para todos os passageiros com malas a serem restituídas, minimizando, ao mesmo tempo, a quantidade total de espaço exigido para a área de restituição (Figura 7-23).

As **esteiras rolantes** normalmente são compartilhadas pelas empresas aéreas em cada terminal. Isso é viável porque é necessária uma estrutura limitada para cada empresa aérea nessas áreas. Tipicamente, porém, cada empresa aérea costuma ter a sua própria área administrativa, sobretudo para lidar com bagagens perdidas, extraviadas ou danificadas.

FIGURA 7-23 Instalações de restituição de bagagens no Las Vegas McCarran International Airport.
(Fotografia cortesia de Clark County, Las Vegas McCarran International Airport)

Acesso terrestre ao aeroporto

O acesso ao aeroporto a partir da comunidade vizinha é uma parte integral do sistema de processamento de passageiros e bagagens em geral. O *elo de acesso/egresso* do sistema de processamento de passageiros de um aeroporto inclui todas as instalações e veículos de transporte terrestre e outras instalações de deslocamento modal necessárias para a movimentação de passageiros chegando e partindo do aeroporto. Incluídos no elo de acesso/egresso estão as rodovias, os serviços ferroviários intermunicipais e metropolitanos, as estações de veículos de aluguel, táxis, ônibus, lotações, limusines e conexão, incluindo estacionamentos internos e externos ao aeroporto e estações de trem.

O acesso aos aeroportos geralmente é dividido em dois segmentos principais:

- Acesso a partir do **distrito comercial central** (CBD – *central business district*) e de áreas de subúrbio via rodovias e sistemas de deslocamento rápido até os limites do aeroporto
- Acesso a partir dos limites do aeroporto até áreas de estacionamento e vias de desembarque de passageiros na entrada do prédio do terminal

Acesso a partir do CDB e de áreas suburbanas nos limites do aeroporto

O segmento que conecta o aeroporto à área metropolitana circunvizinha é uma parte do sistema de transporte regional ou metropolitano que atende ao tráfego em geral e o aeroportuário. Os departamentos estaduais ou locais de rodovias e as autoridades locais de trânsito têm máxima responsabilidade frente à administração, ao projeto e à construção desse segmento. A gestão aeroportuária, por seu lado, é responsável pelo desenvolvimento dos requisitos de tráfego aeroportuário que precisam ser atendidos no âmbito desse segmento. Ela também é responsável por promover o desenvolvimento de instalações que atendam a essa demanda. Cabe às entidades regionais, estaduais e locais de planejamento, mais conhecidas como **organizações de planejamento metropolitano** (MPOs – *metropolitan planning organizations*), a integração das necessidades gerais de transporte urbano com as necessidades específicas dos aeroportos, por meio do desenvolvimento de planos abrangentes de transporte para áreas metropolitanas e regionais como um todo. No âmbito federal, o Department of Transportation (Departamento de Transportes) e o Department of Housing and Urban Development (Departamento de Habitação e Desenvolvimento Urbano) fornecem contribuições nacionais, por meio de programas de repasse de recursos federais e de fundos para o planejamento do transporte urbano. Com essa diversificação de responsabilidades, é preciso que haja uma coordenação cuidadosa para que o primeiro segmento do problema de acesso ao aeroporto seja efetivamente solucionado.

Modais de acesso

A menos que o destino final de qualquer itinerário de viagem seja o aeroporto em si, todos os deslocamentos em uma aeronave comercial e praticamente todos os deslocamentos em uma aeronave da aviação geral incluem um modal adicional de transporte. Um *modal* de transporte é definido como um tipo de veículo usado para se viajar de um ponto a outro.

O Transportation Research Board (Conselho de Pesquisa em Transportes) dos Estados Unidos define os modais mais comuns de acesso a aeroportos como:

- ***Veículos particulares:*** veículos usados para transportar passageiros de empresas aéreas ou visitantes (como familiares, funcionários, amigos ou clientes), sem o pagamento de uma taxa pelo passageiro, pertencentes e operados de forma privada.
- ***Veículos de aluguel:*** veículos usados para transportar passageiros e visitantes, alugados pelo passageiro ou visitante junto a uma agência situada dentro ou próximo ao aeroporto pelo período de sua estadia. Veículos alugados por contratos de longa duração (ou seja, mais do que 3 meses) são considerados veículos particulares, e não veículos de aluguel.
- ***Veículos de cortesia:*** transporte porta a porta e compartilhado oferecido a clientes de hotéis, motéis, agências de aluguel de carros, estacionamentos (tanto operados por empresas privadas quanto pelo próprio aeroporto) e de outros serviços. Tipicamente, não há cobrança de taxas, pois o serviço de transporte é considerado parte do serviço principal sendo fornecido. O serviço é oferecido por meio de uma variedade de veículos, incluindo ônibus de grande porte, micro-ônibus, vans e camionetes.
- ***Veículos para tripulações de empresas aéreas:*** transporte compartilhado entre aeroportos e hotéis, fornecido sem custos a membros da tripulação de empresas aéreas pelo empregador. O serviço é oferecido por meio de uma variedade de veículos, incluindo ônibus de grande porte, micro-ônibus, vans e camionetes.
- ***Táxis:*** transporte porta a porta e sob demanda operado por empresas privadas para uso exclusivo (isto é, para grupos fechados, geralmente com no máximo cinco pessoas). As tarifas costumam ser calculadas de acordo com a distância e o tempo de deslocamento, usando-se um taxímetro, e de acordo com taxas estabelecidas por uma agência municipal ou regional de licenciamento (como uma comissão de táxis ou uma comissão de serviços públicos), mas também podem ser por zonas, por montantes predefinidos (tarifas específicas predeterminadas entre certos pontos, como o aeroporto e o centro) ou por tarifas negociadas. Tipicamente, a tarifa é cobrada pela utilização do veículo como um todo, embora algumas comunidades permitam tarifas extras por passageiro ou por mala carregada.
- ***Limusines sob demanda:*** serviços de transporte terrestre porta a porta e sob demanda operados por empresas privadas, tipicamente com a cobrança de tarifas especiais calculadas por quilômetro ou por hora, disponíveis nas vias das entradas de alguns aeroportos. Esses serviços exclusivos de transporte costumam ser fornecidos em carros de luxo, como limusines.
- ***Limusines pré-agendadas:*** serviços porta a porta que fornecem transporte exclusivo e que requer reservas. As tarifas podem ser fixas, calculadas por hora ou negociadas, independentemente do número de pessoas transportadas, de acor-

do com taxas aprovadas por agências de licenciamento locais e estaduais. Essas agências por vezes especificam também a região geográfica que pode ser atendida e a tarifa (ou o preço máximo) que pode ser cobrada. Serviços pré-agendados de limusine costumam ser fornecidos por veículos de luxo e incluem carros privados, serviços de limusines de luxo e serviços de táxi pré-agendados oferecidos por um operador sem licença para atuar no aeroporto. Esses serviços geralmente requerem reservas prévias, mas também podem ser solicitados por chamadas de rádio. Limusines pré-agendadas não têm a permissão de atender a pessoas fazendo sinais de parada ou a solicitações de transporte sob demanda. Limusines de luxo particulares e operadas por empresas privadas são consideradas veículos privados, da mesma forma que quando operadas e alugadas por uma corporação. No entanto, a maioria dos levantamentos não distingue entre limusines de proprietários privados e outros tipos de limusine.

- **Ônibus e vans de serviço fretado:** serviços de transporte exclusivo e porta a porta que requerem reservas ou marcações prévias. As tarifas geralmente são calculadas por hora, independentemente do número de pessoas transportadas, de acordo com preços aprovados por agências locais e estaduais de licenciamento. Esses serviços fretados são fornecidos por meio de ônibus, micro-ônibus e vans (com oito ou mais lugares) e incluem ônibus de turismo, ônibus oferecidos por navios de cruzeiro e outros transportes pré-agendados para mais de cinco passageiros.

- **Vans porta a porta compartilhadas:** serviços de transporte porta a porta e compartilhados que cobram aos clientes tarifas fixas por passageiro ou por zona. Tipicamente, o transporte a partir do aeroporto é sob demanda, mas o transporte ao aeroporto requer reservas prévias. Os veículos podem ser licenciados como vans de uso compartilhado, vans de traslado aeroportuário ou, em algumas comunidades, como táxis ou vans de serviço pré-agendado/fretado. Na maioria das comunidades, o serviço é operado por meio de vans de oito lugares com chamada por rádio, mas camionetes, limusines e sedãs também são usados.

- **Ônibus agendados:** serviços agendados operando em paradas ou terminais estabelecidos, tipicamente com horários marcados e percorrendo uma rota fixa, com tarifa fixa cobrada por passageiro ou por zona. Em muitas comunidades, há duas classes do serviço de ônibus:
  - *Transporte expresso (incluindo semiexpresso)* entre o aeroporto e os principais destinos da região, proporcionado geralmente por um operador privado licenciado pelas agências estaduais ou locais, mas, em certas regiões, por um operador público.
  - *Transporte multiparadas* entre o aeroporto e a região, geralmente operado por uma agência pública (isto é, um serviço tradicional de ônibus).

- **Serviço ferroviário:** serviço de rotas fixas por trilhos, operando entre paradas ou terminais estabelecidos dentro de um cronograma de horários. É cobrada uma tarifa fixa por passageiro ou por zona. Entre os tipos de trem usados para fornecer esse serviço estão os trens ligeiros, os trens de linha metropolitana e os trens expressos.

Nos Estados Unidos, a ampla maioria dos deslocamentos terrestres partindo e chegando aos aeroportos é atendida por automóveis particulares, carros alugados, táxis e vans compartilhadas, sendo todos um modal que transporta poucos passageiros por veículo e que depende diretamente da infraestrutura de rodovias públicas para conectar o aeroporto às origens e aos destinos finais, além de vias de acesso à entrada do terminal e instalações de estacionamento para embarque, desembarque e parada do próprio aeroporto.

Muitos aeroportos de serviço comercial que atendem a áreas metropolitanas densamente povoadas são servidos por modais de transporte público, incluindo serviço ferroviário e ônibus de linha. O percentual de passageiros que utiliza o transporte público para acessar o aeroporto varia de 2% até pouco menos de 20%. Os aeroportos menores de serviço comercial e praticamente todos os aeroportos da aviação geral apresentam uma fatia quase zero para o modal de transporte público, refletindo o fato de que quase todo o acesso ao aeroporto é feito através de veículos particulares ou alugados (Figura 7-24).

Entretanto, diversos aeroportos ao redor do mundo apresentam grandes parcelas de modal de transporte público, em alguns casos ultrapassando os 60%. Esses aeroportos refletem esforços concentrados para oferecer acesso terrestre via transporte público por parte das organizações de planejamento metropolitano, além de ambientes regionais cujas populações são menos dependentes do transporte por automóvel do que aquelas nos Estados Unidos (Figura 7-25).

Fatores que influenciam a demanda por acesso terrestre

A demanda por acesso terrestre entre aeroportos de serviço comercial e seus respectivos destinos/origens é decorrente, sobretudo, do número de passageiros embarcando e desembarcando em cada aeroporto. Esses volumes são gerados em parte pela disponibilidade de serviço aéreo das empresas que atendem ao aeroporto. Entre as características desse serviço aéreo estão os destinos atendidos, o tipo de aeronaves utilizadas e os horários diários de partida e chegada oferecidos pelas empresas aéreas.

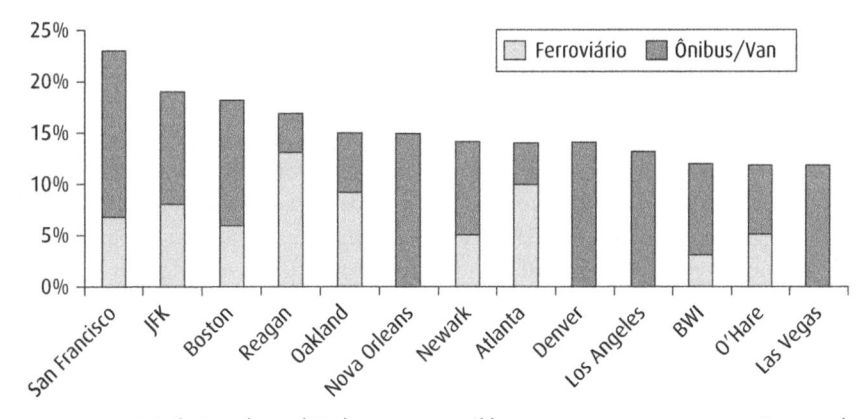

FIGURA 7-24 Dsitribuição de modais do transporte público para aeroportos norte-americanos selecionados. (Figura cortesia da National Academy of Sciences, Transportation Research Board)

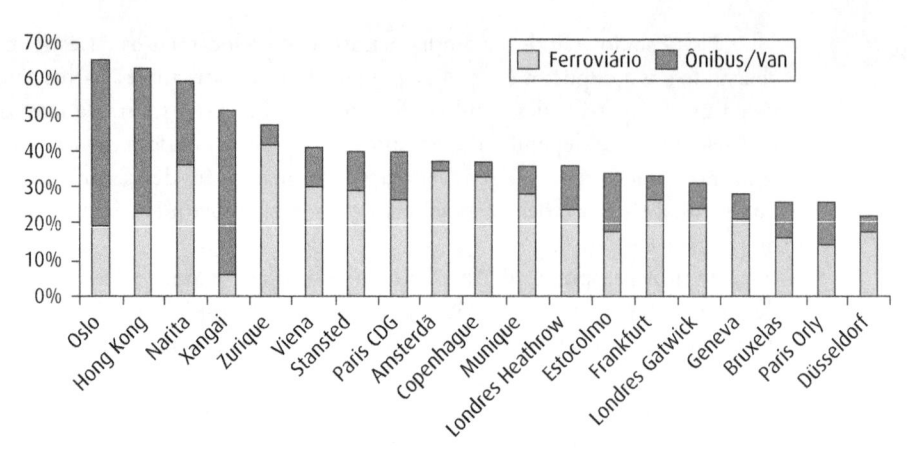

FIGURA 7-25 Distribuição de modais do transporte público para aeroportos selecionados fora dos Estados Unidos. (Fonte: Transportation Research Board, National Academy of Sciences)

Além dos passageiros propriamente ditos, os aeroportos são acessados por aqueles que vão se despedir e recepcionar os passageiros no aeroporto. A demanda por acesso terrestre por parte dessas pessoas depende de características similares àquelas envolvendo os próprios passageiros.

Uma proporção significativa de deslocamentos terrestres de partida e chegada a aeroportos é gerada pela força de trabalho empregada em cada aeroporto, incluindo funcionários do aeroporto, de empresas aéreas e governamentais, bem como funcionários de muitas companhias privadas que têm negócios com o aeroporto, incluindo concessionários, empreiteiras e fornecedores. Esses deslocamentos são menos dependentes do serviço de voo disponível. Eles estão mais associados a deslocamentos rotineiros que ocorrem durante os dias úteis, especialmente no início da manhã ou ao final da tarde, e deslocamentos associados a entregas comerciais. Além disso, como muitas funções no aeroporto funcionam 24 horas por dia, inúmeros deslocamentos até o aeroporto ocorrem fora dos horários comerciais normais.

Coordenação e planejamento da infraestrutura de acesso terrestre

Para desenvolver com eficiência os requisitos de acesso terrestre até o aeroporto a partir do CBD e das áreas suburbanas, é importante compreender a região geográfica a partir da qual os passageiros acessam o aeroporto. Essa região é conhecida como *área de captura* do aeroporto. Para aeroportos de serviço comercial, o tamanho geográfico da área de captura varia bastante, dependendo sobretudo da densidade populacional na região e da disponibilidade e do custo dos serviços das empresas aéreas no aeroporto, bem como da existência ou não de outros aeroportos dentro da mesma região. Aeroportos da aviação geral geralmente atendem a áreas mais locais, como um CBD, uma área suburbana ou uma comunidade adjacente. Muitas comunidades recaem em áreas de captura de vários aeroportos, ilustrando o fato de que os passageiros na verdade escolhem acessar diferentes aeroportos da mesma região com base nas características de cada aeroporto, nos serviços aéreos oferecidos e no sistema de acesso terrestre.

Embora não seja o determinante mais significativo para o volume de passageiros, a capacidade de se acessar um aeroporto a partir de outro exerce, de fato, um efeito sobre a escolha do passageiro por determinado aeroporto. A capacidade dos planejadores e gestores aeroportuários de identificar a área de captura de seus aeroportos e de coordenar um sistema efetivo de acesso terrestre a partir dessa área é vital para o sucesso de seus aeroportos.

Acesso a partir dos limites do aeroporto até as áreas de estacionamento e as áreas de desembarque de passageiros em frente ao prédio do terminal

O segundo segmento de acesso aeroportuário, dos limites do aeroporto até as áreas de estacionamento e as áreas de desembarque de passageiros em frente ao prédio do terminal, é de responsabilidade da gestão do aeroporto. Esse segmento inclui instalações de estacionamento de veículos, vias de acesso na entrada do terminal, sistemas de trânsito público intra-aeroporto, como ônibus especiais e sistemas ferroviários ligeiros, e vias para veículos entre as instalações existentes dentro da propriedade do aeroporto.

Instalações de estacionamento de veículos

As instalações de estacionamento dentro ou perto do aeroporto precisam ser oferecidas a passageiros, visitantes acompanhando passageiros, funcionários do aeroporto, empresas de locação de carros e limusines e àqueles que têm negócios com os locatários do aeroporto.

Os estacionamentos públicos são oferecidos a passageiros de empresas aéreas, a acompanhantes que vão recepcionar e se despedir de passageiros e a outros membros do público que têm negócios no aeroporto. A maioria dos aeroportos de serviço comercial possui estacionamentos separados para uso de curto prazo e de longo prazo. Levantamentos em aeroportos de grande porte indicam que um grande número de pessoas (75% ou mais) estaciona por 3 horas ou menos e que um número muito menor estaciona por períodos que se estendem de 12 horas até diversos dias ou mais; porém, aqueles que estacionam por pouco tempo, devido justamente às suas curtas durações de permanência, representam apenas 20%, aproximadamente, da acumulação total máxima de veículos. Consequentemente, muitos aeroportos designam relativamente poucas vagas a usuários que permanecem por pouco tempo, geralmente em locais mais convenientes (mais próximos) do terminal. As tarifas de estacionamento para permanências curtas costumam ser proporcionalmente mais caras do que aquelas para permanências mais longas. Essa estratégia tarifária visa alcançar dois objetivos. Em primeiro lugar, ela proporciona incentivo para que aquelas pessoas com intenção de permanecer por mais tempo em uma vaga utilizem os estacionamentos de longa permanência, abrindo vagas mais próximas ao terminal para aqueles para que desejam permanecer por menor tempo. Em segundo lugar, ela tende a maximizar a receita total gerada pelo sistema de estacionamentos no aeroporto (Figura 7-26).

O número de vagas de estacionamento necessário para proporcionar níveis adequados de serviço é normalmente maior do que a demanda total de estacionamento. Isso ocorre porque, em um grande estacionamento em que muitas áreas não podem ser visualizadas simultaneamente – por exemplo, em garagens de vários andares ou em terrenos extensivos –, é mais difícil encontrar as últimas vagas a serem preenchidas. Por isso, um grande estacionamento pode ser considerado lotado quando de 85% a 95% de suas vagas estão ocupadas, dependendo se o seu uso é para permanências de curto ou de longo prazo, de seu tamanho e de sua configuração (Figura 7-27).

Estacionamentos externos ao aeroporto

Muitas vezes existem estacionamentos localizados na vizinhança, mas fora dos limites do terreno do aeroporto, que são operados por agentes privados independentes. Essas instalações costumam oferecer tarifas mais baratas do que aquelas operadas pelo próprio aeroporto. Embora elas tendam a ficar situadas mais distantes do terminal do aeroporto, é comum haver serviço de ônibus especiais entre esses estacionamentos e o terminal, compensando a distância extra. Além disso, alguns estacionamentos externos aos aeroportos oferecem comodidades extras, indo desde cafezinho e jornais de cortesia para seus clientes até lavagem de automóveis e manobrista. O sucesso dos estacionamentos externos aos aeroportos pode exercer um impacto direto e significativo sobre as receitas aeroportuárias, já que essas instalações não repassam uma parcela de suas receitas para os aeroportos.

Estacionamento para funcionários

Instalações separadas de estacionamento normalmente são providenciadas para funcionários do aeroporto. Estacionamentos para funcionários podem ficar situados a até vários quilômetros do terminal. Nesses casos, os funcionários são transportados de ônibus do estacionamento até o aeroporto.

FIGURA 7-26 Novo edifício-garagem de vários andares no Washington Dulles International Airport.
(Figura cortesia da Metropolitan Washington Airports Authority)

Estacionamentos no Ft. Lauderdale Hollywood International Airport (FLL)

[Mapa mostrando: Estacionamento Park N Save, Estacionamento Holiday, Estacionamento Tower, Estacionamento The Red Dot, Terminal 1, Terminal 2, Terminal 3, Terminal 4, Edifício-garagem, Perimeter Road]

■ Estacionamento de curta permanência
□ Estacionamento de longa permanência

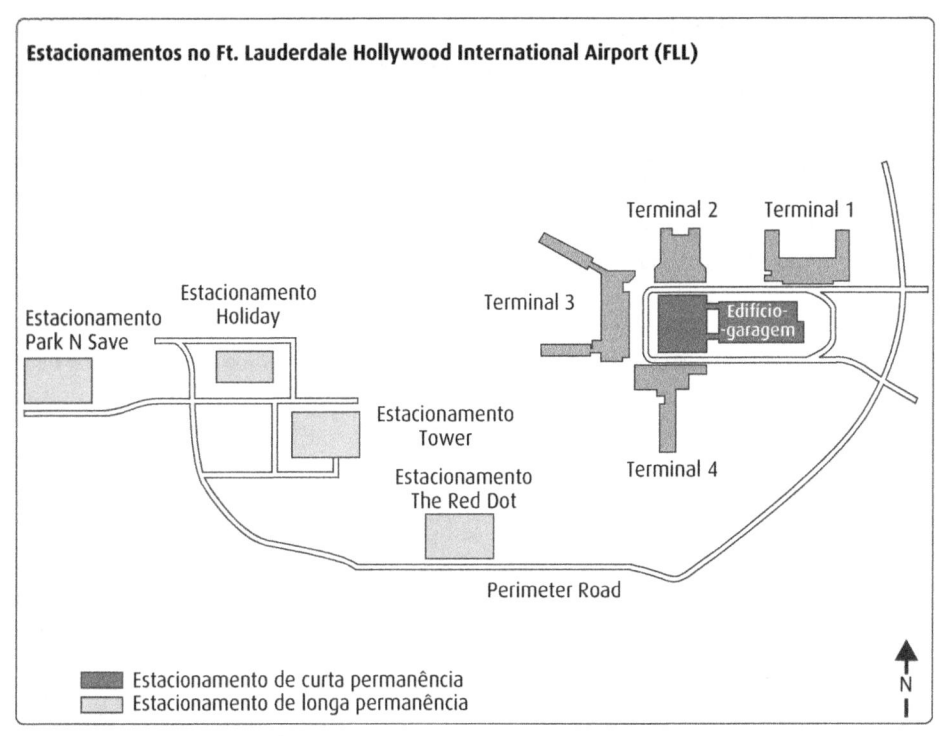

FIGURA 7-27 Localização de instalações de estacionamento no Fort Lauderdale Hollywood International Airport. (Cortesia ifly.com)

Locadoras de veículos

As locadoras de automóveis costumam ficar localizadas em diversos pontos da propriedade do aeroporto. As estratégias para definir a escolha desses locais, bem como das instalações de retirada e devolução de automóveis, têm variado bastante entre os aeroportos nos últimos anos de acordo com o tamanho dos aeroportos, do volume e do tipo de passageiros que locam os veículos, e da quantidade e das estratégias das empresas privadas de locação de veículos que atendem ao aeroporto.

Tradicionalmente, as instalações de retirada e devolução de automóveis ficavam localizadas perto do prédio do terminal, a fim de minimizar as distâncias de caminhada para os passageiros desde o terminal até os seus veículos. A frota das locadoras de carros geralmente fica estacionada em uma área especial, distante do prédio do terminal, com os veículos sendo levados até a sede da empresa sob solicitação. Em grandes aeroportos com espaço limitado perto do prédio do terminal, todos os balcões das locadoras de veículos, exceto os para reservas, estão situados fora da propriedade do aeroporto. Essas empresas proporcionam acesso aos clientes entre o terminal e seus veículos usando vans ou ônibus especiais.

Tendências recentes em instalações de locação de veículos incluem a construção de instalações consolidadas de locação dentro do aeroporto. Essas instalações combinam as operações de diversas locadoras de veículos, proporcionando localizações centrais para reservas, retirada e devolução de automóveis e para a frota de veículos. O acesso às instalações consolidadas de locadoras é fornecido pelo aeroporto na forma de ônibus ou sistemas automatizados de deslocamento de pessoas. Essas instalações foram recebidas com graus variáveis de críticas e elogios. Embora a existência de uma única locadora de automóveis pareça mais agradável aos passageiros do que uma série de locadoras dispersas, os fatos de que essas locadoras geralmente estão localizadas a uma distância considerável do terminal e de que muitos passageiros precisam se deslocar (com suas bagagens) a uma locadora consolidada resultam que locadoras consolidades criam mais inconvenientes do que melhorias no processo de locação de veículos. A operação dos CRCFs começou a amadurecer desde sua criação no final dos anos 1990. Serviços de ônibus de frequência mais alta ou a implementação de transporte ferroviário conectando os prédios de terminal com os CRCFs acabaram facilitando a movimentação de passageiros entre os dois locais. Como resultado, a proliferação de CRCFs pelos Estados Unidos segue a todo o vapor.

Área frontal do terminal

A **área frontal do terminal** do aeroporto proporciona áreas de parada temporária durante a transição dos passageiros entre o terminal e os componentes do lado terra. É junto ao meio-fio que todos os passageiros, exceto aqueles usando algum estacionamento ou instalação de trânsito próxima, ingressam ou descem de alguma forma de transporte terrestre. Uma diversidade de pedestres, automóveis privados, táxis, ônibus, camionetes comerciais de entregas e micro-ônibus especiais utilizam a zona frontal do aeroporto. Nesse espaço, os passageiros carregam suas bagagens de ou para o prédio de terminal, despacham suas bagagens em instalações externas especiais ou esperam o acesso a táxis ou outros veículos. Em alguns aeroportos, os passageiros

FIGURA 7-28 Ônibus levam passageiros para a locadora de carros no George Bush Intercontinental Airport, em Houston. (Cortesia do Houston Airport System)

precisam atravessar vias frontais para chegar a áreas de estacionamento a partir da calçada do terminal.

Os principais determinantes para o tamanho necessário da calçada em um terminal são o número de veículos que passam e param junto à calçada ao longo de determinado período de tempo, os tipos de veículos que utilizam a via junto à calçada e o espaço de tempo durante o qual os veículos param para carga e descarga. Os tempos de permanência dos veículos variam de 1 minuto, para veículos privados e táxis parando para o embarque ou desembarque de passageiros, até mais de 5 minutos, para vans e ônibus aguardando pela chegada de passageiros a serem transportados para seus destinos finais.

Como os automóveis privados representam o modal de acesso terrestre dominante na maioria dos aeroportos, são eles que geram a maior parte da demanda por área frontal de calçada. Tal demanda pode ser reduzida em alguns aeroportos pelo aumento de estacionamentos convenientes, o que costuma elevar a proporção de motoristas que entram ou saem diretamente das áreas de estacionamento sem parar junto à calçada frontal, ou encorajando que os passageiros utilizem instalações de *check-in* externas ao aeroporto, caso estejam disponíveis.

A demanda por área frontal de calçada também é determinada por cronogramas de voo e especialmente pelo padrão de comportamento dos passageiros com voos partindo do aeroporto em questão (com que antecedência eles chegam ao aeroporto em relação ao horário marcado de partida) e pela rota que os passageiros de chegada fazem através do terminal (quanto tempo eles demoram para se deslocarem desde a aeronave até a calçada frontal). O tipo de voo e o objetivo da viagem também influenciam a demanda por área frontal de calçada. Por exemplo, passageiros que vão embarcar em voos internacionais precisam chegar mais cedo ao aeroporto do que os passageiros de voos domésticos. E os passageiros chegando de voos internacionais também costumam demorar mais do que os passageiros de voos domésticos para chegar até a calçada frontal, devido a procedimentos de alfândega e imigração.

Passageiros em viagens de negócios tendem a chegar ao aeroporto mais em cima dos seus horários de partida do que os passageiros viajando a lazer. Passageiros de classe executiva, que podem levar todas as suas bagagens a bordo da aeronave e que não precisam, portanto, parar no saguão de restituição de bagagens, costumam chegar mais depressa à calçada frontal do que aqueles passageiros que despacharam suas bagagens. Em alguns aeroportos, os passageiros em conexão precisam se deslocar de um terminal para outro e pegar ônibus que partem das vias frontais, contribuindo, assim, para a demanda sobre as instalações na calçada do terminal.

A demanda por área frontal de calçada resultante de ônibus especiais e vans de cortesia está mais relacionada ao número de deslocamentos por hora que eles fazem até o terminal, e não diretamente ao número de passageiros. Os operadores desses veículos, buscando oferecer um serviço ágil e confiável para todos os passageiros, fornecem um serviço frequente operado a intervalos específicos e permitem que alguns veículos sejam subutilizados, de modo a reduzir o tempo de espera para seus clientes. Os tempos de permanência dos veículos parados junto ao meio-fio variam conforme o tipo de veículo, a quantidade de passageiros e a quantidade de bagagens carregadas.

As formas mais comuns para aprimorar as vias frontais do terminal são alargamento das calçadas, pistas de ultrapassagem, múltiplos pontos de entrada e saída no prédio do terminal, instalações de estacionamento remoto e serviço de deslocamento, passarelas e túneis para pedestres. Essas melhorias visam aumentar a utilização da área frontal pelo tráfego de veículos ou, no caso de estacionamento remoto e serviço de deslocamento, reduzir a demanda nessa área, ao transferir os passageiros de seus carros privados para veículos de alto volume. O uso de calçadas para segregar o tráfego a pé do tráfego veicular promove a segurança dos pedestres e facilita o fluxo do tráfego pelas vias, ao eliminar conflitos entre pedestres e veículos.

As áreas frontais de certos terminais são originalmente projetadas, ou reformadas, com dois andares, com uma zona de embarque em um deles e com uma zona de desembarque no outro. Em alguns casos, modificações de procedimentos – ou isoladas ou em conjunto com alterações físicas de baixo custo, como cartazes ou divisores de pistas – representam uma alternativa efetiva em relação a dispendiosas construções ou remodelações de áreas frontais. Por exemplo, restrições de estacionamento combinadas com uma fiscalização rigorosa reduzem o congestionamento nas vias frontais e o tempo de parada para embarque e desembarque de passageiros. De forma similar, a separação de carros privados e táxis, ônibus e limusines pode diminuir os conflitos entre esses tipos de tráfego e melhorar o fluxo na chegada e na saída das vias frontais.

Uma abordagem eficaz em alguns aeroportos tem sido o fornecimento de serviço de ônibus de áreas remotas de estacionamento até o terminal, a fim de desencorajar o fluxo de automóveis privados junto às entradas do prédio do terminal. Nenhuma dessas medidas é capaz de substituir o planejamento adequado da capacidade da área frontal do terminal, mas elas podem gerar um uso mais eficiente das instalações disponíveis e talvez até compensar as deficiências no projeto do terminal e de sua área frontal.

Tecnologias para aprimorar o acesso terrestre até os aeroportos

Uma variedade de tecnologias está em desenvolvimento e implementação para aprimorar os segmentos de acesso terrestre aos aeroportos, incluindo sistemas avançados de informação aos viajantes (ATIS – *advanced traveler information systems*); tecnologias emergentes para ônibus, transporte ferroviário e deslocadores automatizados de pessoas; bem como alternativas estratégicas para serviços de *check-in* fora do aeroporto. Nos Estados Unidos, os sistemas ATIS ganharam o apelido de "511", representando o número de telefone para informações e os endereços de acesso à Internet e aparelhos móveis.

Sistemas avançados de informação aos viajantes permitem que os passageiros estimem com maior precisão o tempo de deslocamento até o aeroporto e, em alguns casos, disponibilizam rotas ou modais alternativos capazes de oferecer viagens mais rápidas ou custos mais baratos. Boa parte dessas informações é coletada a partir de monitoramento em tempo real dos volumes de tráfego nas principais rodovias de acesso e do *status* operacional dos sistemas públicos de trânsito (Figuras 7-29 e 7-30).

Sistemas avançados de informações aos viajantes também podem ser usados para aprimorar o desempenho das instalações de estacionamentos públicos, ao deixar

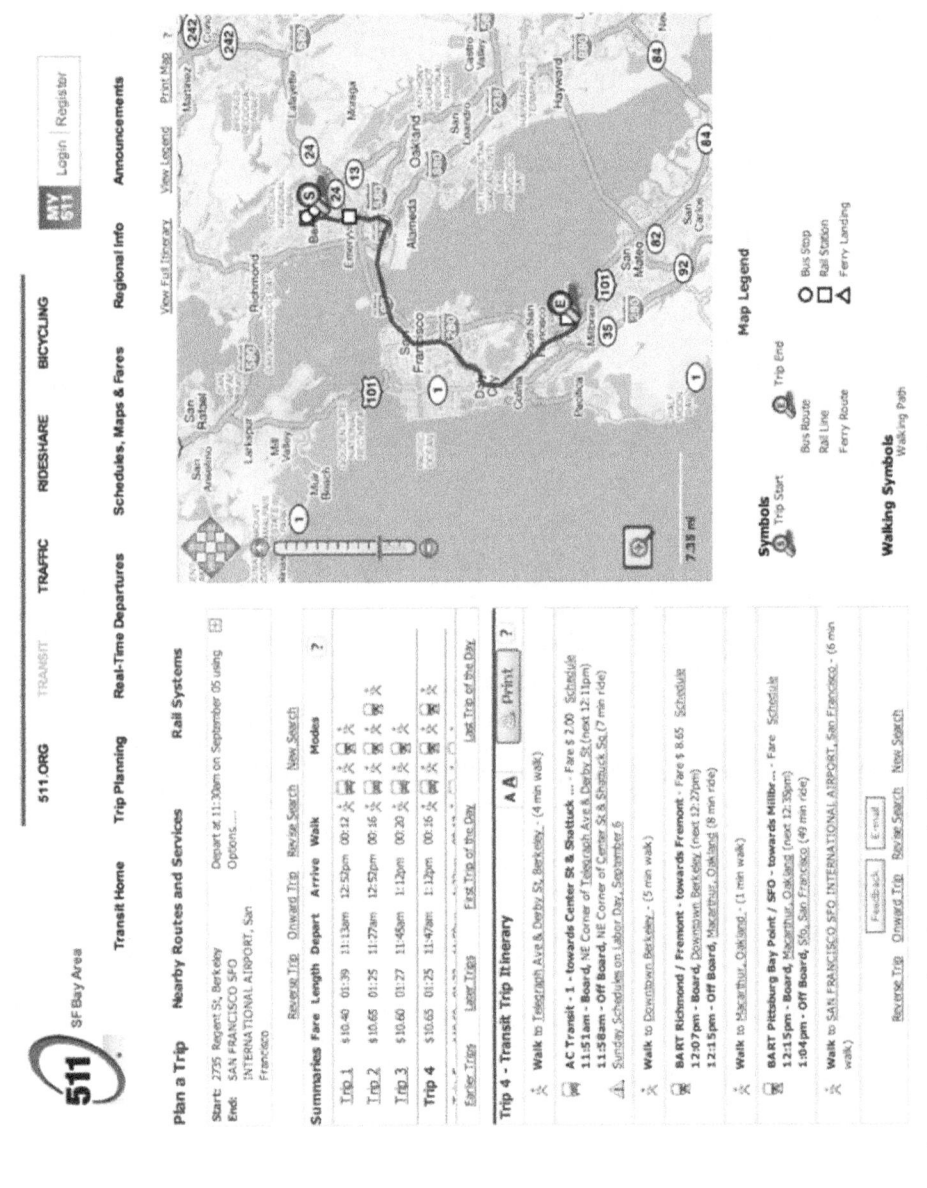

FIGURA 7-29 Tráfego em tempo real e informações de planejamento de trânsito para a região da baía de San Francisco. (Figura cortesia do 511.org)

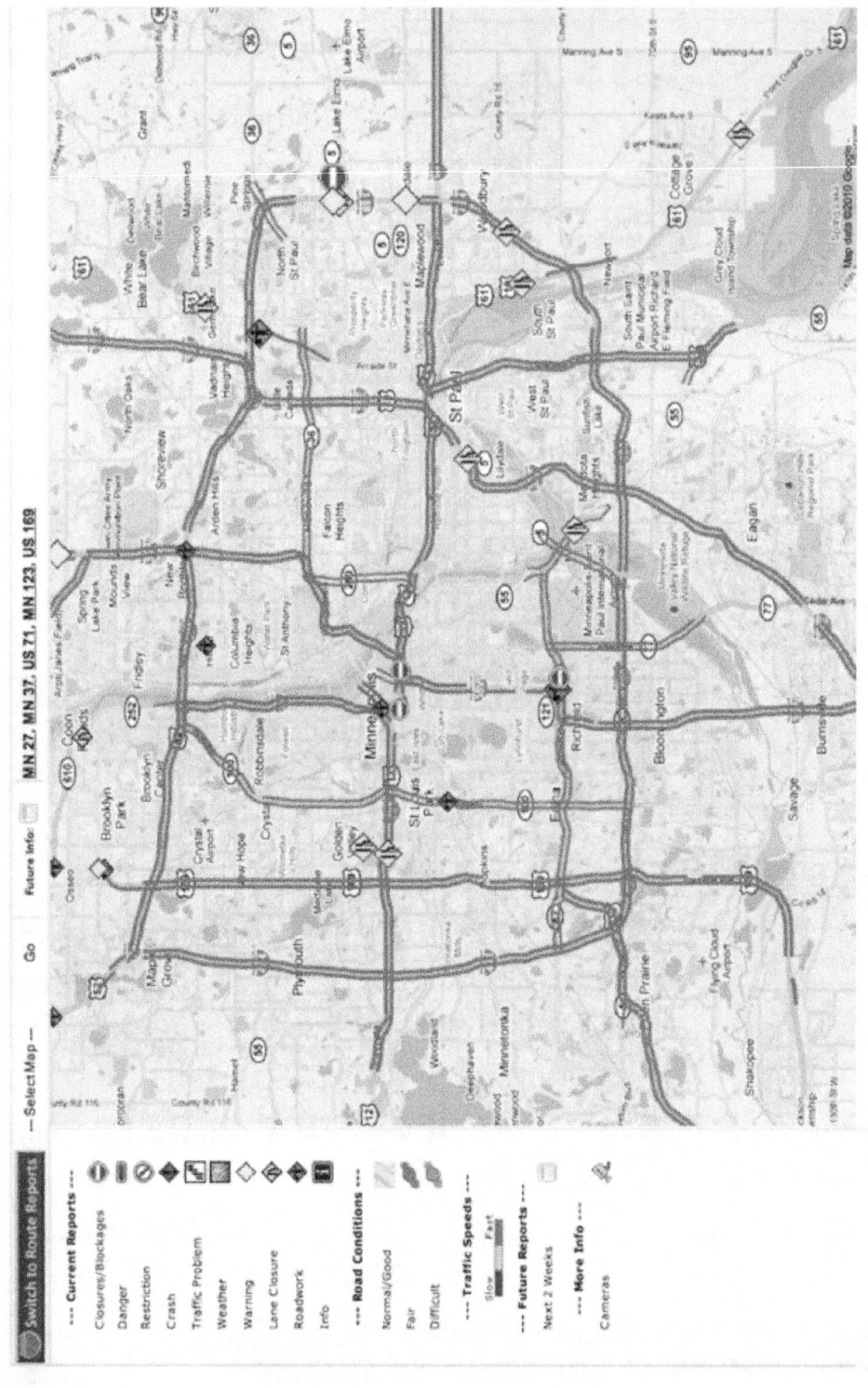

FIGURA 7-30 Condições de tráfego em tempo real transmitidas pela Internet para fornecer informações úteis aos viajantes acessando aeroportos. (Figura cortesia do Minnesota Department of Transportation)

os viajantes a par de vagas específicas ainda livres dentro dos estacionamentos (Figura 7-31).

A implementação de sistemas de transporte público de última geração conectando aeroportos a centros de transporte regional procura melhorar o acesso terrestre a aeroportos ao fornecer acesso conveniente a eles por meio da infraestrutura de transporte público existente e pela redução da demanda de tráfego de automóveis particulares ou alugados nos sistemas adjacente de rodovias.

FIGURA 7-31 Instalações inteligentes de estacionamento repassam informações sobre vagas disponíveis.

FIGURA 7-32 O sistema APM do Newark Liberty International Airport conecta o terminal aeroportuário às instalações de estacionamento e de locação de automóveis, bem como aos centros de transporte ferroviário regional. (Foto cortesia do Port Authority of New York/New Jersey)

Observações finais

O terminal de um aeroporto é um componente fundamental do sistema aeroportuário, exigindo planejamento e gestão para acomodar uma ampla variedade de tipos de aeronaves e passageiros. Embora os conceitos fundamentais de operação e planejamento se apliquem a todo e qualquer terminal aeroportuário, não existem no mundo dois terminais absolutamente idênticos. Assim, uma compreensão específica das operações de um terminal aeroportuário em particular é necessária para operar e planejar com o objetivo de atender tanto aos passageiros quanto às aeronaves da maneira mais eficiente possível e com alta qualidade.

Igualmente importante para o terminal em si é a facilidade de acesso dos passageiros a ele e a outras instalações aeroportuárias a partir das regiões circunvizinhas. Os gestores aeroportuários têm a responsabilidade de administrar os sistemas de acesso terrestre dentro dos limites do aeroporto e de promover esforços para facilitar o acesso terrestre por toda a área de captura do aeroporto, ao estabelecer uma coordenação com os governos locais e com as organizações de planejamento metropolitano. O acesso terrestre é vital para qualquer aeroporto, não apenas para a quantidade de passageiros que um sistema adequado acarreta, mas também para a geração de receitas para o aeroporto.

Terminais aeroportuários e sistemas de acesso terrestre estão prontos para se beneficiarem das novas tecnologias que tornarão a operação desses sistemas mais eficiente. Os planejadores e os gestores de aeroportos que aplicarem essas tecnologias, combinadas com uma compreensão dos princípios fundamentais de operação de terminais e acesso terrestre, têm o potencial de desenvolver futuras instalações que serão capazes de lidar de forma conveniente e eficiente com os volumes futuros de usuários de aeroportos.

Palavras-chave

Conceitos de terminal aeroportuário:
- instalações centralizadas
  - terminal de unidade simples
  - terminal de unidade combinada
  - terminal em múltiplas unidades
  - conceito de chegada em portão
  - terminal linear
  - terminal curvilíneo
- instalações descentralizadas
  - terminal píer *finger*
  - terminal píer satélite
  - Sistemas Automatizados de Movimentação de Passageiros
  - conceito de satélite remoto

- conceito de *lounge* móvel
- conceito de componentes do lado ar e componentes do lado terra
• terminais externos ao aeroporto

Sistema de pátio e portões:
• estacionamento de aeronaves
  - transversalmente de nariz para dentro
  - oblíquo de nariz para dentro
  - oblíquo de nariz para fora
  - paralelo
  - remoto
• aeronaves que pernoitam
• tempo agendado de ocupação de portão
• acordo de utilização de portões
  - uso exclusivo
  - uso compartilhado
  - uso preferencial
  - tabela de Gantt
• sistema de gestão de passageiros
  - interface de voo
  - processamento de passageiros
  - interface de acesso/processamento
  - interface de acesso/egresso
• tipos de passageiros
  - segmento de itinerário
    - passageiros de partida
    - passageiros de chegada
    - passageiros em conexão
  - propósito da viagem
    - viagem de negócios
    - viagem de turismo
    - manuseio de bagagens
• instalações essenciais de processamento
  - bilhetagem
    - balcões de uso exclusivo
    - equipamentos de terminal de uso comum
    - quiosques de uso comum para autoatendimento
  - revista de segurança
  - processamento no portão
  - Federal Inspection Services

- instalações auxiliares de processamento
  - concessões
- manuseio de bagagens
  - restituição de bagagens
    - esteiras

Acesso terrestre ao aeroporto:
- distrito comercial central
- organização de planejamento metropolitano
- estacionamento de veículos
- área frontal do terminal

Questões de revisão e discussão

1. Quais são alguns dos diversos conceitos de projeto de terminais já aplicados ao longo da história dos aeroportos de uso civil?
2. Quais são algumas das vantagens e desvantagens de cada geometria de terminal aeroportuário?
3. De que forma o advento dos sistemas APM afetou a construção dos terminais aeroportuários?
4. O que é o conceito de *lounge* móvel?
5. O que são terminais externos ao aeroporto? Que potencial eles têm no futuro dos terminais aeroportuários?
6. Quais são as diferentes configurações para o estacionamento de aeronaves que podem existir nos aeroportos? Em que ocasião cada configuração de estacionamento é mais aplicável?
7. O que é uma tabela de Gantt? De que maneira as tabelas de Gantt podem ajudar a gestão aeroportuária?
8. Quais são os diferentes tipos de acordo de uso de portões entre os aeroportos e os operadores de aeronaves? Quais são as vantagens e desvantagens de cada tipo de acordo?
9. Quais são os diferentes processos que compreendem o sistema de processamento de passageiros e terminais aeroportuários?
10. Em que categorias os passageiros são divididos quando estão se deslocando entre terminais aeroportuários?
11. Quais são as instalações necessárias para o processamento de passageiros existentes no terminal aeroportuário?
12. O que são sistemas CUTE?
13. O que é o FIS? Quais passageiros costumam exigir FIS?
14. Quais são as duas categorias nas quais o acesso terrestre aos aeroportos se divide?
15. O que são as MPOs? Que autoridade as MPOs têm sobre o acesso terrestre aos aeroportos?
16. Quais são os diferentes modais que costumam proporcionar acesso terrestre aos aeroportos?

17. Quais são alguns dos fatores que influenciam a demanda por acesso terrestre?
18. Quais são os vários tipos de estacionamentos necessários em um aeroporto?
19. Quais são algumas das tecnologias que já existem e que estão sendo desenvolvidas para melhorar o acesso terrestre aos aeroportos?

Leituras sugeridas

Airport Landside Planning and Operations. Special Report 1373. Washington, D.C.: Transportation Research Board, 1992.

Airport Terminal and Landside Design and Operation. Special Report 1273. Washington, D.C.: Transportation Research Board, 1990.

Doganis, Rigas. *The Airport Business*. New York: Routledge, Chapman and Hall, Inc., 1992.

FAA, *Intermodal Ground Access to Airports: A Planning Guide,* FAA Report No. DOT/FAAIPP/96-3, Washington, D.C., 1996.

Hart, Walter. *The Airport Passenger Terminal.* Malabar, Fla.: Krieger Publishing, 1991.

Horonjeff, Robert, Francis X. McKelvey, William J. Sproule, and Seth B. Young. *Planning and Design of Airports*. New York: McGraw-Hill, 5th edition, 2010.

Measuring Airport Landside Capacity. Special Report 215. Washington, D.C.: Transportation Research Board, 1987.

Improving Public Transportation Access at Large Airports. TCRP Special Report 62. National Academy Press, 2000, Washington, D.C.

Ground Access to Major Airports by Public Transportation, ACRP Report 4. National Academies Transportation Research Board, 2008, Washington, D.C.

Airport Passenger Terminal Planning and Design, Volume 1: Guidebook, ACRP Report 25. National Academies Transportation Research Board, 2010, Washington, D.C.

Reference Guide on Understanding Common Use at Airports, ACRP Report 30. National Academies Transportation Research Board, 2010, Washington, D.C.

Innovations for Airport Terminal Facilities, ACRP Report 10. National Academies Transportation Research Board, 2008, Washington, D.C.

CAPÍTULO 8

Segurança aeroportuária

Objetivos de aprendizagem

- Familiarizar-se com a história das ameaças à segurança aeroportuária e com as ações legislativas associadas.
- Descrever a estrutura organizacional do Transportation Security Administration.
- Definir as várias áreas delicadas de segurança dos aeroportos.
- Descrever as instalações localizadas nos aeroportos que fazem parte do ambiente de segurança após 11 de setembro de 2001.
- Compreender as diferenças nos procedimentos de segurança entre aeroportos de serviço comercial e da aviação geral.
- Familiarizar-se com as diversas tecnologias que estão sendo desenvolvidas para melhorar a segurança aeroportuária.

Introdução

Uma das questões mais significativas que os aeroportos enfrentam no início do século XXI é o da segurança aeroportuária. A maioria dos usuários de aeroportos de serviço comercial está sujeita a infraestrutura, políticas e procedimentos de segurança dentro da área do terminal. Contudo, a segurança aeroportuária não está limitada ao terminal; ela envolve todas as áreas e todos os usuários do aeroporto. Na história da aviação comercial, já houve mais de 600 sequestros de aeronaves e mais de 100 explosões de aeronaves atribuídas ao terrorismo ao redor do mundo. Ainda que muitas regras, políticas e procedimentos operacionais tenham sido introduzidos ao longo dos anos para mitigar as ameaças à segurança aeronáutica, o terrorismo e outras atividades ainda seguem ativos pelo mundo em pleno século XXI. Vários desses eventos acabaram resultando em grandes modificações legislativas e de políticas em relação à operação da aviação civil e a como os gestores e os planejadores de aeroportos desenham e operam os aeroportos modernos.

Os procedimentos de segurança aeroportuária são projetados para deter, prevenir e reagir a atos criminosos que possam afetar a segurança do público viajante. A atividade criminosa inclui sequestro de aeronaves, conhecido como **pirataria aérea**, danificação ou destruição de aeronaves com explosivos e outros atos de **terrorismo**, definidos como o uso sistemático de terror ou de violência imprevisível contra governos, públicos ou indivíduos, a fim de alcançar um objetivo político. As atividades criminosas também incluem atos de ataque, roubo e vandalismo contra passageiros e suas propriedades, contra aeronaves e contra instalações aeroportuárias.

História da segurança aeroportuária

Nos primórdios da aviação civil, quando as maiores preocupações envolviam simplesmente a segurança do voo, havia pouca preocupação com a segurança aeroportuária ou com a segurança aeronáutica em geral. A segurança aeronáutica passou a chamar a atenção em 1930, quando revolucionários peruanos tomaram o controle de uma aeronave de correios da Pan American com a intenção de jogar panfletos com propaganda política sobre a cidade de Lima. Entre 1930 e 1958, um total de 23 sequestros foram denunciados, a maioria deles cometida por europeus orientais buscando asilo político. O primeiro sequestro fatal de uma aeronave no mundo ocorreu em julho de 1947, quando três romenos mataram um membro da tripulação.

O primeiro grande ato de violência contra uma empresa aérea norte-americana ocorreu em 1º de novembro de 1955, quando um civil chamado Jack Graham colocou uma bomba na bagagem pertencente à sua mãe. A bomba explodiu durante o voo, matando todas as 33 pessoas a bordo. Graham agiu com a intenção de embolsar o seguro de vida da sua mãe, mas acabou sendo julgado e culpado pela sabotagem de uma aeronave e sentenciado à morte. Um segundo ato desse tipo ocorreu em janeiro de 1960, quando um suicida com um alto seguro de vida explodiu e matou todos a bordo de uma aeronave da National Airlines. Como resultado desses dois incidentes, instituiu-se a exigência de inspeção de bagagens em aeroportos que atendiam a empresas aéreas.

Embora a maior parte dos sequestros ocorridos até os anos 1960 envolvesse criminosos tentando escapar dos Estados Unidos ou exigindo resgate em troca de reféns, a ascensão de Fidel Castro ao poder de Cuba em 1959 marcou um aumento significativo no número de sequestros a aeronaves, a princípio por aqueles buscando fugir de Cuba e, posteriormente, por pessoas sequestrando aeronaves norte-americanas rumo a Cuba. Em maio de 1961, o governo federal norte-americano começou a usar guardas armados em aeronaves de empresas aéreas selecionadas, a fim de prevenir sequestros.

Em agosto de 1969, terroristas árabes realizaram o primeiro sequestro de uma aeronave norte-americana voando fora do hemisfério ocidental, quando desviaram uma aeronave da TWA com rumo a Israel para a Síria. Outro incidente em outubro do mesmo ano envolveu um fuzileiro naval dos Estados Unidos, que obrigou um avião da TWA a realizar um circuito de 17 horas até Roma. Essa foi a primeira vez em que agentes do FBI tentaram frustrar um sequestro em andamento e que tiros foram disparados pelo sequestrador de um avião norte-americano. Em março de 1970, um copiloto foi morto e o piloto e o sequestrador foram seriamente feridos durante um sequestro. A primeira morte de um passageiro em um sequestro de aeronave nos Estados Unidos ocorreu em junho de 1971.

Após o sequestro de oito aeronaves de empresas aéreas seguindo para Cuba em 1969, a Federal Aviation Administration (Agência Federal de Aviação) criou a Task

Force on the Deterrence of Air Piracy (Força-Tarefa para Dissuasão de Pirataria Aérea). A força-tarefa desenvolveu um "perfil" dos sequestradores, que podia ser usado juntamente com detectores de metais (magnetômetros) na revista de passageiros. Em outubro, a Eastern Air Lines começou a usar o sistema, e outras quatro empresas aéreas a seguiram em 1970. Embora o sistema parecesse ser eficiente, um sequestro comandado por terroristas árabes em setembro de 1970, durante o qual quatro aeronaves de empresas aéreas foram explodidas, convenceu a Casa Branca de que medidas mais rigorosas precisavam ser tomadas. Em 11 de setembro de 1970, o presidente norte-americano Richard Nixon anunciou um amplo programa antissequestros que incluía um programa de seguranças federais a bordo de aeronaves.

Entre 1968 e 1972, o número de sequestros de aeronaves norte-americanas e internacionais chegou ao auge. Durante esse período de cinco anos, o Department of Transportation dos Estados Unidos registrou 364 sequestros em todo o mundo. Como resultado, questões de segurança se tornaram uma preocupação significativa para o público viajante e levaram o Congresso norte-americano a intervir.

Em 18 de março de 1972, as primeiras regulamentações de segurança aeroportuária entraram em vigor, sendo posteriormente formalizadas pela FAA na forma da Federal Aviation Regulations Part 107 – Airport Security (Regulamentação Federal de Aviação Parte 107 – Segurança Aeroportuária). Sob essa regulamentação, exigia-se que os operadores aeroportuários preparassem e apresentassem um programa de segurança à FAA, por escrito, contendo os seguintes elementos:

- Uma listagem de cada **área de operações aéreas** (AOA – *air operations area*) usada ou planejada para pousos, decolagens ou manobras superficiais de aeronaves
- Identificação daquelas áreas com pouca ou nenhuma proteção contra acesso não autorizado devido a carência de cercas, portões ou portas com trancas adequadas ou controles veiculares de pedestres
- Um plano de aumento da segurança das operações aeroportuárias com um cronograma para cada projeto de melhoria

Sob a FAR Parte 107, exigia-se que os operadores aeroportuários implementassem um *programa de segurança aeroportuária* (PSA) dentro do cronograma aprovado pela FAA. Além disso, exigia-se que os aeroportos identificassem adequadamente todas as pessoas e veículos com acesso permitido na AOA. Os funcionários aeroportuários permitidos na AOA eram sujeitos a uma pesquisa de seus históricos antes de receberem a identificação e a permissão apropriadas para ingressar nas áreas de operação aérea.

A FAR Parte 107 se limitava à segurança "na medida em que ela afeta ou poderia afetar a segurança em voo", refletindo o foco da FAA em proteger aeronaves de empresas aéreas, e não outras áreas do ambiente aeroportuário. A FAR Parte 107 não se estendeu até a segurança em estacionamentos de automóveis ou a áreas de terminal distantes da área de operações aéreas.

Em outubro de 1972, quatro sequestradores com destino a Cuba mataram um agente de bilhetagem. No mês seguinte, três criminosos feriram seriamente o copiloto de um voo da Southern Airways e forçaram o avião a decolar mesmo depois que agentes do FBI atiraram contra os seus pneus. Esses sequestros violentos desencadearam uma mudança marcante na segurança aeronáutica. Em dezembro do mesmo ano, a FAA implementou uma normatização emergencial de inspeção de bagagens de mão e de revista de todos os passageiros por empresas aéreas, com cumprimento obrigatório a partir de 1973. Uma lei antissequestro promulgada em agosto de 1974 sancionou a revista universal. A FAA incorporou essas regulamentações na forma da FAR Parte 108 – Segurança de Operadores de Avião, em 1981. Até o ano de 1981, os programas de segurança eram exigidos das empresas aéreas conforme definido pela FAR Parte 121.

Essas medidas restritivas foram bem sucedidas, e o número de sequestros norte-americanos jamais retornou aos piores níveis vistos antes de 1973. Nenhuma outra aeronave de empresa aérea com voo regular foi sequestrada nos Estados Unidos até 1976, quando nacionalistas croatas tomaram o controle de um jato comercial. Porém, duas explosões fatais ocorreram: uma bomba explodiu em setembro de 1974 em um avião norte-americano que partiu de Tel Aviv com destino a Nova York, matando todas as 88 pessoas a bordo, e uma bomba explodiu em um armário no LaGuardia Airport, em Nova York, em dezembro de 1975, matando 11 pessoas. Essa explosão levou os aeroportos a posicionar todos os armários em locais de fácil monitoramento.

Em junho de 1985, terroristas libaneses desviaram para Beirute o voo 847 da TWA com partida em Atenas. Um passageiro foi morto durante essa terrível experiência de duas semanas; os 155 restantes foram soltos (Figura 8-1). Esse sequestro, bem como uma escalada no terrorismo no Oriente Médio, levou os Estados Unidos a tomar diversas medidas, como a aprovação da International Security and Development Cooperation Act (Lei da Cooperação para Segurança e Desenvolvimento Internacional), de 1985, que estabeleceu agentes de segurança federal como uma parte permanente da força de trabalho da FAA.

FIGURA 8-1 Sequestradores mantêm o piloto do voo 847 da TWA refém, junho de 1985. (Fonte: www.abcnews.com)

Em 21 de dezembro de 1988, uma bomba destruiu o voo 103 da Pan American sobre a cidade de Lockerbie, na Escócia (Figura 8-2). Todas as 259 pessoas a bordo do voo de Londres para Nova York, além de outras 11 em terra, foram mortas. Investigadores descobriram que uma bomba oculta dentro de um toca-fitas fora carregada para dentro do avião em Frankfurt, Alemanha. Essa tragédia ocorreu logo após a divulgação de um boletim, pela FAA, em meados de novembro daquele ano, que alertava sobre tal dispositivo, e de outro divulgado em 7 de dezembro, sobre uma possível bomba a ser oculta em um avião da Pan Am, em Frankfurt. No início de 2001, um painel de juízes escoceses condenou um oficial da inteligência da Líbia por seu papel nesse crime. Entre as medidas de segurança que entraram em vigor para empresas aéreas norte-americanas em aeroportos da Europa e do Oriente Médio após a explosão de Lockerbie estavam a exigência de exame com raios X ou de revista de todas as bagagens despachadas e a obrigação de reconciliar os passageiros embarcados com suas bagagens despachadas, um procedimento conhecido como **correspondência positiva de passageiros e bagagens** (PPBM – *positive passenger baggage matching*). A PPBM já havia sido implementada regionalmente ao redor do mundo em 1985, após duas explosões atribuídas a um grupo separatista sikh, que plantou bombas em aeronaves no Vancouver International Airport em 23 de junho desse mesmo ano, matando 329 pessoas no voo 182 da Air India e 11 pessoas no Aeroporto Internacional de Tóquio. A PPBM não fora aplicada no voo 103 da Pan Am, o que foi considerada uma das brechas para a ocorrência daquela explosão.

FIGURA 8-2 Partes do avião que realizava o voo Pan Am 103, perto de Lockerbie, Escócia, após uma bomba a bordo explodir em pleno voo, em dezembro de 1988. (Fonte: www.terrorvictims.com)

Em resposta à explosão de Lockerbie, o presidente norte-americano George Bush instituiu a President's Commission on Aviation Security and Terrorism (Comissão Presidencial sobre Terrorismo e Segurança na Aviação), a fim de revisar e avaliar opções de diretrizes vinculadas à segurança aeronáutica. Como resultado dos trabalhos dessa comissão, o presidente Bush promulgou a Aviation Security Improvement Act (Lei de Melhoria da Segurança na Aviação), a qual, em parte, estimulava um foco renovado no desenvolvimento de tecnologia e procedimentos para a detecção de explosivos e armas em aeronaves de empresas aéreas comerciais.

Durante os anos 1990 e já adentrando o século XXI, a FAA patrocinou pesquisas em novos equipamentos para detectar bombas e armas e realizou avanços na segurança aeronáutica que incluíram esforços para aumentar a efetividade do setor responsável pelas revistas nos aeroportos. Em 1996, duas quedas acidentais de aviões comerciais resultantes de explosões em pleno voo, envolvendo o voo 800 da TWA e o 592 da ValuJet, chamaram a atenção para o perigo de explosivos a bordo de aeronaves, incluindo aqueles causados por cargas perigosas. A reação da FAA, baseada em resultados provenientes de uma comissão liderada pelo vice-presidente norte-americano Al Gore, incluiu o banimento de certos materiais perigosos em aviões de passageiros. A Comissão Gore acabou redundando na Aviation Security and Anti-Terrorism Act (Lei de Segurança e Antiterrorismo na Aviação), de 1996, que determinava um exame no histórico profissional dos últimos 10 anos de todos os funcionários aeroportuários e uma verificação do registro criminal, baseado em impressões digitais, para todos aqueles que não pudessem passar pelo exame de histórico profissional (conhecido como Investigação de Acesso). A lei autorizou o emprego de equipes caninas adicionais para farejamento de explosivos, o emprego de sistemas de detecção de explosivos para uso limitado em revistas secundárias e criou o CAPPS (*computer assisted passenger pre-screening system* – sistema de pré-revista de passageiros assistida por computador). A destinação de recursos federais em 1997 para a FAA forneceu fundos para mais funcionários de segurança aeroportuária, bem como para novos equipamentos de segurança.

Ao final dos anos 1990 e no início da década seguinte, os procedimentos de segurança aeroportuária foram por vezes criticados pela mídia e pelo Office of the Inspector General (OIG – Gabinete do Inspetor-Geral) do Department of Transportation dos Estados Unidos, um gabinete governamental independente que avalia os programas e operações federais e que faz recomendações. Em 1999, por exemplo, um relatório divulgado pelo OIG criticou a FAA por sua demora em limitar o acesso não autorizado a áreas restritas nos aeroportos, declarando que seus investigadores tinham conseguido penetrar nessas áreas repetidamente. Em 2000, o gabinete também apresentou queixas à agência por ela emitir identificações aeroportuárias usadas para acessar áreas de segurança delicada em aeroportos sem o devido rigor. Mas, por 10 anos após fevereiro de 1991, não houve qualquer sequestro de aeronaves comerciais nos Estados Unidos.

Durante esse período, porém, outros atos de atividades criminais passaram a chamar a atenção da segurança aeroportuária. Esforços para reduzir a quantidade de furtos a propriedades de passageiros e para reduzir os contrabandos em aeronaves comerciais aumentaram. Além disso, também se tentou mitigar os casos menos graves de violência por parte de passageiros, conhecidos como *descontrole aéreo*, suscitados supostamente por aumentos nos índices de congestionamentos e atrasos e queda na qualidade dos serviços aos clientes das empresas aéreas.

A lacuna de 10 anos sem tragédias aéreas se encerrou com os eventos históricos de 11 de setembro de 2001. O pior ataque terrorista internacional da história, envolvendo quatro sequestros separados, mas coordenados, de aeronaves, ocorreu nos Estados Unidos em 11 de setembro de 2001, levado a cabo por um total de 19 supostos operantes da rede terrorista Al-Qaida. Detalhes dos eventos de 11 de setembro de 2001 são descritos no Capítulo 3 deste livro.

Transportation Security Administration

Como resultado dos eventos de 11 de setembro de 2001 e da promulgação subsequente da **Aviation and Transportation Security Act** (ATSA – Lei de Segurança em Aviação e Transporte), a prática da segurança aeroportuária passou por mudanças radicais, a começar pela criação do Transportation Security Administration.

Com a promulgação da ATSA, o **Transportation Security Administration** (TSA – Departamento de Segurança em Transportes) foi incorporado à estrutura organizacional do Department of Transportation dos Estados Unidos. Ele seria operado em coordenação com todos os departamentos envolvendo transportes, incluindo a FAA, e comandado pelo Subsecretário de Segurança em Transportes. Em 10 de dezembro de 2001, o Secretário dos Transportes Norman Mineta anunciou a indicação do então chefe do Bureau of Alcohol, Tobacco and Firearms (Gabinete de Álcool, Tabaco e Armas de Fogo) e ex-agente do serviço secreto norte-americano, John Magaw, como o primeiro Subsecretário de Transportes do TSA.

Em maio de 2002, o Subsecretário Magaw se demitiu do cargo, em meio a comentários de operadores de aeroportos de que o TSA não via com simpatia as demandas relacionadas a transportes, por parte dos gestores aeroportuários, para criar um sistema de segurança eficiente. O almirante James Loy, ex-administrador da Coast Guard (Guarda Costeira) dos Estados Unidos, foi indicado como subsecretário temporário do TSA.

Em março de 2003, o TSA, juntamente com a Coast Guard, o Customs Service (Serviço de Alfândega) e o Immigration and Naturalization Service (Serviço de Imigração e Naturalização), foi transferido para o recém-formado Department of Homeland Security (Departamento de Segurança Nacional), liderado por Tom Ridge. Ao mesmo tempo, James Loy foi indicado como o primeiro administrador do TSA.

Em 2003, o TSA empregou uma força de trabalho de mais de 55.200 funcionários responsável por revistas de passageiros e bagagens em 429 aeroportos de serviço comercial nos Estados Unidos, supervisionada por uma equipe de 155 **diretores federais de segurança** (FSDs – *federal security directors*), cada um deles designado a um aeroporto ou mais, além de um setor administrativo de mais de 600 gerentes regionais e nacionais. Até o ano de 2010, o Congresso norte-americano havia estabelecido um teto de 45.000 funcionários da TSA responsáveis por revistas e alocado recursos para o financiamento de 43.000 desses cargos.

A missão do TSA é proteger todo o sistema de transporte dos Estados Unidos, para garantir a liberdade de movimentação de pessoas e comércio. Desde sua instituição em 2001, o TSA tem concentrado quase todos os seus esforços na proteção do transporte de passageiros em empresas aéreas comerciais viajando pelos aeroportos dos Estados Unidos, mediante a implementação de exigências de revista de passageiros e bagagens estabelecidas pela ATSA.

Regulamentações referentes à segurança em aeroportos e em outras operações de aviação civil foram transferidas para o TSA. Elas são publicadas sob o Título 49 do Code of Federal Regulations (Código de Regulamentações Federais) (CFR 49 – Transporte) e são tradicionalmente conhecidas como TSRs. As TSRs são fiscalizadas pelo TSA. Uma listagem das TSRs de relevância específica para a segurança aeroportuária podem ser encontradas no Capítulo 3 deste livro.

As Transportation Security Regulations (Regulamentações de Segurança em Transportes) definem áreas específicas do aeroporto que estão sujeitas a várias medidas de segurança. Essas áreas são definidas como áreas de operações aéreas, áreas protegidas, áreas estéreis, áreas SIDA e áreas exclusivas. Sob as Transportation Security Regulations, cada aeroporto que opera sob a FAR Parte 139 – Certificação de Aeroportos, precisa ter um **programa de segurança aeroportuária (PSA)** que, em parte, defina as seguintes áreas em sua propriedade.

A área de operações aéreas (AOA – *air operations area*) é definida como a porção de um aeroporto, especificada no programa de segurança aeroportuária, em que medidas de segurança são conduzidas. Essa porção inclui as áreas de movimentação de aeronaves, as áreas de estacionamento de aeronaves, os pátios de carregamento, as áreas de segurança para uso de aeronaves e quaisquer áreas adjacentes (como áreas da aviação geral) que não estejam separadas por sistemas, medidas ou procedimentos de segurança adequados. Essa área não inclui a área protegida. A AOA precisa ser protegida por algum tipo de Sistema de Controle de Acesso. Ele inclui medidas de segurança de perímetro e de acesso controlado e procedimentos de identificação positiva.

A **área protegida** é definida como a porção de um aeroporto, especificada no programa de segurança aeroportuária, em que certas medidas de segurança definidas na CFR 49 Parte 1542 – Segurança Aeroportuária – são conduzidas. É nessa área que os operadores de aeronaves e as empresas aéreas estrangeiras cujos programas de segurança se encontram sob a CFR 49 Parte 1544 – Segurança de Operadores de Aeronaves: Empresas Aéreas e Operadoras Comerciais – ou a CFR 49 Parte 1546 – Segurança de Empresas Aéreas Estrangeiras – embarcam e desembarcam passageiros e fazem a triagem e o carregamento de bagagens, ou quaisquer áreas adjacentes que não estejam separadas por medidas adequadas de segurança. Especificamente, a área protegida é a área do aeroporto em que as empresas aéreas estrangeiras conduzem o carregamento e a descarga de passageiros e de bagagens entre suas aeronaves e o prédio do terminal. Cada aeroporto de serviço comercial precisa designar pelo menos uma Área Protegida, que deve contar necessariamente com sistemas de controle de acesso capazes de liberar acesso para funcionários autorizados, negar acesso imediatamente para funcionários não autorizados e distinguir acesso para funcionários dentro da área protegida. Isso costuma ser feito por um Sistema de Controle e Monitoramento de Acesso (ACAMS – Access Control and Monitoring System) computadorizado.

A **área estéril** é definida como a porção de um aeroporto, especificada no programa de segurança aeroportuária, que fornece aos passageiros acesso ao embarque em uma aeronave. Esse acesso é controlado pelo TSA, por um operador de aeronaves sob a CFR 49 Parte 1544 ou por uma empresa aérea estrangeira sob a CFR 49 Parte 1546, por meio da revista de pessoas e propriedades. Especificamente, a área estéril é aquela parte do aeroporto a que os passageiros só têm acesso passando através de pontos definidos de revista pelo TSA.

A **área de apresentação de identificação de segurança** (SIDA – *security identification display area*) é definida como porção de um aeroporto, especificada no programa de segurança aeroportuária, em que medidas de segurança definidas pelas TSRs são conduzidas. Essa área inclui a área protegida e pode incluir outras áreas do aeroporto, como a AOA, as áreas administrativas do aeroporto e dos arrendatários, os depósitos de combustível e as instalações de auxílio à navegação. Dentro da SIDA, todas as pessoas precisam apresentar a identificação apropriada ou estar acompanhadas por funcionários autorizados.

Uma **área exclusiva** é definida como qualquer porção de uma área protegida, de uma AOA ou de uma SIDA, incluindo pontos de acesso individual, sobre a qual um operador de aeronaves ou uma empresa aérea estrangeira que cumpre um programa de segurança sob a CFR 49 Parte 1544 ou a CFR 49 Parte 1546 tenha assumido responsabilidade pela segurança. Entre os exemplos de áreas exclusivas estão as zonas de armazenamento de aeronaves de empresas aéreas e hangares de manutenção. Outros arrendatários do aeródromo estão habilitados a Programas de Segurança de Arrendatários Aeroportuários, que possibilitam a execução de um programa supervisionado de autossegurança. Entre tais arrendatários encontram-se os operadores com base fixa que atendem à aviação geral e a aeronaves fretadas.

Áreas que não se enquadram em qualquer uma das definições anteriores são consideradas áreas públicas e não estão diretamente sujeitas a regulamentações de segurança do TSA concernindo acesso restrito. Essas áreas incluem porções dos *lobbies* dos terminais aeroportuários, estacionamentos e vias frontais do terminal.

Segurança em aeroportos de serviço comercial

Os eventos de 11 de setembro de 2001, as ações legislativas associadas da ATSA e a formação do TSA contribuíram para a mudança de regras, regulamentações, diretrizes e procedimentos referentes à segurança aeroportuária. Além disso, governos estaduais e locais, juntamente com organizações representando membros da indústria da aviação, como a Air Line Pilots Association (Associação dos Pilotos de Empresas Aéreas), a American Association of Airport Executives (Associação Norte-Americana de Executivos Aeroportuários) e a Aircraft Owners and Pilots Association (Associação dos Proprietários e Pilotos de Aeronaves), fizeram importantes contribuições para a futura segurança em potencial para os usuários dos aeroportos de serviço comercial e da aviação geral dos Estados Unidos.

A segurança nos aeroportos de serviço comercial deve estar em conformidade com as regulamentações CFR 49 Parte 1542 – Segurança Aeroportuária, bem como com elementos da CFR 49 Parte 1544 – Segurança de Operadores de Aeronaves: Empresas Aéreas e Operadoras Comerciais. Similar às exigências da CFR 14 Parte 139, pede-se que cada aeroporto comercial tenha um **programa de segurança aeroportuária (PSA)** aprovado. Dentro do PSA, os seguintes itens estão incluídos:

1. O nome e as informações de contato de um **Coordenador de Segurança Aeroportuária** (ASC – Airport Security Coordinator) apontado, que será o principal responsável pela segurança no aeroporto
2. Uma descrição narrativa e gráfica da AOA, da SIDA e de todas as áreas estéreis e protegidas e medidas para controlar o acesso e a movimentação nessas áreas
3. Uma descrição narrativa e gráfica de todos os procedimentos de revista de passageiros e bagagens, conforme apresentado no **Programa de Operações de Segurança de Empresas Aéreas** (ASOP – Air Carrier Security Operations Program) de cada operadora de aeronaves.
4. Procedimentos usados para obedecer às exigências de verificação do histórico profissional de funcionários e de identificação
5. Uma descrição dos procedimentos de acompanhamento e fiscalização de visitantes
6. Uma descrição de todos os programas de treinamento relacionados à segurança
7. Procedimentos de gestão de incidentes
8. Uma descrição de todas as questões administrativas relacionadas à segurança, incluindo manutenção de registros, auditorias e funções de administração geral

Fiscalização e cumprimento da lei, contingências e reação a incidentes

Além disso, elementos constantes do Programa de Segurança Aeroportuária exigem que o operador do aeroporto conte com um quadro funcional mínimo para a fiscalização e o cumprimento da lei, a fim de responder a incidentes, sustentar o PSA e reagir a elevações no nível de alerta do Sistema Consultivo de Segurança Nacional (HSAS – Homeland Security Advisory System).

Aeroportos de serviço comercial precisam contar com um quadro funcional mínimo para a fiscalização e o cumprimento da lei de forma a responder a incidentes que tenham ocorrido ou que estejam ocorrendo em aeronaves chegando ao aeroporto, a responder a alarmes e problemas que surjam nos pontos de revista e a cumprir as exigências do Programa de Segurança Aeroportuária. O número de oficiais para fiscalização e cumprimento da lei (LEOs – *law enforcement officers*) é diferente para cada aeroporto, já que eles variam de tamanho e de níveis de serviços aos passageiros. Se por um lado é comum encontrar seguranças não armados junto a portões de acesso e na patrulha de aeródromos de certos aeroportos, a Parte 1542 exige que um número mínimo de LEOs com porte de armas exerça autoridade de voz de prisão.

Ademais, cada Programa de Segurança Aeroportuária deve incluir as medidas específicas que o operador do aeroporto tomará quando o nível de alerta do HSAS for elevado. Elas são conhecidas como medidas de contingência. O PSA também deve incluir procedimentos incidentais de resposta a ameaças de bomba, dispositivos suspeitos, sequestros e outras ameaças à aviação civil. A diferença entre os planos de contingência e os planos de resposta a incidentes é que os primeiros representam reações a elevações ou diminuições de nível de alerta pelo HSAS, enquanto os outros consistem nos procedimentos que o aeroporto implementa na ocorrência de um incidente real.

Outros elementos do Programa de Segurança Aeroportuária são as Diretivas de Segurança (SDs – *Security Directives*). As SDs são emitidas pelo TSA e contêm informações sobre como os operadores aeroportuários devem fazer ajustes e modificações em seus programas de segurança em resposta a uma ameaça identificada.

O PSA de um aeroporto precisa ser aprovado pelo TSA.

Em aeroportos de serviço comercial, as áreas de segurança aeroportuária costumam ser divididas nas seguintes categorias: revista de passageiros, revista de bagagens, identificação de funcionários e acesso controlado e segurança de perímetro.

Revista de passageiros

O processamento de passageiros e bagagens com o propósito de garantir a segurança do sistema de aviação civil passou por uma reformulação quase integral após os ataques terroristas nos Estados Unidos em 11 de setembro do 2001. Desde 2002, as revistas de segurança em passageiros e bagagens vêm sendo geridas e operadas pelo TSA. Ainda que o TSA exerça autoridade máxima sobre as instalações e procedimentos que compreendem os processos de revista de segurança, os gestores e planejadores de aeroportos precisam ter conhecimento dos meandros desses processos, pois eles têm apresentado os impactos mais significativos sobre o planejamento e as operações de terminais aeroportuários nos últimos anos.

Desde 2001, apenas passageiros portadores de bilhetes têm a permissão de passar através dos pontos de revista de segurança. Com a exceção de um curto período de tempo após a primeira Guerra do Golfo em 1990, até 2001 o público em geral tinha permissão para ingressar na área estéril, contanto que passasse pela revista de segurança de passageiros. Isso permitia que amigos e familiares recepcionassem ou se despedissem de passageiros junto ao portão. Com a implementação das novas regras, medidas de segurança adicionais foram postas em prática para garantir que aqueles ingressando na revista de segurança fossem de fato passageiros portadores de bilhetes de embarque.

Procedimentos de controle de segurança agora incluem a exigência de que cada passageiro apresente um documento de identificação com foto emitido pelo governo e o seu bilhete de embarque como primeiro passo do processo de revista de segurança. Desde 2007, a função de controle de identificação está a cargo de oficiais de segurança do TSA.

As instalações de **revista de passageiros** incluem um processo de revista automatizada, conduzida por um **magnetômetro**, ou **pórtico detector de metais** (**WTMD** – *walk-through metal detector*), que visa a armas que possam estar sendo carregadas por passageiros. Conforme um passageiro passa caminhando por um WTMD, a presença de metal nele é detectada. Se uma quantidade suficiente de metal for detectada, dependendo do ajuste de sensibilidade do WTMD, um alarme é disparado. Passageiros que disparam o alarme do WTMD são então sujeitados a uma busca manual por um oficial de segurança do TSA. Buscas manuais vão desde verificações extras de metais portados pelo passageiro com a ajuda de detectores portáteis de metal até revistas manuais da cabeça aos pés (Figura 8-3a). Infelizmente, os magnetômetros não detectam explosivos. Como resultado, a indústria tem empregado Tecnologia Avançada de Imagem (AIT – Advance Imaging Technology), também conhecida como aparelhos de imagem de corpo inteiro. As AITs são capazes de identificar certas armas e explosivos que os magnetômetros não conseguem.

A importância dos sistemas de AIT foi destacada em dezembro de 2009, quando um indivíduo tentou explodir um voo da Northwest Airlines, ocultando uma bomba em sua roupa íntima. Anteriormente, em 2004, duas mulheres-bomba chechenas destruíram duas aeronaves comerciais russas ao ocultarem explosivos em seus corpos.

Um exemplo dos sistemas AIT sendo empregados em aeroportos até o ano de 2010 é o escâner de corpo inteiro, como ilustrado na Figura 8-3b.

Instalações de revista de bagagens de mão ficam situadas nas estações de revista de segurança, a fim de examinar se algum item proibido, como armas de fogo, objetos pontiagudos que podem ser usados como armas, líquidos voláteis ou *traços de explosivos* plásticos ou químicos, pode ser encontrado na bagagem de mão dos passageiros. Todas as bagagens de mão são inspecionadas primeiramente pelo uso de uma máquina de raios X. Se alguma bagagem levantar suspeitas após esse exame, ou se for selecionada aleatoriamente, ela passará por mais uma inspeção, pelo uso de **equipamento de detecção de traço de explosivos** (ETD – *explosive trace detection*) (Figura 8-4) e/ou de revista manual. Além disso, itens eletrônicos pessoais como computadores portáteis ou telefones celulares são frequentemente inspecionados, sendo ligados e brevemente operados para verificar a sua autenticidade.

Como as tecnologias de raios X em pontos de revista praticamente não mudaram nos últimos 20 anos, o TSA vem tentando modernizar essas máquinas para proporcionar melhores resoluções e múltiplos ângulos de visão. As novas máquinas são conhecidas como Raio X de Tecnologia Avançada (Advanced Technology, ou **AT x-rays**).

Antes de 11 de setembro de 2001, a revista de passageiros e bagagens de mão ficava sob a responsabilidade das empresas aéreas comerciais cujas aeronaves forneciam serviço aos passageiros em qualquer aeroporto, conforme previsto pela FAR Parte 108 – Segurança de Operadores de Aeronaves: Empresas Aéreas e Operadoras Comerciais. Sob essa regulamentação, as empresas aéreas terceirizavam as responsabilidades de segurança para empresas privadas. Estudos sobre essas empresas conduzidos até o ano de 2001 revelaram um ambiente de trabalho caracterizado por salários baixos, próximos ao mínimo, por uma alta rotatividade de funcionários, de 100 até 400% ao ano, de baixos níveis de treinamento e de qualidades deficientes de desem-

(a)

(b)

FIGURA 8-3 Ponto de revista de passageiros. (Cortesia do Denver International Airport)

FIGURA 8-4 Bagagem de mão inspecionada usando-se ETD. (Fotografia cortesia do USA Today)

penho, ilustradas por auditorias independentes que expuseram a facilidade de passar itens proibidos, como armas de fogo e outras armas, através dos pontos de revista.

Desde novembro de 2002, a revista de passageiros em praticamente todos os aeroportos de serviço comercial vem sendo realizada por uma força de trabalho empregada pelo TSA em conformidade com a CFR 49 Parte 1544. A força de trabalho do TSA recebe salários mais altos do que aqueles praticados pelas empresas terceirizadas antes de 11 de setembro, cumpre com níveis mais altos de treinamento, incluindo 44 horas em sala de aula e 60 horas de treinamento na prática, e, segundo certos parâmetros, exibe um desempenho de qualidade superior. Os procedimentos de revista de passageiros praticados pelo TSA também estabelecem padrões mais rigorosos, incluindo um leque mais amplo de itens proibidos, revistas manuais mais cuidadosas, remoção dos calçados dos passageiros para inspeção, implementação de novas tecnologias de revista de segurança e verificações de identificação.

Aproximadamente 20 aeroportos de serviço comercial contam com uma força de trabalho privada para revistas de segurança, terceirizada pelo TSA, como parte do Programa de Revistas em Parceria (SPP – Screening Partnership Program) do TSA. O SPP foi estabelecido em obediência à ATSA, para proporcionar aos aeroportos uma alternativa em relação à força de trabalho federal para revistas. O SPP se baseou em um programa-piloto no qual cinco aeroportos localizados em San Francisco, Califórnia; Kansas City, Missouri; Rochester, Nova York; Jackson Hole, Wyoming; e Tupelo, Mississippi, contrataram empresas do setor privado para realizar revistas em 2002.

Os primeiros meses após a implementação da revista de passageiros pelo TSA também foram caracterizados por níveis significativamente mais altos de atrasos nos pontos de revista. Além disso, os críticos do processamento de segurança nos aeroportos observaram um aumento no recém-definido "fator incomodação". Esses impactos negativos eram resultado de períodos de tempo mais longos e de uma maior interação física necessária para processar os passageiros. Com o passar do tempo, os problemas com impactos negativos diminuíram um pouco e, como o TSA aumentou o número de funcionários e pontos de revista, os processos se tornaram mais eficientes, e o público viajante passou a se acostumar ao novo ambiente (Figura 8-5).

Com a implementação das políticas de revista de passageiros e bagagens de mão pelo TSA, veio a ordem de "tolerância zero". Essa ordem conferia efetivamente ao TSA a autoridade de evacuar por completo ou em parte um aeroporto em caso de ocorrência de uma violação de segurança de qualquer magnitude. Como resultado, ocorreram dezenas de evacuações de aeroportos, afetando centenas de operações de empresas aéreas e dezenas de milhares de passageiros. Até o ano de 2010, a frequência desses eventos vinha caindo significativamente, à medida que tanto o TSA quanto o público viajante se adaptaram ao novo ambiente de segurança.

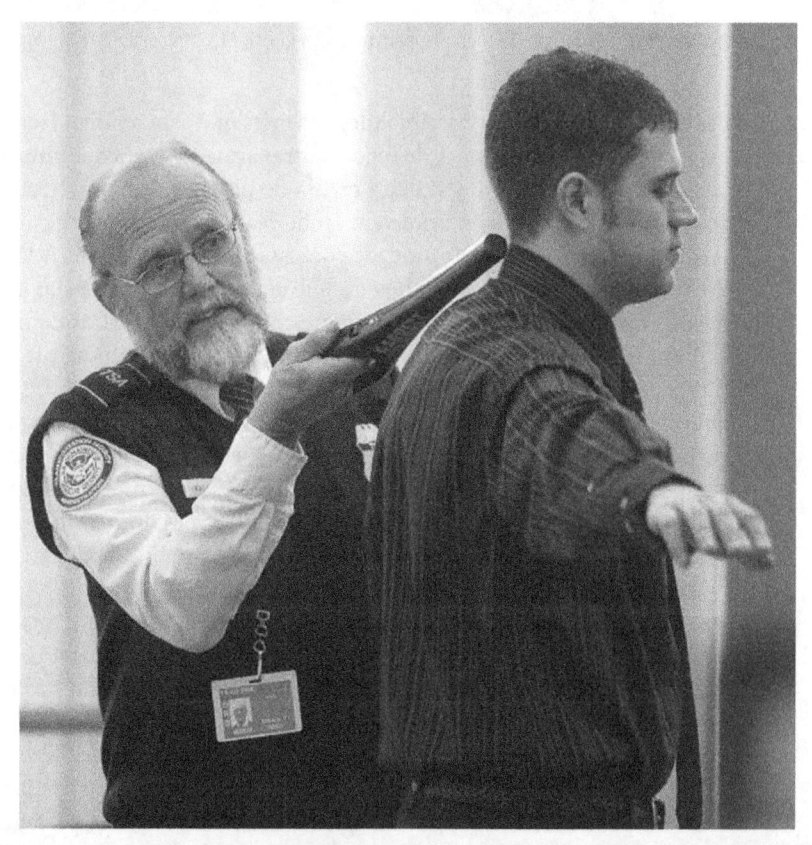

FIGURA 8-5 Revista de passageiro conduzida por funcionário do TSA. (Fotografia cortesia do USA Today)

Revista de bagagens despachadas

Instalações para conduzir revistas em bagagens despachadas para a busca de explosivos foram implantadas nos aeroportos, em obediência à exigência do TSA de 1º de janeiro de 2003 de que toda e cada bagagem despachada fosse revistada antes de ser carregada para o interior da aeronave de uma empresa aérea (conhecida como regra EDS 100%). O principal equipamento usado para revistar as bagagens despachadas, o **sistema de detecção de explosivos** (EDS – *explosive detection system*), emprega tecnologia de tomografia computadorizada, similar àquela encontrada em aparelhos de exames médicos, para detectar e identificar metais e explosivos que possam estar escondidos nas malas (Figura 8-6).

Devido ao tamanho, ao alto custo e às taxas de produção desse sistema, levou muitos anos para que a maioria dos aeroportos instalasse equipamentos EDS suficientes para lidar com o volume de bagagens despachadas. Além disso, algumas bagagens grandes demais e com formatos incomuns não cabem dentro do EDS. Quando isso acontece, a bagagem é revistada por meio de sistemas de detecção de traços eletrônicos (ETD – *electronic trace detection*) ou manualmente, por revistadores da TSA.

Devido à configuração de cada terminal aeroportuário e ao volume e comportamento dos seus passageiros serem únicos e devido ao curto espaço de tempo entre a ordem de 100% de bagagens despachadas revistadas em novembro de 2001 e a sua implementação em janeiro de 2003, a localização da zona de revista de bagagens despachadas varia bastante de um aeroporto para outro. Essas zonas podem estar situadas em *lobbies* de terminal, em instalações próximas aos balcões de passagens, nas calçadas ou junto à triagem de bagagens, antes de serem carregadas para o interior das aeronaves (Figura 8-7). Até o ano de 2010, muitos dos aeroportos de serviço comercial dos Estados Unidos haviam construído suas infraestruturas para disporem de sistemas EDS formais "em linha" situados perto dos sistemas de triagem de bagagens ou instalado sistemas EDS de longo prazo nos *lobbies*.

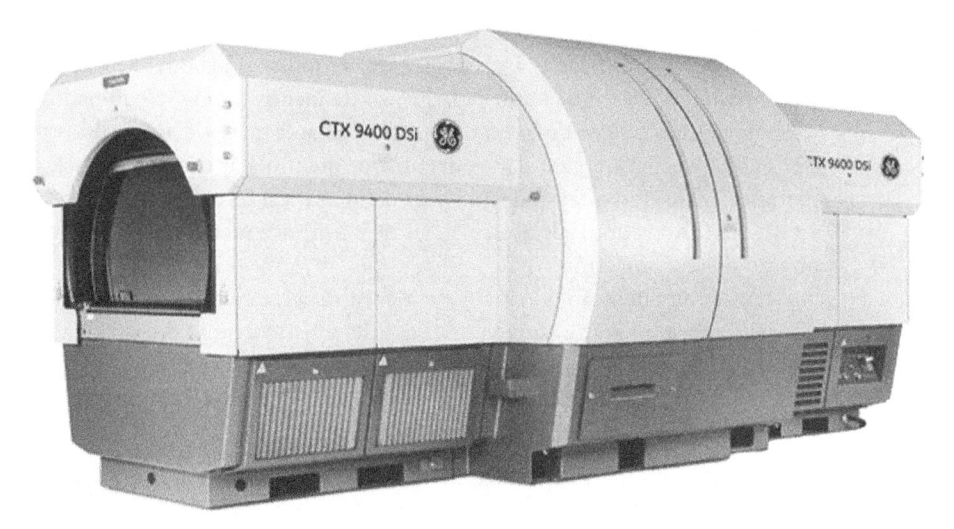

FIGURA 8-6 EDS – sistema de detecção de explosivos. (Fonte: GE Inc.)

FIGURA 8-7 Máquinas de EDS situadas "em linha" nas áreas de triagem de bagagens. (Fotografia cortesia da Boeing Corp.)

Identificação de funcionários

As regulamentações do TSA exigem que qualquer pessoa que deseje acessar uma porção qualquer da SIDA de um aeroporto deve apresentar identificação apropriada. Essa identificação, conhecida normalmente como *crachá de SIDA*, costuma ser na forma de um crachá laminado do tamanho de um cartão de crédito, com a fotografia e o nome do seu portador. Dentre as pessoas que costumam apresentar crachás de SIDA estão os funcionários do aeroporto, funcionários de empresas aéreas, concessionários, empreiteiros e funcionários de governo, como controladores de voo e seguranças do aeroporto.

Em muitos casos, o crachá de SIDA é codificado por cores ou marcado de outra forma para identificar as áreas dentro do aeroporto que podem ser acessadas pelo seu portador. Além disso, muitos distintivos de identificação são equipados com tarjas magnéticas, códigos de barra ou outros formatos que podem ser lidos por meios eletrônicos e que carregam dados detalhados quanto à autoridade de acesso do seu portador, incluindo quaisquer números de identificação necessários para o ingresso através de certos pontos de acesso, áreas de autorização, bem como uma data de expiração do crachá eletrônico.

Antes da obtenção do crachá de identificação, é necessário preencher um formulário e se submeter a uma verificação de registro criminal baseada em impressões digitais, além de uma avaliação de ameaça à segurança (STA – *security threat assessment*) pelo TSA. Quaisquer dos históricos criminais a seguir resultam em desqualificação para a obtenção de um crachá de SIDA:

1. Falsificação de certificados, marcação falsa de aeronave ou outra violação de registro de aeronave
2. Interferência com a navegação aérea

3. Transporte impróprio de material perigoso
4. Pirataria aérea
5. Perturbação de membros de tripulação de voo ou de comissários de bordo
6. Cometimento de certos crimes a bordo de uma aeronave em voo
7. Transporte de uma arma ou de um explosivo a bordo de uma aeronave
8. Expressão de informações falsas ou de ameaças
9. Pirataria aérea fora da jurisdição especial de aeronaves dos Estados Unidos
10. Violações leves envolvendo transporte de substâncias controladas
11. Ingresso ilegal em alguma aeronave ou área aeroportuária que atenda a empresas nacionais ou estrangeiras contrário às exigências de segurança estabelecidas
12. Destruição de uma aeronave ou de instalação para aeronaves
13. Assassinato
14. Agressão com intenção de assassinato
15. Espionagem
16. Conspiração
17. Sequestro ou aprisionamento de reféns
18. Traição
19. Estupro ou abuso sexual com agravantes
20. Posse, uso, venda, distribuição ou fabricação ilegal de um explosivo ou de uma arma
21. Extorsão
22. Roubo ou roubo à mão armada
23. Distribuição ou tentativa de distribuição de substância controlada
24. Incêndio criminoso
25. Crime envolvendo ameaça
26. Crime envolvendo:
    I. Destruição intencional de propriedade
    II. Importação ou fabricação de substância controlada
    III. Roubo a residência
    IV. Furto
    V. Falsidade ideológica
    VI. Posse ou distribuição de propriedade privada
    VII. Assalto à mão armada
    VIII. Tentativa de suborno
    IX. Posse ilegal de substância controlada punível por um período máximo de detenção de mais de 1 ano
27. Violência em aeroportos internacionais
28. Conspiração ou tentativa de cometer quaisquer dos atos criminosos listados acima

Mediante aprovação, um crachá de SIDA é emitido ao solicitante. Após a emissão do crachá, seu portador deve exibi-lo sempre que se encontrar em qualquer parte da SIDA. As políticas dos programas de segurança aeroportuária costumam exigir que o crachá seja exibido do lado direito, acima da cintura e por sobre a vestimenta mais externa, com fácil visualização.

Para fazer cumprir o uso da identificação apropriada, os aeroportos empregam *programas de desafio,* a fim de encorajar aqueles dentro da SIDA a solicitarem identificação apropriada por parte daquelas pessoas cujos crachás de SIDA não estejam claramente visíveis. Além disso, os aeroportos muitas vezes impõem penalidades àqueles que não exibem apropriadamente suas identificações, indo desde uma confiscação temporária do crachá até a demissão. A falta de identificação apropriada dentro de uma área de SIDA também pode ser considerada uma ofensa criminal federal.

Acesso controlado

Uma diversidade de medidas é usada pelos aeroportos para impedir ou, mais apropriadamente, controlar a movimentação de pessoas e veículos entrando e saindo de áreas de segurança na propriedade do aeroporto.

Na maioria dos aeroportos de serviço comercial, o **acesso controlado** através de portas que oferecem acesso à AOA, às áreas protegidas, às áreas estéreis e a outras áreas dentro da SIDA, bem como a muitas outras áreas restritas a funcionários, é garantido pelo uso de sistemas de controle. Esses sistemas vão desde simples cadeados até tecnologias de acesso inteligente, como sistemas de entrada mediante digitação de senhas de acesso em teclados. Em muitos casos, códigos de acesso são calibrados com o crachá de SIDA de uma pessoa, exigindo tanto a apresentação do crachá em si quanto a digitação do código de acesso apropriado para entrada.

Uma fraqueza do sistema de portas de entrada para áreas de segurança, independentemente das suas medidas de controle de acesso, é a possibilidade de se permitir que pessoas não autorizadas entrem pela porta depois que uma pessoa autorizada a abriu, o que quase sempre representa uma violação das políticas de segurança.

Em alguns casos, catracas giratórias com uma única rotação por acesso, em vez dos típicos sistemas por portas, têm sido usadas para restringir o número de pessoas com acesso a essas áreas.

Biometria

Tecnologias avançadas de identificação, incluindo aquelas que empregam controle biométrico, estão sendo desenvolvidas continuamente a fim de melhorar o controle de acesso nos aeroportos. A **biometria** diz respeito às tecnologias que medem e analisam características do corpo humano, como impressões digitais, retinas e íris oculares, padrões de voz, padrões faciais e medidas de mão, especialmente com propósitos de autenticação de identificação.

Dispositivos de biometria consistem geralmente em um aparelho de leitura ou de escaneamento, em um *software* que converte a informação escaneada em dados digitais e em uma base de dados que armazena os dados biométricos para comparação.

Em sua maioria, as tecnologias biométricas têm encontrado maior aplicação no controle de acesso de indivíduos com crachás de SIDA nos aeroportos. O controle do acesso do público em geral pelo uso da biometria já é algo mais difícil, porque é preciso que haja dados previamente registrados para autenticar a identificação de cada pessoa. Na pior das hipóteses, porém, a biometria oferece mais uma tecnologia para impedir o acesso não autorizado a áreas de segurança (Figura 8-8).

Segurança de perímetro

Uma parte importante do programa de segurança de um aeroporto é a sua estratégia para fiscalizar zonas que servem como fronteira entre áreas protegidas e desprotegidas da sua propriedade, conhecida como segurança de perímetro. Quatro dos métodos mais comuns para proteger o perímetro do aeroporto, conhecidos como **barreiras**, são: barreiras físicas, como edificações e grades; barreiras naturais, como água ou áreas com vegetação densa; tecnologia eletrônica, como identificação por radiofrequência e radar de detecção superficial aeroportuária; e pontos de acesso, como portões e portas conectados a um sistema de controle de acesso e monitoramento.

Portões de acesso controlado oferecem uma passagem para que pessoas e, especialmente, veículos ingressem na área protegida do aeroporto através do perímetro aeroportuário. Similares às portas de acesso controlado, os portões de acesso controlado geralmente utilizam alguma forma de mecanismo de controle de acesso, indo desde fechaduras ou combinações de cadeado até máquinas avançadas de autenticação de identificação, envolvendo ou a inserção de um código de acesso pessoal ou verificação por tecnologia biométrica. Ademais, alguns portões de acesso controlado contam com um segurança postado permanentemente junto a eles, aumentando, assim, a segurança do perímetro.

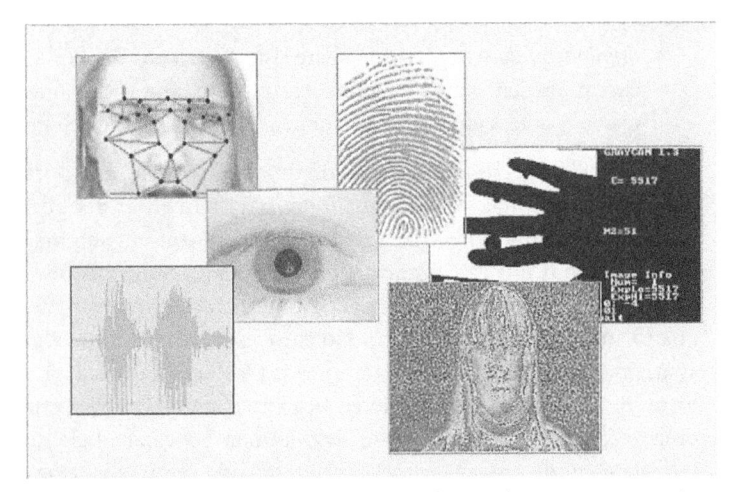

FIGURA 8-8 Diversas tecnologias biométricas estão sendo testadas para o aumento do controle de acesso nos aeroportos.

É preciso que o número de portões de acesso no perímetro de um aeroporto seja limitado ao mínimo necessário para sua operação segura e eficiente. Entradas perimetrais ativas de locais vigiados por seguranças devem ser designadas a fim de possibilitar que os seguranças possam manter controle integral, sem atrasos desnecessários em tráfego ou queda de eficiência operacional. Isso é praticamente resolvido pela instalação de entradas suficientes para acomodar o pico de fluxo de pedestres e de veículos e pela iluminação adequada para rápida inspeção. Portões não vigiados por seguranças precisam ser protegidos, iluminados durante as horas de escuridão e periodicamente inspecionados por um guarda ou por um funcionário operacional designado. Os portões precisam ser construídos com materiais de resistência e durabilidade iguais aos da cerca e devem abrir completamente ou correndo em paralelo ou se abrindo como portas até um ângulo de 90°. Devem ser instaladas dobradiças nos portões para impedir remoção não autorizada. No alto dos portões, devem ser instalados arames farpados, obedecendo às mesmas especificações da cerca.

Na maioria dos aeroportos, existe **iluminação de segurança** situada dentro e em torno das áreas de serviço de aeronaves, bem como em outras áreas de operações e manutenção. Luzes de proteção proporcionam uma continuação da segurança durante a noite. Essa salvaguarda também é capaz de impedir a ação de ladrões, vândalos e potenciais terroristas.

Dentre os vários sistemas de iluminação estão:

- *Iluminação contínua.* Trata-se do sistema de iluminação mais comum para proteção. Consiste em uma série de luzes fixas dispostas de modo a iluminar por completo uma área, com núcleos sobrepostos em uma base contínua, durante as horas de escuridão.

- *Iluminação de* standby. As luzes neste sistema são ligadas automaticamente ou manualmente na ocorrência de uma queda de energia ou quando uma atividade suspeita é detectada.

- *Iluminação móvel.* Este tipo de iluminação consiste em luzes móveis potentes operadas manualmente.

- *Iluminação de emergência.* Este sistema é capaz de duplicar qualquer um dos sistemas recém-mencionados. O seu uso se limita a períodos de queda de energia ou a outras emergências e depende de uma fonte de energia alternativa.

Patrulhas realizadas pelo setor de operações do aeroporto, bem como pela polícia local, muitas vezes contribuem para aumentar a segurança perimetral do aeroporto. Patrulhas pelo perímetro do aeroporto, em sua maioria, são realizadas de acordo com um cronograma preestabelecido. Além disso, as torres de controle de tráfego aéreo, responsáveis pela movimentação de aeronaves e veículos na área de movimentação do aeroporto, são capazes de manter uma vigia consistente sobre as atividades no perímetro do aeroporto. Devido à natureza da tarefa, a maioria das torres de controle de tráfego aéreo fica situada em um local capaz de proporcionar uma vista de todo o aeródromo. Isso aumenta a capacidade dos controladores de tráfego aéreo de enxergar ameaças potenciais à segurança. A coordenação entre os controladores de tráfego aéreo, o setor de operações do aeroporto e a polícia local enriquece ainda mais a segurança do perímetro do aeroporto.

Segurança em aeroportos da aviação geral

Historicamente, a Federal Aviation Administration (Agência Federal de Aviação) sempre voltou a maior parte dos seus esforços para programas de segurança aeronáutica no âmbito do setor da aviação geral. A justificativa da FAA para essa estratégia era de que quase 100% de todas as viagens aéreas de passageiros se dão em aeroportos comerciais usando-se empresas aéreas ou outras grandes aeronaves.

A maior parte da atividade da aviação geral, por outro lado, é realizada por pilotos privados, usando suas próprias aeronaves com propósitos de viagens particulares ou recreação. Além disso, a maioria das aeronaves da aviação geral tem uma massa drasticamente menor do que os aviões de empresas aéreas e as aeronaves de carga, tornando-as bem menos propensas a serem usadas como armas de energia cinética ou "mísseis guiados". Isso, por sua vez, levou as autoridades locais de aplicação e fiscalização das leis a historicamente rotular os aeroportos da aviação geral como "ameaças reduzidas à segurança". Ademais, como a maioria desses aeroportos é relativamente pequena e usada por relativamente poucos usuários frequentes, as pessoas que utilizam os aeroportos geralmente se conhecem. No entanto, dois incidentes incomuns chamaram a atenção para a segurança dos aeroportos da aviação geral, especificamente a queda intencional em 2002 de um Cessna 172 roubado por um adolescente, derrubado sobre o prédio do Bank of America em Tampa, Flórida, e a queda intencional em 2010 de um Piper Cherokee sobre o prédio da Receita Federal norte-americana em Austin, Texas. Aliás, parte de uma conspiração anterior em 1995 envolvendo Ramzi Yousef (condenado pela explosão de uma bomba no World Trade Center em 1993) incluía o voo de um pequeno avião repleto de explosivos a ser jogado sobre os quartéis-generais da CIA ou sobre o Capitólio.

Os aeroportos da aviação geral apresentam diversas características que os tornam propensos a potenciais riscos à segurança. Em muitos casos, proprietários de aeronaves, pilotos e passageiros têm acesso ao aeródromo com relativamente pouca supervisão externa. A pouca vigilância percebida é feita pelos próprios usuários do aeroporto, incluindo proprietários de aeronaves, operadores de base fixa e funcionários do aeroporto. A maior parte das outras medidas de proteção em vigor nos aeroportos da aviação geral, como a instalação de cercas ou portões de acesso controlado, é empregada mais para dissuasão do que para segurança.

A maior ameaça às instalações da aviação geral, no entanto, é que a capacidade de carga das aeronaves nesses aeroportos, ainda que limitada, possibilita o transporte de explosivos, compensando suas energias cinéticas e seus tanques de combustíveis relativamente pequenos. Outro risco em potencial é que as aeronaves da aviação geral poderiam ser usadas para atingir alvos em terra. Dada a profusão de aeronaves e aeroportos da aviação geral nos Estados Unidos, tais aeronaves nunca estão longe de grandes centros urbanos, de infraestruturas essenciais e de outros alvos. Outra questão importante é que a maioria das localidades não conta com funcionários suficientes para patrulhar o aeroporto; por isso, a patrulha geralmente é feita de forma esporádica, podendo ocorrer a cada poucas horas ou de semana em semana. Outro fator igualmente grave que reduz a segurança nos aeroportos da aviação geral é que boa parte dos equipamentos de cercamento do aeroporto (isto é, as cercas, portões, etc.) é antiquada ou não recebe a manutenção adequada para impedir acesso não autorizado. Na verdade, o principal propósito dos portões e das cercas em diversos aeroportos da aviação geral é manter animais do lado de fora e/ou impedir que pessoas entrem acidentalmente caminhando ou dirigindo no aeroporto.

De modo similar aos aeroportos de serviço comercial, os atributos comuns de segurança com os quais os aeroportos da aviação geral devem estar equipados são:

- Procedimentos de identificação de funcionários e veículos
- Cercamento de perímetro
- Portões de acesso controlado
- Iluminação de segurança
- Controle por fechaduras e cadeados
- Patrulhamento

Porém, contrariamente aos aeroportos de serviço comercial e outros aeroportos operando sob as regulamentações do TSA, a implementação de um plano de segurança e a fiscalização dos procedimentos de segurança nos aeroportos da aviação geral são assumidas em grande parte pelos gestores aeroportuários, bem como pelos usuários do aeroporto, incluindo operadores de base fixa, proprietários de aeronaves e membros da comunidade que frequentam o aeroporto.

As regulamentações administradas pelo TSA são aplicáveis a aeroportos que atendem regularmente a operações de aeronaves com serviços regulares a passageiros, a voos públicos fretados e a voos privados fretados operados por aeronaves com um peso certificado de decolagem máximo de 5,7 toneladas ou mais. Embora todos os aeroportos de serviço comercial se enquadrem nessas regulamentações, o mesmo não vale para os aeroportos da aviação geral nos Estados Unidos. Ainda assim, a segurança nos aeroportos da aviação geral precisa ser levada em consideração, não apenas pelos gestores desses aeroportos, mas também pelo sistema de aviação civil em geral.

Na esteira dos eventos de 11 de setembro de 2001, os aeroportos da aviação geral estiveram entre os últimos a serem reabertos para uso, em meio a apreensões quanto à falta de regulamentações correntes envolvendo a sua segurança, ao grande volume de aeronaves da aviação geral e à proximidade de muitos desses aeroportos em relação a alvos potenciais de terroristas. Por fim, a maioria dos aeroportos da aviação geral foi reaberta, em princípio apenas para aeronaves com planos de voo IFR e depois para a maior parte das operações de VFR. Aeroportos da aviação geral próximos de áreas urbanas foram colocados sob classificações de espaço aéreo restrito, e muitas restrições temporárias de voo, conhecidas como TFRs (*temporary flight restrictions*), foram determinadas em torno de locais de segurança. Até o ano de 2010, três aeroportos da aviação geral continuavam classificados sob TFR permanente – o College Park Municipal Airport, o Washington Executive/Hyde Field Airport e o Potomac Airfield –, por estarem muito perto de Washington, D.C., enquanto outros espalhados pelos Estados Unidos eram frequentemente restringidos por TFRs temporárias. Tais TFRs ocorrem durante períodos de eventos especiais ou quando chefes de estado se encontram nas cercanias.

Organizações profissionais de apoio à aviação geral vêm fazendo bastante pressão desde os eventos de 11 de setembro de 2001, buscando garantir que a aviação geral permaneça sendo um método de transporte seguro, eficiente e totalmente disponível na esteira das novas restrições de segurança. Em particular, a Aircraft Owners and Pilots Association (AOPA – Associações dos Pilotos e Proprietários de Aeronaves) liderou um movimento para impedir a aplicação de ainda mais restrições aos aeroportos da aviação geral e à atividade que eles atendem. Além disso, a AOPA tem atuado ativamente para enfatizar que os aeroportos da aviação geral são praticamente autônomos na aplicação e na fiscalização de suas práticas de segurança e que eles têm sido muito bem-sucedidos em contribuir para uma quantidade muitíssimo limitada de práticas criminosas no âmbito da aviação geral.

A AOPA, em coalisão com a Experimental Aircraft Association (EAA – Associação de Aeronaves Experimentais), a General Aviation Manufacturers Association (GAMA – Associação dos Fabricantes da Aviação Geral), a Helicopter Association International (HAI – Associação Internacional de Helicópteros) e a National Business Aviation Association (NBAA – Associação Nacional de Aviação de Negócios), entregou ao TSA uma série de recomendações para aumentar a segurança na aviação geral. Essas recomendações incluíam sugestões para aprimorar a segurança na aviação geral para passageiros, aeronaves e aeroportos. As sugestões especificamente para os aeroportos incluíam:

- A sinalização externa deve ser exibida de maneira proeminente perto de áreas de acesso público, alertando contra interferências em aeronaves ou uso não autorizado de aeronaves. Além disso, nas áreas de circulação de pilotos e funcionários de pátio, deve ser instalada sinalização indicando o número de telefone para a denúncia de atividade suspeita.
- Os pilotos devem ser aconselhados a ficarem atentos às atividades suspeitas dentro ou perto do aeroporto, incluindo:
  - Aeronaves com modificações incomuns ou não autorizadas
  - Pessoas vagando por longos períodos nas cercanias de aeronaves estacionadas ou em áreas de operações aéreas
  - Pilotos que parecem estar sob controle de outras pessoas
  - Pessoas desejando obter aeronaves sem apresentar as credenciais apropriadas ou pessoas que apresentam credenciais aparentemente válidas, mas que não apresentam um nível correspondente de conhecimento aeronáutico
  - Qualquer coisa que não "pareça certa" (isto é, eventos ou circunstâncias que não se enquadrem no padrão de atividade legal em um aeroporto)

Além disso, a AOPA estabeleceu uma parceria com o TSA para desenvolver um programa nacional de vigilância aeroportuária que emprega os usuários da aviação geral para observar e denunciar atividades suspeitas. O **AOPA Airport Watch** é apoiado por uma central telefônica com ligação gratuita proporcionada pelo governo e um sistema para denunciar e agir com base em informações fornecidas pelos pilotos da aviação geral (Figura 8-9). O programa de vigilância aeroportuária da AOPA foi adotado pelo TSA em um programa mais amplo para os transportes em geral, conhecido como "See Something. Say Something." ("Veja Algo. Diga Algo.").

FIGURA 8-9 O programa de vigilância aeroportuária da AOPA encoraja a própria aplicação e fiscalização dos procedimentos de segurança em aeroportos da aviação geral. (Fonte: AOPA)

Os programas "doze-cinco" e de *charter* privado

As TSRs exigem que as aeronaves da aviação geral de grande porte apliquem certas exigências de segurança. Especificamente, a CFR 49 Parte 1550.7 determina que qualquer aeronave com um peso certificado de decolagem máximo de 5,7 toneladas (12.500 libras) ou mais deve ser rigorosamente vasculhada antes de partir e que todos os passageiros, tripulantes e outras pessoas e suas propriedades acessíveis, como bagagem de mão, devem passar por revista antes de embarcarem na aeronave, como parte daquilo que o TSA define como **programa "doze-cinco"** (devido aos algarismos do peso máximo em libras). A CFR 49 Parte 1544.101 determina que todas as aeronaves usadas para operações *charter* privadas com um peso certificado de decolagem máximo de 45 toneladas (100.309,3 libras) ou com uma configuração de assentos para passageiros igual ou superior a 61 precisam garantir que todos os passageiros e suas bagagens de mão sejam revistadas antes do embarque. Isso é conhecido como **programa de *charter* privado**. Aeroportos da aviação geral que atendem a esses tipos de operações com aeronaves devem providenciar espaço para a obediência dessas regulamentações de segurança.

O futuro da segurança aeroportuária

Desde as primeiras ameaças criminosas à aviação civil, políticas reativas para impedir outras ocorrências de ameaças têm sido implementadas. Esse paradigma de reação teve duas consequências: (1) a redução no número de ataques de um tipo corrente de ameaças e (2) a criação de novas ameaças à aviação civil que o sistema não estava preparado para mitigar. Isso foi evidenciado pelo histórico de desenvolvimento de diferentes ameaças, desde sequestros não violentos até sequestros violentos com uso de armas de fogo, ocultação de explosivos a bordo de uma aeronave, sequestros suicidas, tentativas de explosões suicidas e, recentemente, tentativas de derrubar aeronaves usando mísseis disparados por armas situadas próximas a aeroportos onde as aeronaves voam a altitudes e velocidades relativamente baixas.

Como resultado, uma análise do futuro da segurança aeroportuária sugere um reposicionamento das políticas, saindo da abordagem reativa de revistar aeronaves em busca de armas ou explosivos ocultos e indo rumo a uma abordagem proativa de proteção contra atos criminosos violentos perpetrados por pessoas no interior e em torno do ambiente aeroportuário. Essa abordagem proativa requer um conhecimento tecnológico e humano para revistar indivíduos por atividade suspeita, em vez de simplesmente revistá-los por posses não autorizadas. Dessa maneira, uma nova ênfase tem sido dada a revistas comportamentais, por meios das quais revistadores do TSA e outros funcionários tentam se concentrar em pessoas suspeitas, baseando-se, em parte, em seus maneirismos e em sua aparência psicológica em geral.

Também está claro que haverá um impulso continuado para a implementação de tecnologias avançadas a fim de aumentar a probabilidade de se detectar itens que seriam difíceis de distinguir junto a um pretenso terrorista, em bagagens de mão e em bagagens despachadas.

Por fim, o futuro da segurança aeroportuária reside na continuação do exame de todos os pontos de acesso do sistema aeronáutico. Isso inclui mais revistas em funcionários, fornecedores e outros não passageiros com acesso a aeronaves comerciais. Além disso, as políticas de segurança aeroportuária continuam a se expandir para os setores de cargas e da aviação geral.

Observações finais

Os eventos de 11 de setembro de 2001 certamente foram trágicos e, como resultado, preocupações quanto à segurança dos aeroportos e do sistema aeronáutico em geral passaram a ser abordadas de uma maneira muito mais proativa. A priorização da segurança aeroportuária resultou em rápidos desenvolvimentos de tecnologias de segurança e aumentou significativamente os recursos para esse setor, além de levar à abordagem de problemas há muito tempo vistos com preocupação por membros do público viajante.

A proteção contra ameaças desconhecidas é uma ciência imperfeita e, como tal, o futuro da segurança aeroportuária sempre será uma entidade desconhecida. O empenho por viagens seguras e eficientes de passageiros e de cargas, tanto domésticas quanto internacionais, sempre será uma das principais prioridades do sistema de aviação civil, e pode-se assegurar que esforços para tornar o sistema o mais seguro possível continuarão com prioridade alta em todos os níveis de governo, bem como na gestão aeroportuária.

Palavras-chave

- pirataria aérea
- terrorismo
- área de operações aéreas
- correspondência positiva de passageiros e bagagens
- Aviation and Transportation Security Act
- Transportation Security Administration
- diretores federais de segurança
- programa de segurança aeroportuária (PSA)
- área protegida
- área estéril
- área de apresentação de identificação de segurança
- área exclusiva
- programa de segurança aeroportuária (PSA)
- Programa de Operações de Segurança de Empresas Aéreas
- Coordenador de Segurança Aeroportuária
- revista de passageiros
- magnetômetro
- pórtico detector de metais (WTMD – *walk-through metal detector*)
- equipamento de detecção de traço de explosivos
- AT x-rays
- sistema de detecção de explosivos (EDS – *explosive detection system*)
- acesso controlado
- biometria
- barreiras
- portões de acesso controlado
- iluminação de segurança
- AOPA Airport Watch
- programa "doze-cinco"
- programa de *charter* privado

Questões de revisão e discussão

1. De que forma as ameaças à segurança aeronáutica evoluíram desde os primórdios da aviação civil?
2. Como a segurança aeroportuária em geral se adaptou às ameaças à aviação civil?
3. Quais são algumas das mudanças mais significativas na segurança aeroportuária resultantes dos eventos de 11 de setembro de 2001?
4. Qual é a estrutura organizacional do Transportation Security Administration (Departamento de Segurança em Transportes)?

5. Quais são as várias áreas de segurança encontradas em aeroportos, conforme definidas pelas TSRs?
6. Quais são os requisitos para que um solicitante receba um crachá de SIDA?
7. O que pode levar um solicitante a ter um crachá de SIDA recusado?
8. Quais são os procedimentos existentes como parte da revista de passageiros?
9. Quais tecnologias são usadas para conduzir as revistas em bagagens de mão nos aeroportos?
10. Quais tecnologias são usadas para conduzir as revistas em bagagens despachadas nos aeroportos?
11. Quais são algumas das tecnologias usadas para controlar o acesso a áreas de segurança nos aeroportos?
12. O que é biometria? Quais tecnologias são consideradas como de biometria no ambiente de segurança aeroportuária?
13. De que maneira a segurança aeroportuária distingue os aeroportos de serviço comercial dos aeroportos da aviação geral?
14. De que forma os aeroportos podem se preparar melhor para as ameaças à segurança da aviação civil?

Leituras sugeridas

Advisory Circular 107-1 – *Aviation Security, Airports,* Washington, D.C.: Federal Aviation Administration, 1972.

Airport Access Control. Office of Inspector General Audit Report. Federal Aviation Administration. Report No. AV-2000-017.

Aviation Security: Long-Standing Problems Impair Airport Screeners' Performance. GAO Report RCED-00-75, June 28, 2000.

Aviation Security: Office of Inspector General Report AV-1998-134. Washington, D.C.: United States Department of Transportation, May 27, 1998.

Aviation Security: Registered Traveler Program Policy and Implementation Issues. Report GAO-03-253, United States General Accounting Office, November 2002.

Aviation Security: Terrorist Acts Illustrate Severe Weaknesses in Aviation Security. Report GAO-01-1166T, September 20, 2001.

Aviation Security: Transportation Security Administration Faces Immediate and Long-Term Challenges. Report GAO-02-971T, September 25, 2001.

Aviation and Transportation Security Act. Public Law 107-1, 107th Congress, Washington, D.C, November, 19, 2001.

Controls over Airport Identification Media. Office of Inspector General Audit Report. Federal Aviation Administration. Report No.: AV-2001-010, December 7, 2000.

Kent, Jr., Richard J. *Safe, Separated, and Soaring: A History of Federal Civil Aviation Policy, 1961–1972.* Washington, D.C.: U.S. Department of Transportation, Federal Aviation Administration, 1980.

Preston, Edmund. *Troubled Passage: The Federal Aviation Administration during the Nixon-Ford Term, 1973–1977.* Washington, D.C.: U.S. Department of Transportation, Federal Aviation Administration, 1987.

Remarks by Secretary of State Colin L. Powell with Lockerbie Family Members, February 8, 2001, Washington, D.C.

Rumerman, Judith, *Aviation Security.* U.S. Centennial of Flight Commission, Federal Aviation Administration, 2003, Washington, D.C.

St. John, Peter. *Air Piracy, Airport Security, and International Terrorism: Winning the War against Hijackers.* New York: Quorum Books, 1991.

Transportation Security: Post-September 11th Initiatives and Long-Term Challenges. Testimony GAO-03-616T, United States General Accounting Office, April 1, 2003.

U.S. Department of Transportation, Federal Aviation Administration, Office of Civil Aviation Security. *U.S. and Foreign Registered Aircraft Hijackings, 1931–1986.* Washington, D.C.: Federal Aviation Administration, 1986.

49 CFR 1542 – Airport Security, 2002, Washington D.C.

PARTE III
Gestão administrativa de aeroportos

Capítulo 9   Gestão financeira de aeroportos 307

Capítulo 10   Os papéis econômico, político e social
dos aeroportos 346

Capítulo 11   Planejamento de aeroportos 188

Capítulo 12   Capacidade aeroportuária e atrasos 224

Capítulo 13   O futuro da gestão aeroportuária 276

CAPÍTULO 9
Gestão financeira de aeroportos

Objetivos de aprendizagem

- Compreender a diferença entre despesas de operação e manutenção e de capital.
- Familiarizar-se com o processo de contabilidade financeira aeroportuária.
- Explicar a necessidade de seguro de responsabilidade civil em aeroportos.
- Descrever os diversos tipos de receitas operacionais e não operacionais nos aeroportos.
- Familiarizar-se com o planejamento e a operação de orçamentos.
- Reconhecer as diferenças entre as várias formas de acordos financeiros entre aeroporto e empresas aéreas.
- Descrever o conceito de cláusula de participação majoritária.
- Descrever os diferentes tipos de programas de financiamento disponíveis para aeroportos.
- Distinguir entre os diferentes tipos de obrigações financeiras disponíveis para os aeroportos.
- Identificar os diferentes níveis de privatização em aeroportos.

Introdução

A grande quantidade de propriedade, infraestrutura e mão de obra necessária para operar, manter e aprimorar aeroportos requer níveis significativos de recursos financeiros. Tais recursos são obtidos por meio de diversas estratégias disponíveis na gestão aeroportuária. No entanto, junto com essas fontes de recursos, há regras e políticas que determinam estratégia que os gestores do aeroporto deverão empregar para cobrir a parcela dos encargos financeiros.

As despesas aeroportuárias podem ser classificadas em duas categorias diferentes: despesas de capital e custos de operação e manutenção (O&M). Os **custos de operação e manutenção** consistem naquelas despesas que ocorrem com certa regularidade e que são necessárias para manter as operações correntes do aeroporto. Tais despesas geralmente incluem os salários dos funcionários do aeroporto, custos com serviços públicos como energia elétrica, água e telecomunicações, e um amplo espectro de serviços regularmente necessários, desde lâmpadas de aeródromo até materiais de escritório.

As **despesas de capital**, por outro lado, representam gastos periódicos e altos que contribuem para a melhoria ou a expansão significativa da infraestrutura aeroportuária. Elas incluem os custos com grandes projetos de construção, como expansões do sítio aeroportuário ou de terminais, aquisição de veículos importantes, como aqueles para resgate e combate a incêndios, e compra de terrenos para futuras expansões.

Em geral, receitas advindas da operação do aeroporto são usadas para cobrir as suas despesas de O&M. Para administrar o balanço entre as receitas operacionais e as despesas, a contabilidade financeira é empregada.

Contabilidade financeira do aeroporto

A natureza das despesas aeroportuárias depende de inúmeros fatores, incluindo a localização geográfica do aeroporto, a disposição organizacional e a estrutura financeira. Aeroportos situados em locais com climas mais amenos, por exemplo, não precisam arcar com os altos custos de remoção de neve e outras despesas ligadas ao frio que são enfrentadas por aeroportos situados em locais mais gélidos. Alguns municípios, condados e autoridades locais arcam com os custos advindos de certos cargos do quadro funcional, como os de contabilidade, jurídicos, de planejamento e de relações públicas. Certas funções operacionais como serviço de emergência, policiamento e controle de tráfego por vezes também são fornecidas por departamentos locais de bombeiros e por agências policiais e de fiscalização em alguns aeroportos. Além disso, as características da demanda de passageiros, de empresas aéreas e de outros operadores de aeronaves, bem como as tecnologias de aeronaves, de navegação, de comunicação e de informação, afetam a necessidade de se investir em projetos envolvendo melhorias aeroportuárias de capital.

A contabilidade aeroportuária envolve a coleta, a comunicação e a interpretação de dados econômicos relacionados à posição financeira de um aeroporto e dos resultados de suas operações para fins de tomada de decisão. Ela difere dos procedimentos de contabilidade encontrados em empresas comerciais, porque os aeroportos variam consideravelmente em termos de metas, tamanho e características operacionais. Portanto, é muito difícil obter um sistema unificado de contabilidade que possa ser usado por todos os aeroportos. Um sistema feito sob medida para as necessidades de um grande aeroporto de serviço comercial pode ser impraticável para um pequeno aeroporto da aviação geral, ou vice-versa. Muitos aeroportos têm diferentes definições sobre quais elementos constituem receitas e despesas operacionais e não operacionais e fontes de recursos para o desenvolvimento aeroportuário. É necessário um bom sistema contábil por diversas razões:

- São necessárias declarações financeiras para informar as autoridades governamentais e a comunidade local quanto aos detalhes das operações do aeroporto.
- Um bom sistema contábil pode auxiliar a gestão do aeroporto na alocação de recursos, na redução de custos e no aumento do controle.

- A negociação de tarifas para o uso das dependências do aeroporto pode ser facilitada.
- Declarações financeiras podem influenciar decisões de eleitores e políticos.

As despesas operacionais podem ser divididas em quatro categorias principais: aeródromo; terminal; hangares, cargas, outras edificações e terrenos; e despesas gerais e administrativas.

Despesas operacionais

Dentre as despesas operacionais e de manutenção associadas com a área do aeródromo, estão:

- Manutenção de pistas de pouso, pistas de táxi, pátios, áreas de estacionamento de aeronaves e sistemas de iluminação de aeródromo
- Serviço em equipamentos aeroportuários
- Outras despesas nessa área, como a manutenção de equipamento de combate a incêndio e vias de serviço no aeroporto
- Serviços (eletricidade) para o aeródromo

Dentre as despesas operacionais e de manutenção associadas com a área do terminal, estão:

- Prédios e terrenos – manutenção e serviços de custódia
- Melhorias no terreno e no paisagismo
- Ponte e portões de embarque – manutenção e serviços de custódia
- Instalações e serviços de concessão
- Dependências de observação - manutenção e serviços de custódia
- Instalações de estacionamento para passageiros, funcionários e arrendatários
- Serviços públicos (eletricidade, água, ar-condicionado e aquecimento)
- Descarte de dejetos (encanamento) – manutenção
- Equipamentos (ar-condicionado, aquecimento, manuseio de bagagem) – manutenção

Dentre as despesas operacionais e de manutenção associadas com hangares, cargas, outras edificações e terrenos, estão:

- Prédios e terrenos – manutenção e serviços de custódia
- Melhorias no terreno e no paisagismo
- Estacionamento de funcionários – manutenção
- Vias de acesso – manutenção
- Serviços públicos (eletricidade, água, ar-condicionado e aquecimento)
- Descarte de dejetos (encanamento) – manutenção

Despesas gerais e administrativas incluem toda a folha de pagamento dos setores de manutenção, de operações e administrativo do aeroporto. Outras despesas operacionais com materiais e suprimentos estão incluídas dentro das despesas gerais e administrativas.

Muitas vezes, os aeroportos também incorrem em despesas não operacionais, incluindo o pagamento de juros sobre dívidas pendentes (títulos, obrigações, empréstimos, etc.), contribuições para entidades governamentais e outras despesas diversas. Ademais, alguns aeroportos computam a depreciação sobre o valor integral das dependências, incluindo aquelas construídas com auxílio federal ou outro, enquanto outros aeroportos limitam a depreciação apenas à sua própria parcela de custos de construção.

Seguro de responsabilidade civil

Um percentual cada vez maior de despesas aeroportuárias advém de seguros necessários para cobrir várias áreas do aeroporto. Aeroportos e seus arrendatários têm o mesmo tipo e nível geral de exposição de responsabilidade que o operador da maioria dos locais públicos. Pessoas se lesionam ou danificam suas roupas quando caem ou tropeçam em obstáculos ocultos, e seus automóveis são danificados quando atingidos por veículos de serviço aeroportuário dentro da propriedade do aeroporto. Os pedidos de indenização por tais acidentes podem assumir grandes somas, mas indenizações por acidentes com aeronaves apresentam um potencial ainda mais catastrófico. Os ocupantes de uma aeronave podem ser mortos ou gravemente feridos e aeronaves caras podem ser danificadas ou destruídas, sem mencionar lesões a terceiros e danificação de outros tipos de propriedade dentro ou próximo ao aeroporto. A responsabilização em tais casos pode decorrer de um defeito na superfície da pista, de uma falha da gestão aeroportuária em sinalizar apropriadamente as obstruções ou em emitir os alertas necessários para o fechamento do aeroporto quando suas condições não estão adequadas.

Os aeroportos e seus arrendatários são responsáveis por todos os danos causados por sua incapacidade em exercer cuidados razoáveis. As principais áreas em que surgem litígios podem ser resumidas sob três categorias abrangentes:

- *Operações com aeronaves.* Responsabilidade pelos arrendatários e pelo público em geral em casos de acidentes, abastecimento, manutenção e serviço e esforços de resgate de aeronaves.
- *Operações dentro das propriedades do aeroporto.* Responsabilidade pelos arrendatários e pelo público em geral em casos de acidentes com automóveis e outros veículos, elevadores e escadas rolantes, policiamento e fiscalização, tropeções e quedas, obrigações contratuais, construção aeroportuária, trabalhos realizados por empreiteiras independentes e eventos especiais, como espetáculos aéreos.
- *Venda de produtos.* Responsabilidade pelos arrendatários e pelo público em geral em casos de acidentes em decorrência de manutenção e serviço, abastecimento e serviços de comidas e bebidas.

Os operadores aeroportuários exigem que todos os arrendatários adquiram o seu próprio seguro, conforme apropriado para suas circunstâncias particulares e com certos limites mínimos de responsabilidade. Geralmente, o operador do aeroporto é incluído como um segurado adicional sob a cobertura adquirida pelo arrendatário; no entanto, isso não exime o operador do aeroporto de buscar a sua própria proteção sob uma apólice separada. A cobertura e os limites de responsabilidade exigidos pela maioria dos aeroportos ultrapassam em muito aquilo que é necessário para um arrendatário médio.

Cobertura de responsabilidade aeroportuária

A apólice básica de responsabilidade civil dentro da propriedade do aeroporto é desenvolvida para proteger o operador do aeroporto de perdas decorrentes de responsabilidade legal por todas as atividades realizadas no aeroporto. A cobertura pode incluir lesões corporais e danos a propriedade. Diversas exclusões se aplicam à apólice básica, e, consequentemente, os acordos de seguro precisam sofrer emendas para acrescentar certas exposições. Mediante endosso, o contrato básico pode ser estendido, a fim de abarcar qualquer responsabilidade contratual que o aeroporto possa assumir sob vários acordos com fornecedores de combustível, rodovias e assim por diante. Responsabilidade por elevadores e pelo trabalho de construção realizado por empreiteiras independentes também pode ser coberta. A apólice básica também pode ser estendida para proporcionar cobertura para um aeroporto que organize espetáculos aéreos ou outro evento especial.

Para aqueles aeroportos comprometidos com a venda de produtos e serviços, a apólice da propriedade do aeroporto pode oferecer cobertura para a exposição de responsabilidade pelos produtos do aeroporto. Acidentes com aeronaves decorrentes de combustível contaminado armazenado em tanques do aeroporto ou até mesmo intoxicação alimentar causada por um restaurante do aeroporto seriam exemplos disso. Aeronaves danificadas enquanto se encontram sob os cuidados, a custódia ou o controle do aeroporto para fins de armazenamento ou de vigilância podem ser cobertas estendendo-se a apólice aos zeladores dos hangares.

O crescimento da aviação e dos aeroportos nos últimos 30 anos aumentou a exposição do setor a pedidos de indenização. Os aeroportos investem milhares de dólares na aquisição de cobertura adequada de seguro e de limites de responsabilidade, a fim de protegerem seus bens multimilionários. A justiça tem constantemente responsabilizado os aeroportos pela segurança das aeronaves e do público em geral, bem como pela divulgação de alertas adequados sobre perigos existentes. Em muitos casos, os municípios não têm ficado imunes, por juízes determinarem que a operação de um aeroporto é uma função proprietária e corporativa, em vez de uma responsabilidade governamental.

Receitas operacionais

Similar ao que ocorre com as despesas operacionais, as receitas operacionais aeroportuárias podem ser divididas em cinco categorias principais: área de aeródromo, concessões de área de terminal, áreas arrendadas por empresas aéreas, outras áreas arrendadas e outras receitas operacionais.

O *aeródromo*, ou os componentes voltados ao lado ar no aeroporto, produz receitas advindas de fontes que estão diretamente relacionadas à operação de aeronaves:

- Tarifas de pouso para companhias aéreas com voos regulares e não regulares, aeronaves itinerantes, aeronaves militares ou governamentais
- Tarifas de estacionamento de aeronaves em hangares e em áreas pavimentadas e não pavimentadas
- Tarifas sobre fluxo de combustível cobradas de operadores com base fixa e de outros fornecedores de combustível

As *concessões na área de terminal* incluem todos os usuários do terminal não ligados às companhias aéreas e que geram receitas ao oferecerem os seguintes produtos e serviços:

- Concessões de comidas e bebidas (incluem restaurantes, lanchonetes e *lounges*)
- Lojas especializadas (incluem butiques, bancas de jornal, bancos, lojas de presentes, lojas de roupas, lojas de *duty-free* e lojas de *souvenir*)
- Serviços pessoais (incluem salões de beleza e barbearias, estandes de *valet*, estandes de engraxates)
- Serviços para negócios (incluem suítes executivas, salas de conferência e serviços de WiFi)
- Espaços publicitários

Instalações de componentes do lado terra e de transporte terrestre localizados dentro da propriedade do aeroporto, mas fora do prédio do terminal:

- Instalações e serviços de estacionamento de automóveis
- Instalações de locadoras de carros
- Hotéis externos ao terminal e outras propriedades

Áreas arrendadas por companhias aéreas incluem receitas advindas de companhias aéreas por aluguel de equipamento terrestre, terminais de carga, aluguéis de escritórios, balcões de passagens, hangares, operações e instalações de manutenção.

Todas as áreas arrendadas restantes no aeroporto que produzem receitas são reunidas em outra categoria de áreas arrendadas. Transportadores de fretes, operadores de base fixa, unidades governamentais e negócios na área industrial aeroportuária seriam incluídos nessa categoria. Todas as receitas advindas de terminais de cargas não vinculadas a empresas aéreas e de aluguéis de equipamentos terrestres para usuários desvinculados de empresas aéreas também estariam incluídas.

Outras receitas operacionais incluem receitas advindas de sistemas de operação e distribuição para serviços públicos, como eletricidade, e trabalhos por empreitada para concessionários. Outras taxas por serviços diversos são incluídas nessa categoria.

Os aeroportos também geram *receitas não operacionais*, incluindo juros provenientes de investimentos em valores mobiliários governamentais, impostos locais, subsídios ou concessões governamentais e venda ou arrendamento de propriedades pertencentes ao aeroporto, mas não relacionadas a operações aeroportuárias. A magnitude da renda não operacional pode variar consideravelmente de um aeroporto para outro.

Planejando e administrando um orçamento operacional

O planejamento de um orçamento operacional é parte integrante da gestão financeira de aeroportos. Todos os aeroportos precisam tomar decisões de curto prazo sobre a alocação e o agendamento de seus recursos limitados para muitos fins concorrentes; precisam também tomar decisões de longo prazo referentes às taxas de expansão de capital e de fontes de financiamento. Tanto as decisões de curto prazo quanto as de longo prazo exigem planejamento. O planejamento é importante porque:

- Estimula o pensamento coordenado. Nenhum departamento pode agir de modo independente. Uma decisão estratégica em um departamento específico afeta o aeroporto como um todo.
- Ajuda a desenvolver padrões para o desempenho futuro. Sem planos, os parâmetros do aeroporto quanto ao seu desempenho financeiro só podem se basear em padrões históricos. Ainda que declarações operacionais passadas ajudem a estabelecer esses padrões para o futuro, elas próprias não devem necessariamente servir como padrões.
- Auxilia a gestão a controlar as ações dos subordinados. Com um planejamento, os funcionários recebem uma meta ou um padrão a ser alcançado.
- Pode ajudar a revelar problemas potenciais para os quais medidas corretivas podem ser tomadas com antecedência.
- Promove uma suavização no fluxo operacional. Por exemplo, novos equipamentos podem ser encomendados com antecedência em relação ao seu uso previsto. Com operações regulares e ininterruptas, a eficiência do aeroporto como um todo pode ser elevada.

Assim que um aeroporto decide por um plano de ação para o futuro, esse plano é incorporado em um orçamento financeiro. Orçamentos são simplesmente quantias em dinheiro planejadas para operar e manter o aeroporto durante um período definido de tempo, como um ano. Os orçamentos são estabelecidos para grandes gastos de capital, como recapeamento de pistas de pouso, construção de pistas de táxi e aquisição de novos equipamentos para a remoção de neve, bem como para despesas operacionais durante o período do planejamento.

No departamento de manutenção de um aeroporto, há despesas com mão de obra e uma variedade de outras despesas com suprimentos, compra e conserto de equipamentos de pequeno porte e manutenção de sistemas mecânicos. As verdadeiras despesas incorridas durante o ano representam um parâmetro do desempenho em si. A diferença entre as despesas reais e a quantia total orçada é chamada de variância. A variância mede a eficiência do departamento.

Os aeroportos geralmente operam sob uma dentre três formas diferentes de dotação orçamentária: dotação de montantes fixos, dotação por atividade e orçamento item por item.

A **dotação de montantes fixos** é a forma mais simples de orçamento e só costuma ser utilizada por pequenos aeroportos da aviação geral. Nela, não há restrições específicas sobre como o recurso deve ser gasto. Apenas o gasto total para o período é estipulado. Esta é a forma mais flexível de orçamento.

Sob uma forma de orçamento de **dotação por atividade**, a dotação de despesas é planejada de acordo com áreas ou atividades gerais de trabalho, sem qualquer divisão detalhada subsequente. A dotação por atividade permite que a gestão estabeleça orçamentos de gastos de capital e operacionais para áreas específicas, como instalações de componentes voltados ao lado ar, área do prédio do terminal e assim por diante. Ela também permite flexibilidade na resposta a condições variáveis.

O **orçamento item por item** é a forma mais detalhada de orçamento, usado em grandes aeroportos comerciais. Códigos numéricos são estabelecidos para cada item de gasto operacional e de capital. Os orçamentos são estabelecidos para cada item e são muitas vezes ajustados de modo a levarem em consideração mudanças em volume de atividade. Por exemplo, à medida que o número de passageiros embarcados varia, os orçamentos para a manutenção do prédio do terminal podem ser ajustados proporcionalmente.

Uma abordagem orçamentária bastante popular em muitos aeroportos é o orçamento base zero. O **orçamento base zero** deriva da ideia de que o orçamento de cada programa ou departamento deve ser preparado a partir de um nível nulo, ou de uma base zero para cada ciclo orçamentário. Isso é o oposto da prática orçamentária normal, que parte da base estabelecida pelo período anterior. Ao se calcular o orçamento a partir de uma base zero, todos os custos são recém-desenvolvidos e revisados por completo, a fim de determinar sua necessidade. Diversos programas são revisados e orçados rigorosamente e então são listados em uma classificação por ordem de importância para o aeroporto. Presumivelmente, os gestores são forçados a analisar um programa como um todo, em vez de o encararem apenas como mais um acréscimo ao orçamento já existente.

Ao se montar um orçamento, o primeiro passo normalmente envolve uma estimativa das receitas derivadas de todas as fontes para o ano vindouro. O passo seguinte é estabelecer orçamentos para as diversas áreas de responsabilidade. Quando os orçamentos estão sendo investigados, predeterminados e integrados, os gerentes do departamento que terão de obedecer ao orçamento são consultados a respeito do recurso disponível e ajudam a montar orçamentos para o seu departamento para o período seguinte. Um gerente que tem mais poder de decisão sobre o orçamento e os gastos estará mais inclinado a fazer um esforço extra para controlar os gastos reais no departamento. Os gastos reais são então frequentemente comparados com os gastos orçados durante o período em que os orçamentos estão em vigor. Os gerentes recebem em mãos as cifras dos gastos reais para que possam compará-las com os gastos orçados e investigar as variâncias.

Estratégias de arrecadação de receitas em aeroportos comerciais

Na maioria dos aeroportos comerciais, o relacionamento financeiro e operacional entre o operador do aeroporto e as empresas aéreas que atendem ao aeroporto é definido em acordos de vínculo legal que especificam de que forma os riscos e as responsabilidades serão compartilhados. Esse acordos, comumente chamados de acordos de uso aeroportuário, estabelecem os termos e condições que governam o uso do aeroporto por parte das empresas aéreas. O termo **acordo de uso aeroportuário** é usado genericamente para incluir tanto contratos legais para o uso das dependências do aeroporto por parte das empresas aéreas quanto para arrendamentos para o uso de dependências do terminal. Em muitos aeroportos, ambos são combinados em um único documento. Certos aeroportos comerciais não negociam acordos de uso aeroportuário com as empresas aéreas, cobrando, em vez disso, tarifas e taxas estabelecidas por portarias locais. Os acordos de uso aeroportuário também especificam os métodos para o cálculo das taxas que as empresas aéreas devem pagar para usar as dependências e os serviços do aeroporto, além de identificar os direitos e privilégios das empresas aéreas, incluindo, às vezes, o direito de aprovar ou desaprovar quaisquer grandes projetos de desenvolvimento de capital propostos pelo aeroporto.

Embora as práticas de gestão financeira variem bastante de um aeroporto comercial para outro, o relacionamento entre aeroporto e empresas aéreas nos principais aeroportos geralmente assume duas formas diferentes, com implicações importantes para a precificação e os investimentos aeroportuários:

- A **abordagem de custo residual**, sob a qual uma ou mais empresas aéreas assumem coletivamente um risco financeiro significativo ao concordarem em pagar quaisquer custos operacionais que não estejam alocados a outros usuários ou cobertos por todas as outras fontes de receita.

- A **abordagem de custo compensatório**, sob a qual o operador do aeroporto assume o principal risco financeiro de dirigir o aeroporto e cobra tarifas e taxas de aluguel das empresas aéreas de forma a recuperar os custos reais com dependências e serviços utilizados por elas.

A abordagem de custo residual

Nos anos 1950, a cidade de Chicago estabeleceu um novo precedente ao fechar um acordo com a United Airlines referente a suas obrigações financeiras por operar fora do O'Hare Field. Citando o relacionamento singular que a empresa aérea tinha com o aeroporto, a United Airlines ingressou em um acordo de 50 anos de duração que declarava que, embora o aeroporto devesse gerar o máximo de receitas provenientes do maior número possível de fontes, a United iria cobrir todas as despesas incorridas pelo aeroporto que excedessem suas receitas. Isto é, a United iria pagar a diferença, ou o *custo residual*, entre receitas e despesas. Esse acordo é conhecido como **Acordo O'Hare** ou **contrato United**. Esse contrato representou o primeiro contrato de custo residual.

Em geral, sob esse acordo, as empresas aéreas que ingressam em tal contrato assumem um risco financeiro significativo. Elas concordam em manter o aeroporto autossustentável ao arcarem com o *deficit* – o custo residual – restante após os custos identificados para todos os usuários do aeroporto terem sido contrabalançados por outras fontes de receita (estacionamentos de automóveis e concessões no terminal, como restaurantes, bancas de revista, lanchonetes, entre outros), bem como por receitas derivadas de outras empresas aéreas *não signatárias*. O saldo entre custos e receitas proporciona a base para calcular as tarifas cobradas das empresas aéreas pelo uso das dependências. Qualquer *superavit* de receitas deve ser creditado às empresas aéreas e qualquer *déficit* deve ser delas cobrado, calculando-se as tarifas de pouso e outras taxas cobradas no ano seguinte.

A abordagem de custo residual acabou se tornando o acordo-padrão entre os aeroportos e as empresas aéreas nos anos que se seguiram à desregulamentação das empresas do setor e continua a ser aplicada na era pós-desregulamentação em aeroportos em que a empresa aérea domina a fatia de mercado.

A abordagem de custo compensatório

Contrariamente à abordagem de custo residual, um acordo compensatório entre um aeroporto e uma empresa aérea exige que a empresa pague tarifas e taxas iguais aos custos referentes às dependências que ela utiliza, conforme determinado pela contabilidade de custos. Sob o acordo compensatório, o operador do aeroporto assume o risco financeiro das operações aeroportuárias. Ademais, em contraste com a situação nos aeroportos que operam sob acordos de custos residuais, as empresas aéreas que operam sob um acordo compensatório não dão qualquer garantia de que tarifas e aluguéis serão suficientes para que o aeroporto cumpra com suas exigências operacionais e de débito anuais.

Sob uma abordagem compensatória, as empresas aéreas não ficam explicitamente encarregadas pelo espaço público nos terminais aeroportuários, como os *lobbies* dos terminais. Em vez disso, as empresas aéreas, bem como outros arrendatários do aeroporto, pagam aluguel pelo espaço e pela utilização de dependências em proporção ao percentual de atividades sediadas no aeroporto. E, ao contrário da abordagem de custo residual, um contrato compensatório não oferece às empresas aéreas qualquer abatimento de cobranças como resultado da geração de um *superavit* de receitas ao aeroporto advindas de usos não aeronáuticos. Sendo assim, o aeroporto confere a si mesmo a oportunidade de arrecadar esse excedente sobre as despesas totais.

Comparando as abordagens residual e compensatória

As abordagens residual e compensatória frente à gestão financeira de grandes aeroportos comerciais exercem implicações significativamente diferentes sobre os preços e as práticas de investimento. Em particular, elas ajudam a determinar:

- O potencial de um aeroporto para acumular lucro líquido para o desenvolvimento de capital.
- A natureza e a extensão do papel das empresas aéreas na tomada de decisões de investimento em capital aeroportuário, o qual pode ser formalmente definido em cláusulas de participação majoritária incluídas em acordos de uso aeroportuário com as empresas aéreas.
- A duração do prazo do acordo de uso entre as empresas aéreas e o operador do aeroporto.

Lucro líquido

Ainda que aeroportos de grande e médio porte geralmente se endividem para custear grandes projetos de desenvolvimento de capital, a disponibilidade de receitas substanciais geradas além das despesas pode fortalecer o desempenho de um aeroporto no mercado de obrigações. Essa disponibilidade também é capaz de proporcionar uma alternativa ao endividamento para o financiamento de alguma parcela do desenvolvimento de capital. Um contrato de custo residual assegura que um aeroporto acabará todos os anos "empatado", garantindo, assim, seus serviços sem precisar recorrer a um apoio suplementar de impostos locais; porém, esse acordo impede que o aeroporto gere um *superavit* substancial.

Por outro lado, um aeroporto que emprega uma abordagem compensatória carece da segurança intrínseca proporcionada pela garantia das empresas aéreas de que o aeroporto acabará "empatado" todos os anos. O operador público assume o risco de que as receitas geradas por tarifas e taxas aeroportuárias podem não ser suficientes para que o aeroporto cumpra suas obrigações de custos operacionais. Em compensação, como as receitas totais não estão restritas ao total necessário para o aeroporto acabar "empatado" e como as receitas excedentes não são usadas para reduzir tarifas e taxas cobradas de empresas aéreas, aeroportos em regimes compensatórios podem ganhar e reter um *superavit* substancial, que pode ser usado mais tarde para o desenvolvimento de capital. Como a precificação de concessões aeroportuárias e de serviços aos clientes não precisa ficar limitada à recuperação dos custos reais, a extensão desses ganhos retidos geralmente depende da magnitude das receitas não aeronáuticas angariadas pelo aeroporto.

Cláusulas de participação majoritária

Em troca da garantia de solvência, empresas aéreas que são signatárias de um acordo de uso de custo residual muitas vezes exercitam uma medida significativa de controle sobre as decisões de investimento do aeroporto e a política de precificação relacionada. Esses poderes estão materializados nas **cláusulas de participação majoritária** (MII – *majority-in-interest clauses*), que são muito mais comuns em acordos de uso em aeroportos em regime de custos residuais do que em aeroportos de abordagem compensatória.

As cláusulas de participação majoritária conferem às empresas aéreas que representam a maioria do tráfego em determinado aeroporto a oportunidade de revisar, aprovar ou até de vetar projetos de capital que acarretariam em aumentos significativos das tarifas e taxas pagas pelo uso das dependências do aeroporto. A combinação de empresas aéreas que podem exercer poderes de participação majoritária varia. Uma formulação típica conferiria poderes de participação majoritária a qualquer combinação de "mais de 50% das empresas aéreas com voos regulares responsáveis pelo pouso de mais de 50% do peso agregado das aeronaves geradoras de receitas durante o ano fiscal anterior" (fraseado-padrão dos documentos).

Esse arranjo oferece proteção às empresas aéreas que assumiram riscos financeiros sob um acordo de custos residuais ao assegurar o pagamento de todos os custos do aeroporto não cobertos por fontes de receita não aeronáuticas. Por exemplo, sem alguma forma de cláusula de participação majoritária, as empresas aéreas em um aeroporto em regime de custos residuais poderiam estar pagando pelos custos de dependências, ainda que definidas as propostas no décimo quinto ou no vigésimo ano de um acordo de uso de 30 anos. Sob uma abordagem compensatória, segundo a qual o operador do aeroporto assume a maior parte do risco financeiro do empreendimento, o operador geralmente tem mais liberdade para dar início a projetos de desenvolvimento de capital sem o consentimento da empresa signatária. Mesmo assim, operadores de aeroportos raramente embarcam em grandes projetos sem consultar as empresas signatárias que atendem ao aeroporto.

Disposições específicas de cláusulas de participação majoritária variam consideravelmente. Em alguns aeroportos, as empresas aéreas que perfazem a maior parte do tráfego podem aprovar e desaprovar todos os principais projetos de desenvolvimento de capital, como, por exemplo, qualquer projeto avaliado em mais de US$ 100.000. Já em outros aeroportos, os projetos só podem ser adiados por certo período de tempo (geralmente entre 6 meses e 2 anos). Embora a maioria dos aeroportos conte com pelo menos um pequeno fundo discricionário para melhorias de capital que não está sujeito à aprovação da participação majoritária, o efeito geral dos dispositivos de participação majoritária é limitar a capacidade do proprietário de um aeroporto público de prosseguir com qualquer grande projeto desaprovado pelas empresas aéreas. Às vezes, um grupo de apenas duas ou três grandes empresas é capaz de exercer tal controle.

Prazo de acordos de uso

Aeroportos sob regime de custos residuais contam com acordos aeroportuários mais longos do que aeroportos compensatórios. Isso se dá porque os acordos de custo residual têm sido historicamente elaborados a fim de proporcionar segurança para a emissão de obrigações municipais de longo prazo pelo aeroporto; e o prazo do acordo de uso, com sua garantia de quitação de dívidas pelas empresas aéreas, tem geralmente coincidido com o prazo das obrigações municipais. A ampla maioria dos aeroportos sob regime de custos residuais utiliza acordos com prazos de 20 anos ou mais, e prazos de 30 anos ou mais não são incomuns.

Por outro lado, apenas metade dos aeroportos compensatórios, aproximadamente, tem estabelecido acordos vigentes por 20 anos ou mais. Muitos dos aeroportos compensatórios nem sequer chegam a estabelecer acordos contratuais com as empresas aéreas. Nesses aeroportos, as tarifas e as taxas são estabelecidas por portaria ou resolução local. Esse arranjo confere aos operadores aeroportuários a maior flexibilidade possível para ajustar seus preços e suas práticas de investimento unilateralmente, sem restrições impostas por um acordo formal negociado com as empresas aéreas, mas sem a segurança proporcionada por acordos contratuais.

Precificação de instalações e serviços aeroportuários

Grandes aeroportos comerciais são empreendimentos diversificados que oferecem uma ampla gama de instalações e serviços para os quais taxas, aluguéis e outras cobranças são aplicadas. As instalações e os serviços oferecidos aos usuários geram as receitas necessárias para operar o aeroporto e para sustentar o financiamento de desenvolvimento de capital. Pequenos aeroportos comerciais e aeroportos AG geralmente oferecem instalações e serviços bem mais restritos, sobre os quais somente tarifas e taxas mínimas costumam ser aplicadas. As bases de receitas encolhem conforme os aeroportos diminuem, e muitos dos aeroportos de menor porte não geram receitas suficientes para cobrir os seus custos operacionais, muito menos investimentos em capital. Entre os aeroportos AG, aqueles que arrendam terrenos ou dependências para uso industrial costumam ter uma chance maior de cobrir os seus custos operacionais do que aqueles que só oferecem serviços e instalações relacionados à aviação.

A combinação de gestão pública e empreendimento privado que caracteriza singularmente a operação financeira dos aeroportos comerciais é refletida nos preços divergentes cobrados por instalações e serviços aeroportuários. Os aspectos de empreendimento privado da operação aeroportuária, os serviços e instalações fornecidos para uso não aeronáutico, geralmente são cobrados de acordo com uma precificação de mercado. Por outro lado, os preços cobrados por instalações e serviços usados por empresas aéreas e por outros usuários aeronáuticos têm por base a recuperação de custos, seja a recuperação de custos reais com instalações e serviços fornecidos (a abordagem compensatória) ou a recuperação dos custos residuais da operação aeroportuária não cobertos por fontes de receita não aeronáuticas. Essa mescla de precificação de mercado e para recuperação de custos tem profundas implicações para o financiamento aeroportuário, especialmente com relação à estrutura e ao controle das cobranças aeroportuárias e à distribuição de receitas operacionais.

A estrutura e o controle de taxas, aluguéis e outros encargos por instalações e serviços são governados em grande parte por uma variedade de contratos de longo e curto prazo, incluindo acordos de uso aeroportuário com empresas aéreas, arrendamentos e contratos de concessão e gestão. Para cada um dos quatro grupos principais de instalações e serviços delineados anteriormente neste capítulo, os tipos básicos de cobranças aplicados em aeroportos regidos por custos residuais e por acordos compensatórios podem ser comparados em termos do método de cálculo, dos prazos dos acordos e da frequência dos ajustes contratuais.

Precificações do aeródromo

As principais taxas cobradas para o uso de instalações do aeródromo são as taxas de pouso ou de voo para empresas aéreas comerciais e aeronaves da AG. Alguns aeroportos também cobram outras taxas, como tarifas pela utilização do pátio ou de áreas de estacionamento. No lugar de taxas de pouso, muitos aeroportos pequenos, especialmente aeroportos AG, arrecadam taxas por fluxo de combustível, que são cobradas por galão de gasolina de aviação e combustível de jato vendido no aeroporto.

Sob contratos de custo residual, a taxa de pouso para empresas aéreas costuma ser o item que equilibra o orçamento, compensando a diferença projetada entre todas as outras receitas previstas e os custos totais anuais de administração, operações e manutenção e rolagem de dívida (incluindo cobertura). As taxas de pouso variam bastante de um aeroporto a outro, dependendo da extensão das receitas provenientes de aluguéis de espaço de terminal para empresas aéreas e de concessões como restaurantes, empresas locadoras de carros e estacionamentos de automóveis. Se as receitas não aeronáuticas forem altas em determinado ano, a taxa de pouso para as empresas aéreas pode ser bem baixa. Em alguns aeroportos, a taxa de pouso é o item que equilibra o orçamento apenas para os custos centrados no aeródromo. Nesses aeroportos, o *superavit* ou o *deficit* com relação aos custos do terminal não tem qualquer influência sobre as taxas de pouso, e as taxas de aluguel de terminal são estabelecidas tendo por base o custo residual ou o regime compensatório.

O método para se calcular as taxas de pouso sob contratos de custo residual é estabelecido no acordo de uso aeroportuário e permanece em vigor até o prazo final do acordo. Para refletirem mudanças em custos ou receitas operacionais, as taxas de pouso costumam ser reajustadas a intervalos especificados, de 6 meses a 3 anos. Em alguns aeroportos, as taxas podem ser reajustadas com maior frequência se as receitas forem significativamente maiores ou menores do que o previsto. Muitas vezes, as empresas aéreas não signatárias (aquelas que não são parte do acordo básico de uso) pagam taxas mais elevadas do que as empresas signatárias. As taxas de pouso referentes à aviação geral variam bastante de um aeroporto a outro, indo desde zero até valores iguais aos pagos pelas empresas aéreas comerciais. A maior parte das taxas de pouso é aplicada com base no peso bruto certificado de pouso. Essa prática de basear as taxas de pouso conforme o peso das aeronaves tende a promover o uso de aeroportos comerciais pela aviação geral. Como as aeronaves de AG, em sua maioria, são relativamente leves (5,7 toneladas), elas pagam taxas de pouso bem baixas na maior parte dos aeroportos comerciais. As menores aeronaves de AG muitas vezes nem pagam taxas. Tanto os aeroportos sob regime de custo residual quanto aqueles sob regime compensatório geralmente praticam taxas de pouso tão baixas para aeronaves de AG que são insignificantes, usadas ou como fonte de receita para o aeroporto ou como um elemento de dissuasão para o uso de instalações congestionadas.

Sob contratos compensatórios, as taxas de pouso se baseiam em cálculos dos custos reais médios das instalações do aeródromo usadas por empresas aéreas individuais. Assim como no caso de aeroportos que operam sob contratos de custo residual, a parcela de cada empresa aérea sobre esses custos tem por base a sua parcela do peso bruto total previsto de aeronaves de empresas aéreas (ou, em casos pontuais, o peso de decolagem). Somando-se às taxas determinadas por esse parâmetro baseado em peso, alguns aeroportos aplicam uma sobretaxa cobrada de aeronaves de AG durante os horários de pico. Atualmente, nenhum dos aeroportos principais impõe tais sobretaxas de horário de pico sobre empresas aéreas comerciais para ajudar a diminuir os problemas de congestionamento. Alguns gestores de aeroporto e autoridades federais acreditam que sobretaxas de horário de pico poderiam reduzir o congestionamento, ao dar às empresas aéreas e a outros fornecedores de serviços de transporte aéreo a oportunidade de economizar dinheiro (e de praticar preços mais baixos) ao voar durante períodos menos congestionados. Caso a demanda de horário de pico continuasse a causar congestionamento, as receitas geradas pelas sobretaxas poderiam custear a expansão necessária para acomodar o tráfego em horário de pico.

As taxas de pouso em aeroportos compensatórios são estabelecidas ou em acordos de uso aeroportuário com as empresas aéreas ou por portaria ou resolução local. A frequência dos reajustes das taxas é comparável àquela praticada em aeroportos em regime de custo residual.

Concessões na área do terminal

A estrutura das concessões de terminal e das taxas por contrato de serviço é similar em abordagens de precificação compensatória e de custo residual. Os contratos de concessão costumam garantir ao operador do aeroporto um pagamento mínimo anual, geralmente baseado em uma tarifa de aluguel sobre espaço arrendado, um percentual especificado das receitas brutas do concessionário, ou ambos. Restaurantes, lanchonetes, lojas de presentes, bancas de revista, lojas de *duty-free*, hotéis e locadoras de carros geralmente têm contratos desse tipo. Contratos de concessão no terminal são muitas vezes licitados competitivamente, e seus prazos vão desde contratos mensais até contratos com 10 a 15 anos de duração. (Acordos hoteleiros geralmente praticam prazos bem mais longos, alcançando muitas vezes 40 anos ou mais.) Os estacionamentos do aeroporto podem ser operados como concessões; eles podem ser administrados diretamente pelo aeroporto ou podem ser geridos por um prestador de serviços mediante uma taxa fixa ou um percentual das receitas.

Nos últimos anos, muitos aeroportos vêm adotando a estratégia de "precificação de mercado" para as concessões na área de terminal. Essa estratégia é ilustrada pela retirada das tradicionais cafeterias e lojas de presentes nos aeroportos e pelo desenvolvimento de praças de alimentação e de corredores com lojas de varejo com produtos de marca ou especializados, com preços competitivos em relação às lojas fora do aeroporto. Essa estratégia tem sido empregada sob a filosofia de que as concessões devem operar de forma competitiva, atendendo às demandas dos usuários do aeroporto, e não na forma de monopólios, que consideram os usuários do aeroporto um mercado cativo. Tais estratégias resultaram em um aumento significativo das receitas advindas de concessões da área de terminal para os aeroportos, reduzindo, assim, sua dependência das receitas advindas das empresas aéreas. Outra consequência foi que os aeroportos com estratégias bem-sucedidas de concessões na área de terminal ficaram mais propensos a oferecer acordos compensatórios às empresas aéreas, em vez de contratos residuais de longo prazo com cláusulas vinculadas de participação majoritária.

Instalações de componentes e transportes terrestres

Receitas geradas por instalações de componentes e transportes terrestres perfazem a maior parcela das receitas aeroportuárias não relacionadas ao aeródromo. Tradicionalmente, os estacionamentos aeroportuários por si só sempre foram os responsáveis pela maior parte das receitas aeroportuárias não relacionadas ao aeródromo, embora, com a criação das instalações consolidadas de locadoras de veículos e com suas taxas associadas, as receitas provenientes da operação dessas locadoras estejam representando contribuições cada vez maiores aos orçamentos de receitas aeroportuárias.

Receitas derivadas de estacionamentos aeroportuários têm sido geradas tradicionalmente pela cobrança de taxas horárias e/ou diárias daqueles que desejam deixar seu carro no estacionamento ou na garagem de um aeroporto. Como já foi discutido no Capítulo 7, os aeroportos cobram taxas variadas dependendo do tempo da permanência do veículo em sua vaga. Estacionamentos de "curto prazo", muitas vezes localizados mais perto do terminal, tendem a cobrar taxas horárias mais elevadas, em parte para desencorajar a ocupação de vagas especiais por usuários durante longos períodos de tempo e também para maximizar a receita gerada por vaga. Estacionamentos de "longo prazo" praticam preços visando a acomodar aquelas pessoas que desejam estacionar seus veículos por períodos mais longos e, por isso, cobram tarifas horárias e diárias mais baixas. Esses estacionamentos costumam ficar situados mais longe do prédio do terminal, e o aeroporto geralmente oferece veículos especiais ou sistemas automatizados de transporte de passageiros entre os dois pontos.

Nos últimos anos, os aeroportos começaram a oferecer serviços especiais de estacionamento visando a aumentar as receitas provenientes desse setor e, ao mesmo tempo, oferecer serviços adicionais a seus clientes. Dentre os exemplos desses serviços especiais encontram-se disponibilidade de manobristas, vagas reservadas e serviços automobilísticos (como lavagem e pequenos trabalhos de manutenção). Alguns também criaram programas de fidelidade para encorajar os usuários a utilizar as instalações operadas pelo próprio aeroporto, em vez de seus serviços de estacionamento desvinculados. Outros começaram, também, a impor taxas a estacionamentos fora da sua área como forma de tentar capturar receitas que seriam perdidas.

Receitas advindas de locadoras de veículos também representam uma fonte de renda significativa e às vezes até superior às fontes de receita não aeronáuticas para aeroportos pequenos. Fontes de receita advindas de locadoras de veículos incluem aluguéis básicos pelo uso de dependências aeroportuárias, cobrança de um percentual das receitas arrecadadas pelas locadoras no aeroporto e, mais recentemente, a coleta de uma **tarifa por cliente da instalação** (CFC – *customer facility charge*) acrescentada em cada transação de locação de veículo. Essa CFC tem sido usada para custear o desenvolvimento e as operações de CRCFs, bem como outras despesas aeroportuárias.

Receitas publicitárias: o foco no aumento das receitas não aeronáuticas nos aeroportos combinado com avanços na tecnologia de mídia acabou levando à maturação dos programas aeroportuários de publicidade. Antes limitados à colocação de cartazes impressos, os aeroportos se voltaram para painéis com mensagens multimídia baseadas em LED como placas publicitárias. Além disso, a exposição dos serviços enquanto marcas via diretórios eletrônicos e páginas iniciais do WiFi do aeroporto possibilitaram que as receitas publicitárias contribuíssem significativamente para as receitas aeroportuárias.

Áreas arrendadas por companhias aéreas

Tanto sob abordagens de custo residual quanto sob compensatórias, as companhias aéreas pagam aluguel para o operador do aeroporto pelo direito de ocupar diversas dependências (espaço no terminal, hangares, terminais de carga e terrenos). As tarifas de aluguel são estabelecidas nos acordos de uso aeroportuário, em arrendamentos separados ou por portaria ou resolução local. Os espaços no terminal podem ser designados com base em uso exclusivo (caso determinado nível de atividade não seja mantido, a empresa aérea deve compartilhar o espaço) ou em uso compartilhado (espaço usado em comum por diversas empresas aéreas). A maioria dos principais aeroportos comerciais emprega uma combinação desses dois métodos. Além disso, os aeroportos podem cobrar das companhias aéreas uma taxa pelo uso de qualquer espaço de portão controlado pelo aeroporto e pelo fornecimento de instalações para inspeção federal exigidas em aeroportos que atendem a tráfego internacional. Alguns aeroportos estabelecem arrendamentos de terreno a longo prazo com companhias aéreas individuais, permitindo que elas custeiem e construam suas próprias instalações de terminal de passageiros em terrenos arrendados pelo aeroporto.

Dentre os contratos de custo residual, o método para calcular as tarifas de aluguel de terminal para as companhias aéreas varia consideravelmente. Em geral, para se chegar à tarifa total cobrada de cada companhia aérea, todas as outras receitas dentro do centro de custos do terminal são subtraídas dos custos totais desse centro (administração, operações e manutenção e serviço da dívida). A parcela de custos de cada companhia aérea tem por base os metros quadrados ocupados, com divisão rateada dos espaços de uso conjunto.

Sob contratos de custo residual em que as receitas advindas de taxas de pouso pagas pelas companhia aéreas são usadas exclusivamente para equilibrar o balanço aeroportuário, as tarifas de aluguel de terminal pagas pelas companhias podem ser estipuladas de diversas maneiras: em termos compensatórios (recuperando os custos reais médios das dependências usadas), por uma avaliação terceirizada do valor da propriedade ou por negociação com as companhias. Em qualquer desses métodos, a parcela de custos arcados por cada transportadora tem por base o seu uso proporcional das dependências. As tarifas de aluguel podem ser uniformes para todos os tipos de espaço arrendados às companhias aéreas ou podem variar de acordo com o tipo de espaço fornecido; por exemplo, elas poderiam ser significativamente mais altas para arrendamentos de balcões de bilhetagem ou espaços para escritórios do que para o aluguel de portões ou de áreas de restituição de bagagens.

Sob contratos de custo residual, o prazo do aluguel para áreas arrendadas geralmente coincide com o prazo do acordo de uso aeroportuário estabelecido com as companhias aéreas. A frequência de reajustes das tarifas de aluguel varia de forma considerável: anualmente em muitos aeroportos, mas a cada 3 ou 5 anos em outros.

Sob contratos compensatórios, o método para calcular as tarifas de aluguel se baseia na recuperação dos custos reais médios das dependências usadas. A parcela de custos totais de cada companhia aérea tem por base os metros quadrados arrendados. Em geral, as tarifas variam conforme o tipo de espaço e se o acordo de arrendamento é exclusivo, preferencial ou de uso conjunto. Os prazos de aluguel para áreas arrendadas por companhias aéreas geralmente coincide com o prazo do acordo de uso aeroportuário. (Eles são estabelecidos por portaria em aeroportos que operam sem acordos.) As tarifas costumam ser reajustadas anualmente em aeroportos sob regime compensatório.

Outras áreas arrendadas

Uma ampla variedade de acordos é empregada para outras aéreas arrendadas em um aeroporto, que podem incluir terrenos agrícolas, operações de base fixa, terminais de carga e parques industriais. Os métodos para calcular as tarifas de aluguel e a frequência de reajuste variam de acordo com o tipo de instalação e com a natureza do seu uso. O que esses diferentes tipos de aluguel têm em comum é que, assim como as concessões e os serviços no terminal, seus preços costumam ser regidos pelo mercado, e os gestores dos aeroportos contam com uma flexibilidade considerável para estabelecer as tarifas e as cobranças no contexto das restrições de mercado e de seus próprios objetivos estratégicos.

Variação nas fontes de receitas operacionais

Em geral, a diversificação de receitas aumenta a estabilidade financeira de um aeroporto. Além disso, uma mescla específica de receitas é capaz de influenciar o desempenho financeiro ano a ano. Algumas das maiores fontes de receita aeroportuária (as taxas de pouso e as concessões no terminal) são afetadas por modificações no volume de tráfego de passageiros aéreos, enquanto outras (aluguéis de terminal para empresas aéreas e arrendamentos de terrenos) são essencialmente imunes a flutuações no tráfego aéreo.

A distribuição das receitas operacionais varia bastante de acordo com fatores como número de passageiros embarcados, a natureza do mercado sendo atendido e os objetivos e as características específicos da abordagem de precificação e de gestão financeira praticada pelo aeroporto. O tamanho do aeroporto geralmente exerce forte influência sobre a distribuição de receitas. Os aeroportos comerciais de maior porte costumam apresentar uma base mais diversificada de receitas do que os de menor porte. Eles tendem a contar, por exemplo, com um arranjo mais amplo de instalações e serviços produtores de renda no complexo do terminal de passageiros. Em geral, pode-se esperar que as concessões em terminais venham a gerar um percentual maior das receitas operacionais totais à medida que o número de passageiros embarcados aumenta. Em média, as concessões são responsáveis por pelo menos um terço das receitas operacionais em aeroportos comerciais de grande, médio e pequeno porte, em comparação a cerca de um quinto em aeroportos comerciais bem pequenos (não *hub*) e a uma fração ainda menor em aeroportos AG.

Outros fatores além do tamanho do aeroporto também afetam as receitas operacionais. Em aeroportos comerciais, por exemplo, os estacionamentos geralmente proporcionam uma das maiores fontes de receitas não aeronáuticas na área do terminal. No entanto, aeroportos que lidam com uma alta proporção de passageiros em conexão obtêm uma parcela menor de sua renda operacional a partir de receitas advindas de estacionamento, se comparados aos aeroportos de origem e destino. Outros fatores que podem afetar as receitas provenientes de estacionamento incluem a disponibilidade de vagas, o volume de tráfego aéreo de passageiros, a estratégia de precificação praticada pelo aeroporto, a disponibilidade e o custo de alternativas para quem não deseja ir dirigindo até o aeroporto (transporte público de massa e serviço de táxi) e a presença de concorrentes privados oferecendo áreas de estacionamento em locais próximos ao aeroporto.

Como a abordagem da gestão financeira governa os preços cobrados das companhias aéreas pelo uso de dependências e serviços, ela também acaba afetando significativamente a distribuição de receitas operacionais. Porém, como inúmeros outros fatores exercem um papel importante na determinação da distribuição de receitas, é impossível prever o leque de receitas operacionais em um aeroporto com base apenas em se ele emprega uma abordagem de custo residual ou compensatória. O leque de receitas varia bastante de um aeroporto de custo residual para outro. Com as taxas de pouso refletindo, em geral, a diferença entre os custos e as outras receitas em aeroportos de custo residual, a renda advinda da área do aeródromo difere acentuadamente dependendo da extensão das obrigações financeiras do aeroporto, da magnitude das receitas provenientes de concessões no terminal e do volume do tráfego aéreo.

Aumento dos encargos financeiros aeroportuários

Apesar do crescimento significativo no número de passageiros ao longo das duas últimas décadas, as tarifas aeroportuárias por passageiro mais do que dobraram durante esse período. O maior percentual de aumento ocorreu na área de locação, que praticamente se igualava ao montante total de taxas de pouso pagas no início dos anos 1980, mas que agora representa mais do que o dobro obtido por essas taxas. Os motivos para esse deslocamento são óbvios: relativamente poucas pistas de pouso novas foram construídas, mas muitas expansões e melhorias de terminal foram realizadas.

Ao mesmo tempo que os custos aeroportuários vêm subindo, os preços praticados pelas companhias aéreas (e seu rendimento) continua a cair. Os analistas, em sua maioria, preveem que as tarifas aéreas continuarão a baixar e que o setor permanecerá selvagemente competitivo. Como consequência, todos os aspectos da estrutura de custos das empresas aéreas continuarão sob pressão. Não chega a surpreender, portanto, que os custos aeroportuários cada vez mais elevados vêm representando uma fonte de disputas entre empresas aéreas e aeroportos.

Os encargos financeiros aeroportuários vêm sendo influenciados pelos seguintes fatores:

- Normas governamentais, incluindo novos custos relacionados a segurança, meio ambiente, acessibilidade para deficientes e obediência a normas de ruídos
- Renovação e substituição de instalações e equipamentos antigos
- Exigências de companhias aéreas referentes às instalações de apoio
- Mudança nos padrões de demanda sobre as empresas aéreas, exigindo a consolidação de *hubs* e a redução de atividade em aeroportos não *hub*
- Exigências adicionais de segurança nos aeroportos

Salvo a taxa média de aumento dos custos para os aeroportos, também se percebe uma disparidade significativa no crescimento dos custos em relação ao tamanho do aeroporto. Grandes aeroportos têm uma maior necessidade por infraestrutura e, consequentemente, vêm testemunhando crescimentos mais acentuados nos custos. Contudo, o aumento significativo nas despesas operacionais nos grandes aeroportos representa uma preocupação, pois sugere que seus programas de expansão e modernização não foram acompanhados por qualquer elevação na sua eficiência operacional.

As companhias aéreas geralmente concordam que as necessidades por infraestrutura contribuíram com uma parcela significativa dos aumentos de custo, mais recentemente com relação à necessidade de melhoria da infraestrutura de segurança. O serviço da dívida associada a grandes projetos de construção necessários para substituir instalações antiquadas em aeroportos acabou inevitavelmente levando a aumentos nos custos.

Custos aeroportuários

Embora os encargos da gestão de finanças aeroportuárias para cobrir os custos do orçamento de operação e manutenção de um aeroporto tenham aumentado nos últimos anos, os custos significativamente mais altos associados a avanços em construção e tecnologia que definem os projetos de capital têm se mostrado historicamente bem menores do que as receitas geradas. Como resultado, os aeroportos têm se apoiado em três fontes alternativas para cobrir os custos de capital: programas federais e estaduais de concessão, emissão de letras de câmbio e investimento privado para suplementar a receita aeroportuária.

Programas de concessão

A partir do final da Segunda Guerra Mundial, o governo dos Estados Unidos passou a oferecer **programas de concessão**, a partir dos quais os proprietários de aeroportos de uso público podiam adquirir recursos para o desenvolvimento aeroportuário. Esses recursos eram fornecidos sem a responsabilidade de ressarcir o governo em qualquer montante, sendo, por isso, chamados de programas de concessão a fundo perdido. O primeiro desses programas, conhecido como Programa de Auxílio

Federal Aeroportuário (FAAP – Federal-Aid Airport Program), foi estabelecido mediante a promulgação da Federal Airport Act (Lei Federal dos Aeroportos), de 1946, e custeado pelo caixa único do Tesouro norte-americano.

Um programa mais abrangente foi estabelecido com a promulgação da Airport and Airway Development Act (Lei de Desenvolvimento de Aeroportos e da Navegação Aérea) em 1970. Essa lei proporcionou auxílio monetário para o planejamento de aeroportos sob o **Programa de Subvenção de Planejamento** (PGP – Planning Grant Program) e para o desenvolvimento de aeroportos sob o **Programa de Auxílio ao Desenvolvimento de Aeroportos** (ADAP – Airport Development Aid Program). A fonte de recursos para esses programas vinha de um novo Airport and Airway Trust Fund (Fundo Fiduciário para Aeroportos e para a Navegação Aérea), que recebia as receitas advindas da arrecadação de diversas taxas sobre usuários da aviação embutidas em itens como passagens aéreas, fretes aéreos e gasolina de aviação. A lei, após diversas emendas e uma extensão de um ano, expirou em 30 de setembro de 1981.

Airport Improvement Program (AIP)

O programa de concessão sucessor, o **Airport Improvement Program** (AIP – Programa de Melhoria de Aeroportos) foi estabelecido pela Airport and Airway Improvement Act (Lei de Melhoria de Aeroportos e da Navegação Aérea), de 1982. Ele concedia assistência sob um programa exclusivo para o planejamento e o desenvolvimento aeroportuários por meio de recursos provenientes do Airport and Airway Trust Fund). A Airport and Airway Improvement Act foi estendida diversas vezes ao longo dos anos, proporcionando o repasse de recursos cada vez mais elevados, até a sua última extensão em 2003, que expirou subsequentemente em 2007. Até o ano de 2010, o AIP estava operando sob *resolução continuada*, que estendia temporariamente o programa a níveis monetários iguais aos de 2007. Em 2007, sob a Vision 100-Century of Aviation Reauthorization Act (Lei de Reautorização de Um Século de Aviação), aproximadamente US$ 3,4 bilhões foram repassados pelo Congresso norte-americano para o programa (Figura 9-1).

Os recursos do AIP são usados para quatro propósitos gerais: planejamento aeroportuário, desenvolvimento aeroportuário, aumento da capacidade aeroportuária e programas de compatibilidade de ruídos. O fundo fiduciário se sustenta em tarifas e taxas cobradas de usuários que se beneficiam dos serviços oferecidos pelas concessões do AIP, como:

- Taxa de 7,5% sobre as passagens aéreas domésticas
- Taxa de US$ 3,40 por segmento doméstico de voo
- Taxa de US$ 15,10 por partida e chegada internacionais
- Taxa de US$ 7,50 sobre voos entre os Estados Unidos e o Alasca ou o Havaí
- Taxa de 6,25% sobre cargas/correio aéreo
- Taxa de combustível de US$ 0,043 por galão de combustível usado para a aviação comercial e de US$ 0,193 por galão (AVGas) e US$ 0,218 por galão (JetA) para a aviação geral

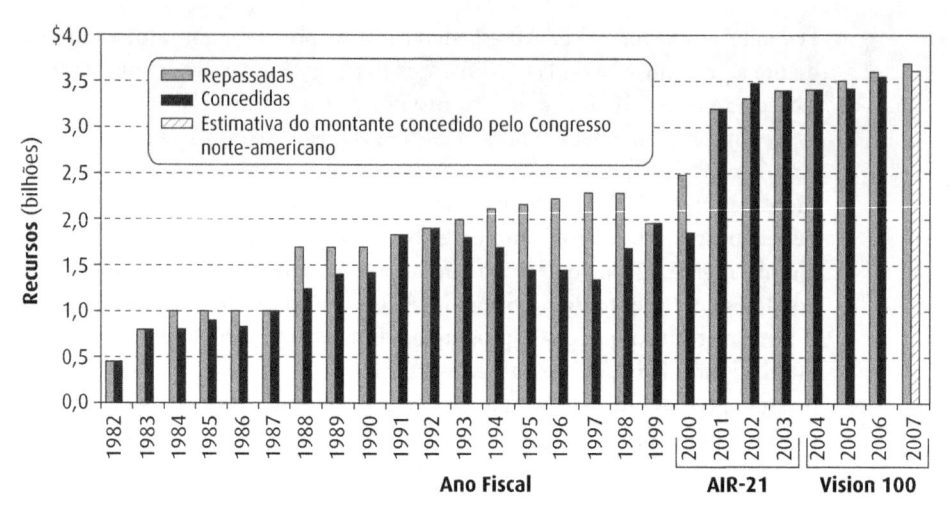

FIGURA 9-1 Repasses e concessões anuais do Congresso norte-americano ao AIP. (Fonte: National Academies Transportation Research Board)

Um aeroporto precisa fazer parte do National Plan of Integrated Airport Systems (NPIAS – Plano Nacional de Sistemas Aeroportuários Integrados) para estar apto a receber recursos do AIP. O propósito do plano é identificar aqueles aeroportos de uso público que são essenciais para a oferta de um sistema seguro e eficiente de trafego aéreo para sustentar a aviação civil, militar e o serviço postal norte-americano. O patrocinador também precisa cumprir várias exigências legais, financeiras e diversas. Essas exigências são necessárias para assegurar que o patrocinador é capaz de satisfazer as disposições estipuladas nas obrigações de concessão.

Os recursos do AIP só podem ser direcionados para tipos específicos de projetos que contribuam diretamente para a melhoria de capital das instalações aeroportuárias. As categorias de projetos aprovados para o recebimento de verbas do AIP são planejamento aeroportuário, desenvolvimento aeroportuário, aumento e preservação da capacidade aeroportuária e programas de compatibilidade de ruídos, conforme ilustrado na Figura 9-2.

Os projetos de planejamento de aeroportos elegíveis podem ser conduzidos por áreas ou com base em um aeroporto individual. O planejamento por áreas inclui a preparação de planos de sistema aeroportuário integrado para Estados, regiões e áreas metropolitanas. Concessões para o planejamento de sistemas aeroportuários integrados são repassadas à agência de planejamento com jurisdição sobre toda a região sob estudo. O planejamento de sistemas aeroportuários lida com as demandas presentes e futuras de transporte aéreo na região como um todo. O planejamento de um aeroporto individual lida com as demandas presentes e futuras de um aeroporto individual por meio do processo-mestre de planejamento aeroportuário, exigências aeronáuticas, exigências de instalações e compatibilidade potencial com o meio ambiente e com as metas comunitárias. O planejamento de um aeroporto individual também inclui a preparação de planos de compatibilidade de ruídos.

Investimentos Estratégicos	Receitas aeroport.	Títulos de receita	Concessões do AIP - Direito subjetivo	Concessões do AIP - Discricionárias	PFCs - Pay-as-you-go	PFCs - Obrig.	Outras
Aquisição de terrenos	■	■	■	■			
Ampliações de pistas de pouso/novas pistas de pouso/pistas de táxi		■	■	■		■	
Novos terminais/saguões		■	◆			■	
Projetos de segurança			■	■	■	■	
Vias internas e de acesso ao aeroporto	■	■					
Deslocadores de pessoas		■				■	
Infraestrutura para instalações de terceiros	■						■
Estacionamento público	■	■	⬣	⬣	⬣	⬣	
Instalações consolidadas de locação de veículos		◆	⬣	⬣	⬣	⬣	■
Manutenção contínua	■		◆	◆		⬣	⬣
Planejamento e projeto preliminar	■						

■ Fonte Principal ◆ Fonte Secundária ⬣ Não Elegível/Aconselhável

FIGURA 9-2 Usos possíveis das fontes de recursos. (Fonte: National Academies Transportation Research Board)

Os projetos de desenvolvimento de aeroportos elegíveis podem incluir a construção, a melhoria ou o reparo (excluindo manutenção de rotina) de um aeroporto. Esse projetos podem incluir aquisição de terrenos, preparação do local, auxílios à navegação ou construção de prédios de terminal, vias de acesso, pistas de pouso e pistas de táxi. Para propósitos de repasses do AIP, as concessões para o desenvolvimento de aeroportos não podem ser usadas para a construção de hangares, áreas de estacionamento de automóveis, instalações de locadoras de carros, edificações não relacionadas com a segurança das pessoas no aeroporto e objetos de arte ou paisagismo decorativo.

A Airport and Airway Safety and Capacity Expansion Act (Lei de Expansão da Segurança e Capacidade em Aeroportos e Navegação Aérea), de 1987, permite que o AIP custeie projetos que aumentem significativamente ou preservem a capacidade do aeroporto. O aumento da capacidade aeroportuária permite que o sistema nacional atenda melhor a sua demanda por serviços, além de reduzir os atrasos de aeronaves, especialmente nos maiores aeroportos principais. Para o custeio de projetos envolvendo a capacidade aeroportuária, são levados em consideração o custo e o benefício de cada projeto, o seu efeito sobre a capacidade do sistema de transporte aéreo nacional e o comprometimento financeiro do patrocinador do aeroporto em preservar ou aumentar a sua capacidade.

A Federal Aviation Regulation (FAR) Parte 150 estabelece os critérios de elegibilidade para um programa de compatibilidade de ruídos. Aeroportos que recebem concessões relacionadas à compatibilidade de ruídos podem incluir os proprietários e os operadores de um aeroporto de uso público ou os governos locais envolvendo o aeroporto.

Recursos concedidos a aeroportos pelo AIP são fornecidos em três categorias diferentes de custeio: fundos por direito subjetivo (*entitlement*), por dotação reservada (*set-aside*) e discricionários. Fundos por direito subjetivo representam a categoria mais abrangente de custeio, perfazendo aproximadamente metade de todos os recursos do AIP, embora se espere que eles venham a ser bastante reduzidos em favor de fundos discricionários em futuras concessões da FAA.

Fundos por direito subjetivo se baseiam nos embarques anuais dos respectivos aeroportos. Além disso, **recursos de alocação** para operações de carga nesses aeroportos se baseiam no peso agregado das aeronaves de carga aterrissadas. **Fundos por dotação reservada** estão disponíveis para qualquer patrocinador aeroportuário elegível e são alocados de acordo com as exigências estabelecidas pelo Congresso norte-americano para diversos tipos de subcategorias de dotações reservadas. As distribuições de dotações reservadas incluem:

- Alocações para todos os 50 Estados norte-americanos, o Distrito de Colúmbia e as áreas insulares, com base em área superficial e população
- Verbas específicas para as áreas insulares
- Níveis mínimos de custeio para o Alasca visando a itens como aeroportos *reliever*, aeroportos de serviço comercial não principais, programas aeroportuários de compatibilidade de ruídos, planos de sistemas aeroportuários integrados e o Military Airport Program (Programa Aeroportuário Militar)

Os **fundos discricionários** são concessões destinadas a projetos visando ao cumprimento de metas estabelecidas pelo Congresso norte-americano, como aumento de capacidade, segurança ou mitigação de ruídos em todos os tipos de aeroportos. Os recursos do AIP são geralmente concedidos a 80% do total de custos de determinado projeto. Os 20% restantes dos custos do projeto devem ser cobertos por outras fontes, incluindo verbas locais e estaduais, obrigações municipais ou receitas aeroportuárias.

Cobranças pelo uso de dependências por passageiros

Em 1972, a Suprema Corte dos Estados Unidos determinou na disputa judicial *Evansville-Vanderburgh Airport versus Delta Air Lines* que as tarifas cobradas de passageiros embarcando e desembarcando eram, de fato, constitucionais. Essa decisão levou diversos operadores de aeroportos a adotarem a cobrança de tais tarifas. Entretanto, em 1973, o Congresso norte-americano promulgou a Anti-Head Tax Act (Lei Contra a Cobrança de Tributos por Cabeça), que determinava que as receitas advindas de taxas e tarifas cobradas dos usuários e arrecadadas pelo Airport and Airway Trust Fund deveria ser suficiente para custear o desenvolvimento dos aeroportos, e baniu as tarifas cobradas dos passageiros, ou taxas por cabeça.

Alguns anos mais tarde, uma escassez crítica na capacidade dos aeroportos e no capital associado para custear o desenvolvimento aeroportuário levou à criação de grandes campanhas legislativas por **cobranças pelo uso de dependências por**

passageiros (PFCs – *passenger facility charges*). Em resposta a essas carências, o Congresso norte-americano autorizou os aeroportos domésticos a aplicarem PFCs a passageiros embarcando, como parte da Aviation Safety and Capacity Expansion Act (Lei de Expansão de Segurança e Capacidade na Aviação), de 1990. A lei concedia aos aeroportos de serviço comercial de propriedade pública a permissão de cobrar uma PFC de US$ 1, US$ 2 ou US$ 3 de passageiros embarcando em voos domésticos, territoriais ou internacionais dentro do aeroporto. A PFC era aplicada de maneira uniforme sobre todos os passageiros de um aeroporto. Um máximo de duas cobranças era imposto sobre um passageiro viajando de e para um aeroporto (fosse em uma viagem só de ida, de ida e volta, de conexão ou origem/destino). A Wendell Ford Aviation Investment and Reform Act for the 21st Century (AIR-21 – Lei Wendell Ford para Reforma e Investimento na Aviação no Século XXI) permitiu que as PFCs fossem aplicadas a US$ 4 ou US$ 4,50 por segmento de passageiro. Espera-se que a cobrança máxima de PFC aumente para aproximadamente US$6 por segmento com a próxima reautorização de verbas pela FAA em 2010.

Receitas advindas de PFCs só podem ser usadas para custear projetos elegíveis que satisfaçam metas estatutárias. Dentre os projetos elegíveis para custeio por PFCs estão aqueles que cumprem com um dos três critérios a seguir:

- Preserva ou aumenta a capacidade ou a segurança do sistema nacional de transporte aéreo
- Reduz os ruídos emitidos pelo aeroporto
- Atende a oportunidades para maior concorrência entre empresas aéreas

A receita advinda de PFCs pode ser usada para arcar com o custo inteiro de um projeto ou pode ser usada para pagar por serviço da dívida ou por despesas relacionadas a obrigações municipais emitidas para custear um projeto. Uma PFC é considerada uma receita local e pode ser usada para cumprir a parcela não federal de projetos custeados sob o AIP.

Se o patrocinador de um aeroporto responsável por pelo menos 0,25% do total anual de embarques nos Estados Unidos impuser uma PFC, então esse aeroporto perderá uma fração de sua dotação por direito subjetivo junto ao AIP. Essa quantia é igual a 50% das receitas projetadas com PFCs ao ano. No entanto, a redução não pode exceder 50% dos recursos alocados pelo AIP (sem incluir fundos discricionários ou por dotação reservada) previstas para esse aeroporto nesse mesmo ano fiscal.

As receitas advindas de PFCs também podem ser aproveitadas como um fluxo de receitas para dar suporte à emissão de obrigações. As PFCs podem representar um fluxo bastante estável de receitas, supondo-se que o número de embarques não flutue muito a curto prazo. Contudo, diversos riscos estão associados com o aproveitamento de receitas de PFCs, incluindo:

- Incapacidade de gerar a quantia necessária para pagamentos anuais com serviço da dívida (incluindo cobertura) porque o número de embarques, e, consequentemente, as receitas de PFCs, ficou abaixo do previsto
- Interrupção no fluxo de receitas provenientes de PFCs se, por exemplo, uma empresa aérea que está arrecadando PFCs declarar falência

- Expiração da autoridade de arrecadar receitas com PFCs devido a incapacidade em obter aprovação de projeto
- Rescisão da autoridade para arrecadar PFCs por incapacidade em cumprir as garantias necessárias ou por violação de regulamentações federais referentes a níveis de ruído
- Exigência de aprovação da FAA para emendas a uma solicitação aprovada de PFC

Um resumo dos usos permitidos de recursos do AIP e de PFCs, bem como de outras fontes de recursos, incluindo obrigações, que serão discutidas mais adiante neste capítulo, está ilustrado na Figura 9-2.

Outras fontes de recursos federais

Embora os programas AIP e PFC sejam as principais formas de financiamento federal de aeroportos, dois programas adicionais estão disponíveis. São eles: o programa de instalações e equipamentos e as cartas de intenção federais.

Programa de instalações e equipamentos

O **programa de instalações e equipamentos** (F&E – *facilities and equipment*) fornece recursos a aeroportos para a instalação de auxílios à navegação e torres de controle, caso necessários. Ele arca com 100% dos custos dessas demandas, pelo bem da navegação, do controle de tráfego aéreo e da segurança. Dentre os projetos elegíveis sob o programa F&E estão a preparação de local para auxílios à navegação, a instalação de auxílios à navegação e a construção de torres de controle.

Cartas de intenção federais

As **cartas de intenção federais** (LOI – *letters of intent*) representam outro meio para receber recursos governamentais para melhorias de capital aeroportuário. Em geral, o Airport and Airway Improvement Act (Lei de Melhoria de Aeroportos e da Navegação Aérea), de 1982, proibía o uso de recursos do AIP em projetos iniciados antes que uma concessão do AIP tivesse sido formalmente liberada. Porém, o Airport and Airway Safety and Capacity Expansion Act (Lei de Expansão de Segurança e Capacidade em Aeroportos e Navegação Aérea), de 1987, passou a permitir a emissão de LOI. Ao escrever uma LOI, a FAA declara a sua intenção em alocar futuros recursos ao projeto aprovado. A FAA emite LOI para projetos que venham a aumentar significativamente a capacidade do sistema aeroportuário como um todo.

Em 1994, a FAA divulgou novas regulamentações declarando que iria considerar LOI para aeroportos principais e *reliever* somente para projetos de desenvolvimento de elementos voltados ao lado ar com benefícios significativos à capacidade. Os três critérios principais para determinar quais aeroportos receberiam LOI para certos projetos são:

- O impacto do projeto sobre a capacidade em geral do sistema aeroportuário

- O custo e o benefício do projeto
- O comprometimento ou o *timing* do patrocinador financeiro do projeto

A FAA avalia o uso de LOI em termos de "mitigação de atrasos de aeronaves", mensurado como os custos evitados de operar voos atrasados e o valor das horas desperdiçadas por passageiro durante os atrasos. Os melhores candidatos a projetos são os novos aeroportos, as novas pistas de pouso ou as ampliações de pistas já existentes em áreas metropolitanas com atrasos atuais previstos em 20.000 horas por ano. Os projetos são priorizados de acordo com a sua função:

- Segurança e proteção aeroportuária
- Preservação da infraestrutura já existente
- Auxílio no cumprimento de padrões governamentais (como, por exemplo, redução de ruídos)
- Melhoria de serviços
- Aumento na capacidade do sistema aeroportuário

O uso de LOI tem sido alvo de bastante interesse e preocupação por parte da comunidade aeroportuária. Diversas questões limitam o uso de LOI como uma fonte exclusiva e tangível de receita. Em primeiro lugar, as LOI não são uma solicitação legal para o recebimento de recursos; as cartas declaram claramente que a FAA não está comprometendo recursos para um projeto proposto. Em segundo lugar, as LOI correm o risco de que o Congresso norte-americano possa atrasar ou até mesmo cancelar a reautorização de concessão de recursos do AIP em um ano qualquer. Em terceiro lugar, futuros cortes no orçamento federal podem limitar a quantia de fundos discricionários do AIP. Em quarto lugar, as alocações se baseiam no número de embarques; qualquer incapacidade em atingir níveis planejados de embarques pode resultar em diminuição de recursos.

Programas de concessão estadual

Além de recursos federais, muitos Estados dos Estados Unidos oferecem programas de concessão para a melhoria de capital aeroportuário. Essas fontes costumam remontar ao Department of Transportation estadual, custeadas pela base de arrecadação fiscal geral de cada Estado, bem como por taxas cobradas de usuários de instalações relacionadas a transportes, como pedágios em rodovias, registro de automóveis e outros veículos e tributos sobre combustíveis. Recursos estaduais e locais são oferecidos como suplemento a recursos concedidos pelo governo federal ou como recursos principais para aeroportos e/ou projetos aeroportuários não elegíveis a recebê-los de programas AIP ou PFC. Assim como ocorre com os programas de custeio federal, os programas de concessão estadual geralmente arcam apenas com um percentual (na ordem dos 90%) dos recursos totais necessários, com o proprietário do aeroporto sendo obrigado a arcar com os custos restantes.

Além dos programas individuais de concessão estadual, alguns Estados desenvolveram programas de concessão em bloco. Sob um programa de concessão em bloco, Estados se inscrevem individualmente para receber recursos federais em nome dos aeroportos por eles representados. Por sua vez, os Estados podem alocar os recursos recebidos do governo federal para os aeroportos individuais conforme acharem adequado.

A principal exigência para elegibilidade a programas de concessão em bloco é uma regulamentação federal que estipula que um aeroporto precisa estar listado no National Plan of Integrated Airport Systems (NPIAS – Plano Nacional de Sistemas Aeroportuários Integrados) para receber recursos federais.

Diversas diferenças importantes existem entre auxílios estaduais a aeroportos e programas de concessão em bloco. Em primeiro lugar, o aeroporto e o projeto precisam atender a todas as exigências de elegibilidade para o recebimento de recursos federais. Por exemplo, os auxílios estaduais a aeroportos podem conceder recursos para terminais, mas esses prédios não estão aptos a receber recursos de programas de concessão em bloco. Aeroportos que recebem recursos de concessão em bloco precisam desenvolver e implementar um Minority Business Enterprise Program (Programa de Negócios Empresariais Minoritário) para construções (e para operações, se a concessão for significativa). E os destinatários de concessões em bloco precisam concordar com restrições-padrão impostas a eles pela FAA, que fazem uma série de exigências que precisam ser obedecidas em operações e manutenção.

Garantias para concessões

Praticamente todos os programas federais e estaduais de concessões impõem aos aeroportos algumas obrigações à sua fonte financiadora com relação às operações aeroportuárias. Essas obrigações são conhecidas como garantias para concessões. As garantias para concessões asseguram à fonte financiadora que os seus recursos serão usados em conformidade com as regras e as regulamentações, os padrões de projeto e as políticas operacionais da própria fonte. Além disso, a maior parte das garantias para concessões determina também que o aeroporto deverá manter padrões gerais de operação por determinado período de tempo (geralmente 20 anos) após o recebimento dos recursos.

Financiamento aeroportuário

Desde meados dos anos 1990, a maior fonte de recursos para a melhoria de capital em aeroportos tem sido a emissão de obrigações. Nos anos entre 1999 e 2001, por exemplo, um total de US$ 12 bilhões foi angariado para melhorias de capital nos aeroportos de serviço comercial norte-americanos, dos quais US$ 6,9 bilhões (59%) foram obtidos mediante a emissão de obrigações.

O papel do financiamento por obrigações para investimentos gerais varia bastante, dependendo do tamanho do aeroporto e do tipo de tráfego aéreo atendido. Em termos de volume total de dólares com a venda de obrigações, os aeroportos de grande e médio porte são de longe os mais proeminentes. Do montante total da dívida municipal vendida para propósitos aeroportuários durante as duas últimas décadas, 90% dizem respeito a aeroportos de grande e médio porte, em contraste com apenas 9% de pequenos aeroportos comerciais. Os aeroportos AG estão relacionados a pouco mais de 1% do total das vendas de obrigações aeroportuárias.

Obrigações emitidas por Estados e municípios

As **obrigações emitidas por Estados e municípios** (conhecidas nos Estados Unidos como *general obligation bonds* – GOB) são usadas para financiar grandes projetos de obras públicas, incluindo o desenvolvimento aeroportuário. Os pagamentos (juros e principal) estão assegurados por fé pública, crédito e poder arrecadador da agência governamental emissora. Uma vantagem desse tipo de obrigações é que, devido à sua garantia comunitária, elas costumam ser emitidas a taxas de juros mais baixas do que outros tipos de obrigação; no entanto, a maioria dos Estados limita o montante de dívidas que um município pode contrair com a emissão dessas obrigações GOB a uma fração específica do valor tributável de todas as propriedades que se encontram em sua jurisdição. Além disso, muitos Estados exigem aprovação por parte dos eleitores antes de contrair dívidas pela emissão de GOB.

As pressões fiscais sobre os governos locais para todos os tipos de atividades têm se mostrado especialmente altas nos últimos anos. A demanda por construção de escolas e outras obras públicas levou a um volume considerável de recursos angariados pelo lançamento de obrigações. Em diversos casos, governos locais chegaram a atingir os limites estatutários ou decidiram reservar uma margem mínima restante para mais funções gerais de governo. Está se tornando cada vez mais difícil obter a aprovação dos cidadãos contribuintes para a emissão de obrigações de custeio a aeroportos.

Obrigações com autoliquidação também são asseguradas por fé pública, crédito e poder arrecadador da entidade governamental emissora; nesse caso, porém, há um fluxo de caixa adequado proveniente da operação da instalação para cobrir o serviço da dívida e outros custos de operação da instalação. Em outras palavras, elas apresentam autoliquidação (são autossustentáveis). Em termos legais, a dívida não é considerada parte da limitação de endividamento da comunidade; no entanto, como o crédito do governo local arca com o risco de inadimplência, o lançamento de obrigações ainda é considerado, para fins de análise de risco financeiro, parte do endividamento geral da comunidade; portanto, esse método de financiamento geralmente implica uma taxa de juros mais alta sobre todas as obrigações vendidas pela comunidade. O nível da taxa de juros costuma depender, em parte, do grau de "risco de exposição" da obrigação. O risco de exposição ocorre quando a renda líquida operacional é insuficiente para cobrir o nível de serviço de dívida, mais as exigências de cobertura, e a comunidade, consequentemente, se vê obrigada a absorver o residual.

Obrigações associadas às receitas gerais do aeroporto

Após a Segunda Guerra Mundial, os grandes aeroportos começaram a migrar das obrigações GOB para títulos da receita como um método de financiamento de novas construções e melhorias em áreas já existentes. O primeiro lançamento de títulos de receita por um aeroporto norte-americano foi realizado pelo condado de Dade, na Flórida, e angariou US$ 2,5 milhões, que foram usados para comprar da Pan American World Airways aquele que é hoje o Miami International Airport.

Nos anos 1950, a cidade de Chicago e as empresas aéreas que a atendiam desenvolveram aquilo que se tornou o padrão básico de títulos de receita subscritos por empresas aéreas, no acordo que possibilitou o financiamento do O'Hare International Airport. As empresas aéreas garantiram que, se o aeroporto não desse conta do total necessário para arcar com os juros e o principal das obrigações, elas cobririam a diferença, pagando uma taxa mais alta de pouso. O histórico Acordo O'Hare demostrou que os aeroportos, sustentados pelas empresas aéreas que o utilizavam, eram capazes de angariar, no mercado financeiro, o dinheiro de que precisavam, sem a necessidade de recorrer a fundos de tributos gerais. Assim, os títulos de receita aeroportuários se tornaram a maneira aceitável de angariar dinheiro para construção e expansão.

Os títulos de receita geralmente são emitidos com prazos de 25 ou 30 anos, em contraste com os costumeiros 10 a 15 anos das obrigações GOB. As taxas de juros são ligeiramente mais elevadas nos títulos de receita do que nas obrigações GOB.

Uma emissão de títulos pode ser vendida competitivamente, com o aeroporto aceitando lances e vendendo-a para a corretora com a menor taxa de juros, ou então a taxa de juros pode ser negociada entre o vendedor e um único comprador. Muitas vezes, os patrocinadores de um aeroporto buscam os serviços de um consultor especializado, que aconselha sobre a melhor maneira de se colocar um título específico no mercado. Depois que uma corretora compra uma emissão de títulos, ela os revende para bancos comerciais, companhias de seguros, fundos de pensão e outros grandes investidores.

Nos últimos anos, a vasta maioria das dívidas aeroportuárias foi contraída na forma de **obrigações associadas às receitas gerais do aeroporto** (GARB – *general airport revenue bonds*). Usadas sobretudo por aeroportos comerciais de médio e grande porte, essas obrigações são asseguradas exclusivamente pelas receitas geradas pelas operações do aeroporto e não recebem sustentação por parte de qualquer subsídio governamental adicional ou isenção fiscal.

Obrigações associadas a instalações especiais

Uma categoria especial de obrigações aeroportuárias é formada pelas **obrigações associadas a instalações especiais** (*special facilities bonds*). Embora elas ainda sejam emitidas por patrocinadores de aeroportos visando obter *status* de isenção de impostos, as obrigações associadas a instalações especiais são asseguradas pela receita advinda da instalação que contraiu a dívida, como um terminal, hangar ou instalação de manutenção, em vez de ficar associada à receita geral do aeroporto. O montante anual dessas obrigações é mais volátil do que o de obrigações aeroportuárias comuns, já que as obrigações associadas a instalações especiais são menos emitidas do que as obrigações aeroportuárias comuns para quantias mais elevadas.

A qualidade de crédito alcançada em um aeroporto é produto de seu desempenho em diversas áreas analíticas. Diferentes análises podem colocar uma ênfase variável nestas questões, mas, em geral, as seguintes áreas são consideradas: fatores financeiros e operacionais, natureza das taxas e tarifas cobradas de empresas aéreas, base econômica local, situação financeira ou nível de endividamento atual do aeroporto, força da gestão aeroportuária e *layout* do aeroporto.

Fatores financeiros e operacionais

Padrões de índices financeiros podem ser desenvolvidos para representar o desempenho mediano de aeroportos de diversos tamanhos, localizações geográficas e leque de passageiros. A análise da posição de um aeroporto com relação a essas medianas representa um ponto de partida útil para uma análise de classificação de obrigações. Ela desenvolve um parâmetro comparativo do desempenho financeiro e operacional do aeroporto. A seguir, é apresentada uma lista dos índices que podem ser analisados no desenvolvimento de uma classificação de obrigações para um aeroporto específico:

- Índices de tráfego, como o total de passageiros de origem e destino em relação aos passageiros em conexão
- Crescimento anual no tráfego de passageiros de partida e em conexão
- Crescimento anual no tráfego de cargas
- Receita aeronáutica e não aeronáutica por passageiro embarcado
- Receita local *per capita*, produto bruto e nível total de emprego
- Dívida por passageiro embarcado em origem e em conexão
- Cobertura de serviço de dívida
- Percentual de tráfego gerado pelas duas principais empresas aéreas do aeroporto

Tarifas e taxas cobradas das companhias aéreas

As tarifas e taxas cobradas das companhias aéreas geram uma parcela significativa das receitas aeroportuárias totais. Como as receitas aeroportuárias servem de base exclusiva para títulos de receitas, a natureza das tarifas e taxas cobradas das companhias aéreas exerce um impacto significativo sobre a classificação de crédito de um aeroporto. O fato de que acordos de arrendamento podem variar dificulta a análise por meio de comparações de índices financeiros tradicionais, já que esses índices não indicam a flexibilidade relativa da estrutura de classificação de um aeroporto. Na verdade, os analistas geralmente avaliam se o tipo de acordo de arrendamento parece apropriado, considerando-se as circunstâncias locais.

Mais importante, porém, é o fato de que a metodologia de classificação acaba afetando o controle do aeroporto sobre as suas próprias decisões de gastos de capital. Sob abordagens de custo residual, mediante as quais as companhias aéreas assumem o risco e garantem as receitas necessárias para manter o aeroporto operacional, as companhias aéreas podem exercer controle sobre gastos de capital por meio de cláusulas de participação majoritária como dispositivos de arrendamento. Esses dispositivos podem permitir que transportadoras já existentes resistam a projetos de capital voltados a criar instalações para novas companhias aéreas. A dívida dos aeroportos que operam sob tais dispositivos é considerada muitas vezes menos favorável por analistas de classificação de obrigações.

Base econômica comunitária

A força e a diversidade da economia local em que o aeroporto opera representam um fator crucial considerado na classificação de obrigações aeroportuárias. A força econômica resulta em uma maior demanda por transporte aéreo. A diversidade econômica protege o aeroporto contra flutuações econômicas, levando a níveis mais consistentes de embarques. Além disso, diversas fontes de receita não aeronáuticas como estacionamentos e transporte terrestre (que contribuem para a viabilidade econômica do aeroporto) estão intimamente vinculadas à economia na área de serviços locais. Esses serviços representam uma fonte constante e confiável de receita (já que não estão sujeitos à volatilidade de acordos de *hub*), contanto que a economia local permaneça sólida. Sendo assim, aeroportos localizados em áreas de economia forte podem receber classificações mais elevadas do que aqueles situados em áreas de contração econômica.

Estado financeiro corrente e nível de endividamento

Os analistas de crédito avaliam os aeroportos no contexto de seus planos de capital e de previsões financeiras. O nível geral de endividamento de um aeroporto e a necessidade de criar receitas futuras afetam a sua qualidade de crédito. Contudo, o contexto singular em que cada aeroporto opera dificulta o desenvolvimento de parâmetros simples de comparação do endividamento relativo dos aeroportos, devido ao crescimento, a mudanças no setor das empresas aéreas e a uma demanda variada por serviços. Ainda que costume haver uma forte relação entre o tamanho e o endividamento de um aeroporto, até mesmo essa relação pode ser desvirtuada pelo estágio do aeroporto no planejamento de capital, na contração de dívidas e no uso de financiamento de dívidas. Portanto, embora se possa calcular cifras como "dívida por passageiro embarcado", elas nem sempre são úteis.

Gestão aeroportuária

Os analistas revisam o desempenho administrativo e operacional dos operadores aeroportuários e acreditam que aeroportos bem geridos costumam apresentar os menores riscos. Claramente, a capacidade da gestão aeroportuária em negociar tarifas, taxas e acordos junto aos arrendatários é um indicador positivo do controle gerencial, assim como o é a capacidade geral de administrar recursos financeiros e outros durante diminuições de tráfego. Ambos esses critérios podem indicar a propensão de um aeroporto em alcançar o sucesso operacional no futuro. De forma similar, o sucesso da gerência em planejar programas de capital existente e de implementar contração de dívidas demonstra a sua qualidade administrativa.

Classificações de obrigações

Os principais fornecedores de serviços aos investidores (como a Moody's e a Standard & Poor's) classificam as obrigações de acordo com a qualidade de investimento. As obrigações com a melhor classificação são as seguintes:

1. *Qualidade excelente.* Obrigações classificadas como Aaa (pela Moody's) ou AAA (pela Standard & Poor's) são as mais bem qualificadas. A sua capacidade excepcionalmente sólida de pagar juros e restituir o valor principal oferece o menor grau de risco a investidores em obrigações.

2. *Qualidade alta.* Obrigações classificadas como Aa1 ou Aa (pela Moody's) ou AA1 ou AA (pela Standard & Poor's) apresentam uma capacidade bastante sólida de pagar juros e restituir o valor principal, mas são julgadas como ligeiramente menos seguras do que as obrigações de qualidade excelente. As suas margens de proteção podem não ser tão elevadas, ou os elementos protetores podem se mostrar sujeitos a flutuação.

3. *Qualidade superior à média.* Obrigações classificadas como A1 ou A (pela Moody's) ou A1, A ou A2 (pela Standard & Poor's) são bem protegidas, mas os fatores que dão segurança aos juros e ao valor principal são considerados mais suscetíveis a mudanças adversas nas condições econômicas ou a outros imprevistos financeiros do que as obrigações de qualidade excelente e alta.

4. *Qualidade média.* Obrigações classificadas como Baa1 ou Baa (pela Moody's) ou BBB1, BBB ou BBB2 (pela Standard & Poor's) carecem de características proeminentes de investimento. Embora a sua proteção seja considerada adequada no momento da classificação, a presença de elementos especulativos pode enfraquecer a sua capacidade em pagar juros e restituir o valor principal em caso do surgimento de condições econômicas adversas ou de outras mudanças.

Embora os investidores mostrem uma confiança considerável nas obrigações aeroportuárias, as classificações variam entre as bem qualificadas e aquelas de nível médio. Uma classificação média significa que as empresas de classificação consideram que o investimento traz consigo um risco especulativo. Obrigações GOB alcançam as melhores classificações. Sob essa forma de valor mobiliário, as classificações são determinadas pelo vigor econômico do município ou do Estado inteiro, e os aeroportos têm pouca ou nenhuma influência sobre elas. Títulos de receitas, por outro lado, obtêm suas classificações de acordo com a vitalidade fiscal do aeroporto em si. Como mais de 90% de todas as obrigações aeroportuárias (em termos de volume pecuniário) estão associadas a receitas aeroportuárias, os critérios usados pelas empresas fornecedoras de serviços aos investidores para classificar tais obrigações são cruciais para o seu sucesso no mercado.

A classificação final das obrigações, que reflete a sua confiabilidade, resulta do desempenho do aeroporto mensurado por esses e outros critérios. Essa classificação determina o risco potencial percebido que os investidores associam à emissão das obrigações e, portanto, afeta a taxa de juros ou os prazos vinculados à contração da dívida, o que é importante para a viabilidade financeira do projeto proposto a ser financiado.

Encargos por juros

Os encargos por juros representam os pagamentos feitos pelos aeroportos, acima daqueles praticados por outros empreendimentos municipais, para atrair investidores. A diferença entre os encargos por juros pagos pelos aeroportos e aqueles pagos por outros empreendimentos públicos indica que os aeroportos se encontram em uma posição competitiva superior no mercado de obrigações municipais.

Como as obrigações municipais em geral, as obrigações aeroportuárias são vendidas e comercializadas a preços que refletem tanto as condições econômicas gerais quanto a qualidade de crédito do aeroporto ou (no caso de obrigações GOB) a capacidade de financiamento do governo emissor. Os títulos de receita que recebem classificação são oferecidos para venda de duas maneiras diferentes. Sob licitação, o aeroporto seleciona a oferta mais baixa e obtém, assim, recursos ao menor custo de empréstimo. Sob uma venda negociada, o comprador das obrigações consente desde o início em adquiri-las ao preço acordado. Em ambos os casos, a emissão total de obrigações é adquirida por um subscritor (geralmente uma empresa corretora) ou por uma equipe subscritora, que, por sua vez, repassa ao mercado as obrigações a serem compradas por investidores institucionais ou individuais.

Ao se decidirem pelo preço de uma emissão específica de obrigações, os subscritores identificam "uma ordem de grandeza" para a taxa de juros, com base nas condições gerais do mercado, e então refinam essa estimativa de acordo com a posição de crédito do aeroporto em questão. As condições gerais do mercado representam de longe o determinante mais importante dos encargos por juros vinculados às obrigações aeroportuárias, e é nesse aspecto que os aeroportos têm pouco controle sobre o custo de capital.

Dentro da variedade de encargos por juros ditada pelas condições de mercado, os subscritores refinam as suas ofertas por títulos de receita de aeroportos com base na posição de crédito desse aeroporto. Dois são os fatores de maior importância: a condição fiscal básica do aeroporto (incluindo o seu potencial de crescimento de tráfego e a força econômica local) e a presença de pressões especiais sobre o aeroporto para a expansão da sua capacidade, demandando, assim, um desenvolvimento extensivo de capital. Em média, os aeroportos de maior porte pagam taxas de juros mais baixas do que os de menor porte, levando em consideração as diferenças nos tipos de valor mobiliário e nas maturidades médias das emissões.

Inadimplência

O termo *inadimplência* diz respeito à frequência com a qual determinado tipo de empreendimento deixa de cumprir com os pagamentos prometidos por obrigações emitidas. O histórico de uma empresa, ou de um setor inteiro, com relação ao número de inadimplências representa um índice importante de valor de investimento. Segundo esse parâmetro, o histórico dos aeroportos é especialmente sólido. O setor aeroportuário jamais incorreu em qualquer inadimplência, um fato percebido por diversos analistas de crédito ao citarem a qualidade superior dos aeroportos como riscos de crédito.

Investimento privado

Em muitas circunstâncias, sobretudo internacionalmente, projetos de capital aeroportuário têm sido custeados por investimentos privados. Muitos desses investimentos têm como foco a construção de terminais ou de instalações de acesso terrestre, como prédios de terminal de passageiros ou de cargas, instalações de locadoras de veículos e instalações de serviços para aeronaves. Mais raramente, os investimentos privados também são usados para a construção de instalações no aeródromo.

Muitos desses investimentos são feitos através de parcerias público-privadas ou por privatização completa. A privatização pode ser estruturada de diversas formas. Ao se avaliar uma expansão do setor privado nos aeroportos, duas questões financeiras principais precisam ser levadas em consideração:

- A lucratividade do negócio
- Os custos finais do negócio e sobre quem recaem os riscos

Com relação à lucratividade, uma análise de declaração operacional *pro forma* consegue determinar se os fluxos de receitas são capazes de sustentar o custo da transação e quem arcará ao final com o preço da transação e com quaisquer novos custos, incluindo impostos. Ao se avaliar os custos desses acordos, pode-se descobrir que repasses ou subsídios governamentais não são necessários e que, portanto, os custos ao governo são reduzidos e a sua exposição a riscos financeiros é nula. O risco pode não cair a zero caso o setor público venha a assumir a responsabilidade final pelo sucesso do empreendimento.

Tanto no âmbito doméstico quanto no internacional, a privatização se tornou uma maneira popular para entidades governamentais financiarem projetos de infraestruturas novas e já existentes. Nos países em desenvolvimento, os governos estão se voltando para o setor privado como uma fonte alternativa de capital para a criação de uma nova infraestrutura ou para uma infraestrutura já existente. Em países mais desenvolvidos, o setor privado está trazendo mais eficiência para projetos tradicionalmente administrados pelo governo. Finalmente, entidades governamentais estão se voltando para o setor privado para alcançarem inovação no fornecimento de serviços e operações. Todos esses fatores fizeram da privatização uma opção para o financiamento de projetos, incluindo a construção e a operação de aeroportos.

Contratos de construção, operação e transferência

A maioria dos aeroportos nos Estados Unidos utiliza atualmente o envolvimento com o setor privado em seu proveito, através de algum tipo de contrato externo para a construção e a operação de instalações. Sob um **contrato de construção, operação e transferência**, investimentos privados são usados para construir e operar uma instalação durante um período definido nos termos do contrato. Ao final do prazo do contrato, a propriedade da instalação é transferida de volta para o proprietário do aeroporto.

Acordos de arrendamento, construção e operação

O acordo de arrendamento permite que uma entidade governamental aproveite muitos dos benefícios associados à privatização completa sem perder o controle dos bens aeroportuários. Em um arrendamento de longo prazo (geralmente com duração de 20 a 40 anos), o governo permite que uma empresa do setor privado ou um consórcio construa e administre uma instalação aeroportuária, enquanto arrenda a propriedade e a instalação a partir do aeroporto. O construtor/operador privado conta com a maior parte da autoridade sobre a instalação, incluindo operações, decisões estratégicas e desenvolvimento.

Além do pagamento pelo arrendamento, o governo é capaz de capturar a eficiência e a inovação do setor privado. Já a entidade do setor privado tem a vantagem de contar com controle completo sobre o aeroporto; porém, em muitos casos, a empresa do setor privado também adquire benefícios adicionais, como acesso a financiamento livre de impostos e isenção fiscal sobre propriedades.

Privatização integral

Conforme ilustrado na Figura 9-3, a forma básica final da **privatização** aeroportuária é a venda do aeroporto inteiro ou de partes dele. Essa forma de privatização é bastante usada pelo mundo, mas praticamente inexistente nos Estados Unidos. Sob os termos de uma venda completa, o governo cede todos os direitos de propriedade para a entidade privada; no entanto, o governo muitas vezes mantém a sua autoridade regulatória.

Apenas um aeroporto nos Estados Unidos já operou sob um modelo de privatização integral. Esse aeroporto, o Stewart Airport, de Newburgh, no Estado de Nova York, foi adquirido por uma autoridade pública, a Port Authority de Nova York e Nova Jersey, operadora de outros quatro aeroportos de uso público na área metropolitana de Nova York, em 2007.

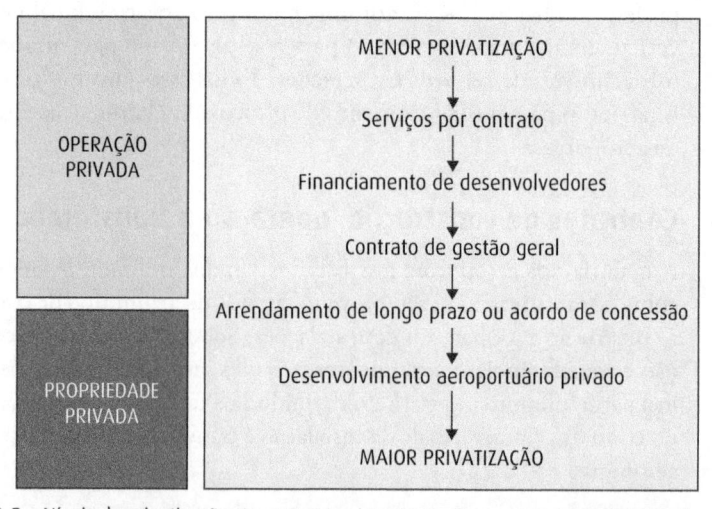

FIGURA 9-3 Níveis de privatização. (Fonte: National Academies Transportation Research Board)

As tentativas de privatizar integralmente aeroportos nos Estados Unidos, contudo, persistem. A última tentativa de se privatizar o aeroporto Midway de Chicago ressurgiu em 2010, após uma tentativa fracassada em 2008.

Observações finais

O planejamento financeiro de um aeroporto não é uma atividade estática. São necessários uma gestão e um planejamento contínuos para se adaptar aos níveis variáveis de demanda, às necessidades de se manter e aprimorar instalações e especialmente aos níveis variáveis de receitas e outros recursos disponíveis ao aeroporto.

Palavras-chave

- custos de operação e manutenção
- despesas de capital
- dotação de montantes fixos
- dotação por atividade
- orçamento item por item
- orçamento base zero
- acordo de uso aeroportuário
- abordagem de custo residual
- abordagem de custo compensatório
- Acordo O' Hare – (contrato United)
- cláusulas de participação majoritária
- receitas derivadas de estacionamentos aeroportuários
- receitas advindas de locadoras de veículos
- tarifa por cliente da instalação
- receitas publicitárias
- programas de concessão
- Programa de Subvenção de Planejamento
- Programa de Auxílio ao Desenvolvimento de Aeroportos
- Airport Improvement Program
- recursos de alocação
- fundos por dotação reservada
- fundos discricionários
- programa de instalações e equipamentos
- cobranças pelo uso de dependências por passageiros
- cartas de intenção federais
- obrigações emitidas por estados e municípios
- obrigações associadas às receitas gerais do aeroporto

- obrigações associadas a instalações especiais
- classificação de obrigações
- contratos de construção, operação e transferência
- acordos de arrendamento, construção e operação
- privatização

Questões de revisão e discussão

1. O que é contabilidade aeroportuária?
2. Quais são os diferentes tipos de estratégias orçamentárias encontradas em aeroportos?
3. Quais são as quatro categorias de despesas O&M que existem nos aeroportos? Quais despesas específicas se enquadram em cada categoria?
4. Quais são as diferenças entre receitas operacionais e não operacionais?
5. Quais áreas das operações aeroportuárias são áreas principais de litígio potencial contra os aeroportos?
6. Quais são as principais diferenças entre a abordagem de custos residuais e a abordagem compensatória?
7. O que é uma cláusula de participação majoritária? Como essas cláusulas afetam a gestão aeroportuária?
8. De que forma as instalações e os serviços aeroportuários são precificados?
9. Quais programas de concessão existem, no âmbito federal, para os aeroportos? Como esses programas são custeados? Como os recursos advindos desses programas podem ser usados em aeroportos?
10. Quais tipos de programas de custeio, ou emissões de obrigações, estão disponíveis para os aeroportos?
11. De que forma a classificação de obrigações afeta as estratégias financeiras nos aeroportos?
12. Quais formas de privatização existem nos aeroportos? Quais são as diferenças entre cada uma delas?

Leituras sugeridas

Airport Financing – Comparing Funding Sources with Planned Development. Washington, D.C.: U.S. General Accounting Office, March 1998.

Airport Financing – Funding Sources for Airport Development. Washington, D.C.: U.S. General Accounting Office, March 1998.

"Analysis of U.S. Airport Costs Incurred by Airlines," American Association of Airport Executives and Airports Council International – North America, September 1993.

Ashford, Norman, and Moore, Clifton. *Airport Finance.* The Loughborough Airport Consultancy, Leicestershire, United Kingdom, 1999.

Campbell, George E. *Airport Management and Operations.* Baton Rouge, LA.: Claitor's Publishing Division, 1972.

Cook, Barbara. "A New Solution to an Old Problem – What to Do When the AIP Well Dries Up?" *Airport Magazine.* November/December 1994.

Doganis, Rigas. *The Airport Business.* New York: Routledge, Chapman and Hall, 1992.

Eckrose, Roy A., and William H. Green. *How to Assure the Future of Your Airport.* Madison, Wis.: Eckrose/Green Associates, 1988.

Gesell, Laurence E. *The Administration of Public Airports,* 4th ed. Chandler, Ariz.: Coast-Aire Publications, 1999.

"Innovative Finance and alternative Sources of Revenue for Airports" *ACRP Synthesis 1,* Transportation Research Board, Washington, D.C., 2007

Hazel, Robert. "Airport Economics" *Handbook of Airline Economics,* 1st Edition, Chapter 17, McGraw-Hill, 1995.

Pino, Marc, and Fischbeck, Brian. "Airport Funding" *Handbook of Airline Economics,* 1st Edition, Chapter 16, McGraw-Hill, 1995.

Stanmeyer, Catherine, and Cote, Lorraine. "Airport Finance" *Handbook of Airline Economics,* 1st Edition, Chapter 15, McGraw-Hill, 1995.

CAPÍTULO 10

Os papéis econômico, político e social dos aeroportos

Objetivos de aprendizagem

- Compreender o papel econômico que os aeroportos desempenham dentro de comunidades locais.
- Descrever como a atividade aeroportuária estimula o crescimento econômico em uma região metropolitana.
- Definir as complexas relações entre a gestão aeroportuária e as empresas aéreas que atendem aos aeroportos.
- Compreender os relacionamentos que a gestão aeroportuária tem com os concessionários que atendem aos aeroportos.
- Familiarizar-se com a relação entre a gestão aeroportuária e a comunidade da aviação geral.
- Definir os diversos parâmetros usados para determinar o impacto sonoro no entorno dos aeroportos.
- Descrever vários programas de redução de ruídos empregados em aeroportos.
- Familiarizar-se com os impactos da atividade aeroportuária na qualidade do ar e da água.
- Descrever os métodos usados para tornar os aeroportos sustentáveis em termos econômicos, ambientais e sociais.

Introdução

Apenas pelo fato de estarem entre as maiores instalações públicas do mundo, os aeroportos cumprem papéis importantes no desenho do panorama econômico, político e social das comunidades a que eles atendem. Assim, a gestão aeroportuária assume a responsabilidade de levar o aeroporto a contribuir positivamente com a economia local, mantendo boas relações de trabalho com os usuários do aeroporto e com a comunidade vizinha e minimizando, ao mesmo tempo, os impactos que os aeroportos exercem sobre o meio ambiente ao seu redor. A manutenção do equilíbrio entre esses papéis talvez seja uma tarefa tão desafiadora quanto a manutenção das operações do aeroporto em si.

O papel econômico dos aeroportos

É amplamente aceito que um sistema de transporte viável e eficiente representa um componente fundamental e necessário para a economia de qualquer região. O transporte, por definição, possibilita que pessoas e bens se desloquem entre comunidades. Essa movimentação leva a transações e ao comércio entre diferentes mercados, o que, por sua vez, acarreta em empregos, ganhos financeiros e benefícios econômicos gerais para os residentes de uma comunidade.

A função do transporte

Ainda que haja uma variedade de modais de transporte, como automóveis, caminhões, navios e trens, talvez nenhum outro modal exerça impactos tão significativos em transações e no comércio intermunicipal quanto a aviação. Viagens no sistema aeronáutico possibilitam o transporte intercontinental de grandes volumes de passageiros e cargas dentro de períodos relativamente curtos de tempo. O acesso a mercados por todo o mundo permitiu que as maiores comunidades colhessem benefícios econômicos extraordinários.

Os aeroportos são portas de entrada e saída do sistema aeronáutico de um país, proporcionando acesso através do transporte aéreo à comunidade vizinha. Empresas aéreas comerciais oferecem acesso ao transporte aéreo entre muitas das principais áreas metropolitanas de um país. Milhares de cidades menores, vilarejos e pequenas localidades têm acesso à aviação por meio de aeroportos que atendem à aviação geral.

Estimulando o crescimento econômico

O aeroporto se tornou um elemento vital para o crescimento dos negócios e da indústria em uma comunidade, ao proporcionar acesso aéreo a empresas que precisam atender às demandas de mercado relacionadas a suprimentos, concorrência e expansão. Comunidades que não contam com aeroportos ou com serviço aéreo suficiente apresentam limitações em sua capacidade de crescimento econômico.

Aeroportos e empreendimentos localizados nos aeroportos representam uma grande fonte de empregos para muitas comunidades espalhadas pelo país. Os salários pagos por empreendimentos relacionados a aeroportos podem ter um significativo efeito direto sobre a economia local, ao proporcionarem meios de aquisição de bens e serviços, gerando, ao mesmo tempo, receitas fiscais. As folhas de pagamento locais não representam o único parâmetro do benefício econômico de um aeroporto para uma comunidade; o dinheiro gasto por aqueles empregados nessa área geram ondas sucessivas de empregos e aquisições adicionais que são mais difíceis de mensurar, mas que, ainda assim, são substanciais.

Além da atividade econômica local gerada diretamente pelos gastos regulares dos residentes empregados, o aeroporto também estimula a economia indiretamente através do uso de serviços locais para cargas aéreas, para a preparação de alimentos para as empresas aéreas, para a manutenção de aeronaves e para o transporte terrestre dentro e em torno do aeroporto. Compras regulares de combustível, suprimentos, equipamentos e outros serviços junto a distribuidores locais geram uma renda adicional na comunidade. Por fim, ganhos advindos de geradores econômicos diretos e indiretos atuam também na reciclagem monetária na comunidade local, à medida que o dinheiro passa de uma pessoa para outra. Esse efeito *multiplicador* opera em todas as cidades, conforme o dinheiro relacionado à aviação é canalizado através de toda a comunidade.

Os aeroportos proporcionam ativos adicionais para a economia como um todo ao gerarem bilhões de dólares por ano em impostos locais e estaduais. Essas arrecadações fiscais aumentam as receitas disponíveis para projetos e serviços para beneficiar os residentes de cada Estado e comunidade. Quer essa arrecadação extra seja usada para melhorar o sistema rodoviário estadual, para embelezar os parques estaduais ou para ajudar a impedir um aumento de impostos, os montantes fiscais gerados por aeroportos atuam para o bem de todos.

Cidades com boas dependências aeroportuárias também lucram com negócios turísticos e relacionados a convenções. Isso representa receitas substanciais para hotéis, restaurantes, lojas de varejo, eventos esportivos, boates, passeios turísticos, locadoras de carros e transporte local, entre outros. A quantidade de convenções na cidade varia conforme seu tamanho, mas até mesmo comunidades menores colhem uma renda razoável nessa área.

Além dos benefícios que um aeroporto traz para a comunidade na forma de uma instalação de transporte e como uma indústria local, ele se tornou um fator significativo na determinação dos valores imobiliários nas áreas adjacentes. Terrenos situados perto de aeroportos sempre aumentam de valor conforme a economia local começa a se beneficiar da presença do aeroporto. Desenvolvedores imobiliários buscam, de forma constante, terrenos próximos a aeroportos, como se percebe pelas construções que um novo aeroporto inspira ao redor de si.

Papéis políticos

Um aeroporto comercial principal é um enorme empreendimento público. Alguns são verdadeiras cidades, com uma grande variedade de instalações e serviços. Embora a administração dessas instalações seja geralmente de responsabilidade de uma entidade pública, como um departamento de um governo municipal ou uma autoridade aeronáutica, os aeroportos também têm um caráter privado. Aeroportos comerciais precisam ser operados em cooperação com as empresas aéreas que fornecem serviços de transporte aéreo, e todos os aeroportos precisam trabalhar em conjunto com seus arrendatários, como concessionários, FBOs e outras empresas que fazem negócios dentro da propriedade do aeroporto. Essa combinação de gestão pública e empreendimento privado cria um papel político singular para a gestão aeroportuária.

Relacionamentos entre aeroporto e companhias aéreas

Do ponto de vista das companhias aéreas, o aeroporto é o ponto do sistema de rotas para o carregamento e a transferência de passageiros e cargas. Para conseguirem operar de modo eficiente, as companhias aéreas precisam de certas instalações nos aeroportos. Essas exigências, contudo, não são estáticas; elas mudam conforme a demanda de tráfego, as condições econômicas e o clima competitivo. Antes da desregulamentação das companhias aéreas em 1978, as reações a esses tipos de mudança eram lentas e mediadas pelo processo regulatório. As empresas tinham de receber uma permissão do Civil Aeronautics Board (CAB – Conselho Aeronáutico Civil) para adicionarem ou abandonarem rotas ou para reajustarem suas tarifas. As deliberações do CAB envolviam notificações publicadas, comentários de partes opositoras e, às vezes, audiências.

As deliberações podiam levar meses, ou até anos, e todos os membros da comunidade de aeroportos e companhias aéreas ficavam cientes das intenções de determinada companhia aérea em fazer uma mudança, muito antes do CAB conceder a permissão. Desde a Airline Deregulation Act (Lei de Desregulamentação das Companhias Aéreas) de 1978, as companhias aéreas podem modificar as suas rotas sem precisar de permissão e com pouca antecedência. Com essas mudanças de rotas, as exigências das companhias nos aeroportos podem mudar com uma rapidez proporcional.

Ao contrário das companhias aéreas, que operam sobre um sistema de rotas que conectam inúmeras cidades, os operadores aeroportuários precisam se concentrar em acomodar os interesses de diversos usuários em um único local. As mudanças na maneira como as companhias aéreas individuais operam podem impor uma pressão sobre os recursos do aeroporto, exigindo grandes despesas de capital, ou podem deixar obsoleta uma instalação recém-construída. Como os aeroportos acomodam muitos usuários e arrendatários, os operadores aeroportuários precisam se preocupar constantemente com o uso eficiente daquelas instalações voltadas para o lado terra que têm pouca relação com as companhias aéreas, mesmo que suas atividades possam afetar tais instalações severamente (o serem afetadas por elas).

Apesar de seus pontos de vista diferentes, as companhias aéreas e os gestores aeroportuários têm um interesse comum: fazer do aeroporto um empreendimento estável e bem-sucedido em termos econômicos. Tradicionalmente, os aeroportos e as empresas costumam formalizar o seu relacionamento por meio de acordos de uso aeroportuário. Esses acordos estabelecem as condições e os métodos para a determinação de tarifas e taxas associadas ao uso do aeroporto pelas companhias. A maioria dos acordos também inclui fórmulas para reajustar essas tarifas anualmente. Os prazos de um acordo de uso podem variar bastante, desde acordos mensais de curto prazo até acordos de 25 anos ou mais. Dentro do contexto desses acordos de uso, as companhias podem negociar com o aeroporto para obter os recursos aeroportuários específicos de que precisam para suas operações cotidianas. Sob o acordo básico de uso, por exemplo, a companhia pode conduzir negociações subsidiárias para o arrendamento de espaço no terminal para escritórios, saguões de passageiros, balcões de bilhetes e outras necessidades.

Assim como as grandes decisões de planejamento aeroportuário, as negociações relacionadas às necessidades cotidianas das companhias costumavam ser conduzidas entre os gestores do aeroporto e um comitê de negociação formado por representantes daquelas companhias aéreas com voos regulares que eram signatárias dos acordos de uso com o aeroporto. No passado, comitês de negociação eram meios eficientes para arregimentar a influência coletiva das companhias aéreas sobre a gestão aeroportuária.

Desde a desregulamentação, o ambiente das companhias aéreas comerciais tem se destacado mais pela concorrência do que pela cooperação. As companhias podem alterar radicalmente suas rotas, seus níveis de serviço ou seus preços com pouquíssima antecedência. Elas relutam em compartilharem informações a respeito de seus planos, temendo conceder uma vantagem a uma concorrente. Esses fatores dificultam as negociações em grupo. Alguns proprietários de aeroporto já reclamaram que, nessa atmosfera competitiva, as companhias aéreas deixaram de avisar com antecedência adequada sobre alterações que poderiam afetar diretamente a operação do aeroporto.

Conforme se pôde testemunhar durante os anos 1990 e 2000, climas econômicos voláteis exerceram efeitos significativos sobre as companhias aéreas e, consequentemente, sobre os aeroportos. Rapidamente, elas tentaram se adaptar às variações no ambiente econômico, quer seja pela rápida expansão de serviços durante épocas de economia estável, seja pela redução drástica dos serviços durante épocas de economia instável. Essa volatilidade exerce impactos significativos sobre a gestão aeroportuária. Como resultado, os aeroportos precisam ser flexíveis para modificar suas operações, visando a acomodar a saúde financeira e operacional de seus usuários, sem com isso se esquecerem de planejar a longo prazo quando o assunto é a construção e a operação de instalações.

Relacionamentos entre aeroporto e concessionários

Serviços como restaurantes, livrarias, lojas de presentes, estacionamentos, locadoras de veículos e hotéis são operados muitas vezes sob acordos de concessão ou por contratos de gestão junto ao aeroporto. Esses acordos variam bastante entre si, mas, no típico acordo de concessão, o aeroporto estende a uma empresa o privilégio de realizar negócios dentro das suas propriedades em troca do pagamento de uma taxa anual mínima ou de um percentual das receitas, o que for maior dos dois. Alguns aeroportos preferem reter uma fatia maior das receitas para si e empregar um arranjo alternativo chamado de contrato de gestão, sob o qual uma empresa é contratada para operar um serviço específico em nome do aeroporto. As receitas brutas são arrecadadas pela gestão do aeroporto, que paga à empresa suas despesas operacionais, mais uma taxa fixa de gestão ou um percentual das receitas.

Em diversos aeroportos, a parcela do operador aeroportuário sobre as taxas de estacionamento e as locações de veículos (após as taxas de concessão ou de gestão serem pagas) representa a maior fonte de receita da área de terminal – e, em alguns casos, maior até do que as receitas advindas de tarifas de pouso cobradas das empresas aéreas. Em muitos locais, as empresas de estacionamento e de locação de veículos que operam no aeroporto são complementadas (ou entram em concorrência) por serviços similares sendo operados pelo aeroporto.

Outro tipo importante de concessionário é o Operador com Base Fixa (FBO – Fixed Base Operator), que fornece serviços para usuários do aeroporto sem instalações próprias, sobretudo para a aviação geral. Tipicamente, o FBO vende combustível e opera instalações para serviços, conserto e manutenção de aeronaves. O FBO pode também lidar com o arrendamento de hangares e com o aluguel a curto prazo de instalações para o estacionamento de aeronaves. Há diversos tipos de acordos entre aeroportos e FBOs. Em alguns casos, o FBO constrói e desenvolve as suas próprias instalações na propriedade do aeroporto; em outros casos, o FBO gerencia instalações que pertencem ao aeroporto. Os FBOs também fornecem serviço a algumas companhias aéreas pequenas iniciantes, especialmente aquelas que acabaram de entrar em um mercado específico e que ainda não estabeleceram (ou que preferiram não estabelecer) as suas próprias operações terrestres. A presença de um FBO capaz de fornecer serviços a uma pequena aeronave de transporte pode ser às vezes algo decisivo na opção de uma nova empresa de voos fretados por um aeroporto específico.

Além dos concessionários, algumas autoridades aeroportuárias atuam como proprietários para outros arrendatários, como parques industriais, transportadores de frete e armazéns de depósito, todos os quais podem proporcionar receitas significativas. Essas empresas podem arrendar um espaço do operador do aeroporto ou então podem construir as suas próprias instalações dentro da propriedade do aeroporto.

Ademais, arrendatários não aeronáuticos que se beneficiam da proximidade com a atividade aeroportuária cumprem um importante papel no arrendamento de propriedades aeroportuárias. Dentre os exemplos de tais tipos de propriedades estão hotéis, restaurantes, agências locadoras de veículos e fornecedores de bens que estão associados com a atividade aeroportuária ou com as transações e o comércio que fluem pelo aeroporto. O relacionamento entre a gestão aeroportuária e essas instalações representa uma verdadeira relação senhorio-inquilino. A gestão aeroportuária arrenda o terreno, e muitas vezes as dependências dentro dele, com base em avalições do mercado imobiliário, em percentual de receitas arrecadadas pela propriedade ou em ambos. É de responsabilidade da gestão aeroportuária manter relacionamentos frutíferos com todos os arrendatários, garantindo taxas razoáveis de arrendamento, prazos contratuais e arrendatários que atendam às necessidades do aeroporto e do público que ele serve.

Relacionamentos entre aeroporto e aviação geral

O relacionamento entre operadores aeroportuários e a aviação geral raramente é governado pelos complexos acordos de uso e arrendamentos que caracterizam os relacionamentos com empresas aéreas ou com concessionários. A aviação geral (AG) abrange um grupo variado. Em qualquer aeroporto, as aeronaves da AG são pertencentes e operadas por uma variedade de indivíduos e organizações com diversos propósitos pessoais, comerciais ou didáticos. Devido à variedade de propriedades e à diversidade de tipos e usos de aeronaves, acordos de longo prazo entre o aeroporto e os usuários da AG não são costumeiros. Usuários da AG muitas vezes arrendam instalações aeroportuárias, especialmente espaços de armazenamento, como hangares e amarrações, mas o relacionamento é geralmente de proprietário e locatário. Há casos em que proprietários e operadores de aeronaves da AG assumem responsabilidade direta pelo desenvolvimento de capital de um aeroporto, mas isso não é comum, nem mesmo em aeroportos em que predominam os usuários da aviação geral.

Embora as atividades de AG perfaçam quase metade das operações com aeronaves em aeroportos com torres aprovadas pela FAA, a utilização média de cada aeronave é muito inferior àquela das aeronaves comerciais. Apenas um pequeno número delas, geralmente operadas por grandes corporações e por escolas de voo, é usado com tanta intensidade quanto as aeronaves comerciais.

No aeroporto, portanto, as necessidades primordiais da AG dizem respeito a espaço para estacionamento e armazenamento, em conjunto com instalações de abastecimento, manutenção e consertos. Ao passo que uma empresa aérea pode ocupar um portão por até uma hora para embarcar passageiros e para abastecimento, um usuário da aviação geral pode estacionar uma aeronave por um dia ou mais. Na base central do usuário, instalações para armazenamento a longo prazo são necessárias, e o dono da aeronave pode possuir ou arrendar um hangar ou um ponto de amarração. Na maior parte dos Estados Unidos, o principal problema de capacidade dos aeroportos AG mais populares é a carência de espaço para estacionamento e armazenagem. Em alguns deles, há listas de espera de vários anos para espaços de estacionamento.

Alguns operadores de aeroportos negociam diretamente com os seus clientes da aviação geral. A gestão aeroportuária pode operar um terminal de AG, arrecadar taxas de pouso e arrendar amarrações ou hangares para os usuários. Em alguns aeroportos, hangares geridos como condomínios estão disponíveis para venda a usuários individuais. Uma corporação com uma frota de aeronaves costuma ser proprietária de um espaço no hangar de seu aeroporto-base. Muitas vezes, porém, pelo menos uma parte da responsabilidade é delegada para o FBO, que se coloca, assim, como procurador do operador aeroportuário na negociação com os proprietários individuais de aeronaves para o uso das dependências do aeroporto e para a cobrança de taxas.

Impactos ambientais dos aeroportos

Embora não reste dúvida de que a presença de um aeroporto exerce grandes impactos positivos sobre a comunidade vizinha de um ponto de vista econômico, a presença de um aeroporto, assim como ocorre com grandes complexos industriais, exerce, infelizmente, um impacto considerado por muitos como negativo sobre a comunidade e o meio ambiente vizinho. Esses efeitos são resultantes da atividade do próprio aeroporto e de veículos, bem como de aeronaves e de veículos terrestres, presentes no aeroporto. Sejam quais forem as atividades aeroportuárias responsáveis por esse impacto sobre o ambiente vizinho, a solução desses impactos recai muitas vezes sobre a gestão aeroportuária. Sendo assim, é de vital importância para a gestão aeroportuária compreender os tipos de impactos ambientais que estão associados à atividade aeroportuária, as regras e regulamentações que governam atividades de impacto ambiental e as estratégias políticas disponíveis para que a gestão aeroportuária satisfaça as necessidades da comunidade vizinha, mantendo, ao mesmo tempo, operações aeroportuárias eficientes.

Impacto sonoro dos aeroportos

Talvez o impacto ambiental mais significativo associado a aeroportos seja o ruído das aeronaves que chegam e partem do aeroporto. Cidadãos que moram em torno de aeroportos muitas vezes reclamam que o ruído das aeronaves é muito irritante. O ruído perturba o sono, interfere nas conversas e, em termos gerais, atrapalha a vida das pessoas. Há cada vez mais indícios de que pessoas constantemente expostas a ruídos altos sofrem efeitos psicológicos e fisiológicos adversos, como altos níveis de estresse, tensão nervosa e incapacidade de se concentrar.

Conflitos entre aeroportos e seus vizinhos vêm ocorrendo desde os primórdios da aviação, mas os ruídos aeroportuários se tornaram um problema mais sério com a introdução das aeronaves comerciais a jato nos anos 1960. A FAA estima que a área em terra afetada por ruídos aeronáuticos aumentou cerca de sete vezes entre 1960 e 1970. Como resultado desse aumento nos impactos sonoros, a FAA adotou regulamentações federais sobre níveis de ruídos emitidos por motores a jato que obedeciam a políticas ambientais nacionais recém-criadas, associadas à promulgação da National Environmental Policy Act (Lei da Política Ambiental Nacional) e à criação da Enviromental Protection Agency (Agência de Proteção Ambiental), em 1969. A FAA adotou a **Parte 36 – Níveis Certificados de Ruídos de Aviões**, das Federal Aviation Regulations (FAR – Regulamentações Federais de Aviação), estabelecendo padrões de certificação sonora para a nova categoria de aeronaves turbojato. Em 1976, as FAR sofreram emendas, determinando que os operadores norte-americanos tinham até 1º de janeiro de 1985 para reduzir os níveis de ruído ou aposentar as aeronaves mais barulhentas (estágio 1). Em 1977, as FAR sofreram novas emendas, definindo três níveis de "estágio" para categorizar as emissões sonoras das aeronaves e exigindo que as aeronaves certificadas após 3 de março de 1977 obedecessem aos níveis mais restritos do estágio 3. O programa federal para encorajar o uso de aeronaves mais silenciosas obteve sucesso. A aposentadoria dos antigos modelos de aeronave com quatro motores proporcionou benefícios, reduzindo a população residencial estimada exposta a altos níveis sonoros de 7 milhões de pessoas em 1975 para 1,7 milhão em 1995. Essa melhoria é impressionante, pois se deu durante um período de crescimento substancial do transporte aéreo, com o número de embarques mais do que dobrando.

A redução dos ruídos das aeronaves na própria fonte, pelo uso de aeronaves mais silenciosas, é suplementado por um programa ambicioso que visa encorajar usos compatíveis de terra em áreas em torno dos aeroportos. A **Parte 150 – Planejamento de Compatibilidade Sonora em Aeroportos**, das Federal Avation Regulations, estabelece o sistema para mensurar os ruídos aeronáuticos na comunidade e fornece informações sobre utilizações de terrenos que são normalmente compatíveis com vários níveis de exposição sonora. Um programa de compatibilidade sonora aprovado pela Parte 150 da FAA abre caminho para que os aeroportos obtenham auxílio federal para projetos de redução de ruídos, com 10% dos recursos do Airport

Improvement Program (Programa de Melhoria de Aeroportos) sendo reservados para esse propósito.

Outros avanços significativos foram assegurados pela **Aircraft Noise and Capacity Act** (Lei de Ruído e Capacidade de Aeronaves), de 1990, que exigia o estabelecimento de uma política nacional de ruídos na aviação, incluindo uma proibição geral da operação de aeronaves de estágio 2 com mais de 34.000 quilos após 31 de dezembro de 1999. Em conjunto com a aposentadoria das aeronaves de estágio 2, a lei exigia o estabelecimento de um programa nacional para a revisão sonora de aeroportos e restrições de acesso.

Mensuração do ruído

A FAR Parte 150 define diversos métodos que podem ser usados para medir os ruídos de uma aeronave e os seus efeitos em uma comunidade. O nível sonoro pode ser medido objetivamente, mas o ruído – o som indesejado – é uma questão bastante subjetiva, tanto porque o ouvido humano é mais sensível a certas frequências do que a outras, quanto porque o grau de incomodação associado ao ruído pode ser influenciado por fatores psicológicos, como a disposição do ouvinte ou o tipo de atividade em que ele está envolvido. Por isso, foram desenvolvidas algumas técnicas para medir eventos únicos em unidades como dBA (nível sonoro em decibéis com peso em A) ou ENPdB (decibéis efetivamente percebidos). Eles medem os níveis de ruído em termos objetivos, conferindo um peso maior àquelas frequências sonoras que são mais irritantes para o ouvido humano.

Em alguns casos, o incômodo se deve não apenas à intensidade de um evento único, mas também aos efeitos cumulativos da exposição a ruído ao longo do dia. Dentre os métodos para medir esse efeito com objetividade estão a agregação de medidas de eventos únicos para se obter um perfil sonoro cumulativo, por meio de técnicas como a **previsão de exposição a ruídos** (NEF – *noise exposure forecast*), o **nível sonoro equivalente na comunidade** (CNEL – *community noise equivalent level*) e a **média sonora de dia/noite** (Ldn – *day/night average sound level*). A FAA utiliza o EPNdB para medir o ruído de um evento único com aeronave como parte do seu processo de certificação de aeronaves. A FAA estabeleceu o dBA como a unidade de evento único e o sistema Ldn como a unidade-padrão para a medição da exposição cumulativa a ruídos a serem usados pelos aeroportos na preparação de estudos de redução sonora. Os níveis sonoros Ldn são calculados levando-se em consideração o grau de ruído produzido pela operação de uma única aeronave, a altitude da trajetória de voo desse tipo de aeronave no local de mensuração sonora, o número de tais eventos ao longo de um dia e o número de tais eventos à noite (geralmente considerado como entre 22:00 e 7:00). O sistema Ldn coloca uma ênfase adicional ao ruído sonoro das operações noturnas em uma comunidade, adicionando 10 dB ao nível sonoro mensurado em quaisquer operações ocorrendo à noite.

A FAA já sugeriu, mas não impôs, diretrizes para a determinação de usos em terra que sejam compatíveis com determinado nível Ldn. Idealmente, usos residenciais devem estar situados em áreas abaixo de 65 Ldn. Nas áreas de alto impacto sonoro (Ldn 80 a 85, ou mais), a FAA sugere que estacionamentos, instalações de transporte, mineração e extração e atividades similares são os mais compatíveis. Para identificar locais em torno de um aeroporto em que existem diferentes níveis sonoros, a FAA sugere que um mapa de contorno sonoro seja criado. Esse mapa é criado, primeiramente, pela coleta de dados sonoros por meio de testes de campo em locais selecionados na vizinhança do aeroporto e, então, pelo processamento dos dados através do uso de programas computadorizados para o modelamento de contornos sonoros. O *software* da FAA, o **Integrated Noise Model (INM)**, é um desses programas. A Figura 10-1 ilustra um conjunto de contornos sonoros ao redor de dois aeroportos em uma área metropolitana.

Embora as aeronaves sejam as fontes de ruído nos aeroportos, os operadores de aeronaves não são responsabilizados pelo dano sonoro causado. A responsabilidade legal exclusiva recai sobre o operador do aeroporto. Para compensar sua ampla exposição a pedidos de indenização, os operadores de aeroportos têm alguma autoridade, ainda que limitada, para controlar o uso de seus aeroportos, de modo a reduzir os ruídos. Basicamente, nenhuma restrição de operações no aeroporto pode ser discriminatória. Além disso, nenhum aeroporto pode impor uma restrição que impeça indevidamente o comércio interestadual. A definição de "impedimento indevido" não é muito precisa, e restrições em aeroportos individuais precisam ser analisadas caso a caso. As restrições devem ser significantes e razoáveis; uma restrição adotada para reduzir ruídos deve ter como efeito, de fato, a redução de ruídos. Por fim, restrições locais não devem interferir na segurança nem na prerrogativa federal de controle de aeronaves no espaço aéreo.

Sob a FAR Parte 150, os operadores de aeroportos podem conduzir estudos de compatibilidade sonora, a fim de determinar a extensão e a natureza do problema sonoro em determinado aeroporto. Eles podem desenvolver mapas de exposição sonora indicando os contornos dentro dos quais os níveis de exposição estão acima do permitido. Eles podem identificar usos compatíveis de terreno dentro desses contornos e desenvolver planos para mitigar problemas presentes e prevenir problemas futuros. Infelizmente, a capacidade do operador aeroportuário em impedir problemas futuros costuma ser bastante limitado. A menos que o aeroporto seja proprietário do terreno em questão, a autoridade para assegurar que ele esteja reservado para uso compatível geralmente está nas mãos de uma comissão de zoneamento municipal.

Muitos dos programas de redução de ruídos permitidos sob a legislação atual são elegíveis a receber auxílio federal:

- Procedimentos de decolagem e pouso para reduzir ruídos e procedimentos de uso preferencial de pista para evitar áreas sensíveis a ruídos (que devem ser desenvolvidos em cooperação e com a aprovação da FAA)
- Construção de barreiras sonoras e de prédios à prova de ruídos
- Aquisição de terrenos e de participações neles, como servidões administrativas, direitos aéreos e direitos de desenvolvimento para garantir usos compatíveis com a operação aeroportuária
- Restrições voluntárias de horários completos ou parciais

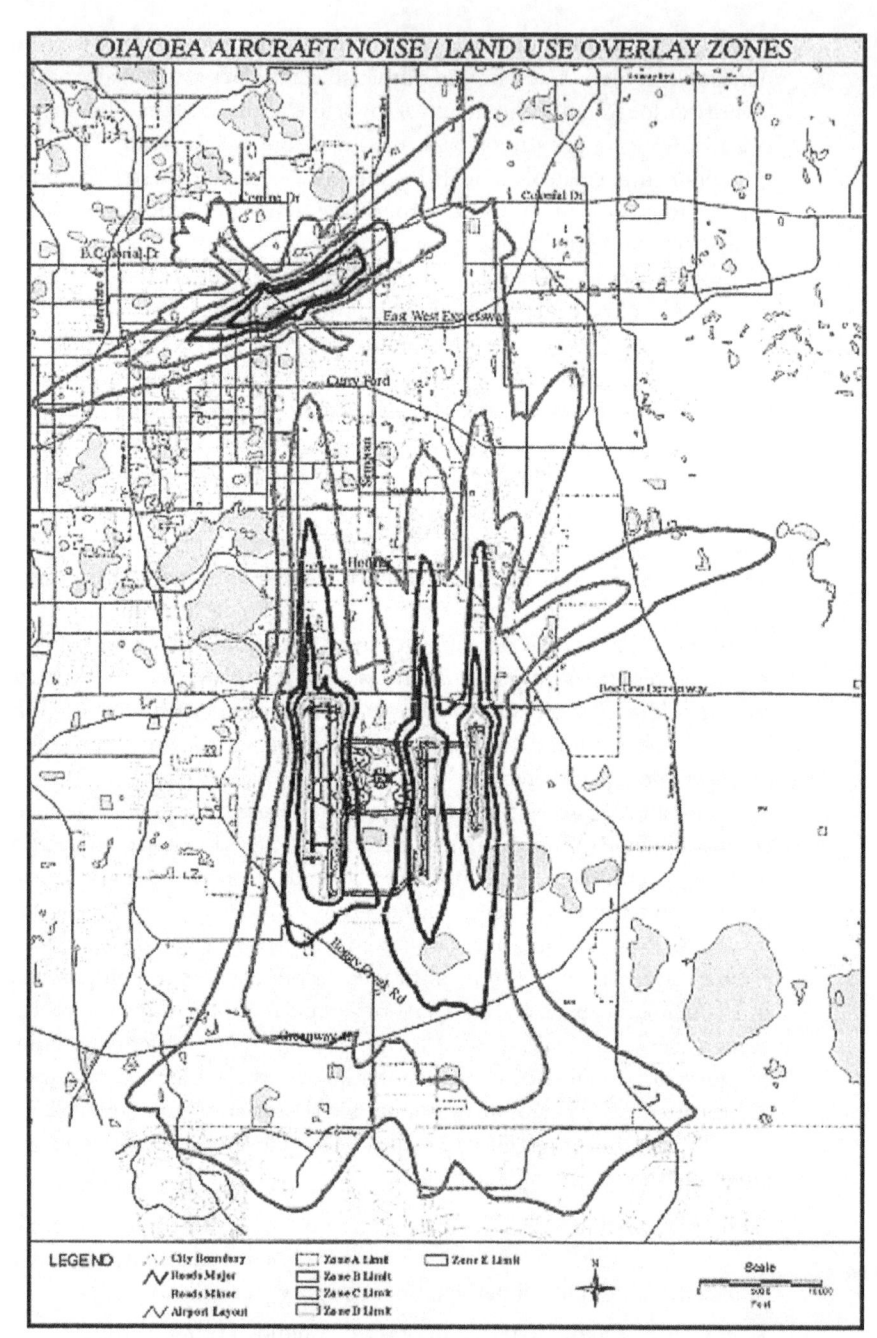

FIGURA 10-1 Contornos sonoros ao redor dos aeroportos Orlando International e Orlando Executive. (Figura cortesia da Greater Orlando Airports Authority)

- Recusa de uso do aeroporto por certos tipos ou classes de aeronaves que não obedecem a padrões sonoros federais
- Limitações de capacidade baseadas no nível relativo de ruídos de diferentes tipos de aeronaves
- Taxas de pouso diferenciadas baseadas em níveis sonoros certificados pela FAA ou nos horários de chegada e partida

A FAA fornece assistência a operadores de aeroportos e a empresas aéreas para o estabelecimento ou a modificação de trajetórias de voo que evitem áreas sensíveis a ruídos. Em alguns casos, as aeronaves podem ser direcionadas para determinadas pistas de pouso, para permanecerem acima de altitudes mínimas ou para se aproximarem ou partirem sobrevoando lagos, baías, rios ou áreas industriais, no lugar de áreas residenciais. Pode-se desenvolver procedimentos para a difusão dos ruídos por diversas comunidades, por meio de algum programa "equitativo" de rotação. Esses procedimentos de redução de ruídos podem exercer um efeito negativo sobre a capacidade aeroportuária. Eles podem exigir que as aeronaves assumam rotas sinuosas ou o uso de uma configuração de pista de pouso que seja menos ideal com relação à capacidade.

Além disso, a **FAR Parte 161 – Notificação e Aprovação de Ruídos e de Restrições de Acesso em Aeroportos** fornece diretrizes para que os operadores de aeroporto restrinjam a operação de certas aeronaves cujo impacto sonoro adverso seja significativo para a comunidade vizinha.

Qualidade do ar

Embora haja indícios de que as emissões dos motores de aeronaves constituem menos do que 1% do total de poluentes do ar em uma área metropolitana típica, esse impacto ambiental das operações aeroportuárias não pode ser desconsiderado no desenvolvimento do *master plan* de um aeroporto. É bastante evidente ao observador em terra que a fumaça da exaustão existe de fato e que substâncias contaminantes são emitidas para o meio ambiente.

Regulações federais envolvendo a qualidade do ar remontam à **Clean Air Act** (Lei do Ar Limpo), de 1970, estabelecida para proteger a qualidade do ar do país e a saúde do público. A lei reconhece cinco poluentes principais que exigem a regulamentação de emissões: dióxido de enxofre (SO_2), material particulado em suspensão, óxido de nitrogênio (NOx), monóxido de carbono (CO) e compostos orgânicos voláteis, como hidrocarbonetos e poluentes danosos ao ar como asbesto, arsênico inorgânico, berílio, mercúrio, cloreto de vinila, benzeno e radioisótopos.

A maior parte das emissões que contribuem para a redução da qualidade do ar em torno dos aeroportos é proveniente de motores de aeronaves e de veículos terrestres chegando e partindo do aeroporto. Além disso, entre as instalações industriais e as operações associadas a aeroportos estão os geradores, os equipamentos movidos a combustíveis fósseis, os materiais descongelantes, os materiais de pintura, as operações de pavimentação, as operações de distribuição de combustível e as atividades de construção, todos contribuindo com emissões preocupantes para a qualidade do ar.

A redução ou a mitigação dos impactos dos aeroportos na qualidade do ar geralmente está associada a um aumento na eficiência das operações aeroportuárias. Por exemplo, operações mais eficientes de táxi de aeronaves, que minimizam o tempo e a distância totais que as aeronaves queimam combustível na propriedade do aeroporto, acabam reduzindo o volume de poluentes pela operação de motores. Ademais, o uso de sistemas de transporte em massa, no lugar de automóveis particulares, para acesso ao aeroporto por passageiros e funcionários contribui para reduzir as emissões geradas pelo uso de veículos.

Qualidade da água

Um aeroporto pode ser uma grande fonte de poluição da água caso não sejam fornecidas instalações adequadas de tratamento de dejetos aeroportuários. As fontes de poluição da água são o esgoto doméstico das instalações aeroportuárias, dejetos industriais, como derramamentos de combustível, e degradação da água por alta temperatura em diversas estações de energia no aeroporto. Além disso, escoamentos gerados por operações de degelo contribuem para a deposição de poluentes no lençol freático local.

Em 1977, o Congresso norte-americano promulgou a **Clean Water Act** (Lei da Água Limpa), na forma de uma emenda à **Federal Water Pollution Control Act** (Lei Federal de Controle da Poluição das Águas), de 1972. Essa lei autorizou a publicação de regulamentações para impedir o descarte de poluentes em vias hídricas, rios, córregos e riachos navegáveis e não navegáveis. Em obediência à Clean Water Act, os aeroportos foram obrigados a impedir o descarte de qualquer escoamento contaminado no sistema de drenagem que desaguasse nessas fontes d'água, a menos que uma permissão específica fosse obtida junto à Environmental Protection Agency ou a outra entidade autorizada.

Emissões de resíduos tóxicos

A Environmental Protection Agency define resíduo como qualquer material sólido, líquido ou contendo gás, que não é mais usado e que é reciclado, descartado ou armazenado até que haja uma quantidade suficiente para ser tratada ou eliminada de outra forma. Resíduos tóxicos são aqueles que podem causar lesões ou óbito a pessoas ou animais ou que podem danificar ou poluir terrenos, ar ou água. Os resíduos também podem ser considerados tóxicos se exibirem quaisquer das quatro características seguintes: inflamabilidade, corrosividade, reatividade ou toxicidade.

Os aeroportos são fonte de várias emissões que podem ser consideradas resíduos tóxicos, incluindo combustível, escoamento de líquidos de degelo e outros materiais, óleo usado, componentes elétricos usados, produtos químicos, tintas, solventes, dejetos sanitários e outros materiais sólidos, líquidos e gasosos.

Geradores de resíduos tóxicos estão classificados sob a **Resource Conservation and Recovery Act** (Lei da Conservação e Recuperação dos Recursos), de 1976. Essa lei classifica os geradores de resíduos tóxicos da seguinte forma:

- *Geradores de pequenas quantidades condicionalmente isentas.* Geram menos de 100 kg de resíduos tóxicos por mês.
- *Geradores de pequenas quantidades.* Geram mais do que 100 kg mas menos do que 1.000 kg de resíduos tóxicos por mês.
- *Geradores de grandes quantidades.* Geram mais de 1.000 kg, de resíduos tóxicos por mês.

Aeroportos que acumulam resíduos tóxicos precisam providenciar unidades de contenção para armazenamento que impeçam a liberação de resíduos no meio ambiente. Os resíduos tóxicos só podem ser armazenados na propriedade do aeroporto temporariamente, geralmente por não mais do que 180 dias, antes de serem descartados em outro local certificado ou de serem tratados apropriadamente.

Externalidades

Além dos impactos ambientais gerados diretamente por operações aeroportuárias, os gestores aeroportuários também devem se preocupar com os impactos ambientais das atividades que ocorrem como resultado de operações de outras fontes, como um resultado indireto da presença de um aeroporto. Esses impactos são conhecidos como **externalidades**. Um exemplo de externalidade são os impactos ambientais resultantes da operação de uma fábrica que esteja localizada na região próxima ao aeroporto. Outro exemplo inclui o aumento do tráfego de automóveis nas vizinhanças, criado como resultado da operação de hotéis, restaurantes, postos de gasolina e outras instalações que acabam surgindo próximo a ele. Embora essas atividades dificilmente possam ser consideradas como de responsabilidade do gestor do aeroporto e embora ele próprio não tenha autoridade sobre a operação dessas atividades, é nele que recaem as questões ambientais na forma de externalidades.

Negociações cuidadosas e estratégicas com os operadores de instalações locais, bem como com as organizações de planejamento metropolitano e locais, podem ajudar na administração da atividade externa, o que, por sua vez, pode levar à redução dos impactos no ambiente externo.

Práticas econômicas e ambientais de sustentabilidade

Em um esforço para gerir melhor os impactos econômicos e ambientais dos aeroportos, os gestores aeroportuários começaram a se envolver na gestão ativa desses impactos, usando aquilo que se conhece como **práticas de sustentabilidade**.

Exemplos de práticas de sustentabilidade econômica incluem a contratação de uma força de trabalho local e de fornecedores locais, a realização de contribuições para a comunidade vizinha e o investimento em pesquisa e desenvolvimento que possam levar a futuras melhorias na eficiência do aeroporto.

Práticas de sustentabilidade ambiental envolvem gestão e análise ativas dos registros dos impactos ambientais. Descobertas feitas por essas análises já levaram certos aeroportos a desenvolverem programas sofisticados de gestão ambiental, incluindo gestão de resíduos, coleta e reutilização de água da chuva e uso de combustíveis alternativos para os veículos terrestres de serviço. Os próprios prédios de terminal estão sendo redesenhados com métodos ecológicos em mente, ou seja, prédios que apresentam alta eficiência energética, minimizando o uso de água e limitando os resíduos. Prédios ecológicos buscam obter **certificação LEED** (*Leadership in Energy and Environmental Design* – Liderança em Projeto Energético e Ambiental).

Responsabilidades sociais

Ainda que os aeroportos sejam considerados instalações primordialmente voltadas ao transporte, eles cumprem um papel social na comunidade. Os aeroportos são representantes de suas comunidades e, ao mesmo tempo que devem ser bons representantes para os visitantes, devem também ser bons vizinhos da comunidade. Desse modo, os aeroportos devem ser, de uma forma ou de outra, membros ativos de suas comunidades.

As estratégias empregadas pelos aeroportos para contribuir com suas comunidades variam bastante, mas é possível apontar alguns procedimentos recorrentes: a hospedagem de projetos e programas culturais; o oferecimento de programas educacionais para escolas, faculdades e universidades locais; e o patrocínio de eventos locais. A gestão aeroportuária também deve assumir um papel ativo para garantir o bem-estar de todos os seus usuários, proporcionando, sobretudo, um ambiente seguro, saudável e rico para se trabalhar, viajar e visitar.

Observações finais

Seja com relação a questões econômicas, políticas ou ambientais, a gestão aeroportuária precisa estar preparada para interagir com a comunidade que ela serve, incluindo os arrendatários que oferecem transporte aéreo, os fornecedores de suprimentos e serviços, os arrendatários não aeronáuticos, o público que usa o aeroporto e aqueles na comunidade que nem frequentam o aeroporto. O desafio para os gestores aeroportuários é compreender todas as regras, regulamentações e políticas que governam os interesses de cada parte envolvida com o aeroporto e proporcionar um ambiente que seja econômica e socialmente benéfico a todos.

Aeroportos bem-sucedidos na gestão desses papéis são reconhecidos por suas contribuições positivas e significativas para suas comunidades. A meta de todas as equipes de gestão aeroportuária deve ser a realização de tais contribuições, recebendo, assim, o apoio de suas comunidades para operações aeroportuárias atuais e futuros planos para o aeroporto.

Palavras-chave

- previsão de exposição a ruídos
- nível sonoro equivalente na comunidade

- média sonora de dia/noite
- Integrated Noise Model (INM)
- externalidades
- práticas de sustentabilidade
- certificação LEED

Principais leis

- 1969 – National Environmental Policy Act (Lei da Política Ambiental Nacional)
- 1970 – Clean Air Act (Lei do Ar Limpo)
- 1972 – Federal Water Pollution Control Act (Lei Federal de Controle da Poluição das Águas)
- 1976 – Resource Conservation and Recovery Act (Lei da Conservação e Recuperação dos Recursos)
- 1977 – Clean Water Act (Lei da Água Limpa)
- 1990 – Airport Noise and Capacity Act (Lei de Ruído e Capacidade de Aeronaves)

Principais regulamentações federais de aviação

- FAR Parte 36 – Níveis Certificados de Ruídos de Aviões
- FAR Parte 150 – Planejamento de Compatibilidade Sonora em Aeroportos
- FAR Parte 161 – Notificação e Aprovação de Ruídos e de Restrições de Acesso a Aeroportos

Questões de revisão e discussão

1. De que forma os aeroportos contribuem para a prosperidade econômica das comunidades que eles servem?
2. Quais tipos de atividade econômica são consideradas diretamente geradas pela atividade aeroportuária?
3. Quais tipos de atividade econômica são consideradas indiretamente geradas pela atividade aeroportuária?
4. O que é um efeito multiplicador?
5. De que maneira os relacionamentos entre aeroportos e empresas aéreas se modificaram desde os anos antes da desregulamentação dessas empresas?
6. Como são negociados os contratos entre os aeroportos e as concessões que o atendem?
7. Quais problemas costumam surgir entre a gestão aeroportuária e a comunidade da aviação geral que ela atende?
8. Quando os ruídos aeroportuários passaram a ser vistos como uma questão ambiental importante?
9. Quais Federal Aviation Regulations (Regulamentações Federais de Aviação) envolvem questões sonoras de aeronaves e aeroportos?
10. Quais são os diferentes métodos para estimar os impactos sonoros da atividade aeroportuária?
11. Quais são as estratégias mais comuns de redução de ruídos empregadas nos aeroportos?

12. De que forma a FAR Parte 161 auxilia os aeroportos a reduzir os impactos sonoros?
13. Quais são os poluentes mais comuns emitidos pela atividade aeroportuária que afetam a qualidade do ar?
14. Como os resíduos tóxicos são classificados?
15. De que maneira a Clean Water Act reduz os danos à qualidade da água envolvidos com a atividade aeroportuária?
16. O que são externalidades?
17. O que os aeroportos estão fazendo para se tornarem mais sustentáveis em termos econômicos e ambientais?

Leituras sugeridas

Air Quality Procedures for Civilian Airports & Air Force Bases. Washington, D.C.: Federal Aviation Administration, April 1997.

Integrated Noise Model, Federal Aviation Administration, available via the Internet at http://www.aee.faa.gov/Noise/inm/index.htm.

Regional Multipliers: A User Handbook for the Regional Input-Output Modeling System (RIMS II). Washington, D.C.: U.S. Department of Commerce, March 1997.

Airport Sustainability Practices, ACRP Synthesis 10, National Academies Transportation Research Board, Washington, D.C., 2008.

CAPÍTULO 11
Planejamento de aeroportos

Objetivos de aprendizagem

- Definir os vários tipos de estudos de planejamento de aeroportos.
- Compreender os conceitos de planejamento de sistemas nacionais, regionais e estaduais.
- Descrever os diferentes elementos do *master plan* aeroportuário.
- Familiarizar-se com um plano de *layout* aeroportuário.
- Descrever os vários tipos de métodos qualitativos e quantitativos de previsão usados no planejamento de aeroportos.
- Entender o planejamento de orientação de pistas de pouso usando análise de anemograma.
- Descrever os fatores que são levados em consideração no planejamento de áreas de terminal.
- Identificar as considerações envolvidas no planejamento financeiro de um aeroporto.
- Descrever os diversos processos envolvidos no planejamento ambiental de aeroportos.

Introdução

Além das múltiplas responsabilidades e tarefas associadas à operação cotidiana de um aeroporto, a gestão aeroportuária também tem a responsabilidade de apresentar uma visão para o futuro do aeroporto. Em um âmbito mais amplo, os municípios que são atendidos por mais de um aeroporto, bem como os Estados e mesmo o país, são responsáveis pelo planejamento estratégico de um sistema coordenado de aeroportos que melhor atenda às necessidades futuras do público viajante.

O planejamento de aeroportos pode ser definido como a aplicação de uma estratégia organizada para a gestão futura de operações aeroportuárias, projetos de instalações, configurações de aeródromo, alocações e receitas financeiras, impactos ambientais e estruturas organizacionais. Existem diversos tipos de estudos de planejamento aeroportuário, incluindo:

- **Planejamento de instalações**, que tem como foco as necessidades futuras de infraestrutura do aeródromo, como pistas de pouso, pistas de táxi, instalações para estacionamento de aeronaves, iluminação associada, sistemas de comunicação e de navegação, prédios e instalações de terminal, estacionamentos, infraestrutura de acesso terrestre e instalações de apoio como depósitos de combustível, estações de energia e usos de terrenos não aeronáuticos, como complexos comerciais, hotéis, restaurantes ou locadoras de veículos.
- **Planejamento financeiro**, que está voltado para a previsão de receitas e despesas futuras, para a organização de recursos orçamentários e para o planejamento de auxílios financeiros por meio de programas de concessão, de emissão de obrigações ou de investimento privado.
- **Planejamento econômico**, que avalia o futuro da atividade econômica, como transações e comércio, e as atividades das indústrias dentro e fora do aeroporto que representam um resultado direto ou indireto das operações aeroportuárias.
- **Planejamento ambiental**, que se concentra na manutenção ou na melhoria das condições ambientais existentes em face de mudanças na atividade aeroportuária futura. O planejamento ambiental inclui o planejamento de uso de solos, mitigação de ruídos, recuperação de áreas de várzea e preservação da vida selvagem.
- **Planejamento organizacional**, que implica a gestão de futuras necessidades de mão de obra e de estruturas organizacionais para a administração aeroportuária, a formação de quadro de funcionários e a força de trabalho associada.
- **Planejamento estratégico**, que abrange todas as outras atividades de planejamento, em um esforço coordenado para maximizar o futuro potencial do aeroporto para a comunidade.

Definindo o horizonte de planejamento

O planejamento de operações aeroportuárias, ou de quaisquer atividades com esse fim, é definido em parte pela extensão de tempo no futuro que a gestão considera em seu planejamento. Essa extensão de tempo é chamada de **horizonte de planejamento**. Diferentes esforços de planejamento exigem diferentes horizontes de planejamento. Por exemplo, o planejamento organizacional dos níveis de quadro de funcionários por turno para as operações aeroportuárias pode exigir um horizonte de planejamento de 3 meses, mas certamente não um horizonte de planejamento de 20 anos. Por outro lado, o planejamento das instalações de um aeródromo que possa incluir a construção de pistas de pouso exige um horizonte mínimo de planejamento de 5 anos, e certamente não um horizonte de planejamento inferior a 1 ano.

Os diversos tipos de estudos para o planejamento aeroportuário podem ser conduzidos com base em diferentes níveis. Três desses níveis de planejamento incluem o planejamento de sistemas, o planejamento-mestre e o planejamento de projetos.

Planejamento de sistemas aeroportuários

O **planejamento de sistemas** aeroportuários é um esforço de planejamento que leva em consideração uma série de aeroportos, seja em âmbito local, estadual, regional ou nacional, voltados a se complementarem mutuamente como parte de um sistema coordenado de transporte aéreo. Por meio do planejamento de sistemas aeroportuários, os objetivos dos aeroportos individuais são determinados em conformidade com as necessidades da comunidade, estabelecendo-se, por exemplo, a missão de cada aeroporto atender a certos segmentos da demanda por aviação, como especificando um aeroporto de determinada região para o atendimento de passageiros comerciais internacionais e outro aeroporto para o atendimento primordial de operações com aeronaves menores da aviação geral.

Planejamento do sistema em âmbito nacional

O planejamento aeroportuário no âmbito nacional é de responsabilidade da FAA, cujos interesses são o fornecimento de diretrizes para o desenvolvimento da rede de aeroportos públicos e o estabelecimento de um quadro de referência para o investimento de recursos federais. Esses interesses estão formulados no **National Plan of Integrated Airport Systems** (NPIAS – Plano Nacional de Sistemas Aeroportuários Integrados), um documento exigido sob a Airport and Airway Improvement Act (Lei de Melhoria de Aeroportos e da Navegação Aérea), de 1982. O NPIAS é um plano de 10 anos revisado a cada 2 anos que é intimamente coordenado com o plano decenal da FAA de investimento de capital para aprimorar o sistema de controle de tráfego aéreo e as instalações aeroviárias.

O NPIAS não chega a ser um plano propriamente dito. Ele não estabelece prioridades, não estipula um quadro temporal, não propõe um nível de financiamento, nem compromete o governo federal a uma linha específica de ação. Na realidade, ele é meramente um inventário do tipo e do custo do desenvolvimento aeroportuário que ocorre durante o período de planejamento em aeroportos elegíveis a receber auxílio federal. Trata-se de uma apresentação tabular, Estado por Estado, de dados referentes a aeroportos individuais, listados em um formato comum, indicando local, função, tipo de serviço e nível de atividade (embarques e operações) correntes e para os próximos 5 e 10 anos. São apresentados também, os custos projetados para as necessidades aeroportuárias em categorias – solo, pavimento, iluminação, auxílios para aproximação e outras – também em intervalos de 5 e 10 anos.

As estimativas de necessidades contidas no NPIAS são desenvolvidas comparando-se as previsões nacionais e de área de terminal da FAA com a capacidade atual de cada aeroporto. A determinação inicial das necessidades e a atualização regular são realizadas em grande parte por escritórios regionais da FAA, que monitoram mudanças e desenvolvimentos postos em prática nos aeroportos. O NPIAS não é uma simples compilação de *master plans* locais ou de planos de sistemas aeroportuários estaduais, ainda que a FAA se embase nesses documentos como fontes para a avaliação de necessidades futuras e de melhorias potenciais em aeroportos.

O NPIAS tampouco é um inventário completo das necessidades aeroportuárias. O plano contém apenas "desenvolvimentos aeroportuários em que há um interesse federal em potencial e em que os recursos federais possam ser aplicados sob o atual **Airport Improvement Program** (AIP – Programa de Melhoria de Aeroportos) ou sob os antigos **Airport Development Aid Program** (ADAP – Programa de Auxílio ao Desenvolvimento de Aeroportos) e o Planning Grant Program (Programa de Subvenção de Planejamento)". Existem duas condições indispensáveis no teste de interesse federal potencial. Em primeiro lugar, o aeroporto deve cumprir certos critérios mínimos para se enquadrar como um destinatário elegível a auxílio federal, e, em segundo lugar, a melhoria planejada nesse aeroporto precisa corresponder a um dos tipos elegíveis a auxílio federal. Dentre os projetos elegíveis encontram-se os de aquisição de terrenos para ampliação de um aeródromo, de pavimentação de pistas para pistas de pouso e de táxi, de instalação de iluminação ou de auxílios à aproximação e de expansão de áreas públicas de terminal. Melhorias inelegíveis a auxílio federal não estão incluídas no NPIAS: construção de hangares, áreas de estacionamento e áreas de terminal geradores de receitas que os aeroportos constroem com recursos privados, locais ou estaduais.

O NPIAS relaciona as melhorias de sistema aeroportuário a três níveis de necessidade:

Nível I. Mantém o aeroporto em sua condição atual
Nível II. Eleva o sistema a padrões atualizados de projeto
Nível III. Amplia o sistema

A manutenção do sistema inclui projetos como recapeamento de aeródromos e substituição de sistemas de iluminação; a elevação do sistema a novos padrões inclui projetos como de instalação de novos sistemas de iluminação e de alargamento da pista de pouso; e a ampliação do sistema inclui a construção de novos aeroportos ou a ampliação de pistas de pouso para operar aeronaves maiores.

O sistema de classificação é um tanto confuso, já que não é hierárquico como parece, e o enquadramento de um tipo de melhoria em um nível específico de programa não necessariamente reflete a prioridade que será dada a um projeto em particular. Projetos de alta prioridade, aqueles que a FAA e um patrocinador local concordam em colocar em prática o quanto antes, não obrigatoriamente correspondem ao nível I de necessidade no NPIAS. Um projeto de expansão (nível III) em um aeroporto extremamente congestionado e importante pode ser mais urgente do que um projeto de elevação de um aeroporto pouco usado a padrões superiores (nível II).

Planejamento do sistema em âmbito regional

Em 2004, a FAA divulgou a Circular Consultiva 150/5070-7 – Processo de Planejamento do Sistema Aeroportuário, marcando a primeira orientação formal para agências estaduais e regionais nesse tema e enfatizando a importância do planejamento de sistemas em âmbitos regionais. A Figura 11-1 ilustra os elementos típicos do plano de sistema aeroportuário em âmbito regional.

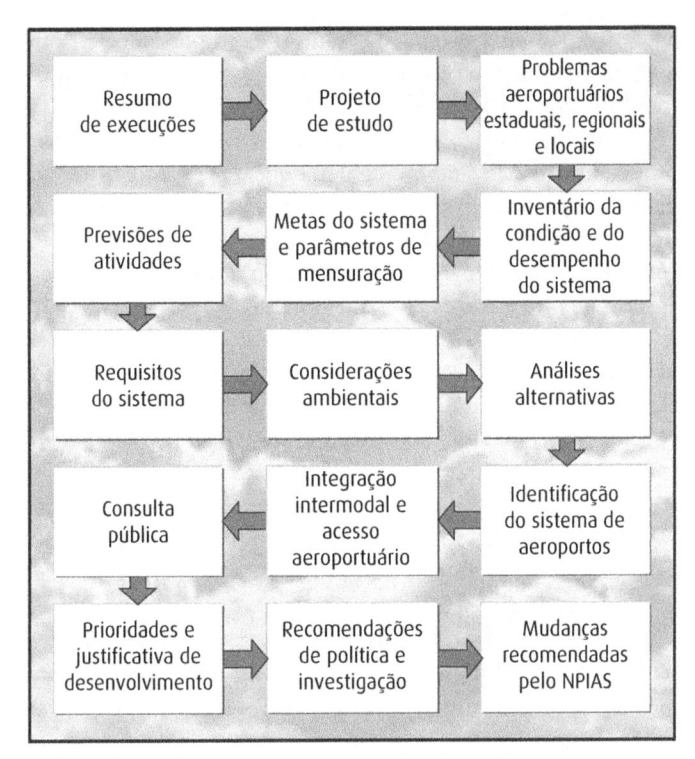

FIGURA 11-1 Elementos do plano de sistema aeroportuário. (Fonte: FAA)

O planejamento de sistemas regionais tem como foco o transporte aéreo para a região como um todo e leva em consideração o tráfego em todos os aeroportos na região, tanto nos pequenos quanto nos grandes, bem como outros modais de transporte usados na região. A prática de planejamento regional foi instituída para lidar com questões de alocação e utilização de recursos que surgem muitas vezes em uma região que conta com aeroportos que foram planejados e desenvolvidos individualmente e sem coordenação entre as jurisdições afetadas. O planejamento regional busca superar as rivalidades e as sobreposições jurisdicionais das diversas agências locais envolvidas no desenvolvimento e na operação de aeroportos. A meta é produzir um sistema aeroportuário que seja o ideal em relação aos custos e benefícios regionais.

Dessa forma, o planejamento aeroportuário regional aborda uma questão crucial: a alocação de tráfego entre os aeroportos de uma região. Isso pode representar um tópico delicado. Questões de distribuição de tráfego envolvem interesses políticos, bem como técnicos e econômicos, e podem afetar o crescimento futuro dos aeroportos envolvidos. Determinado aeroporto pode ser movimentado, enquanto outro se encontra subutilizado. Caso o tráfego continuasse aumentando no aeroporto movimentado, novas instalações precisariam ser construídas para acomodar esse crescimento. Por outro lado, se uma parcela do novo tráfego fosse desviada para o aeroporto subutilizado, a necessidade de novas construções poderia ser reduzida, e o serviço na região como um todo poderia melhorar.

Embora uma agência de planejamento possa decidir que tal desvio de tráfego é do interesse de uma região metropolitana e possa preparar previsões e planos mostrando como isso pode ser alcançado, talvez ela não necessariamente tenha o poder para implementar esses planos. Nos casos em que os aeroportos são concorrentes, provavelmente não é razoável esperar que o mais forte deles venha a se prontificar voluntariamente para desviar tráfego e receitas para o outro. A agência de planejamento provavelmente precisaria influenciar o processo de planejamento e desenvolvimento em cada aeroporto para que eles viessem a tomar decisões refletindo a avaliação da agência quanto às necessidades regionais.

Mesmo nos casos em que os aeroportos de uma região são operados pela mesma autoridade, a alocação de tráfego entre os aeroportos ainda pode ser difícil. Por exemplo, a Port Authority of New York and New Jersey pode implementar a sua decisão de planejamento para aumentar a atividade no Stewart Airport ao criar incentivos financeiros às empresas aéreas, melhores acessos terrestres ou outras medidas para aumentar o uso desse aeroporto. A implementação da política, porém, não depende apenas do controle sobre os gastos de desenvolvimento aeroportuário, mas também da capacidade de influenciar as atividades dos agentes privados, das empresas aéreas e dos passageiros.

As autoridades regionais de planejamento aeroportuário também podem, caso tenham responsabilidade pelo planejamento de outros modais de transporte, fazer planos para o aeroporto como parte do sistema regional de transporte. Quando uma mesma organização está investida da responsabilidade de planejamento multimodal, é mais provável que a agência de planejamento avalie as necessidades aeroportuárias tendo em vista outras formas de transporte na região. Além disso, a agência regional pode tentar melhorar a coordenação entre os diversos modais para que, por exemplo, os desenvolvimentos aeroportuários não imponham um peso indevido sobre as rodovias vizinhas ou para que se possam aproveitar as oportunidades no transporte em massa. Contudo, para que isso aconteça, duas condições são necessárias: a existência de uma autoridade em âmbito regional e uma jurisdição multimodal.

Planejamento do sistema em âmbito estadual

De acordo com a National Association of State Aviation Officials (NASAO – Associação Nacional de Oficiais Estaduais de Aviação), todas as agências de aviação dos 50 Estados norte-americanos desenvolvem algum tipo de planejamento aeroportuário. A maioria delas representa uma subdivisão do Department of Transportation do Estado; as restantes são agências independentes. Diversos Estados contam com uma comissão de aviação em complemento a uma agência de aviação. Essas comissões geralmente são indicadas pelo governador e atuam como entidades de elaboração de políticas. O envolvimento estadual no planejamento e desenvolvimento aeroportuário assume várias formas: preparação de planos para sistemas aeroportuários estaduais, financiamento de planejamentos mestre locais e assistência técnica para planejamento local.

O planejamento aeroportuário em âmbito estadual envolve questões que são um tanto diferentes daquelas de agências locais e regionais. Os governos estaduais costumam se envolver com o desenvolvimento de um sistema aeroportuário voltado a proporcionar serviços adequados para todas as partes do Estado, tanto rurais quanto metropolitanas. O desenvolvimento de aeroportos é visto muitas vezes como uma ferramenta essencial para o desenvolvimento econômico ou para acabar com o isolamento das áreas rurais. Algumas agências estaduais de aviação (em Ohio e em Wisconsin, por exemplo) estabeleceram uma meta de desenvolver pelo menos um aeroporto bem equipado em cada condado. Geralmente, a alocação de tráfego entre aeroportos que atendem à mesma comunidade não está em questão. Na verdade, a questão está em decidir como alocar recursos para desenvolvimento entre as comunidades candidatas e manter um equilíbrio entre as diversas partes do Estado.

Antes de 1970, pouquíssimos Estados norte-americanos conduziam planejamento aeroportuário extensivo ou sistemático. Um estímulo importante para que as agências estaduais dessem início a esforços abrangentes de planejamento foi proporcionado pela Airport and Airway Development Act (Lei de Desenvolvimento de Aeroportos e da Navegação Aérea), de 1970, que reservou 1% dos recursos para auxílio aeroportuário advindos do fundo fiduciário para esse propósito a cada ano. A maioria dos Estados se prontificou imediatamente a receber esses recursos, levando tipicamente de 1 a 4 anos para o desenvolvimento de **planos do sistema estadual de aviação** (SASP – *state aviation system plans*), sob orientações divulgadas pela FAA, embora alguns deles tenham levado um pouco mais de tempo. A maioria dos Estados buscou assistência junto a consultores externos em alguma fase da atividade de planejamento.

Planos estaduais costumam englobar um período de planejamento de 20 a 30 anos. Em geral, esses períodos de planejamento são divididos em horizontes de planejamento de curto, médio e longo prazo (tipicamente 5, 10 e 20 anos, respectivamente). Em cada caso, estimativas de necessidades futuras são previamente desenvolvidas comparando-se as instalações existentes com projeções futuras de tráfego.

A principal característica dos planos, e de longe a parte mais extensa do documento, é uma listagem detalhada das ações planejadas por classe de aeroporto e por tipo de melhoria. Os tipos de melhorias mais citados são aquisição de terrenos (novos locais ou ampliação de aeroportos já existentes), recapeamento ou melhoria de pavimentação (pistas de pouso, pistas de táxi, pátios, vias, estacionamentos), instalação de iluminação e de auxílios à aterrissagem ou à navegação e construção de edificações (terminais, hangares, dependências administrativas).

Embora apresentem similaridades superficiais, os SASPs variam bastante em escopo, detalhamento, conhecimento técnico e filosofia de planejamento. O plano do sistema de determinado Estado pode consistir basicamente em uma lista de desejos, preparado sobretudo devido aos recursos de planejamento disponíveis e porque o Department of Transportation do Estado assim o exigiu. Por outro lado, algumas agências estaduais encaram o SASP como um documento de trabalho valioso que é permanentemente atualizado e que serve como um guia na programação e na distribuição de recursos federais.

Em muitos Estados, a programação de recursos é uma atividade até certo ponto separada do processo de planejamento do sistema. Ainda que o SASP possa ter um horizonte de planejamento longo de 20 anos ou mais, a verdadeira liberação de recursos para a conclusão de projetos específicos se dá em uma escala de tempo bem mais curta. Algumas agências estaduais acabaram desenvolvendo métodos para manter arquivos correntes sobre projetos aeroportuários locais planejados para prazos mais próximos, por exemplo, de 3 anos. Quando os aeroportos solicitam auxílio estadual, ou quando pedem ajuda estadual para a solicitação de auxílio federal, o SASP é usado para atribuir prioridade para a liberação de recursos quando estes ficam disponíveis. Via de regra, apenas uma fração dos projetos delineados no SASP é finalizada.

Praticamente todos os planos estaduais estimam custos de melhorias recomendadas e identificam fontes de recursos. O financiamento representa a principal limitação na implementação dos SASPs. Em todos os Estados, alguma espécie de consulta, coordenação ou revisão por pessoas de fora da agência estadual de aviação ocorre como parte do processo de planejamento. Muitas vezes, trata-se de agências regionais de planejamento ou desenvolvimento econômico criadas pelo governo estadual. Em muitos casos, o planejamento aeroportuário é parte de um processo geral de planejamento de transportes, mas os métodos de interação e respostas entre as agências modais varia consideravelmente.

Algumas agências estaduais estão envolvidas em atividades de planejamento-mestre para aeroportos locais, sobretudo em aeroportos de comunidades pequenas ou rurais que não contam com um setor para desenvolver um planejamento-mestre. As agências estaduais podem fornecer assistência técnica ou até mesmo desenvolver *master plans* locais. Alguns Estados também participam no planejamento aeroportuário para as principais áreas metropolitanas, embora a maioria deles deixe essa responsabilidade a cargo da autoridade aeroportuária local ou de uma entidade regional. Nos últimos anos, a participação estadual no planejamento em grandes aeroportos apresentou certo aumento, uma tendência que pode ser estimulada por uma política federal atual que reserva uma parcela das liberações anuais do fundo fiduciário para o planejamento estadual de aviação.

O *master plan* aeroportuário

No âmbito local, a peça central do planejamento aeroportuário é o **master plan** do aeroporto, um documento que descreve a evolução proposta do aeroporto para atender a necessidades futuras. A magnitude e a sofisticação do esforço de desenvolvimento do planejamento-mestre dependem do tamanho do aeroporto. Nos maiores aeroportos de serviço comercial, o planejamento-mestre representa um processo formal e complexo que evoluiu para coordenar grandes projetos de construção (ou talvez vários desses projetos ao mesmo tempo) que podem ser conduzidos por um período de até 20 anos. Nos aeroportos de menor porte, o planejamento-mestre pode ficar a cargo de um pequeno número de funcionários com outras responsabilidades, que dependem de consultores externos para conhecimento técnico e suporte. Nos aeroportos bem pequenos, onde as melhorias de capital são mínimas ou realizadas raramente, o *master plan* pode consistir em um documento bastante simples, talvez preparado no próprio local, mas geralmente com a ajuda de consultores.

O *master plan* de um aeroporto apresenta a concepção do planejador sobre o desenvolvimento de um aeroporto específico. Ele apresenta a pesquisa e a lógica sobre as quais o plano se desenvolveu e o retrata em um relatório gráfico e por escrito. *Master plans* são aplicados para a modernização e a expansão de aeroportos já existentes e para a construção de novos aeroportos, independentemente do seu porte ou de seus papéis funcionais.

O *master plan* típico de um aeroporto conta com um horizonte de planejamento de 20 anos. Segundo a Federal Aviation Administration, para que um *master plan* seja considerado válido, ele precisa ser atualizado a cada 20 anos ou sempre que ocorrerem mudanças no aeroporto ou no ambiente vizinho, ou sempre que construções moderadas ou grandes acabem exigindo recursos federais.

Objetivos do *master plan* aeroportuário

O objetivo geral do *master plan* aeroportuário é fornecer diretrizes para desenvolvimentos futuros que venham a satisfazer a demanda por aviação e que sejam compatíveis com o ambiente, com o desenvolvimento da comunidade, com outros modais de transporte e com outros aeroportos. Os objetivos específicos dentro desse quadro mais amplo são os seguintes:

- Fornecer uma apresentação gráfica efetiva do desenvolvimento do aeroporto e dos usos previstos de terrenos adjacentes ao aeroporto.
- Estabelecer um cronograma de prioridades e de fases para as várias melhorias propostas no plano.
- Apresentar as informações e os dados embasadores pertinentes que foram essenciais no desenvolvimento do *master plan*.
- Descrever os diversos conceitos e alternativas que foram levados em consideração no estabelecimento do plano proposto.
- Oferecer um relatório conciso e descritivo para que o impacto e a lógica de suas recomendações possam ser compreendidas claramente pela comunidade atendida pelo aeroporto e por aquelas autoridades e agências públicas que estão encarregadas da aprovação, promoção e custeio das melhorias propostas no *master plan* do aeroporto.

Elementos do *master plan*

Embora haja uma variação considerável no conteúdo dos *master plan* aeroportuários e em como eles são usados, seus produtos básicos são uma descrição da configuração futura desejada para o aeroporto, uma descrição das medidas necessárias para alcançá-la e um plano financeiro para custear o desenvolvimento. O *master plan* de um aeroporto costuma consistir nos seguintes elementos: *inventário, previsões de atividade, análise de demanda/capacidade, requisitos para instalações, alternativas de projeto* e *planos financeiros*. Esses elementos fornecem uma receita para o aeroporto em seu esforço para atender às demandas de seus usuários e da comunidade vizinha por meio do *master plan* do aeroporto. Além disso, alguns *master plan* incluem avaliações ambientais e econômicas de planos associados com os planos futuros do aeroporto.

Inventário

O primeiro passo na preparação do *master plan* para um aeroporto individual é a coleta de todos os tipos de dados concernentes à área que o aeroporto se propõe a atender. Isso inclui um inventário das instalações aeroportuárias já existentes, dos esforços de planejamento de área e das informações históricas relacionadas ao seu desenvolvimento. Essa revisão proporcionará as informações essenciais de embasamento para o relatório do *master plan*. Ela também fornecerá as informações básicas para o desenvolvimento de previsões e requisitos para instalações.

Revisão histórica de aeroportos e instalações

A revisão histórica traça o desenvolvimento das instalações aeroportuárias de uma comunidade e o tráfego aéreo atendido por elas. Uma descrição do aeroporto e a data de construção e de grandes ampliações são incluídas. A propriedade do aeroporto também é mencionada.

O escopo da coleta de dados geralmente se limita à área que o aeroporto vinculado ao *master plan* atenderá e a tendências nacionais que irão afetar essa área. O planejador precisa pesquisar e estudar cuidadosamente os dados que estão disponíveis junto a fontes atuais, como planos de sistemas aeroportuários estaduais, regionais e nacionais e outros estudos aeronáuticos locais. Aeroportos existentes e sua configuração são mostrados em um mapa-base. São incluídos todos os aeroportos de empresas aéreas, da aviação geral e militares na área.

Estrutura de espaço aéreo e NAVAIDs

É necessário identificar como o espaço aéreo é usado nos arredores de cada aeroporto e determinar todos os auxílios à navegação e todas as instalações de comunicação para aviação que atendem à área, além de todas as obstruções, naturais ou feitas pelo homem, que afetam o uso do espaço aéreo.

A estrutura de navegação aérea e rotas de jatos exerce um impacto significativo na utilidade das localizações existentes e futuras de aeroportos. As dimensões e as configurações das zonas de controle e das áreas de transição são observadas. Esses segmentos de espaço aéreo controlado são designados para acomodar somente exigências específicas para regras de voo por instrumentos, como aproximação, partida, espera e manobras de transição de voo por instrumentos; sendo assim, o inventário irá mostrar o uso atual do espaço aéreo de IFR da área e o saldo de espaço aéreo disponível para uso futuro.

Mapas e sobreposições gráficas adicionais mostrando a estrutura de espaço aéreo existente são incluídos no inventário. Mais adiante no processo de planejamento, propostas de ampliação de novos aeroportos podem ser relacionadas à estrutura de espaço aéreo existente e ter a sua compatibilidade verificada, ou ajustes ao desenvolvimento proposto podem ser feitos.

Uso do solo relacionado a aeroportos

Um inventário de usos do solo nos arredores de cada aeroporto existente é necessário para que, mais tarde, no processo de planejamento, uma determinação possa ser feita a respeito da viabilidade de ampliação e se um aeroporto ampliado será compatível com a área vizinha e vice-versa. Planos atuais que mostram usos existentes e planejados de solo, estradas, utilidades públicas, escolas, hospitais e assim por diante são obtidos junto a agências de planejamento de transportes que têm jurisdição sobre a área que o aeroporto vinculado ao *master plan* se propõe a atender. Os usos atuais de solo também são exibidos em um mapa, visando a auxiliar em passos posteriores do processo de planejamento. Além disso, se for viável, uma estimativa dos valores dos terrenos também é feita.

Normalmente, ao se avaliar os usos de solo relacionado ao aeroporto, é feita uma enquete com todas as pessoas chegando e saindo do aeroporto, incluindo viajantes, funcionários, fornecedores e visitantes. Também podem ser coletadas informações sobre estacionamentos e comodidade de deslocamento. Dados suficientes são obtidos a fim de estabelecer padrões de viagens com destino ao aeroporto e para desenvolver relações que serão usadas para determinar padrões futuros de viagens. Cópias de leis de zoneamento, códigos de construção e outras regulamentações e portarias que possam ser aplicáveis ao desenvolvimento do *master plan* de um aeroporto devem ser obtidas. Todos esses itens têm efeito sobre o uso do solo relacionado ao aeroporto.

Atividade aeronáutica

O principal determinante das futuras exigências do sistema aeroportuário é a quantidade de atividade aeronáutica que será gerada na área metropolitana. Um registro das estatísticas atuais de aviação, bem como uma análise dos dados históricos de tráfego aéreo para elementos como tráfego de passageiros e de cargas aéreas, movimentação de aeronaves e *mix* de aeronaves, são necessários para prever a atividade aeronáutica. A avaliação dessas estatísticas de aviação, juntamente com considerações sobre atributos socioeconômicos da área, forma a base das previsões de atividade aeronáutica para a área metropolitana. As previsões de atividade aeronáutica, por sua vez, formam a base para o planejamento de instalações para exigências futuras.

Dados aeronáuticos estatísticos incluem estatísticas federais, estaduais e regionais relacionadas ao aeroporto vinculado ao *master plan* e a coleta da maior quantidade possível de estatísticas locais que possa ser obtida. No âmbito local, enquetes e questionários são usados para suplementar dados sobre operações, frequência e horários de uso de aeronaves e origens e destinos de viajantes. As principais estatísticas necessárias de aviação são abordadas na seção sobre previsões neste capítulo.

Fatores socioeconômicos

A coleta e a análise de dados socioeconômicos para uma área metropolitana ajudam a responder as perguntas básicas referentes ao tipo, ao volume e aos centros de concentração de futuras atividades de aviação na região. Da mesma forma, os determinantes (o que leva um mercado a ter o tamanho que tem) de um mercado para aeroportos são estabelecidos. Quais ramos precisam de transporte aéreo? Eles têm necessidade de melhores instalações de transporte aéreo? Quantas pessoas haverá no futuro com renda suficiente para fazer uso de serviço aéreo? As pessoas e as indústrias com os meios necessários para usar o aeroporto estarão lá? Como as pessoas estão associadas a uma profusão de atividades de ganho e gasto de renda em qualquer local específico para onde viajam, instalações de transporte são necessárias entre esses pontos onde se espera que as viagens futuras virão a ocorrer.

A seguir, são listadas as principais forças que medem e ajudam a determinar mudanças econômicas e uma lógica geral para o seu uso na determinação da demanda por transporte aéreo.

Demografia   O tamanho e a estrutura da população da área e a sua taxa de crescimento potencial são fatores básicos na criação de demanda por serviços de transporte aéreo. A população existente, juntamente com suas distribuições etárias, educacionais e ocupacionais variáveis, pode proporcionar um índice inicial do tamanho potencial do mercado de aviação e do emprego aeroportuário resultante a curto, médio e longo prazo. Fatores demográficos influenciam o nível de tráfego aeroportuário e o seu crescimento, tanto em termos de tráfego proveniente de outros Estados, regiões ou cidades quanto em termos de tráfego gerado pelas populações locais e regionais concernentes.

Renda disponível per capita   Este fator econômico se refere ao poder de compra disponível dos residentes em qualquer período de tempo, o que é um bom indicador dos padrões médios de vida e da capacidade financeira de viajar. Altos níveis de renda pessoal disponível proporcionam uma base sólida para níveis mais elevados de gastos com consumo, especialmente com viagens aéreas.

Atividade econômica e status das indústrias   Este fator diz respeito a situações dentro da área atendida pelo aeroporto que geram atividade de aviação empresarial e tráfego de fretes aéreos. A população, o tamanho e o caráter econômico de uma comunidade afetam o seu potencial de geração de tráfego aéreo. Indústrias manufatureiras e de serviços tendem a gerar uma maior atividade de transporte aéreo do que indústrias primárias e de recursos, como mineração. Muito dependerá de padrões estabelecidos e potenciais de comércio interno e externo. Ademais, outras atividades de aviação, como voos agrícolas e instrucionais e vendas de aeronaves, estão incluídas neste fator.

Fatores geográficos   A distribuição geográfica e as distâncias entre populações e comércio dentro da área atendida pelo aeroporto exercem uma pressão direta quanto ao tipo de serviço de transporte necessário. As características físicas do terreno e as diferenças climáticas também são fatores importantes. Em alguns casos, modais alternativos de transporte podem não estar disponíveis ou podem não ser economicamente viáveis. Além disso, atrações físicas e climáticas facilitam a determinação de pontos focais para o tráfego de férias e turismo e ajudam a estabelecer a demanda gerada por serviços aéreos.

Posição competitiva A demanda por tráfego aéreo também depende de sua capacidade presente e futura de competir com modais alternativos de transporte. Ademais, avanços tecnológicos no projeto de aeronaves e em outros modais de transporte, bem como em processos industriais e de *marketing*, podem criar demandas por transporte que não existiam anteriormente.

Fatores políticos A concessão de novos direitos de tráfego e de novas rotas para serviço aéreo internacional acabam influenciando o volume de tráfego em um aeroporto. A demanda por transporte aéreo também depende de ações governamentais, como a imposição de tarifas e outras taxas. Além disso, o governo pode dar apoio a outras formas de transporte, o que pode resultar em mudanças na demanda por serviços de transporte aéreo.

Valores comunitários Um fator muito importante no processo de planejamento-mestre de um aeroporto é a determinação da atitude da comunidade frente ao desenvolvimento aeroportuário. Relações de conflito entre aeroporto e comunidade, a menos que sejam modificadas, podem influenciar a capacidade de se implementar um *master plan* aeroportuário. Por outro lado, se a comunidade reconhecer a necessidade de progresso no desenvolvimento do transporte aéreo, isso pode exercer uma influência positiva na minimização das reclamações; sendo assim, é preciso encarar o desenvolvimento pela perspectiva certa com relação aos valores comunitários.

Plano de *layout* aeroportuário

Muito embora uma descrição do ambiente aeroportuário seja uma parte indispensável do inventário do *master plan* de um aeroporto, uma representação gráfica também é necessária. Essa representação gráfica é conhecida como **plano de *layout* aeroportuário**, ou ALP (*airport layout plan*).

O plano de *layout* aeroportuário é uma apresentação gráfica em escala das instalações aeroportuárias existentes e propostas, dos usos de terrenos, de suas localizações e dos espaços de folga e informações dimensionais pertinentes para o cumprimento dos padrões aplicáveis. Ele mostra a localização do aeroporto, as zonas livres, as áreas de aproximação e outras características ambientais capazes de influenciar a utilização aeroportuária e os potenciais de expansão.

O plano de *layout* aeroportuário também identifica dependências que já não são mais necessárias e descreve um plano para a sua remoção ou desativação. Algumas áreas podem ser arrendadas, vendidas ou, ainda, usadas para fins comerciais ou industriais. O plano sempre é atualizado após mudanças nas linhas da propriedade; na configuração do aeródromo envolvendo pistas de pouso, pistas de táxi e tamanho e localização do pátio de estacionamento para aeronaves; nas edificações; nos estacionamentos para automóveis; nas áreas de carga; nos auxílios à navegação; nas obstruções; e nas vias de entrada. O desenho do plano de *layout* aeroportuário inclui os seguintes itens: o *layout* do aeroporto, o mapa do local, o mapa da vizinhança, uma tabela de dados básicos e informações eólicas.

O *layout* aeroportuário é a parte principal do desenho. Ele retrata o desenvolvimento aeroportuário existente e futuro, os usos de terreno desenhados em escala e inclui pelo menos as seguintes informações:

- Instalações aeroportuárias proeminentes, como pistas de pouso, pistas de táxi, pátios, *blast pads*, áreas estendidas para segurança em pistas de pouso, edificações, NAVAIDs, áreas de estacionamento, estradas, iluminação, marcações de pista de pouso, tubulações, cercas, principais instalações de drenagem, círculo segmentado, indicadores de vento e faróis
- Características proeminentes naturais e feitas pelo homem, como árvores, cursos d'água, lagos, afloramentos rochosos, valas, ferrovias, redes elétricas e torres
- Esboço da propriedade produtora de receitas não relacionadas à aviação, em *superavit* ou não, com *status* corrente e uso especificado
- Áreas reservadas para desenvolvimento e serviços existentes e futuros em aviação, como para operações de base fixa em aviação, heliportos, instalações de cargas, manutenção aeroportuária e assim por diante
- Áreas reservadas para desenvolvimento alheio à aviação, como áreas industriais, motéis e assim por diante
- Contornos topográficos existentes
- Instalações de abastecimento e áreas de amarração
- Instalações a serem desativadas
- Fronteiras aeroportuárias e áreas controladas pelo patrocinador, incluindo servidão administrativa (*avigation easements*)
- Ponto de referência aeroportuária com latitude e longitude citadas com base no sistema cartesiano do Geological Survey dos Estados Unidos
- Elevação de extremidades de pistas de pouso, de pontos mais altos e mais baixos e de interseções de pistas de pouso
- Azimute verdadeiro das pistas de pouso (medido a partir do norte verdadeiro)
- Rumo norte – verdadeiro e magnético
- Dados dimensionais pertinentes – larguras de pistas de pouso e de táxi, comprimentos de pistas de pouso, espaços livres entre pistas de pouso, pistas de táxi e pátios, linhas de desobstrução de edificações, zonas de desobstrução e separação de pistas de pouso paralelas

O **mapa do local** mostrado no lado inferior esquerdo do desenho do plano de *layout* aeroportuário é desenhado em escala e retrata o aeroporto, as cidades, as ferrovias, as rodovias principais e aquelas situadas a um raio de 40 a 80 quilômetros do aeroporto.

O **mapa da vizinhança** mostrado no lado superior esquerdo do desenho do plano de *layout* aeroportuário exibe a relação do aeroporto com a cidade ou as cidades, com aeroportos próximos e com rodovias, ferrovias e áreas urbanizadas (Figura 11-2).

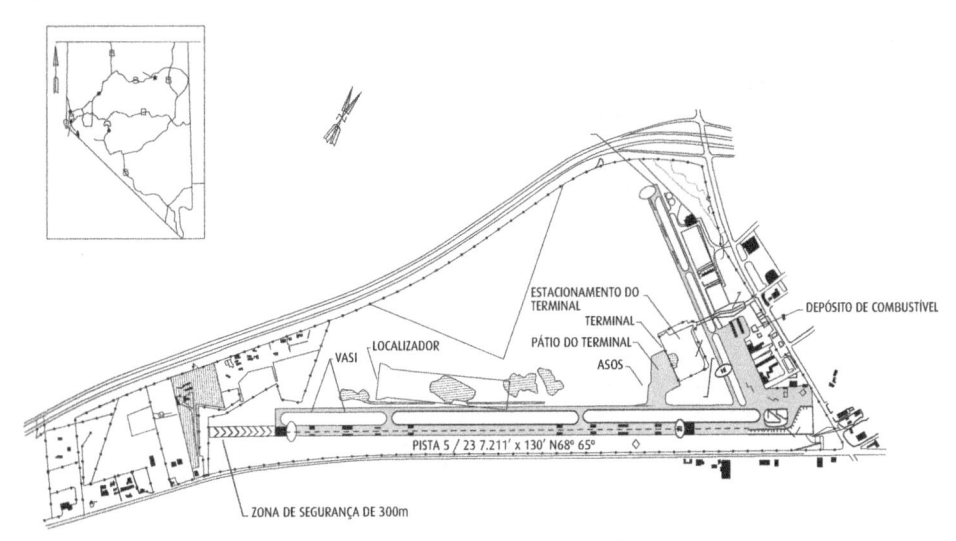

FIGURA 11-2 Exemplo de *layout* de ALP de aeródromo e instalações.

A **tabela de dados básicos** contém as seguintes informações sobre condições existentes e futuras, nos casos aplicáveis:

- Elevação do aeroporto (ponto mais alto das áreas de pouso)
- Identificações de pistas de pouso
- Gradiente efetivo percentual para cada pista de pouso existente ou proposta
- Pista com sistema de pouso por instrumentos (ILS), quando designada, ou então pistas de pouso dominantes, existentes e propostas
- Temperatura diária normal e média do mês mais quente
- Solidez do pavimento de cada pista de pouso em peso total e tipo de trem de pouso (simples, duplo ou tandem), conforme apropriado
- Plano para remoção de obstruções, realocação de instalações e assim por diante

Além disso, uma rosa dos ventos (descrita em detalhes mais adiante neste capítulo) é sempre incluída no desenho do plano de *layout* aeroportuário com a orientação das pistas de pouso sobreposta. A cobertura do vento de través e a fonte e o período dos dados também são informados. As informações eólicas são fornecidas em termos de condições climáticas em todas as estações, suplementadas por condições meteorológicas de IFR, onde operações de IFR são esperadas.

Os planos de *layout* aeroportuário também incluem diagramas em escala de todas as superfícies afetadas por ruídos previstas na FAR Parte 77 e desenhos em escala detalhada das principais instalações no aeroporto, incluindo prédios de terminal, instalações de estacionamento de automóveis e aeronaves, vias de acesso terrestre e infraestrutura de transporte público, como sistemas ferroviários (Figura 11-3).

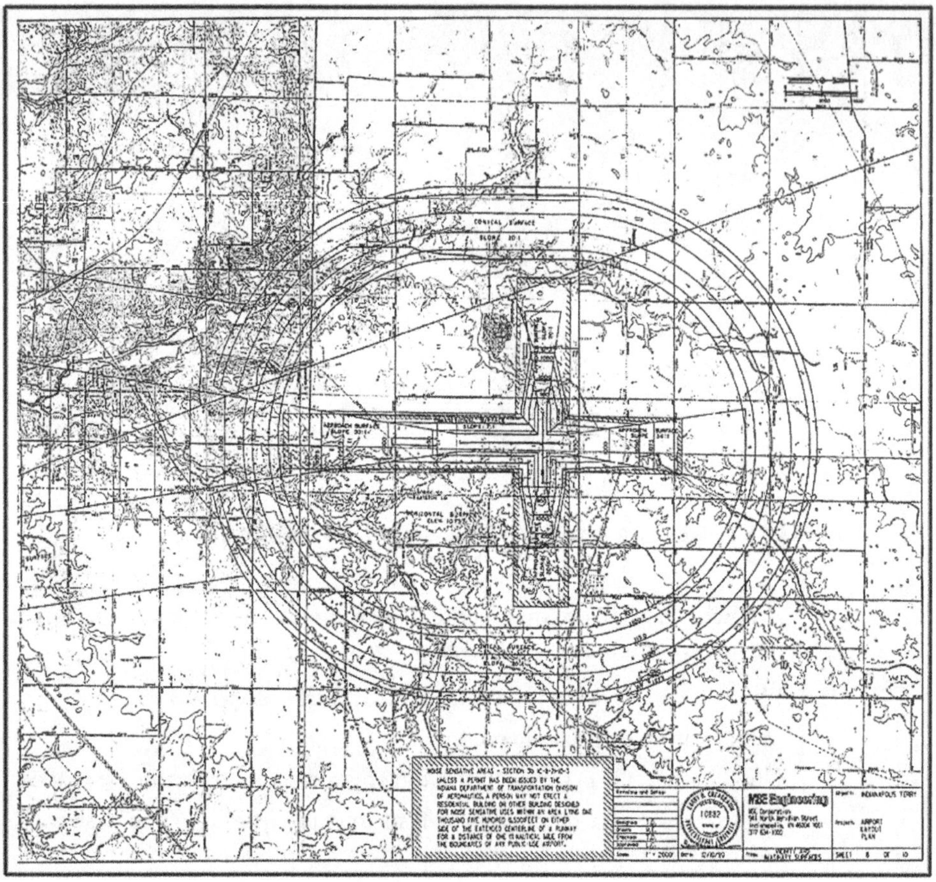

FIGURA 11-3 Exemplo de *layout* de ALP ilustrando superfícies previstas na FAR Parte 77.

Previsões

Os *master plans* aeroportuários são desenvolvidos com base em previsões. A partir das previsões, as relações entre a demanda e a capacidade das várias instalações de um aeroporto podem ser estabelecidas e as necessidades aeroportuárias podem ser determinadas. Previsões de curto, médio e longo prazo (aproximadamente 5, 10 e 20 anos) são feitas para permitir que o planejador estabeleça um cronograma de desenvolvimento para melhorias propostas no *master plan*.

Há dois tipos de métodos de previsões disponíveis para ajudar os planejadores no processo de tomada de decisão: o qualitativo e o quantitativo.

Métodos de previsão qualitativa

Métodos de **previsão qualitativa** tomam como base o conhecimento técnico e a experiência dos planejadores em relação ao aeroporto e ao ambiente vizinho. Previsões da atividade aeroportuária futura tendem a não se basear em dados históricos, e sim na previsão de especialistas, com base em seus conhecimentos sobre o ambiente atual e em seu potencial futuro. Previsões qualitativas podem ser encaradas praticamente como "chutes bem embasados", opiniões ou "palpites" sobre a atividade futura, embora tendam a ser tão precisas quanto os métodos quantitativos. Apesar disso, as previsões qualitativas tendem a exigir o suporte de alguma análise quantitativa para justificar as previsões ao público.

Dentre os quatro métodos qualitativos mais populares estão o Júri de Opinião Executiva, o Sales Force Composite, o levantamento do mercado consumidor e o método Delphi.

Júri de Opinião Executiva O método de **Júri de Opinião Executiva** busca as previsões dos gerentes e administradores do aeroporto e de seus arrendatários. Considerando-se que essas pessoas são as que se encontram mais próximas das operações cotidianas do aeroporto e que costumam ter uma longa experiência com a atividade aeroportuária, o Júri de Opinião Executiva tende a gerar previsões qualitativas bastante precisas.

Sales Force Composite O método **Sales Force Composite** (Compósito do Setor de Vendas) busca as percepções dos funcionários do aeroporto, bem como as dos funcionários daquelas empresas que fazem negócio no aeroporto, quanto às suas previsões para a atividade futura. A teoria por trás deste método é que os funcionários, ou o "setor de vendas", do aeroporto têm um contato direto com os usuários do local e podem fornecer avaliações precisas sobre a atividade futura com base nessa interação.

Levantamento do mercado consumidor Um **levantamento do mercado consumidor** busca as opiniões da base de consumidores do aeroporto, sobretudo dos passageiros aeroportuários, dos emissários de cargas e dos usuários dos negócios aeronáuticos e não aeronáuticos localizados nos arredores do aeroporto e na comunidade vizinha. Como essa é a população que tomará parte, de fato, da atividade aeroportuária futura, a solicitação de suas percepções por meio de um levantamento do mercado consumidor consiste em um método razoável de previsão qualitativa.

Método Delphi O **método Delphi** é um método de previsão qualitativa desenvolvido originalmente por pesquisadores de *marketing* envolvidos com negócios do setor privado. No método Delphi, um grupo de especialistas no campo de interesse é identificado e cada indivíduo recebe um questionário. Os especialistas são mantidos separados e não conhecem uns aos outros. A natureza independente do processo garante que as respostas sejam realmente independentes e que não sejam influenciadas por outros no grupo. Este método de previsão envolve um processo iterativo no qual todas as respostas e seus argumentos embasadores são compartilhados com os outros participantes, que respondem, então, revisando e dando outros argumentos em apoio às suas respostas. Após o processo ser repetido diversas vezes, chega-se a um consenso de previsão.

Previsões qualitativas para fins de planejamento-mestre de um aeroporto podem usar, e frequentemente o fazem, um ou mais dos métodos citados para derivar resultados iniciais de previsão.

Métodos quantitativos

Os métodos de **previsão quantitativa** são aqueles que usam dados numéricos e modelos matemáticos para derivar previsões numéricas. Em contraste com os métodos qualitativos, os quantitativos são absolutamente objetivos. Como apenas dados numéricos são utilizados, os métodos quantitativos não levam diretamente em consideração qualquer avaliação por parte do previsor. Os métodos quantitativos são usados ou como métodos isolados de previsão ou como previsões de apoio para métodos qualitativos.

Os métodos quantitativos incluem *séries temporais* ou *modelos de análise de tendências*, que preveem valores futuros estritamente com base em dados históricos coletados ao longo do tempo, e *modelos causais*, que buscam fazer previsões precisas sobre o futuro, baseando-se no modo como uma área de dados históricos afeta a outra.

Modelos causais empregam estatística sofisticada e outros métodos matemáticos que são desenvolvidos e testados usando dados históricos. O modelo toma por base a relação estatística entre a variável prevista (dependente) e uma ou mais variáveis explanatórias (independentes). Uma análise de correlação estatística é usada como um suporte para prognósticos e previsões. Correlação é um padrão ou uma relação entre duas ou mais variáveis; quanto mais próxima a relação, maior é o grau de correlação.

Um **modelo causal** é construído encontrando-se variáveis que expliquem, estatisticamente, as mudanças na variável a ser prevista. A disponibilidade de dados relativos às variáveis, ou, mais especificamente, seus valores exatos, é bastante influenciada pelo tempo e pelos recursos que o previsor tem à sua disposição. Por exemplo, o número de operações com aeronaves previsto para ocorrer em um aeroporto da aviação geral pode estar estatisticamente correlacionado ao vigor de economia, medido, talvez, pela renda média dos residentes na área ao redor do aeroporto.

O desenvolvimento de modelos causais dos quais se esperam previsões acuradas sobre a atividade futura exige ampla pesquisa em todas as áreas do ambiente aeroportuário. Resultados precisos de previsão só podem ser alcançados após uma análise causal abrangente realizada usando-se uma ampla variedade de características explanatórias em potencial.

Outro método estatístico razoavelmente preciso de previsão é o das séries temporais, ou análise de tendências, o mais antigo e em muitos casos o método mais usado para a previsão de demanda por transporte aéreo. Modelos de **séries temporais** tomam por base uma medida de tempo (meses, trimestres, anos, etc.) como a variável independente ou explanatória. Esse método é bastante usado quando há certa restrição de tempo e de dados, como na previsão de uma única variável – por exemplo, cargas – para a qual dados históricos são obtidos em específico.

O desenvolvimento de previsões por séries temporais ou por análise de tendências consiste, na verdade, em uma interpretação da sequência temporal e em uma aplicação da interpretação no futuro imediato. Assim, assume-se que a taxa de crescimento ou de mudança que persistiu no passado irá continuar. Dados históricos são plotados em um gráfico, e uma linha de tendência é traçada. Frequentemente, uma linha reta, partindo da linha da tendência, é traçada para o futuro; no entanto, se certos fatores conhecidos indicarem que a taxa crescerá no futuro, a linha pode ser curvada para cima. Como regra geral, pode haver diversas projeções futuras, dependendo da extensão do período histórico estudado.

Autoridades aeroportuárias mantêm inúmeros registros de dados de interesse específico para si (número de embarques, movimentação de aeronaves, quantidade de aeronaves, etc.) e, quando uma previsão é necessária, uma linha de tendência é estabelecida e então projetada até algum período no futuro. A acurácia de uma previsão baseada em sequência histórica no tempo ou em análise de tendência depende de uma boa avaliação no prognóstico de fatores de mudança que podem impedir que a história se repita.

Os valores da variável prevista são determinados por quatro fatores relacionados ao tempo: tendências de longo prazo, como crescimento de mercado causado por aumentos na população; variações cíclicas, como aquelas causadas pelo ciclo de negócios; fenômenos sazonais, como o clima ou as férias; e fenômenos irregulares ou singulares, como greves, guerras, eventos especiais e desastres naturais.

Análise por regressão

O método matemático mais empregado para realizar previsões tanto por séries temporais quanto por quantitativas causais é a análise por regressão. A **análise por regressão** aplica fórmulas matemáticas específicas para estimar equações de previsão. Essas equações podem, então, ser usadas para prever a atividade futura se aplicadas para variáveis independentes que possam vir a ocorrer. Equações de regressão se apresentam de diversas formas. A equação de regressão mais comum é aquela que representa uma linha reta. O método usado para estimar a equação de uma linha reta que melhor represente tendências históricas ou relações causais é conhecida como análise por regressão com mínimos quadrados ordinários (MQO).

Ainda que baseadas em teorias sofisticadas da estatística e do cálculo, as ferramentas de análise por regressão com mínimos quadrados ordinários já vêm prontas para serem usadas na maioria dos programas de planilhas em computadores pessoais, como Microsoft Excel, Corel Quattro Pro e Lotus 1-2-3 da IBM. Outros ferramentas estatísticas para computadores incluem SPSS, SAS e uma diversidade de linguagens de programação que podem ser usadas para criar modelos customizados de regressão. Tudo que a pessoa interessada na previsão precisa fazer é coletar os dados apropriados, inserir os dados em um programa de computador e aplicar a ferramenta de regressão. Embora a aplicação de dados nas ferramentas de regressão disponíveis hoje em dia seja algo bem simples, a interpretação e o uso apropriados dos resultados da regressão exigem no mínimo um conhecimento fundamental sobre modelos de regressão de um ponto de vista teórico. Sugere-se que todos os envolvidos na realização ou na interpretação dos resultados de uma previsão quantitativa, como aqueles encontrados em análise por regressão, busquem conhecimentos adicionais sobre o desenvolvimento de modelos estatísticos (Figura 11-4).

Previsões de operações da aviação geral

[Gráfico: Operações anuais (milhares) vs. Ano, 1985–2025. Legenda: Operações históricas; Operações previstas. Equação de regressão linear: Y= 6,85 X − 13551,67; coeficiente de correlação: 0,88]

FIGURA 11-4 Exemplo de previsão por séries temporais usando regressão linear MQO.

Previsões de demanda para a aviação

As previsões de demanda para a aviação formam a base para o planejamento de instalações. É preciso conhecer os tipos de usuários de aeroportos civis: as companhias aéreas, a aviação geral e os serviços militares; os tipos e o volume de atividade operacional: operações com aeronaves, passageiros e cargas, aeronaves base e assim por diante; e o leque da frota de aeronaves: a jato e turboélices de grande capacidade, aeronaves menores para fins comerciais, corporativos, de negócios e recreativos, aeronaves de decolagem e pouso verticais/curtos (V/STOL – *vertical/short takeoff and landing*) e assim por diante.

Usuários civis de aeroportos

A FAA define os vários tipos de usuários de aeroportos civis como segue.

Companhias aéreas Aqueles operadores de aeronaves de companhias aéreas que possuem *Certificate of Public Convenience and Necessity* (Certificado de Conveniência e Necessidade Pública) emitido pelo Civil Aeronautics Board (Conselho Aeronáutico Civil) com base em autorização do Department of Transportation para realizar serviços para passageiros e cargas. Esse agrupamento geral de empresas aéreas inclui empresas principais, nacionais e regionais médias e grandes.

Companhias aéreas regionais As companhias aéreas regionais são pequenas empresas regionais não certificadas que realizam serviços agendados para cidades menores e que atuam como alimentadoras para os aeroportos principais da categoria *hub*. Elas geralmente operam aeronaves com menos de 5.700 quilos de peso bruto máximo de decolagem.

Aviação geral A aviação geral é um segmento da aviação civil que abrange todas as facetas da aviação, excetuando-se as companhias aéreas. A aviação geral inclui operadores de táxi aéreo, transporte corporativo-executivo, instrução de voo, aluguel de aeronaves, voos agrícolas de pulverização, observação aérea, negócios, recreação e outros usos especiais.

Militares Essa categoria abrange os operadores de todas as aeronaves militares (Força Aérea, Exército, Guarda Costeira norte-americana, Guarda Aérea Nacional e organizações militares da reserva) que usam aeroportos civis.

Atividade operacional

Seis tipos principais de previsões de atividade operacional são necessários para determinar as exigências futuras quanto a instalações.

Passageiros embarcados Essa atividade inclui o número total de passageiros (de companhias aéreas e da aviação geral) embarcados em aeronaves que partem de um aeroporto. Passageiros de chegada, em escala ou em conexão são identificados separadamente.

Cargas aéreas embarcadas As cargas aéreas embarcadas incluem a tonelagem total de correio prioritário, não prioritário e estrangeiro, as remessas expressas e os fretes (propriedades fora da categoria de bagagem pertencentes a passageiros) partindo de aeronaves em um aeroporto, incluindo cargas de chegada, em escala e em conexão. Onde aplicável, cargas domésticas e internacionais são identificadas separadamente.

Operações com aeronaves Operações com aeronaves incluem o número total de pousos (chegadas) e de decolagens (partidas) realizadas em um aeroporto. Dois tipos de operações – locais e itinerantes – são identificadas separadamente: *operações locais*, realizadas por aeronaves que operam no padrão de tráfego local ou no campo de visão da torre, que estão partindo ou chegando de voo em prática local e de áreas de teste de voo localizadas dentro de um raio de 30 quilômetros a partir do aeroporto e/ou da torre de controle e que executam aproximações simuladas por instrumentos ou passagens rasantes sobre o aeroporto; e *operações itinerantes*, abrangendo todas as chegadas e partidas de aeronaves não incluídas nas operações locais descritas. Onde aplicável, operações itinerantes domésticas e internacionais são identificadas separadamente.

Exceto para voos locais de treinamento em alguns aeroportos, todas as movimentações de aeronaves de empresas aéreas consistem em operações itinerantes. A premissa básica subjacente à metodologia de previsão de operações de empresas aéreas em um aeroporto é que existe uma relação entre o número de passageiros embarcados e de remessas de cargas e o nível de serviço proporcionado. Dessa forma, parte-se do princípio de que o número de assentos em aeronaves para passageiros embarcados e em conexão e o número de voos por tipo de aeronave são função da demanda por tráfego e das características de tráfego da comunidade, bem como da estrutura de rotas e das políticas e práticas operacionais das transportadoras individuais. Assume-se também que esses mesmos fatores continuarão a determinar o nível de operações no futuro.

Aeronaves base Refere-se ao número total de aeronaves ativas da aviação geral que usam ou que podem vir a usar um aeroporto como "base caseira". As aeronaves base da aviação geral são identificadas separadamente como aeronaves monomotores, multimotores, a pistão ou a turbina, ou ainda como de decolagem e pouso verticais/curtos (V/STOL – *vertical/short takeoff and landing*).

Operações em horário de pico As operações em horário de pico representam o número total de operações com aeronaves em um aeroporto em seu horário mais congestionado, calculado a partir da média dos dois horários adjacentes mais movimentados de um dia típico de alta atividade. Uma definição de um dia típico de alta atividade pode ser o dia médio do mês mais movimentado do ano. As operações são identificadas por categorias de usuários principais, conforme aplicável.

Mix de aeronaves O *mix* de aeronaves é definido como o percentual de aeronaves, por tipo ou categoria, que opera ou que está baseado no aeroporto em questão. O *mix* de aeronaves geralmente é resumido por grupos de capacidade de assentos por aeronave de empresas aéreas e por grupos de características operacionais para todas as quatro categorias de usuários principais de aeroportos.

Realizando uma previsão abrangente dos parâmetros citados de atividade aeroportuária, usando tanto métodos quantitativos quanto qualitativos, o planejador de um aeroporto é capaz de incorporar ao *master plan* instalações que irão acomodar a atividade prevista.

Requisitos para instalações

Após a compilação de um inventário das instalações atuais e o desenvolvimento de uma previsão da atividade futura de aviação, o próximo passo no processo de planejamento-mestre de um aeroporto é a avaliação das demandas por instalações. O estudo da relação demanda/capacidade envolve uma estimativa da necessidade de se ampliar instalações e dos custos dessas melhorias. Esse tipo de análise é feito sob consultas a empresas aéreas e à comunidade da aviação geral. A análise é aplicada em termos de operações com aeronaves *versus* melhorias no aeródromo, passageiros embarcados *versus* melhorias em prédio de terminal, tonelagem de carga *versus* desenvolvimento de instalações para cargas, tráfego de acesso ao aeroporto *versus* estradas de acesso e instalações de transporte público, e outras melhorias, conforme for apropriado. O espaço aéreo nos arredores do aeroporto também é analisado no *master plan*.

A análise de demanda/capacidade costuma ser aplicada para desenvolvimentos de duração curta, intermediária e longa (aproximadamente 5, 10 e 20 anos). A análise é apenas uma aproximação das necessidades de instalações, de seus custos e das economias que resultarão da diminuição de atrasos para os usuários do aeroporto, bem como das receitas antecipadas a partir das melhorias propostas; portanto, a análise de demanda/capacidade acabará gerando estimativas preliminares para a quantidade e a configuração das pistas de pouso, das áreas de pátio, do número de áreas de estacionamento de veículos e das capacidades das instalações de acesso ao aeroporto. Estimativas preliminares da viabilidade econômica também poderão ser obtidas. Essas aproximações oferecerão uma base para o desenvolvimento dos detalhes do *master plan* aeroportuário e para a determinação da viabilidade das melhorias cogitadas no plano.

Requisitos operacionais para aeronaves

As previsões de atividade aeronáutica indicarão os tipos de aeronaves esperadas no *master plan* aeroportuário. A frequência de uso, os fatores de peso de passageiros/cargas e os comprimentos das rotas de voos diretos partindo do aeroporto também serão indicados. A partir desses dados sobre as demandas, o planejador pode apurar as dimensões físicas necessárias para as áreas operacionais de aeronaves.

Embora uma análise de capacidade indique as exigências em termos de números de pistas de pouso/táxi e assim por diante, a análise dos requisitos operacionais para aeronaves permite determinar as dimensões, a resistência e as folgas laterais de pistas de pouso/táxi e pátios. Ambas essas análises, é claro, estão inter-relacionadas e são alcançadas simultaneamente para determinar as exigências do sistema.

Análise de capacidade

Uma análise da capacidade de tráfego aéreo existente da área abordada pelo *master plan* aeroportuário serve para ajudar a determinar a capacidade adicional necessária sob o plano. Quatro elementos distintos exigem investigação, quais sejam: capacidade do aeródromo, capacidade do espaço aéreo, capacidade da área de terminal e capacidade do acesso terrestre.

A *capacidade do aeródromo* é a taxa prática máxima de movimentações de aeronaves pelo sistema pistas de pouso/pistas de táxi. Níveis de demanda que excedam a capacidade resultarão em certo nível de atrasos no aeródromo (veja o Capítulo 12 para uma análise detalhada da capacidade de aeródromos). A proximidade do aeroporto em relação a outros, a relação de alinhamentos de pistas de pouso e a natureza das operações (de IFR ou VFR) são as principais considerações que afetarão a *capacidade do espaço aéreo* do *master plan* aeroportuário. Por exemplo, não é incomum que uma grande área metropolitana conte com um aeroporto principal e com um secundário, separados por uma distância tão pequena que acabam compartilhando uma parcela discreta de espaço aéreo. Em tais casos, pode haver uma redução na capacidade de IFR para os aeroportos envolvidos, devido à sobreposição de tráfego dentro da parcela comum de espaço aéreo. Quando isso ocorre, as aeronaves, independentemente dos seus destinos, devem ser sequenciadas com os padrões apropriados de separação. Isso reduz a capacidade de IFR para um aeroporto específico.

A capacidade da área do terminal é o seu potencial de comportar os passageiros, as cargas e as aeronaves que o aeródromo gera. Elementos individuais dentro das áreas de terminal precisam ser avaliados para se determinar a capacidade geral do terminal. Os elementos de terminal incluídos na análise são: posições de portões de empresas aéreas, áreas de pátio de empresas aéreas, áreas de pátio para cargas, áreas de pátio para aviação geral, terminais de passageiros de empresas aéreas, terminais para aviação geral, edificações para cargas, estacionamentos para automóveis e instalações para manutenção de aeronaves. O estabelecimento das exigências de capacidade para o *master plan* aeroportuário irá determinar a capacidade necessária de acesso terrestre. Um exame preliminar dos sistemas existente e planejado de rodovias e de transporte público permite que se avalie a disponibilidade de capacidade de acesso terrestre. Ao determinar o volume de pessoas, é necessário que o planejador estabeleça a relação percentual entre passageiros, visitantes e funcionários do aeroporto. Isso pode variar de uma área urbana para outra e de um local para outro.

As demandas por instalações são desenvolvidas a partir de informações obtidas em análises de demanda/capacidade e a partir de circulares consultivas e de regulamentações da FAA que fornecem critérios para o projeto de componentes aeroportuários. A análise de demanda/capacidade gera a quantidade e a configuração aproximadas de pistas de pouso, número de portões, metros quadrados para os prédios de terminal, instalações de cargas, número de espaços de estacionamento público e para funcionários, tipos de estradas de acesso ao aeroporto e área geral de pouso necessária para o aeroporto. A partir do *mix* de aeronaves e do número de operações com aeronaves, podem ser determinados os requisitos gerais de comprimento, resistência e número de pistas de pouso; o espaçamento das pistas de táxi; o *layout* e o espaçamento dos portões; e as exigências de áreas de pátio.

Alternativas de projeto

Ao fazerem planos para o futuro de um aeroporto, os planejadores aeroportuários desenvolvem uma série de alternativas de projeto para acomodar os níveis previstos de demanda. Essas alternativas de projeto são, então, levadas aos gestores aeroportuários, ao governo local, à comunidade vizinha e muitas vezes à Federal Aviation Administration para se alcançar um consenso quanto à alternativa recomendada de projeto.

As alternativas de projeto para aeroportos podem incluir:

- A seleção de um aeroporto em um local novo e ainda não desenvolvido
- Os planos para projeto e operação do aeródromo e do espaço aéreo local
- Os planos para projeto e operação do terminal e dos sistemas de acesso terrestre

Escolha do local

Uma das alternativas de projeto para o futuro de um aeroporto pode ser o desenvolvimento de um novo aeroporto em outro local. Se esse for o caso, o primeiro e talvez mais importante passo nesse processo é a escolha do local apropriado. Dentre os principais fatores que exigem uma análise cuidadosa na avaliação final dos locais para aeroportos estão: análise de orientação de pistas de pouso e do vento, análise do espaço aéreo, obstruções vizinhas, disponibilidade para ampliação, disponibilidade para serviços de utilidade, condições meteorológicas, impactos sonoros e comparações de custos com os locais alternativos.

Orientação de pistas de pouso e análise eólica

O planejamento de um aeródromo com relação à orientação das pistas de pouso não é uma tarefa trivial. O planejamento das orientações das pistas de pouso consiste em três tarefas:

1. Identificar o **Airport Reference Code** (ARC – Código de Referência Aeroportuária) com base nas principais aeronaves de um aeroporto.
2. Analisar dados eólicos históricos para o aeródromo.
3. Aplicar o ARC e os dados eólicos históricos usando um anemograma para encontrar a orientação apropriada para a pista principal e para quaisquer pistas secundárias de vento de través.

Identificação do ARC com base nas aeronaves principais

Cada uma das aeronaves atualmente em uso se encontra limitada pela quantidade de vento de través que pode existir durante seu pouso ou decolagem. Esse limite pode ser encontrado no manual de uso operacional da aeronave. Em geral, porém, as aeronaves com menores envergaduras e com velocidades mais lentas de aproximação apresentam limites de tolerância mais baixos para ventos de través.

A FAA categoriza as aeronaves para os aeroportos de acordo com suas velocidades de aproximação e suas envergaduras. A envergadura de qualquer aeronave a coloca em um dos "Grupos de Projeto de Aviões". A velocidade de aproximação de uma aeronave denota para o aeroporto a "Categoria de Aproximação da Aeronave". A Tabela 11-1 identifica especificações que determinam o Grupo de Projeto de Aviões e a Categoria de Aproximação da Aeronave de uma aeronave.

A combinação de Grupo de Projeto de Aviões e de Categoria de Aproximação das Aeronaves compõe o código de referência de um aeroporto. Por exemplo, uma aeronave Cessna 172 com 11 metros de envergadura e uma velocidade de aproximação de 65 nós iria resultar em um ARC de A-I.

Para cada ARC, a FAA determinou os ventos de través máximos permitidos para uso no planejamento da orientação das pistas de pouso nos aeroportos. Os ventos de través máximos permitidos para cada código de referência são:

TABELA 11-1 Código de referência aeroportuária

Elemento 1 do código de referência da FAA		Elemento 1 do código de referência da FAA	
Categoria de aproximação da aeronave	Velocidade de aproximação da aeronave (VA) em nós	Grupo de projeto do avião	Envergadura da aeronave (EA)
A	VA < 91	I	EA < 49 pés (15 m)
B	91 ≤ VA < 121	II	49 pés (15 m) ≤ EA < 79 pés (24 m)
C	15 m ≤ VA < 141	III	79 pés (24 m) ≤ EA < 118 pés (36 m)
D	141 ≤ VA < 166	IV	118 pés (36 m) ≤ EA < 171 pés (52 m)
E	166 ≤ VA	V	171 pés (52 m) ≤ EA < 214 pés (65 m)
		VI	214 pés (65 m) ≤ EA < 262 pés (80 m)

Fonte: FAA.

- 10,5 nós para ARC A-I e B-I
- 13 nós para A-II e B-II
- 16 nós para A-III, B-III, C-I até C-III, e D-I até D-III
- 20 nós para A-IV até D-VI

As aeronaves principais em um aeroporto são aquelas que realizam pelo menos 500 operações itinerantes a cada ano e cujo código de referência representa o menor vento de través máximo permitido. O planejamento e a gestão de pistas de pouso baseiam-se, de fato, nas tolerâncias máximas de vento de través ditadas pelo ARC associado às aeronaves principais.

Analisando dados históricos de vento no aeródromo

Nos aeroportos, o vento costuma ser medido por sua velocidade (em nós) e pela sua direção (em graus a partir do norte). Nos Estados Unidos, os dados referentes à direção e à velocidade do vento vêm sendo registrados historicamente de hora em hora em aeroportos e em outras áreas de interesse pela National Oceanic and Atmospheric Administration (Agência Atmosférica e Oceânica Nacional).

Dados eólicos históricos são compilados, categorizados e ilustrados por meio de uma ferramenta gráfica chamada de **anemograma**. Um anemograma representa graficamente a velocidade e a direção do vento por uma série de anéis concêntricos, que representam a velocidade do vento, e por raios, que representam a sua direção. O centro do anemograma representa ventos calmos. Anéis mais distantes do seu centro representam ventos de velocidade cada vez maiores. Os raios representam a direção a partir do norte. O percentual de tempo em que o vento sopra entre certas direções e entre certas velocidades é colocado nas células criadas pelos anéis e pelos raios do anemograma.

Um anemograma é projetado para proporcionar ao planejador e gestor de um aeroporto um guia visual para as direções apropriadas da pista principal e de quaisquer pistas necessárias de vento de través. Ao sobrepor uma direção proposta de pista de pouso sobre o anemograma, o planejador de um aeroporto é capaz de identificar visualmente a direção dos ventos predominantes e de avaliar o percentual aproximado de tempo em que a orientação da pista proporcionará ventos de través inferiores ao máximo tolerável. Isso é feito adicionando-se os percentuais encontrados dentro do "modelo de pista de pouso". A "largura" do modelo de pista de pouso está associada ao componente máximo de vento cruzado vinculado ao Airport Reference Code (Código de Referência Aeroportuária) para o aeroporto em questão.

A necessidade de construção de uma pista de pouso para vento de través é determinada com base em regulamentações da FAA. A FAA exige que todas as pistas de pouso em um aeroporto estejam orientadas de forma que as aeronaves possam usar o aeroporto pelo menos 95% do tempo com componentes de vento de través não excedendo aqueles das aeronaves principais.

A Figura 11-5 ilustra um exemplo de uma análise de cobertura eólica usando-se um anemograma. O anemograma estima a cobertura eólica de uma pista norte-sul projetada para uma aeronave com código de referência C-II e de uma pista nordeste-sudoeste projetada para uma aeronave com código de referência A-I.

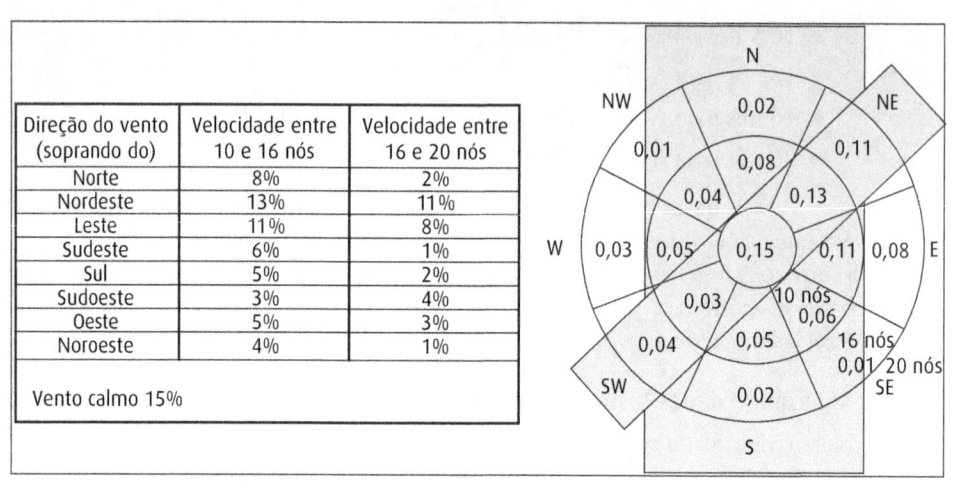

Direção do vento (soprando do)	Velocidade entre 10 e 16 nós	Velocidade entre 16 e 20 nós
Norte	8%	2%
Nordeste	13%	11%
Leste	11%	8%
Sudeste	6%	1%
Sul	5%	2%
Sudoeste	3%	4%
Oeste	5%	3%
Noroeste	4%	1%

Vento calmo 15%

FIGURA 11-5 Análise por anemograma.

Análise do espaço aéreo

Nas principais áreas metropolitanas, não é incomum que dois ou mais aeroportos compartilhem o espaço aéreo. Esse fator pode restringir a capacidade de quaisquer deles em aceitar tráfego IFR sob condições climáticas adversas. Aeroportos muito próximos uns dos outros podem rebaixar suas respectivas capacidades e criar um grave problema de controle de tráfego. É importante analisar as exigências e as futuras necessidades dos aeroportos já existentes antes de considerar locais de construção para novos aeroportos.

Obstruções circunvizinhas

Obstruções nos arredores dos locais onde se encontram os aeroportos, quer sejam naturais, já existentes ou estruturas propostas pelo homem, precisam satisfazer aos critérios estabelecidos pela FAR Parte 77 – Objetos que Afetam o Espaço Aéreo Navegável, conforme descrito no Capítulo 4 deste livro. A FAA exige que o operador do aeroporto providencie zonas de desobstrução nas extremidades das pistas de pouso. As **zonas de proteção de pista de pouso** (RPZ – *runway protection zones*) são áreas que começam logo após a extremidade das pistas de pouso. As dimensões das RPZs são apresentadas na Figura 11-6.

A FAA exige que o proprietário do aeroporto tenha um "interesse adequado pela propriedade" da área de RPZ para que os requisitos da FAR Parte 77 possam ser cumpridos e para que a área possa ser protegida de futuras obstruções. O interesse adequado pela propriedade pode se dar na forma de posse ou de arrendamento a longo prazo ou por outra demonstração de capacidade legal para evitar obstruções futuras na RPZ.

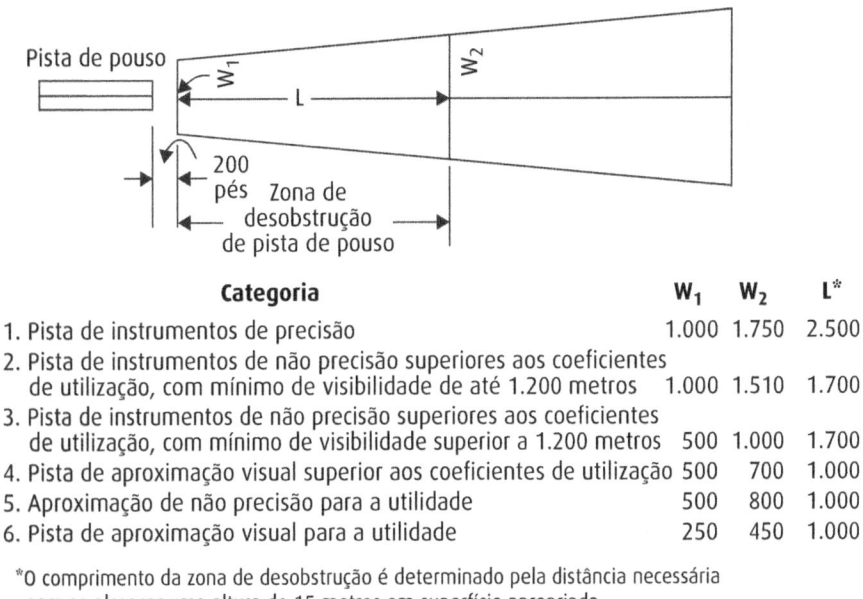

Categoria	W_1	W_2	L^*
1. Pista de instrumentos de precisão	1.000	1.750	2.500
2. Pista de instrumentos de não precisão superiores aos coeficientes de utilização, com mínimo de visibilidade de até 1.200 metros	1.000	1.510	1.700
3. Pista de instrumentos de não precisão superiores aos coeficientes de utilização, com mínimo de visibilidade superior a 1.200 metros	500	1.000	1.700
4. Pista de aproximação visual superior aos coeficientes de utilização	500	700	1.000
5. Aproximação de não precisão para a utilidade	500	800	1.000
6. Pista de aproximação visual para a utilidade	250	450	1.000

*O comprimento da zona de desobstrução é determinado pela distância necessária para se alcançar uma altura de 15 metros em superfície apropriada.

FIGURA 11-6 Dimensões das zonas de proteção de pista de pouso. (Fonte: FAA)

Disponibilidade para ampliação

Terrenos disponíveis para a ampliação do aeroporto representam um fator fundamental na escolha do local; contudo, nem sempre é necessário adquirir a área inteira já de início, porque os terrenos adjacentes necessários para ampliação futura podem ser protegidos por arrendamento ou por opção de compra. A Airport and Airway Development Act (Lei de Desenvolvimento de Aeroportos e da Navegação Aérea), de 1970, estabeleceu pela primeira vez recursos para que as comunidades adquirissem terrenos para futuro desenvolvimento aeroportuário.

Disponibilidade para utilidades

Sempre é preciso levar em consideração a que distância as redes elétricas, telefônicas, de gás, de água e de esgotos precisam ser estendidas para atenderem ao local proposto. O custo para se obter esses serviços é determinante para a escolha do local.

Condições meteorológicas

Os locais precisam ser cuidadosamente investigados em relação à prevalência de neblina, más correntes de vento, fumaça industrial e nuvens de poluição. Um estudo da direção do vento ao longo do ano inteiro sempre é realizado, já que os ventos predominantes irão influenciar todo o projeto do aeroporto.

Economia da construção

A classificação do solo e sua drenagem podem afetar o custo da construção. De modo similar, locais envolvendo terrenos submersos ou pantanosos apresentam custos de desenvolvimento muito mais elevados do que aqueles em terrenos secos. O local mais econômico para a construção ganhará pontos na escolha final.

Conveniência para a população

Um aeroporto precisa ser conveniente para as pessoas que usarão suas instalações. De maneira bem semelhante a como os *shopping centers* conquistam seu sucesso por meio de acesso e estacionamento convenientes, o aeroporto também precisa ser acessível em termos de tempo, distância e custo de transporte. Como uma regra geral, o aeroporto deve ficar situado a não mais do que 30 minutos da maioria de seus usuários potenciais. Durante a escolha de um local, sempre é preciso levar em consideração a proximidade das ferrovias, rodovias e outros tipos de transportes para a movimentação e o deslocamento de cargas e passageiros.

Ruídos

Os ruídos representam uma importante objeção citada por oponentes a projetos de novos aeroportos e de sua ampliação. Inúmeros esforços estão sendo feitos pela indústria e pelo governo para buscar novas e melhores formas de reduzir os níveis sonoros das aeronaves. Muitas das aeronaves a jato mais antigas estão sendo adaptadas com *kits* projetados para reduzir os ruídos. Fabricantes de motores estão explorando novos conceitos e projetos de engenharia que irão reduzir essa fonte de ruídos para um mínimo absoluto. Exige-se que os pilotos de aeronaves de empresas aéreas mantenham certos ajustes de força e que voem em rotas prescritas para reduzir os níveis de ruídos nos arredores das áreas de decolagem e pouso. Padrões de certificação sonora foram estabelecidos pela FAA para novas aeronaves.

Comparações de custos de locais alternativos

Uma comparação quantitativa e qualitativa dos fatores mencionados anteriormente é feita a partir de uma perspectiva de custos. A análise quantitativa envolve uma avaliação dos custos de aquisição e de servidões de terrenos, dos desenvolvimentos do local, da viagem terrestre para os usuários e dos efeitos sobre as áreas vizinhas, como ruídos, poluição do ar e da água e segurança. Avaliações qualitativas levam em consideração a acessibilidade aos usuários, usos compatíveis de terrenos, potencial de ampliações e compatibilidade de controle de tráfego aéreo.

Planos para área de terminal

O principal objetivo dos planos para área de terminal é alcançar um equilíbrio aceitável entre conveniência aos passageiros, eficiência operacional, investimento em instalações e estética. As características de conforto físico e psicológico da área de terminal devem proporcionar ao passageiro um progresso organizado e conveniente desde seu automóvel ou transporte público, passando pelo terminal, até chegar à aeronave, e vice-versa. Uma descrição detalhada das geometrias de terminais aeroportuários, juntamente com suas instalações, é fornecida no Capítulo 6 deste livro.

Um dos fatores mais importantes que afetam o passageiro aéreo é a distância das caminhadas. O passageiro começa deixando o veículo de transporte terrestre e continua até o balcão de *check-in*, chegando, por fim, ao ponto onde embarca na aeronave. Consequentemente, os terminais são planejados de forma a minimizar a distância de caminhada ao desenvolver instalações convenientes para o estacionamento de automóveis, deslocamentos convenientes dos passageiros através do complexo do terminal e transporte que permita um manuseio rápido e eficiente das bagagens. O planejador normalmente estabelece objetivos para distâncias médias de caminhada desde o meio-fio de embarque do terminal até as aeronaves. Conduções para passageiros, como esteiras rolantes e sistemas de manuseio de bagagens, também são levadas em consideração.

O arranjo funcional do complexo da área de terminal com as instalações voltadas para o lado terra é projetado de modo a ser suficientemente flexível para atender às características operacionais do setor das empresas aéreas, visando a alcançar um tempo mínimo de ocupação de portões e o máximo de economia operacional para as empresas.

O objetivo final dos planos de área de terminal é desenvolver um complexo capaz de fornecer todos os serviços necessários mediante um gasto otimizado de recursos, do ponto de vista de investimento de capital e de custos operacionais e de manutenção. Isso leva em consideração a flexibilidade e os custos que serão necessários em ampliações futuras da área de terminal.

Fatores de áreas de terminal

Na escolha do conceito da área de terminal, os seguintes fatores são levados em consideração pelos planejadores de aeroportos:

- Passageiros
- Espaço adequado de área frontal do terminal para transporte público e privado
- Distâncias mínimas de caminhada – da entrada do terminal às instalações de *check-in*
- Distâncias mínimas de caminhada – das instalações de *check-in* aos locais de revista e aos portões de aeronaves
- Amplo espaço para filas de passageiros nas instalações de processamento de passageiros
- Transporte de passageiros – onde é preciso atravessar longas distâncias
- Trajeto de pedestres até as aeronaves – como método sobressalente aos sistemas de transporte mecânico de passageiros
- Eficiência de conexão de passageiros de uma empresa aérea para outra

- Manuseio de bagagens – embarque e desembarque
- Acomodações convenientes de hotel
- Tratamento eficiente de visitantes no aeroporto
- Veículos de passageiros
- Separação do fluxo de automóveis públicos do tráfego de serviço comercial
- Transporte público de e para o aeroporto
- Estacionamento público – de longa permanência (3 horas ou mais) e de curta permanência (menos de 3 horas)
- Estacionamento para funcionários do aeroporto
- Estacionamento para funcionários de empresas aéreas
- Área pública de serviço automobilístico
- Estacionamento e áreas de serviço para locadoras de veículos
- Operações aeroportuárias
- Separação dos veículos de pátio em relação a aeronaves em movimento e estacionadas
- Separação do fluxo de passageiros no prédio do terminal (de chegada e de partida)
- Separação do fluxo de passageiros em relação a atividades de pátio
- Disponibilidade de concessões e de exposição ao público
- Segurança do aeródromo e prevenção de acesso não autorizado ao pátio e ao aeródromo
- Instalações para encaminhamento de cargas aéreas e fretes
- Instalações para manutenções aeroportuárias
- Drenagem do aeródromo e do pátio
- Utilidades para o aeródromo e o pátio
- Estações de abastecimento e sistemas de aquecimento e ar-condicionado
- Instalações e equipamentos para combate a incêndio e resgate
- Aeronaves
- Fluxo eficiente de aeronaves em pátios e entre pátios de terminal e pistas de táxi
- Espaço para manobras fáceis e eficientes no estacionamento de aeronaves junto aos portões
- Abastecimento de aeronaves
- Áreas de heliporto
- Áreas para aviação geral
- Controle de ruídos, exaustão e jato
- Espaço no pátio para montagem e deslocamento de equipamentos de serviços para aeronaves

- Segurança
- Embarques e desembarques de aeronaves
- Elevadores, escadas rolantes, escadas e rampas quanto a sua localização, velocidade e métodos de acesso e egresso
- Cruzamentos de vias visando à proteção dos pedestres
- Instalações com acessibilidade para deficientes

O prédio do terminal é uma instalação fundamental e complexa que atende às necessidades de passageiros, empresas aéreas, visitantes, operações e administração aeroportuária e concessionários. Sem dúvida, cada um desses grupos de usuários tem diferentes objetivos e requisitos de espaço. Conflitos entre objetivos e requisitos de espaço surgem muitas vezes durante o planejamento de sistemas de processamento de passageiros.

No planejamento de aeroportos, costuma-se reconhecer que são necessários dois conjuntos de critérios espaciais. Um é o conjunto de critérios que pode ser usado para a avaliação do conceito geral. Trata-se de um conjunto de considerações gerais que o planejador utiliza para avaliar e escolher entre conceitos alternativos em um estágio preliminar, antes de qualquer projeto ou desenvolvimento detalhado. O outro conjunto de critérios espaciais são aqueles usados de fato para o projeto e o desenvolvimento. Nesse conjunto, parâmetros específicos de desempenho são necessários para avaliar a operação provável de planos bem desenvolvidos.

Embora os critérios para a avaliação do conceito geral possam ser desenvolvidos com base na experiência e na observação de prédios de terminal já existentes, os critérios mais específicos de projeto e desenvolvimento requerem o uso de algumas técnicas analíticas para que sejam gerados. Elas incluem modelos de rede, métodos de caminho crítico (CPM – *critical path methods*), modelos de formação de filas e modelos de simulação.

Os critérios mais importantes para a avaliação do conceito geral quanto às exigências de espaço são:

- Capacidade da instalação em lidar com a demanda esperada
- Compatibilidade com o *mix* esperado de aeronaves
- Flexibilidade para crescimento e resposta a avanços na tecnologia
- Compatibilidade com sistemas de acesso terrestre
- Compatibilidade com o *master plan* do aeroporto
- Mínima confusão direcional causada pelo *layout* físico do prédio
- Considerações de custos
- Considerações sociopolíticas e ambientais

Os critérios específicos mais importantes para o projeto e o desenvolvimento em relação às exigências de espaço são:

- Custos de processamento por passageiro
- Distâncias de caminhada para vários tipos de passageiros

- Formação de filas de passageiros e taxas de serviço nos pontos de processamento
- Níveis de ocupação para saguões e corredores
- Atrasos e custos devido a manobras de aeronaves
- Custos de construção
- Despesas operacionais e de manutenção
- Receitas estimadas provenientes de concessionários

Medidas envolvidas na determinação de exigências de espaço

Uma vez estabelecidos os conjuntos de critérios, o próximo passo é determinar as necessidades de espaço para os diversos usuários. Para fins de planejamento, a FAA, historicamente, costuma recomendar os seguintes passos para determinar as necessidades de espaço para as instalações no terminal de um aeroporto:

1. *Estime os níveis de demanda de passageiros.* O primeiro passo envolve uma previsão do volume anual de passageiros. A seguir, vem uma determinação do volume horário aproximado. Os planejadores se referem a essa métrica como volume típico de passageiros em horário de pico ou volume de projeto. O horário de pico de um dia regular no mês de pico costuma ser usado como o volume horário de projeto para o espaço do terminal. Esse valor corresponde geralmente de 3 a 5% do volume anual.

   Os tipos de passageiros são classificados, em termos gerais, como domésticos, internacionais ou em conexão. Uma divisão mais avançada dos tipos incluiria itens como (a) de chegada ou de partida; (b) com ou sem bagagem despachada; (c) modal de acesso ou de egresso do aeroporto: automóvel, ônibus, limusine, trem ou helicóptero; (d) regulares, fretados ou de voo da aviação geral; e (e) qualquer outra característica que possa ser relevante para o aeroporto em questão.

2. *Estime as demandas por instalações específicas.* Uma matriz é desenvolvida fazendo-se uma correspondência entre tipos e volumes de passageiros nas diversas instalações do terminal. Entre elas estariam áreas como balcões de passagens, banheiros, área de restituição de bagagens, salas de espera, praça de alimentação e assim por diante. As áreas para o atendimento de passageiros internacionais incluiriam saúde pública, imigração, alfândega e áreas de espera para visitantes. Somando-se o volume de passageiros nas colunas correspondentes às instalações, é possível fazer uma aproximação da capacidade total de cada instalação.

3. *Determine as necessidades de espaço.* Os espaços necessários propriamente ditos são determinados multiplicando-se o número estimado de passageiros que usarão cada instalação por um fator empírico, para se chegar à área ou à capacidade aproximada da instalação em questão. O fator empírico, ou a constante, baseia-se na experiência adquirida pelos planejadores e contempla um nível razoável de serviço e ocupação.

Deve-se ressaltar que o método citado para estimar as necessidades dos terminais aeroportuários só é apropriado para o planejamento conceitual. Para estimativas mais precisas do tamanho e da localização de tais instalações, é preciso obter uma compreensão singular dos fluxos de passageiros e bagagens para um terminal aeroportuário específico.

O planejamento da área de terminal leva em consideração as capacidades de ampliação para acomodar volumes crescentes de passageiros e de posições de portão para aeronaves. Além disso, um equilíbrio apropriado entre investimento de capital, estética, operação, custos de manutenção e receitas derivadas de passageiros e do aeroporto é levado em consideração.

A Circular Consultiva 150/5360-13 – *Diretrizes de Planejamento e Projeto para Instalações de Terminais Aeroportuários* – da FAA fornece especificações para o planejamento e o projeto de áreas de terminal, baseadas em critérios recomendados de planejamento para os seus principais componentes. As informações sobre requisitos para terminais são obtidas junto às empresas aéreas, aos interesses da aviação geral, aos concessionários aeroportuários, aos gestores aeroportuários e aos comitês técnicos especiais. Os critérios são analisados e acordados por todas as partes envolvidas antes de serem incorporados ao *master plan*. É essencial que se efetue uma coordenação com os interesses aeroportuários e com os usuários antes da escolha final do conceito da área de terminal.

Planos de acesso aeroportuário

Os planos de acesso aeroportuário representam uma parte integral do processo de planejamento-mestre de um aeroporto. Os planos indicam rotas propostas de acesso desde o aeroporto até o centro comercial e até pontos de conexão com artérias existentes ou planejadas de transporte. Todos os modais de acesso são levados em consideração, incluindo rodovias, transporte público e acesso por aeronaves de decolagem e aterrissagem verticais/curtos (V/STOL – *vertical/short takeoff and landing*). A capacidade mínima estimada para os diversos modais considerados é determinada a partir de previsões sobre passageiros, cargas e operações com aeronaves. Por natureza, os planos de acesso aeroportuário costumam ser um tanto genéricos, já que os planos detalhados de acesso fora dos limites do aeroporto serão desenvolvidos por departamentos de rodovias, autoridades de trânsito e entidades de planejamento.

Planos financeiros

O plano financeiro consiste em uma avaliação completa do plano de desenvolvimento. Ele examina as previsões de atividade do *master plan* a partir de um ponto de vista de receitas e despesas, analisando o balanço financeiro do aeroporto ao longo do período de planejamento, para garantir os ganhos do investidor do aeroporto. Uma das atividades nessa fase é a avaliação das fontes de custeio e dos métodos de financiamento para o desenvolvimento proposto. Dentre as questões a serem abordadas estão: quais partes serão custeadas por recursos federais a fundo perdido; qual é o tamanho do cronograma das emissões de obrigações; e qual é a receita proveniente de arrendamentos para concessionários, de taxas de estacionamento e assim por diante. Uma descrição mais completa das estratégias financeiras dos aeroportos pode ser encontrada no Capítulo 9 deste livro.

Avaliação econômica

Embora o objetivo primordial do *master plan* aeroportuário seja desenvolver um conceito de projeto para o aeroporto como um todo, é essencial testar a viabilidade econômica desse plano dos pontos de vista da operação aeroportuária e das instalações e serviços individuais. A viabilidade econômica dependerá da capacidade dos usuários, a partir das melhorias aeroportuárias programadas pelo plano, em produzir as receitas (que poderão ser suplementadas por subsídios federais, estaduais ou locais) necessárias para cobrir os custos anuais de administração, operação e manutenção. Isso precisa ser determinado para cada estágio do desenvolvimento agendado no *master plan*. Esse exame inclui o custo de capital a ser aplicado no financiamento das melhorias, os custos operacionais anuais das instalações e as receitas anuais potenciais.

Essa estimativa preliminar de custos para cada uma das melhorias propostas fornece as informações básicas sobre capital de investimento para que se possa avaliar a viabilidade das diversas instalações. Os custos estimados de construção são ajustados para incluir reservas para gastos com arquitetura e engenharia na preparação de planos detalhados e especificações, despesas gerais com administração da construção, reservas para contingências e reservas para gastos com juros durante a construção. Os custos estimados para a aquisição de terrenos, bem como os custos com servidões necessárias para proteger as áreas circunvizinhas, também são incluídos. Caso o *master plan* envolva a ampliação de um aeroporto já existente, o custo de investimento de capital existente talvez tenha que ser adicionado aos novos custos de capital.

O plano do *layout* aeroportuário também indica os estágios de desenvolvimento das instalações propostas. Os desenhos normalmente incluem legendas para indicar o estágio mostrado no plano, quer seja em folhas simples ou separadas. Gráficos que exibem o cronograma de desenvolvimento para os vários itens do *master plan* são desenvolvidos no relatório do plano-mestre.

Limiar de ponto de equilíbrio

O valor anual necessário para cobrir o custo com investimentos de capital e os custos de administração, operação e manutenção pode ser chamado de limiar de ponto de equilíbrio. As receitas necessárias para se alcançar esse limiar provêm das tarifas cobradas dos usuários, das cobranças de arrendamento e das receitas com concessões produzidas pelo aeroporto. Para se certificar de que os componentes individuais do aeroporto estão gerando uma porção apropriada das receitas anuais mínimas, o aeroporto pode ser dividido em áreas, para permitir a alocação de custos para tais áreas de acordo com princípios amplamente aceitos de contabilidade. Os encargos com capital investido incluem itens depreciáveis e não depreciáveis.

Itens de investimento não depreciável são aqueles que apresentam um valor permanente mesmo que o local do aeroporto seja convertido para outros usos. Dentre os itens de investimento não depreciável estão o custo de aquisição de terreno, as operações de escavação e de terraplanagem e as realocações de rodovias que elevam o valor do local do aeroporto. O custo anual de capital investido em ativos não depreciáveis depende em primeiro lugar da fonte de capital usada. Caso tenham sido emitidas obrigações vinculadas à receita aeroportuária ou associadas ao Estado ou município para a aquisição do ativo, o total dos pagamentos do valor principal e dos juros e as reservas necessárias ou os pagamentos de cobertura das obrigações são usados. Ativos adquiridos com *superavit* operacional do aeroporto nos anos anteriores, com receitas fiscais em geral ou com recursos concedidos não costumam impor uma exigência operacional pecuniária, e o tratamento desses investimentos exigirá uma decisão por parte do operador com base em considerações legais e nos objetivos operacionais financeiros do aeroporto. Encargos com juros ou depreciação não precisam ser recuperados em quantias asseguradas pelo aeroporto sob a Airport and Airway Improvement Act (Lei de Melhoria de Aeroportos e da Navegação Aérea), de 1982, ou por leis anteriores. O tratamento de recursos adquiridos por programas federais a fundo perdido é governado pelos termos da lei envolvida.

O custo anual de capital investido em planta e equipamentos (em oposição a terrenos) pode ser encarado como investimento depreciável. O encargo anual com depreciação depende da vida útil do ativo e da fonte de capital usada para adquirir o ativo. Se o pagamento do valor principal e dos juros em obrigações emitidas para pagar pelo ativo está programado para períodos mais curtos do que a vida útil do ativo em questão, esse cronograma se sobrepõe e forma a base para os encargos com depreciação, a menos que outras receitas estejam disponíveis para o serviço da dívida. Encargos com depreciação para bens de capital adquiridos com *superavit* operacional de anos anteriores, com receitas fiscais em geral ou com recursos concedidos não costumam impor uma exigência operacional pecuniária, e o tratamento desses investimentos exigirá uma decisão política por parte do operador. Encargos com juros ou depreciação não precisam ser recuperados em quantias asseguradas pelo aeroporto sob a Airport and Airway Improvement Act (Lei de Melhoria de Aeroportos e da Navegação Aérea), de 1982, ou por leis anteriores. Recursos obtidos sob programas federais a fundo perdido são governados pelos termos da lei envolvida.

Estimativas de despesas com administração, operação e manutenção são desenvolvidas para cada área de custo do aeroporto, com base nos custos unitários para despesas diretas. Para áreas que não geram receitas, essas despesas são previstas em separado e distribuídas para várias operações aeroportuárias. Para despesas com abastecimento, é feita uma previsão do montante líquido devido pela aquisição do item de abastecimento adquirido, após a venda dos serviços de abastecimento.

Receita aeroportuária potencial

A soma dos encargos anuais estimados sobre capital investido e das despesas médias anuais estimadas com administração, operação e manutenção estabelece o limiar de ponto de equilíbrio para cada instalação geradora de receitas e para o aeroporto como um todo. O passo seguinte para se estabelecer a viabilidade econômica é determinar se as receitas são suficientes (podendo ser suplementadas por subsídios federais, estaduais e locais) no aeroporto para cobrir o limiar de ponto de equilíbrio; portanto, são preparadas previsões para as áreas geradoras de receitas. Elas incluem a área de pouso, as áreas de pátio e estacionamento de aeronaves, os prédios de terminal das empresas aéreas, as áreas de estacionamento público, os prédios de cargas, o combustível de aviação, os hangares, as instalações comerciais e outras áreas utilizáveis.

Área de pouso Esta área inclui pistas de pouso, pistas de táxi relacionadas e pistas de táxi de circulação. A determinação de receitas advindas de tarifas por pouso é distribuída entre empresas aéreas com voos regulares, outras transportadoras aéreas e a aviação geral. Os montantes arrecadados com tarifas de pouso devem proporcionar receitas suficientes para cobrir o limiar de ponto de equilíbrio da área de pouso.

Áreas de pátio e estacionamento de aeronaves As receitas para se alcançar o limiar de ponto de equilíbrio para pátios de terminal de empresas aéreas e pátios de cargas são designadas para as empresas aéreas com voos regulares. Tarifas referentes a pátios e áreas de estacionamento devem proporcionar receitas suficientes para cobrir o limiar de ponto de equilíbrio para áreas específicas de pátio de aeronaves e áreas de estacionamento.

Prédios de terminal das empresas aéreas Receitas de concessionários e de serviços de transporte terrestre baseiam-se geralmente em um percentual da renda bruta com uma taxa fixa mínima para cada tipo de serviço. Para definir as tarifas de aluguel, é preciso estabelecer previsões de receita potencial advindas de concessões e transporte terrestre. As tarifas de aluguel são baseadas no limiar de ponto de equilíbrio do prédio de terminal após ser dado crédito às receitas previstas advindas de concessões e do transporte terrestre.

Áreas de estacionamento público Os estacionamentos públicos costumam ser operados ao estilo de concessionários, com as receitas obtidas com os aluguéis baseadas em um percentual da renda bruta com uma taxa fixa mínima. O montante necessário de receitas para se alcançar o limiar de ponto de equilíbrio dependerá do fato de as instalações de estacionamento serem construídas pelo proprietário do aeroporto ou pelo concessionário contratado. Essas receitas se aplicam a estacionamento público tanto para terminais de empresas aéreas quanto da aviação geral. As receitas que ultrapassam o limiar de ponto de equilíbrio são alocadas para suprir o limiar para o aeroporto como um todo.

Prédios de cargas Os aluguéis são cobrados geralmente sob uma taxa por metro quadrado e cobrem investimentos em estacionamento para funcionários e docas para descarga de caminhões, bem como em espaço para edificação. As taxas são estabelecidas para se alcançar o limiar de ponto de equilíbrio.

Combustível de aviação Tarifas cobradas sobre concessionários que lidam com combustível de aviação são estabelecidas de modo a cobrir os custos com as áreas de armazenamento de combustível e com os sistemas associados de bombeamento, tubulação e hidrante.

Hangares Os aluguéis são cobrados geralmente sob uma taxa por metro quadrado e cobrem investimentos em espaço associado de pátio de aeronaves e em estacionamento para funcionários relacionados ao hangar. Espaços nos hangares usados para escritório são cobrados de forma similar e cobrem o estacionamento para funcionários relacionados aos escritórios.

Instalações comerciais Prédios de escritórios em aeroportos, instalações industriais e hotéis costumam ser operados com base em uma gestão dos próprios arrendatários, com as receitas sendo obtidas em taxas por metro quadrado. As instalações são muitas vezes financiadas por capital privado. As receitas que ultrapassam o limiar de ponto de equilíbrio são alocadas para suprir o limiar para o aeroporto como um todo.

Outras áreas utilizáveis Vários usos de espaço terrestre para atividades como estações de gasolina, instalações para locadoras de veículos e operadores de limusines e ônibus costumam gerar receitas com base em taxas fixas preestabelecidas. Essas instalações frequentemente são financiadas por capital privado. As receitas que ultrapassam o limiar de ponto de equilíbrio são alocadas para suprir o limiar para o aeroporto como um todo.

Avaliação econômica final

Depois de realizada uma análise dos limiares de ponto de equilíbrio para os componentes individuais do *master plan*, a viabilidade econômica é analisada em termos gerais. A meta da análise geral é determinar se as receitas irão igualar ou ultrapassar o limiar de ponto de equilíbrio. Essa determinação requer uma avaliação do escopo e do cronograma do plano propriamente dito em termos das necessidades dos usuários e de sua capacidade de arcar com o comprometimento financeiro necessário para suportar os custos do programa. Se esse exame indicar que as receitas serão insuficientes, talvez seja preciso fazer revisões no cronograma ou no escopo dos desenvolvimentos propostos no *master plan*, ou as taxas de recuperação de receitas para as áreas de custo do aeroporto podem precisar de ajustes. Esses fatores são ajustados até que a viabilidade do *master plan* seja estabelecida; em outras palavras, as receitas aeroportuárias (que poderão ser suplementadas por subsídios federais, estaduais ou locais) corresponderão ao investimento de capital ao longo do período previsto pelo *master plan*. Quando a viabilidade econômica das melhorias propostas no *master plan* é finalmente estabelecida, o orçamento de capital e um programa para financiar essas melhorias são desenvolvidos.

Planejamento do uso do solo

O plano aeroportuário mostra usos do solo de dentro do aeroporto conforme desenvolvido pelo patrocinador do aeroporto sob o *master plan* e usos do solo no entorno do aeroporto conforme desenvolvido pelas comunidades vizinhas. O trabalho dos planejadores aeroportuários, municipais, regionais e estaduais precisa ser cuidadosamente coordenado. A configuração das pistas de pouso, pistas de táxi e zonas de aproximação do aeródromo estabelecida no plano de *layout* aeroportuário é a base para o desenvolvimento do plano de uso de solo em áreas de dentro do aeroporto e em seu entorno. Por sua vez, o plano de uso de solo para o aeroporto e seus ambientes representa uma parte de um programa de planejamento abrangente da área em geral. A localização, o tamanho e a configuração do aeroporto precisam ser coordenados com os padrões de usos de terrenos residenciais e de outros na área, bem como com outras instalações de transporte e de serviços públicos. No âmbito do planejamento mais abrangente, o planejamento, as políticas e os programas aeroportuários precisam ser coordenados com os objetivos para a área que o *master plan* do aeroporto visa atender.

Usos do solo no aeroporto

As dimensões da área dentro dos limites do aeroporto acabam exercendo um importante impacto sobre os tipos de uso de solo encontrados no aeroporto. Em aeroportos com áreas mais reduzidas, a maior parte do solo é orientada para a aviação. Em grandes aeroportos, com um terreno maior do que o necessário para propósitos aeronáuticos, o uso do solo também podem assumir outros fins. Por exemplo, muitos aeroportos arrendam terrenos para usuários industriais, especialmente para aqueles que utilizam aeronaves para negócios ou cujos funcionários frequentemente viajam por empresas aéreas ou de serviço fretado. Em muitos casos, o acesso por pista de táxi é oferecido diretamente até a instalação da empresa. Em outros, pistas com trilhos atendendo a área da empresa, seus estacionamentos ou um armazém subterrâneo podem ficar situadas diretamente abaixo das zonas de aproximação a pistas de pouso (mas longe das zonas de desobstrução). Empresas que possam produzir perturbações eletrônicas capazes de interferir na navegação das aeronaves ou nos equipamentos de comunicação, ou que possam causar problemas de visibilidade devido a fumaça, não são arrendatários compatíveis com aeroportos.

Algumas atividades comerciais são adequadas dentro dos limites do aeroporto. Usos recreativos como campos de golfe são bastante adequados para o solo aeroportuário e podem inclusive servir como boas áreas de escape. Certos usos agrícolas são apropriados para o solo aeroportuário, mas devem ser evitadas plantações que atraem pássaros.

Ainda que lagos, reservatórios, rios e córregos possam ser apropriados para inclusão nos limites do aeroporto, especialmente do ponto de vista de controle de ruídos ou de enchentes, geralmente se toma cuidado para evitar a atração de aves aquáticas. Lixões e aterros que possam atrair pássaros também são evitados.

Usos do solo no entorno do aeroporto

A responsabilidade de desenvolvimento do solo no entorno do aeroporto, de forma a maximizar a compatibilidade entre a atividade aeroportuária e as atividades circunvizinhas e a minimizar o impacto de ruídos e de outros problemas ambientais, é dos os órgãos governamentais locais. Quanto mais entidades políticas estiverem envolvidas, mais complicado será o processo de coordenação.

No passado, a abordagem mais comum para controlar o uso do solo no entorno do aeroporto era o zoneamento. Aeroportos e suas áreas circunvizinhas são envolvidos em dois tipos de zoneamento. O primeiro protege o aeroporto e suas zonas de aproximação de obstruções à aviação, restringindo certos elementos de crescimento da comunidade. A FAR Parte 77 – Objetos que Afetam o Espaço Aéreo Navegável – é a base desse zoneamento.

O segundo tipo de zoneamento diz respeito ao uso do solo. Esse tipo apresenta inúmeras lacunas. Em primeiro lugar, ele não é retroativo e não afeta usos preexistentes que possam conflitar com as operações aeroportuárias. Em segundo lugar, jurisdições com poderes de zoneamento (geralmente cidades) podem não tomar medidas efetivas, devido, em parte, ao fato de que o aeroporto pode afetar diversas jurisdições e dificultar a coordenação do zoneamento. Ou o aeroporto pode estar situado em uma área rural sobre a qual a cidade não exerce poderes de zoneamento e é incapaz de controlá-lo fora de suas fronteiras políticas. Outro problema é que o interesse da comunidade nem sempre é consistente com as necessidades e os interesses do setor da aviação. A localidade pode estar interessada em um aumento da base fiscal, no crescimento da população e no aumento dos preços dos terrenos, sendo que tudo isso nem sempre vai ao encontro da necessidade de preservar o solo no entorno do aeroporto para usos que não sejam residenciais.

Outra abordagem para o planejamento do uso do solo no entorno do aeroporto diz respeito às regulamentações de subdivisão. Disposições podem ser fixadas como regulamentações proibindo construções residenciais em áreas expostas a ruídos intensos. Essas áreas podem ser determinadas mediante estudos acústicos prévios ao desenvolvimento. Exigências de isolamento acústico podem ser integradas aos códigos locais de construção, sem as quais os Habite-se não podem ser emitidos.

Por fim, outra alternativa para controlar o uso do solo no entorno do aeroporto é a realocação de residências e de outros usos incompatíveis. Muitas vezes, verbas para renovação urbana estão disponíveis para esse fim.

Planejamento ambiental

Para qualquer projeto aeroportuário proposto, é preciso que se realize uma revisão de como essa ampliação afetará o ambiente circunvizinho. Essa exigência foi estabelecida na Airport and Airway Development Act (Lei de Desenvolvimento de Aeroportos e da Navegação Aérea), de 1970, e na National Environmental Policy Act (Lei da Política Ambiental Nacional), de 1969. A National Environmental Policy Act, de 1969, exige a preparação de declarações ambientais detalhadas para todas as principais ações federais de desenvolvimento aeroportuário que afetem significativamente a qualidade do meio ambiente. A Airport and Airway Development Act, de 1970, determinou que nenhum projeto de desenvolvimento aeroportuário poderia ser aprovado pelo Secretário de Transportes, a menos que ele estivesse seguro de que as comunidades dentro ou próximas ao local indicado pelo projeto haviam sido devidamente levadas em consideração. Questões ambientais de interesse da gestão aeroportuária, como impactos sonoros, na qualidade do ar e na qualidade da água, são descritas em mais detalhes no Capítulo 10 deste livro.

Para cada projeto proposto, uma **Revisão de Impacto Ambiental**[*] (EIR – Environmental Impact Review) é realizada. Os resultados da revisão podem indicar que não haverá um impacto significativo ao ambiente vizinho como resultado do projeto, e, nesse caso, é emitida uma declaração de **Descoberta de Nenhum Impacto Significativo** (FONSI – Finding of No Significant Impact). Se o EIR revelar que existe potencial de impacto ambiental significativo como resultado do projeto, então uma **Declaração de Impacto Ambiental** (EIS – Environmental Impact Statement) mais abrangente precisa ser desenvolvida. A EIS indica especificamente as áreas do meio ambiente que serão afetadas e o grau de impacto sobre cada uma delas e, sobretudo, exige um plano por parte do aeroporto para mitigar esses impactos.

Estudos sobre o impacto da construção e da operação do aeroporto ou da expansão aeroportuária sob padrões aceitáveis de qualidade do ar, da água, de níveis de ruídos, processos ecológicos e valores ambientais naturais são conduzidos para determinar como as exigências aeroportuárias podem ser mais bem satisfeitas. Um aeroporto representa um óbvio estímulo para a sociedade do ponto de vista do crescimento econômico e dos serviços que ele oferece ao público; no entanto, essa geração de produtividade e de empregos pode ser anulada por ruídos e poluição do ar e por desgastes ecológicos, caso a compatibilidade entre um aeroporto e seu entorno não seja alcançada. Portanto, o *master plan* aeroportuário precisa lidar com esses problemas identificados nos estudos de qualidade ambiental para que a engenharia das instalações aeroportuárias minimizem ou suplantem aquelas operações que contribuem para a poluição do meio ambiente.

Em sintonia com as políticas e diretrizes mencionadas anteriormente, o *master plan* de um aeroporto (incluindo a escolha do local) precisa ser avaliado em termos de qualquer desenvolvimento proposto que tenha possibilidade de:

- Afetar perceptivelmente o nível sonoro do ambiente para um número significativo de pessoas
- Desalojar um número significativo de pessoas
- Impor um efeito estético ou visual significativo

---

[*] N. da E.: No Brasil, realizam-se os chamados Estudos de Impacto Ambiental (EIA), e a implantação do aeroporto dependerá do Relatório de Impacto Ambiental (RIMA) resultante desses estudos, bem como do desenvolvimento do processo de Licenciamento Ambiental.

- Dividir ou causar perturbação em uma comunidade ou dividir usos já existentes do solo (como, por exemplo, separar áreas residenciais de áreas de recreação ou de comércio)
- Exercer um efeito sobre áreas de interesse singular ou de beleza cênica
- Destruir ou perturbar áreas recreativas importantes
- Alterar substancialmente o padrão de comportamento de alguma espécie
- Interferir em terrenos importantes para procriação, nidificação ou alimentação de fauna selvagem
- Aumentar de forma significativa a poluição do ar ou da água
- Afetar de forma adversa o lençol freático de uma área

O *master plan* de um aeroporto é encarado muitas vezes como um "documento vivo" cujos conteúdos se adaptam a mudanças constantes nas necessidades da comunidade. Um *master plan* robusto é aquele que ajuda os planejadores e gestores de um aeroporto a manter e desenvolver um aeroporto que satisfaça as necessidades da comunidade, do ambiente vizinho e do sistema de aviação e de transporte federal em geral.

Observações finais

Considerando-se o alto custo e o tempo necessário para construir e ampliar aeroportos, o planejamento é a chave para determinar quais instalações serão necessárias e os programas para planejá-las com agilidade, garantindo, ao mesmo tempo, um uso sábio dos recursos. O planejamento de desenvolvimento aeroportuário exige mais do que um simples agendamento das melhorias de capital a serem feitas. Aeroportos são entidades públicas cujos gestores interagem com muitas outras organizações públicas e privadas. Os planos de desenvolvimento aeroportuário afetam outros aspectos da vida comunitária, como o solo reservado para uso aeronáutico ou os ruídos e o tráfego de automóveis que o aeroporto gera. A necessidade de desenvolvimento da aviação precisa, portanto, ser determinada em relação a outras necessidades e planos da sociedade. Não se pode fazer o planejamento isolado de um aeroporto; cada aeroporto é parte de uma rede que, por sua vez, faz parte do sistema nacional de transportes.

O planejamento de aeroportos, como praticado atualmente, é uma disciplina formalizada que combina previsões, engenharia e economia. Como ele é conduzido em grande parte por agências governamentais, trata-se também de um processo político, em que julgamentos de valor e relações institucionais cumprem um papel tão importante quanto o conhecimento técnico. No geral, os planejadores de aeroportos têm apresentado um sucesso razoável em prever as necessidades futuras e em apresentar soluções efetivas.

O planejamento aeroportuário nos âmbitos local, regional e estadual deve ser coordenado e integrado. Essa meta, contudo, é muitas vezes difícil de alcançar. Até certo ponto, essa dificuldade surge naturalmente pelas diferentes áreas de interesse e de conhecimento especializado. Nos extremos, os planejadores aeroportuários estão tentando planejar o desenvolvimento de um único aeroporto, ao passo que a FAA está tentando codificar as necessidades de milhares de aeroportos que podem precisar de auxílio. Os planejadores locais estão mais preocupados com detalhes e com condições locais que jamais interessarão um órgão nacional de planejamento.

Os planejadores de aeroportos são auxiliados por uma série de circulares consultivas publicadas pela FAA. Algumas dessas circulares consultivas incluem:

AC Série 150/5050-3B – *Planejamento do Sistema Estadual de Aviação.*

AC Série 150/5050-4 – *Participação de Cidadãos no Planejamento Aeroportuário.*

AC Série 150/5050-5 – *Processo Contínuo de Planejamento do Sistema Aeroportuário.*

AC Série 150/5050-7 – *Estabelecimento de Grupos de Ação Aeroportuária.*

AC Série 150/5070-5 – *Planejamento do Sistema Aeroportuário Metropolitano.*

AC Série 150/5070-6A – *Master Plans de Aeroportos.*

AC Série 150/5360-13 – *Diretrizes de Planejamento e Projeto para Instalações de Terminais Aeroportuários.*

AC Série 150/5070-7 – *Processo de Planejamento do Sistema Aeroportuário.*

Essa ausência de metas comuns e de uma abordagem mutuamente consistente fica evidente também entre o planejamento federal e o estadual. Mais de 30 anos atrás, o governo federal dos Estados Unidos reconheceu a necessidade de fortalecer o planejamento do sistema estadual e ofereceu recursos para esse fim sob o programa ADAP, e quase todos os planos de sistemas aeroportuários estaduais acabaram sendo preparados com recursos federais. No entanto, não parece que a FAA tenha sempre feito uso integral desses produtos na preparação do NPIAS. Os planos estaduais contêm muitos mais aeroportos do que o NPIAS, e as prioridades atribuídas aos projetos aeroportuários pelos Estados nem sempre correspondem àquelas do NPIAS. Ainda que provavelmente não seja desejável, ou mesmo possível, que o NPIAS incorpore todos os elementos dos planos estaduais, uma maior harmonia entre esses dois níveis de planejamento poderia levar a um desenvolvimento mais ordenado do sistema nacional aeroportuário.

Além disso, uma coordenação entre o planejamento aeroportuário e outros tipos de transporte e de planejamento econômico é vital. Em muitos casos, uma carência na coordenação dos planejamentos fica evidente no uso do solo, visto que os planos aeroportuários estão frequentemente em conflito com outros desenvolvimentos locais e regionais. Ainda que a autoridade aeroportuária possa preparar um plano rigorosamente competente, a falta de informações sobre outros desenvolvimentos públicos e privados propostos na comunidade (ou a falha das autoridades municipais em impor e manter portarias de zoneamento) abre caminho para conflitos sobre o uso do aeroporto e dos terrenos vizinhos. Esse problema pode ser especialmente grave onde há diversos municípios ou jurisdições locais envolvendo a propriedade do aeroporto.

Assim como sempre haverá uma demanda por gestão aeroportuária competente, os planejadores de aeroportos sempre serão necessários para proteger a viabilidade do sistema aeroportuário de hoje para as necessidades da aviação de amanhã.

Palavras-chave

- planejamento de instalações
- planejamento financeiro
- planejamento econômico
- planejamento ambiental
- planejamento organizacional
- planejamento estratégico
- horizonte de planejamento
- planejamento de sistemas
- National Plan of Integrated Airport Systems
- Airport Improvement Program
- Airport Development Aid Program
- planos do sistema estadual de aviação
- *master plan*
- plano de *layout* aeroportuário
- mapa do local
- mapa da vizinhança
- tabela de dados básicos
- previsão qualitativa
- método de Júri de Opinião Executiva
- método Sales Force Composite
- levantamento do mercado consumidor
- método Delphi
- previsão quantitativa
- modelo causal
- séries temporais
- análise por regressão
- Airport Reference Code
- anemograma
- zonas de proteção de pista de pouso
- Revisão de Impacto Ambiental
- Descoberta de Nenhum Impacto Significativo
- Declaração de Impacto Ambiental

Questões de revisão e discussão

1. Quais são alguns dos diversos tipos de estudos de planejamento de aeroportos? Qual é o foco de cada tipo de estudo?
2. O que se quer dizer por horizonte de planejamento aeroportuário? Qual é o horizonte de planejamento típico para um *master plan* aeroportuário?
3. Embora o NPIAS seja considerado o plano do sistema aeroportuário nacional, ele muitas vezes não é um plano completo. Por quê?
4. Qual é o propósito de um planejamento do sistema no âmbito regional? Quais são as questões mais importantes abordadas pelo planejamento de aeroportos no sistema no âmbito regional?
5. Qual é a diferença entre o planejamento do sistema no âmbito estadual e no âmbito regional?
6. Quais são os principais objetivos do *master plan* aeroportuário?
7. O que é descrito na seção de inventário de um *master plan* aeroportuário?
8. O que é um plano de *layout* aeroportuário? O que é incluído no desenho de um plano de *layout* aeroportuário?
9. Qual é a diferença entre previsão qualitativa e quantitativa?
10. Quais são alguns dos métodos mais comuns de previsão qualitativa?
11. Qual é a diferença entre modelos causais e modelos de previsão quantitativa em séries temporais?
12. De que maneira a análise por regressão é usada para fazer previsões?
13. Quais elementos da demanda da aviação costumam ser previstos em estudos de planejamento aeroportuário?
14. Qual é a diferença entre operações locais e operações itinerantes?
15. Quais áreas de um aeroporto costumam ser levadas em consideração na análise da capacidade aeroportuária?
16. De que maneira um Airport Reference Code (Código de Referência Aeroportuária) é determinado?
17. O que é um anemograma?
18. Como se pode determinar a necessidade de uma pista de pouso para vento de través?
19. O que se quer dizer por zonas de proteção de pista de pouso?
20. Qual é o principal objetivo do planejamento da área de terminal de um aeroporto?
21. Quais fatores são levados em consideração no planejamento da área de terminal de um aeroporto?
22. Quais são os passos envolvidos na estimativa das exigências de espaço no planejamento dos terminais aeroportuários?
23. O que é o *mix* de aeronaves?
24. Quais são algumas das áreas geradoras de receitas consideradas no planejamento de um aeroporto?
25. Qual é o processo envolvido no planejamento ambiental para o desenvolvimento aeroportuário?

Leituras sugeridas

de Neufville, Richard. *Airport Systems Planning.* Cambridge, Mass.: MIT Press, 1976.

de Neufville, R., and A. Odoni. *Airport Systems: Planning, Design, and Management.* New York: McGraw-Hill, 2003.

Horonjeff, R., and F. McKelvey. *Planning and Design of Airports.* New York: McGraw-Hill, 1994.

Howard, George P. *Airport Economic Planning.* Cambridge, Mass.: MIT Press, 1974.

National Plan of Integrated Airport Systems (NPIAS), 2001–2005. Washington, D.C.: FAA, August 2002.

Schreiver, Bernard A., and William W. Siefert. *Air Transportation 1975 and Beyond: A Systems Approach.* Cambridge, Mass.: MIT Press, 1968.

Airport System Planning Practices, ACRP Synthesis 14, National Academies Transportation Research Board, Washington, D.C., 2009.

CAPÍTULO 12
Capacidade aeroportuária e atrasos

Objetivos de aprendizagem

- Definir os conceitos de capacidade, especialmente no que diz respeito à sua relação com a atividade aeroportuária.
- Identificar os fatores do ambiente aeroportuário que afetam a capacidade e os atrasos.
- Familiarizar-se com as diversas configurações de pista de pouso e com suas regras de operação que afetam a capacidade.
- Descrever o conceito de LAHSO no que diz respeito à sua relação com a capacidade aeroportuária.
- Estimar a capacidade de um aeródromo com base nos gráficos de aproximação da FAA.
- Familiarizar-se com a ferramenta analítica do diagrama de tempo *versus* espaço para estimar a capacidade das pistas de pouso.
- Descrever vários modelos de simulação usados para estimar a capacidade aeroportuária.
- Definir os conceitos de atraso no que diz respeito à sua relação com a atividade aeroportuária.
- Familiarizar-se com o diagrama de formação de filas como um método analítico para estimar atrasos.
- Discutir várias estratégias para reduzir os atrasos nos aeroportos.

Introdução

A movimentação eficiente de aeronaves e passageiros nos aeroportos depende de duas características-chave das operações: a demanda por serviço por parte de passageiros e de operadores de aeronaves, e a capacidade do aeroporto, tanto em espaço aéreo quanto em ambiente local. Uma preocupação importante no planejamento e na gestão aeroportuária é a adequação do aeródromo, especificamente em relação ao *layout* de suas pistas de pouso, para lidar com a demanda prevista de operações. Se a demanda de tráfego aéreo exceder a capacidade do aeroporto ou do espaço aéreo, acabarão ocorrendo atrasos, gerando despesas para as companhias aéreas, inconveniência para os passageiros e uma maior carga de trabalho para o sistema de controle de tráfego aéreo da FAA e também para os funcionários e administradores do aeroporto.

Na maioria dos aeroportos dos Estados Unidos, especialmente naqueles aeroportos de serviço comercial e da aviação geral que atendem a pequenas comunidades, a demanda por serviço não excede a capacidade de forma constante. A Federal Aviation Administration estima que os aeroportos com uma única pista têm capacidade para atender aproximadamente 200.000 operações ao ano, um nível de demanda tipicamente gerado por áreas metropolitanas com cerca de 350.000 habitantes. Outros aeroportos, especialmente aeroportos principais de serviço comercial que atendem a grandes áreas metropolitanas com populações superiores a 5.000.000 de habitantes, apresentam períodos consistentes em que a demanda excede a capacidade, ainda que dois ou mais aeroportos desse tipo atendam à mesma área. Exemplos dessas áreas metropolitanas incluem Chicago, Los Angeles, o sul da Flórida, a área da baía de San Francisco e a cidade de Nova York.

Do final da década de 1990 até meados dos anos 2000, o aumento geral na demanda por transporte aéreo nos Estados Unidos fez com que um número cada vez maior de aeroportos sofresse com atrasos resultantes de uma demanda superior à capacidade. Dentro do sistema como um todo, mais de 550.00 operações de companhias aéreas apresentaram pelo menos 15 minutos de atraso durante o ano 2000, o segundo ano com mais atrasos na história da aviação comercial, logo atrás de 2007. Os eventos de 11 de setembro de 2001 acarretaram reduções significativas na demanda geral por viagens naquele ano, o que, por sua vez, resultou em menos voos com atraso. Contudo, a demanda por viagens aéreas voltou a subir rapidamente, retornando já em 2005 ao maior número de operações de companhias aéreas comerciais na história, antes de cair novamente junto com a desaceleração econômica que se iniciou em 2008. Após uma consolidação do setor como um todo, a demanda por viagens aéreas começou a se recuperar em 2010, e espera-se que continue nos próximos anos, da mesma forma que a indústria tem se comportado ao longo de toda a sua história (Figura 12-1). Com tal crescimento futuro, os atrasos de voo associados também aumentarão, a menos que a capacidade dos aeroportos do país e do sistema de espaço aéreo aumente para acomodar a demanda.

Existem diversas razões potenciais para que qualquer aeronave apresente um atraso. Os fatores mais comuns de atrasos são o clima, problemas mecânicos com a aeronave ou simplesmente operações no horário em que a demanda excede a capacidade. A FAA estima que a maior parte dos atrasos em voos ocorre por causa de condições climáticas adversas. Outros atrasos são atribuídos a equipamentos, fechamentos de pista e volume ou demanda excessivos (Figura 12-2).

A tarefa da gestão de aeroportos e do sistema de aviação em geral, com a meta de minimizar atrasos, seja proporcionando capacidade suficiente para lidar com a demanda, seja administrando a demanda propriamente dita, é bastante desafiadora. Para cumprir essa tarefa de maneira eficiente, é preciso ter uma compreensão básica sobre capacidade, demanda e atrasos associados.

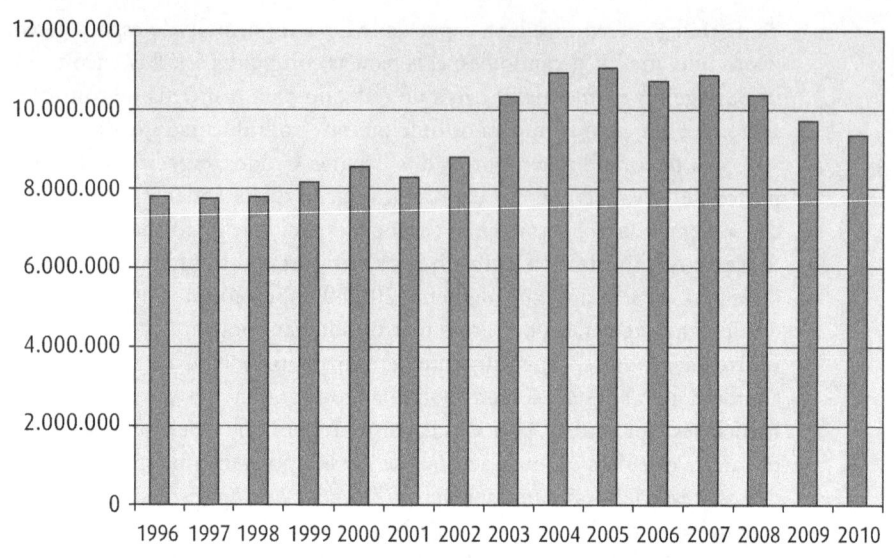

FIGURA 12-1 Partidas anuais no sistema de transporte aéreo norte-americano. (Fonte: RITA)

Definindo capacidade

A **capacidade**, em geral, é definida como o número prático máximo de operações a que o sistema é capaz de atender dentro de determinado período de tempo. Na

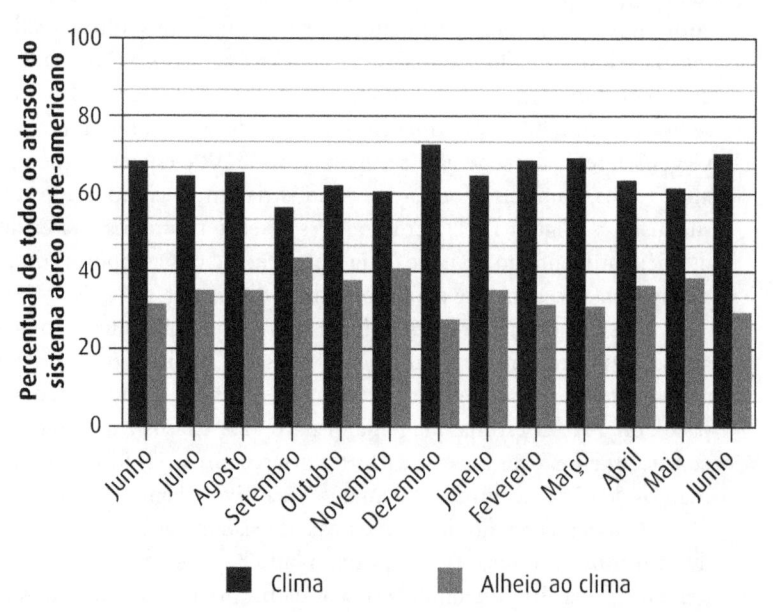

FIGURA 12-2 Causas de atrasos de voos por mês, de junho de 2009 a junho de 2010. (Fonte: Bureau of Transportation Statistics)

verdade, a capacidade consiste em uma taxa, assim como a velocidade. Um automóvel, por exemplo, pode viajar a uma velocidade de 80 quilômetros por hora, implicando que, em uma hora, o automóvel percorrerá 80 quilômetros. Viajando a essa velocidade durante 30 minutos, o automóvel percorrerá 40 quilômetros e assim por diante. A capacidade aeroportuária é mensurada em termos de operações com aeronaves por hora. Uma pista simples de determinado aeroporto pode ter uma capacidade operacional de 60 operações por hora, implicando que, ao longo de uma hora, o aeroporto será capaz de atender a cerca de 60 decolagens e pousos de aeronaves; em 30 minutos, o aeroporto é capaz de atender a 30 dessas operações e assim por diante.

Deve-se ressaltar que, embora a capacidade aeroportuária normalmente se relacione à capacidade de lidar com operações de aeronaves, há outras áreas de operação em um aeroporto em que parâmetros alternativos de capacidade são igualmente importantes. Por exemplo, a movimentação eficiente de passageiros por pontos dentro do terminal aeroportuário é determinada, em parte, pela capacidade de processamento de passageiro dos locais dentro dele e pelo número de automóveis capaz de desembarcar passageiros nessa entrada, mensurado pela *capacidade veicular*. As teorias que governam a capacidade e os atrasos são similares para qualquer local. Com isso em mente, porém, o foco da capacidade aeroportuária irá se ater à sua definição tradicional, ou seja, à capacidade de operações com aeronaves.

Existem, na verdade, duas definições comumente usadas para descrever a capacidade aeroportuária: a capacidade máxima e a capacidade prática. A **capacidade máxima** é definida como a taxa máxima em que as operações com aeronaves podem ser praticadas, sem levar em conta pequenos atrasos que possam ocorrer como resultado de imperfeições operacionais ou de pequenos eventos aleatórios. A capacidade máxima, por exemplo, não leva em consideração a pequena probabilidade de que uma aeronave venha a demorar mais do que o necessário para decolar ou de que uma pista possa estar fechada por um breve período de tempo devido à presença de pequenos detritos. Ela é verdadeiramente a definição teórica de capacidade e representa a base para o planejamento da capacidade aeroportuária.

A **capacidade prática** é entendida como o número de operações que podem ser acomodadas ao longo do tempo sem que se ultrapasse uma quantidade ínfima de atrasos, expressa geralmente em termos de média máxima de atrasos aceitáveis. Tais atrasos mínimos podem ser resultantes de duas aeronaves agendadas para operar ao mesmo tempo, apesar de só haver uma pista disponível para uso, ou porque uma aeronave precisa aguardar, por um breve período, que veículos terrestres cruzem seu caminho. A FAA define dois parâmetros de capacidade prática para avaliar a eficiência das operações aeroportuárias. A **capacidade prática horária** (PHOCAP – *practical hourly capacity*) e a **capacidade prática anual** (PANCAP – *practical annual capacity*) são definidas pela FAA como o número máximo de operações que podem ser realizadas em um aeroporto, gerando como resultado no máximo quatro minutos de atraso em média durante as duas horas de maior congestionamento, chamadas de pico, por hora e ao ano, respectivamente.

Fatores que afetam a capacidade e os atrasos

A capacidade de um aeródromo não é constante. Ela varia consideravelmente com base em várias considerações, incluindo a utilização das pistas de pouso, o tipo de aeronaves sendo operadas, o percentual de operações de decolagem e pouso sendo realizadas, as condições climáticas e as regulamentações da FAA que prescrevem o uso de pistas de pouso com base nessas considerações. Quando um número específico é atribuído à capacidade do aeródromo, ele costuma se basear em uma série de condições ou em um conjunto específico de condições.

É importante, contudo, compreender a variabilidade da capacidade, em vez de seu valor médio, para gerir de modo eficiente um aeródromo. Boa parte da estratégia para a gestão bem-sucedida de um aeródromo envolve a descoberta de maneiras para compensar inúmeros fatores que, individualmente ou em combinação, acabam reduzindo a capacidade ou induzindo atrasos.

As características físicas e o *layout* das pistas de pouso, das pistas de táxi e dos pátios, por exemplo, representam determinantes básicos do potencial para acomodar diversos tipos de aeronaves e da taxa que pode ser praticada. Importante também é o tipo de equipamento, sobretudo na presença de sistemas de pouso por instrumentos, instalado no aeródromo como um todo ou em um segmento em particular.

Uma das características que afetam a capacidade de um aeroporto é a configuração do seu sistema de pistas de pouso. Embora cada aeroporto seja diferente, as configurações das pistas aeroportuárias podem ser divididas nas seguintes categorias: pista única, pistas paralelas, pistas em V e pistas cruzadas. Ainda que cada configuração de pista apresente uma capacidade singular determinada por uma diversidade de fatores, a FAA estabeleceu algumas estimativas básicas de capacidade por configuração de pista.

A pista única, por exemplo, a mais simples das configurações de pista de pouso, é capaz de acomodar até 99 operações por hora para aeronaves menores e aproximadamente 60 operações por hora para aeronaves comerciais de maior porte durante boas condições climáticas, conhecidas como condições meteorológicas visuais (VMC – *visual meteorological conditions*), ou operando sob regras de voo visual (VFR – *visual flight rules*). Sob condições climáticas adversas, conhecidas como condições meteorológicas instrumentais (IMC – *instrument meteorological conditions*), quando as aeronaves operam sob regras de voo por instrumentos (IFR – *instrument flight rules*), a capacidade de uma configuração de pista única é reduzida para entre 42 e 53 operações por hora, dependendo sobretudo do tamanho das aeronaves e da existência de algum *auxílio à navegação* disponível.

Em geral, a capacidade aeroportuária costuma ser maior em VMC, ao passo que IMC, sob a forma de neblina, teto baixo ou forte precipitação, tende a resultar em uma capacidade reduzida. Além disso, ventos fortes ou acúmulos significativos de neve ou gelo em uma pista podem reduzir significativamente a sua capacidade ou até mesmo fechar o aeroporto para todas as operações. Até mesmo uma ocorrência simples como uma mudança de vento pode reduzir a capacidade operacional enquanto as rotas de tráfego aéreo são apropriadamente alteradas.

A configuração de pistas paralelas, caracterizada por duas ou mais pistas de pouso alinhadas em paralelo umas com as outras, aumenta a capacidade das pistas em um aeroporto em comparação com a configuração de pista única, dependendo principalmente das distâncias entre elas, especificamente sua separação lateral, definida como a distância entre as linhas centrais de cada pista. Configurações de pistas paralelas costumam ser encontradas em aeroportos que exigem níveis elevados de capacidade de pistas, mas que não exigem pistas para vento de través. Para duas pistas de pouso paralelas separadas por pelo menos 1.350 metros, a capacidade total é o dobro da capacidade de uma pista única. No entanto, caso a separação lateral seja inferior a 1.350 metros, então as operações sob IFR devem ser altamente coordenadas, reduzindo, assim, a capacidade total. Se as pistas paralelas estiverem separadas por menos do que 760 metros, o aeródromo precisa operar como uma configuração de pista única sob IFR (Figura 12-3).

A configuração de pistas em V descreve duas pistas de pouso que não estão alinhadas em paralelo uma com a outra, mas que, ainda assim, não se intersectam entre si em nenhum ponto do aeródromo. A pista orientada para os ventos predominantes é conhecida como pista principal. A outra pista é identificada como a pista de vento de través. Durante condições de ventos calmos, ambas as pistas podem ser usadas simultaneamente. Quando as aeronaves operam se afastando em relação ao V, diz-se que a configuração das pistas está sendo usada para operações divergentes. Tipicamente, permite-se decolagens simultâneas durante operações divergentes. Quando a configuração das pistas é usada de uma maneira convergente, os pousos tendem a ser realizados simultaneamente. A capacidade das pistas costuma ser maior quando as operações são realizadas sob operações divergentes. Nesse caso, a capacidade total das pistas pode

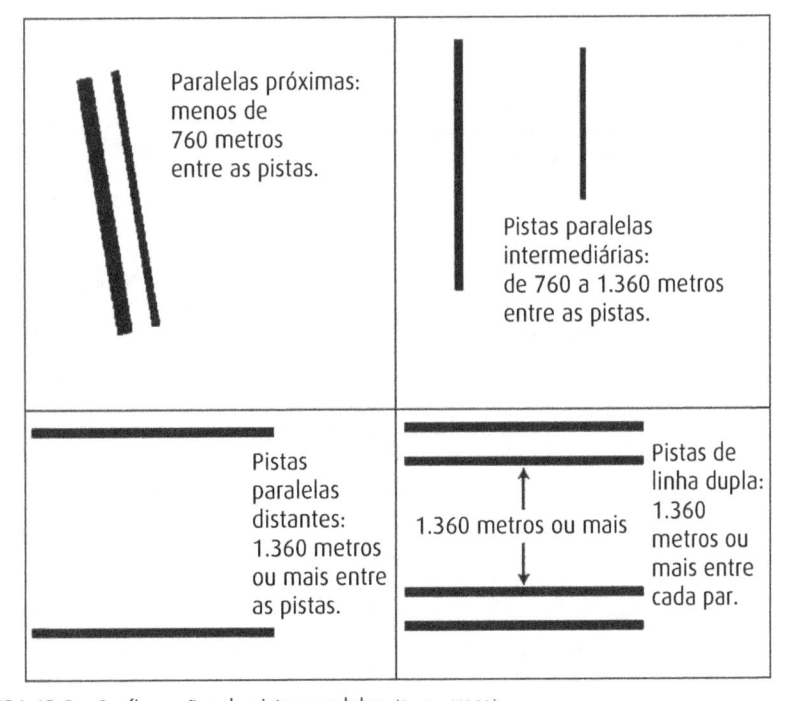

FIGURA 12-3 Configurações de pistas paralelas. (Fonte: NASA)

chegar a quase 200 operações por hora para aeronaves menores e a 100 operações por hora para aeronaves de serviço comercial. Sob operações convergentes, a capacidade raramente ultrapassa as 85 operações por hora para aeronaves de serviço comercial. Quando os ventos estão fortes o bastante ou quando operações de IFR estão vigentes, somente uma pista na configuração em V costuma ser usada, reduzindo a capacidade para a mesma de uma configuração de pista única (Figura 12-4).

A configuração de pistas cruzadas descreve duas pistas que não estão alinhadas entre si e que se intersectam em algum ponto do aeródromo. Assim como as pistas em V, a pista orientada para os ventos predominantes é conhecida como pista principal. A pista que intersecta a pista principal é identificada como pista de vento de través. Durante condições de ventos calmos e de operações sob VFR, ambas as pistas podem ser usadas simultaneamente, porém de uma maneira bastante coordenada, de forma a evitar quaisquer *incursões* entre duas aeronaves (Figura 12-5).

Sob certas condições específicas, as aeronaves podem pousar de forma simultânea e independe em pistas cruzadas. Essas operações, conhecidas como de **pouso curto** (LAHSO – *land and hold short operations*), podem ser conduzidas com a aprovação da FAA e só quando há comprimento suficiente antes da interseção das duas pistas para que as aeronaves pousem e parem antes de chegarem à interseção (Figura 12-6).

As operações LAHSO são um exemplo de regras e procedimentos empregados pelo controle de tráfego aéreo, voltados sobretudo para garantir a segurança de voo que fundamentalmente determina a capacidade aeroportuária. Outras dessas regras que governam, por exemplo, as velocidades das aeronaves, as separações entre as aeronaves, a ocupação das pistas de pouso e as rotas prescritas a serem seguidas pelas aeronaves partindo, chegando e sobrevoando aeroportos exercem efeito sobre a capacidade de um aeroporto individual.

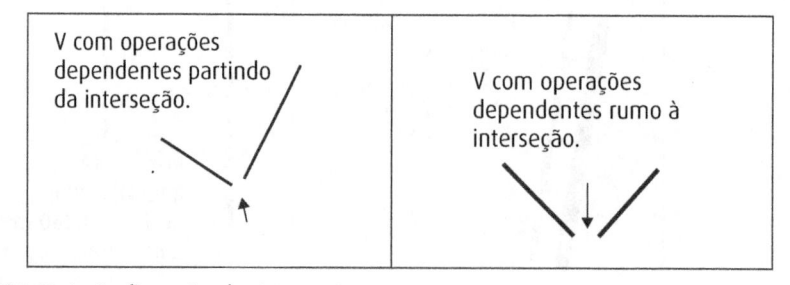

FIGURA 12-4 Configurações de pistas em V. (Fonte: NASA)

FIGURA 12-5 Configurações de pistas cruzadas. (Fonte: NASA)

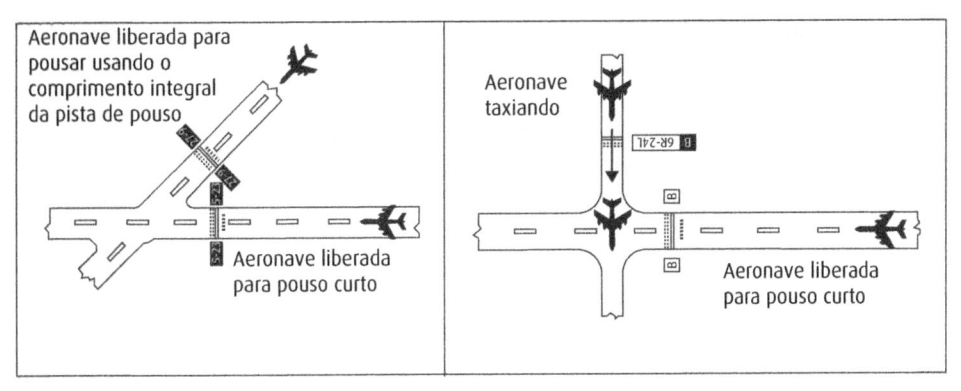

FIGURA 12-6 Operações de pouso curto em pistas cruzadas. (FAA AIM)

Outro fator significativo que determina a capacidade aeroportuária é a consideração do volume da demanda e as características das aeronaves que desejam usar o aeroporto durante qualquer período de tempo. Para qualquer nível específico de demanda, os tipos variáveis de aeronaves com relação a velocidade, tamanho, características de voo e até mesmo proficiência do piloto determinarão em parte a taxa em que elas podem realizar operações. Além disso, a distribuição das chegadas e partidas – até que ponto elas ocorrem agrupadas ou uniformemente espaçadas –, bem como a sequência de tais operações, também interferem na determinação da capacidade operacional de um aeroporto. Em parte, a tendência de formação de *picos* de volume de tráfego em certos horários decorre dos cronogramas de voo das companhias aéreas comerciais. Por exemplo, em aeroportos que atuam como *hubs* para grandes companhias aéreas, volumes elevados de aeronaves chegam e logo partem, após os passageiros fazerem conexões de um voo para outro para completar suas viagens. Voos de chegada resultam em um nível de capacidade aeroportuária, ao passo que voos de partida resultam em outro nível de capacidade, meramente pela diferença das características operacionais de cada tipo de procedimento. Por fim, o volume da demanda envolvendo o espaço aéreo representa um componente importante para determinar a capacidade aeroportuária, sobretudo em grandes regiões metropolitanas com múltiplos aeroportos próximos uns aos outros, como é o caso da área metropolitana da cidade de Nova York.

Estimando a capacidade

A arte de estimar a capacidade de um aeródromo é tanto desafiadora quanto importante. Em 2007, estimou-se que os atrasos nas operações de companhias aéreas custaram mais de US$ 41 bilhões em termos de combustível e mão de obra desperdiçados e em oportunidades perdidas por parte das próprias companhias e dos passageiros. Investimentos significativos são feitos pela gestão aeroportuária, pela FAA e pelas companhias aéreas, a fim de estimar o mais precisamente possível a capacidade de um aeródromo sob variadas condições e características operacionais. Porém, caso os fundamentos básicos das operações com aeronaves sejam compreendidos, estimativas iniciais de capacidade das pistas de pouso podem ser estabelecidas com pouco esforço.

A FAA divide a ampla variedade de tipos de aeronaves em categorias segundo os seus pesos máximos de decolagem certificados (MTOW – *maximum certified takeoff weights*). Aeronaves com MTOW inferior a 18.600 quilogramas são consideradas de *categoria A/B*, ou aeronaves *pequenas*; aeronaves com MTOW entre 18.600 e 115.600 quilogramas são consideradas de *categoria C*, ou aeronaves *grandes*; e aeronaves com MTOW superior a 115.600 quilogramas são consideradas de *categoria D*, ou aeronaves *pesadas* (veja a Tabela 12-1). Para fins de estimativa da capacidade de uma pista de pouso, o *mix* de aeronaves de um aeroporto é definido pelo percentual de aeronaves pequenas, grandes e pesadas que realizam operações de decolagem e/ou pouso ao longo de determinado período de tempo na pista.

A capacidade de uma pista em lidar somente com decolagens, conhecida como *capacidade de partidas*, é função de duas características operacionais básicas. Uma dessas características é função do tipo de aeronaves que decolam da pista. O período de tempo que uma aeronave precisa para partir da posição inicial na pista até o instante em que ela de fato deixa esse ambiente, permitindo que outra aeronave inicie a sua partida, é chamado de **tempo de ocupação de pista de pouso** (ROT – *runway occupancy time*). Quanto menor o ROT, maior o número de aeronaves que pode utilizar a pista ao longo do tempo e maior, portanto, a capacidade da pista. O ROT de determinada pista é função das especificações de desempenho das aeronaves. Em geral, aeronaves menores e mais leves (nas categorias A e B do *mix*) tendem a exigir um ROT menor para decolagem do que aeronaves maiores e mais pesadas (nas categorias C e D). Como resultado, a capacidade operacional de determinada pista de pouso é maior quando ela acomoda partidas de aeronaves de pequeno porte do que quando acomoda partidas de aeronaves maiores. Os ROTs para aeronaves de partida vão desde aproximadamente 30 segundos para aeronaves pequenas até aproximadamente 60 segundos para aeronaves maiores e mais pesadas.

É fácil perceber quando uma pista de pouso está operando em sua capacidade de partida. Quando uma pista está constantemente ocupada por aeronaves partindo, ou seja, quando nunca está vazia ou *ociosa*, ela está operando em plena capacidade.

Já a capacidade de uma pista em lidar especificamente com pousos, conhecida como *capacidade de chegadas*, é similarmente função do ROT das aeronaves de chegada. Além disso, as velocidades com que as aeronaves se deslocam em sua aproximação à pista de pouso (conhecida como *velocidade de aproximação*), bem como

TABELA 12-1 Categorias do *mix* de aeronaves

Categoria do *mix* de aeronaves	Peso máximo de decolagem
A, B (pequena)	<5.700 kg
C (grande)	5.700–136.000 kg
D (pesada)	>136.000 kg

Fonte: FAA AC 150-5060/-5.

as regulamentações da FAA exigindo que as aeronaves permaneçam a certa distância mínima ao se aproximarem para o pouso (conhecida como *separação longitudinal*), são fatores determinantes para a capacidade de chegadas. Em geral, as velocidades de aproximação das aeronaves menores e mais leves tendem a ser menores do que as de aeronaves de maior porte e mais pesadas. No entanto, as aeronaves de grande porte precisam manter separações longitudinais maiores. Como resultado dessas características, a estimativa da capacidade de chegadas se torna uma análise não trivial dos diversos tipos de aeronaves, ou do **mix de aeronaves**, que desejam pousar ao longo de determinado período de tempo. O *mix* de aeronaves é definido como o percentual de operações por tipo de aeronave que ocorre em um aeroporto ao longo de determinado período de tempo.

Quando duas aeronaves se encontram em aproximação, a separação longitudinal exigida entre elas é determinada pelas categorias de peso da que está na frente, conhecida como *aeronave lead*, e da que vem atrás, conhecida como *aeronave lag*. A Tabela 12-2 ilustra as separações longitudinais exigidas pela FAA, em milhas náuticas. Contanto que ambas estejam em pleno voo em sua aproximação, essas separações longitudinais precisam ser mantidas. A única exceção a essa regra ocorre quando as operações se dão sob regras de voo visual (VFR – *visual flight rules*), situação na qual as aeronaves de pequeno porte precisam manter separação suficiente para que a aeronave *lag* não toque a pista antes que a aeronave *lead* já tenha pousado e liberado a pista. Na maioria dos ambientes aeroportuários, sobretudo naqueles aeroportos que contam com uma torre de controle de tráfego aéreo e naqueles que atendem a companhias aéreas comerciais, os padrões de separação longitudinal apresentados na Tabela 12-2 são mantidos. Esses padrões existem, acima de tudo, para evitar que a aeronave *lag* experimente uma *turbulência de esteira* como resultado do fluxo de ar que emana das asas da aeronave *lead*.

Como a Tabela 12-2 mostra, a capacidade de chegadas de uma pista de pouso pode ser afetada significativamente pelo *mix* de aeronaves de um aeroporto. Em geral, quanto mais diversificado é esse *mix*, ou seja, quanto maior é a variabilidade de tamanhos das aeronaves, menor é a capacidade de chegadas. Como resultado, aeroportos com múltiplas pistas muitas vezes buscam separar as chegadas das aeronaves por tamanho em pistas separadas.

Ao contrário do que ocorre com a capacidade de partidas, a capacidade de chegadas de uma pista de pouso não é algo visualmente intuitivo. Ainda que uma pista esteja operando com capacidade plena de chegadas, há muitos períodos nos quais ela

TABELA 12-2 Separações longitudinais exigidas para aeronaves chegando a uma pista única quando operando sob IFR (distâncias em milhas náuticas)

Lead/lag	Pequenas	Grandes	Pesadas
Pequenas	3	3	3
Grandes	4	3	3
Pesadas	6	5	4

fica sem qualquer aeronave. Isso se dá porque as separações longitudinais exigidas entre as aeronaves, que resultam muitas vezes na aeronave *lead* pousando e saindo da pista de pouso antes que a aeronave *lag* toque o solo, impedem que as aeronaves de chegada alcancem a pista mais cedo.

A capacidade de uma pista em lidar tanto com pousos quanto com decolagens é chamada de *capacidade operacional de uso misto* de uma pista. Em geral, a capacidade operacional de uso misto de uma pista é determinada, em primeiro lugar, pela estimativa da capacidade de chegadas e, depois, pelo aproveitamento do tempo em que a pista fica ociosa devido a exigências de separação longitudinal, permitindo que ocorram partidas.

Ilustrando a capacidade com um diagrama de tempo *versus* espaço

A estimativa precisa da capacidade de uma pista de pouso é uma tarefa desafiadora, sobretudo quando se levam em consideração todas as variações em aeronaves e nos desempenhos dos pilotos, nas condições externas e nas políticas regulatórias. Contudo, para encontrar estimativas básicas para a capacidade de pistas de pouso, pode-se usar uma análise gráfica fundamental conhecida como **diagrama de tempo *versus* espaço**.

Um diagrama de tempo *versus* espaço é um gráfico bidimensional usado para representar a localização de qualquer objeto específico, como uma aeronave partindo ou chegando, em qualquer instante de tempo. Com um diagrama de tempo *versus* espaço, podem ser feitas representações visuais de movimentações de aeronaves com base em suas características de desempenho e em regulamentações da FAA.

Para ilustrar, por exemplo, a movimentação de aeronaves de partida em determinada pista, o diagrama de tempo *versus* espaço exibido na Figura 12-7 pode ser

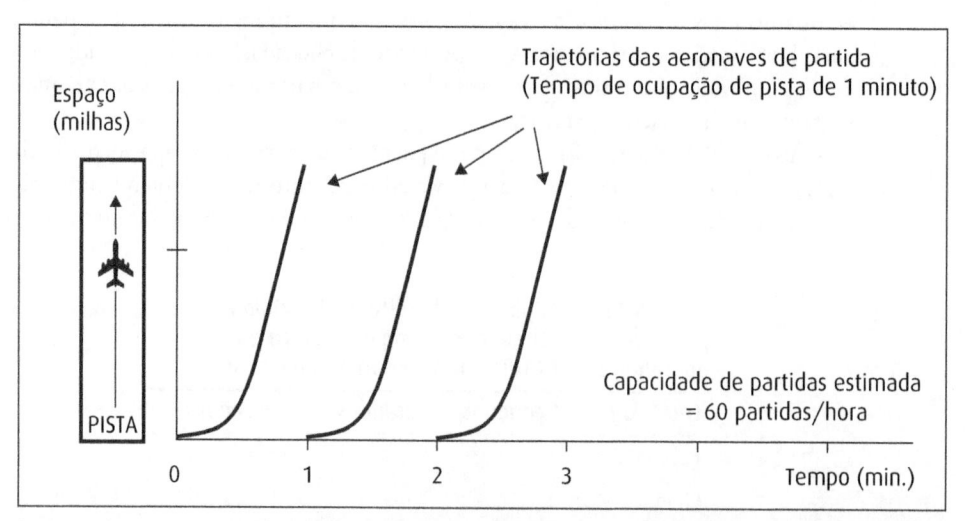

FIGURA 12-7 Diagrama de tempo *versus* espaço ilustrando a capacidade de partidas de uma pista que atende a aeronaves partindo a um tempo de ocupação de pista de 1 minuto.

usado. A Figura 12-7 representa a partida de aeronaves ao longo de uma pista. Cada aeronave tem um ROT de 60 segundos. O diagrama ilustra o fato de que apenas uma aeronave pode estar presente em uma pista a cada instante de tempo. A trajetória de cada aeronave é representada por uma curva, que ilustra o aumento da velocidade da aeronave até que ela atinja a velocidade de decolagem. A partir do diagrama, é fácil perceber que a capacidade de partidas dessa pista é de uma partida por minuto, ou 60 partidas por hora.

A Figura 12-8 ilustra a capacidade de chegadas de uma pista sendo usada por aeronaves pequenas se aproximando sob condições de IFR. Cada aeronave tem uma velocidade, conhecida como *velocidade de aproximação*, de 60 milhas náuticas por hora e requer um tempo de ocupação de pista de 30 segundos para seu pouso. Além disso, exige-se a observação de uma separação longitudinal de 3 milhas náuticas entre a aeronave *lead* e a *lag*. A partir desse diagrama, percebe-se que as aeronaves chegam à pista de pouso a cada 3 minutos, resultando em uma capacidade de chegadas de 20 pousos por hora.

A Figura 12-9 ilustra a capacidade operacional de uso misto de uma pista de pouso. Permite-se que as partidas ocorram durante períodos ociosos de pista entre os pousos. Como as partidas exigem tempos de ocupação de pista de 1 minuto, é possível permitir duas partidas entre pousos, resultando em uma capacidade de partidas operacional de uso misto de 40 partidas por hora. Quando combinada com a capacidade de 20 chegadas por hora, essa pista apresenta uma capacidade operacional de uso misto de 60 operações por hora.

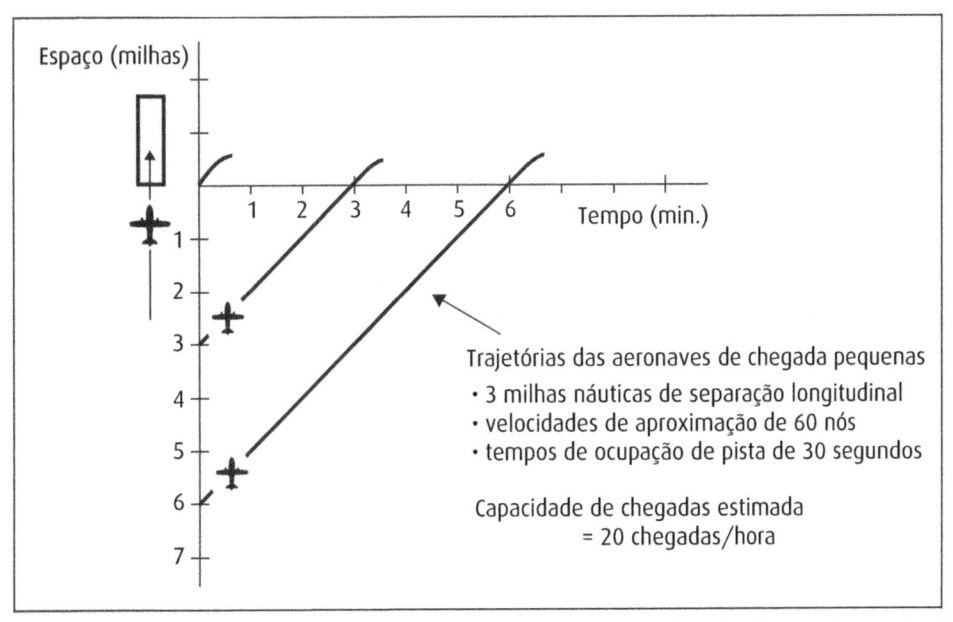

FIGURA 12-8 Diagrama de tempo *versus* espaço ilustrando a capacidade de chegadas de uma pista atendendo à chegada de pequenas aeronaves.

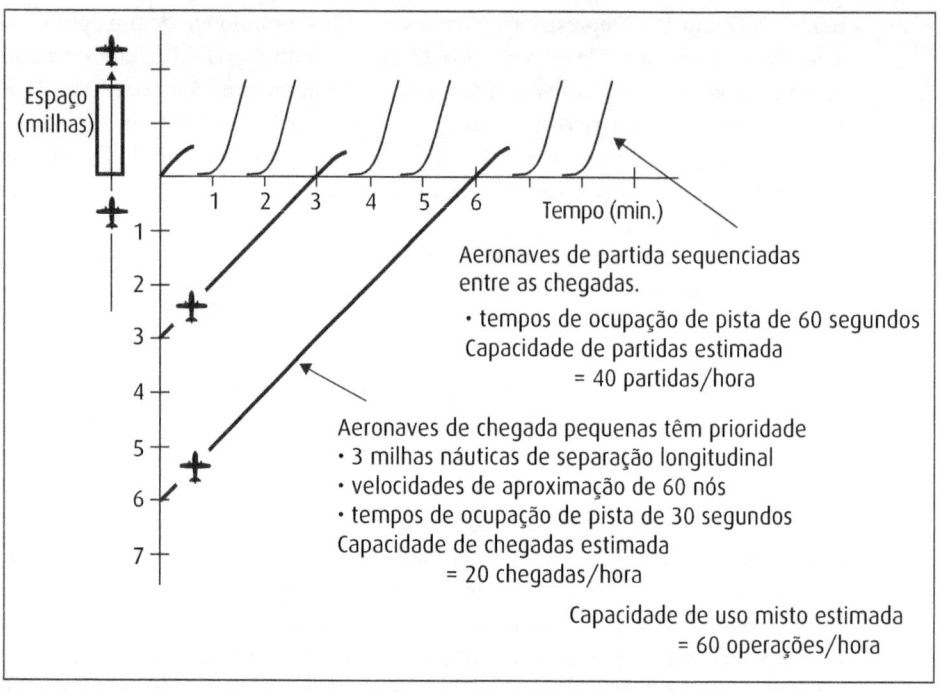

FIGURA 12-9 Diagrama de tempo *versus* espaço ilustrando a capacidade operacional de uso misto de uma pista atendendo à chegada e à partida de pequenas aeronaves.

Aeronaves de partida sequenciadas entre as chegadas.
• tempos de ocupação de pista de 60 segundos
Capacidade de partidas estimada
= 40 partidas/hora

Aeronaves de chegada pequenas têm prioridade
• 3 milhas náuticas de separação longitudinal
• velocidades de aproximação de 60 nós
• tempos de ocupação de pista de 30 segundos
Capacidade de chegadas estimada
= 20 chegadas/hora

Capacidade de uso misto estimada
= 60 operações/hora

A aplicação da simples análise anterior a aeronaves com diferentes características de desempenho revela o comportamento da capacidade das pistas de pouso. Por exemplo, a capacidade de chegadas para grandes aeronaves, que costumam apresentar velocidades de aproximação de cerca de 90 milhas náuticas por hora e que exigem separações longitudinais de cerca de 3 milhas náuticas entre a aeronave *lead* e a *lag*, pode ser ilustrada por um diagrama de tempo *versus* espaço, chegando-se a uma capacidade de 30 chegadas por hora e a uma capacidade de 30 partidas por hora (Figura 12-10).

Além disso, um diagrama de tempo *versus* espaço pode ser usado para ilustrar os efeitos comprometedores sobre a capacidade quando se permite que aeronaves de portes mistos utilizem a mesma pista de pouso. Como ilustrado pela Figura 12-11, exigências de separações longitudinais quando uma aeronave de grande porte se encontra à frente de outra aeronave menor, juntamente com as velocidades de aproximação mais reduzidas das pequenas aeronaves, resultam em uma diminuição significativa da capacidade de chegadas.

Uma técnica muito usada por controladores de voo para aumentar a capacidade é o sequenciamento cuidadoso das aeronaves de chegada para minimizar as ocorrências em que pequenas aeronaves seguem atrás de aeronaves de grande porte. Um exemplo de chegadas sequenciadas é ilustrado na Figura 12-12.

Muito embora o diagrama de tempo *versus* espaço seja uma ferramenta excelente para estimar a capacidade de uma pista de pouso com base em princípios funda-

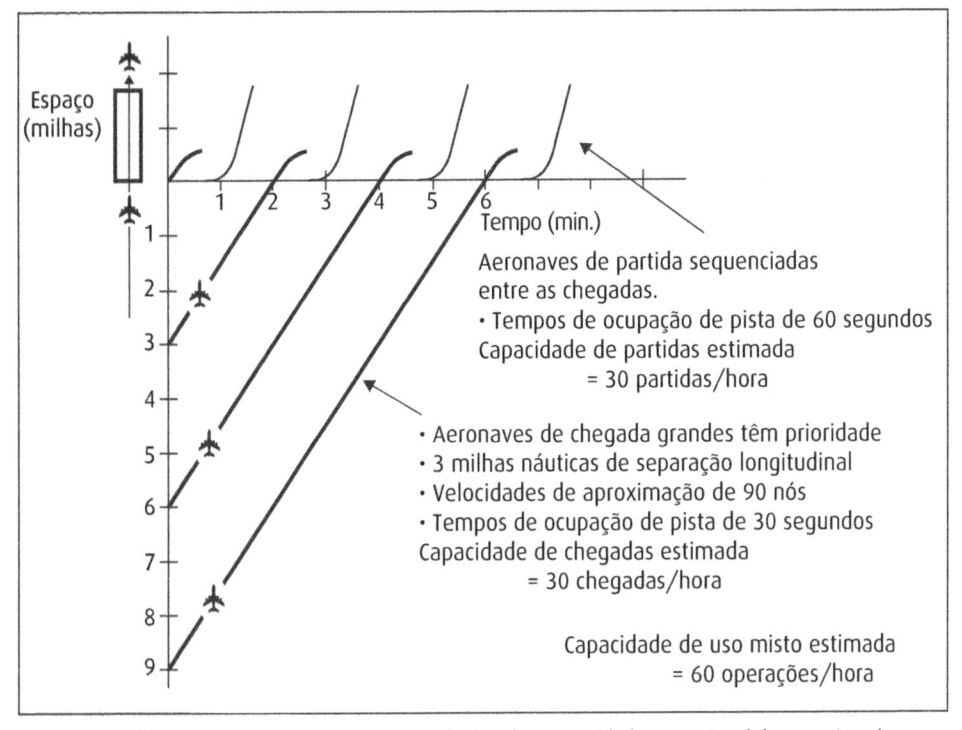

FIGURA 12-10 Diagrama de tempo *versus* espaço ilustrando a capacidade operacional de uso misto de uma pista atendendo à chegada e à partida de grandes aeronaves.

Aeronaves de partida sequenciadas entre as chegadas.
• Tempos de ocupação de pista de 60 segundos
Capacidade de partidas estimada
= 30 partidas/hora

• Aeronaves de chegada grandes têm prioridade
• 3 milhas náuticas de separação longitudinal
• Velocidades de aproximação de 90 nós
• Tempos de ocupação de pista de 30 segundos
Capacidade de chegadas estimada
= 30 chegadas/hora

Capacidade de uso misto estimada
= 60 operações/hora

Separações
Pequena atrás de grande: 4 mn
Grande atrás de pequena: 3 mn

Velocidades de aproximação
Pequenas: 60 nós
Grandes: 90 nós

As aeronaves se aproximando formam fila a partir de 7 milhas da cabeceira

Capacidade de chegadas estimada: 17 chegadas/hora
Capacidade de partidas estimada: 43 partidas/hora

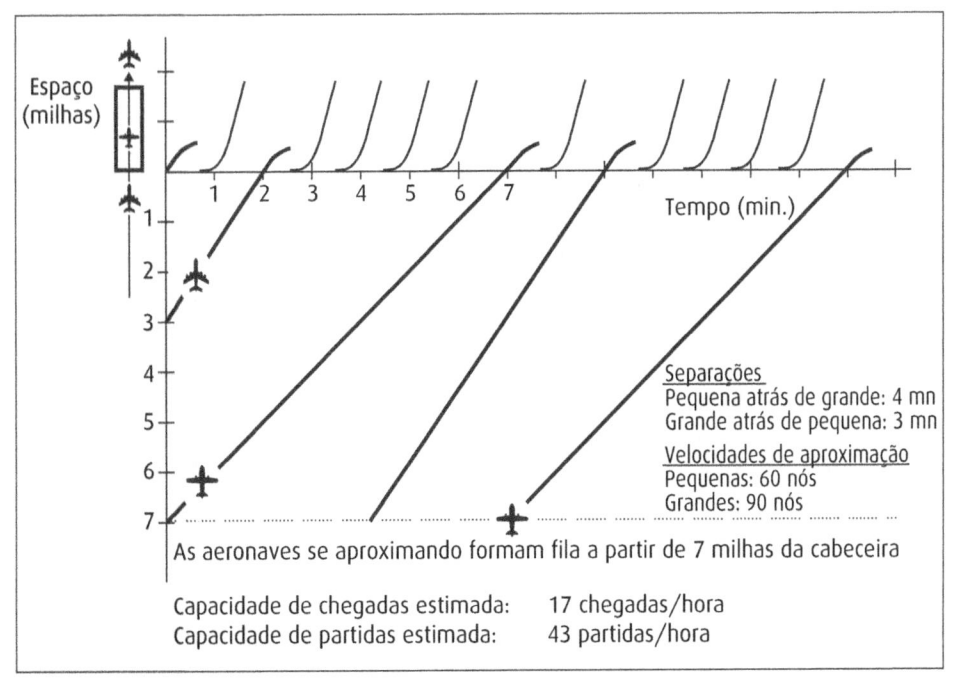

FIGURA 12-11 Diagrama de tempo *versus* espaço ilustrando a capacidade operacional de uso misto de uma pista atendendo à chegada e à partida de aeronaves grandes e pequenas.

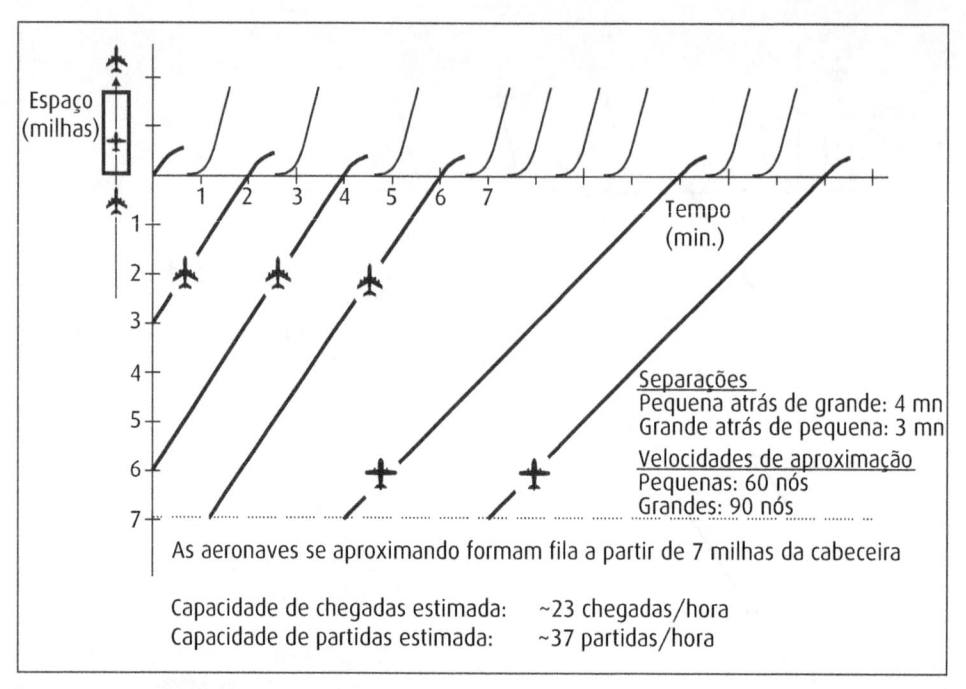

FIGURA 12-12 Diagrama de tempo *versus* espaço ilustrando a capacidade operacional de uso misto de uma pista atendendo à chegada e à partida de aeronaves grandes e pequenas sequenciadas para maximizar a capacidade de chegadas.

mentais, ele rapidamente se torna muito trabalhoso para lidar com múltiplos tipos de aeronaves e especialmente aeródromos com múltiplas pistas. Assim, outros métodos para estimar a capacidade de um aeródromo foram desenvolvidos, indo desde aproximações muito rudimentares por meio de gráficos e tabelas, até estimativas altamente complexas usando modelos de simulação computadorizada.

Tabelas de estimativas da FAA

Reconhecendo a necessidade de estimativas fundamentais sobre a capacidade de pista para a ampla diversidade de configurações de pista, que por sua vez acomodam uma ampla variedade de tipos de aeronaves sob condições atmosféricas diversas, a Federal Aviation Administration publicou a Circular Consultiva AC 150/5060-5 – *Capacidade e Atrasos em Aeroportos*. Nessa circular consultiva, há uma série de tabelas que fornecem estimativas gerais da capacidade operacional horária sob regras de voo VFR e IFR, bem como de uma típica capacidade operacional anual, conhecida como volume de serviço anual (ASV – *annual service volume*). Essas tabelas são apresentadas ao final deste capítulo sob a forma de Tabelas da FAA para Estimativas de Análise de Capacidade. Elas são usadas primeiramente selecionando-se a configuração de pista mais similar à daquele aeroporto cuja capacidade está sendo estimada. Em segundo lugar, um *índice de mix de aeronaves* é calculado, estimado pela soma do percentual de aeronaves grandes ao percentual de aeronaves pesadas, multiplicado por 3. A fórmula matemática usada para calcular o índice do *mix* de aeronaves é MI 5 C + 3D, onde C representa o percentual de aeronaves grandes e D o percentual de aeronaves pesadas. Aplicando-se o índice do *mix* de aeronaves à configuração de pista selecionada, pode-se encontrar na tabela as estimativas das capacidades horárias sob VFR e IFR e o ASV.

Imagine, por exemplo, um aeroporto com uma pista única e com um *mix* de aeronaves de 80% de aeronaves pequenas, 18% de aeronaves grandes e 2% de aeronaves pesadas. Tal aeroporto é um representante típico dos pequenos aeroportos norte-americanos da aviação geral. A configuração do aeródromo está retratada na Figura A1-1A, e, nela, a que mais se aproxima é a configuração 1. O índice do *mix* de aeronaves do aeroporto é 18 + 3(2) = 24. Buscando-se na tabela, pode-se perceber que a capacidade horária estimada do aeroporto é de aproximadamente 98 operações por hora sob VFR e de 59 operações por hora sob IFR (não por coincidência muito próximo da capacidade estimada usando-se diagramas de tempo x espaço) e um volume de serviço anual de aproximadamente 230.000 operações ao ano.

Um grande aeroporto comercial com dois conjuntos de pistas paralelas bem próximas, cada uma separada por pelo menos 1.100 metros, e com um *mix* de aeronaves de 5% de aeronaves pequenas, 80% de aeronaves grandes e 15% de aeronaves pesadas pode ser representado na Figura A1-1B por configuração e um índice do *mix* de aeronaves de 80 + 3(15) = 125, resultando em uma capacidade horária sob VFR de 189 operações, em uma capacidade horária sob IFR de 120 operações e em um volume de serviço anual de aproximadamente 675.000 operações ao ano.

Modelos de simulação

Embora as tabelas descritas na AC 150/5060-5 sejam apropriadas para estimativas mais rudimentares de capacidades aeroportuárias, elas não fornecem, de fato, a capacidade operacional do aeroporto a qualquer do tempo. Um dos poucos métodos para estimar a capacidade, sobretudo como função de um ambiente aeroportuário em constante variação, é a simulação computadorizada (Figura 12-13).

A ferramenta de análise Airport and Airspace Simulation Model, **SIMMOD**™, validada pela FAA, é um padrão no setor, usada por planejadores e operadores de aeroportos, empresas aéreas, projetistas de espaço aéreo e autoridades de controle de tráfego aéreo para a condução de simulações de alta fidelidade de operações aeroportuárias correntes e propostas. O SIMMOD™ é projetado para "encenar" no computador operações aeroportuárias e de espaço aéreo e para calcular quais seriam as consequências no mundo real de determinadas condições operacionais em potencial. Ele tem a capacidade e a flexibilidade para abordar uma ampla gama de questões hipotéticas relacionadas a capacidade, atrasos e eficiência de aeroportos e de espaços aéreos, incluindo questões associadas a:

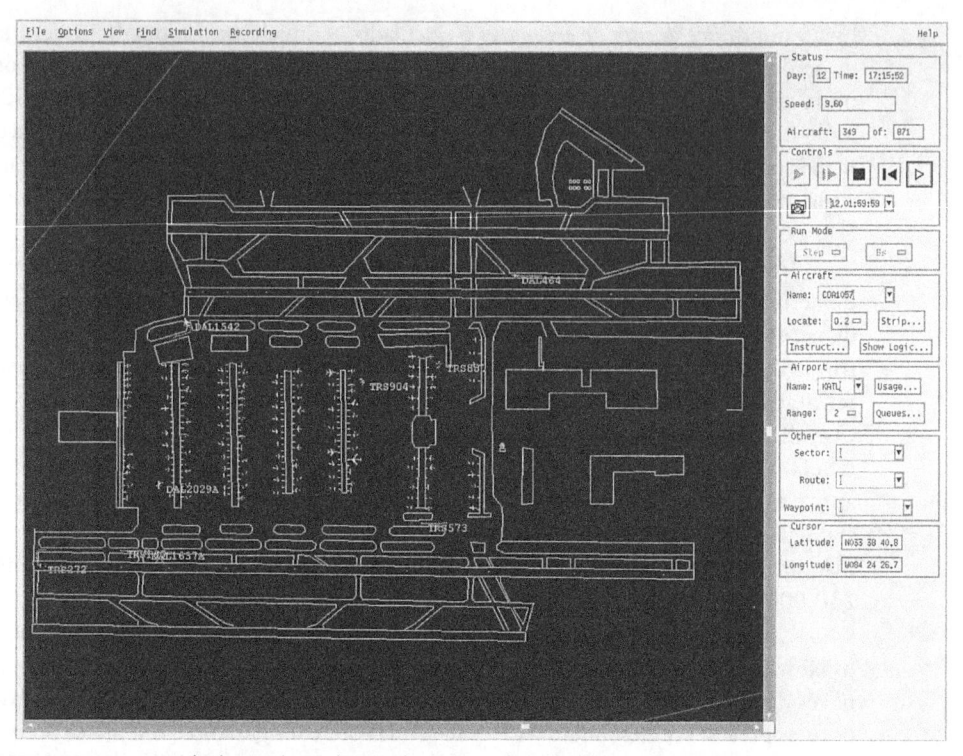

FIGURA 12-13 Exemplo de simulação de aeródromo usando um programa de computador.

- Instalações aeroportuárias existentes e propostas (como portões, pistas de táxi, pistas de pouso, pátios)
- Alternativas operacionais de um aeroporto (como padrões de pistas de táxi, usos de pistas de pouso, formação de filas de decolagem)
- Estruturas existentes ou propostas de espaço aéreo (como rotas, procedimentos, setores)
- Tecnologias, procedimentos e políticas de gestão/controle de tráfego aéreo
- Parâmetros usados como padrão para a separação de aeronaves (como clima, tipo de aeronave, estado de voo)
- Operações de empresas aéreas (como agendamento de voos, transações bancárias, usos de portões e horários de serviços)
- Demanda de tráfego atual e futura (como volume, *mix* de aeronaves, novos tipos de aeronave)

Com base no cenário inserido pelo usuário, o SIMMOD™ rastreia a movimentação de cada aeronave pelo sistema aeroporto/espaço aéreo, detecta potenciais violações dos padrões de separação e de procedimentos operacionais e simula ações de controle de tráfego aéreo necessárias para resolver conflitos em potencial. O modelo captura de forma apropriada as interações dentro e entre as operações de espaço aéreo e de aeroportos, incluindo interações entre múltiplos aeroportos vizinhos.

Conforme o SIMMOD™ simula operações no espaço aéreo e no aeroporto, ele computa e registra informações detalhadas sobre as atividades e os eventos associados às operações de cada aeronave no aeroporto e dentro do espaço aéreo. Esses resultados são fornecidos como dados que ficam disponíveis para que o usuário faça uma avaliação das alternativas, incluindo tempo de viagem, atrasos e custos operacionais de aeronaves, capacidade do sistema, rendimento e utilização de tráfego.

Nos últimos anos, o programa de simulação de modelos **TAAM**™ (Total Airport and Airspace Modeler) acabou se tornando outro padrão aceito de aplicativo computadorizado para a estimativa da capacidade de um aeroporto e do espaço aéreo a ele associado. Os fabricantes do modelo TAAM™ também oferecem produtos especializados para estimar a capacidade dos terminais aeroportuários e das centrais de processamento de bagagens, bem como um programa para ser usado pelo setor administrativo envolvido no planejamento aeroportuário.

Referenciais da FAA para capacidade aeroportuária

A partir de 2001, a FAA desenvolveu modelos para estimar a capacidade dos aeródromos dos 35 aeroportos mais movimentados e mais frequentemente congestionados dos Estados Unidos. Os modelos estimam a capacidade desses aeródromos sob condições meteorológicas ideais (VFR), sob condições que exigem o uso de instrumentos (IFR) e sob condições climáticas marginais (em que condições de IFR não se aplicam, mas aproximações visuais são impraticáveis) usando a configuração de pista de uso mais comum para determinado aeroporto.

A Tabela 12-3 lista as capacidades estimadas para os aeroportos examinados, definidas em termos de operações totais (decolagens mais pousos por hora).

Deve-se ressaltar que alguns aeroportos perdem capacidade operacional significativa sob IFR, comparando-se com condições ideais. Isso ocorre pelo uso de certas configurações de pista, como pistas paralelas próximas demais e pistas cruzadas, que acabam limitando a capacidade em geral.

A FAA aplica essas estimativas à análise dos níveis potenciais de atrasos em aeródromos, em face dos níveis variáveis de demanda, e utiliza as suas descobertas a fim de determinar prioridades e estratégias para ampliar a capacidade desses aeroportos.

Definindo os atrasos

Atraso é definido como a duração entre o horário no qual se deseja que uma operação ocorra e o horário em que ela de fato ocorre. Quando uma aeronave decola e pousa "dentro do horário", segundo o seu respectivo cronograma, por exemplo, diz-se que ela não apresentou qualquer atraso. Se, no entanto, uma aeronave partir uma

TABELA 12-3 Capacidades estimadas de aeroportos examinados, definidas em termos de operações totais (decolagens mais pousos por hora)

	Aeroporto	Ideal	Marginal	IFR
ATL	Atlanta Hartsfield-Jackson International	180-188	172-174	158-162
BOS	Boston Logan International	123-131	112-117	90-93
BWI	Baltimore-Washington International	106-120	80-93	60-71
CLE	Cleveland Hopkins	80-80	72-77	64-64
CLT	Charlotte/Douglas International	130-131	125-131	102-110
CVG	Cincinnati/Northern Kentucky International	120-125	120-124	102-120
DCA	Ronald Reagan Washington National	72-87	60-84	48-70
DEN	Denver International	210-219	186-202	159-162
DFW	Dallas/Fort Worth International	270-279	231-252	186-193
DTW	Detroit Metro Wayne County	184-189	168-173	136-145
EWR	Newark Liberty International	84-92	80-81	52-56
FLL	Fort Lauderdale-Hollywood International	60-62	60-61	61-66
HNL	Honolulu International	110-120	60-85	58-60
IAD	Washington Dulles International	135-135	114-120	105-113
IAH	Houston George Bush International	120-143	120-141	108-112
JFK	New York John F. Kennedy International	75-87	75-87	64-67
LAS	Las Vegas McCarran International	102-113	77-82	70-70
LAX	Los Angeles International	137-148	126-132	117-124
LGA	New York LaGuardia	78-85	74-84	69-74
MCO	Orlando International	144-164	132-144	104-117
MDW	Chicago Midway	64-65	64-65	61-64

MEM	Memphis International	148-181	140-167	120-132
MIA	Miami International	116-121	104-118	92-96
MSP	Minneapolis-St. Paul International	114-120	112-115	112-114
ORD	Chicago O'Hare International	190-200	190-200	136-144
PDX	Portland International	116-120	79-80	77-80
PHL	Philadelphia International	104-116	96-102	96-96
PHX	Phoenix Sky Harbor International	128-150	108-118	108-118
PIT	Greater Pittsburgh International	152-160	143-150	119-150
SAN	San Diego International – Lindbergh Field	56-58	56-58	48-50
SEA	Seattle-Tacoma International	80-84	74-76	57-60
SFO	San Francisco International	105-110	81-93	68-72
SLC	Salt Lake City International	130-131	110-120	110-113
STL	Lambert-St. Louis International	104-113	91-96	64-70
TPA	Tampa International	102-105	90-95	74-75

hora após o horário agendado, diz-se que ela teve 1 hora de atraso. Esse atraso pode ter sido resultado de inúmeros fatores. Um reparo mecânico pode ter sido necessário, o carregamento das bagagens pode ter sido lento, o clima pode ter exigido que a aeronave esperasse por uma melhoria nas condições ou talvez ela tenha sido apenas uma entre diversas aeronaves agendadas para decolar durante um período de alta demanda, quando a capacidade do aeroporto era insuficiente para acomodar todas as operações.

A Figura 12-4 ilustra a relação entre demanda, capacidade e atraso. Nela, observa-se que as aeronaves apresentam muitas vezes certa quantidade de atrasos mesmo quando os níveis de demanda estão significativamente abaixo da capacidade. Esses atrasos geralmente são ínfimos, criados como resultado de ocorrências esparsas em que duas aeronaves desejam operar dentro de um mesmo intervalo de tempo muito breve ou por anormalidades menores. Conforme a demanda se aproxima da capacidade, os atrasos tendem a aumentar exponencialmente, à medida que o potencial para tais anormalidades e conflitos de agendamentos aumenta.

A FAA define o nível máximo aceitável de atraso como o nível de demanda, em relação à capacidade máxima, que resultará em atrasos de aeronaves não superiores a 4 minutos. O atraso congestivo ocorre quando a demanda encontra-se suficientemente próxima à capacidade máxima para gerar atrasos médios de 9 minutos por operação. À medida que a demanda atinge assintoticamente a capacidade máxima, os atrasos podem chegar a horas por operação. Durante períodos extremos, quando a demanda está em seu pico e a capacidade está significativamente reduzida por causa do clima ou por qualquer outra condição adversa, operações regulares podem sofrer atrasos de alguns dias, ou mesmo serem canceladas.

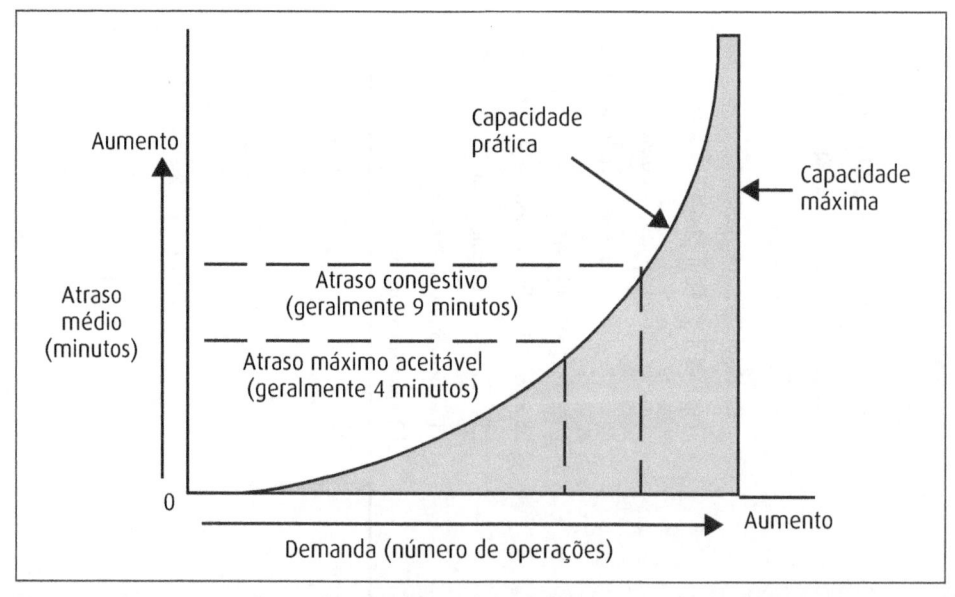

FIGURA 12-14 Atrasos como função da capacidade e da demanda. (Fonte: FAA Office of Technological Assessment)

O quanto de atraso é considerado aceitável depende do julgamento de três conceitos. O primeiro é o conceito de que alguns atrasos são inevitáveis, devido a fatores além do controle humano, como condições meteorológicas variáveis. Em segundo lugar, alguns atrasos, embora evitáveis, podem custar caro demais para serem eliminados. O custo, por exemplo, para se construir uma nova pista somente para reduzir os atrasos em alguns segundos por operação pode ser excessivo. Em terceiro lugar, pelo fato de as demandas por operações com aeronaves envolverem um quadro temporal um tanto aleatório (isto é, ainda que uma companhia aérea esteja agendada para decolar ao meio-dia em ponto, ela pode querer partir, na verdade, em algum momento aleatório entre 11h58 e 12h03, dependendo dos ventos ou de outros fatores que determinam o tempo de viagem de uma aeronave até o seu destino), mesmo com o esforço mais vigoroso, sempre haverá a probabilidade de que alguma aeronave venha a encontrar atrasos superiores do que aquele considerado "aceitável". Sendo assim, o atraso aceitável envolve essencialmente uma decisão de política interna, estipulando uma tolerância maior do que algum valor especificado, levando em consideração a viabilidade técnica e a praticabilidade econômica das remediações disponíveis.

Estimando atrasos

Assim como para a estimativa da capacidade, existem vários métodos para estimar atrasos a partir de modelos analíticos fundamentais, tabelas e gráficos da FAA e modelos computadorizados de simulação. Similar ao que ocorre com a estimativa da capacidade, os modelos analíticos permitem ao planejador de um aeroporto estimar atrasos usando estimativas fundamentais para a demanda de aeronaves e a capacidade aeroportuária. As tabelas da FAA fornecem estimativas superficiais de atrasos para condições operacionais mais complexas, enquanto as simulações computadorizadas oferecem estimativas detalhadas de atrasos sob uma variedade integral de condições operacionais, desde as muito simples até as altamente complexas.

Uma ferramenta analítica comum usada para estimar atrasos ao longo de um período de tempo para determinada capacidade aeroportuária é o diagrama de chegadas cumulativas, também conhecido como diagrama de formação de filas. Ele se baseia na ciência altamente desenvolvida da teoria das filas, usada originalmente para estimar filas e atrasos para o tráfego de automóveis. A teoria das filas pode ser aplicada para qualquer ambiente em que haja a ocorrência de filas e, portanto, de atrasos, desde cabines telefônicas até mercearias ou aeroportos.

Um exemplo de situação em que um diagrama de chegadas cumulativas é especialmente útil é um período de tempo em que a demanda se modifica enquanto a capacidade aeroportuária permanece a mesma. Essa situação é bastante frequente nos aeroportos. Períodos de alta demanda, conhecidos como períodos de *pico*, tendem a ocorrer durante as horas do *rush* da manhã e da tarde em aeroportos que atuam como *hubs* para grandes companhias aéreas e em períodos de decolagem ou pouso. Embora o horário e a duração dos períodos de pico variem de um aeroporto para outro, eles costumam ocorrer em praticamente todos os aeroportos. Os períodos do dia que apresentam menos demanda são conhecidos como períodos *fora de pico*.

Assim como a capacidade, a demanda é uma taxa, mensurada em termos de operações por hora. Ao passo que a capacidade consiste no número máximo de operações que podem ser realizadas dentro de uma hora, a demanda é o número de operações que se deseja que ocorra ao longo de uma hora. Por definição, então, se a demanda for inferior à capacidade, considera-se que o aeroporto está operando abaixo da capacidade, sofrendo atrasos mínimos; conforme a demanda se aproxima da capacidade, os atrasos menores aumentam. Quando a demanda alcança ou ultrapassa a capacidade, considera-se que o aeroporto está *saturado*, operando na linha da capacidade, mas sofrendo grandes atrasos.

Estimativas analíticas dos atrasos: o diagrama da formação de filas

Imagine um aeroporto com uma pista única, cuja capacidade é de 60 operações por hora. Esse aeroporto é capaz de acomodar uma demanda por operações durante a maior parte do dia, no período fora de pico, de 30 operações por hora. Durante um período de pico de 2 horas, entre 6 e 8 horas da manhã, por exemplo, a demanda é de 75 operações por hora. Com base nessas informações, um **diagrama de formação de filas** pode ser construído para ilustrar a demanda de aeronaves, a capacidade aeroportuária e os atrasos em geral que ocorrem como resultado da relação entre as duas variáveis ao longo do tempo. A Figura 12-15 representa tal diagrama de formação de filas.

A única linha sólida na Figura 12-15, conhecida como *curva da demanda*, representa o número cumulativo de operações agendadas para ocorrer a qualquer momento do dia. Neste exemplo, a primeira operação do dia está agendada para as 5h da manhã. A constante elevação da curva da demanda entre 5h e 6h representa um cronograma de operações que ocorre constantemente à taxa fora de pico de 30 operações por hora. O período entre 6h e 8h da manhã é o *período de pico*, quando outras 75 aeronaves por hora, de um total de 150 aeronaves, estão agendadas para operar. Ao final do período de pico, a curva da demanda ilustra um retorno para níveis fora de pico, acarretando em 210 operações cumulativas agendadas para as 9h da manhã, 240 operações cumulativas para as 10h da manhã e assim por diante.

A linha tracejada na Figura 12-15, conhecida como *curva de serviço*, representa o número cumulativo de operações que serão atendidas a qualquer momento do dia. Durante a primeira hora de operação, entre 5h e 6h da manhã, a curva de serviço é a mesma que a curva da demanda, ilustrando o fato de que, durante esse período de demanda relativamente baixa, quando a demanda é inferior à capacidade, as aeronaves são atendidas dentro do horário para o qual estão agendadas. Essa porção da curva de chegadas cumulativas ilustra o fato de que nenhum atraso significativo ocorreu durante esse período.

Durante o período de pico, porém, a demanda por serviço é superior à capacidade de serviço. Dessa forma, a curva de serviço ilustrada durante o período

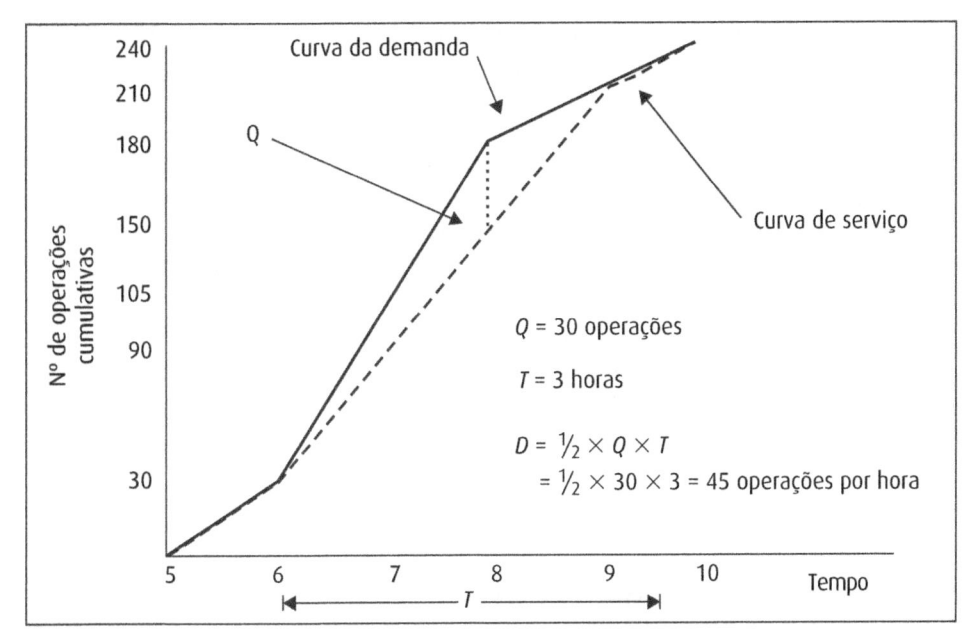

FIGURA 12-15 Exemplo de um diagrama de formação de filas.

de pico representa o número máximo de operações que puderam ser atendidas durante esse período, ou seja, a capacidade do sistema. Como a capacidade do sistema é de apenas 60 operações por hora, até as 8h, ao final do período de pico, somente 150 operações cumulativas puderam ser atendidas, menos do que as 180 que estavam agendadas.

A distância vertical entre as curvas da demanda e de serviço representa o número de aeronaves que estão demandando serviço, mas que ainda não foram atendidas. Ou seja, ele consiste no número de aeronaves *na fila* por serviço. A distância vertical cada vez maior entre as duas curvas durante o período de pico representa a fila cada vez maior durante esse horário. É no final do período de pico que se apresenta a fila mais longa, Q, durante essa análise. Neste caso, Q é igual a 30 aeronaves.

Todas as aeronaves que chegam ao aeroporto durante o período de pico esperam na fila por algum tempo e sofrem, assim, certa quantidade de atraso. O tamanho do atraso experimentado por quaisquer das aeronaves é ilustrado pela distância horizontal entre a curva da demanda e a curva de serviço. Por exemplo, a nona aeronave observada neste sistema estava agendada para operar às 6h45 da manhã, mas só foi atendida às 7h, resultando em 15 minutos de atraso para essa aeronave.

Conforme ilustrado no diagrama de formação de filas, as filas e os atrasos não se encerram ao final do período de pico. Às 8h da manhã, o sistema continua a operar a plena capacidade. Como a demanda agendada é inferior à capacidade após o final do período de pico, a fila consegue diminuir até finalmente desaparecer. Nesse caso, a fila é dissipada às 9h da manhã, passada uma hora do final do período de pico. Portanto, entre 6h e 9h, o que inclui a demanda do período de pico e parte da demanda do período fora de pico, que ocorre após o encerramento do período de pico, as aeronaves agendadas para operar experimentam certo atraso. Esse período de tempo, T, é conhecido como o período de tempo em que o sistema se encontra em estado de atraso.

Em um diagrama de formação de filas, o tamanho dos atrasos experimentados por todas as aeronaves no sistema é definido pela área que existe entre as curvas da demanda e de serviço. Neste exemplo, essa área pode ser representada calculando-se a área do triângulo pelo comprimento T e pela altura Q. Assim, o atraso total experimentado por este sistema é definido pela área do triângulo, calculada como $1/2\ QT$. Neste caso, $1/2(30)(3) = 45$ horas operacionais de atraso. Tirando-se a média para 180 aeronaves que sofreram algum atraso, cada aeronave experimentou uma média de 0,25 horas, ou 15 minutos, de atraso.

O diagrama de formação de filas ilustrado na Figura 12-15 é uma aplicação bastante simples da teoria das filas para a estimativa da capacidade aeroportuária. Para uma descrição mais abrangente dessa metodologia, o leitor pode buscar o texto *Applications of Queuing Theory*, de Gordon Newell.

Outras mensurações de atrasos

Tradicionalmente, a FAA vem coletando dados sobre atrasos de aeronaves de duas fontes diferentes. A primeira é por meio do **Air Traffic Operations Network System** (OPSNET – Sistema da Rede de Operações de Tráfego Aéreo), no qual os funcionários da FAA registram aeronaves que estão atrasadas 15 minutos ou mais, devido a uma causa específica (clima, volume no terminal, volume na central, pistas de pouso ou de táxi fechadas e interrupções em equipamentos NAS). Aeronaves que apresentam um atraso inferior a 15 minutos não são registradas pelo OPSNET.

Os dados referentes a atrasos coletados através do OPSNET não estão isentos de problemas. Ele registra apenas atrasos iguais ou maiores do que 15 minutos; agrega os atrasos de voos, tornando impossível determinar se um voo específico sofreu atraso; e registra somente atrasos de voo ocorridos por causa de problemas de tráfego aéreo (isto é, clima, volume no terminal, volume na central, pistas de pouso ou de táxi fechadas e interrupções em equipamentos NAS). O OPSNET se baseia em relatórios de controladores, e a qualidade dos relatórios variam consideravelmente dependendo da carga de trabalho de cada controlador. Além disso, ele só mede atrasos em relação aos horários de voo padrão publicados no *Official Airline Guide* (OAG). Dessa maneira, é muito provável que esse sistema acabe superestimando os atrasos, pois há uma ampla variação no tempo "sem atrasos" de um aeroporto para outro e, em determinado aeroporto, de uma configuração de pistas para outra. Muitas operações, quando mensuradas em relação a um único padrão nominal, são computadas com atrasos, mas estão dentro da expectativa normal para determinado aeroporto sob certas circunstâncias. Também pode haver uma distorção na direção oposta. A maioria dos cronogramas de empresas aéreas, sobretudo para voos com origem e destino em aeroportos muito movimentados, traz consigo uma tolerância para atrasos. Em parte, trata-se simplesmente de um planejamento realístico, mas há também a tendência de alongar os tempos de voo publicados, de forma a manter uma imagem pública de operações dentro do programado. Por fim, o OPSNET incorpora qualquer atraso que possa ter sido experimentado em rota. Os atrasos em rota podem não ser atribuíveis às condições do aeroporto, e a inclusão deles nos totais acaba levando provavelmente a uma superestimação.

A segunda fonte de dados sobre atrasos se dá por meio do **Consolidated Operations and Delay Analysis System** (CODAS – Sistema de Operações Consolidadas e de Análise de Atrasos). O CODAS é um sistema de base de dados e de consulta da FAA mais novo, contendo informações sobre atrasos por fase de voo para voos domésticos nos Estados Unidos. Ele foi desenvolvido pela fusão da antiga base de dados *airline service quality performance* (ASQP – desempenho de qualidade de serviço das empresas aéreas) e do **Enhanced Traffic Management System** (ETMS – Sistema Aprimorado de Gestão de Tráfego) da FAA. Além disso, o CODAs contém informações de agendamento de voos do OAG e dados meteorológicos provenientes da National Oceanic and Atmospheric Administration (NOAA – Agência Nacional Oceânica e Atmosférica). Ele contém também os horários propriamente ditos de partida do portão, decolagem, pouso e chegada no portão. A partir dessas informações, atrasos no portão, no taxiamento de partida, em voo e no taxiamento de chegada maiores do que 1 minuto são computados. O CODAS mede um atraso onde ele ocorre, não sua causa. O principal objetivo do CODAS é oferecer suporte a estudos analíticos e não à gestão cotidiana do sistema CTA (controle de tráfego aéreo).

Abordagens para reduzir atrasos

Muitos aeroportos de serviço comercial, sobretudo aqueles em grandes áreas metropolitanas, sofrem com atrasos operacionais em seus aeródromos, em seus terminais e nos sistemas de acesso terrestre em torno dos aeroportos. As estratégias que podem ser empregadas para reduzir os atrasos se dividem em duas categorias: aumento da capacidade do sistema e gestão da demanda do sistema. O aumento da capacidade inclui o acréscimo de novas infraestruturas, como pistas adicionais, instalações de terminal e rodovias de acesso. O aumento da capacidade também inclui o suprimento de tecnologias e de diretrizes para tornar a infraestrutura já existente mais eficiente. Assim, é possível, por exemplo, reduzir o tempo de processamento necessário em uma instalação, a fim de possibilitar maior número de operações ao longo de determinado período. A gestão da demanda se concentra mais em modificar o comportamento dos usuários do sistema, o que, por sua vez, acabará levando a um uso melhor da capacidade existente do sistema.

Criando novas infraestruturas aeroportuárias

Historicamente, o desenvolvimento de novos aeroportos, a construção de novas pistas de pouso e a ampliação de pistas em aeroportos já existentes têm oferecido o maior potencial para o aumento da capacidade aeroportuária. O novo Denver International Airport (DIA), finalizado em 1995, aumentou a capacidade e reduziu os atrasos não apenas em Denver, mas também por todo o sistema de aviação. No entanto, a um custo de US$ 5 bilhões para a construção de um aeroporto como o Denver International, restará o desafio de financiar e de construir outros aeroportos.

Essas opções para alcançar grandes aumentos na capacidade se tornaram mais difíceis devido ao desenvolvimento das comunidades vizinhas, às preocupações ambientais, à escassez de terrenos adjacentes disponíveis e a exigências de custeio, à falta de apoio público, interesses comerciais e residenciais concorrentes e a outras dificuldades concomitantes.

Entre 1997 e 2010, foram abertas mais de 25 novas pistas em aeroportos comerciais principais no Estados Unidos. A capacidade adicional dessas pistas nos maiores *hubs* do país, incluindo o Hartsfield-Jackson International Airport de Atlanta, proporcionou aumentos significativos para a capacidade aeroportuária nacional e levou a uma redução significativa dos atrasos no sistema. A capacidade adicional também permitiu que as companhias aéreas adicionassem voos durante os horários de pico, o que, em alguns casos, já começou a resultar em um aumento dos atrasos nessas instalações.

Além disso, a modificação das configurações de pista de pouso, em particular a conversão de pistas cruzadas em configurações paralelas ou a ampliação de pistas mais curtas para acomodar aeronaves maiores, representa estratégias recentes de aumento da capacidade em aeroportos como o O'Hare de Chicago e o Fort Lauderdale–Hollywood International Airport.

Outro fator, o aumento de pistas de táxi adequadamente situadas, sobretudo daquelas que oferecem egresso das pistas de pouso, exerceu um efeito importante na redução dos tempos de ocupação destas. A colocação de pistas de táxi de saída e o ângulo no qual essas pistas de táxi intersectam as pistas de pouso podem ser cruciais. Pistas de táxi mal situadas prolongam o tempo de ocupação das pistas de pouso ao forçarem as aeronaves recém-chegadas a taxiarem a baixa velocidade por uma distância excessiva antes de liberarem a pista. Pistas de táxi que deixam a pista de pouso a ângulos retos forçam a aeronave a reduzir sua velocidade para conseguir deixar a pista com segurança. O acréscimo de pistas de táxi em locais estratégicos ao longo das pistas de pouso pode contribuir para minimizar os tempos de ocupação de pista, levando a um aumento de suas capacidades.

Convertendo aeródromos militares

De uma forma um tanto similar a como as bases aéreas militares foram transformadas em aeroportos municipais de aviação civil após a Segunda Guerra Mundial, o enxugamento de diversas instalações militares dos Estados Unidos nos anos 1990 contribuiu para um aumento da capacidade do sistema de aviação, ao permitir a conversão de aeródromos militares fechados para uso civil que, em sua maioria, foram cogitados para conversão, já são projetados para acomodar aeronaves pesadas, com pistas de pouso de até 4.000 metros de comprimento. Muitos desses aeródromos estão situados nos arredores de aeroportos metropolitanos congestionados, onde a busca por novos aeroportos principais já se dá há algum tempo. Um ótimo exemplo de conversão de um aeródromo militar é o Austin-Bergstrom International Airport, em Austin, Texas, localizado na Base Aérea de Bergstrom.

Além das conversões de aeródromos militares em aeroportos civis, existem inúmeros aeródromos militares atualmente em operação acomodando um uso conjunto militar e civil. Na maioria dos casos, esses aeródromos de uso conjunto fornecem serviço primário para as comunidades, exercendo um impacto modesto sobre a capacidade do sistema.

Para auxiliar na transição dos aeródromos militares para aeroportos civis e de uso conjunto, o Military Airport Program (MAP – Programa Militar Aeroportuário), estabelecido como um alocador de recursos sob o Airport Improvement Program (AIP – Programa de Melhoria de Aeroportos), fornece dotação de recursos para o planejamento-mestre de aeroportos e para o desenvolvimento de capital. O MAP permite que o Secretário dos Transportes designe aeródromos militares antigos ou atuais para participação no programa. Para participar, os patrocinadores de aeroportos elegíveis encaminham uma solicitação à FAA. Para determinar a aprovação ou não de cada instalação, a FAA leva em consideração (1) a proximidade em relação a aeroportos comerciais em aéreas metropolitanas importantes com altos níveis atuais ou projetados de atraso, (2) a capacidade do espaço aéreo existente e os padrões de fluxo de tráfego na área metropolitana, (3) a disponibilidade de patrocinadores locais para o desenvolvimento civil, (4) os níveis existentes de operação, (5) as instalações existentes e (6) quaisquer outros fatores apropriados.

Gestão administrativa e de demanda

Duas abordagens básicas para a gestão da demanda têm o mesmo objetivo: diminuir o congestionamento, desviando parte do tráfego para horários e locais onde ele possa ser processado mais prontamente ou de forma mais eficiente. Isso pode ser feito por meio de gestão administrativa: a autoridade aeroportuária ou outra entidade governamental pode alocar acesso aeroportuário ao enviar quotas sobre o número de passageiros embarcados ou sobre o número e o tipo de operações com aeronaves que serão acomodados durante um período específico. A abordagem alternativa é econômica: estruturar o sistema de precificação de tal forma que as forças do mercado aloquem instalações aeroportuárias escassas entre usuários concorrentes; assim, a gestão da demanda não acrescenta capacidade, ela promove um uso mais efetivo e mais eficiente economicamente das instalações existentes.

Todo e qualquer esquema de gestão de demanda acaba negando a alguns usuários um acesso livre ou completo ao aeroporto de sua escolha. Essa negação é muitas vezes denunciada como uma violação à política federal tradicional de liberdade da navegação aérea e da abordagem de "primeiro a chegar, primeiro a ser atendido" para a alocação do uso de instalações aeroportuárias. Os economistas rejeitam esse argumento por considerarem que é uma distorção do conceito de liberdade conceder acesso irrestrito para todo e qualquer usuário, independentemente dos custos impostos à sociedade pelo fornecimento de instalações aeroportuárias. Tentativas de gerir a demanda também são criticadas por afetarem de modo adverso o crescimento da indústria da aviação e o nível de serviço para o público viajante. Entretanto, como o crescimento do tráfego acabou suplantando a capacidade de ampliação e construção de aeroportos, algumas formas de gestão de demanda já foram postas em prática, e muitos observadores do setor assumiram a posição de que algumas formas de restrição de uso aeroportuário se tornarão cada vez mais importantes para lidar com os atrasos e para utilizar a capacidade aeroportuária existente de forma eficiente.

Gestão administrativa

Diversas abordagens de gestão administrativa estão sendo adotadas para gerir a demanda em aeroportos individuais ou em uma região metropolitana como um todo. Entre elas, está a exigência de desvio de parte do tráfego para aeroportos *reliever*, um uso mais equilibrado dos aeroportos comerciais, a restrição de acesso a certos aeroportos (dependendo do tipo ou do uso das aeronaves), o estabelecimento de quotas (seja sobre o número de operações ou sobre o número de passageiros embarcados) e uma revisão dos *hubs*, redistribuindo tráfego em conexão dos aeroportos mais movimentados para aqueles subutilizados.

Em âmbito regional, a melhor solução para o problema de atrasos em um aeroporto principal talvez seja o desvio de parte do tráfego do aeroporto congestionado para um aeroporto da aviação geral ou para um aeroporto comercial pouco usado. Em certa medida, isso pode ocorrer como resultado de forças naturais do mercado. Quando os atrasos se tornam intoleráveis no aeroporto movimentado, os usuários começam a buscar alternativas por conta própria. Muito embora aqueles que buscam instalações menos lotadas o façam em seu próprio benefício, eles também reduzem um pouco os atrasos incorridos por usuários que continuam operando no aeroporto lotado. Políticas públicas podem encorajar esse desvio através de ações administrativas ou de incentivos econômicos antes que o crescimento do tráfego torne as condições intoleráveis ou acabe exigindo investimento de capital para acomodar picos de demanda no aeroporto movimentado.

A retirada e a transferência da aviação geral dos aeroportos comerciais representa muitas vezes uma solução atraente. O tráfego da AG, por se constituir sobretudo de aeronaves pequenas e lentas, não se mistura bem com o tráfego de aeronaves mais pesadas e rápidas. Os operadores da AG – especialmente aqueles que voam para fins recreativos ou instrucionais – desejam evitar os atrasos e as inconveniências (e às vezes os perigos) de se operar em um aeroporto principal. Eles estão dispostos muitas vezes a fazer uso de aeroportos AG situados em outro local da região caso as instalações adequadas estejam disponíveis.

A retirada e a transferência da aviação geral dos aeroportos comerciais já vêm ocorrendo há alguns anos. Conforme o tráfego aéreo comercial em um local específico, ele quase sempre tende a deslocar o tráfego da AG. A FAA vem encorajando essa tendência ao designar aproximadamente 334 aeroportos como *"relievers"* para aeroportos comerciais e ao reservar recursos especialmente para o desenvolvimento e a melhoria desses aeroportos. Muitos outros aeroportos, ainda que não designados especificamente como *relievers*, atendem à mesma função; eles proporcionam um local operacional alternativo para aeronaves da AG bem longe do principal aeroporto comercial da região.

Nem todas as aeronaves da AG podem fazer uso de aeroportos *reliever*. Algumas podem estar levando passageiros ou fretes para conexão com voos comerciais nos aeroportos comerciais. Outras podem ser grandes jatos de negócios que exigem as pistas maiores de um aeroporto principal. Em geral, autoridades aeroportuárias não têm o poder de excluir a AG como uma classe, embora isso já tenha sido tentado ocasionalmente. No final dos anos 1970, por exemplo, a gestão aeroportuária e o governo municipal de St. Louis tentaram excluir todas as aeronaves privadas do Lambert Airport. Essa portaria foi revogada por ser discriminatória.

Nos casos em que as autoridades aeroportuárias exerceram, de fato, alguma política sobre essa questão, elas tentaram tornar os aeroportos AG atraentes para usuários, oferecendo boas instalações ou praticando esquemas de preços diferenciados. Essa abordagem é mais efetiva nos casos em que o aeroporto comercial e o aeroporto *reliever* principal são operados pela mesma entidade. O Estado de Maryland, proprietário do Baltimore-Washington International Airport, opera um aeroporto AG separado, o Glenn L. Martin Field, e pratica uma política específica para encorajar o tráfego da AG a usá-lo no lugar do aeroporto principal. O *master plan* para o Cleveland Hopkins International Airport depende da disponibilidade do Burke Lakefront Airport, pertencente ao município, como um aeroporto *reliever*. Caso esse aeroporto, independentemente do motivo, venha a cessar sua operação como um aeroporto AG *reliever*, o Hopkins experimentaria um grande aumento de tráfego, o que poderia exigir construções que atualmente não estão planejadas.

Entretanto, a maioria das autoridades locais não opera os seus próprios aeroportos AG *reliever*. Algumas grandes autoridades aeroportuárias planejam e coordenam atividades com aeroportos *reliever* próximos operados por outros municípios ou por indivíduos privados, mas essa não tem sido a regra geral. O sistema de alívio de tráfego em cada região tem apresentado uma tendência de aumento sem qualquer planejamento específico ou coordenação no âmbito regional.

O desenvolvimento de aeroportos AG *reliever* não está isento de problemas. Esses aeroportos também estão sujeitos a reclamações quanto a ruídos e experimentam as mesmas dificuldades que os aeroportos comerciais na ampliação de suas instalações ou no desenvolvimento de um novo local. Além disso, como muitos aeroportos AG são pequenos e funcionam na linha da lucratividade, problemas com ruídos ou com usos concorrentes de terrenos podem inclusive ameaçar a sua existência. O número de aeroportos disponíveis para uso público nos Estados Unidos vem caindo. Embora muitos dos que fecharam fossem pequenos e de propriedade privada, alguns observadores do setor temem que o país esteja perdendo irrevogavelmente muitos aeroportos *reliever* em potencial justo quando se está percebendo o quanto eles são vitais.

Nos aeroportos de serviço comercial maiores, a atividade da AG é constituída sobretudo por voos em grandes aeronaves executivas e de negócios. Esse tipo de tráfego da AG corresponde a aproximadamente 10 a 20% do uso dos aeroportos principais, uma cifra que muitos consideram ser "o mínimo irredutível". Os atrasos que persistem nesses aeroportos resultam sobretudo da demanda sobre as companhias aéreas, a qual só pode ser satisfeita por outro aeroporto de serviço comercial. Em diversas áreas metropolitanas, fica patente que os aeroportos comerciais não são usados de maneira equilibrada.

As companhias aéreas, sensíveis às preferências do público, tendem a concentrar seu serviço no aeroporto mais lotado, onde encontram um mercado mais amplo. É do interesse econômico da empresa atender o aeroporto que os passageiros desejam frequentar. O aeroporto mais movimentado é um empreendimento conhecido e viável, ao passo que o aeroporto alternativo subutilizado é um risco. As companhias aéreas ficam relutantes em se isolarem do mercado maior ao transferirem todos os seus serviços para um aeroporto menos popular. Por outro lado, o atendimento de ambos os aeroportos impõe um fardo econômico com o qual as transportadoras raramente escolhem arcar, já que isso implicaria despesas adicionais para a preparação e a operação duplicadas de serviço em terra. Além disso, a divisão de seus passageiros em dois aeroportos poderia complicar o agendamento dos voos e levar a uma utilização ineficiente das aeronaves.

Esses obstáculos foram superados algumas vezes em locais onde os operadores aeroportuários têm a autoridade para encorajar um desvio do tráfego de um aeroporto para outro. Na área de Nova York, por exemplo, a Port Authority of New York and New Jersey opera quatro aeroportos comerciais, incluindo o Stewart International Airport em Newburgh. Em teoria, isso confere à autoridade aeroportuária a capacidade de estabelecer políticas regulatórias ou incentivos econômicos para encorajar o desvio de parte do tráfego para o aeroporto Stewart, a partir dos três maiores e historicamente mais congestionados aeroportos Newark, Kennedy e LaGuardia. Na prática, contudo, medidas adotadas para promover a redistribuição do tráfego não surtiram grande efeito. O recente crescimento do tráfego em Newark se deveu sobretudo a novas empresas que ingressaram no mercado de Nova York, e não ao desvio de transportadoras já estabelecidas.

Uma técnica de gestão administrativa usada atualmente em alguns aeroportos é o sistema de quotas, com um limite sendo estabelecido para o número de operações por hora. Como os atrasos aumentam exponencialmente à medida que a demanda se aproxima da capacidade, uma pequena redução no número de operações horárias pode surtir um efeito significativo sobre os atrasos. Isso torna as quotas uma medida atraente para lidar de forma imediata (e barata) com o congestionamento aeroportuário.

Como exemplos de aeroportos com quotas, pode-se citar o O'Hare, o LaGuardia, o JFK e o Ronald Reagan Washington International, aeroportos operados pela regra de alta densidade da FAA. As quotas nesses aeroportos foram estabelecidas pela FAA em 1973 com base nos limites estimados do sistema de CTA e das pistas de pouso da época. Um exemplo de quotas impostas localmente é o John Wayne Airport, no condado de Orange County, Califórnia, que limita as operações agendadas de companhias aéreas em uma média anual de 41 operações por dia. Essa quota se baseia em considerações sonoras, bem como em limitações do tamanho do terminal e das áreas de portões.

Durante os horários mais movimentados, a demanda por vagas operacionais geralmente ultrapassa a quota. Nos aeroportos operados pela regra de alta densidade, as vagas são alocadas entre diferentes classes de usuários. No Ronald Reagan Washington International Airport, por exemplo, onde há 60 vagas disponíveis por hora, 37 são alocadas para companhias aéreas, 11 para companhias aéreas regionais e 12 para aviação geral.[1] Durante condições meteorológicas visuais, mais de 60 operações podem ser realizadas, e as aeronaves sem vagas designadas podem ser acomodadas pelos controladores de tráfego aéreo e pelo gestor aeroportuário.

Em aeroportos em que o sistema de quotas está vigente, as vagas podem ser alocadas de diversas formas: por um sistema de reservas, mediante negociação ou por determinação administrativa. As vagas para AG costumam ser distribuídas por meio de um sistema de reservas – o primeiro usuário a requisitar uma reserva ganha a vaga.

No entanto, para as companhias aéreas, as vagas sob a regra de alta densidade ainda suscitam muita polêmica. Em 1986, a FAA declarou que as vagas pertencem às companhias aéreas que as detêm, podendo ser vendidas ou arrendadas para outras companhias. Algumas das vagas disponíveis também foram distribuídas por sorteio.

Uma resposta no âmbito do sistema como um todo para reduzir os atrasos em aeroportos movimentados é a redistribuição de operações para outros aeroportos menos movimentados em outras regiões. Algumas companhias aéreas, sobretudo aquelas com uma alta proporção de voos em conexão, podem transferir voluntariamente suas operações para aeroportos subutilizados situados a alguma distância do *hub* congestionado. Passageiros em conexão perfazem um grande percentual do tráfego em alguns grandes aeroportos. Cerca de três quartos dos passageiros em Atlanta e quase metade dos passageiros em Chicago, Denver e Dallas/Fort Worth chegam a esses aeroportos meramente para trocar de avião rumo a outro destino. Há uma vantagem para as empresas que optam por utilizar aeroportos movimentados como um *hub* de conexões: elas podem oferecer uma ampla variedade de conexões possíveis aos passageiros; no entanto, quando o aeroporto fica lotado demais, os custos com atrasos podem começar a superar as vantagens do grande aeroporto, e as empresas podem achar atraente estabelecer novos *hubs* em aeroportos menores menos movimentados.

---

[1] Desde 11 de setembro de 2001, as operações da aviação geral foram limitadas no Ronald Reagan Washington National Airport.

Gestão da demanda

A gestão administrativa do uso aeroportuário, seja mediante a restrição de acesso para certos tipos de aeronaves, por divisão da demanda entre aeroportos da área metropolitana ou por imposição de quotas, oferece a promessa de um alívio imediato e relativamente barato para o congestionamento aeroportuário. Já como medidas a longo prazo, essas soluções podem não ser tão atraentes. Limitações administrativas tendem a influenciar as ações práticas de manutenção do *status quo* quando aplicadas a um longo período de tempo. Como o valor econômico do acesso aeroportuário não é levado completamente em consideração ao se estabelecer limites administrativos, os usuários já estabelecidos não podem ser substituídos por outros que atribuiriam um valor maior ao uso do aeroporto. Além disso, nem os usuários já estabelecidos nem os novos usuários em potencial têm como indicar o verdadeiro valor econômico que eles atribuiriam ao aumento da capacidade. Os economistas argumentam que está faltando uma sinalização de mercado e que os operadores aeroportuários e o governo federal não têm como obter um panorama real das necessidades futuras de capacidade. A limitação administrativa da demanda cria, segundo eles, um equilíbrio artificial de mercado que – a longo prazo – distorce a apreciação da natureza, da qualidade e dos custos dos serviços de transporte aéreo que o público exige. Alguns economistas, portanto, defendem um esquema de alocação de acesso aeroportuário por uma **gestão da demanda** apoiada sobre o mecanismo de preço.

Atualmente, o preço cumpre um papel bastante fraco na determinação do acesso aeroportuário ou na modulação da demanda. O acesso a aeroportos de uso público, exceto os raros aeroportos de grande porte a que são impostas quotas, costuma ser irrestrito, contanto que se esteja disposto a pagar taxas de pouso e a enfrentar os custos de congestionamento e de atrasos. As taxas de pouso, na maioria das vezes baseadas exclusivamente no peso das aeronaves e invariáveis por horário, perfazem uma pequena fração do custo operacional, normalmente de 2 a 3% para companhias aéreas e até menos para AG. Além disso, elas não são uniformes de um aeroporto para outro. Em muitos casos, são estabelecidas de forma a perfazerem, no agregado, a diferença entre custo de operar o aeroporto e as receitas recebidas de outras fontes, como concessões, arrendamentos e taxas sobre estacionamentos para automóveis.

Isso leva os economistas à conclusão de que as taxas de pouso são um tanto arbitrárias e não refletem os custos impostos ao aeroporto pela operação das aeronaves. Os economistas sugerem que, incluindo-se os custos aeroportuários e a demanda como fatores determinantes das tarifas cobradas dos usuários, os atrasos poderiam ser significativamente reduzidos. Os dois métodos mais defendidos para conseguir isso são a precificação diferencial e o leilão de direitos de pouso.

Muitos economistas argumentam que tarifas de pouso baseadas em peso são contraproducentes, já que não variam com a demanda e, consequentemente, não proporcionam incentivo algum para que se utilizem as instalações aeroportuárias fora dos horários de pico. Além disso, elas não refletem os altos custos de capital das instalações usadas somente durante os horários de pico. Sendo assim, defendem os economistas, um método de precificação mais eficiente seria através da cobrança de tarifas mais altas dos usuários durante os horários de pico e tarifas mais baixas durantes os horários fora de pico. Teoricamente, o efeito líquido de tal política de precificação seria um nível mais uniforme da demanda.

É difícil projetar com precisão as mudanças nos padrões de uso aeroportuário que essas sobretaxas de horário de pico trariam consigo. Alguns analistas estimam que elas, juntamente com a melhoria do sistema de CTA, reduziriam os atrasos das companhias aéreas de modo significativo no futuro. Outros argumentam que, embora as ampliações sejam inevitáveis em muitos aeroportos, as sobretaxas de horário de pico poderiam retardar significativamente a necessidade de ampliações e reduziriam a pressão financeira sobre diversos aeroportos. Outro aspecto importante das sobretaxas de horário de pico observado pelo Congressional Budget Office (CBO – Departamento Orçamentário do Congresso Norte-Americano) é que, mesmo que elas não conseguissem reduzir os níveis de tráfego nos horários de pico até os níveis desejados, elas poderiam proporcionar aos aeroportos um aumento de receitas para a ampliação de instalações e, consequentemente, acabariam reduzindo os atrasos.

Algumas pessoas contestam, afirmando que um sistema de precificação por custo marginal deveria se basear nos custos com atrasos que cada usuário de horário de pico impõe a outros usuários. Por exemplo, durante os horários de pico, seria cobrada uma taxa de usuários de um aeroporto com base nos custos por atrasos associados a suas operações. Isso cria um sistema em que se cobra dos usuários taxas cada vez mais altas conforme os atrasos aumentam. Os proponentes defendem que o uso de custos marginais por atrasos como a base para a precificação do acesso aeroportuário proporciona um incentivo mais forte para o uso do aeroporto fora dos horários de pico do que um esquema baseado exclusivamente em custos marginais por instalação.

A implementação de uma política de precificação diferencial, seja com base em custo marginal por instalação, em custo marginal por atraso ou em algum esquema totalmente arbitrário, é uma tarefa difícil. É provável que um aumento significativo das tarifas aeroportuárias cobradas dos usuários acabará suscitando questionamentos sobre equidade. Taxas mais altas podem ser mais pesadas para companhias aéreas pequenas ou novas do que para companhias já estabelecidas. Existem inúmeros exemplos de operadores aeroportuários que tentaram aumentar as tarifas dos usuários e foram desafiados por companhias aéreas e pela aviação geral. Em alguns casos, as tarifas de pouso cobradas delas são estabelecidas em contratos de longo prazo que não podem ser modificados facilmente. Usuários da AG argumentam muitas vezes que a precificação diferencial é discriminatória, pois favorece aqueles capazes de pagar, e ilegal, pois nega o direito de uso de uma instalação financiada com dinheiro público. Os economistas refutam esse argumento indicando que o preço por tempo de uso não é discriminatório nem ilegal, contanto que as diferenças de preço reflitam as diferenças de custo. Eles defendem que é justo estabelecer preços com base nos custos que cada usuário impõe aos outros e à sociedade em geral.

Leilões de vagas já foram defendidos como o melhor método para alocar direitos aeroportuários escassos para pouso, partindo do princípio de que, se o acesso aeroportuário precisa ser limitado, ele deve ser tratado como um recurso escasso e precificado dessa forma. O método para se alcançar isso é um sistema no qual o preço do acesso aeroportuário é determinado pela demanda. Leilões de vagas só permitem acesso em horário de pico para aqueles dispostos a pagar um preço determinado pelo mercado. Porém, conforme as operações aumentam, talvez não haja capacidade extra suficiente nos tradicionais períodos fora de pico para acomodar operações adicionais sem a ocorrência de atrasos significativos. A essa altura, as alocações de vagas só serão capazes de reduzir os atrasos impondo um "teto" para o número total de operações no aeroporto. Esse programa pode ser complicado de executar, tanto em termos de equitabilidade quanto de eficiência. O seu uso nos Estados Unidos está restrito a quatro aeroportos com tráfego de alta densidade, o Ronald Reagan Washington International, o O'Hare, de Chicago, o LaGuardia, de Nova York, e o Kennedy, de Nova York, nos quais os atrasos afetam historicamente o desempenho do National Airspace System (NAS – Sistema de Espaço Aéreo Nacional).

Críticos também contestam que o atual processo de venda de vagas dá vantagem às empresas aéreas que já estão operando no aeroporto e nega acesso a concorrentes, proporcionando verdadeiros monopólios aos usuários atuais e regalias financeiras. Os detentores das vagas sabem que, sem elas, os concorrentes não têm como entrar no mercado e, consequentemente, as vagas representam uma das barreiras mais significativas à entrada no setor aeronáutico atualmente. O seu impacto na indústria vai muito além dos poucos aeroportos em que essas regras são impostas, já que mercados importantes para muitas comunidades começam ou acabam nessas instalações.

Observações finais

Nos últimos anos antes de 11 de setembro de 2001, a questão singular mais premente na indústria da aviação comercial era a capacidade e os atrasos aeroportuários. Em 2001, as demandas sobre o sistema diminuíram significativamente à medida que os temores relacionados ao terrorismo, uma economia em queda e os problemas financeiros das principais companhias aéreas reduziram o número de passageiros embarcados e das operações com aeronaves. Pouco tempo depois, a demanda voltou a subir aos níveis mais elevados na história da aviação, caindo novamente com a recessão econômica mundial nos últimos anos da primeira década do século XXI.

Existe praticamente um consenso, porém, de que as demandas por viagens aéreas se recuperarão em breve e que, inclusive, alcançarão níveis recordes na história da aviação. Para estarem preparados para esse crescimento, os planejadores e gestores aeroportuários, bem como as indústrias locais e os governos locais, regionais e federais, devem acolher os princípios da capacidade aeroportuária e da gestão da demanda e buscar maneiras de aprimorar ainda mais o sistema para acomodar o futuro da viagem aérea. Enquanto os avanços no sistema como um todo continuam a se desenvolver, a gestão aeroportuária deve estar sempre atenta a seus ambientes individuais, sobretudo se tratando do planejamento e da gestão da capacidade.

Palavras-chave

- capacidade
- capacidade máxima
- capacidade prática
- capacidade prática horária
- capacidade prática anual
- operações de pouso curto
- tempo de ocupação de pista de pouso
- *mix* de aeronaves
- diagrama de tempo *versus* espaço
- SIMMOD^{TM}
- TAAM^{TM}
- atraso
- diagrama de formação de filas
- Air Traffic Operations Network System
- Consolidated Operations and Delay Analysis System
- *airline service quality performance*
- Enhanced Traffic Management System
- gestão da demanda

Questões de revisão e discussão

1. Qual é a definição teórica de capacidade?
2. Qual é a diferença entre capacidade máxima e capacidade prática?
3. O que é PHOCAP? O que é PANCAP?
4. Quais são os fatores que afetam a capacidade e os atrasos?
5. De que maneira a configuração das pistas de pouso afeta a capacidade e os atrasos?
6. Qual é a separação lateral exigida para pistas paralelas a fim de permitir operações simultâneas sob IFR?
7. O que é LAHSO? Quais são as vantagens e desvantagens do LAHSO com relação à capacidade aeroportuária?
8. O que é ROT? De que forma o ROT afeta a capacidade aeroportuária?
9. De que forma o *mix* de aeronaves afeta a capacidade em um aeroporto?
10. O que é um diagrama de tempo *versus* espaço? De que modo um diagrama de tempo *versus* espaço pode ser usado para estimar a capacidade de uma pista?
11. Como são usadas as tabelas da FAA para estimativa da capacidade aeroportuária?
12. O que é ASV?
13. Como é calculado o índice de *mix* de aeronaves?

14. Quais são dois dos modelos de simulação aceitos para estimar a capacidade aeroportuária?
15. Qual é a definição teórica de atraso?
16. O que se quer dizer por atraso congestivo?
17. De que maneira a teoria das filas é usada para estimar analiticamente os atrasos?
18. Quais são as duas fontes principais usadas pela FAA para reunir dados sobre atrasos de aeronaves?
19. Quais são as diversas abordagens para se reduzir os atrasos?

Leituras sugeridas

Airfield and Airspace Capacity/Delay Policy Analysis, FAA-APO-81-14, Washington, D.C.: FAA, Office of Aviation Policy and Plans, December 1981.

Airport Capacity Enhancement Plan. Washington, D.C.: FAA, October 2002.

Airport Congestion: Background and Some Policy Options. Washington, D.C.: Congressional Research Service, The Library of Congress, May 20, 1994.

Airport System Capacity-Strategic Choices. Washington, D.C.: Transportation Research Board, 1990.

Airport System Development. Washington, D.C.: U.S. Congress, Office of Technology Assessment, August 1984.

de Neufville, Richard. *Airport Systems Planning.* Cambridge, Mass.: MIT Press, 1976.

Newell, Gordon. *Applications of Queuing Theory.* London, England: Chapman-Hall, 1971.

Policy Analysis of the Upgraded Third Generation Air Traffic Control System. Washington, D.C.: Federal Aviation Administration, January 1977.

Report and Recommendations of the Airport Access Task Force. Washington, D.C.: Civil Aeronautics Board, March 1983.

Tabelas da FAA para estimativas de análise de capacidade

Nº.	Diagrama de configuração das pistas	Índice de mix de aeronaves – percentual (C+3D)	Capacidade horária (operações por hora) VFR	IFR	Volume de serviço anual (operações por ano)
1.	▭	0 a 20 21 a 50 51 a 80 81 a 120 121 a 180	98 74 63 55 51	59 57 56 53 50	230.000 195.000 205.000 210.000 240.000
2.	17.780m a 63.475m	0 a 20 21 a 50 51 a 80 81 a 120 121 a 180	197 145 121 105 94	59 57 56 59 60	355.000 275.000 260.000 285.000 340.000
3.	63.500m a 88.875m	0 a 20 21 a 50 51 a 80 81 a 120 121 a 180	197 149 126 111 103	62 63 65 70 75	355.000 285.000 275.000 300.000 365.000
4.	88.900m a 109.19m	0 a 20 21 a 50 51 a 80 81 a 120 121 a 180	197 149 126 111 103	62 63 65 70 75	355.000 285.000 275.000 300.000 365.000
5.	109.22m ou mais	0 a 20 21 a 50 51 a 80 81 a 120 121 a 180	197 149 126 111 103	119 114 111 105 99	370.000 320.000 305.000 315.000 370.000
6.	17.780m a 63.475m 17.780m a 63.475m	0 a 20 21 a 50 51 a 80 81 a 120 121 a 180	295 213 171 149 129	62 63 65 70 75	385.000 305.000 285.000 310.000 375.000

FIGURA A1-1A Análise preliminar da capacidade.

Nº.	Diagrama de configuração das pistas	Índice de *mix* de aeronaves – percentual (C+3D)	Capacidade horária (operações por hora) VFR	IFR	Volume de serviço anual (operações por ano)
7.	17.780m a 63.475m 63.500m a 88.875m	0 a 20 21 a 50 51 a 80 81 a 120 121 a 180	295 219 184 161 146	62 63 65 70 75	385.000 310.000 290.000 315.000 385.000
8.	17.780m a 63.475m 88.900m ou mais	0 a 20 21 a 50 51 a 80 81 a 120 121 a 180	295 219 184 161 146	119 114 111 117 120	625.000 475.000 455.000 510.000 645.000
9.	17.780m a 63.475m 88.900m ou mais 17.780m a 63.475m	0 a 20 21 a 50 51 a 80 81 a 120 121 a 180	394 290 242 210 189	119 114 111 117 120	715.000 550.000 515.000 565.000 675.000
10.		0 a 20 21 a 50 51 a 80 81 a 120 121 a 180	98 77 77 76 72	59 57 56 59 60	230.000 200.000 215.000 225.000 265.000

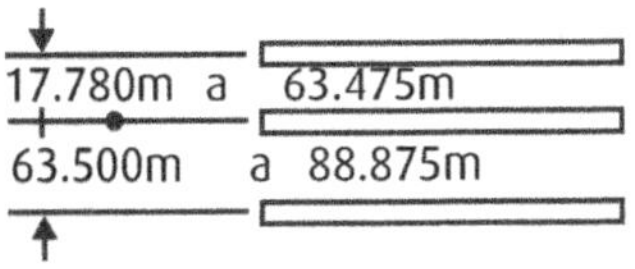

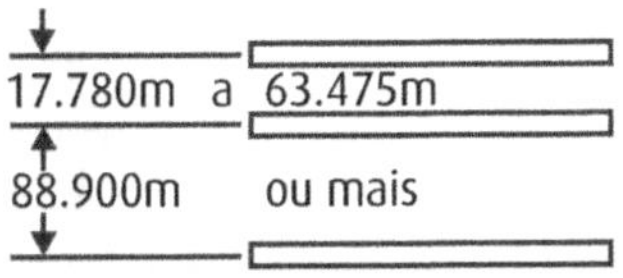

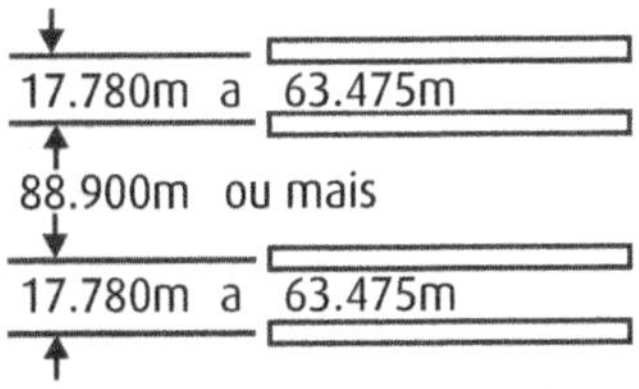

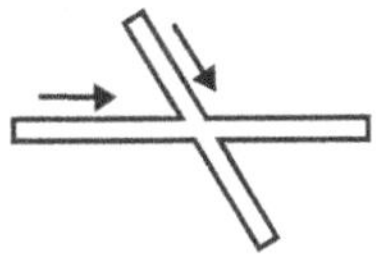

OBSERVAÇÃO: ⟶ Denota direção predominante de operação da pista.

FIGURA A1-1B Análise preliminar da capacidade *(continuação)*.

Nº.	Diagrama de configuração das pistas	Índice de *mix* de aeronaves – percentual (C+3D)	Capacidade horária (operações por hora) VFR	IFR	Volume de serviço anual (operações por ano)
11.	17.780m a 63.475m	0 a 20 21 a 50 51 a 80 81 a 120 121 a 180	197 145 121 105 94	59 57 56 59 60	355.000 275.000 260.000 285.000 340.000
12.	63.500m a 88.875m	0 a 20 21 a 50 51 a 80 81 a 120 121 a 180	197 149 126 111 103	62 63 65 70 75	355.000 285.000 275.000 300.000 365.000
13.	88.900m a 109.19m	0 a 20 21 a 50 51 a 80 81 a 120 121 a 180	197 149 126 111 103	62 63 65 70 75	355.000 285.000 275.000 300.000 365.000
14.	109.22m ou mais	0 a 20 21 a 50 51 a 80 81 a 120 121 a 180	197 149 126 111 103	119 114 111 105 99	370.000 320.000 305.000 315.000 370.000

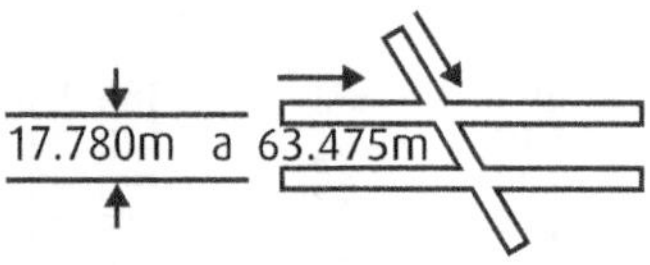

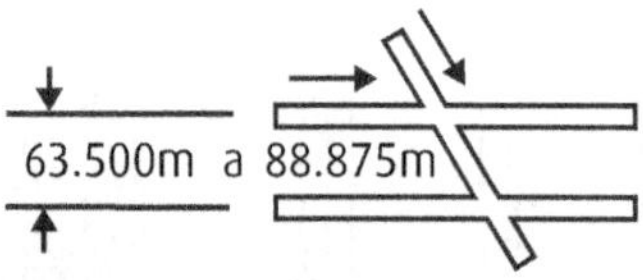

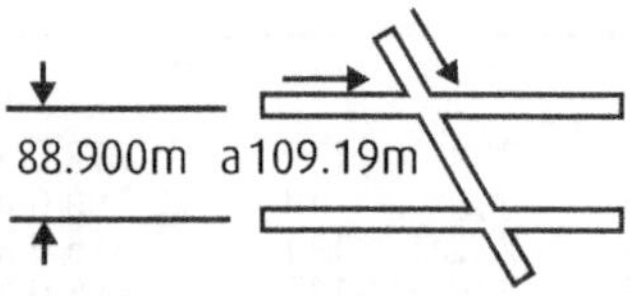

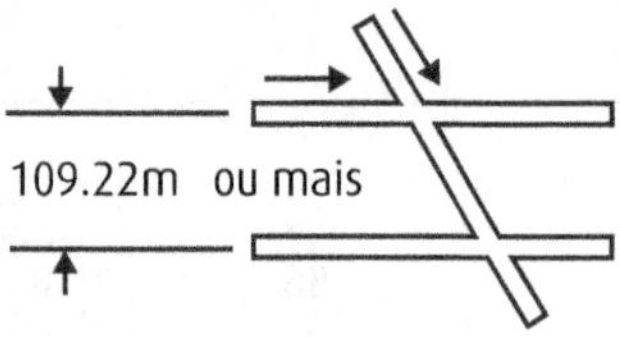

OBSERVAÇÃO: ⟶ Denota direção predominante de operação da pista.

FIGURA A1-1C Análise preliminar da capacidade *(continuação)*.

Nº.	Diagrama de configuração das pistas	Índice de *mix* de aeronaves – percentual (C+3D)	Capacidade horária (operações por hora) VFR	IFR	Volume de serviço anual (operações por ano)
15.	Menos que 63.500m / Menos que 63.500m	0 a 20 21 a 50 51 a 80 81 a 120 121 a 180	197 147 145 138 125	59 57 56 59 60	355.000 275.000 270.000 295.000 350.000
16.		0 a 20 21 a 50 51 a 80 81 a 120 121 a 180	150 108 85 77 73	59 57 56 59 60	270.000 225.000 220.000 225.000 265.000
17.		0 a 20 21 a 50 51 a 80 81 a 120 121 a 180	132 99 82 77 73	59 57 56 59 60	260.000 220.000 215.000 225.000 265.000
18.	17.780m a 63.475m	0 a 20 21 a 50 51 a 80 81 a 120 121 a 180	295 210 164 146 129	59 57 56 59 60	385.000 305.000 275.000 300.000 355.000

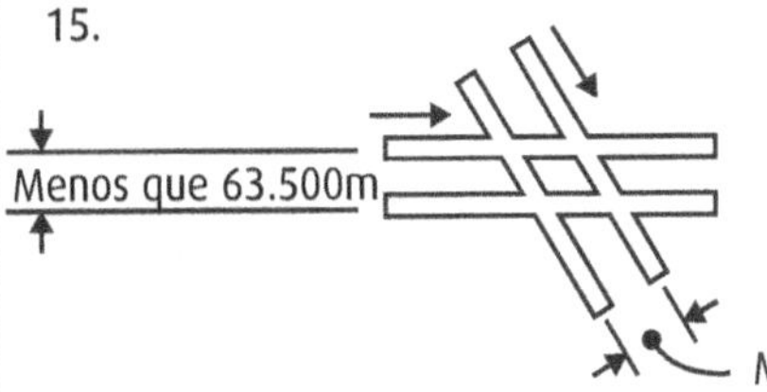

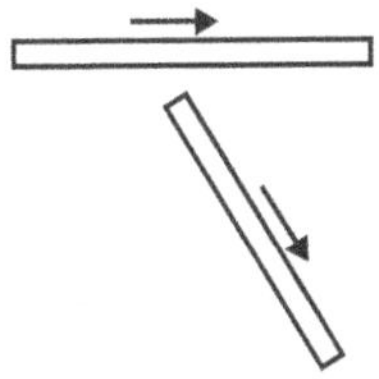

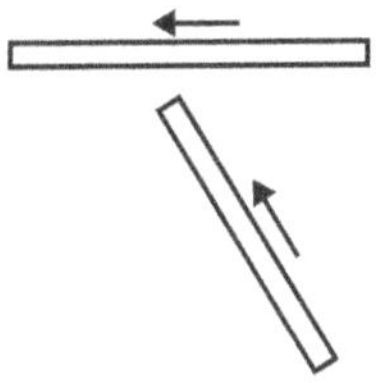

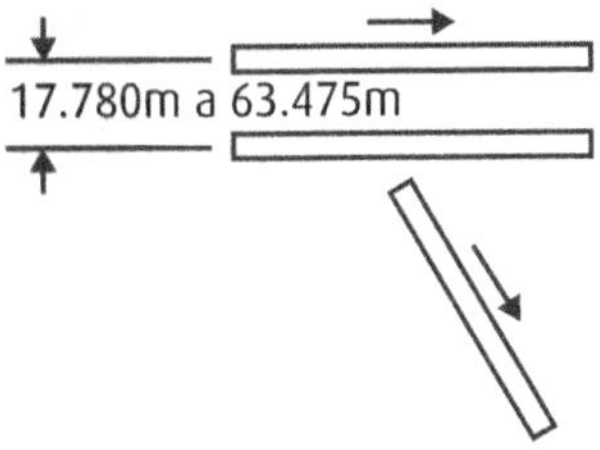

OBSERVAÇÃO: ⟶ Denota direção predominante de operação da pista.

FIGURA A1-1D Análise preliminar da capacidade *(continuação)*.

Nº.	Diagrama de configuração das pistas	Índice de *mix* de aeronaves – percentual (C+3D)	Capacidade horária (operações por hora) VFR	Capacidade horária (operações por hora) IFR	Volume de serviço anual (operações por ano)
19.	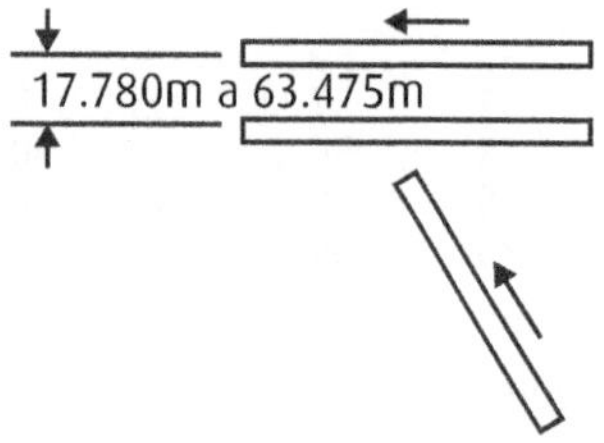 17.780m a 63.475m	0 a 20	197	59	355.000
		21 a 50	145	57	275.000
		51 a 80	121	56	260.000
		81 a 120	105	59	285.000
		121 a 180	94	60	340.000
20.	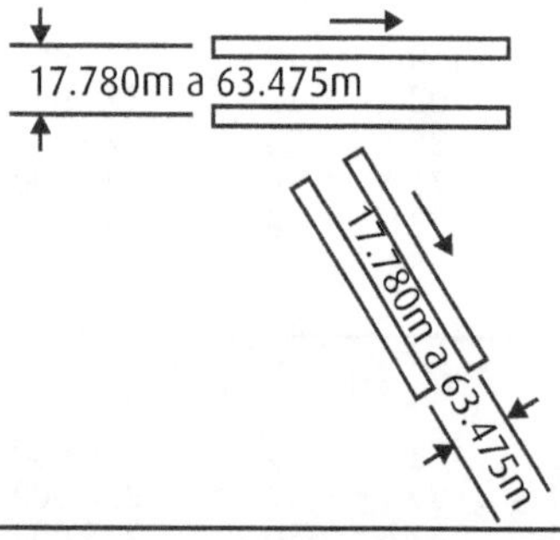 17.780m a 63.475m 17.780m a 63.475m	0 a 20	301	59	385.000
		21 a 50	210	57	305.000
		51 a 80	164	56	275.000
		81 a 120	146	59	300.000
		121 a 180	129	60	355.000
21.	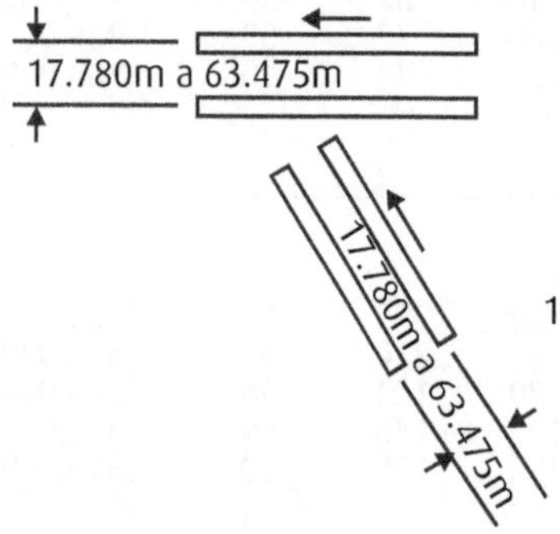 17.780m a 63.475m 17.780m a 63.475m	0 a 20	264	59	375.000
		21 a 50	193	57	295.000
		51 a 80	158	56	275.000
		81 a 120	148	59	300.000
		121 a 180	129	60	355.000

OBSERVAÇÃO: ⟶ Denota direção predominante de operação da pista.

FIGURA A1-1E Análise preliminar da capacidade *(continuação)*.

Capítulo 12   Capacidade aeroportuária e atrasos   453

Nº.	Diagrama de configuração das pistas	Índice de *mix* de aeronaves – percentual (C+3D)	Capacidade horária (operações por hora)		Volume de serviço anual (operações por ano)
			VFR	IFR	
22.		0 a 20 21 a 50 51 a 80 81 a 120 121 a 180	150 108 85 77 73	59 57 56 59 60	270.000 225.000 220.000 225.000 265.000
23.		0 a 20 21 a 50 51 a 80 81 a 120 121 a 180	132 99 82 77 73	59 57 56 59 60	260.000 220.000 215.000 225.000 265.000
24.	17.780m a 63.475m	0 a 20 21 a 50 51 a 80 81 a 120 121 a 180	295 210 164 146 129	59 57 56 59 60	385.000 305.000 275.000 300.000 355.000
25.	17.780m a 63.475m	0 a 20 21 a 50 51 a 80 81 a 120 121 a 180	197 145 121 105 96	59 57 56 59 60	355.000 275.000 260.000 285.000 340.000

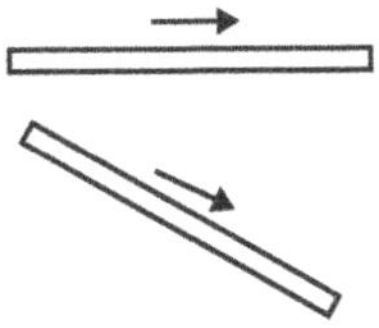

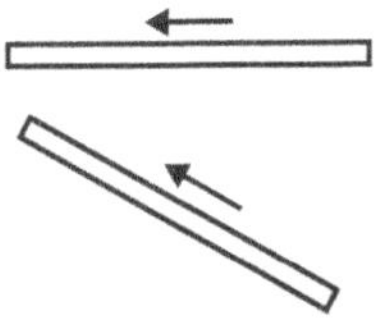

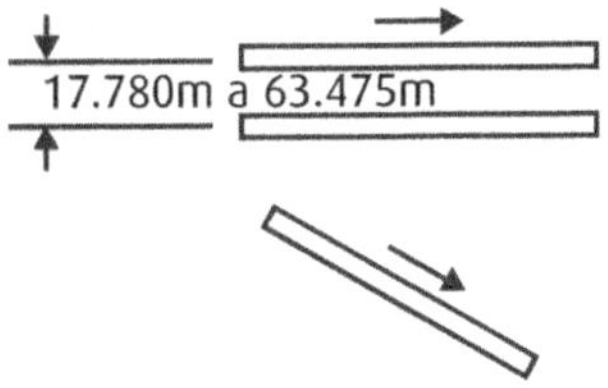

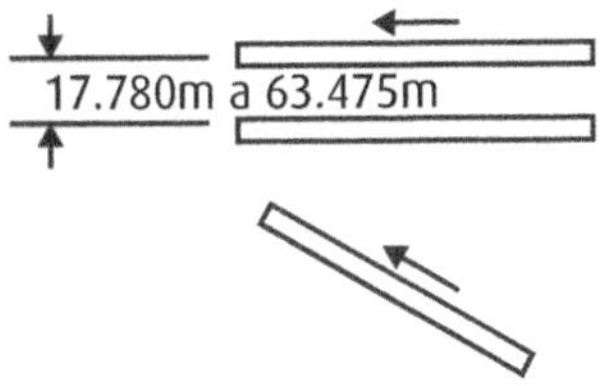

OBSERVAÇÃO: ⟶ Denota direção predominante de operação da pista.

FIGURA A1-1F   Análise preliminar da capacidade *(continuação)*.

Nº.	Diagrama de configuração das pistas	Índice de *mix* de aeronaves – percentual (C+3D)	Capacidade horária (operações por hora) VFR	IFR	Volume de serviço anual (operações por ano)
26.	17.780m a 63.475m / 17.780m a 63.475m	0 a 20 21 a 50 51 a 80 81 a 120 121 a 180	301 210 164 146 129	59 57 56 59 60	385.000 305.000 275.000 300.000 355.000
27.	17.780m a 63.475m / 17.780m a 63.475m	0 a 20 21 a 50 51 a 80 81 a 120 121 a 180	264 193 158 146 129	59 57 56 59 60	375.000 295.000 275.000 300.000 355.000

OBSERVAÇÃO: ⟶ Denota direção predominante de operação da pista.

OBSERVAÇÃO ESPECIAL:

(1) As configurações mostradas não incluem *layouts* com mais do que duas orientações de pista. Portanto, para aqueles aeroportos com configurações de pista envolvendo três orientações ou mais, é necessário identificar as pistas nas duas orientações utilizadas com maior frequência.

(2) Uma falta de proteção para aproximação é assumida para operações convergentes em condições de IFR.

(3) Fluxos múltiplos de chegada só são permitidos em pistas paralelas.

FIGURA A1-1G Análise preliminar da capacidade *(continuação)*.

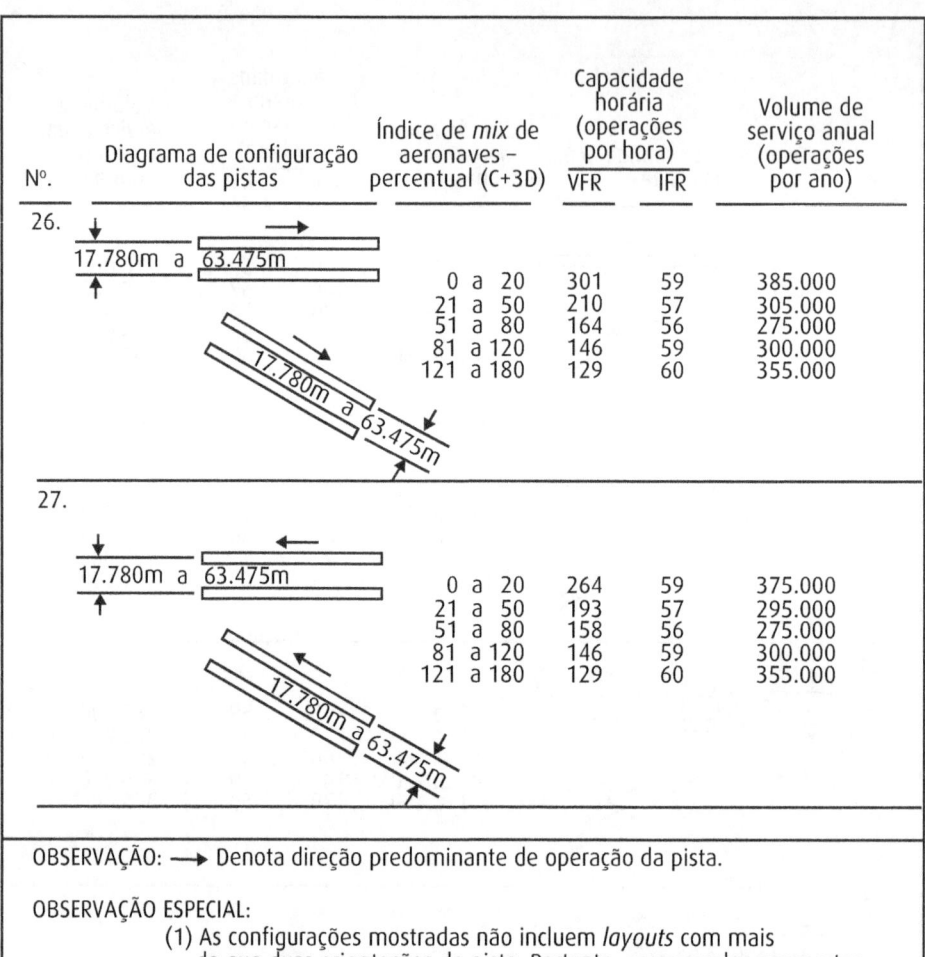

CAPÍTULO 13
O futuro da gestão aeroportuária

Objetivo de aprendizagem

- Discutir como os eventos do início do século XXI continuarão a afetar a gestão aeroportuária.
- Compreender os problemas a curto prazo de segurança e de sustentabilidade ambiental com relação ao futuro próximo da gestão aeroportuária.
- Descrever como a implementação da NextGen e da nova Autorização da FAA afetará a gestão aeroportuária no futuro.
- Discutir os impactos da crescente globalização e de potenciais paradigmas de uso do solo em aeroportos.

Introdução

O sistema de aviação civil do início do século XXI era praticamente inimaginável 100 anos atrás, nos tempos em que os irmãos Wright tornaram o voo usando aeronaves motorizadas e de asa fixa uma realidade. Com isso em mente, temos todos os motivos para prevermos que os próximos 100 anos trarão mudanças para a indústria que acabarão tornando obsoleto o atual sistema de aviação civil. Os aeroportos no futuro distante poderão ser absolutamente irreconhecíveis em relação a seus correspondentes atuais, e a gestão de tais instalações futuras deverá ser inteiramente diferente das políticas empregadas nos dias de hoje.

Ainda que seja impossível prever com precisão o que o futuro da gestão aeroportuária trará durante os próximos 100 anos, pode-se afirmar com uma confiança razoável que os aeroportos e a gestão aeroportuária irão evoluir com mudanças nas tecnologias, nas políticas de negócios e nas regulamentações governamentais. A gestão aeroportuária se desenvolverá ainda mais na tentativa de resolver problemas operacionais futuros, abrangendo desde capacidade e atrasos até proteção e segurança, da mesma forma como ela amadureceu ao longo dos 100 primeiros anos do setor.

Revisão de previsões anteriores

Durante os 8 anos entre a edição anterior e a edição atual deste livro e ao longo da história da aviação, ficou claro que, em vários sentidos, o futuro da gestão aeroportuária está refletido em seu passado. Eventos geopolíticos recentes, condições econômicas e avanços tecnológicos impulsionaram o futuro da gestão aeroportuária através de um ciclo de amadurecimento.

A edição anterior deste livro identificava os seguintes itens de interesse para o futuro da gestão aeroportuária:

- Reestruturação das companhias aéreas comerciais
- Novas aeronaves de grande porte, especialmente o Airbus A-380
- Sistemas de transporte para pequenas aeronaves

Essas questões evoluíram e continuarão a evoluir no futuro, talvez da forma discutida nas seções a seguir.

Reestruturação das companhias aéreas comerciais

As companhias aéreas comerciais continuam a se reestruturar. O desaquecimento da economia mundial iniciado em 2008 redundou na falência de muitas delas e na consolidação de outras mais. Como resultado, a gestão aeroportuária precisou, e continuará precisando, se tornar mais flexível em suas obrigações contratuais com as companhias aéreas, com suas estruturas de receitas aeronáuticas e cada vez mais com o uso de suas instalações. Situações em que grandes instalações de terminal construídas para a ampliação do *hub* de uma companhia aérea acabam sendo repentinamente subutilizadas devido a um enxugamento ou à consolidação da companhia deixam os aeroportos com poucas opções, a não ser gerir os custos operacionais dessas instalações com receitas aeronáuticas cada vez menores. No futuro, a gestão aeroportuária continuará gerindo as instalações com mais flexibilidade, de forma a acomodar com mais folga essas oscilações na demanda.

As fusões mais recentes da Delta com a Northwest Airlines e da United com a Continental Airlines e, até o ano de 2010, a potencial fusão da Southwest Airlines com a AirTran Airways talvez acabem resultando em uma consolidação futura do setor em apenas quatro grandes empresas nos Estados Unidos no futuro próximo. No entanto, como se percebe ao longo da história, mudanças na tecnologia das aeronaves, novos ciclos econômicos, eventos geopolíticos e reformas regulatórias podem, na verdade, resultar em uma expansão inteiramente nova do serviço das companhias aéreas para os aeroportos, e, quer isso se dê por modelos tradicionais de companhias aéreas, por serviços de táxi aéreo com aeronaves pequenas ou até mesmo por operações de espaço comercial, a gestão aeroportuária precisa, e irá, se adaptar às estruturas futuras das companhias aéreas.

Para acomodar a consolidação das companhias aéreas comerciais, alguns especialistas anteveem que os aeroportos se concentrarão ainda mais em certos segmentos do setor. Um aeroporto, por exemplo, pode decidir concentrar seu foco exclusivamente em serviços de longo curso e internacionais, enquanto outro pode se concentrar inteiramente em serviços de pequeno curso e de baixas tarifas. Fora do segmento das companhias aéreas comerciais com voos regulares, outros aeroportos podem se concentrar inteiramente em cargas, em voos fretados ou em serviços da aviação geral corporativa. O modelo de aeroporto que atende a todos os tipos de serviço pode se tornar exceção ao invés de regra.

Novas aeronaves de grande porte, especialmente o Airbus A-380

Quando a edição anterior deste livro foi publicada, o Airbus A-380 ainda estava para ser introduzido no mercado das companhias aéreas comerciais. Até o ano de 2010, mais de 30 aeronaves A-380 já estavam em serviço, operando sob as bandeiras de cinco companhias aéreas (Air France, Emirates, Lufthansa, Qantas e Singapore Airlines), nenhuma das quais norte-americana. Antes de sua introdução, as principais preocupações para o futuro da gestão aeroportuária diziam respeito a como gerir as pistas de pouso, as pistas de táxi, as áreas de pátio e os terminais dos aeroportos para acomodar essa aeronave tão grande e pesada e os mais de 800 passageiros por voo. Isso acabou resultando em uma adaptação suave e quase sem problemas por parte dos aeroportos, o que reflete os resultados de planejamento e de análises rigorosas.

É esperado que mais aeronaves A-380 sejam introduzidas em serviço em um número cada vez maior de aeroportos. Os gestores de grandes aeroportos de serviço comercial que ainda não acomodam o A-380 podem aproveitar os conhecimentos obtidos com experiências recentes para se adaptarem de forma mais rápida, fácil e flexível a essa maior e mais nova aeronave no futuro.

Sistemas de transporte para pequenas aeronaves

O programa patrocinado pela NASA relativo a **sistemas de transporte para pequenas aeronaves** (SATS – *small aircraft transportation systems*) foi projetado para levar os mais recentes sistemas de navegação e comunicação em aeronaves, assim como projetos de motores e aeronaves da fase de pesquisa para a fase de produção e introduzi-los no mercado, em coordenação com a implementação de um sistema de espaço aéreo de nova geração. Em vários sentidos, o programa, que foi encerrado com eventos demonstrativos em 2005, obteve sucesso no cumprimento dessa missão. As aeronaves de última geração, sobretudo no setor da aviação geral, são claramente projetadas para o futuro da aviação (Figura 13-1).

Já no ano de 2006, aeronaves da aviação geral projetadas sob o programa SATS estavam chegando nos aeroportos dos Estados Unidos. A gestão aeroportuária começou, assim, a acomodar essas aeronaves de diversas formas, incluindo a adaptação de novos procedimentos de espaço aéreo para a aproximação ao aeródromo, a criação de novas instalações de estacionamento e de processamento de passageiros e a preparação de novos serviços de manutenção e reparo de aeronaves. Ainda que a recessão iniciada em 2008 tenha reduzido significativamente a proliferação delas, pode-se esperar, sem dúvida, que, no futuro, com uma recuperação da economia, bem como com uma legislação para acelerar a implementação do sistema NextGen

FIGURA 13-1 Simulação artística de um aeroporto SATS. Enquanto alguns elementos do programa de SATS já estão sendo implementados no sistema atual de aviação, outros ainda devem emergir.
(Figura cortesia da NASA)

de transporte aéreo, a proliferação de pequenas aeronaves e de novos serviços aeroportuários, como de táxi aéreo, irá emergir, e a gestão aeroportuária precisará se adaptar.

Boa parte das pesquisas realizadas com relação a controle automatizado de aeronaves e capacidades navegacionais no programa SATS também pode ajudar no avanço das operações voltadas a elementos aéreos nos aeroportos no futuro, quando da implementação do NextGen. Tais operações, conforme descrito na edição anterior deste livro, incluem:

Procedimentos de aproximação "visual" durante condições de IFR: Se relaciona ao conceito de que, apesar das condições atmosféricas que forçariam planos e aproximações em IFR, as aeronaves serão capazes de navegar de forma similar durante condições de VFR. O voo em VFR pode permitir um aumento da capacidade devido às separações longitudinais reduzidas para aeronaves operando em pista única, às separações laterais reduzidas entre pistas paralelas para operações em pistas múltiplas e simplesmente à disponibilidade do aeródromo durante qualquer condição climática, sem a necessidade de NAVAIDS e procedimentos tradicionais.

Múltiplas aproximações por instrumentos em aeroportos: Devido à natureza dinâmica das tecnologias avançadas de navegação desenvolvidas por meio do programa SATS, as aeronaves em aproximação a determinada pista podem pousar simultaneamente por meio de procedimentos variáveis e talvez até únicos. Atualmente, cada aeronave em aproximação tende a voar pelo mesmo procedimento publicado de aproximação, que limita a capacidade de operações para o aeroporto. Com múltiplas aproximações por instrumentos, há um potencial maior para o aumento da capacidade.

Operações permissíveis de pouso curto em um espectro mais amplo de ambientes, inclusive sob condições de IFR: O aumento na precisão de rastreamento de aeronaves, juntamente com sistemas mais precisos para evitar colisões, podem permitir uma diminuição das restrições a pousos curtos. A permissão de múltiplas operações em pistas convergentes, sobretudo durante condições de IFR, iria certamente exercer um efeito positivo sobre a capacidade aeroportuária. Algumas dessas tecnologias, como o ADS-B e o ASDE-X, conforme descrito no Capítulo 5 deste livro, já estão sendo implementadas em aeroportos e dentro do sistema de espaço aéreo.

Operações simultâneas em uma pista única: Aeronaves com alta precisão de navegação associadas a aeródromos com pistas suficientemente longas podem permitir múltiplas decolagens e/ou aterrissagens simultâneas em uma pista única. Ainda que essa ideia possa parecer extrema, tais operações já ocorrem, na verdade, sob situações de uso especial. Decolagens em formação não são incomuns em aeródromos privados e militares, onde as regulamentações civis não são necessariamente obedecidas. Além disso, durante períodos de alta demanda, como em apresentações aéreas, procedimentos especiais de pouso proporcionam múltiplas aproximações simultâneas a uma pista única (procedimentos, por exemplo, de aproximação para pouso curto, *midfield entry** e pouso longo). Embora fossem necessárias muitas investigações e testes para provar que tais operações seriam seguras para uso cotidiano, tecnologias desenvolvidas pelo programa SATS associadas à navegação podem, de fato, tornar essas operações possíveis, proporcionando, assim, grandes aumentos na capacidade dos aeródromos.

O futuro da gestão aeroportuária

É difícil prever o futuro de um setor tão volátil como o da aviação e da gestão aeroportuária. A combinação de tecnologias em rápido avanço, uma economia mundial volátil e decisões comerciais abruptas das companhias aéreas, com um sistema regulatório muitas vezes lento e o longo período de tempo necessário para se construir grandes infraestruturas de capital, faz com que muitas tentativas de previsão percam

---

* N. de T.: Entrada no circuito padrão de aproximação diretamente após um sobrevoo da pista de pouso em sentido perpendicular, com uma curva em ângulo reto para ingresso na perna do vento.

sentido. Porém, é importante ao menos tentar prever o futuro, para que a gestão aeroportuária obtenha algum tipo de base para a preparação e o planejamento.

Como testemunhado pela história recente, certos eventos externos significativos tendem a impor um grande efeito sobre o futuro próximo do sistema de aviação, incluindo os aeroportos. No início deste milênio, o foco dos aeroportos se deslocou bruscamente de questões ligadas à capacidade e aos atrasos para questões ligadas ao aumento da segurança, a partir dos eventos de 11 de setembro de 2001, por exemplo. Conforme o setor ingressa na segunda década do século XXI, boa parte do futuro para os aeroportos tem como foco o aumento da segurança, na medida em que ameaças e conspirações terroristas continuam a ser reveladas. Entretanto, conforme os eventos de 2001 vão ficando mais longe na história, outras questões que serão abordadas pela gestão aeroportuária vêm à tona e continuarão a atrair ainda mais foco. Essas questões que se encontram no futuro próximo aparentemente envolvem o aumento da segurança, a sustentabilidade ambiental e a flexibilidade financeira, juntamente com a preparação para uma nova lei de disponibilização de recursos da FAA. A longo prazo, a adaptação à NextGen, o aumento da globalização do setor, a consideração das áreas metropolitanas centralizadoras de aeroportos e até mesmo a perspectiva de transporte espacial comercial via aeroportos encontram-se no horizonte.

Aumento da segurança

Conforme já discutido neste livro, a Federal Aviation Administration (Agência Federal de Aviação) foi formada com o propósito de manter a segurança no sistema de aviação. As primeiras políticas criadas pela FAA tinham como foco a segurança no âmbito do espaço aéreo e, posteriormente, a segurança de aeronaves e pilotos, seguida pela segurança dos aeroportos. Como resultado dessas políticas, o sistema de aviação encontra-se no auge de sua segurança.

Uma área da segurança que continua a ser abordada é a segurança operacional dos aeródromos. Ainda que raros, os incidentes que ocorrem em um aeródromo, sobretudo uma incursão em pista, podem ter resultados catastróficos. Para mitigar ainda mais o risco de tais eventos, a FAA está em processo de reforçar as políticas relacionadas à segurança que afetam diretamente a gestão aeroportuária. A diretriz mais significativa é a regra proposta de que todos os aeroportos que operam sob a CFR 14 Parte 139 criem e implementem um **sistema de gestão de segurança** (SGS), conforme discutido no Capítulo 6 deste livro. A implementação dessa regra terá efeito significativo sobre os aeroportos, e a gestão aeroportuária precisa estar preparada e se inteirar em SGS no futuro próximo para conseguir se adaptar com sucesso a essa regra.

Além do SGS, prevê-se que a FAA continuará a exigir melhorias na infraestrutura dos aeródromos, como sinalização, iluminação e marcações, para aumentar a segurança. Há também uma discussão envolvendo modificações nas dimensões das áreas de segurança das pistas de pouso, das zonas livres de objetos e das zonas de proteção de pista, bem como criação de um número mínimo de funcionários de ARFF.

No futuro, a gestão aeroportuária precisará se manter em comunicação com a FAA para antecipar, compreender e acomodar quaisquer novas exigências.

Sustentabilidade ambiental

Dois eventos recentes no início deste milênio formalizaram a necessidade de que os aeroportos introduzissem o conceito de **sustentabilidade ambiental**. Esses eventos foram a divulgação de indícios de mudança no clima global e a recessão econômica mundial.

Estudos sobre a mudança climática global revelaram que o uso intenso de combustíveis fósseis talvez tenham um efeito significativo na atmosfera, resultando na exacerbação dos extremos climáticos, indo desde um aumento na variação das temperaturas sazonais até eventos meteorológicos mais extremos, como furacões, nevascas ou enchentes. O aquecimento e o resfriamento de grandes prédios, combinados com os combustíveis queimados para a operação de aeronaves, veículos terrestres de serviço e veículos usados para transportar passageiros de e para os aeroportos (incluindo os automóveis pessoais), acabaram transformando os aeroportos em centros de queima extensiva de combustíveis fósseis. Cabe, portanto, à gestão aeroportuária buscar maneiras de reduzir o uso de combustíveis fósseis no futuro. Além disso, com a recessão econômica, os aeroportos, bem como a maioria das outras indústrias, vêm buscando formas de reduzir os seus gastos em geral e de se tornarem mais eficientes. Como resultado, a gestão aeroportuária passará boa parte do futuro próximo se concentrando na ideia da sustentabilidade ambiental, ou seja, na operação de instalações que minimize o uso de combustíveis fósseis e que conserve energia.

Exemplos de esforços de sustentabilidade ambiental incluem a construção e a gestão de terminais aeroportuários de baixo impacto ambiental, dotados de isolamento térmico para a distribuição mais eficiente do ar-condicionado, operações em aeródromo que minimizam os deslocamentos de veículos terrestres e um maior uso de sistemas de transporte ao redor do aeroporto, a fim de minimizar a necessidade de automóveis pessoais.

Outras questões de sustentabilidade ambiental que continuarão a atrair o foco da gestão aeroportuária a curto prazo incluem a conservação da água e a preservação da sua qualidade, o aumento do uso de materiais ambientalmente sustentáveis e da reciclagem e, é claro, a descoberta de novas maneiras de reduzir o impacto sonoro das operações aeroportuárias sobre as comunidades vizinhas.

Reautorização da FAA

Quando este capítulo estava sendo escrito, o Congresso dos Estados Unidos iria aprovar um anteprojeto de renovação legal para substituir a autorização expirada de recursos determinados na Vision 100-Century of Aviation Reauthorization Act (Lei de Reautorização de Um Século de Aviação), de 2003. Entre outras questões, o debate se seguiu sobre como custear o Airport and Airway Trust Fund (Fundo Fiduciário para Aeroportos e para a Navegação Aérea), qual deveria ser o novo nível de PFC e como esses recursos deveriam ser usados. Embora ainda nenhuma lei tenha sido aprovada, o programa AIP vem sendo conduzido sob "resolução contínua", o que limitou o financiamento e forçou os gestores aeroportuários a adiarem muitos projetos grandes de melhoria de capital. Assim que um anteprojeto de renovação for aprovado, os gestores aeroportuários deverão estar preparados para dar andamento aos projetos de capital que melhor atenderão às demandas por serviço aéreo no futuro.

Futuras estratégias financeiras e de *marketing*

Tradicionalmente, os aeroportos costumavam ser operados nos Estados Unidos estritamente como um braço do governo municipal, sob um modelo de obras públicas de gestão financeira. Recentemente, os aeroportos começaram a adotar filosofias mais próximas dos modelos de empresas para muitas de suas operações, especificamente nas áreas de gestão financeira e de *marketing*. Para o futuro da gestão aeroportuária, espera-se ver uma continuação dessas tendências.

Na área da geração de receitas, receitas tradicionais geradas por contratos de longo prazo com empresas aéreas continuarão a ser um componente menos significativo do fluxo geral de receitas de um aeroporto, em favor de contratos de curto prazo com uma base de clientes mais diversificada, incluindo concessionários terceirizados, arrendamentos de instalações que não ao meio aeronáutico e outras receitas provenientes diretamente dos passageiros, como estacionamentos e outros serviços.

Na área de publicidade e *marketing*, os aeroportos já começaram, e continuarão, a tirar proveito das plataformas de redes sociais e de outros métodos para anunciar seus serviços diretamente no mercado para um público mais amplo a um custo relativamente baixo.

Implementação da NextGen

Conforme descrito com detalhes no Capítulo 5 deste livro, a implementação da **NextGen** é desenvolvida para revolucionar a gestão do tráfego aéreo. Como parte da NextGen, a gestão aeroportuária pode esperar procedimentos recém-projetados de aproximação e de colagem por instrumentos, que afetarão, por sua vez, elementos da própria gestão aeroportuária, abrangendo desde segurança e capacidade dos aeródromos até planejamento de usos de solo.

Globalização

Os gestores em muitos aeroportos de serviço comercial nos Estados Unidos contam com seus vários anos de experiência no serviço internacional. Com a ampliação da gama de empresas aéreas comerciais nos últimos anos, os serviços internacionais também se expandiram dos tradicionais mercados europeus diretamente servidos por aeroportos da costa leste dos Estados Unidos, dos mercados da América do Sul servidos por aeroportos do sul dos Estados Unidos e dos mercados da Ásia-Pacífico servidos por aeroportos da costa oeste dos Estados Unidos. À medida que avançamos na segunda década do século XXI, aeroportos situados em qualquer lugar dos Estados Unidos são capazes de acomodar serviço direto para pontos em todos os lugares do mundo, incluindo mercados emergentes como China, Índia, Oriente Médio e América do Sul, contanto que o aeroporto conte com a infraestrutura para acomodar as aeronaves e seus passageiros e cargas. Tal infraestrutura inclui pistas mais longas, instalações mais amplas para processamento de passageiros e processos aprimorados de segurança e de alfândega. Além de acomodar serviço aéreo de todo o mundo em aeroportos dos Estados Unidos, as oportunidades para a gestão de aeroportos internacionais continuam a crescer.

Olhando mais para a frente, o futuro mais distante poderá trazer viagens aéreas supersônicas ou hipersônicas e até mesmo viagens espaciais em órbitas baixas para o público, permitindo viagens entre dois pontos do globo em questão de algumas horas ou menos. Neste momento, as exigências para acomodar esse tipo de serviço nos aeroportos são completamente desconhecidas, mas, com o passar dos anos, é provável que tais sistemas acabem se desenvolvendo, abrindo literalmente um novo mundo de oportunidades e desafios para a gestão aeroportuária.

As cidades aeroportuárias

Está claro que os aeroportos são componentes vitais das áreas metropolitanas, mas eles se encontram muitas vezes a muitos quilômetros de distância dos núcleos comerciais e dos centros residenciais. Isso se deve ao fato de que as cidades tradicionalmente se desenvolvem em torno de um distrito central de comércio e atividade industrial.

Na verdade, os tradicionais distritos comerciais centrais foram desenvolvidos originalmente em torno de grandes instalações de transporte, como portos de cargas e terminais ferroviários. Existe uma filosofia se desenvolvendo de que talvez outro centro de transporte importante, como um aeroporto, forme o centro do desenvolvimento urbano, já que é o aeroporto, e suas instalações intermodais associadas, que é capaz de sustentar e impulsionar o desenvolvimento econômico. Essa filosofia é conhecida como o conceito de "cidade aeroportuária" ou "**aerotrópolis**".

A criação de desenvolvimento urbano com o aeroporto como o núcleo pode revelar responsabilidades adicionais para a gestão aeroportuária. Esta pode inclusive assumir papéis mais abrangentes no planejamento de usos de terrenos e em atividades de desenvolvimento econômico de suas áreas metropolitanas. Esse potencial motiva, por certo, os gestores aeroportuários a ampliarem o seu nível educacional e a sua experiência na área de administração pública, planejamento de uso de terrenos e desenvolvimento econômico urbano.

Observações finais

O futuro dos aeroportos como parte do sistema de aviação civil nos Estados Unidos e no mundo é certamente uma página em aberto, sem uma conclusão vislumbrável. No entanto, boa parte dos fundamentos que governam os aeroportos e a gestão aeroportuária irá permanecer constante. A física fundamental do voo nunca mudará, tampouco os fundamentos que governam as operações de tráfego aéreo. As tecnologias certamente mudarão, bem como as regulamentações e os mecanismos de financiamento que facilitam a adaptação das tecnologias. Da mesma forma, as políticas que dirigem o processo da aviação acabarão mudando.

É da responsabilidade dos gestores aeroportuários e de outros interessados em operações aeroportuárias a evolução dessa indústria. Um amadurecimento continuado por parte dos gestores aeroportuários do ponto de vista dos negócios, das operações e das relações públicas, bem como um conhecimento crescente sobre os princípios fundamentais do setor, contribuirão, sem dúvida, para que a aviação civil seja uma das partes mais importantes dos transportes em nosso mundo e da sociedade como um todo.

Palavras-chave

- sistemas de transporte para pequenas aeronaves
- sistema de gestão de segurança
- sustentabilidade ambiental
- reautorização
- NextGen
- globalização
- aerotrópolis

Questões de revisão e discussão

1. Qual é o futuro da atual indústria das companhias aéreas comerciais?
2. De que maneira as mudanças futuras nas estratégias das companhias aéreas afetarão a gestão aeroportuária?
3. De que forma o A-380 afetará o planejamento, o projeto e a gestão das instalações aeroportuárias?
4. O que é SATS? De que modo o SATS afetou o transporte aéreo civil? De que forma o SATS afetará a gestão aeroportuária?
5. Em sua opinião, qual é o futuro do transporte aéreo civil e da gestão aeroportuária?
6. De que maneira os novos sistemas de gestão de segurança aeroportuária afetarão a gestão de aeroportos?
7. De que formas os aeroportos podem se tornar mais sustentáveis em termos ambientais?
8. Qual impacto a reautorização da FAA terá sobre a gestão aeroportuária?

Leituras sugeridas

Airports in the 21st Century, Washington, D.C.: Transportation Research Circular, April 2000.

Future Flight, A Review of the Small Aircraft Transportation System Concept.

Special Report 263. Washington, D.C.: Transportation Research Board, National Academy Press, 2002.

Kasarda, Lindsay, *Aerotropolis, The Way We Live Next*. Self-published book found at http://www.aerotropolis.com

Airport Sustainability Practices, ACRP Synthesis 10, Airports Cooperative Research Program, FAA Washington, D.C., 2009

Glossário

Este glossário inclui as palavras-chave compiladas ao final dos capítulos, além de muitos outros termos importantes para o planejamento e a gestão de aeroportos. Procurou-se privilegiar a brevidade e a objetividade das definições, e não a precisão técnica e a abrangência universal.

abordagem de custo compensatório: Abordagem de gestão financeira segundo a qual o operador do aeroporto assume o principal risco financeiro de administrar o aeroporto e cobra tarifas e taxas de aluguel das empresas aéreas, de forma a recuperar os custos reais com dependências e serviços utilizados por elas.

abordagem de custo residual: Empresas aéreas assumem coletivamente um risco financeiro significativo ao concordarem em pagar custos operacionais que não estejam alocados a outros usuários ou cobertos por todas as outras fontes de receita.

acesso controlado: Medidas usadas em torno de aeroportos para impedir ou controlar a movimentação de pessoas e veículos pelas áreas de segurança na propriedade do aeroporto.

acima do nível do solo (AGL – *above ground level*): Altitude acima do terreno em qualquer local.

acordo de arrendamento, construção e operação: Acordo em que o proprietário de um aeroporto permite que uma empresa do setor privado construa e administre uma instalação aeroportuária, arrendando a propriedade e a instalação do aeroporto.

acordo de concessão: Acordo entre o aeroporto e uma concessão no que tange à condução de negócios na propriedade do aeroporto.

acordo de uso aeroportuário: Contratos legais que regem o uso do aeroporto por parte das companhias aéreas e os arrendamentos para o uso de instalações aeroportuárias.

acordo de uso compartilhado de portão: Acordo de uso de portão no qual empresas aéreas e outras aeronaves agendam o uso do portão em coordenação com a gestão do aeroporto e com outras empresas aéreas atendendo ao aeroporto.

Acordo de uso exclusivo de portão: Acordo de uso de portão sob o qual uma empresa aérea retém autoridade única para usar um portão específico ou um conjunto de portões no terminal de um aeroporto.

acordo de uso preferencial de portões: Acordo de uso em que uma empresa aérea tem preferência no uso do portão. Contudo, caso essa empresa não tenha operações regulares envolvendo esse portão por algum período do dia, outras empresas aéreas signatárias do acordo podem usá-lo, contanto que o seu uso não interfira em operações futuras da empresa preferencial.

acordo de utilização de portões: Contrato formal entre um aeroporto e uma empresa aérea para o arrendamento de portões no terminal do aeroporto.

Acordo O'Hare: Acordo estabelecido nos anos 1950 entre a cidade de Chicago e as empresas aéreas que abriu um precedente no financiamento por obrigações associadas a receitas aeroportuárias, determinando que as empresas cobririam todas as despesas incorridas pelo aeroporto que excedessem suas receitas e qualquer montante em haver, para que se cumprisse o pagamento dos juros e do principal referentes às obrigações.

acostamento: Com relação aos aeroportos, área adjacente às bordas de uma superfície pavimentada, preparada de modo a proporcionar uma transição entre o pavimento e a superfície adjacente para aeronaves que escapam da zona pavimentada, para drenagem e, às vezes, para proteção contra exaustão de jato.

aeródromo: Componente de um aeroporto que inclui todas as instalações situadas na propriedade física do aeroporto para facilitar operações com aeronaves, incluindo pistas de pouso e de táxi, auxílios à navegação, iluminações, sinalizações e marcações.

aeronave: Aparelho que é usado ou voltado para ser usado para voo no ar (FAR Parte 1).

aeronave base ativa: Aeronave que possui um Certificado de Aeronavegabilidade atual e que tem sua base em determinado aeroporto.

aeronave com decolagem e pouso curtos (STOL – *short takeoff and landing***):** Aeronave que, com um peso determinado dentro de seus limites operacionais de STOL, é capaz de operar a partir de uma pista de STOL em conformidade com as características, a aeronavegabilidade, as operações, os ruídos e os padrões de poluição aplicáveis de STOL.

aeronave de pequeno porte: Aeronaves com peso máximo de decolagem certificado igual ou inferior a 5.700 quilogramas (FAR Parte 1).

aeronave de táxi aéreo: Aeronave operada pelo portador de um Certificado Operacional de Táxi Aéreo, que autoriza o transporte de passageiros, correio ou cargas, com fins lucrativos, em conformidade com a FAR Partes 135 e 121.

aeronaves base: Número total de aeronaves ativas da aviação geral que usam ou que podem vir a usar um aeroporto como "base caseira".

aeronaves de grande porte: Aeronaves com mais de 5.700 quilos de peso bruto máximo em decolagem (FAR Parte 1).

aeroporto: Área de terra ou de água utilizada para pouso e decolagem de aeronaves e que inclui seus prédios e instalações, caso existam (FAR Parte 1).

aeroporto (ou pista) de transporte básico: Aeroporto (ou pista de pouso) que acomoda aeronaves turbojato de até 27 toneladas em peso bruto.

aeroporto (ou pista) utilitária: Aeroporto (ou pista de pouso) que acomoda pequenas aeronaves, excluindo-se aeronaves a turbojato.

aeroporto abandonado: Aeroporto permanentemente fechado para operações com aeronaves, que pode ser marcado em conformidade com os padrões vigentes da FAA para marcações e iluminação de áreas enganosas, fechadas e perigosas em aeroportos.

aeroporto aberto ao público: Aeroporto aberto ao público sem necessidade de permissão prévia nem restrições quanto às capacidades físicas das instalações disponíveis.

aeroporto alternativo: Aeroporto em que uma aeronave pode pousar caso o pouso no aeroporto original de destino estiver indisponível (FAR Parte 1).

aeroporto com direitos de pouso: *Ver* aeroporto internacional.

aeroporto comercial: Aeroporto (ou pista de pouso) designado por projeto e/ou por uso para operações de companhias aéreas.

aeroporto de entrada: *Ver* aeroporto internacional.

aeroporto de uso comum: Aeroporto pertencente aos militares, a uma entidade pública ou a ambos, para o qual há um acordo de uso comum para operações militares e de aviação de base fixa.

aeroporto de uso público: Aeroporto aberto ao público sem a necessidade de permissão prévia e sem restrições dentro das capacidades físicas das instalações disponíveis.

aeroporto de utilidade básica: Acomoda a maioria das aeronaves monomotores e muitas das bimotores de menor porte.

aeroporto de utilidade geral: Acomoda todas as aeronaves da aviação geral.

aeroporto fechado ao público: Aeroporto que só está disponível para o público com permissão do seu proprietário.

aeroporto fechado: Aeroporto temporariamente fechado para operações com aeronaves, para manutenção, construção ou outro propósito, enquanto o operador ainda se encontra em atividade.

aeroporto IFR: Aeroporto com procedimento aprovado de aproximação por instrumentos.

aeroporto iluminado: Aeroporto em que a iluminação de pistas e de obstruções está disponível do pôr do sol ao alvorecer, durante períodos de visibilidade reduzida ou sob solicitação do piloto.

aeroporto inativo: Aeroporto onde todas as atividades de voo cessaram, mas que, ainda assim, permaneceu em estado aceitável de conservação para uso civil e que é identificável do ar como um aeroporto.

aeroporto internacional: (1) Aeroporto de entrada que foi designado pelo Secretário da Fazenda ou pelo Comissário Aduaneiro como um aeroporto internacional para serviço alfandegário. (2) Aeroporto com direitos de pouso no qual é preciso obter permissão específica de pouso junto às autoridades alfandegárias antes do uso contemplado. (3) Instalação designada sob a Convenção de Aviação Civil Internacional como um aeroporto para uso por transporte aéreo comercial internacional e/ou aviação geral internacional. (4) No que tange a determinações da OACI, qualquer aeroporto designado pelo Estado contratante, em cujo território ele está situado, como um aeroporto de entrada e partida para tráfego aéreo internacional, onde as formalidades incidentes de alfândega, imigração, saúde pública, quarentena animal e vegetal e procedimentos similares são conduzidas.

aeroporto operado municipalmente: Aeroporto pertencente a uma cidade e conduzido como um departamento municipal, com suas diretrizes guiadas pela câmera legislativa e, em alguns casos, por uma comissão aeroportuária ou um conselho consultivo.

aeroporto principal de serviço comercial: Aeroporto de uso público que atende a pelo menos 10.000 passageiros embarcados ao ano.

aeroporto público: Aeroporto para uso público, pertencente ao público ou a uma agência pública.

aeroporto VFR: Aeroporto sem um procedimento autorizado ou planejado de aproximação por instrumentos; além disso, também uma antiga categoria de projeto aeroportuário atendendo somente a pequenas aeronaves e não projetado para satisfazer as exigências de operações de pouso por instrumentos.

aeroportos da aviação geral (AG): Aeroportos com menos de 2.500 passageiros embarcados ao ano e aqueles usados exclusivamente por aeronaves de empresas privadas que não oferecem serviços comerciais a passageiros comuns.

aeroportos de serviço comercial: Aeroportos comerciais de uso público que recebem serviços regulares de passageiros e que embarcam pelo menos 2.500 passageiros ao ano.

aeroportos operados pelo Estado: Aeroportos administrados de modo geral pelo Departamento de Transportes de cada Estado.

aeroportos principais não *hub*: Aeroportos que embarcam menos de 0,05% de todos os passageiros comerciais, mas pelo menos 10.000 passageiros ao ano.

aeroportos principais: Aeroportos comerciais de uso público que embarcam pelo menos 10.000 passageiros ao ano.

aeroportos *reliever*: Subconjunto de aeroportos da aviação geral que tem a função de aliviar o congestionamento nos aeroportos comerciais principais e de proporcionar um acesso maior à aviação geral para a comunidade como um todo.

aerovia: Trajetória através de espaço aéreo navegável designada por autoridade apropriada no âmbito do serviço de tráfego aéreo fornecido.

AIP Temporary Extension Act (Lei de Expansão Temporária do AIP), de 1994: Autorizou a expansão temporária dos recursos do AIP até 1994. Alterou o percentual de recursos do AIP que precisa ser reservado para projetos de aeroportos *reliever*, de serviço comercial, não principais e de planejamento do sistema.

Air Cargo Deregulation Act (Lei de Desregulamentação das Cargas Aéreas), de 1976: Essa lei desregulamentou o setor das empresas de cargas aéreas dos Estados Unidos, permitindo que elas ingressassem e abandonassem mercados livremente e que estabelecessem tarifas sem qualquer aprovação ou regulação do governo.

Air Commerce Act (Lei do Comércio Aéreo), de 1926: Criada para promover o desenvolvimento de uma aviação comercial estabilizada. Incluiu o primeiro licenciamento de aeronaves, pilotos e mecânicos e estabeleceu as primeiras regras e regulamentações para a operação de aeronaves no sistema de navegação aérea.

Air Traffic Control Beacon Interrogator (ATCBI – Sistema de Controle de Tráfego Aéreo por Sinal Interrogador): Parte de um sistema ATCRBS localizada no solo e que interroga o *transponder* em pleno voo e recebe a resposta.

Air Traffic Control Radar Beacon System (ATCRBS – Sistema de Controle de Tráfego Aéreo por Radar): Sistema de radares no qual o objeto a ser detectado é munido com um equipamento cooperativo na forma de um receptor/transmissor de rádio (*transponder*). Pulsos de rádio transmitidos a partir do local transmissor/receptor (interrogador) são recebidos no equipamento cooperativo e usados para disparar uma transmissão distinta a partir do *transponder*. Esta última transmissão, diferente de um sinal refletido, é, então, recebida de volta no local transmissor/receptor.

Air Traffic Operations Management System (ATOMS – Sistema de Gestão de Operações de Tráfego Aéreo): Registro da FAA de aeronaves atrasadas 15 minutos ou mais devido a uma causa específica (clima, volume no terminal, volume na central, pistas de pouso ou de táxi fechadas e interrupções em equipamentos do NAS).

Aircraft Noise and Capacity Act (Lei de Ruído e Capacidade de Aeronaves), de 1990: Estabelece uma política nacional para ruídos na aviação, incluindo uma proibição geral contra a operação de aeronaves de estágio 2 com mais de 34.000 quilos após 31 de dezembro de 1999.

Aircraft Situation Display to Industry (ASDI – Exposição de Situação de Aeronaves para a Indústria): Sistema que fornece a posição em tempo real e outros dados de voo relevantes para cada aeronave em operação que está sujeita a planejamento de gestão de fluxo de tráfego.

Airline Deregulation Act (Lei de Desregulamentação das Empresas Aéreas), de 1978: Marcou o início do fim da regulação econômica das companhias aéreas certificadas pelo Civil Aeronautics Board (CAB – Conselho Aeronáutico Civil). A lei determinou o gradual encerramento do CAB, com o seu término em 31 de dezembro de 1984. Todas as funções essenciais restantes foram transferidas para o Department of Transportation (DOT – Departamento de Transporte) e para outras agências.

Airline Operations Center Network (AOCNet – Rede Central de Operações de Empresas Aéreas): *Intranet* privada que aumenta a capacidade da FAA e dos centros de controle das empresas aéreas na troca e no compartilhamento de uma fonte única e integrada de informações aeronáuticas relacionadas a Collaborative Decision Making (CDM – Tomada de Decisão Colaborativa) a respeito de atrasos e restrições no NAS.

Airport and Airway Development Act (Lei de Desenvolvimento de Aeroportos e da Navegação Aérea), de 1970: Auxílio federal para programas aeroportuários administrados pela FAA para o período de 10 anos, se encerrando em 1980. Mais de US$ 4,1 bilhões foram investidos no sistema aeroportuário durante esse período.

Airport and Airway Development Act Amendments (Emendas à Lei de Desenvolvimento de Aeroportos e da Navegação Aérea), de 1976: Estendeu por mais cinco anos a lei de 1970 e incluiu diversas emendas, como: tipos de projetos de desenvolvimento aeroportuário aptos a receber financiamento do ADAP; aumento da parcela federal para subvenções do ADAP e do PGP. Além disso, deu início a uma série de estudos envolvendo o National Airport System Plan (NASP – Plano Nacional de Sistema Aeroportuário).

Airport and Airway Improvement Act (Lei de Melhoria de Aeroportos e da Navegação Aérea), de 1982: Reestabeleceu a operação do Airport and Airway Trust Fund (Fundo Fiduciário para Aeroportos e para a Navegação Aérea), ainda que com um cronograma revisado de taxas cobradas de usuários.

Airport and Airway Revenue Act (Lei de Receitas de Aeroportos e para a Navegação Aérea), de 1970: Criou um fundo fiduciário para aeroportos e navegação aérea para gerar receita para auxílio aeroportuário. Os impostos incluíam uma sobretaxa de 8% sobre as tarifas domésticas, uma sobretaxa de US$ 3 nos bilhetes de passageiros de voos internacionais, uma sobretaxa de 7 centavos sobre o combustível, uma sobretaxa de 5% sobre o *waybill* de cargas aéreas e uma taxa anual de registro de US$ 25 sobre todas as aeronaves civis.

Airport and Airway Safety and Capacity Expansion Act (Lei de Expansão de Segurança e Capacidade em Aeroportos e Navegação Aérea), de 1987: Estendeu a Airport and Airway Improvement Act por mais cinco anos. Também reservou 10% dos recursos disponíveis para pequenas empresas pertencentes e controladas por indivíduos social e economicamente desfavorecidos.

Airport and Airway Safety, Capacity, Noise Improvement, and Intermodal Transportation Act (Lei de Melhoria de Segurança, Capacidade e Ruído e de Transporte Intermodal na Aviação), de 1992: Autorizou a ampliação do financiamento pelo AIP até 1993. Ampliou a elegibilidade de desenvolvimento sob o Military Airport Program (Programa Militar Aeroportuário) e o State Block Grant Program (Programa Governamental de Concessão de Recursos).

Airport and Airway Trust Fund (Fundo Fiduciário para Aeroportos e para a Navegação Aérea): Fundo federal, originalmente estabelecido em 1970 e custeado por arrecadações junto a usuários da aviação, a ser usado para projetos de melhoria de capital em aeroportos.

Airport Certification Manual (ACM – Manual de Certificação Aeroportuária): Lista abrangente de procedimentos operacionais aeroportuários exigidos para conformidade integral com a FAR Parte 139.

Airport Development Aid Program (ADAP – Programa de Auxílio ao Desenvolvimento de Aeroportos): Auxílio federal para programas aeroportuários estabelecidos sob a

Airport and Airway Development Act de 1970 para o desenvolvimento de instalações aeroportuárias.

Airport District/Development Office (ADO – Departamento Distrital/de Desenvolvimento de Aeroportos): Escritórios regionais da FAA que mantêm contato com aeroportos em suas respectivas regiões para assegurar sua conformidade às regulações federais e para auxiliar na gestão de operações aeroportuárias seguras e eficientes, bem como no planejamento de aeroportos.

Airport Improvement Program (AIP – Programa de Melhoria de Aeroportos): Auxílio federal a programas aeroportuários similar ao ADAP, abrangendo o período entre 1983 e 2007 (aguardando extensão em 2010).

Airport Movement Area Safety System (AMASS – Sistemas de Segurança para Área de Movimentação em Aeroportos): Aprimora a função do radar ASDE-3, ao fornecer avisos e alertas automáticos para potenciais incursões na pista de pouso e outros riscos.

Airport Surface Detection Equipment (ASDE-3 – Equipamento Aeroportuário de Detecção de Superfície): Radar de mapeamento terreno de alta resolução que fornece vigilância de aeronaves em taxiamento e veículos de serviço nos aeroportos com maior atividade.

Airways Modernization Act (Lei de Modernização da Navegação Aérea), de 1957: Promulgada pelo congresso norte-americano em resposta a diversos acidentes graves com aeronaves e ao advento dos equipamentos a jato; ela foi desenvolvida para estimular o desenvolvimento e a modernização do sistema nacional de navegação e as instalações de controle de tráfego aéreo. Planejada para expirar em 30 de junho de 1960.

alcance onidirecional em VHF (VOR – *VHF omnidirectional range***):** Instalação transmissora de rádio no sistema de navegação que irradia ondas de rádio VHF moduladas por dois sinais, cujas fases relativas são comparadas, resolvidas e exibidas por um receptor compatível em voo para proporcionar ao piloto uma indicação direta da orientação relativa à instalação.

alcance visual de pista de pouso (RVR – *runway visual range***):** Valor derivado por meio de instrumentos que representa a distância horizontal que um piloto consegue enxergar em direção à pista de pouso a partir da extremidade de aproximação; ele se baseia na visualização das luzes de alta intensidade da pista de pouso ou no contraste visual de outros alvos, preferindo-se aquele que produzir o maior alcance visual.

altitude acima do nível do mar (MSL – *elevation mean sea level***):** Termo usado para descrever a elevação de um local ou a altitude de uma aeronave com relação ao nível do mar.

altura de contato com a luz de aproximação: Altura na trajetória de planeio de um sistema de pouso por instrumento a partir da qual um piloto que está fazendo uma aproximação pode esperar enxergar luzes de aproximação de alta intensidade.

altura de cruzamento de cabeceira (TCH – *threshold crossing height***):** Altura da extensão em linha reta da rampa de planeio (*glide slope*) eletrônica ou visual acima da cabeceira da pista.

altura de decisão (DH – *decision height***):** Com relação à operação de uma aeronave, significa a altura na qual uma decisão precisa ser feita durante uma aproximação por instrumento em ILS ou PAR de continuar com a aproximação ou arremeter (FAR Parte 1).

amarração de aeronaves: Posições na superfície do solo que estão disponíveis para a fixação de aeronaves.

ambiente da pista de pouso: Cabeceira da pista, auxílios luminosos para aproximação e outras marcações identificáveis na pista.

análise por regressão: Aplicação de fórmulas matemáticas específicas para estimar equações de previsão, que podem, então, ser usadas para prever a atividade futura.

análise por séries temporais ou por prolongamento de tendências: O método mais antigo e, em muitos casos, o mais usado para a previsão de demanda por transporte aéreo. Consiste na interpretação da sequência histórica dos dados e na aplicação dessa interpretação ao futuro imediato. Os dados históricos são plotados em um gráfico, e uma linha de tendências é traçada.

anemograma: Diagrama para determinado local, que mostra a frequência relativa e a velocidade do vento de todas as orientações geográficas.

AOPA Airport Watch: Programa de segurança, desenvolvido pela Aircraft Owners and Pilots Association (AOPA – Associação de Pilotos e Proprietários de Aeronaves) que emprega os usuários da aviação geral como olhos e ouvidos para observar e denunciar atividades suspeitas.

apólice de responsabilização civil dentro da propriedade do aeroporto: Desenvolvida para proteger o operador do aeroporto de perdas decorrentes de responsabilização legal por todas as atividades realizadas no aeroporto.

aproximação controlada a partir do solo (GCA – *ground-controlled approach*): Sistema de pouso por radar operado a partir do solo, pelo controle de tráfego aéreo, que transmite as instruções para o piloto por rádio. A aproximação pode ser conduzida apenas com radar de vigilância ou em conjunto com um radar de aproximação por precisão.

aproximação direta (IFR): Aproximação por instrumentos pela qual a aproximação final é iniciada sem que seja preciso executar uma curva de procedimento. (Não necessariamente completada com um pouso direto.)

aproximação direta (VFR): Entrada no padrão de tráfego pela interceptação da projeção da linha central da pista de pouso, sem a execução de qualquer outra parte do padrão de tráfego.

aproximação final (IFR): Trajetória de voo de uma aeronave que se prepara para pouso em um aeroporto com curso aprovado de aproximação final por instrumentos, começando no ponto de aproximação final e se estendendo até o aeroporto ou até o ponto em que a arremetida de pouso ou a aproximação perdida é executada.

aproximação final (VFR): Trajetória de voo, no padrão de tráfego, de uma aeronave em preparação para pouso, que se estende, no prolongamento da linha central da pista de pouso, desde a perna base até a pista.

aproximação por instrumento: Aproximação a um aeroporto, com a intenção de pousar, por parte de uma aeronave em conformidade com um plano de voo em IFR.

aproximação por precisão: Aproximação-padrão por instrumentos usando um procedimento de aproximação por precisão. *Ver* procedimento de aproximação por precisão.

aproximação visual: Aproximação em que uma aeronave em um plano de voo sob IFR, operando em condições de VFR sob o controle de uma instalação com radar e com autorização pelo controle de tráfego aéreo, pode desviar do procedimento prescrito de aproximação por instrumentos e seguir para o aeroporto de destino, atendido por uma torre de controle operacional, mediante referência visual da superfície.

aproximações convergentes simultâneas por instrumentos: Uso de novos procedimentos de controle de tráfego aéreo para permitir o uso simultâneo de aproximações por instrumentos em pistas de pouso convergentes em um aeroporto.

aproximações simultâneas e a curta distância por instrumentos: Tentativa de aumentar a capacidade aeroportuária e de diminuir os atrasos nos aeroportos com pistas paralelas espaçadas a curta distância, ao permitir que os pilotos voem em uma trajetória reta, mas angulada por instrumentos (e possivelmente em piloto automático), até descerem abaixo da cobertura de nuvens.

aquaplanagem: Fenômeno que ocorre quando os pneus em movimento de uma aeronave ficam separados da superfície do pavimento por um filme d'água, ou de borracha líquida ou por vapor, resultando na perda total de eficiência dos freios mecânicos.

aquaplanagem dinâmica: Fenômeno que ocorre quando os pneus do trem de pouso deslizam por sobre um filme d'água recobrindo a superfície da pista.

aquaplanagem viscosa: Ocorre quando uma fina camada de óleo, sujeira ou partículas de borracha se misturam com a água e impedem que os pneus façam contato direto com o pavimento.

área de apresentação de identificação de segurança (SIDA – *security identification display area***):** Parte de um aeroporto cujo acesso só é permitido mediante a apresentação de identificação apropriada.

área de aproximação: Área definida cujas dimensões são medidas horizontalmente a partir da cabeceira na qual as operações de pouso e decolagem são conduzidas.

área de construção: Área em um aeroporto a ser usada, considerada ou planejada para ser usada para edificações aeroportuárias ou outras instalações aeroportuárias ou direitos preferenciais de passagem, juntamente com todos os prédios aeroportuários e instalações nele situadas.

área de operações aéreas (AOA – *air operations area***):** Área no aeroporto usada ou voltada para aterrissagem, decolagem ou manobras superficiais de aeronaves.

área de pouso: Qualquer localidade, seja em terra ou na água, incluindo aeroportos, heliportos e portos de STOL, que é usada ou projetada para ser usada para o pouso e a decolagem ou para manobras de aeronaves, quer ofereça ou não instalações para abrigo, realização de serviços ou conserto de aeronaves, ou para o embarque e desembarque de passageiros e cargas.

área de restituição de bagagem: Instalação na qual os passageiros de chegada restituem as bagagens que despacharam.

área de segurança da pista de pouso: Bordas desimpedidas, drenadas, terraplanadas e geralmente cobertas de grama no entorno contíguo à pista de pouso e simetricamente distribuídas ao seu redor. Essa área se estende por 60 metros a partir de cada extremidade da pista. A largura varia de acordo com o tipo de pista. (Antigamente chamada de "faixa de pouso".)

área de segurança da pista de táxi: Área desobstruída, drenada e terraplanada, situada simetricamente ao redor do prolongamento da linha central da pista de táxi e adjacente à extremidade da área de segurança da pista de táxi.

área de terminal: Área usada ou projetada para ser usada para instalações, como prédios de terminal e de cargas, portões, hangares, lojas e outros prédios de serviço; estacionamento para automóveis, hotéis e restaurantes aeroportuários, garagens e instalações de serviços para veículos usados em conexão com o aeroporto; e vias de entrada e de serviço usadas pelo público dentro dos limites do aeroporto.

área de tráfego aeroportuário: A menos que designado especificamente de outra forma na FAR Parte 93, o espaço aéreo dentro de um raio horizontal de 5 quilômetros a partir do centro geográfico de qualquer aeroporto no qual uma torre de controle esteja operando, se estendendo desde a superfície até 3.000 pés de altitude acima da elevação do aeroporto (FAR Parte 1).

área de transição: Espaço aéreo controlado que se estende para cima a partir de 215 metros, ou mais, acima da superfície da terra, quando designado em conjunto com um aeroporto para o qual um procedimento de aproximação por instrumentos tenha sido prescrito; ou a partir de 365 metros, ou mais, acima da superfície da terra, quando designado em conjunção com estruturas ou segmentos de rotas aéreas. A menos que sejam limitadas de outra forma, as áreas de transição terminam na base sobrejacente do espaço aéreo controlado.

área de ultrapassagem: Área além do final da pista de pouso designada como uma superfície estabilizada da mesma largura que a pista e alinhada com o prolongamento da linha central. Também conhecida como *stopway* (zona de parada).

área estéril: Parte de um aeroporto à qual os passageiros só podem ter acesso passando através de pontos de revista geridos pela TSA.

área exclusiva: Qualquer porção de uma área protegida, de uma AOA ou de uma SIDA, sobre a qual um operador de aeronaves tenha assumido responsabilidade pela segurança.

área metropolitana estatística padrão (SMSA – *standard metropolitan statistical area*): Regiões definidas por organizações de planejamento metropolitano para compreender as regiões urbanas e suburbanas em torno de uma grande cidade.

área protegida: Área no aeroporto onde as companhias aéreas comerciais realizam o embarque e o desembarque de passageiros e bagagens entre suas aeronaves e o prédio do terminal.

áreas controladas de tiro: Áreas do espaço aéreo que contêm atividades civis e militares que poderiam ser perigosas para aeronaves não participantes, como testes com foguetes, desativação de explosivos e dinamitações.

áreas de advertência: Áreas de espaço aéreo que contêm o mesmo tipo de riscos para atividades de voo que as áreas restritas, mas que estão situadas sobre águas domésticas ou internacionais, começando a 4,8 quilômetros da costa.

áreas de alerta: Áreas do espaço aéreo que contêm um alto volume de treinamento de pilotos ou um tipo pouco comum de atividade aérea.

áreas de aproximação final: Áreas de dimensões definidas protegidas para aeronaves executando aproximações por instrumentos.

áreas de espera: Áreas situadas na extremidade ou muito próximas à extremidade das pistas de pouso para que os pilotos façam as últimas conferências e aguardem pela autorização para decolagem.

áreas de operações militares (MOA – *military operations areas*): Áreas do espaço aéreo que contêm certas atividades militares.

áreas proibidas: Áreas do espaço aéreo sobre instalações terrestres cuja segurança é delicada. Todas as aeronaves são proibidas de realizar operações de voo em uma área proibida, a menos que recebam aprovação específica prévia.

áreas restritas: Áreas do espaço aéreo onde ocorrem atividades duradouras ou intermitentes e que acabam criando riscos pouco comuns para aeronaves.

arredondar: Parte de uma manobra de pouso em que a taxa de descida é diminuída para reduzir o impacto do pouso, assumindo-se uma atitude cabrada.

atraso: Diferença entre o horário no qual se deseja que uma operação ocorra e o horário em que ela de fato acaba ocorrendo.

autogiro (*rotorcraft*): Aeronave mais pesada do que o ar, cujo suporte para o voo depende principalmente da propulsão gerada por um ou mais rotores (FAR Parte 1).

autoinspeção de segurança em aeroportos: Oferece uma lista de itens para inspeção de segurança desenvolvida principalmente para aeroportos da AG (Circular Consultiva 150/5200-18).

automação avançada em rota (AERA – *advanced en route automation***):** Sistema de gestão de tráfego que permite que o setor de CTA detecte e solucione problemas relativos à trajetória de voo de uma aeronave em aproximação ao aeroporto. A AERA auxilia os controladores na identificação da rota aberta mais próxima àquela preferida, caso esta esteja fechada.

autoridade aeroportuária: Similar a uma autoridade portuária, mas com o propósito exclusivo de estabelecer políticas e uma direção administrativa para aeroportos dentro de sua jurisdição.

autoridades portuárias: Órgãos legalmente instituídos com o *status* de corporações públicas que operam uma variedade de instalações de propriedade pública, como portos, aeroportos, pedágios e pontes.

avaliação de conceito geral: Conjunto geral de considerações que o planejador de um aeroporto utiliza para avaliar e selecionar um dentre um conjunto de conceitos alternativos, de maneira preliminar, antes mesmo de qualquer projeto detalhado ou desenvolvimento.

avanços tecnológicos: Referem-se a novos dispositivos e equipamentos, bem como a conceitos e procedimentos operacionais, projetados para aliviar os congestionamentos, aumentar a capacidade ou reduzir os atrasos.

aviação geral: Porção da aviação civil que abrange todas as facetas da aviação, exceto empresas aéreas portadoras de Certificado de Conveniência e Necessidade do Civil Aeronautics Board (Conselho Aeronáutico Civil) e operadores comerciais de grandes aeronaves.

Aviation and Transportation Security Act (ATSA – Lei de Segurança em Aviação e Transporte), de 2001: Lei promulgada para lidar com as necessidades imediatas da segurança na aviação após os eventos de 11 de setembro de 2001.

Aviation Safety and Capacity Expansion Act (Lei de Expansão de Segurança e Capacidade na Aviação), de 1990: Autorizou um programa de cobrança pelo uso de dependências por passageiros (PFC – *passenger facility charge*), para gerar receitas para financiar projetos aeroportuários, e um programa militar aeroportuário, para financiar a transição de aeródromos militares selecionados para uso civil.

Aviation Safety and Noise Abatement Act (Lei de Segurança e Redução de Ruídos na Aviação), de 1979: Fornece auxílio para que os operadores de aeroportos preparem e conduzam programas de compatibilidade sonora. Autoriza a FAA a ajudar os operadores aeroportuários a desenvolverem programas de redução de ruídos e os torna elegíveis a receber recursos do ADAP.

avisos aos aviadores (NOTAMs – *notices to airmen***):** Avisos contendo informações (não conhecidas previamente o suficiente para serem repercutidas por outros meios) relativas ao estabelecimento, à condição ou à mudança em qualquer componente (instalação, serviço ou procedimento) do National Airspace System (Espaço Aéreo Nacional), cujo pronto conhecimento é essencial para o setor envolvido com operações de voo.

baia de espera: Uma área em que as aeronaves podem ser mantidas ou ultrapassadas, para facilitar a movimentação eficiente de tráfego terrestre.

balcões de bilhetagem exclusivos: Instalações de bilhetagem que costumam ser configuradas com sistemas informatizados, computadores e outros equipamentos específicos para uma empresa aérea.

bilhetagem: Instalações atendidas por funcionários ou por infraestrutura das empresas aéreas e que fornecem passagens e bilhetes de embarque aos passageiros para partidas regulares.

biometria: Termo usado para descrever as tecnologias que medem e analisam características do corpo humano com propósitos de autenticação de identificação.

biruta: Cone oco feito de tecido e com livre rotação que, quando submetido à movimentação do ar, indica a direção e a força do vento.

blast pad: Superfície especialmente preparada e situada junto à extremidade das pistas de pouso para eliminar o efeito erosivo dos fortes ventos produzidos pelos aviões no início de sua aceleração para decolagem.

Bureau of Air Commerce (Gabinete de Comércio Aéreo): Estabelecido em 1934 como um gabinete constituído separadamente do Department of Commerce (Departamento de Comércio) para promover e regular a aeronáutica. O gabinete era constituído por duas divisões: a divisão de navegação aérea e a divisão de regulamentação aérea.

cabeceira: Início designado da pista de pouso que está disponível para pousos de aviões.

cabeceira deslocada: Marcação de pista de pouso que define uma cabeceira que está localizada em um ponto da pista diferente do início da pavimentação, onde é permitido o taxiamento de aeronaves e a sua decolagem, mas não o seu pouso.

cabeceira reposicionada: Área precedendo as setas da pista de pouso, a qual não está à disposição para pousos e decolagens.

capacidade: Potencial de um aeroporto em lidar com determinado volume de tráfego (demanda). Trata-se de um limite que não pode ser ultrapassado sem que se incorra em penalidade operacional.

capacidade da pista de pouso: Número máximo de operações com aeronaves que pode ser acomodado em uma pista de pouso ao longo de determinado período.

capacidade de aeronaves: Taxa de movimentação de aeronaves em um sistema de pistas de pouso/pistas de táxi que resulta em determinado nível de atrasos.

capacidade de área de terminal: Capacidade da área de terminal em aceitar os passageiros, as cargas e as aeronaves que o aeródromo acomoda.

capacidade máxima: Taxa com que as aeronaves podem ser conduzidas em suas chegadas e partidas no aeródromo, sem levar em consideração qualquer atraso que elas possam ter.

capacidade prática: Número de operações que podem ser acomodadas ao longo do tempo sem que se ultrapasse uma quantidade ínfima de atrasos, expressa geralmente em termos de média máxima de atrasos aceitáveis.

Capital Improvement Plan (CIP – Plano de Aumento de Capital): Programa da FAA, estabelecido em 1991, que delineava um programa para melhorar ainda mais o sistema de controle de tráfego aéreo.

cargas aéreas embarcadas: Incluem a tonelagem total de correio prioritário, não prioritário e estrangeiro, as remessas expressas e os fretes (propriedades fora da categoria de bagagem pertencentes a passageiros) partindo de aeronaves em um aeroporto, incluindo cargas de chegada, em escala e em conexão.

cartas de intenção federais (LOI – *federal letters of intent***):** Emitidas pela FAA para projetos capazes de aumentar significativamente a capacidade aeroportuária no sistema como um todo.

categorias de aeroportos de usuários civis: Da forma usada pelos planejadores de aeroportos, referem-se aos quatro principais tipos de aeroportos: de companhias aéreas, regionais, da aviação geral e militares certificadas.

Center Terminal Radar Approach Control Automation System (CTAS – Sistema de Controle Automatizado para Aproximação por Radar de Terminal Central): Fornecerá aumento de capacidade de espaço aéreo, redução de atrasos e economias de combustível, ao introduzir automação informatizada a fim de auxiliar os controladores na descida, no sequenciamento e no espaçamento de aeronaves.

Central de Comando do Sistema de Controle de Tráfego Aéreo (ATCSCC – ATC Systems Command Center): Instalação responsável pela operação de quatro funções integradas, mas distintas: Central Flow Control Function (CFCF), Central Altitude Reservations Function (CARF), Airport Reservation Position e Air Traffic Service Contingency Command Post (ATSCCP).

Central de Controle de Tráfego de Rotas Aéreas (ARTCC – Air Route Traffic Control Center): Instalação estabelecida para fornecer serviço de controle de tráfego aéreo para aeronaves operando em um plano de voo IFR dentro de um espaço aéreo controlado e principalmente durante a fase em rota do voo.

cercamento de perímetro: Método físico para criar uma barreira em áreas protegidas ao longo do perímetro de um aeroporto que de outro modo seriam facilmente acessíveis.

***check-in* na calçada frontal:** Projetado para acelerar a movimentação de passageiros ao separar o manuseio de bagagens de outras atividades de balcão de bilhetagem e de portão e, portanto, desimpedindo esses locais, permitindo que as bagagens sejam consolidadas e movidas para as aeronaves mais diretamente.

chefe de resgate de aeronaves e de combate a incêndios: Desenvolve procedimentos e implementa um plano para resgate de aeronaves, combate a incêndio e preparação para desastres.

chegada em portão: Arranjo centralizado de prédio de terminal voltado para a redução do tamanho das áreas de terminal como um todo, ao colocarem o estacionamento para automóveis o mais perto possível do estacionamento de aeronaves.

Circular A-95 do office of Management and Budget (Gabinete de Gestão e Orçamento): Até julho de 1982, exigia que agências regionais designadas revisassem projetos aeroportuários antes que recursos federais fossem concedidos.

circular consultiva (AC – *advisory circulars*): Documentos publicados pela Federal Aviation Administration (Agência Federal de Aviação) para auxiliar os aeroportos e outros componentes do sistema de aviação nas operações e no planejamento.

círculo segmentado: Dispositivo básico de marcação usado para auxiliar os pilotos na localização de aeroportos, que fornece uma localização central para os indicadores e os aparelhos de sinal que eventualmente sejam necessários.

Civil Aeronautics Act (Lei da Aeronáutica Civil), de 1938: Criou uma agência administrativa responsável pela regulamentação da aviação e do transporte aéreo. Sob reorganização em 1940, duas agências separadas foram criadas: o Civil Aeronautics Boards (Conselho Aeronáutico Civil), envolvido principalmente com a regulamentação econômica das companhias aéreas; e o Civil Aeronautics Administration (Departamento de Aeronáutica Civil), responsável pela operação segura do sistema de navegação aérea.

Civil Aeronautics Administration (CAA – Departamento de Aeronáutica Civil): Precursor da FAA, responsável pela supervisão da construção, manutenção e operação da área de navegação, incluindo a administração e a fiscalização das regulamentações de segurança.

Civil Aeronautics Board (CAB – Conselho Aeronáutico Civil): Responsável pela regulamentação econômica das empresas aéreas certificadas durante o período entre 1940 e 1985.

classificação de obrigações: Classificação refletindo a capacidade de um aeroporto em pagar a obrigação, baseada em indicadores financeiros da propriedade do aeroporto.

cláusulas de participação majoritária: Encontradas em alguns acordos de uso aeroportuário, conferem às empresas aéreas que representam a maior parte do tráfego em determinado aeroporto a oportunidade de revisar e aprovar ou de vetar projetos de capital que acarretariam em aumentos significativos das tarifas e taxas que elas pagam pelo uso das dependências do aeroporto.

cobertura de serviço da dívida: Exigência de que a receita de um aeroporto, livre de despesas operacionais e de manutenção, seja igual a um percentual especificado além do serviço anual da dívida (pagamentos de juros e principal) para emissões de obrigações associadas a receitas.

cobranças pelo uso de dependências por passageiros (PFCs – *passenger facility charges***):** A Airway Safety and Capacity Expansion Act (Lei de Expansão de Segurança e Capacidade na Aviação), de 1990, autorizou a imposição de PFCs em aeroportos de serviço comercial. O operador aeroportuário pode propor o recolhimento de US$ 1, US$ 2, US$ 3, US$4 ou US$4,50 por passageiro embarcado, em voo doméstico ou internacional, para custear projetos de capital aeroportuário aprovados.

Cockpit Information System (CIS – Sistema de Informação em *Cockpit***):** Processará e exibirá Flight Information Service (FIS – Serviço de Informações de Voo) e irá integrá-lo com navegação, vigilância, terreno e outros dados disponíveis no *cockpit*.

Code of Federal Regulations (CFR – Código de Regulamentações Federais): Regras e regulamentações federais publicadas que são usadas para governar as políticas nacionais.

código de referência aeroportuária (ARC – *airport reference code***):** Código determinado pela envergadura e pela velocidade de aproximação da aeronave designada para o projeto de um aeroporto específico.

companhia aérea regional: Operador de táxi aéreo que (1) realiza pelo menos cinco viagens de ida e volta por semana entre dois ou mais pontos e que publica agendas de voos que especificam horários, dias da semana e lugares em que tais voos são realizados; ou (2) transporta correio aéreo em conformidade com um contrato vigente com o Correio norte-americano.

componente de ventos de través: Componente eólico que está a um ângulo reto em relação ao eixo longitudinal da pista de pouso ou da trajetória de voo da aeronave.

comprimento básico de pista de pouso: Comprimento de pista de pouso que resulta quando o comprimento real é corrigido para o nível médio do mar e para condições atmosféricas padrão e não gradientes.

comprimento da pista de pouso – aterrissagem: Comprimento medido desde a cabeceira até o final da pista de pouso.

comprimento da pista de pouso – decolagem: Comprimento medido desde o ponto designado para o início da decolagem até o final da pista de pouso.

comprimento da pista de pouso – físico: Medida real de comprimento da pista de pouso.

comprimento efetivo de pista de pouso: (a) O comprimento efetivo de pista para decolagem começa a contar a partir do ponto em que o plano desimpedido de obstruções se intersecta com a linha central da pista. (b) O comprimento efetivo de pista para pouso diz respeito à distância até o ponto em que o plano desimpedido de obstruções associado com a extremidade de aproximação se intersecta com a linha central da pista, estendendo-se até a outra extremidade (FAR Parte 121).

comprimento real da pista de pouso: Comprimento do pavimento de resistência alta de uma pista de pouso de largura integral.

conceito de componentes do lado ar e componentes do lado terra: Conceito de terminal que enfatiza uma separação física entre as instalações que lidam com passageiros e veículos terrestres e aquelas que lidam principalmente com aeronaves.

conceito de pista equilibrada: Conceito de projeto de uma pista de pouso no qual a distância de aceleração/parada é igual à distância para a decolagem da aeronave para a qual a pista é projetada.

concessões: Instalações auxiliares de processamento que geram receitas para o aeroporto, mediante a venda de produtos e serviços aos passageiros.

condições IFR: Condições climáticas abaixo do mínimo para regras de voo visual (FAR Parte 1).

condições meteorológicas instrumentais (IMC – *instrument meteorological conditions*): Condições meteorológicas expressas em termos de visibilidade e teto inferiores aos mínimos especificados para condições meteorológicas visuais.

condições meteorológicas visuais (VMC – *visual meteorological conditions*): Condições meteorológicas expressas em termos de visibilidade e teto iguais ou melhores do que os mínimos especificados.

configuração aeroportuária: *Layout* relativo das partes componentes de um aeroporto, como o arranjo entre pista de pouso, pista de táxi e terminal.

configuração da pista de pouso: *Layout* ou desenho de uma ou mais pistas de pouso, onde as operações na pista ou nas pistas específicas em determinado momento são mutuamente dependentes. Um aeroporto de grande porte pode ter duas ou mais configurações de pistas de pouso sendo usadas ao mesmo tempo.

Consolidated Operations and Delay Analysis System (CODAS – Sistema de Operações Consolidadas e de Análise de Atrasos): Sistema aprimorado de base de dados sobre atrasos de aeronaves. Usando dados do Enhanced Traffic Management System (ETMS – Sistema Aprimorado de Gestão de Tráfego) da FAA e do Aeronautical Radio Incorporated, ele irá calcular atrasos por fase de voo e incluirá dados meteorológicos provenientes da National Oceanic and Atmospheric Administration (NOAA – Agência Nacional Oceânica e Atmosférica).

contabilidade aeroportuária: Envolve a coleta, a comunicação e a interpretação de dados econômicos relacionados à posição financeira de um aeroporto e dos resultados de suas operações, para fins de tomada de decisão.

contador-chefe: Responsável pelo planejamento financeiro, orçamento, contabilidade, folha de pagamento e auditoria.

contaminação da pista de pouso: Deposição ou presença de terra, graxa, borracha ou outros materiais nas superfícies das pistas que afetam adversamente a operação normal das aeronaves ou que atacam quimicamente a superfície do pavimento.

Continuing Appropriations Act (Lei de Orçamento Contínuo), de 1982: Emenda à Airport and Airway Improvement Act (Lei de Melhoria de Aeroportos e da Navegação Aérea), de 1982, que acrescentou uma seção determinando autoridade para emitir, em certas circunstâncias, subvenções discricionárias, no lugar de fundos reservados mas não utilizados.

contrato de construção, operação e transferência (BOT – *build, operate, and transfer*): Contrato em que investimentos privados são usados para construir e operar uma instalação durante um período definido nos termos. Ao final do prazo do contrato, a propriedade da instalação é transferida de volta para o proprietário do aeroporto.

contrato de gestão: Acordo sob o qual uma empresa é contratada para operar um serviço específico em nome do aeroporto.

controlador final: Controlador que fornece orientação para aproximação final utilizando um equipamento de radar.

controle de fluxo: Restrição aplicada pelo CTA ao fluxo de tráfego aéreo, a fim de impedir que elementos comuns do sistema, como aeroportos ou aerovias, fiquem saturados.

controle de tráfego aéreo (CTA): Serviço operado por autoridade apropriada para promover a segurança, a ordem e o fluxo ágil de tráfego aéreo (FAR Parte 1).

Controller-to-Pilot Data Link Communications (CPDLC – Comunicações por Transferência de Dados do Controlador para o Piloto): Serviço de *link* de dados que irá substituir conjuntos de mensagens de voz entre piloto/controlador por mensagens de dados exibidas no *cockpit*.

correspondência positiva de passageiros e bagagens (PPBM – *positive passenger baggage matching*): Ato de restituir aos passageiros embarcados suas bagagens despachadas em determinada aeronave.

critérios para inclusão no NPIAS: Os principais critérios são (1) que o aeroporto AG possua no mínimo 10 aeronaves (ou motores) base (ou que preveja possuí-las dentro de 5 anos), (2) que ele esteja a pelo menos 30 minutos de carro do aeroporto mais próximo existente ou do aeroporto atualmente proposto no NPIAS e (3) que haja um patrocinador disposto a assumir a propriedade e o desenvolvimento do aeroporto.

critérios para projeto e desenvolvimento: Medidas específicas de desempenho usadas por planejadores de aeroportos no projeto de exigências de espaços em prédio de terminal.

curso superficial do pavimento: Curso superior de um pavimento, geralmente em concreto a base de cimento Portland ou em concreto betuminoso, que suporta a carga de tráfego.

custos de operação e manutenção (O&M): Despesas que ocorrem com certa regularidade e que são necessárias para manter as operações regulares em um aeroporto.

decibel (dB): Unidade de nível de ruídos representando uma quantidade relativa. Esse valor de referência é uma pressão sonora de 20 micronewtons por metro quadrado.

Declaração de Impacto Ambiental (Environmental Impact Statement – EIS): Documento que avalia de forma abrangente a magnitude de quaisquer impactos ambientais que possam vir a existir como resultado de um projeto de planejamento aeroportuário e que identifica estratégias para mitigar esses impactos.

decolagem e pouso verticais (VTOL – *vertical takeoff and landing*): Aeronaves capazes de decolagem e pouso verticais. As aeronaves VTOL não se limitam aos helicópteros.

demonstrativo operacional: Registra as receitas e as despesas de um aeroporto durante determinado período de tempo (a cada trimestre ou a cada ano).

Department of Transportation (DOT – Departamento de Transporte): Estabelecido em 1967 para promover a coordenação dos programas federais existentes e para atuar como um ponto focal para pesquisas futuras e esforços de desenvolvimento em transportes.

Descoberta de Nenhum Impacto Significativo (FONSI – Finding of No Significant Impact): Descoberta determinada como resultado de uma revisão de impacto ambiental que não revela qualquer impacto ambiental significativo a ser causado por determinado projeto de planejamento aeroportuário.

desembarques (ou passageiros desembarcados): Número total de passageiros que desembarcam de aeronaves em um aeroporto.

desenho do plano de *layout* aeroportuário: Inclui o *layout* do aeroporto, o mapa do local, o mapa da vizinhança, uma tabela de dados básicos e informações eólicas.

desfederalização: Refere-se a uma proposta de supressão do auxílio aos aeroportos principais que atendem a empresas aéreas.

designador de pista de pouso: Número que identifica uma pista de pouso em um aeroporto, definido pela direção (em graus a partir do norte magnético, dividido por 10 e arredondado para o inteiro mais próximo) na qual as aeronaves operam na pista.

deslocadores de passageiros: Projetados para acelerar a movimentação dos passageiros pelo terminal. Incluem ônibus, *lounges* móveis, esteiras rolantes e sistemas automatizados de transporte por trilhos (*automated guideway systems*).

despesas de capital: Representam gastos periódicos e de grande monta que contribuem para a melhoria ou a expansão significativa da infraestrutura aeroportuária.

detecção de alvos em movimento: Aparelho eletrônico que permitirá uma apresentação do escopo do radar apenas para alvos que estão em movimento.

detecção de traços de explosivos (ETD – *explosive trace detection*): Equipamento que usa espectrometria molecular para detectar e identificar traços de explosivos que possam estar escondidos em bagagens despachadas e de mão.

Development of Landing Areas for National Defense (DLAND – Desenvolvimento de Áreas de Pouso para a Defesa Nacional): Programa aprovado pelo Congresso norte-americano em 1940 que destinou US$40 milhões a serem investidos pela CAA em 250 aeroportos necessários para a defesa nacional.

diagrama de formação de filas: Ferramenta analítica e gráfica usada para estimar a formação de filas e os atrasos em um aeroporto.

diagrama de tempo *versus* espaço: Ferramenta gráfica analítica usada para estimar a capacidade das pistas de pouso.

diretor adjunto de finanças e administração: Encarregado das questões gerais envolvendo finanças, funcionários, aquisições, gestão de instalações e gestão administrativa.

diretor adjunto de manutenção: Responsável pelo planejamento, coordenação, direção e revisão da manutenção de edificações, instalações, veículos e serviços.

diretor adjunto de operações: Responsável por todas operações aéreas e em terra, incluindo a segurança e as operações contra incêndios, de acidente e de resgate.

diretor adjunto de planejamento e engenharia: Fornece auxílio técnico a todas as organizações do aeroporto e garante a integridade da engenharia dos projetos de construção, alteração e instalação.

diretor aeroportuário: Chamado às vezes de gestor ou supervisor aeroportuário, é a pessoa responsável pelas operações gerais cotidianas de um aeroporto.

Diretor Federal de Segurança (FSD – Federal Security Director): Representante do Transportation Security Administration (Departamento de Segurança em Transportes) encarregado da supervisão da segurança aeroportuária em um ou mais aeroportos de serviço comercial.

Discrete Address Beacon System (DABS – Sistema por Farol de Endereço Discreto): Sofisticado sistema de vigilância para controle de tráfego aéreo capaz de interrogar cada DABS de *transponder* em pleno voo em um modo "*all-call*" ou com um sinal de endereço discreto para cada aeronave específica operando no sistema. Os dados adquiridos mediante resposta de cada *transponder* são então processados para fornecer distância, azimute, altitude e identidade de cada aeronave no sistema de forma individualizada, mas em uma sequência programada de interrogações. Como as aeronaves são contatadas individualmente no DABS, o sistema de vigilância automaticamente fornece um veículo natural para um *link* de dados entre a terra e as aeronaves que pode ser usado para fins de CTA, incluindo os conceitos de controle positivo intermitente (IPC – *intermittent positive control*) propostos.

distância aeroporto-aeroporto: Raio exterior da distância, medido em quilômetros, entre aeroportos listados no manual oficial do Civil Aeronautics Board (Conselho Aeronáutico Civil) de rotas e distâncias de empresas aéreas.

Distrito Comercial Central (CBD – Central Business District): Centro de uma área metropolitana.

dotação de montantes fixos: A forma mais simples de orçamento, só costuma ser utilizada por aeroportos pequenos da aviação geral. Nela, não há restrições específicas sobre como o dinheiro deve ser gasto.

dotação por atividade: Forma de orçamento em que a dotação de despesas é planejada de acordo com áreas ou atividades gerais de trabalho, sem qualquer divisão detalhada subsequente.

efeito multiplicador: Receitas geradas pelo aeroporto são repassadas para toda a comunidade.

elevação do aeroporto: Ponto mais alto das pistas de pouso utilizáveis de um aeroporto em metros acima do nível do mar.

elo de acesso/egresso: Conforme usado no sistema de processamento de passageiros, elo que inclui todas as instalações e os veículos de transporte terrestre e outras instalações modais de deslocamento para que os passageiros possam ir e voltar do aeroporto.

elo de processamento de passageiros: Conforme usado no sistema de gestão de passageiros, elo responsável pelas principais atividades de processamento exigidas para preparar o passageiro para o uso do transporte aéreo.

empresa aérea: Empresa que empreende diretamente por arrendamento, ou mediante outro arranjo, no ramo do transporte aéreo (FAR Parte 1).

empresa aérea de rotas certificadas: Uma dentre uma classe de empresas aéreas que possuem Certificados de Conveniência e Necessidade Pública emitidos pela Civil Aeronautics Board (Conselho Aeronáutico Civil). Essas empresas são autorizadas a realizar transporte aéreo regular e uma quantidade limitada de operações não regulares.

ensaio vibratório (ou dinâmico): Técnica usada para medir a resistência de um sistema compósito de pavimento, sujeitando-o a uma carga vibratória e medindo-se, então, o quanto o pavimento se deforma sob essa carga conhecida.

ensaios não destrutivos (END): Técnicas usadas para testar a resistência de pavimentos sem precisar destruir fisicamente nenhuma de suas partes.

equipamento aeroportuário de detecção de superfície (ASDE – *airport surface detection equipment*): Equipamento de radar projetado especificamente para detectar todas as principais características na superfície de um aeroporto, incluindo tráfego veicular de aeronaves, e para apresentar todo esse cenário em um console indicador por radar na torre de controle.

equipamentos computadorizados de triagem de bagagens: Nova técnica de triagem de bagagens pelo uso de etiquetas com leitura por máquinas.

equipamentos de terminal de uso comum (CUTE – *common-use terminal equipment*): Sistema computadorizado que acomoda os sistemas operacionais de qualquer empresa aérea que compartilhe a instalação de bilhetagem.

esboroamento: Bordas fraturadas na área das juntas de concreto e em torno delas, que se devem às pressões enormes geradas durante a posterior expansão das placas.

escolha de local: Parte do *master plan* de um aeroporto que avalia o espaço aéreo, fatores ambientais, o crescimento da comunidade, o acesso terrestre ao aeroporto, a disponibilidade de serviços básicos, os custos com terrenos e os custos de desenvolvimento do local.

espaçamento: Estabelecimento e manutenção do intervalo apropriado entre aeronaves sucessivas, conforme determinado pelas considerações de segurança, uniformidade de fluxo de tráfego e eficiência de uso das pistas de pouso.

espaço aéreo: Espaço no ar acima do solo ou uma parte específica desse espaço, definido geralmente pelos limites da área na superfície projetada para cima.

espaço aéreo Classe A – espaço aéreo de controle positivo: Espaço aéreo localizado continuamente de um lado a outro dos Estados Unidos, a uma altitude de 18.000 a 60.000 pés acima do nível do mar (MSL – *mean sea level*).

espaço aéreo Classe B – áreas terminais de serviço radar: Espaço aéreo que engloba os aeroportos mais movimentados dos Estados Unidos.

espaço aéreo Classe C – áreas aeroportuárias de serviço radar: Espaço aéreo que engloba aqueles aeroportos que atendem a níveis moderadamente altos de operações IFR ou de embarques de passageiros.

espaço aéreo Classe D – zonas de controle: Espaço aéreo que circunda aqueles aeroportos cujo espaço aéreo não é de Classe B ou C, mas que contam com uma torre de controle em operação.

espaço aéreo Classe E – espaço aéreo geral controlado: Espaço aéreo que existe geralmente na ausência de espaço aéreo de Classe A, B, C ou D e se estende para o alto até 18.000 pés MSL e a um raio de 8 quilômetros a partir de aeroportos sem torres de controle, mas com procedimentos de aproximação por instrumentos.

espaço aéreo Classe G – espaço aéreo não controlado: Espaço aéreo na ausência de espaço aéreo de Classe A, B, C, D ou E.

espaço aéreo controlado: Espaço aéreo dentro do qual algumas ou todas as aeronaves podem estar sujeitas a controle de tráfego aéreo (FAR Parte 1).

espaço aéreo de uso especial: Espaço aéreo controlado pelo Departamento de Defesa.

espaço aéreo navegável: Espaço aéreo acima ou a partir de altitudes mínimas de voo prescritas nas FARs, incluindo o espaço aéreo necessário para decolagens e pousos seguros (FAR Parte 1).

espuma formadora de filme aquoso (AFFF – *aqueous film-forming foam*): Materiais usados como parte dos serviços de resgate e combate a incêndio em aeronaves.

Essential Air Service Program (EAS – Programa de Serviço Aéreo Essencial): Programa estabelecido como parte da Airline Deregulation Act (Lei de Desregulamentação das Empresas Aéreas), de 1978, que fornecia subsídios para as últimas empresas aéreas remanescentes em um mercado, de modo a impedir que cidades selecionadas ficassem absolutamente destituídas de serviço aéreo.

estação de serviço de voo (FSS – *flight service station*): Instalação central de operações no sistema nacional consultivo de voos que utiliza instalações de intercâmbio de dados para a coleta e a disseminação de dados de NOTAM, meteorológicos e administrativos e que fornece serviços consultivos pré-voo e em rota e outros serviços para pilotos via instalações de comunicação terrestre/aérea.

estacionamento de curta duração: Geralmente localizado perto dos prédios de terminal, para motoristas que foram levar ou buscar outros passageiros. Esses motoristas costumam permanecer menos de 3 horas no aeroporto.

estacionamento de longo prazo: Projetado para passageiros que deixam seus veículos no aeroporto enquanto viajam.

estacionamento remoto: Consiste em estacionamentos situados longe dos prédios de terminal de um aeroporto. Ônibus e micro-ônibus ficam à disposição para transportar os passageiros até o terminal.

estacionamento transversal de nariz para dentro, oblíquo de nariz para dentro, oblíquo de nariz para fora e paralelo: Posições de estacionamento de aeronaves com relação ao prédio do terminal. A posição de estacionamento transversal de nariz para dentro é a mais usada na maioria dos aeroportos.

esteiras de restituição de bagagem: Equipamento no qual as bagagens despachadas são colocadas para apresentação aos passageiros na área de restituição de bagagem.

estrutura pavimentar: Combinação dos cursos da base e da sub-base da pista de pouso que transmite a carga do tráfego ao subleito.

exigências de instalações aeroportuárias: Parte do *master plan* do aeroporto que especifica as instalações novas ou ampliadas que serão necessárias durante o período de planejamento. Isso envolve a catalogação de instalações existentes e da demanda prevista de tráfego futuro. O planejador compara a capacidade das instalações existentes com a demanda futura, identificando onde a demanda irá exceder a capacidade e quais novas instalações serão necessárias.

externalidades: Impactos ambientais que ocorrem como resultado de operações de outras fontes, como consequência indireta da presença de um aeroporto.

faixa de pouso: Termo empregado antigamente para designar (1) a área graduada sobre a qual a pista de pouso estava simetricamente localizada e (2) a área graduada adequada para a decolagem e o pouso de aviões em locais onde não havia uma pista pavimentada.

FAR Parte 150: Estabeleceu um sistema para mensurar os ruídos devido à aviação na comunidade e para fornecer informações a respeito de usos de terrenos que são normalmente compatíveis com diversos níveis de exposição sonora.

FAR: Federal Aviation Regulation (Regulamentação Federal de Aviação).

farol de aproximação: Farol aeronáutico situado no prolongamento da linha central de uma pista de pouso, a uma distância fixa da cabeceira.

farol de identificação aeroportuária: Farol com luzes codificadas para indicar a localização de um aeroporto em que o farol se encontra a mais de 1.500 metros da área de aterrissagem.

farol do aeroporto: Auxílio visual à navegação que exibe *flashes* brancos e verdes alternados para indicar um aeroporto iluminado, ou apenas *flashes* brancos no caso de um aeroporto não iluminado.

Federal Airport Act (Lei Federal dos Aeroportos), de 1946: Auxílio federal para programas aeroportuários administrados pela CAA (posteriormente rebatizada como FAA) para proporcionar aos Estados Unidos um sistema abrangente de aeroportos. Mais de US$ 1,2 bilhão em recursos para auxílio a desenvolvimento aeroportuário foi disponibilizado pelo governo federal durante os 24 anos de duração desta lei.

Federal Aviation Act (Lei Federal de Aviação), de 1958: Criou a Federal Aviation Agency (FAA – Agência Federal de Aviação), com um administrador que se reportava ao presidente. A lei reteve o CAB como uma agência independente e transferiu os poderes de regulamentações de segurança da CAA para o Airways Modernization Board (Conselho de Modernização da Navegação Aérea).

Federal Aviation Administration (FAA – Agência Federal de Aviação): Criada pela lei que estabeleceu o Department of Transportation (Departamento de Transporte). Assumiu todas as responsabilidades da antiga Federal Aviation Agency (Administração Federal de Aviação).

Federal Aviation Administration Authorization Act (Lei Federal de Autorização da Administração da Aviação), de 1994: Autorizou a extensão do financiamento do AIP até 1996. Aumentou o número de aeroportos elegíveis para financiamento pelo Military Airport Program (Programa Militar Aeroportuário), o controle de acesso universal e a segurança na detecção de explosivos.

Federal Aviation Administration Reauthorization Act (Lei Federal de Reautorização da Aviação), de 1996: Estendeu a duração do AIP até setembro de 1998. Várias modificações foram impostas à fórmula de computação de valores a receber por aeroportos principais e de cargas, de partilha estadual e de alocações discricionárias.

Federal Aviation Agency (FAA – Agência Federal de Aviação): Fundada em 1958, para regular, promover e desenvolver o comércio aéreo de uma maneira segura. A FAA também recebeu a responsabilidade de operar o sistema aéreo e de consolidar toda a pesquisa e o desenvolvimento das instalações de navegação aérea.

Federal Information Service (FIS – Serviço Federal de Informações): Servidor de dados e *link* de dados baseado em terra, voltado para fornecer uma variedade de informações não operacionais de controle para o *cockpit*, como informações meteorológicas e de tráfego, *status* de espaço aéreo de uso especial, avisos aos aviadores e atualizações sobre obstruções.

Federal Inspection Services (FIS – Serviços de Inspeção Federal): Conduzem serviços de alfândega e imigração, incluindo inspeção de passaportes, inspeção de bagagens, coletas de impostos sobre certos itens importados e, às vezes, inspeção em busca de materiais agrícolas, drogas ilegais ou outros itens restritos.

Federal-Aid Airport Program (FAAP – Programa de Auxílio Federal Aeroportuário): Programa estabelecido em 1946 que oferecia auxílio de financiamento federal para municípios em projetos de construção aeroportuária moderados a grandes.

ferramenta passiva de espaçamento para aproximação final (pFAST – *passive final approach spacing tool***):** Ferramenta de controle de tráfego aéreo que ajuda os controladores a selecionarem da forma mais eficiente possível a pista de chegada e a sequência de chegada a um raio de 93 quilômetros de um aeroporto.

***finger* de terminal:** Extensão do prédio de terminal, para fornecer acesso a um grande número de posições de portão no pátio do terminal.

***finger*:** Estrutura com teto, com ou sem calçadas, estendendo-se desde o prédio ou saguão principal de terminal até as posições de embarque em aeronaves.

fixo de aproximação final (*approach fix*): Ponto a partir do qual a perna final da aproximação (IFR) a um aeroporto é executada.

fixo externo (*outer fix*): Fixo na área de terminal de destino, que não o fixo de aproximação final (*approach fix*), para o qual as aeronaves costumam ser liberadas por um centro de controle de tráfego ou por uma instalação de controle de aproximação e a partir do qual as aeronaves são liberadas para o fixo de aproximação final (*approach fix*) ou para o curso de aproximação final.

Flight Advisory Weather Service (FAWS – Serviço de Consultoria Meteorológica para Voo): Consultoria de voo e serviço de previsão de voo fornecido pelo National Weather Service (Serviço Nacional de Meteorologia).

fundos discricionários: Concessões destinadas a projetos visando ao cumprimento de metas estabelecidas pelo Congresso norte-americano, como aumento de capacidade, segurança ou mitigação de ruídos em todos os tipos de aeroportos.

fundos por dotação reservada: Disponíveis para qualquer patrocinador aeroportuário elegível e alocados de acordo com exigências estabelecidas pelo Congresso norte-americano para diversos tipos diferentes de subcategorias de dotações reservadas, como alocações mínimas para todos os 50 Estados norte-americanos, o Distrito de Colúmbia e as áreas insulares, com base em área superficial e população.

general obligation bonds **(GOBs):** Obrigações que são emitidas por Estados, municípios e outros governos de propósito geral e que são asseguradas por fé pública, crédito e poder arrecadador da agência governamental emissora.

gerente de compras: Dirige as compras de materiais e serviços para suporte do aeroporto; prepara, negocia, interpreta e administra contratos com empreiteiros.

gerente de instalações: Estabelece critérios e procedimentos para a administração de todas as propriedades do aeroporto. Responsável pelo controle do inventário de todos os equipamentos e instalações.

gerente de operações aéreas: Responsável por todas as operações relacionadas ao aeródromo.

gerente de operações em terra: Responsável por todas as operações do lado terra.

gerente de prédios e dependências: Responsável por assegurar que os prédios estejam com a manutenção adequada a um custo mínimo.

gerente de recursos humanos: Responsável por administrar o programa de recursos humanos de um aeroporto.

gerente de relações públicas: Responsável por todas as atividades de relações públicas, incluindo o desenvolvimento de publicidade e propaganda envolvendo o aeroporto.

gerente de segurança: Fiscaliza a segurança, o tráfego e as regras e regulamentações internas, e participa de atividades de fiscalização de cumprimento das leis no aeroporto.

gerente de terreno: Responsável por assegurar que os terrenos e o paisagismo sejam mantidos em boas condições.

gerente de veículos: Responsável pela manutenção de todos os veículos utilizados pelo aeroporto.

gestão administrativa: Método para controlar o acesso aeroportuário estabelecendo quotas sobre o número de passageiros embarcados ou sobre o número e o tipo de operações com aeronaves que serão acomodadas durante um período específico.

gestão da demanda: Método para controlar o acesso a um aeroporto ao promover um uso das instalações existentes mais efetivo ou mais eficiente economicamente. Os dois métodos mais prevalentes são a precificação diferencial e o leilão de direitos de pouso.

gradiente (efetivo) de pista de pouso: Gradiente médio referente à diferença na elevação das duas extremidades da pista de pouso, dividida pelo comprimento dela, que pode ser usado contanto que nenhum ponto interferindo no perfil da pista fique a mais do que 1,5 metro acima ou abaixo de uma linha reta ligando suas duas extremidades. Caso ultrapasse 1,5 metro, o perfil da pista será segmentado e dados de aeronaves serão aplicados para cada segmento separadamente.

***grooving* de pavimento:** Aplicação mecânica de ranhuras na superfície de um pavimento para proporcionar rotas de escape para a água e para a neve derretida, a fim de aumentar a efetividade dos freios mecânicos das aeronaves.

***grooving* de pista de pouso:** Ranhuras (*grooves*) de 6,35 milímetros de altura, espaçadas a aproximadamente 3,15 centímetros umas das outras, feitas na superfície da pista para proporcionar rotas de fuga para a água sob contato com o pneu, a fim de evitar aquaplanagem.

***handoff*:** Passagem do controle de uma aeronave de um controlador para outro.

hangar em T: Hangar para aeronaves no qual elas são estacionadas alternadamente cauda com cauda, cada uma no espaço em forma de T deixado pela outra fileira de aeronaves ou pelos compartimentos de aeronaves.

heliporto: Área de terra, água ou estrutura usada ou projetada para ser usada para o pouso e a decolagem de helicópteros (FAR Parte 1).

hora zulu (Z): Horário no meridiano de Greenwich, na Inglaterra.

***hub*:** Cidade ou área metropolitana estatística padrão que exige serviços de aviação e é classificada por cada percentual da comunidade do total de passageiros embarcados em serviços regulares de certas empresas aéreas certificadas com rotas domésticas.

***hubs* grandes:** Aeroportos responsáveis por pelos menos 1% do total anual de passageiros embarcados nos Estados Unidos.

***hubs* médios:** Aeroportos responsáveis por no mínimo 0,25%, mas menos de 1%, do total anual de passageiros embarcados.

***hubs* pequenos:** Aeroportos que acomodam mais de 0,05%, mas menos de 0,25%, do total de passageiros embarcados.

identificador de pista de pouso: Número inteiro mais próximo do décimo da orientação magnética da pista de pouso, medido em graus no sentido horário a partir do norte magnético.

ILS Categoria I: ILS que fornece informações aceitáveis de orientação a partir dos limites de cobertura do ILS, até o ponto em que a linha de curso do localizador se intersecta com a trajetória de planeio a uma altura de 30 metros acima do plano horizontal contendo a cabeceira da pista. Um ILS Categoria I suporta mínimos para pouso de 61 metros HAT (*height above threshold* – altura acima da cabeceira) e de 550 metros RVR (*runway visual range* – alcance visual de pista de pouso).

ILS Categoria II: ILS que fornece informações aceitáveis de orientação a partir dos limites de cobertura do ILS, até o ponto em que a linha de curso do localizador se intersecta com a trajetória de planeio a uma altura de 15 metros acima do plano horizontal contendo a cabeceira da pista. Um ILS Categoria II suporta mínimos para aterrissagem de 30 metros HAT (*height above threshold* – altura acima da cabeceira) e de 265 metros RVR (*runway visual range* – alcance visual de pista de pouso).

ILS Categoria III: Um ILS que fornece informações aceitáveis de orientação a partir dos limites de cobertura do ILS, sem uma altura de decisão especificada acima do plano horizontal contendo a cabeceira da pista. *Ver* operações de ILS CAT III A, B e C.

iluminação de faixa de pouso: Linhas ou fileiras de luzes situadas ao longo das bordas da trajetória designada de pouso e decolagem dentro da faixa. *Ver* faixa de pouso.

iluminação de ingresso em pista de táxi: Luzes únicas instaladas no pavimento a intervalos regulares, para definir a trajetória de deslocamento das aeronaves desde a linha central da pista de pouso até determinado ponto na pista de táxi.

iluminação de linha central de pista de táxi: Sistema de luzes verdes embutidas e semiembutidas no pavimento, indicando a linha central de uma pista de táxi.

iluminação de segurança: Sistemas de iluminação que proporcionam uma continuação, durante as horas sem luz solar, do grau de segurança que é mantido durante os horários com luz natural.

iluminação interna da pista: Sistema de iluminação que consiste em luzes embutidas ou semiembutidas no pavimento da pista, em padrões específicos.

iluminação superficial de pista de pouso: Também chamada de "iluminação interna da pista", consiste essencialmente em luzes de zona de toque (bitola estreita), luzes de linha de centro de pista de pouso e luzes para acesso a pistas de táxi instaladas no pavimento.

indicador de ângulo de aproximação visual (VASI – *visual approach slope indicator***):** Instalação de iluminação aeroportuária no sistema de navegação da área de terminal usada principalmente sob condições de VFR. Fornece orientação visual para aeronaves durante a aproximação e o pouso, ao irradiar um padrão direcional de fachos focalizados de luz vermelha e branca de alta intensidade que indicam ao piloto que a aeronave está "dentro da trajetória", se o piloto enxergar vermelho/branco, "acima da trajetória", se o piloto enxergar branco/branco, e "abaixo da trajetória", se o piloto enxergar vermelho/vermelho.

indicador de trajetória de aproximação de precisão (PAPI – *precision approach path indicator***):** Indicador visual de rampa de planeio que utiliza unidades luminosas instaladas em uma única fileira de duas ou quatro unidades, a fim de identificar o local de pouso da aeronave com relação a uma trajetória de planeio segura.

instalação de controle de aproximação: Instalação terminal de controle de tráfego aéreo (TRACON, RAPCON, RATCF) que fornece serviço de controle para aproximações.

instalação de iluminação de *lead-in* **(LDIN –** *lead-in light facility***):** Instalação no sistema de navegação da área de terminal que oferece orientação luminosa especial para aeronaves em padrões de aproximação ou em procedimentos de pouso. A configuração da instalação consiste em um certo número de luzes intermitentes situadas de forma a orientar visualmente uma aeronave através de um corredor de aproximação, desviando de áreas residenciais muito povoadas, áreas comerciais ou obstruções.

instalação de luz de orientação (GDL – *guidance light facility***):** Instalação de iluminação no sistema de navegação na área de terminal localizada na vizinhança de um aeroporto e consistindo em uma ou mais luzes de alta intensidade para guiar um piloto pelo corredor de pouso ou de aproximação, para longe das áreas povoadas, para segurança e redução de ruídos.

instalações auxiliares de processamento: Instalações localizadas nos terminais aeroportuários que não são essenciais para o processamento de passageiros, mas que costumam ser oferecidas para melhorar a experiência de viagem como um todo.

instalações de auxílio à navegação (NAVAID – *air navigation facility***):** Qualquer instalação usada como, ou disponível para ser usada como, um auxílio à navegação aérea, incluindo áreas de pouso, luzes e qualquer aparato ou equipamento para disseminar informações meteorológicas; para sinalização; para a localização de direção por rádio; ou para comunicação por rádio ou por outro meio eletrônico; e qualquer outra estrutura ou mecanismo que apresente um propósito similar de orientar e controlar o voo em plena rota ou o pouso ou a decolagem de uma aeronave.

instalações de processamento essencial: Instalações de processamento de passageiros que precisam estar presentes a fim de assegurar o processamento apropriado para passageiros viajando em cada segmento de itinerário.

instalações de terminal: Instalações aeroportuárias que fornecem serviços para operações de empresas aéreas e que atuam como uma central para a transferência de passageiros e de bagagens entre a superfície e o transporte aéreo.

instalações do lado ar: Aeródromo no qual as operações com aeronaves são conduzidas, incluindo nas pistas de pouso e de táxi.

integrated noise model **(INM – modelo de ruídos integrado):** Programa de computador usado para estimar os impactos sonoros de operações aeroportuárias em uma região circunvizinha.

Integrated Terminal Weather System (ITWS – Sistema Meteorológico Integrado de Terminal): Sistema de previsão do tempo totalmente automatizado instalado em ARTCCs, capaz de fornecer informações ao setor de tráfego aéreo e aos pilotos quanto a ameaças meteorológicas a médio prazo no espaço aéreo a até 100 quilômetros de um aeroporto.

interface de acesso/processamento: Conforme usado no sistema de processamento de passageiros, elo em que o passageiro faz a transição do modal veicular de transporte para a movimentação pedestre nas atividades de processamento de passageiros.

interface de voo: Na forma empregada no sistema de processamento de passageiros, o elo entre as atividades de processamento de passageiros e o voo.

intermodalismo: Melhoria da velocidade, da confiabilidade e da relação custo-benefício do sistema de transporte do país ao integrar a estratégia de transporte para promover intercâmbios entre rodovias, ferrovias, vias navegáveis e transporte aéreo.

Investigação de Conflito Inicial (ICP – Initial Conflict Probe): Possibilita que os controladores identifiquem conflitos potenciais de separação com até 20 minutos de antecedência e que o façam com maior rigor e precisão.

investimento depreciável: Custo anual do capital investido em instalações ou equipamentos.

itens de investimento não depreciáveis: Ativos, como o custo de aquisição de terrenos, que apresentam um valor permanente mesmo que o local do aeroporto seja convertido para outros usos.

Joint Automated Weather Observation System (JAWOS – Sistema Conjunto e Automatizado de Observação Meteorológica): Reúne automaticamente dados meteorológicos locais e os distribui para outras instalações de controle de tráfego aéreo e para o National Weather Service (Serviço Nacional de Meteorologia).

Joint Planning and Development Office (JPDO – Departamento de Planejamento e Desenvolvimento Conjunto): Organização intergovernamental fundada em 2003 para estabelecer uma liderança na implementação da NextGen.

Kelly Act (Lei Kelly), de 1925: Autorizou o Diretor dos Correios a ingressar em contratos formais com pessoais físicas ou com empresas para o transporte de correio pelo ar.

landing roll: Distância desde o ponto de toque de pouso até o ponto em que a aeronave pode parar ou em que ela deixa a pista de pouso.

layout **aeroportuário:** Parte principal do plano de *layout* aeroportuário, incluindo o desenvolvimento existente e futuro do aeroporto e os usos de terrenos desenhados em escala.

layout **de zona de aproximação e de desobstrução:** Representação gráfica em escala das superfícies imaginárias definidas na FAR Parte 77.

levantamento do mercado consumidor: Método qualitativo de previsão que busca as opiniões da base de consumidores do aeroporto.

liberação de tráfego aéreo: Autorização pelo controle de tráfego aéreo, com o objetivo de evitar a colisão entre aeronaves conhecidas, para que uma aeronave prossiga sob condições especificadas de tráfego dentro de um espaço aéreo controlado (FAR Parte 1).

liberação para aproximação: Autorização emitida pelo controle de tráfego aéreo ao piloto de uma aeronave para pouso sob regras de voo por instrumentos.

limiar de ponto de equilíbrio (*break-even*): Montante anual de receitas que é necessário para cobrir os custos com investimento de capital e os custos de administração, operação e manutenção.

linha central da pista de pouso: Série de faixas e lacunas uniformemente espaçadas que corre ao longo do centro longitudinal da pista de pouso.

linha de restrição de construções: Linha indicada no plano de *layout* aeroportuário além da qual as edificações aeroportuárias não devem ser posicionadas, de forma a limitar sua proximidade em relação às áreas de movimentação de aeronaves.

***link* de dados modo S:** Acréscimo ao *transponder* ATCRBS que permite um intercâmbio direto e automático de informações codificadas digitalmente entre o controlador em terra e aeronaves individuais.

***lounge* móvel ou transportador:** Usado para transportar passageiros do prédio do terminal até as aeronaves estacionadas no pátio ou vice-versa.

Low-Level Wind Shear Alert System (LLWAS – Sistema de Alerta de Tesouras de Vento de Baixo Nível): Fornece informações à torre de controle de tráfego aéreo referentes a condições eólicas próximas à pista. Consiste em um arranjo de anemômetros que fazem a leitura da velocidade e da direção do vento em torno do aeroporto e que alertam sobre mudanças repentinas que indicam tesouras de vento.

luz de alta intensidade: Luz de pista de pouso ou de cabeceira cujo facho principal proporciona uma intensidade mínima de 12.000 candelas em luz branca através de um ângulo vertical de 3° e de um ângulo horizontal de 6°.

luz de baixa intensidade: Luz de pista de pouso ou de cabeceira a partir da qual a distribuição luminosa a 360° de azimute e a 6° selecionados na vertical não fica abaixo de 10 candelas em luz branca.

luz de obstrução: Luz, ou grupo de luzes, geralmente vermelha, montada em uma superfície estrutural ou em um terreno natural, usada para alertar os pilotos quanto à presença de uma ameaça ao voo; pode ser uma lâmpada incandescente com um globo vermelho ou uma luz estroboscópica.

luz semiembutida: Luz instalada no pavimento capaz de suportar a carga dos pneus das aeronaves.

luzes da pista de pouso: Luzes em um ângulo prescrito de emissão usadas para definir os limites laterais de uma pista de pouso. A intensidade das luzes da pista de pouso podem ser controladas ou pré-ajustadas. As luzes são espaçadas de modo uniforme, a intervalos de aproximadamente 60 metros.

luzes de cabeceira: Iluminação em arranjo simétrico em torno do prolongamento da linha central da pista de pouso, identificando a cabeceira da pista. Elas emitem uma luz verde fixa.

luzes de zona de toque (TDZL – *touchdown zone lighting*): Este sistema existente na área de zona de toque das pistas de pouso apresenta, de forma bem visível, duas fileiras de barras luminosas transversais dispostas simetricamente em relação à linha central da pista de pouso. O sistema se estende por 900 metros ao longo da pista de pouso.

luzes indicadoras de alinhamento com a pista de pouso (RAIL – *runway alignment indicator light*): Esta instalação de iluminação aeroportuária na área de terminal consiste em cinco ou mais luzes de *flash* sequenciais instaladas no prolongamento da linha central das pistas de pouso. O espaçamento máximo entre as luzes é de 60 metros, se estendendo por uma distância de entre 490 e 915 metros a partir da cabeceira da pista. Mesmo quando colocadas com ALS, as RAIL são identificadas como uma instalação separada.

luzes indicadoras de final de pista de pouso (REIL – *runway end identification lights*): Instalação de iluminação aeroportuária no sistema de navegação da área de terminal que consiste em uma luz branca de *flash* de alta intensidade instalada em cada um dos cantos da extremidade de aproximação de uma pista de pouso e direcionada para a zona de aproximação, permitindo que o piloto identifique a cabeceira de uma pista utilizável.

magnetômetro: Aparelho usado em pontos de revista de passageiros para detectar a presença de objetos metálicos junto ao corpo ou nos pertences da pessoa sendo revistada.

manifesto computorizado de aeronaves: Produz listas de cargas, manifestos de passageiros e reservas automáticas por telex.

manuseio de bagagens: Serviços que incluem diversas atividades envolvendo a coleta, a triagem e a distribuição de bagagens.

manutenção de pavimento: Qualquer trabalho regular ou recorrente necessário para preservar um pavimento existente em boas condições e qualquer trabalho envolvido no cuidado ou na limpeza deles, além de trabalho menor ou incidental.

mapa da vizinhança: Exibe a relação do aeroporto com a cidade ou as cidades, com aeroportos próximos, com estradas, ferrovias e áreas urbanizadas.

mapa do local: Mostrado no desenho do plano de *layout* aeroportuário, retrata o aeroporto, as cidades, as ferrovias, as principais rodovias e as estradas a um raio de 40 a 80 quilômetros do aeroporto.

mapas de exposição sonora: Identificam contornos sonoros e incompatibilidade de uso de terrenos e são úteis na avaliação dos impactos sonoros e em desencorajar os desenvolvimentos incompatíveis.

marcação: Em aeroportos, padrão de cores contrastantes colocado sobre o pavimento, sobre o gramado ou sobre outra superfície utilizável com o uso de tinta ou de outro meio, a fim de proporcionar informações específicas para os pilotos das aeronaves e, às vezes, para operadores de veículos terrestres nas áreas de movimentação.

marcação de cabeceira de pista: Marcação colocada para indicar os limites longitudinais daquela parte da pista usada para pouso.

marcação de campo fechado: Painéis colocados no centro de um círculo segmentado, na forma de uma cruz, indicando que o campo está fechado para todo o tráfego.

marcação de pista fechada: Painéis colocados nas extremidades da pista de pouso e a intervalos regulares, na forma de uma cruz, indicando que a pista está fechada para todo o tráfego.

marcação/iluminação de obstrução: Marcação e iluminação distintiva usada para proporcionar um meio uniforme de indicar a presença de obstruções.

marcações de bordas: Marcações que indicam as bordas da superfície utilizável para pouso e decolagem de aeronaves.

marcações de ingresso em pista de táxi: Sinais ou luzes ao longo de pistas de pouso, de pistas de táxi e de superfícies do pátio em um aeroporto, usadas para auxiliar um piloto a encontrar o seu caminho.

marcações de pista de pouso: (1) *Marcações básicas:* marcações em pista de pouso usadas para operações sob regras de voo visual, consistindo em marcação de linha central e números direcionais de pista de pouso, e, caso necessário, letras. (2) *Marcações para procedimentos por instrumentos:* marcações em pista de pouso que contam com auxílios à navegação não visual e que são voltadas para pousos sob condições meteorológicas que exigem instrumentos, consistindo em marcações básicas somadas a marcações de cabeceira. (3) *Marcações para todos os climas:* marcações em pista de pouso que contam com auxílios à navegação não visual para aproximação por precisão e pistas de pouso com exigências operacionais especiais, consistindo em marcações para procedimentos por instrumentos somadas a marcações de zona de pouso e faixas laterais.

marcações de zona de toque: Grupos de barras retangulares, dispostas simetricamente em pares em torno da linha central da pista de pouso, servindo para identificar a zona de toque para operações de pouso.

marcador aéreo: Símbolo alfanumérico ou gráfico no solo ou na superfície de edificações, projetado para servir como orientação para pilotos em voo.

marcador direcional: Marcador de aerovia localizado no solo e usado para proporcionar uma direção visual para uma aeronave; consiste em uma seta indicando o norte verdadeiro e em setas indicando nomes e Estados das cidades mais próximas.

marcador externo (OM – *outer marker***):** Instalação de navegação ILS no sistema de navegação aérea de terminal localizada entre 6,5 e 11 quilômetros da extremidade da pista de pouso no prolongamento da sua linha central, transmitindo um padrão de radiação em forma de leque a 75 megahertz, modulada a 400 hertz, codificada por dois traços por segundo e recebida por equipamento compatível em voo com indicação para o piloto, tanto oral quanto visual, de que a aeronave está passando sobre a instalação e que pode começar a sua aproximação final.

marcador interno (IM – *inner marker***):** Instalação de navegação ILS no sistema de navegação aérea de terminal localizada entre o marcador médio e a extremidade da pista com ILS, transmitindo um padrão de radiação em forma de leque a 75 megahertz modulada a 3.000 hertz, codificada a seis pontos por segundo e recebida por equipamento compatível em voo com indicação para o piloto, tanto oral quanto visual, de que a aeronave se encontra diretamente sobre a instalação, a uma altitude de 30 metros na aproximação final com ILS, contanto que o piloto esteja dentro da trajetória de planeio.

marcador médio (MM – *middle marker***):** Instalação de navegação ILS no sistema de navegação de aérea de terminal localizada a aproximadamente 1.100 metros da extremidade da pista de pouso no prolongamento da sua linha central, transmitindo um padrão de radiação em forma de leque a 75 megahertz, modulada a 1.300 hertz, codificada alternadamente em ponto e traço e recebida por equipamento compatível em voo com indicação para o piloto, tanto oral quanto visual, de que a aeronave se encontra diretamente sobre a instalação.

***master plan* aeroportuário:** Apresenta a concepção do planejador sobre o desenvolvimento futuro de um aeroporto específico. Ele apresenta a pesquisa e a lógica sobre as quais o plano se desenvolveu e o retrata em um relatório gráfico e por escrito.

média sonora de dia/noite (Ldn – *day/night average noise level***):** Método que avalia o impacto de operações noturnas na estimativa do grau de impactos sonoros gerados pelo aeroporto em uma região.

***metering*:** Regulação dos horários de chegada das aeronaves na área de terminal, de forma a não exceder determinada taxa de aceitação.

método compósito do setor de vendas: Método de previsão qualitativa que busca as percepções dos funcionários do aeroporto, bem como as dos funcionários das empresas que fazem negócios no aeroporto, quanto às suas previsões para a atividade futura.

método de júri de opinião executiva: Método de previsão qualitativa que busca as previsões dos gerentes e administradores do aeroporto e de seus arrendatários.

método Delphi: Método de previsão qualitativa que envolve um processo iterativo de entrevistas com especialistas no campo de interesse, respostas às perguntas iniciais e revisão ou apresentação de mais argumentos em apoio às suas respostas.

Microwave Landing Systems (MLS – Sistemas de Pouso por Micro-Ondas): Sistema de aproximação e pouso por instrumento operado nas frequências de micro-ondas (5,0–5,25 GHz/15,4–15,7 GHz), a fim de proporcionar orientações em termos de azimute, elevação e medida de distância.

Military Airport Program (MAP – Programa Militar Aeroportuário): Programa estabelecido como um alocador de recursos sob o Airport Improvement Program (AIP – Programa de Melhoria de Aeroportos), fornecendo dotação de recursos para o planejamento-mestre de aeroportos e para o desenvolvimento de capital para aeródromos militares em transição a fim de se tornarem aeroportos civis.

***mix* de aeronaves:** Tipos de categorias de aeronaves que devem ser acomodados em um aeroporto.

modelos causais: Modelos matemáticos altamente sofisticados que são desenvolvidos e testados usando-se dados históricos. O modelo toma por base a relação estatística entre a variável prevista (dependente) e uma ou mais variáveis explanatórias (independentes).

Monitor de Auxílio Final (FMA – Final Monitor Aid): Consiste em uma tela colorida de alta resolução que é equipada com *hardware* e *software* de alerta de controle e que é usada no sistema PRM.

Monitor de Cronograma de Voo (FSM – Flight Schedule Monitor): Componente primordial do sistema de tomada de decisão colaborativa (CDM – *collaborative decision-making*) que coleta e exibe informações sobre chegadas, que recupera demandas em tempo real e informações de cronograma e que monitora o desempenho de atrasos em solo.

Monitor de Pista de Pouso de Precisão (PRM – Precision Runway Monitor): O sistema PRM consiste em um sistema aprimorado de antena de monopulso que fornece alta precisão de azimute e de distância e taxas de dados superiores às dos atuais sistemas ASR de terminal. Ele aumentará a precisão das aproximações simultâneas a pistas paralelas.

National Airport Plan (NAP – Plano Nacional de Aeroportos): O primeiro esforço organizado de planejamento do sistema aeroportuário nos Estados Unidos, fundado em 1944, que chamou a atenção para deficiências dos aeroportos privados quanto a distribuição e instalações inadequadas, estabeleceu as bases para planejamento de um sistema aeroportuário e para programas de financiamento federal para a construção e a melhoria dos aeroportos nos Estados Unidos.

National Airport System Plan (NASP – Plano Nacional de Sistema Aeroportuário): Plano especificando, em termos de localização geral e tipo de desenvolvimento, os projetos considerados pelo administrador como necessários para oferecer um sistema adequado de aeroportos públicos capaz de antecipar e cumprir as exigências da aeronáutica civil. Foi substituído pelo NPIAS. *Ver* critérios para inclusão no NPIAS.

National Airspace Redesign (NAR – Redesenho do Espaço Aéreo Nacional): Análise em larga escala da estrutura do espaço aéreo norte-americano que começou pela identificação dos problemas no espaço aéreo congestionado de Nova York e Nova Jersey. A meta é assegurar que o desenho e a gestão do sistema de espaço aéreo norte-americano estão preparados para a evolução do sistema rumo ao voo livre.

National Airspace System (NAS – Sistema de Espaço Aéreo Nacional): Atual organização de aeroportos, espaço aéreo e controle de tráfego aéreo que perfaz o sistema de aviação civil nos Estados Unidos.

National Environmental Policy Act (Lei da Política Ambiental Nacional), de 1969: Exige a preparação de declarações ambientais detalhadas para todas as principais ações federais de desenvolvimento aeroportuário que afetem significativamente a qualidade do meio ambiente.

National Plan of Integrated Airport Systems (NPIAS – Plano Nacional de Sistemas Aeroportuários Integrados): A Airport and Airway Improvement Act (Lei de Melhoria de Aeroportos e da Navegação Aérea), de 1982, exigiu que a FAA desenvolvesse o NPIAS até setembro de 1984. A lei impôs a identificação das necessidades do sistema aeroportuário norte-americano, incluindo os custos de desenvolvimento a curto e longo prazos.

National Route Program (NRP – Programa de Rotas Nacionais): Confere maior flexibilidade às empresas aéreas e aos pilotos na escolha de suas rotas. Essa flexibilidade permite que as empresas aéreas planejem e voem em rotas com um melhor custo-benefício e que aumentem a eficiência do sistema de aviação.

National Transportation Safety Board (NTSB – Conselho Nacional de Segurança nos Transportes): Criado pela lei que fundou o Department of Transportation (Departamento de Transportes), para determinar a causa ou provável causa de acidentes e revisar apelos referentes a suspensão, emenda, modificação, revogação ou negação de qualquer certificado ou licença emitido pelo Secretário de Transportes.

National Weather Service (NWS – Serviço Nacional de Meteorologia): Agência governamental norte-americana envolvida com a previsão e a disseminação de informações meteorológicas.

Next-Generation Air Transportation System (NextGen – Sistema de Transporte Aéreo de Última Geração): Programa iniciado em 2003 e coordenado pelo JPDO para modernizar o sistema de gestão de tráfego aéreo nos Estados Unidos.

Next-Generation Air-to-Ground Communications (NEXCOM – Comunicações Ar--Terra de Última Geração): Sistema de rádio digital projetado para aliviar os problemas associados ao atual sistema de comunicação analógica.

Next-Generation Weather Radar (NEXRAD – radar meteorológico de última geração): Sistemas avançados de radar projetados para observar condições meteorológicas severas, como tempestades elétricas e furacões.

níveis de necessidade do National Plan of Integrated Airport Systems (NPIAS – Plano Nacional de Sistemas Aeroportuários Integrados): O NPIAS divide as melhorias do sistema aeroportuário em três níveis de necessidade: nível I – manter o sistema aeroportuário em sua condição atual; nível II – elevar o sistema aos padrões previstos em projeto; e nível III – ampliar o sistema.

nível sonoro efetivo percebido (EPNL – *effective perceived noise level*)**:** Nível sonoro percebido integrado temporalmente e calculado com ajustes para irregularidades no espectro sonoro, como aquela causada por componentes de frequência discreta (correção de tom). A unidade de nível sonoro efetivo percebido é o decibel, com um prefixo de identificação para fins de clareza, EPNdB.

nível sonoro equivalente na comunidade (CNEL – *community noise equivalent level*)**:** Método que avalia a sensibilidade de uma comunidade em relação aos níveis sonoros das aeronaves, estimando o grau dos impactos sonoros gerados pelo aeroporto em uma região.

objetivo do *master plan* **aeroportuário:** Oferecer diretrizes para o desenvolvimento do aeroporto, a fim de satisfazer a demanda sobre a aviação e estar compatível com o meio ambiente, o desenvolvimento da comunidade, com outros modais de transporte e com outros aeroportos.

objetos estranhos (FOD – *foreign object debris*)**:** Detritos localizados em uma pista de pouso ou de táxi e que podem causar danos para as aeronaves que por ali passam.

obrigação associada a instalações especiais (*special facilities bonds***):** Obrigação assegurada pela receita advinda da instalação endividada, como um terminal, um hangar ou uma instalação de manutenção, em vez de pela receita geral do aeroporto.

obrigação associadas às receitas gerais do aeroporto (GARB – *general airport revenue bond*)**:** Obrigação assegurada exclusivamente pelas receitas geradas pelas operações do aeroporto e que não recebe sustentação por parte de qualquer subsídio governamental adicional ou isenção fiscal.

obrigações emitidas por Estados e municípios com autoliquidação: Assim como as obrigações gerais emitidas por Estados e municípios (conhecidas nos Estados Unidos como *general obligation bonds* – GOBs), essas obrigações são asseguradas por fé pública, crédito e poder arrecadador da entidade governamental emissora; nesse caso, porém, há um fluxo de caixa adequado, proveniente da operação da instalação, para cobrir o serviço de dívida e outros custos de operação, de tal modo que a dívida não é considerada legalmente parte da limitação de endividamento da comunidade.

obstrução de controle: Obstrução mais alta em relação a um plano prescrito dentro de uma área específica.

operação de categoria II: Com relação à operação de aeronaves, significa uma aproximação direta em ILS para a pista de um aeroporto sob um procedimento de aproximação por instrumento ILS de Categoria II emitido pelo administrador ou por outra autoridade apropriada (FAR Parte I).

operação de farol durante o dia: A operação do farol rotacional de um aeroporto durante as horas do dia significa que a visibilidade divulgada em terra na zona de controle é inferior a 5 quilômetros e/ou que o teto divulgado é inferior a 300 metros e que é preciso receber liberação por parte do CTA para pouso, decolagens e voo no padrão de tráfego.

operação de ILS CAT IIIA: Operação, sem limitação de altura de decisão, para e ao longo da superfície da pista, com um alcance visual de pista de pouso de pelo menos 215 metros.

operação de ILS CAT IIIB: Operação, sem limitação de altura de decisão, para e ao longo da superfície da pista, sem depender de uma referência visual externa; e, subsequentemente, o taxiamento, com referência visual externa, com um alcance visual de pista de pouso de pelo menos 45 metros.

operação ILS CAT IIIC: Operação, sem limitação de altura de decisão, para e ao longo da superfície da pista de pouso e das pistas de táxi, sem depender de uma referência visual externa.

operações de pouso curto (LAHSO – *land and hold short operations***):** Operações conduzidas simultaneamente em pistas cruzadas sob uma diretriz que exige que as aeronaves pousem e parem antes de chegar à interseção entre as pistas.

operações em horário de pico: Número total de operações com aeronaves previstas para um aeroporto em seu horário mais congestionado, computadas pela média dos dois horários adjacentes mais movimentados de um típico dia de alta atividade.

operações em terra: Partes de um aeroporto designadas para atender aos passageiros, incluindo os prédios de terminal, as vias veiculares circulares e os estacionamentos.

operações itinerantes da aviação geral: Decolagens e pousos de aeronaves civis (excluindo-se de empresas aéreas) operando qualquer tipo de voo, exceto os locais.

operações locais: No que tange a operações de tráfego aéreo, aeronaves que operam no padrão de tráfego local ou no campo de visão da torre; que se sabe estarem partindo ou chegando de voo em prática local e de áreas de teste de voo localizadas dentro de um raio de 30 quilómetros a partir do aeroporto e/ou da torre de controle e que executam aproximações simuladas por instrumentos ou passagens rasantes sobre o aeroporto.

operações totais: Todas as chegadas e partidas realizadas por militares, por aviação geral e por empresas aéreas.

operador de táxi aéreo: Operador que oferece serviço de táxi aéreo regular ou não regular ou serviço de correio.

operador executivo de aeronaves: Corporação, empresa ou indivíduo que opera aeronaves próprias ou arrendadas, conduzidas por pilotos cujas principais tarefas envolvem a pilotagem das aeronaves, como um meio de transporte de funcionários ou de cargas na condução de um negócio comercial.

orçamento base zero: Deriva da ideia de que o orçamento de cada programa ou departamento deve ser preparado a partir de um nível nulo, ou de uma base zero, para cada ciclo orçamentário. Ao se calcular o orçamento a partir de uma base zero, todos os custos são recém-desenvolvidos e revisados por completo, a fim de determinar sua necessidade.

orçamento item por item: A forma mais detalhada de orçamento, usado profusamente em grandes aeroportos comerciais. Os orçamentos são estabelecidos para cada item e são muitas vezes ajustados de modo a levarem em consideração mudanças em volume de atividade.

orçamentos: Quantias de dinheiro planejadas necessárias para operar e manter o aeroporto durante um período definido de tempo, como um ano. Há orçamentos estabelecidos para grandes gastos de capital (como recapeamento de pistas de pouso) e orçamentos operacionais para arcar com as despesas cotidianas.

Organização da Aviação Civil Internacional (OACI): Organização formada por membros abrangendo 188 Estados contratantes espalhados por todo o mundo, a qual publica uma série de políticas e regulamentações recomendadas a serem aplicadas por Estados individuais na gestão de seus aeroportos e sistemas de aviação civil.

Organização de Planejamento Metropolitano (MPO – Metropolitan Planning Organization): Entidade regional, estadual ou local de planejamento de transportes projetada para desenvolver planos abrangentes de transportes para áreas metropolitanas ou regionais como um todo.

organograma: Mostra os relacionamentos formais de autoridade entre superiores e subordinados em vários níveis, bem como os canais formais de comunicação dentro da organização.

orientação da pista de pouso: Orientação magnética ou verdadeira da linha central da pista de pouso, medida a partir do norte magnético ou do norte verdadeiro.

outros aeroportos de serviço comercial: Aeroportos de serviço comercial que embarcam entre 2.500 e 10.000 passageiros ao ano.

padrão de tráfego: Fluxo de tráfego que é prescrito para aeronaves pousando, taxiando e decolando em um aeroporto (FAR Parte 1). Os componentes usuais do padrão de tráfego são a perna contra o vento, a perna de través, a perna do vento, a perna base e a aproximação final.

passageiro de chegada: Passageiro que acabou de desembarcar de uma aeronave e que entrou no terminal, a partir da interface de voo, com a intenção de deixar o terminal aeroportuário rumo ao seu destino, através da interface de acesso/egresso.

passageiro de partida: Passageiro que está entrando no terminal, a partir do sistema de acesso terrestre, através da interface de acesso/processamento.

passageiros em conexão: Passageiros em um aeroporto, em conexão de uma aeronave para outra, como parte de seus itinerários.

passageiros embarcados: Número total de passageiros pagantes que embarcam em aeronaves, incluindo passageiros de origem, em escala e em conexão, em serviços regulares e não regulares.

pátio: Área definida, em um aeroporto terrestre, para acomodar aeronaves para fins de embarque ou desembarque de passageiros ou cargas, abastecimento, estacionamento ou manutenção.

pátio de estacionamento: Pátio voltado para acomodar aeronaves estacionadas.

pátio de terminal: Área fornecida para estacionamento e posicionamento de aeronaves na vizinhança do prédio de terminal para embarque e desembarque.

patrocinador de um aeroporto: Agência pública ou organização sustentada por impostos, como uma autoridade aeroportuária, que está autorizada a possuir e operar um aeroporto, a obter lucros de propriedade e a obter financiamento, sendo capaz, legal e financeiramente, de cumprir todos os requisitos aplicáveis das leis e regulamentações vigentes.

pavimento flexível: Estrutura pavimentar consistindo em um curso de superfície betuminosa, como asfalto, em um curso base e, na maioria dos casos, em um curso de sub-base.

pavimento rígido: Estrutura pavimentar feita de concreto a base de cimento Portland e que pode ou não incluir um curso de sub-base.

perna contra o vento: Trajetória de voo paralela à pista de pouso e na mesma direção que o pouso.

perna de través: Trajetória de voo a um ângulo reto em relação à pista de pouso, vindo após a perna contra o vento (também conhecida como contrabase).

perna do vento: Trajetória de voo no padrão de tráfego paralelo à pista de pouso na direção oposta à aterrissagem. Estende-se até a interseção com a perna base.

pernoite (RON – *remain overnight*): Termo usado para descrever uma aeronave comercial que passa a noite em um terminal aeroportuário antes de partir na manhã seguinte.

pirataria aérea: Ato de sequestrar uma aeronave.

pista de aproximação por instrumento: Pista de pouso dotada de auxílio eletrônico proporcionando pelo menos orientação direcional adequada para uma aproximação direta.

pista de manobra: Pista de táxi adjacente às extremidades das pistas de pouso que as aeronaves utilizam para mudar de direção, esperar ou ser ultrapassadas por outras aeronaves. Também é conhecida como baia de espera.

pista de pouso: Área retangular definida em um aeroporto terrestre, preparada para a movimentação de pouso e de decolagem de aeronaves ao longo do seu comprimento.

pista de pouso com instrumentos de não precisão: Pista de pouso que conta com um procedimento de aproximação por instrumentos utilizando instalações de navegação aérea com apenas orientação horizontal, para a qual foi aprovado um procedimento de aproximação por instrumentos de não precisão.

pista de pouso com instrumentos de precisão: Pista de pouso que dispõe de um procedimento de aproximação por instrumentos que utiliza um sistema de pouso por instrumentos (ILS – *instrument landing system*) ou um radar de aproximação por precisão (PAR – *precision approach radar*).

pista de pouso de vento de través: Pista de pouso adicional à pista principal para proporcionar uma abrangência eólica que não é proporcionada adequadamente pela pista principal.

pista de pouso por instrumento: Pista de pouso equipada com auxílios eletrônicos e visuais à navegação e para a qual um procedimento de aproximação direta (de precisão ou não precisão) foi aprovado.

pista de pouso secundária: Pista de pouso que proporciona uma cobertura adicional de vento ou uma maior capacidade para agilizar o processamento de tráfego.

pista de pouso sem instrumentos: Pista voltada para a operação de aeronaves usando procedimentos de aproximação visual. *Ver* pista de pouso visual.

pista de pouso única: Aeroporto que só possui uma pista.

pista de pouso visual: Pista de pouso voltada exclusivamente para operações com aeronaves usando procedimentos de aproximação visual, sem procedimentos de aproximação direta por instrumentos e sem designação de instrumentos, indicada em um plano de *layout* aeroportuário aprovado pela FAA ou aprovado para serviço militar ou por um documento de planejamento submetido à FAA por autoridade competente (FAR Parte 77).

pista de táxi: Caminho definido, geralmente pavimentado, ao longo do qual as aeronaves podem taxiar de uma parte do aeroporto para outra.

pista de táxi de entrada: Pista de táxi que dá acesso à extremidade de decolagem da pista de pouso para as aeronaves.

pista de táxi de saída: Pista de táxi projetada especificamente para proporcionar uma saída ágil às aeronaves deixando a pista de pouso.

pista de táxi *stub*: Pista de táxi curta que serve como única conexão entre determinada instalação aeroportuária e o restante do complexo aeroportuário.

pistas cruzadas: Duas ou mais pistas de pouso que se intersectam ou que se encontram em algum ponto de seus comprimentos.

pistas de pouso em V: Duas pistas cruzadas cujas projeções das linhas centrais se intersectam após suas respectivas cabeceiras.

pistas de pouso paralelas: Duas ou mais pistas de pouso no mesmo aeroporto cujas linhas são paralelas.

pistas de táxi paralelas: Pistas de táxi que são paralelas a uma pista de pouso paralela.

planejamento aeroportuário regional: Planejamento do transporte aéreo para a região como um todo, incluindo todos os aeroportos, tantos os grandes como os pequenos.

planejamento de sistemas aeroportuários: Planos aeroportuários como parte de um sistema que inclui planejamento de transportes nos âmbitos nacional, regional, estadual e local.

planejamento integrado do sistema aeroportuário: Conforme definido na Airport and Airway Improvement Act (Lei de Melhoria de Aeroportos e da Navegação Aérea), de 1982, é "o desenvolvimento inicial, e também continuado, visando a obtenção de informações e orientação para o planejamento, a fim de determinar a extensão, o tipo, a natureza, a localização e o cronograma de desenvolvimentos aeroportuários necessários em uma área específica, para o estabelecimento de um sistema viável, equilibrado e integrado de aeroportos de uso público".

Planning Grant Program (PGP – Programa de Subvenção de Planejamento): Programa de auxílio federal aos aeroportos estabelecido sob a Airport and Airway Development Act (Lei de Desenvolvimento de Aeroportos e da Navegação Aérea), de 1970, para planejamento aeroportuário e custos de projetos de desenvolvimento aprovados.

plano de *layout* aeroportuário (ALP – *airport layout plan*): Plano para um aeroporto apresentando seus limites e os acréscimos propostos para todas as áreas pertencentes ou controladas pelo patrocinador para fins aeroportuários, a localização e a natureza das instalações e estruturas aeroportuárias existentes, a localização dentro do aeroporto de áreas existentes e propostas desvinculadas da aviação e melhorias propostas para elas.

Plano de Segurança em Aeroportuária (PSA): Conjunto exigido de procedimentos para o cumprimento de regulamentações federais de segurança aeroportuária.

plano de uso do solo: Exibe os usos do solo dentro do aeroporto, conforme desenvolvidos pelo patrocinador do aeroporto de acordo com o *mater plan*, e também os usos do solo fora do aeroporto, conforme desenvolvidos pelas comunidades vizinhas.

plano de voo VFR local: Informações específicas fornecidas a unidades de serviço de tráfego aéreo relativas ao voo pretendido de uma aeronave sob regras de voo visual dentro de uma área local específica.

plano de voo: Informações especificadas relacionadas ao voo previsto de uma aeronave, que são arquivadas oralmente ou por escrito com o controle de tráfego aéreo (FAR Parte 1).

plano financeiro: Avaliação econômica do desenvolvimento integral do *master plan*, incluindo receitas e despesas.

planos de acesso aeroportuário: Rotas propostas de acesso aeroportuário para o distrito comercial central e para pontos de conexão com artérias existentes ou planejadas de transporte terrestre.

planos de sistema estadual de aviação (SASP – *state aviation system plans*): Plano para o desenvolvimento de aeroportos dentro de um Estado.

ponto de mira: Marca característica colocada junto a uma pista para servir como ponto de referência para analisar e estabelecer um ângulo de planeio para a aterrissagem de uma aeronave. Ele costuma ficar situado a 3.000 metros da cabeceira de aterrissagem. Também conhecido como marcação de zona de toque.

pontos de mira da pista de pouso: Duas marcações retangulares que consistem em uma faixa branca larga localizada em cada lado da linha central da pista de pouso e a aproximadamente 300 metros (1.000 pés) da cabeceira de pouso, servindo como pontos de mira para aeronaves em procedimento de pouso.

portão de aproximação: Ponto no curso final de aproximação que fica a 1 milha do fixo de aproximação final (*approach fix*) na lateral em relação ao aeroporto ou a 5 milhas da cabeceira de pouso, considerando-se o que estiver mais distante dela.

posição de portão: Espaço ou posição designada em um pátio para que uma aeronave permaneça estacionada durante o embarque ou o desembarque de passageiros e cargas.

posição geográfica do aeroporto: Centro geográfico designado do aeroporto (latitude e longitude) que é usado como ponto de referência para a designação de regulamentações do espaço aéreo.

prédio administrativo: Um ou mais prédios que acomodam instalações de atividades de administração e públicas para voos locais e itinerantes, geralmente associados com operações de base fixa da aviação geral.

prédio do terminal: Um ou mais prédios projetados para acomodar as atividades de embarque e desembarque de passageiros de empresas aéreas.

previsão de exposição a ruídos (NEF – *noise exposure forecast*): Método desenvolvido para prever o grau de incômodo para a comunidade devido a ruídos produzidos por aeronaves (e aeroportos), com base em diversos dados acústicos e operacionais.

previsão qualitativa: Métodos de previsão que tomam como base primordial o conhecimento técnico e a experiência dos planejadores em relação ao aeroporto e ao ambiente vizinho.

previsão quantitativa: Métodos de previsão que usam dados numéricos e modelos matemáticos para derivar previsões numéricas.

previsões apreciativas: Previsões baseadas na intuição e em avaliações subjetivas de um indivíduo familiarizado com os fatores relacionados à variável sendo prevista.

previsões de atividade operacional: Inclui previsões de operações das principais categorias de usuários (companhia aérea, regional, aviação geral e militares).

privatização: Transferência das funções e responsabilidades do governo, como um todo ou em parte, para o setor privado.

procedimento de aproximação de não precisão: Procedimento-padrão de aproximação por instrumentos no qual nenhum *glide slope* eletrônico é usado (FAR Parte 1).

procedimento de aproximação perdida: Procedimento conduzido pelos pilotos em caso de não haver visibilidade suficiente para completar um pouso durante uma aproximação por instrumentos a uma pista de pouso.

procedimento de aproximação por precisão: Procedimento-padrão de aproximação por instrumentos no qual um *glide slope* eletrônico está à disposição, como ILS e PAR (FAR Parte 1).

procedimentos por instrumento em terminais (TERPs – *terminal instrument procedures*): Procedimentos usados para a condução de aproximações por instrumentos rumo a pistas de pouso convergentes, sob condições meteorológicas por instrumentos.

processamento centralizado de passageiros: Instalações para bilhetagem, despacho de bagagens, segurança, alfândega e imigração – tudo isso feito em um mesmo prédio e usado para o processamento de todos os passageiros que utilizam o prédio.

processamento decentralizado de passageiros: Instalações de processamento de passageiros são oferecidas em unidades menores e repetidas em um ou mais prédios.

Professional Air Traffic Controllers Organization (PATCO – Organização Profissional de Controladores de Tráfego Aéreo): Organização laboral que representava os controladores federais de tráfego aéreo e que liderou uma greve do setor em 1981.

Programa "Doze-Cinco": Programa que determina que todas as aeronaves usadas para operações *charter* privadas com um peso certificado de decolagem máximo de 45 toneladas (100.309,3 libras) ou mais precisam garantir que todos os passageiros e suas bagagens de mão sejam revistadas antes do embarque.

Programa de *Charter* Privado: Programa que determina que todas as aeronaves usadas para operações de *charter* privado com um peso certificado de decolagem máximo de 45 toneladas ou uma configuração de assentos para passageiros igual ou superior a 61 precisam garantir que todos os passageiros e suas bagagens de mão sejam revistadas antes do embarque.

programa de instalações e equipamentos (F&E – *facilities and equipment*): Fornece recursos a aeroportos para a instalação de auxílios à navegação e torres de controle, caso necessários.

Programa Governamental de Concessão de Recursos: Sob este programa, Estados selecionados recebem a responsabilidade de aplicação de recursos do AIP em aeroportos que não sejam principais. Cada Estado fica responsável por determinar quais locais receberão recursos dentro do Estado.

programas de compatibilidade sonora: Esboça medidas para aprimorar a compatibilidade de usos de terrenos em aeroportos.

programas de concessão: Programas federais e estaduais pelos quais proprietários de aeroportos de uso público podem adquirir recursos, repassados a fundo perdido, para o desenvolvimento aeroportuário.

Projeto de Tentativas de Voo 3-D UPT: Tentativa de quantificar as economias associadas a voos irrestritos.

quadradar: Equipamento de radar terrestre batizado de acordo com suas quatro apresentações: (1) vigilância, (2) detecção de superfície dos aeroportos, (3) localização de altura e (4) aproximação por precisão.

quiosques de uso comum para autoatendimento (CUSS – *common-use self-service kiosks*): Instalações automatizadas que fornecem autosserviço de *check-in* para múltiplas empresas aéreas.

radar (detecção e distanciamento por rádio): Aparelho que, ao medir o intervalo de tempo entre a transmissão e a recepção de pulsos de rádio e ao correlacionar a orientação angular da transmissão ou das transmissões da antena em azimute e/ou elevação, fornece informações sobre distância, azimute e/ou altura de objetos na trajetória dos pulsos transmitidos.

Radar Approach Control (RAPCON – Controle de Aproximação por Radar): Instalação de controle de tráfego aéreo de uso conjunto, localizada em uma base da U.S. Air Force (Força Aérea norte-americana), que utiliza equipamentos de radar de vigilância e de aproximação por precisão em conjunto com equipamentos de comunicação aérea/terrestre, proporcionando uma movimentação segura e ágil de tráfego aéreo dentro do espaço aéreo controlado dessa instalação.

radar de aproximação por precisão (PAR): Instalação de radar no sistema de controle de tráfego aéreo de terminal usada para detectar e exibir, com um alto grau de precisão, o azimute, o alcance e a altura de uma aeronave em aproximação final a uma pista de pouso.

radar de busca: Sistema de radar em que uma porção diminuta de um pulso de rádio transmitido a partir do local é refletido em um objeto e recebido de volta nesse local.

radar de vigilância aeroportuária (ASR – *airport surveillance radar***):** Radar que fornece a posição das aeronaves por azimute e dados de distanciamento. Ele não fornece dados sobre elevação. É projetado para um raio de cobertura de 60 milhas náuticas e é usado pelo controle de tráfego de área de terminal.

radar de vigilância de rotas aéreas (ARSR – *air route surveillance radar***):** Radar conectado remotamente com uma central de controle de tráfego aéreo e usado para detectar e exibir o azimute e o distanciamento de aeronaves em rota operando entre áreas de terminal, permitindo, assim, que o controlador CTA forneça serviço de tráfego aéreo no sistema de controle de tráfego de rotas aéreas.

radar meteorológico de terminal por efeito Doppler (TDWR – *terminal Doppler weather radar***):** Sistemas de radar projetados para observar condições meteorológicas severas, como tempestades elétricas e furacões.

radar principal: *Ver* radar de busca.

radar secundário: *Ver* sistema de radar por *transponder*.

radiofarol não direcional (NDB – *non-directional radio beacon***):** Auxílio à navegação baseado em rádio que emite sinais de radiofrequência baixa ou média por meio dos quais o piloto de uma aeronave adequadamente equipada com um detector automático de direção (ADF – *automatic direction finder*) pode determinar direções e "entrar em sintonia" com a estação.

raio de curva: Raio do arco descrito por uma aeronave ao fazer uma curva por propulsão própria, geralmente apresentada como um mínimo.

razão da rampa de aproximação: Razão entre a distância horizontal e a distância vertical, indicando o grau de inclinação da superfície de aproximação.

reabilitação de pavimento: Trabalho necessário para preservar, reparar ou restaurar a integridade física do pavimento; por exemplo, acréscimo de mais uma camada de asfalto à superfície de uma pista, com o objetivo de reforçá-lo.

recursos de alocação: Representam a maior categoria de financiamento, perfazendo cerca da metade de todos os recursos do AIP. As verbas de alocação para aeroportos principais, por exemplo, tomam por base o número de embarques ao ano desses aeroportos.

redução da separação horizontal mínima (RHSM – *reduced horizontal separation minima***):** Programas para reduzir a separação lateral entre aeronaves sobre águas oceânicas.

redução da separação vertical mínima (RVSM – *reduced vertical separation minima***):** Programa de controle de tráfego aéreo para reduzir a separação vertical de aeronaves acima do nível de voo 290 (29.000 pés MSL) do mínimo atual de 610 metros (2.000 pés) para 305 metros (1.000 pés).

regra de alta densidade da FAA: Quotas impostas em aeroportos selecionados, com base em limites estimados para o controle de tráfego aéreo (CTA) e para a capacidade das pistas de cada aeroporto.

regras de voo por instrumentos (IFR – *instrument flight rules***):** Regras estipuladas por FAR que governam os procedimentos para a condução de voo por instrumentos (FAR Parte 91).

regras de voo visual (VFR – *visual flight rules***):** Regras que governam os procedimentos para a condução de voo sob condições visuais (FAR Parte 91).

regulamentações de subdivisão: Diretrizes que proíbem construções residenciais em áreas de exposição a ruídos intensos.

relações públicas: Função gerencial que visa a criar boa reputação para uma organização e seus produtos, serviços ou ideais junto a grupos de pessoas capazes de afetar o seu estado presente e futuro.

resgate e combate a incêndio em aeronaves (ARFF – *aircraft rescue and firefighting***):** Serviços usados para a realização de operações de resgate e combate a incêndio em aeroportos.

resistência da pista de pouso: Suposta capacidade de uma pista de pouso de suportar aeronaves de um peso bruto designado para cada tipo de trem de pouso em roda simples, em rodas duplas e em duplo tandem.

restrições temporárias de voo (TFR – *temporary flight restrictions***):** Estabelecidas logo após 11 de setembro de 2001, referentes a áreas de espaço aéreo identificadas como restritas por um período de tempo, por razões de segurança nacional.

Revisão de Impacto Ambiental (EIR – Environmental Impact Review): Documento que revisa os impactos ambientais em potencial de um projeto de planejamento aeroportuário de moderado a grande.

revista de passageiros: Inspeção de passageiros para barrar a entrada de itens proibidos em pontos de revista nos terminais aeroportuários.

RNAV: Termo genérico que se refere a qualquer navegação por instrumentos realizada fora das rotas convencionais, definida por auxílios à navegação baseados em terra ou por intersecções formadas por dois auxílios à navegação.

***rolling hubs*:** Estratégia operacional das empresas aéreas para distribuir de forma mais uniforme as chegadas e partidas de aeronaves em aeroportos *hub*.

rota aérea: Espaço aéreo navegável entre dois pontos que são identificáveis.

ruído de jato: Ruído gerado do lado de fora de um motor a jato pela exaustão turbulenta de jato.

ruído de ventoinha: Termo geral para o barulho gerado pelo estágio de ventoinha (*fan*) de um motor *turbofan*; inclui tanto frequências discretas quanto ruídos aleatórios.

saguão: Rota de passagem para passageiros e para o público entre as áreas de espera do terminal principal e os *fingers* e/ou posições de aeronaves recém-chegadas.

sequência de aproximação: Ordem na qual as aeronaves são posicionadas enquanto aguardam por uma liberação para aproximação ou enquanto estão em aproximação.

sequenciamento: Especificação da ordem exata em que as aeronaves irão decolar ou pousar.

serviço aéreo essencial: Garante o serviço de empresas aéreas para pequenas cidades selecionadas e fornecia subsídios (até 1988), caso necessário, para impedir que essas cidades perdessem o serviço.

Serviço Automático de Informações em Terminal (ATIS – Automatic Terminal Information Service): Transmissão contínua de informações registradas desvinculadas de controle em áreas selecionadas de alta atividade no terminal. O seu objetivo é aumentar a eficiência dos controladores e aliviar a congestão de frequências ao automatizar a transmissão repetitiva de informações essenciais, mas rotineiras.

serviço consultivo de voo em rota (EFAS – *en route flight advisory service***):** Sistema especializado que fornece serviço meteorológico quase em tempo real para pilotos em pleno voo.

serviço consultivo de voo: Orientação e informações fornecidas por uma instalação para auxiliar os pilotos na condução segura de voo e na movimentação de aeronaves.

serviço de controle de aproximação: Serviço de controle de tráfego aéreo fornecido por uma instalação de controle de aproximação para aeronaves de partida e de chegada sob VFR/IFR.

serviço de controle de tráfego aéreo em rota: Serviço de controle de tráfego aéreo fornecido para aeronaves em um plano de voo IFR, geralmente por centrais, quando essas aeronaves estão operando entre áreas de terminal de origem e de destino.

serviço de controle de tráfego aéreo: Serviço de controle de tráfego aéreo oferecido pela torre de controle de tráfego aéreo ou por uma aeronave operando na área de movimentação e na vizinhança de um aeroporto.

Serviço de Vigilância Dependente Automática (ADS – Automated Dependent Surveillance): Sistema a bordo que substituirá os relatórios verbais de posicionamento de aeronaves, aumentando, assim, a abrangência e a precisão da vigilância em voo e na superfície dos aeroportos.

Serviço de Vigilância Dependente Automática por Radiodifusão (ADS-B – Automated Dependent Surveillance – Broadcast): Tecnologia que utiliza a navegação por GPS e as comunicações digitais para aprimorar a gestão de tráfego aéreo.

serviço regular: Serviço de transporte operado por rotas baseadas em cronogramas de voo publicados, incluindo seções extras e voos relacionados sem fins lucrativos.

servidão administrativa (*avigation easement*): Concessão do interesse de propriedade de um terreno em cujo espaço aéreo está estabelecido um direito de voo desobstruído.

SIMMOD™: Programa de *software* usado para simular operações aeroportuárias, em parte com o propósito de analisar a capacidade do sistema.

sinal de destinação: Sinalização em aeródromo, marcada por um fundo amarelo com inscrição em preto, indicando uma destinação no aeródromo, seguida por uma seta mostrando a direção da rota de taxiamento até o destino.

sinal de direção: Sinalização de aeródromo que identifica as designações de pistas de táxi cruzadas que levam para a saída de interseção na qual a aeronave está localizada.

sinal de instrução obrigatório: Sinal de aeródromo marcado por um fundo vermelho com uma inscrição branca com bordas pretas usado para denotar a entrada para uma pista de pouso ou uma área crítica ou para áreas onde as aeronaves são proibidas de entrar sem a autorização apropriada.

sinal de localização: Sinalização de aeródromo usada para identificar uma pista de táxi ou uma pista de pouso em que uma aeronave está localizada.

Sistema Automatizado de Observação Meteorológica (AWOS – Automated Weather Observing System): Coleta dados meteorológicos a partir de sensores não tripulados, formula automaticamente relatórios meteorológicos e os distribui para as torres de controle aeroportuário.

Sistema Automatizado de Radar de Tráfego Aéreo (ARTS – Automated Radar Terminal System): Subsistemas informatizados de tela de radar capazes de associar dados alfanuméricos a retornos do radar. Sistemas com uma capacidade funcional diversa, determinada pelo tipo de equipamento de automação e de *software*, são denotados por um sufixo de número/letra após o nome abreviado.

Sistema Automatizado de Vigilância Terrestre por Torre (TAGS – Tower Automated Ground Surveillance System): Voltado para ser usado em conjunção com equipamentos de detecção superficial aeroportuária em grandes aeroportos, irá proporcionar, para aeronaves equipadas com *transponder*, uma etiqueta de identificação de voo juntamente com o indicador de posição na tela ASDE.

Sistema de Detecção de Explosivos (EDS – Explosive Detection Systems): Equipamento que emprega tecnologia de tomografia computadorizada para detectar e identificar metais e explosivos que possam estar escondidos nas bagagens despachadas.

sistema de gestão de passageiros: Série de elos ou processos através dos quais os passageiros passam ao transferir de um modal de transporte para outro.

sistema de gestão de pavimento: Avalia a condição presente de um pavimento e prevê a sua condição futura através do uso de um índice de condição de pavimentos.

sistema de iluminação da linha central da pista de pouso (RCLS – *runway centerline lighting system*): Esse sistema consiste em luzes únicas instaladas a intervalos uniformes ao longo da linha central da pista de pouso, de modo a proporcionar uma referência luminosa contínua de cabeceira a cabeceira.

sistema de iluminação de aproximação (ALS – *approach lighting system*): Instalação de iluminação aeroportuária que proporciona orientação visual para aeronaves em procedimento de pouso ao irradiar feixes de luz em um padrão direcional, por meio do qual o piloto alinha a aeronave com o prolongamento da linha central da pista de pouso durante a aproximação final e o pouso.

sistema de pistas de táxi secundárias: Pistas de táxi que dão acesso desde a pista de pouso até os hangares e as áreas de estaqueamento não comumente associadas a áreas itinerantes e de serviço.

Sistema de Posicionamento Global (GPS – Global Positioning System): Sistema de navegação baseado em satélites que visa a facilitar o estabelecimento de rotas preferidas pelo usuário, reduzir os padrões de separação e aumentar o acesso aos aeroportos sob condições meteorológicas instrumentais (IMC – *instrument meteorological conditions*) por meio de aproximações mais precisas.

Sistema de Pouso por Instrumentos (ILS – Instrument Landing System): Sistema que proporciona, na aeronave, orientação lateral, longitudinal e vertical necessária para o pouso.

Sistema de Pré-Revista de Passageiros Assistido por Computador (CAPPS II – Computer-Assisted Passenger Pre-Screening System): Sistema de triagem de passageiros que utiliza suas informações para verificar a identidade de cada um deles, determinando, então, seu nível de risco associado.

sistema de radar por *transponder*: Sistema de radar em que o objeto a ser detectado é munido de um equipamento cooperativo na forma de um receptor/transmissor de rádio (*transponder*). Pulsos de rádio transmitidos a partir do local transmissor/receptor de busca (interrogador) são recebidos no equipamento cooperativo e usados para disparar uma transmissão distintiva a partir do *transponder*. Essa última transmissão, mais do que um mero sinal refletido, é recebida, então, de volta no local transmissor/receptor.

Sistema de Reforço de Área Local (LAAS – Local Area Augmentation System): Sistema GPS diferencial que fornece sinais de correção de medidas localizadas baseados em sinais de GPS, a fim de aprimorar a precisão, a integridade, a continuidade e a disponibilidade de navegação.

sistema nacional de aeroportos: Inventário de aeroportos civis selecionados que apresentam uma alta correlação com aquelas demandas da aviação mais consistentes com o interesse nacional.

sistema principal de pistas de táxi: Pistas de táxi que levam as aeronaves das pistas de pouso aos pátios e às áreas de serviço.

sistemas computadorizados de bilhetagem: Fornece aos passageiros reservas e promoções, escolha prévia de assentos e etiquetagem automática de bagagens.

sistemas de acesso terrestre: Estradas e sistemas de transporte público existentes e planejados na área do aeroporto.

Sistemas de Transporte para Pequenas Aeronaves (SATS – Small Aircraft Transportation System): Programa patrocinado pela NASA para desenvolver as tecnologias de aviação, de comunicação e de navegação para aeronaves pequenas da aviação geral.

Sistemas-Padrão de Substituição de Automação de Terminal (STARS – Standard Terminal Automation Replacement System): Substituirá os computadores ultrapassados de controle de tráfego aéreo por sistemas do século XXI em nove grandes TRACONs consolidados e em aproximadamente 173 locais da FAA e em 60 do DOD de controle de aproximação por radar ao longo dos Estados Unidos.

STOLport: Aeroporto projetado especificamente para aeronaves de STOL, separado de instalações aeroportuárias convencionais.

subleito do pavimento: Parte superior do solo, natural ou construída, que suporta as cargas transmitidas pela estrutura pavimentar da pista de pouso.

subleito: Terreno subjacente aos pavimentos do aeródromo.

substituição de sistemas de telas (DSR – *display system replacement***):** Parte de um programa conjunto da FAA e do Department of Defense (Departamento de Defesa) norte-americano para substituir sistemas automatizados de radar de terminal e outros sistemas tecnológicos mais antigos em instalações de controle de tráfego aéreo.

superfície cônica: Superfície que se estende a partir da periferia da superfície horizontal, a uma inclinação de 20 para 1 para as distâncias horizontais, e até as elevações acima da elevação do aeroporto prescritas pela FAR Parte 77.

superfície de aproximação: Superfície imaginária centralizada longitudinalmente sobre o prolongamento da linha central da pista de pouso, que se estende para fora e para cima a partir de cada extremidade dela, com base no tipo de aproximação disponível ou planejado para a extremidade da pista em questão.

superfície de transição: Superfície que se estende para fora e para cima, a partir dos lados das superfícies primária e de aproximação, em ângulos retos em relação à linha central da pista de pouso, identificando as limitações de altura de um objeto antes que ele se torne uma obstrução à navegação aérea.

superfície horizontal: Porção especificada de um plano horizontal 45 metros acima da elevação estabelecida do aeroporto e que determina a altura acima da qual um objeto passa a ser considerado uma obstrução para a navegação aérea.

superfície primária: Superfície retangular centralizada longitudinalmente em torno de uma pista de pouso. A sua largura é uma dimensão variável e geralmente se estende por 60 metros além de cada extremidade da pista. A altura de qualquer ponto nessa superfície coincide com a altura do ponto mais próximo na linha central da pista ou na projeção da linha central da pista.

superfícies imaginárias de um aeroporto: Superfícies imaginárias em um aeroporto para fins de determinação de obstruções, consistindo nas superfícies primária, horizontal, vertical, cônica, de aproximação/partida e de transição (FAR Parte 77).

Surface Movement Advisor (SMA – Consultor de Movimentação por Superfície): Sistema desenvolvido pela FAA e pela NASA para promover o compartilhamento de informações dinâmicas entre empresas aéreas, operadores aeroportuários e controladores de tráfego aéreo, visando a controlar o fluxo eficiente de aeronaves e veículos pela superfície dos aeroportos.

Surface Transportation Assistance Act (Lei de Assistência ao Transporte de Superfície) de 1983: Emenda à Airport and Airway Improvement Act (Lei de Melhoria de Aeroportos e da Navegação Aérea), de 1982, que aumentou as dotações anuais para o AIP para os anos fiscais de 1983 a 1985.

TAAM™: Programa de *software* usado para simular operações aeroportuárias, em parte com o propósito de analisar a capacidade dos aeroportos.

tabela de dados básicos: Apresentada no desenho do plano de *layout* de um aeroporto, inclui a elevação do aeroporto, as identificações e o gradiente das pistas de pouso, o percentual de cobertura eólica na pista principal, a pista para ILS quando designada, a temperatura diária normal e média do mês mais quente, a solidez do pavimento de cada pista de pouso, o plano para remoção de obstruções e a realocação de instalações.

taxas sobre fluxo de combustível: Taxas cobradas pelo operador de um aeroporto por galão de gasolina de aviação e combustível de jato vendido no aeroporto.

tela alfanumérica: Uso de letras do alfabeto e numerais para exibir altitude, código de farol e outras informações a respeito de um alvo na tela do radar.

tela de exaustão: Barreira que é usada para desviar ou dissipar a exaustão de jatos ou de hélices.

tempo de ocupação de pista de pouso (ROT – *runway occupancy time*): Período de tempo a partir do instante em que uma aeronave em aproximação cruza a cabeceira até o instante em que ela libera a pista de pouso ao entrar em uma pista de táxi, ou a partir do instante em que uma aeronave de partida ingressa na pista ativa até o instante em que ela decola pela extremidade de partida.

tempo de voo: Período entre o instante em que a aeronave começa a se movimentar por conta própria com propósito de voo até o instante em que ela para por completo no próximo ponto de pouso (tempo de "bloco a bloco") (FAR Parte 1).

terminais em múltiplas unidades: Terminais unitários construídos como prédios separados para cada empresa aérea, com cada prédio se comportando como o seu próprio terminal unitário.

terminais satélite: Tipo de *layout* de terminal em que todo o processamento de passageiros é feito em um único terminal, que é conectado por corredores a uma ou mais estruturas satélite. O satélite geralmente conta com uma sala de espera comum que atende a diversas posições de portão.

terminal de unidade combinada: Configuração unitária de terminal em que duas ou mais empresas aéreas passam a compartilhar um mesmo prédio, mas dispondo de instalações separadas para o processamento de passageiros e bagagens.

terminal de unidade simples: Tipo de *layout* de terminal de portões de chegada que consiste em uma área de espera comum com diversas saídas, que dão para um pequeno pátio de estacionamento de aeronaves.

terminal linear ou curvilíneo: Tipo de *layout* simples de terminal que é repetido em uma extensão linear para proporcionar mais espaço de contato com o pátio, mais portões e mais espaço dentro do terminal para o processamento de passageiros.

terminal píer *finger*: Tipo de *layout* de terminal que se desenvolveu nos anos 1950, quando os corredores até os portões (*fingers*) foram adaptados e transformados em prédios simples de terminal.

terminal píer satélite: Terminais com corredores que se estendem como píeres, acabando em um átrio circular ou em uma área satélite.

Terminal Radar Approach Control (TRACON): Centrais regionais de controle de tráfego aéreo que controlam a movimentação de tráfego aéreo em áreas congestionadas, a altitudes inferiores a 18.000 MSL.

terrorismo: Uso sistemático de terror ou de violência imprevisível contra governos, públicos ou indivíduos, a fim de alcançar um objetivo político.

tesoura de vento: Variação na velocidade e na direção do vento com relação a um plano horizontal ou vertical. Tesouras de vento de baixo nível na área de terminal representam um fator para o pouso seguro e ágil de aeronaves.

tetraedro: Aparelho com quatro lados triangulares que indica a direção do vento e que pode ser usado como um indicador de direção para pouso.

títulos de receita: Obrigações que são pagáveis exclusivamente por meio de receitas derivadas da operação de uma instalação que foi construída ou adquirida com os proveitos das próprias obrigações.

Tomada de Decisão Colaborativa (CDM – Collaborative Decision Making): Iniciativa conjunta da FAA e do setor aeronáutico desenvolvida para aprimorar a gestão de fluxo de tráfego por meio de uma maior interação e colaboração entre os usuários do espaço aéreo e a FAA.

toque precipitado (*undershoot*): Ponto de pouso anterior à zona projetada de toque.

toque: (1) Primeiro ponto de contato da aeronave com a superfície durante o pouso. (2) Em uma aproximação por radar de precisão, ponto na superfície de pouso rumo ao qual o controlador dirige as suas instruções.

torre de controle de tráfego aéreo (ATCT – *air traffic control tower*): Instalação central de operações no sistema de controle de tráfego aéreo terminal, que consiste em uma estrutura de torre, incluindo um recinto associado de IFR, caso ela esteja equipada com radar, usando comunicações ar/terra e/ou radar, sinalização visual e outros aparelhos, para proporcionar uma movimentação segura e ágil de tráfego aéreo terminal.

torre VFR: Torre aeroportuária de controle de tráfego aéreo que não oferece serviço de controle de aproximações.

tráfego aéreo: Aeronaves operando no ar ou pela superfície de um aeroporto, excetuando-se os pátios de carregamento e as áreas de estacionamento (FAR Parte 1).

tráfego local: Aeronaves que operam no padrão de tráfego local ou no campo de visão da torre, ou aeronaves que executam aproximações simuladas por instrumentos no aeroporto.

Traffic Alert and Collision Avoidance System (TCAS – Sistema de Alerta de Tráfego e Prevenção de Colisões): Tecnologia instalada em *cockpits* de aeronaves para mostrar as posições e as velocidades relativas das aeronaves na vizinhança, a até 65 quilômetros de distância.

Traffic Management Advisor (TMA – Consultor de Gestão de Tráfego): Tecnologia de controle de tráfego aéreo que faz com que controladores em rota consigam gerir o fluxo de tráfego a partir de um único centro em grandes aeroportos selecionados.

Traffic Management System (TMS – Sistema de Gestão de Tráfego): Novo *software* que irá desempenhar diversas funções importantes para aumentar a eficiência da utilização de aeroportos e de espaços aéreos.

trajetória de aproximação: Curso de voo específico projetado na vizinhança de um aeroporto e desenvolvido para dar segurança aos pousos; geralmente delineado por auxílios adequados à navegação.

transferência de dados e equipamento gráfico de CTA: Equipamento para instalações de CTA cujo propósito é proporcionar uma apresentação simbólica dos dados necessários para a função de controle por meios automáticos e para certas computações, armazenamentos e recuperações de dados da tela.

transmissor de *glide slope* (rampa de planeio): Instalação de navegação ILS no sistema de navegação eletrônica da área de terminal que fornece orientação vertical para aeronaves durante aproximação e pouso, ao irradiar um padrão direcional de ondas de rádio VHF moduladas por dois sinais que, quando recebidos com igual intensidade, são exibidos por equipamentos compatíveis em voo na forma de uma indicação de "dentro da trajetória".

transmissor localizador: Instalação de navegação por ILS no sistema de navegação eletrônica da área de terminal, proporcionando orientação horizontal em relação à linha central da pista de pouso para aeronaves durante a aproximação e o pouso, irradiando um padrão direcional de ondas de rádio VHF moduladas por dois sinais que, quando recebidos com igual intensidade, são exibidos por equipamentos em voo como uma indicação "dentro de curso" e, quando recebidos em intensidade desigual, são exibidos como uma indicação "fora de curso".

Transportation Security Administration (TSA – Departamento de Segurança em Transportes): Criado em novembro de 2001 para lidar com a segurança aeroportuária após os ataques terroristas na cidade de Nova York e em Washington, D.C., em 11 de setembro de 2001.

Transportation Security Regulations (TSR – Regulamentações para a Segurança em Transportes): Regulamentações encontradas na Parte 1500 do Título 49 do Code of Federal Regulations (CFR – Código de Regulamentações Federais), que descrevem as regulamentações nacionais que governam a aviação e a segurança nos transportes.

transporte aéreo: Transporte aéreo interestadual ou internacional ou transporte de correio por aeronaves (FAR Parte 1).

turbulência em ar limpo (CAT – *clear-air turbulence*): Turbulência encontrada no ar quando não há nuvens presentes; mais popularmente aplicada à turbulência de alto nível associada a tesouras de vento; encontrada muitas vezes nas vizinhanças de uma corrente de jato.

ultrapassagem: Seguir além do final da pista de pouso após o toque na superfície.

***unicom*:** Frequências autorizadas para serviços consultivos aeronáuticos para aeronaves privadas. Os serviços disponíveis são consultivos por natureza, envolvendo sobretudo os serviços aeroportuários e a utilização dos aeroportos.

vaga: Bloco de tempo alocado a um usuário do aeroporto para a realização de uma operação com aeronave (decolagem ou pouso).

variância: Diferença entre as despesas reais e a quantia total orçada.

vento de través: Vento que sopra perpendicularmente à linha de voo de uma aeronave.

viagem a negócios: Tipo de propósito de viagem que descreve um passageiro viajando primordialmente com fins empresariais.

viagem de lazer: Tipo de propósito de viagem que descreve um passageiro viajando primordialmente com fins de lazer.

visibilidade de pista de pouso: Distância visível associada a pistas por instrumentos ou por um observador parado na extremidade de aproximação à pista de pouso.

Vision 100 – Century of Aviation Reauthorization Act (Lei de Reautorização de Um Século de Aviação): Lei que entrou em vigor em 2003 e que postergou o Airport Improvement Program (Programa de Melhoria de Aeroportos) da FAA, elevou o teto das PFCs para US$ 4,50 por segmento e criou o JPDO para supervisionar a implantação da NextGen.

volume típico de passageiros em horário de pico (volume de projeto): Horário de pico de um dia médio no mês de pico que é usado como o volume horário de projeto para o espaço do terminal.

voo livre: Conceito para a capacidade operacional segura e eficiente de voos sob regras de voo por instrumentos (IFR – *instrument flight rules*) no qual os operadores têm a liberdade para escolher a trajetória e a velocidade em tempo real.

vórtice de esteira: Fenômeno resultante da passagem de uma aeronave através da atmosfera. Trata-se de uma perturbação aerodinâmica que se origina nas pontas das asas e que deixa um rastro em forma de saca-rolha atrás da aeronave. Quando usado por CTA, inclui vórtices, turbulência de exaustão de jato, esteira de hélices e esteira de rotores.

vórtices: No contexto das aeronaves, padrões circulares de ar criados pelo movimento de um aerofólio pela atmosfera. Conforme o aerofólio se movimenta pela atmosfera em um voo sustentado, uma área de alta pressão é criada debaixo dele, e uma área de baixa pressão é criada acima dele. O ar que flui da área de alta pressão para a área de baixa pressão ao redor das pontas do aerofólio tende a se enrolar em dois vórtices de rápida rotação, em um formato cilíndrico. Esses vórtices são as partes mais predominantes da turbulência de esteira e sua força rotacional é dependente da carga alar, do peso bruto e da velocidade da aeronave geradora.

Weather and Radar Processor (WARP – Processador Meteorológico e de Radar): Coletará e processará dados meteorológicos a parti de Low-Level Windshear Systems (LLWAS), Next-Generation Weather Radar (NEXRAD), Terminal Doppler Weather Radar (TDWR) e radares de vigilância e disseminará esses dados para os controladores, para os especialistas em gestão de tráfego e para os meteorologistas.

Wendell H. Ford Aviation Investment and Reform Act for the 21st Century (AIR-21 Lei Wendell Ford para Reforma e Investimento na Aviação no Século XXI): Lei que aumentou em US$10 bilhões o nível de recursos anuais de investimento em aviação, com a maior parte das dotações sendo alocadas para modernizações do controle de tráfego aéreo e para projetos de construção e melhoria de aeroportos.

Wide Area Augmentation System (WAAS – Sistema de Reforço de Área Ampla): Reforço do GPS que inclui transmissões integrais, correções diferenciais e sinais de alcance adicional; o seu principal objetivo é oferecer a precisão, a integridade, a disponibilidade e a continuidade necessárias para sustentar todas as fases de um voo.

***wind tee*:** Objeto em forma de T com livre rotação para indicar a direção do vento. Por vezes, pode ser usado com segurança como um indicador da direção de pouso.

zona de toque: Área de uma pista de pouso próxima à extremidade de aproximação onde as aeronaves normalmente tocam o solo.

zona desobstruída de pista de pouso: Área no nível do solo cujo perímetro é circunscrito pela superfície de aproximação mais interna da pista de pouso projetada verticalmente. Ela começa ao final da superfície primária e termina diretamente abaixo do ponto ou dos pontos em que a superfície de aproximação alcança uma altura de 15 metros acima da elevação da extremidade da pista de pouso.

zoneamento de alturas e de perigos: Protege o aeroporto e suas aproximações contra obstruções à aviação, restringindo, ao mesmo tempo, o crescimento de certos elementos na comunidade.

zoneamento de uso de terrenos: Zoneamento por parte de cidades, distritos e condados restringindo o uso de terrenos para atividades comerciais e não comerciais específicas.

Índice

A

A.A.E (Accredited Airport Executive), 44
A-380, 456–457
AAAE (American Association of Airport Executives), 23–24, 44, 75–76
AAS (Office of Airport Safety and Standards), 7–9
Abordagem de custo compensatório, 314–317, 324
Abordagem de custo residual, 314–317, 322–323
Acesso
    controlado, 152–153, 285–286, 294–297
    e precificação aeroportuária, 442
    interfaces com egresso, 152–153, 245–246
        com processamento, 244–246
    planos de acesso ao aeroporto, 396–398
Acesso terrestre, 99–100
    área frontal do terminal, 266–268
    demanda por, 261–262
    dos limites do aeroporto até o estacionamento, 262–268
        estacionamento de locadoras de veículos, 264–266
        estacionamento fora do aeroporto, 264–265
        estacionamento para funcionários, 264–265
        instalações de estacionamento público, 263–265
    modais de, 258–261
    planejamento para, 262–264
    tecnologias para aprimorar o, 268–272
Acidente aéreo no Grand Canyon, 60–62
Acidentes aéreos
    clamor público por reformas, 60–62
    e materiais perigosos, 280–281
    e segurança na aviação, 90
    e seguro de responsabilidade civil, 309–311
    e veículos de intervenção rápida (RIVs), 202
    investigação de, 56–57, 63–65
Acima do nível do mar (MSL), 168–169
Acima do nível do solo (AGL), 168–169
ACI–NA (Airports Council International – North America), 23–24
ACM (*Airport Certification Manual* – Manual de Certificação Aeroportuária), 190–193
Acordo de uso de portão, 242–243
Acordo de uso exclusivo, 242–243
Acordos de uso aeroportuários, 314–315, 349–350
    cláusula de participação majoritária (MII), 317–318
    compartilhados, 242–243
    exclusivos, 242–243
    papel das empresas aéreas nos, 316–317
    preferenciais, 242–243
Acostamentos (pistas de pouso), 112–113
Acúmulo de gelo, 208–211. *Ver também* Controle de neve e gelo
ADF (*automatic direction finder* – detector automático de direção), 144–145
ADMA (Aviation Distributors and Manufacturers Association), 23–24
Administração, orçamento, 312–315
ADOs (Airport District Offices – Departamentos Distritais de Aeroportos), 7–9
ADS-B. *Ver* Serviço de Vigilância Dependente Automática por Radiodifusão (ADS-B)
Aeródromo, 99–132
    áreas de espera, 122–123
    áreas de movimentação/não movimentação, 100–101
    auxílios à navegação em, 143–149
        radiofaróis não direcionais (NDB), 144–145
        radiofaróis onidirecionais em VHF (VOR), 144–146
        Sistemas de Pouso por Instrumentos (ILS), 144–149
    capacidade de, 385–386, 413–414, 427
    despesas operacionais de, 308–309
    iluminação, 130–144
        de pista de pouso, 130–142
        de pista de táxi, 141–143
        faróis, 143–144
        obstrução, 142–144
    infraestrutura de segurança em, 152–153
    instalações de boletim meteorológico em, 150–153

instalações de controle de tráfego aéreo em, 148–151
instalações de resgate e combate a incêndio em aeronaves (ARFF), 100–101
instalações de vigilância em, 148–151
marcações, 122–124
pátio, 124–125
pistas de pouso, 100–118
   áreas de segurança, 111–114
   comprimento e largura, 104–105
   configuração, 102–104
   designação, 104
   marcações, 106–112
   pavimentos, 104–106
   superfícies imaginárias, 114–118
pistas de táxi, 117–122
   marcações para, 118–121
   Surface Movement Guidance Control System (SMGCS), 120–122
   tipos de, 117–119
precificação de instalações em, 319–321
receitas operacionais de, 311–312
segurança operacional, 459–461
sinalização, 125–132
   sinais de destino, 130–132
   sinais de direção, 130–131
   sinais de distância à pista de pouso, 130–132
   sinais de informação, 130–132
   sinais de instrução obrigatórios, 125–128
   sinais de localização, 128–130
Aeródromos militares, conversão de, 436
Aeronave *lag*, 419
Aeronave *lead*, 419
Aeronaves
   A-380, 456–457
   base, 6–7, 241–242, 383–384
   categorias da FAA de, 417–420
   degelo de, 210–212. *Ver também* Controle de neve e gelo
   exigências operacionais de, 384–385
   futuro das, 456–457
   gestão de portões para, 241–244
   importantes, 386–389
   mix de, 383–384, 418
   pesos máximos de decolagem certificados (MTOW), 300, 417–418
   tipos de estacionamento, 239–240
Aeronaves grandes (categoria C), 418
Aeronaves pequenas (categoria A/B), 418

Aeronaves pesadas (categoria D), 418
Aeroporto de propriedade do município, 4–5
Aeroporto de serviço complementar, 68–69
Aeroporto operado por município, 28–30
Aeroportos
   classificação de, 189–193
   componentes de, 99–100
   nos Estados Unidos, 3–26
      estrutura administrativa, 6–9
      National Airport System Plan (NASP), 9–11
      National Plan of Integrated Airport Systems (NPIAS), 9–20
      níveis de atividade, 4–7
      número de, 3–5
      organizações que influenciam políticas para, 22–25
      propriedade dos, 3–5
      regulamentações que governam, 19–23
   padrões internacionais, 7–10
   papel econômico dos, 346–350
   precificações de instalações de, 318–324
Aeroportos da aviação geral (AG), 12–18
   e desvio de tráfego, 438–440
   medidas de operações aeroportuárias, 6–7
   segurança nos, 297–300
Aeroportos de propriedade federal, 3–5
Aeroportos de serviço comercial, 11–16
   principais, 11–12
   receitas estratégicas para, 314–324
      abordagem de custo compensatório, 314–317
      abordagem de custo residual, 314–317
      áreas arrendadas, 322–324
      cláusula de participação majoritária (MII), 316–318
      concessões na área de terminal, 320–322
      instalações de componentes e transportes terrestres, 321–323
      panorama futuro dos, 461–462
      prazo de acordos de uso, 317–319
      precificação de instalações do aeródromo, 319–321
      precificação de instalações e serviços aeroportuários, 318–320
      renda líquida, 316–317
   segurança em, 284–296
      acesso controlado, 294–295
      biometria, 294–295
      identificação de funcionários, 291–294
      resposta de fiscalização legal, 285–286

revista de bagagens despachadas, 290–292
revista de passageiros, 285–290
segurança de perímetro, 295–296
subcategorias de, 11–12
Aeroportos de uso comum civil e militar, 4–5
Aeroportos de uso público civil, 4–5
Aeroportos geridos por condados, 28–30
Aeroportos militares, 3–5
Aeroportos operados por Estados, 29–31
Aeroportos principais, 11–16
Aeroportos *reliever*, 16–19, 68–69, 439–440
Aeroportos *spoke*, 70–71
Aerospace Industries Association (AIA), 23–24
"Aerotrópolis", 462–463
AFFF (espuma formadora de filme aquoso), 201
Agentes extintores à base de espuma, 202
AGL (acima do nível do solo), 168–169
AIA (Aerospace Industries Association), 23–24
AIP. *Ver* Airport Improvement Program (AIP)
AIP Temporary Extension Act, de 1994, 77–78
Air Cargo Deregulation Act, de 1976, 69–72
Air Carrier Security Operations Program (ASOP), 284–285
Air Commerce Act, de 1926, 53–56
Air Line Pilots Association (ALPA), 23–24
Air Safety Board, 56–57
Air Traffic Operations Network System (OPSNET), 433–435
Air Traffic Organization (ATO), 160–161
Air Transport Association of America (ATA), 23–24
AIR-21. *Ver* Wendell H. Ford Aviation Investment and Reform Act for the Twenty-First Century (AIR-21)
Airbus A-380, 456–457
Aircraft Noise and Capacity Act, de 1990, 353–354
Aircraft Owners & Pilots Association (AOPA), 23–24, 299
Airline Deregulation Act, de 1978, 69–72, 348–349
Airport and Airspace Simulation Model (SIMMO-D^{TM}), 425–427
Airport and Airway Development Act, de 1970, 64–67, 368–369, 390–391
Airport and Airway Development Act Amendments, de 1976, 67–70
Airport and Airway Improvement Act, de 1982, 71–75
Airport and Airway Revenue Act, de 1970, 64–65
Airport and Airway Safety and Capacity Expansion Act, de 1987, 73–75, 328–330

Airport and Airway Trust Fund, 64–66, 68–69, 71–73, 461–462
Airport Certification Manual (ACM), 190–193
Airport Development Aid Program (ADAP), 65–69, 71–72, 327–328, 365–366, 405–406
Airport District Offices (ADOs), 7–9
Airport Improvement Program (AIP), 72–73, 80–81, 89–90, 327–331, 365–366, 437
Airport Operators Council International (AOCI), 75–76
Airport Reference Code (ARC), 386–390
Airport Reservation Office (ARO), 160–162
Airport Watch Program, 299
Airports Council International – North America (ACI–NA), 23–24
AirTran Airways, 456–457
Airway Modernization Act, de 1957, 59–62
Airways Modernization Board, 60–63
AIT (Advanced Imaging Technology – Tecnologia Avançada de Imagem), 286–287
Alcance visual de pista de pouso (RVR), 148–149
ALP (*airport layout plan* – plano de *layout* aeroportuário), 374–378
ALPA (Air Line Pilots Association), 23–24
ALS (*approach lighting systems* – sistemas de iluminação de aproximação), 132–135
ALSF–1 (sistema de iluminação), 132–135
ALSF–2 (sistema de iluminação), 132–135
Alternativas de projeto, 386–398
  análise de espaço aéreo, 389–390
  comparações de custos entre locais, 391–393
  condições meteorológicas, 391–392
  economia na construção, 391–392
  escolha do local, 386–387
  expansão, disponibilidade para, 390–391
  objeções sonoras, 391–392
  obstruções circunvizinhas, 390–391
  orientação das pistas de pouso e análise do vento, 386–390
  planos de acesso aeroportuário, 396–398
  planos para área de terminal, 392–397
  população, conveniência para, 391–392
  serviços, disponibilidade de, 391–392
Altura de decisão, 148–149
AMASS (Airport Movement Area Safety Systems – Sistemas de Segurança para Área de Movimentação em Aeroportos), 149–151
American Airlines, 83, 84

American Association of Airport Executives (AAAE), 23–24, 44, 75–76
Americans with Disabilities Act, de 1990, 77–78
Análise de capacidade, 384–386
Análise de crédito (de aeroportos), 337–339
Análise de nível de endividamento, 337–339
Análise eólica, 387–390
Análise por regressão, 380–382
Análise por regressão linear com MQO (mínimos quadrados ordinários), 381–382
Anemograma, 377–378, 387–389
Anti-Head Tax Act, de 1973, 73–76, 330–331
AOA. *Ver* Área de operações aéreas (AOA)
AOC (Airport Operating Certificate – Certificado Operacional Aeroportuário), 190–193
AOCI (Airport Operators Council International), 75–76
AOPA (Aircraft Owners & Pilots Association), 23–24
APMs. *Ver* Sistemas Automatizados de Movimentação de Passageiros (APMs)
APP (Office of Planning and Programming – Departamento de Planejamento e Programação), 7–9
Applications of Queuing Theory (Newell), 433–434
Aproximação perdida, 148–149
Aproximações de descida contínua (CDA), 182–183
Aproximações de precisão, 170–171
Aproximações múltiplas por instrumentos, 458–459
Aproximações sem precisão, 170–171
Aquaplanagem, 199
ARC (Airport Reference Code – Código de Referência Aeroportuária), 386–390
Áreas Aeroportuárias de Serviço Radar (Classe C), 164–167
Área crítica (ILS), 146–148
Área de apresentação de identificação de segurança, 283–284, 291–295
Área de aproximação, 132–135
Área de captura, 262
Área de operações aéreas (AOA), 278–279, 282–284
Área de terminal, capacidade da, 385–386
Área estéril, 283–284
Área exclusiva, 283–285
Área frontal do terminal, 266–268
Área metropolitana estatística padrão, 16–19
Área protegida, 283–284
Áreas arrendadas, 322–324
Áreas arrendadas por empresas aéreas, receitas operacionais advindas de, 312–313
Áreas de advertência (espaço aéreo), 169–170
Áreas de alerta, 169–170
Áreas de espera, 122–125
Áreas de estacionamento, 124–125
  externas ao aeroporto, 264–265
  instalações públicas, 263–265
  locadoras de veículos, 264–266
  para funcionários, 264–265
  programas de autoinspeção para, 214–216
Áreas de movimentação (aeródromo), 100–101, 122–124, 193–194
Áreas de operações militares, 169–170
Áreas de pouso, receitas potenciais derivadas de, 399–400
Áreas de pouso de uso civil, 3–4
Áreas de segurança de pistas de pouso, 112–113
Áreas de tiro controladas, 169–170
Áreas proibidas, 168–170
Áreas públicas, 284–285
Áreas restritas, 169–170
Áreas sem movimentação (aeródromo), 100–101, 122–124
Áreas Terminais de Serviço Radar (Classe B), 163–164
ARFF. *Ver* Resgate e combate a incêndio em aeronaves (ARFF)
Army Air Corp, 57–58
ARO (Airport Reservation Office – Departamento de Reservas Aeroportuárias), 160–162
Arrendatários fora do meio aeronáutico, 350–352
ARSA (Airport Radar Service Areas – Áreas Aeroportuárias de Serviço Rolar), 164–167
ARTCCs (Air Route Traffic Control Centers – Centrais de Controle de Tráfego de Rotas Aéreas), 162–163
ARTS (Automated Radar Traffic System – Sistema Automatizado de Radar de Tráfego Aéreo), 158–159
ASDE-3 (Equipamento Aeroportuário de Detecção de Superfície), 149–151
ASDE-X (Equipamento Aeroportuário de Detecção de Superfície Modelo X), 182–184, 458–459
ASOP (Air Carrier Security Operations Program – Programa de Operações de Segurança de Empresas Aéreas), 284–285
ASOS (Automated Surface Observing System – Sistema Automatizado de Observação de Superfície), 150–151

ASR (radar de vigilância aeroportuária), 149–150, 157–158
ATA (Air Transport Association of America), 23–24
Ataques de 11 de setembro, 81–88, 281–282, 298–299, 411–412
ATCSCC (Central de Comando do Sistema de Controle de Tráfego Aéreo), 160–163
ATCT. *Ver* Torre de controle de tráfego aéreo (ATCT)
ATIS (sistemas avançados de informação aos viajantes), 268–272
Atividade econômica (no *master plan*), 374–375
ATO (Air Traffic Organization – Organização de Tráfego Aéreo), 160–161
Atraso aceitável, 431
Atraso congestivo, 430
Atrasos, 427–444. *Ver também* Capacidade
    capacidade, demanda e, 430
    definição de, 427, 430–431
    diagrama de formação de filas, 432–434
    estimativa de, 431–433
    medidas de, 433–435
    motivos para, 411–412
    redução dos, 435–437
Atrasos em terra, 160–161
ATSA. *Ver* Aviation and Transportation Security Act (ATSA)
Aumento de capital. *Ver também* Emissões de obrigações; Programas de concessão; Investimento privado
    despesas de, 317–318
    e cobranças pelo uso de dependências por passageiros, 75–76
    recursos da Airport and Airway Development Act para, 64–65, 72–73
    recursos do AIP para, 461–462
    recursos do AIR-21 para, 81–82
Austin-Bergstrom International Airport, 437
Austrália, 31–32
Autoinspeção de segurança em aeroportos, 214–215
Autoridades aeroportuárias, 29–30
Autoridades portuárias, 28–30
Auxílio estadual a aeroportos, 333–334
Auxílios à navegação (NAVAIDS)
    e a estrutura do espaço aéreo, 372–373
    e capacidade de pista de pouso, 414–415
    radiofaróis não direcionais (NDB), 144–145

radiofaróis onidirecionais em VHF (VOR), 144–146
Sistemas de Pouso por Instrumentos (ILS), 144–149
Avaliação de ameaça à segurança (STA), 292–293
Aviação civil, história da, 51–92
    1903–1913: nascimento da aviação civil, 51–57
    1914–1939: período de criação
        Air Commerce Act (Lei do Comércio Aéreo), 53–56
        Civil Aeronautics Act (Lei da Aeronáutica Civil), 54–57
        origens do correio aéreo, 51–54
        Primeira Guerra Mundial, 51–52
    1940–1955: Segunda Guerra Mundial e o período pós-guerra, 56–60
        construção de áreas de pouso, 57–58
        Federal Airport Act (Lei Federal dos Aeroportos), de 1946, 58–59
        Federal-Aid Airport Program (FAAP – Programa de Auxílio Federal Aeroportuário), 58–60
        National Airport Plan (NAP – Plano Nacional de Aeroportos), 57–59
    1956–1976: início da era dos jatos, 59–70
        Airport and Airway Development Act (Lei de Desenvolvimento de Aeroportos e da Navegação Aérea), de 1970, 64–67
        Airport and Airway Development Act Amendments (Emendas à Lei de Desenvolvimento de Aeroportos e da Navegação Aérea), de 1976, 67–70
        Airway Modernization Act (Lei de Modernização da Navegação Aérea), de 1957, 59–62
        criação do Department of Transportation (Departamento de Transporte), 62–65
        Federal Aviation Act (Lei Federal da Aviação), de 1958, 61–63
        National Airport System Plan (NASP –Plano Nacional de Sistema Aeroportuário), 66–68
    1976–1999: após a desregulamentação das empresas aéreas, 69–83
        AIP Temporary Extension Act (Lei de Expansão Temporária do AIP), de 1994, 77–78
        Air Cargo Deregulation Act (Lei de Desregulamentação das Cargas Aéreas), de 1976, 69–72
        Airline Deregulation Act (Lei de Desregulamentação das Empresas Aérea), de 1978, 69–72

Airport and Airway Improvement Act (Lei de Melhoria de Aeroportos e da Navegação Aérea), de 1982, 71–75
Airport and Airway Safety, Capacity, Noise Improvement, and Intermodal Transportation Act (Lei de Melhoria de Segurança, Capacidade e Ruído e de Transporte Intermodal na Aviação), de 1992, 77–78
Aviation Safety and Capacity Expansion Act (Lei de Expansão de Segurança e Capacidade na Aviação), de 1990, 73–76
Aviation Security Improvement Act (Lei de Melhoria da Segurança na Aviação), de 1990, 76–78
Federal Aviation Administration Authorization Act (Lei Federal de Autorização da Administração da Aviação), de 1994, 78–79
Federal Aviation Reauthorization Act (MAP – Programa Militar Aeroportuário), 76–77
Utilitary Airpot Program Act (Lei Federal de Reautorização da Aviação), de 1996, 78–81
2000–presente, 79–90
Aviation and Transportation Security Act (Lei de Segurança em Aviação e Transporte), de 2001, 81–88
Homeland Security Act (Lei da Segurança Nacional), de 2002, 88
Vision 100 – Century of Aviation Reauthorization Act (Lei de Reautorização de Um Século de Aviação), 88–90
Wendell H. Ford Aviation Investment and Reform Act for the Twenty-First Century (Lei Wendell H. Ford para Reforma e Investimento na Aviação no Século XXI) (AIR–21), 79–82
Aviação geral (AG), 351–353, 382–383
Aviation and Transportation Security Act (ATSA), de 2001, 81–88, 281–282
Aviation Distributors and Manufacturers Association (ADMA), 23–24
Aviation Safety and Capacity Expansion Act, de 1990, 73–76
Aviation Safety and Noise Abatement Act, de 1979, 73–75
Aviation Security and Anti-Terrorism Act, de 1996, 280–281
Aviation Security Improvement Act, de 1990, 76–78, 280–281
Avisos aos aviadores (NOTAMs), 161–162

AWOS (Sistema Automatizado de Observação Meteorológica), 150–151
Azimute magnético, 106, 122–124, 376–377

B

Baias de espera, 124–125
Balcões de *check-in* de uso exclusivo, 247–248
Baltimore-Washington International Airport, 439
Barras luminosas de obstrução, 141–142
Barras luminosas de parada, 142–143
Barreiras, 295–296
Bilhetagem eletrônica, 246–247
Biometria, 294–295
Biruta, 152–153
Blast pad, 110
Boyd, Alan S., 63–64
Briscoe Field (Lawrenceville, Geórgia), 31–32
British Airports Authority (BAA), 31–33
Brown Field (San Diego), 30–31
Bureau of Air Commerce, 54–57
Burke Lakefront Airport (Cleveland), 439
Bush, George H., 77–78, 280–281
Bush, George W., 86

C

C.M. (Membro Certificado), 44
CAA. *Ver* Civil Aeronautics Administration (CAA)
CAB. *Ver* Civil Aeronautics Board (CAB)
Cabeceira deslocada, 110–111
Cabeceira reposicionada, 110
Caminhão "siga-me", 124–125
Canadá, 9–10, 23–24, 31–32, 84
Capacidade, 412–427. *Ver também* Atrasos
 análise da, 384–386
 atrasos, demanda e, 430
 da área de terminal, 385–386
 de chegadas, 418–420
 de partidas, 418–419
 de veículos, 412–413
 definição de, 412–414
 do aeródromo, 427
 do espaço aéreo, 427
 estimativa da, 417–420
  com diagrama de tempo *versus* espaço, 420–424
  com modelos de simulação, 425–427
  com tabelas para estimativas da FAA, 424–425
  e tipos de aeronaves, 417–418

fatores que afetam, 413–416
máxima, 413–414
operacional de uso misto, 420–424
parâmetros comparativos para, 427
prática, 413–414
CAPPS (sistema de pré-revista de passageiros assistido por computador), 281–282
Cargas
aéreas embarcadas, 382–383
Air Cargo Deregulation Act, de 1976, 69–72
dotações, 78–79
exigências de instalações para, 384–385
níveis de atividade, 5–7
receitas derivadas de, 400–401
Cartas de intenção federais (LOI), 332–334
Categoria A/B (aeronaves pequenas), 418
Categoria C (aeronaves grandes), 418
Categoria D (aeronaves pesadas), 418
Categoria de Aproximação da Aeronave, 387–389
CBD (distrito comercial central), 258–259, 462–463
CBO (Congressional Budget Office – Departamento Orçamentário do Congresso Norte-Americano), 443
CDA (aproximações de descida contínua), 182–183
Centrais de Controle de Tráfego de Rotas Aéreas (ARTCCs), 162–163
Central de Comando do Sistema de Controle de Tráfego Aéreo (ATCSCC), 160–163
Cercamento de perímetro, 152–153
Certificação, gestor aeroportuário, 44
Certificação de Membro Certificado (C.M.), 44
Certificação de segurança, 221
Certificado Operacional Aeroportuário (AOC), 190–193
CFC. *Ver* Tarifa por cliente da instalação (CFC)
CFR. *Ver* Code of Federal Regulations (CFR)
Check-in, 247–249
Chefe de combate a incêndios, 39–40
Chefe de resgate de aeronaves e de combate a incêndios, 39–40
Chegada, voos de, 417
Chegadas sequenciadas, 422
"Cidade aeroportuária", 462–463
CIP (Plano de Aumento de Capital), 159–160
Circulares consultivas (ACs – Advisory Circulars), 21–23
  autoinspeção de segurança em aeroportos, 214–215

em planejamento, 405–406
segurança e operações no inverno em aeroportos, 205–206
série 147
Civil Aeronautics Act, de 1938, 54–58
Civil Aeronautics Administration (CAA), 56–58, 62–63
Civil Aeronautics Authority, 56–57
Civil Aeronautics Board (CAB), 56–57, 348–349
Civil Works Administration, 54–56
Classes de espaço aéreo
Áreas Aeroportuárias de Serviço Radar (Classe C), 164–167
Áreas Terminais de Serviço Radar (Classe B), 163–164
Espaço Aéreo de Controle Positivo (Classe A), 163–164
espaço aéreo de uso especial, 168–170
Espaço Aéreo Geral Controlado (Classe E), 167–168
Espaço Aéreo Não Controlado (Classe G), 167–169
Zonas de Controle (Classe D), 164–167
Classificação do solo e drenagem, 391–392
Classificações de aeroportos, 189–193
Cláusula de participação majoritária (MII), 316–318
Clean Air Act, de 1970, 77–78, 357–358
Clean Water Act, de 1977, 357–358
Cleveland Hopkins International Airport, 439
CNEL (nível sonoro equivalente na comunidade), 354–355
Coast Guard (Guarda Costeira), 88, 282–283
Cobertura para vento de través, 377–378
Cobranças pelo uso de dependências por passageiros (PFCs), 75–76, 80–81, 330–332, 461–462
CODAS (Consolidated Operations and Delay Analysis System), 435
Code of Federal Regulations (CFR), 19–22
Combustíveis fósseis, uso de, 460–461
Combustível de aviação, receitas potenciais do, 400–401
Comissão Gore, 280–281
Comitê Harding, 60–62, 77–78
Comitês de negociação, 349–350
Companhias aéreas
arrendamentos com, 322–324
desregulamentação de, 69–72
falências de, 89, 331–332
relações do aeroporto com, 348–351

restruturação futura das, 455–457
taxas e tarifas de, 337–338
Comparações de custos (de locais para o aeroporto), 391–393
Componentes do lado terra, 99
Componentes dos terminais aeroportuários, 99–100
Comunicações
  com o público externo, 47
  modernização das, 159–160, 171, 178–179
Comunidade
  base econômica da, 337–338
  conflitos entre os aeroportos e a, 352–353
  grupos de cidadãos preocupados, 47
  relacionamento do aeroporto com, 374–375
Conceito de componentes do lado ar e componentes do lado terra, 236–237
Conceito de estacionamento remoto de aeronaves, 231–235
Conceito de satélite remoto, 230–233
Conceito de terminal curvilíneo, 228–230
Conceito de terminal linear, 227–230
Conceitos de terminal satélite, 230–232
Concessões, área de terminal, 251–252
  receitas derivadas de, 311–312, 320–322
  relacionamento do aeroporto com, 350–352
Concessões de recursos, 77–78, 333–334
Condições meteorológicas, 391–392
Condições meteorológicas instrumentais (IMC), 414–415
Condições meteorológicas visuais (VMC), 414–415
Configuração de pista de pouso em V, 414–416
Configuração de pistas cruzadas, 415–416
Configurações de pista de pouso e capacidade aeroportuária, 414–416
Conformidade, inspeções e, 190–195, 214–218
  com arquivos e documentos, 193–194
  componentes da, 218
  de áreas de movimentação, 193–194
  e gestão aeroportuária, 193–194
  inspeção noturna, 193–194
  instalações de abastecimento, 193–194, 216–217
  para certificação aeroportuária, 190–195
  pistas de pouso, 215–216
  pistas de táxi, 215–216
  prédios e hangares, 216–217
  programas de autoinspeção, 193–194
  rampas para estacionamento de aeronaves, 214–216

resgate e combate a incêndio em aeronaves, 193–194
revisão de pré-inspeção, 190–193
Congressional Budget Office (CBO), 443
Consolidação da indústria, 456–457
Construção de aeroportos. *Ver também* Aumento de capital
  após a Segunda Guerra Mundial, 57–58
  economia da, 391–392
  novas pistas de pouso, 436
Contabilidade
  despesas operacionais, 308–310
  e seguro de responsabilidade civil, 309–312
  planejamento e administração orçamentária, 312–315
  receitas operacionais, 311–313
Contador-chefe, 35–36
Continental Airlines, 456–457
Continuing Appropriations Act, de 1982, 73–75
Contract Air Mail Act, de 1925, 53–54
Contratos de arrendamento, construção e operação (LBO), 341–342
Contratos de construção, operação e transferência (BOT), 341–342
Controle de neve e gelo, 204–212
  acúmulo de gelo, 208–211
  degelo, 210–212
  equipamentos e procedimentos para, 206–208
  momento certo para, 205–207
  planos exigidos para, 204–206
Controle de tráfego aéreo (CTA), 148–150, 156–184
  central de comando para, 160—163
  conceito de voo livre, 179–180
  e classes de espaço aéreo, 163–170
    Áreas Aeroportuárias de Serviço Radar (Classe C), 164–167
    Áreas Terminais de Serviço Radar (Classe B), 163–164
    Espaço Aéreo de Controle Positivo (Classe A), 163–164
    espaço aéreo de uso especial, 168–170
    Espaço Aéreo Geral Controlado (Classe E), 167–168
    Espaço Aéreo Não Controlado (Classe G), 167–169
    Zonas de Controle (Classe D), 164–167
  estações de serviço de voo (FSS), 169–171

Federal Air Routes (Rotas Aéreas Federais), 168–169
financiamento do AIR-21 para, 80–81
gestão de movimentação pela superfície, 182–184
gestão e infraestrutura operacional, 160–163
história do, 156–160
instalações de aeródromo para, 152–153
instalações de TRACON, 162–167
melhorias operacionais, 171, 178–181
    navegação em rota, 178–181
        Next-Generation Air Traffic Management System, 171, 178–179
operação da FAA de, 7–9
procedimentos de aproximação, 170–171, 178, 181–183
procedimentos de área de terminal, 170–171
regras de voo visual *versus* regras de voo por instrumentos, 162–167
torres de controle, 7–9, 77–78, 148–150, 167–168, 296, 332–333
Controle positivo, 157–159
Convenções comerciais, 347–349
Coolidge, Calvin, 53–54
Coordenador de Segurança Aeroportuária (ASC), 284–285
Correspondência positiva de passageiros e bagagens (PPBM), 279–280
Curtis, Edward P., 60–62
Curva da demanda, 432–433
Curva de serviço, 432–433
Custeio para desenvolvimento de capital, financiamento privado para, 31–32
Custo de capital, 339–340, 397–399
Custos de operação e manutenção (O&M), 307–308
Custos marginais por instalação, 443
CUTE (equipamentos de terminal de uso comum), 247–249

D

Dados de atividade aeronáutica (no *master plan*), 372–374
Dallas-Fort Worth International Airport, 441
Decolagens em formação, 458–459
Degelo, 210–212. *Ver também* Controle de neve e gelo
Delta Airlines, 330–331, 456–457

Demanda
    e análise da capacidade, 385–386, 430
    e estimativas de exigência de espaço, 395–397
    fatores que afetam a, 416–417
    previsão da, 382–384
Demografia, 373–374
Denver International Airport, 436
Departament of Defence (DOD), 83
Department of Commerce, 53–56
Descoberta de Nenhum Impacto Significativo (FONSI), 403–404
Descontrole aéreo, 281–282
Descrições de cargos
    chefe de resgate de aeronaves e de combate a incêndios, 39–40
    contador-chefe, 35–36
    diretor adjunto de finanças e administração, 33–36
    diretor adjunto de manutenção, 39–40
    diretor adjunto de operações, 37–38
    diretor adjunto de planejamento e engenharia, 36–38
    diretor do aeroporto, 33–35
    gerente de compras, 36–37
    gerente de instalações, 35–37
    gerente de operações aéreas, 37–39
    gerente de operações em terra, 38–39
    gerente de prédios e dependências, 39–41
    gerente de recursos humanos, 35–36
    gerente de relações públicas, 36–37
    gerente de segurança, 38–40
    gerente de terreno, 40–41
    gerente de veículos, 40–41
Desembarques, 5–6
Desempenho de qualidade de serviço das empresas aéreas (ASQP), 435
Desenvolvimento de novos aeroportos, 436
Desenvolvimento urbano, 462–463
Designadores
    de pistas de pouso, 106
    de pistas de táxi, 117–118
Despesas de capital, 307–308
Despesas operacionais, 308–310. *Ver também* Aumento de capital
Desregulamentação
    e acordos entre aeroporto e empresas aéreas, 315–316
    e relacionamento entre aeroporto e empresas aéreas, 348–350

leis de desregulamentação de 1976 e 1978, 69–72
terminais aeroportuários após, 229–230, 235–236
Desvio (da aviação geral), 438
Detector automático de direção (ADF), 144–145
Detectores de metal, 286–287
Development of Landing Areas for National Defense (DLAND), 57–58
Diagrama de chegadas cumulativas, 431
Diagrama de formação de filas, 431–434
Diagrama de tempo *versus* espaço, 420–424
Diagramas de fluxo de passageiros, 252–253
Direções precisas, 124–125
Direitos de pouso, 442
Diretivas de Segurança (SDs), 285–286
Diretor adjunto
  de finanças e administração, 33–36
  de manutenção, 39–40
  de operações, 37–38
  de planejamento e engenharia, 36–38
Diretor do aeroporto, 33–35. *Ver também* gestor aeroportuário
Diretores federais de segurança (FSD), 282–283
Disadvantaged Business Enterprise Program (DBE), 73–75, 251–252
Disponibilidade seletiva (SA), 179–180
Distribuição de fluxo vertical, 253
Distribuição de tráfego, 367–368
Distrito comercial central (CBD), 258–259, 462–463
DLAND (Development of Landing Areas for National Defense – Desenvolvimento de Áreas de Pouso para a Defesa Nacional), 57–58
DOD (Department of Defense – Departamento de Defesa), 83
DOT (Department of Transportation – Departamento de Transporte), 6–9, 62–65
Dotação de montantes fixos, 313–314
Dotação por atividade, 313–314
Dotações estaduais, 78–79
Drenagem, 391–392
Dulles International Airport (Washington, D.C.), 83, 234–235

E

EAA (Experimental Aircraft Association), 23–25
EAS (Essential Air Service – Serviço Aéreo Essencial), 69–71
Economia na construção, 391–392

EDS (sistema de detecção de explosivos), 290–292
Efeito multiplicador, 347–348
EIR (Environmental Impact Review – Revisão de Impacto Ambiental), 403–404
EIS (Environmental Impact Statement – Declaração de Impacto Ambiental), 403–404
Eisenhower, Dwight, 59–62
Embarques (passageiros embarcados)
  e impactos sonoros, 344–345
  e receitas derivadas de PFC, 331–332
  e receitas operacionais, 324–326
  níveis de, 5–6, 10–16
  pré *versus* pós-desregulamentação, 72–75
Emissões
  de dejetos perigosos, 358–359
  de poluentes e qualidade do ar, 355–358
Emissões de obrigações, 334–341
  classificação de, 338–340
  e atual *status* financeiro e nível de endividamento, 337–339
  e base econômica da comunidade, 337–338
  e desempenho gerencial /administrativo do aeroporto, 338–339
  e tarifas e taxas de empresas aéreas, 337–338
  encargos por juros, 339–341
  fatores financeiros e operacionais relacionados a, 336–338
  inadimplência, 340–341
  obrigações associadas a instalações especiais, 336–337
  obrigações associadas às receitas gerais do aeroporto, 334–336
  obrigações emitidas por Estados e municípios (GOB), 334–336
Empresa aérea signatária, 317–320, 337–338
Empresas aéreas, 382–383, 440, 455–457
Encargos por depreciação, 398–399
Encargos por juros (de obrigações), 339–341
Engineered Material Arresting System (EMAS), 112–114
Enhanced Traffic Management System (ETMS), 161–162, 435
Ensaio dinâmico (de pavimentos), 198
Ensaio não destrutivo (NDT), 198–199
Ensaio vibratório (de pavimentos), 198
Envenenamento químico (de aves), 211–213
Envergadura, 386–389
Environmental Impact Review (EIR), 403–404

Environmental Impact Statement (EIS), 403–404
Environmental Protection Agency (EPA), 352–353, 358–359
Equipamento Aeroportuário de Detecção de Superfície (ASDE–3), 149–151
Equipamento Aeroportuário de Detecção de Superfície Modelo X (ASDE-X), 182–184, 458–459
Equipamento de detecção de traço de explosivos (ETD), 287–289
Equipamentos de terminal de uso comum (CUTE), 247–249
Esboroamento, 196–197
Escâneres de corpo inteiro, 286–287
Escolha do local, 386–387
Espaço aéreo, 99
　análise do, 389–390
　capacidade do, 385–386, 427
　classes de, 163–170
　　Áreas Aeroportuárias de Serviço Radar (Classe C), 164–167
　　Áreas Terminais de Serviço Radar (Classe B), 163–164
　　Espaço Aéreo de Controle Positivo (Classe A), 163–164
　　espaço aéreo de uso especial, 168–170
　　Espaço Aéreo Geral Controlado (Classe E), 167–168
　　Espaço Aéreo Não Controlado (Classe G), 167–169
　　Zonas de Controle (Classe D), 164–167
　estrutura do (no *master plan*), 372–373
Espuma formadora de filme aquoso (AFFF), 201
Essential Air Service (EAS), 69–71
Estacionamento oblíquo de nariz para dentro, 239–241
Estacionamento oblíquo de nariz para fora, 240–241
Estacionamento paralelo (aeronaves), 240–241
Estacionamento remoto (aeronaves), 240–241
Estacionamento transversal de nariz para dentro, 239–240
Estações de serviço de voo (FSS), 169–171
Esteiras rolantes (bagagem), 257–258
Estratégias de *marketing*, 461–462
Estratégias geradoras de receitas em aeroportos comerciais, 314–324
　abordagem de custo compensatório, 314–317
　abordagem de custo residual, 314–317
　áreas arrendadas, 322–324
　cláusula de participação majoritária (MII), 316–318
　concessões de área de terminal, 320–322
　instalações de componentes e transportes terrestres, 321–323
　panorama futuro das, 461–462
　prazo de acordos de uso, 317–319
　precificação de instalações de sítio aeroportuário, 319–321
　precificação de instalações e serviços aeroportuários, 318–320
　renda líquida, 316–317
Estratégias publicitárias, 461–462
Estrutura de rotas *hub and spoke*, 70–71
ETMS (Enhanced Traffic Management System – Sistema Aprimorado de Gestão de Tráfego), 161–162, 435
Exigências de espaço, 395–397
Exigências de instalações, 384–386
Expansão, disponibilidade de terrenos para, 390–391
Experimental Aircraft Association (EAA), 23–25, 299
Exposição a riscos (de obrigações), 335–336
Externalidades, 358–360

F

FAA. *Ver* Federal Aviation Administration (FAA)
FAAP (Federal-Aid Airport Program – Programa de Auxílio Federal Aeroportuário), 58–60
Faixas laterais, 111–112
Faróis, 143–144
FARs. *Ver* Federal Aviation Regulations (FAR)
Fatores geográficos (no *master plan*), 374–375
Fatores políticos (no *master plan*), 374–375
Fatores socioeconômicos (no *master plan*), 373–375
FCTs (torres contratadas federais), 167–168
Federal Airport Act, de 1946, 58–59, 64–66
Federal Airport Privatization Program Federal, 31–32
Federal Airport Routes, 168–169
Federal Aviation Act, de 1958, 61–63
Federal Aviation Administration (FAA), 7–9, 63–64
　categorias de aeronaves, 417–420
　e a história do controle de tráfego aéreo, 7–9, 156–160
　e a Task Force on the Deterrence of Air Piracy (Força-Tarefa para Dissuasão de Pirataria Aérea), 277–278

e o Airport Improvement Program (AIP), 461–462
e o National Plan of Integrated Airport Systems (NPIAS), 10–11, 19–20
e o Pilot Program on Private Ownership of Airports, 30–31
e os ataques de 11 de setembro, 84
escritórios da, 7–9
foco na segurança da, 459–461
Guia do programa de Certificação de Aeroportos, 214–215
missão da, 7–9
parâmetros comparativos para capacidade aeroportuária, 427
pesquisa e desenvolvimento de segurança da, 77–78
pesquisas sobre detecção de bombas e armas pela, 280–281
projetos/leis para financiamento, 78–79, 90
tabelas para estimativas da, 424–425
Federal Aviation Administration Authorization Act, de 1994, 78–79
Federal Aviation Reauthorization Act (Lei Federal de Reautorização da Aviação), de 1996, 78–81
Federal Aviation Regulations (FARs), 19–23
Parte 36 – Níveis Certificados de Ruído de Aviões, 352–354
Parte 77 – Objetos que Afetam o Espaço Aéreo Navegável, 114–117, 377–378, 390–391, 402–403
Parte 107 – Segurança Aeroportuária, 277–279
Parte 108 – Segurança de Operadores de Aeronaves, 278–279, 287–290
Parte 121 – Exigências de Operação: Operações Domésticas, Internacionais e Suplementares, 188–189
Parte 139 – Certificação de Aeroportos, 188–222, 460–461
classificações de aeroportos, 189–193
controle de neve e gelo, 204–212
gestão de pavimento, 194–200
inspeções e conformidade, 190–195
programas de autoinspeção, 213–218
resgate e combate a incêndio em aeronaves (ARFF), 200–205
riscos oferecidos por aves e animais selvagens, 211–214
sistemas de gestão de segurança (SGS), 218–221

Parte 150 – Plano de Compatibilidade Sonora em Aeroportos, 353–355
Parte 161 – Notificação e Aprovação de Ruídos e de Restrições de Acesso a Aeroportos, 355–357
Federal Emergency Management Agency (FEMA), 88
Federal Emergency Relief Administration (FERA), 54–56
Federal Water Pollution Control Act, de 1972, 77–78, 357–358
Federal-Aid Airport Program (FAAP), 58–60
FEMA (Federal Emergency Management Agency – Agência de Gestão Federal de Emergência), 88
FERA (Federal Emergency Relief Administration – Departamento Federal de Auxílio em Emergências), 54–56
Finanças e administração, diretor adjunto de, 33–36
Financiamento, 326–335. *Ver também* Emissões de obrigações; Legislação
abordagem de taxas sobre usuários para, 65–66
cartas de intenção federais (LOI), 332–334
cobranças pelo uso de dependências por passageiros (PFCs), 330–332
programa de instalações e equipamentos (F&E), 332–333
programas de concessão, 326–331
programas governamentais de concessão, 333–335
Financiamento privado para desenvolvimento de capital, 31–32
FIS (Serviços de Inspeção Federal), 251–252
Fixes, GPS, 179–180
Flight Safety Foundation (FSF), 24–25
Fluxo, distribuição vertical de, 253
Ford, Gerald, 68–70
Formação e treinamento, 43–44
Fort Lauderdale-Hollywood International Airport, 436
Fricção superficial (de pistas de pouso), 199–200
FSD (diretores federais de segurança), 282–283
FSF (Flight Safety Foundation), 24–25
FSS (*flight service stations* – estações de serviço de voo), 169–171
Funcionários. *Ver também* Descrições de cargos; Organograma
carreiras na gestão aeroportuária, 41–44
como constituintes das relações públicas, 47
contratação por empresas privadas de, 31–32
despesas de, 347–348
estacionamento para, 264–265
programas de elevação do moral, 48

Fundos discricionários, 330–331
Fundos por dotação reservada, 328–331
Fusões de empresas aéreas, 456–457

G

Garantias para concessões, 334–335
GARB (obrigações associadas às receitas gerais do aeroporto), 335–337
Gatwick Airport (Londres), 32–33
General Aviation Manufacturers Association (GAMA), 24–25, 299
Geometrias híbridas de terminal, 234–236
Gerente. *Ver também* Descrições de cargos
  de compras, 36–37
  de instalações, 35–37
  de operações aéreas, 37–39
  de operações em terra, 38–39
  de prédios e dependências, 39–41
  de recursos humanos, 35–36
  de relações públicas, 36–37
  de segurança, 38–40
  de terreno, 40–41
  de veículos, 40–41
Gestão administrativa (da demanda), 437–441
Gestão aeroportuária
  como carreira, 41–44
  descrições de cargos, 33–42
  e emissão de obrigações, 338–339
  e privatização, 30–33
  empresas privadas contratadas para, 31–32
  organograma, 32–34
  panorama futuro da, 459–463
    aumento da segurança, 459–461
    cidades aeroportuárias, 462–463
    estratégias financeiras e de *marketing*, 461–462
    globalização, 462–463
    implementação da NextGen, 461–463
    reautorização da FAA, 461–462
    sustentabilidade ambiental, 460–462
  programa de certificação de, 44
  reestruturação da, 455–457
  regulamentações que governam, 18–23
Gestão de operações
  controle de neve e gelo, 204–212
    acúmulo de gelo, 208–211
    degelo, 210–212
    equipamentos e procedimentos para, 206–208
    momento certo para, 205–207
    planos exigidos para, 204–206

inspeções e conformidade, 190–195, 214–218
  áreas de pátio/rampas para estacionamento de aeronaves, 214–216
  com arquivos e documentos, 193–194
  componentes da, 218
  de áreas de movimentação, 193–194
  e gestão aeroportuária, 193–194
  inspeção noturna, 193–194
  instalações de abastecimento, 193–194, 216–217
  pistas de pouso, 215–216
  pistas de táxi, 215–216
  prédios e hangares, 216–217
  programas de autoinspeção, 193–194
  resgate e combate a incêndio em aeronaves, 193–194
  revisão de pré-inspeção, 190–193
pavimentos, 194–200
  ensaios não destrutivos (NDT), 198–199
  fricção superficial de pista de pouso, 199–200
  inspeção de, 196–197
  materiais usados para, 195–197
  padrões mínimos de qualidade, 194–196
  reparo de, 196–198
resgate e combate a incêndios em aeronaves, 200–205
riscos oferecidos por aves e animais selvagens, 211–214
Gestão de portões para aeronaves, 241–244
Gestão de Riscos à Segurança (GRS), 219–221
Gestão de tráfego aéreo, 171, 178–184
  aproximações modernizadas a aeroportos, 181–183
  movimentação pela superfície em aeroportos, 182–184
  navegação em rota, 178–182
Gestão financeira, 67–68
  e aumento dos encargos financeiros aeroportuários, 325–327
  e privatização, 341–343
  emissão de obrigações
    classificações de, 338–340
    e atual *status* financeiro financial e nível de endividamento, 337–339
    e base econômica da comunidade, 337–338
    e desempenho gerencial/administrativo do aeroporto, 338–339
    e taxas e tarifas de empresas aéreas, 337–338
    encargos por juros, 339–341

fatores financeiros e operacionais relacionados à, 336–338
inadimplências, 340–341
obrigações associadas a instalações especiais, 336–337
obrigações associadas às receitas gerais do aeroporto, 334–336
obrigações emitidas por Estados e municípios (GOB), 334–336
estratégias de receitas em aeroportos comerciais, 314–324
    abordagem de custo compensatório, 314–317
    abordagem de custo residual, 314–317
    áreas arrendadas, 322–324
    cláusula de participação majoritária (MII), 316–318
    concessões de área de terminal, 320–322
    instalações de componentes e transportes terrestres, 321–323
    prazo de acordos de uso, 317–319
    precificação de instalações de sítio aeroportuário, 319–321
    precificação de instalações e serviços aeroportuários, 318–320
    renda líquida, 316–317
financiamento aeroportuário, 326–327
investimento privado, 340–343
    contratos de arrendamento, construção e operação (LBO), 341–342
    contratos de construção, operação e transferência (BOT), 341–342
orçamento operacional, planejamento e administração do, 312–315
panorama futuro para, 461–462
programas de concessão, 326–335
    Airport Improvement Program (AIP), 327–331
    cartas de intenção federais (LOI), 332–334
    cobranças pelo uso de dependências por passageiros (PFCs), 330–332
    garantias para concessões, 334–335
    programa de instalações e equipamentos (F&E), 332–333
    programas estaduais, 333–335
Gestor aeroportuário
    deveres de relações públicas, 45–48
    deveres do, 42–43
    formação e treinamento, 43–44
    trajetórias de carreira, 41–43
Gestor de operações do lado ar, 37–39

Glenn L. Martin Field (Maryland), 439
Globalização, 462–463
GOB (*general obligation bonds* – obrigações emitidas por Estados e municípios), 334–336
Gore, Al, 280–281
GPS. *Ver* Sistema de Posicionamento Global (GPS)
Graham, Jack, 276–278
Grooving de pista de pouso, 199–200
GRS (Gestão de Riscos à Segurança), 219–221
Grupos de cidadãos preocupados, 47
Grupos de embarque, 250–251
Grupos de Projeto de Aviões, 386–389
Guia do Programa de Certificação de Aeroportos (FAA), 214–215

H

HAI (Helicopter Association International), 24–25
Hangares
    programas de autoinspeção para, 216–217
    receitas potenciais de, 400–401
Harding, William B., 60–62
Hartsfield International Airport (Atlanta), 16–19, 436
Heathrow Airport (Londres), 32–33
Helicopter Association International (HAI), 24–25, 299
Homeland Security Act, de 2002, 88, 282–283
Horizonte de planejamento, 364–365
HSAS (Sistema Consultivo de Segurança Nacional), 285–286
Hubs, 11–16, 417

I

IAPs (Procedimentos de Chegada por Instrumentos), 170–171
IATA (International Air Transport Association), 24–25
Identificação de funcionários, 291–294
ILS. *Ver* Sistemas de Pouso por Instrumentos (ILS)
Iluminação contínua, 296
Iluminação de bordas
    de pista de pouso, 139–140, 148–149
    de pista de táxi, 141–142
Iluminação de emergência, 296
Iluminação de segurança, 296
Iluminação de *standby*, 296
Iluminação dual (de obstruções), 142–143
Iluminação interna da pista, 139–141

Iluminação móvel, 296
IMC (condições meteorológicas instrumentais), 414–415
Imigração e fiscalização alfandegária, 88, 282–283
Impactos ambientais dos aeroportos, 352–360
  emissões de dejetos perigosos, 358–359
  externalidades, 358–360
  práticas de sustentabilidade, 359–360
  qualidade da água, 357–358
  qualidade do ar, 355–358
  ruídos, 352–357
Impostos, geração em Estados e municípios, 347–348
Inadimplências (na cobertura de obrigações), 340–341
Incursões, 415–416
Indianapolis Airport Authority, 31–32
Indianapolis International Airport, 31–32
Indicador de trajetória de aproximação de precisão (PAPI), 136–139, 144–146
Indicadores de ângulo de aproximação visual (VASI), 67–68, 135–137
Indicadores de vento, 151–153
Indicadores visuais de rampa de planeio, 135–140
Indicadores visuais pulsáteis de ângulo de aproximação, 137–139
Indicadores visuais tricolores de ângulo de aproximação, 137–139
Índice de ARFF, 200
Índice do *mix* de aeronaves, 424–425
Índices de desempenho financeiro, 336–338
Índices de desempenho operacional, 327–338
Indústrias, *status* das, 374–375
Infraestrutura, criação de uma nova, 436
Infraestrutura de segurança, em aeródromos, 152–153
INM (Integrated Noise Model), 354–355
Inspeção noturna, 193–194
Inspeções alfandegárias, 88, 251–252, 282–283
Inspeções de segurança
  componentes de, 218
  de áreas de pátio/rampas para estacionamento de aeronaves, 214–216
  de instalações de abastecimento, 216–217
  de pistas de pouso, 215–216
  de pistas de táxi, 215–216
  de prédios e hangares, 216–217

Inspeções e conformidade, 190–195, 214–218
  área de pátio/rampas para estacionamento de aeronaves, 214–216
  componentes de, 218
  de áreas de movimentação, 193–194
  de arquivos e documentos, 193–194
  e gestão aeroportuária, 193–194
  inspeção noturna, 193–194
  instalações de abastecimento, 193–194, 216–217
  para certificação aeroportuária, 190–195
  pistas de pouso, 215–216
  pistas de táxi, 215–216
  prédios e hangares, 216–217
  programas de autoinspeção, 193–194
  resgate e combate a incêndio em aeronaves, 193–194
  revisão de pré-inspeção, 190–193
Instalação de utilidade básica, 16–18
Instalação de utilidade geral, 16–18
Instalações acessórias de terminal de passageiros, 251–253
Instalações centralizadas, 225
Instalações comerciais, receitas potenciais derivadas de, 400–401
Instalações consolidadas de locação de veículos, 265–266
Instalações de abastecimento
  inspeção das, 193–194
  programas de autoinspeção de, 216–217
Instalações de estacionamento público, receitas potenciais derivadas de, 399–400
Instalações de patrulha de fronteira, 251–252
Instalações de processamento, 245–247
Instalações de processamento essencial, 246–247
Instalações de vigilância, em aeródromos, 148–151
Instalações descentralizadas, 230–231
Instalações intermodais, 462–463
Integrated Noise Model (INM), 354–355
Interface de acesso/processamento, 244–246
Interface de acesso/egresso, 152–153, 245–246
Interface de voo, 244–245
International Air Transport Association (IATA), 24–25
International Security and Development Cooperation Act, de 1985, 279–280
Inventário (no *master plan*), 371–372

Investimento privado, 340–343
　contratos de arrendamento, construção e operação (LBO), 341–342
　contratos de construção, operação e transferência (BOT), 341–342
Itinerário, segmento de, 245–246

J

Jet Routes, 168–169
John F. Kennedy International Airport (Nova York), 161–162, 441, 444
John Wayne Airport (Orange County, Califórnia), 441
Johnson, Lyndon, 62–64
Joint Planning and Development Office (JPDO), 178–179

K

Kelly Act, 53–54

L

LaGuardia Airport (Nova York), 161–162, 211–212, 278–279, 441, 444
LAHSO. *Ver* Operações de pouso curto (LAHSO)
Lakefront Airport (Nova Orleans), 30–31
Lambert Airport (St. Louis), 439
LDIN (sistema de iluminação), 132–135
Ldn (média sonora de dia/noite), 354–355
LEED (Liderança em Projeto Energético e Ambiental), 359–360
Legislação
　AIP Temporary Expansion Act (Lei de Expansão Temporária do AIP), de 1994, 77–78
　Air Cargo Deregulation Act (Lei de Desregulamentação das Cargas Aéreas), de 1976, 69–72
　Air Commerce Act (Lei do Comércio Aéreo), de 1926, 53–56
　Aircraft Noise and Capacity Act (Lei de ruído e Capacidade de Aeronaves), de 1990, 353–354
　Airline Deregulation Act (Lei de Desregulamentação das Empresas Aéreas), de 1978, 69–72, 348–349
　Airport and Airway Development Act (Lei de Desenvolvimento de Aeroportos e da Navegação Aérea), de 1970, 64–67, 368–369, 390–391
　Airport and Airway Development Act Amendments (Emendas à Lei de Desenvolvimento de Aeroportos e da Navegação Aérea), de 1976, 67–70
　Airport and Airway Improvement Act – Lei de Melhoria de Aeroportos e da Navegação Aérea), de 1982, 71–75
　Airport and Airway Revenue Act (Lei de Receitas de Aeroportos e da Navegação Aérea), de 1970, 64–65
　Airport and Airway Safety and Capacity Expansion Act (Lei de Expansão de Segurança e Capacidade em Aeroportos e da Navegação Aérea), de 1987, 73–75, 328–330
　Airways Modernization Act (Lei de Modernização da Navegação Aérea), de 1957, 59–62
　Americans with Disabilities Act (Lei Norte-Americana dos Portadores de Deficiências), de 1990, 77–78
　Anti-Head Tax Act (Lei Contra a Cobrança de Tributos por Cabeça), de 1973, 73–76, 330–331
　Aviation and Transportation Security Act (ATSA – Lei de Segurança em Aviação e Transporte), de 2001, 81–88, 281–282
　Aviation Safety and Capacity Expansion Act (Lei de Expansão de Segurança e Capacidade na Aviação), de 1990, 73–76
　Aviation Safety and Noise Abatement Act (Lei de Segurança e Redução de Ruídos na Aviação), de 1979, 73–75
　Aviation Security and Anti-Terrorism Act (Lei de Segurança e Antiterrorismo na Aviação), de 1996, 280–281
　Aviation Security Improvement Act (Lei de Melhoria da Segurança na Aviação), de 1990, 76–78, 280–281
　Civil Aeronautics Act (Lei da Aeronáutica Civil), de 1938, 54–58
　Clean Air Act (Lei do Ar Limpo), de 1970, 77–78, 357–358
　Clean Water Act (Lei da Água Limpa), de 1977, 357–358
　Continuing Appropriations Act (Lei de Orçamento Contínuo), de 1982, 73–75
　Contract Tower Program (Programa de Torres Contratadas), 167–168
　Environmental Impact Review (EIR – Revisão de Impacto Ambiental), 403–404
　Environmental Impact Statement (EIS – Declaração de Impacto Ambiental), 403–404
　FAA Reauthorization Act (Lei de Reautorização da FAA), de 2010, 90

Federal Airport Act (Lei Federal dos Aeroportos), de 1946, 58–59, 64–66
Federal Aviation Act (Lei Federal de Aviação de 1958), 61–63
Federal Aviation Administration Authorization Act (Lei Federal de Autorização da Administração da Aviação), de 1994, 78–79
Federal Aviation Reauthorization Act (Lei Federal de Reautorização da Aviação), de 1996, 78–81
Federal Water Pollution Control Act (Lei Federal de Controle da Poluição das Águas), de 1972, 77–78, 357–358
Homeland Security Act (Lei da Segurança Nacional), de 2002, 88
National Environmental Policy Act (Lei da Política Ambiental Nacional), de 1969, 352–353
Resource Conservation and Recovery Act (Lei da Conservação e Recuperação dos Recursos), de 1976, 358–359
Wendell H. Ford Aviation Investment and Reform Act for the Twenty-First Century (Lei Wendell H. Ford para Reforma e Investimento na Aviação no Século XXI) (AIR–21), 79–82
Leilões de vagas, 443–444
LEOs (oficiais para fiscalização e cumprimento da lei), 285–286
Levantamento do mercado consumidor (previsão), 378–380
Liberdade das aerovias, 438
Liderança em Projeto Energético e Ambiental (LEED), 359–360
Limiar de ponto de equilíbrio (*break-even*), 398–400
Limpeza de pavimento por solventes químicos, 195–196, 199
Limusines, 259–260
Linha central
  de pistas de pouso, 109
  de pistas de táxi, 118–119
Linhas duplas de táxi, 241–242
Linhas em forma de zíper, 122–124
Linhas simples de táxi, 241–242
Locadoras de veículos, 258–260
Lockerbie, Escócia, desastre aéreo, 76–78, 279–280
Logan International Airport (Boston), 83
LOI (cartas de intenção), 332–334
Louis Armstrong New Orleans International Airport, 31–32
Lounge móvel, 231–235

Loy, James, 282–283
Luis Muñoz Marin International Airport (San Juan, Puerto Rico), 31–32
Luzes de linha central (pistas de táxi), 141–143
Luzes de obstrução, 142–144
Luzes de obstrução aeronáuticas vermelhas, 142–143
Luzes de obstrução brancas de alta intensidade, 142–143
Luzes de obstrução brancas intermitentes de média intensidade, 142–143
Luzes de pista de pouso de alta intensidade (HIRL), 139–140
Luzes de proteção da pista de pouso, 141–143
Luzes de zona de toque (TDZL), 139–141
Luzes indicadoras de alinhamento com a pista de pouso, 132–135
Luzes indicadoras de final de pista (REILs), 139–140

M

Magaw, John, 282–283
Magnetômetro, 286–287
MALSF (sistema de iluminação), 132–135
MALSR (sistema de iluminação), 132–135
Manuseio de bagagens,
  correspondência positiva de passageiros e bagagens (PPBM), 279–280
  em planos de área de terminal, 392–393
  esteira 257–258
  instalações de restituição, 256
  no *check-in* de passageiros, 248–249
  no sistema de processamento de passageiros, 253–256
  projeto e planejamento de instalações, 246–247
Manutenção, diretor adjunto de, 39–40
Mapa da vizinhança, 376–377
Mapa do local, 376–377
Marcações contínuas (pista de táxi), 118–120
Marcações de acostamento, 119–121
Marcações de bordas, pista de táxi, 118–121
Marcações de cabeceira, 109–111
Marcações de controle de receptor de VOR, 122–124
Marcações de fechamento (pistas de pouso e de táxi), 122–124, 433–434
Marcações de posicionamento geográfico, 120–121
Marcações de vias para veículos, 122–124
Marcações de zona de toque, 111

Marcações reforçadas de linha central de pista de táxi, 119–120
Marcações tracejadas (pista de táxi), 118–120
Marcador externo (OM), 146–148
Marcador interno (IM), 148–149
Marcador médio (MM), 146–149
Materiais perigosos, 280–281
Média sonora de dia/noite (Ldn), 354–355
Método Compósito do Setor de Vendas (previsão), 378–379
Método de Júri de Opinião Executiva (previsão), 378–379
Método Delphi (previsões), 379–380
Métodos de previsão qualitativa, 378–380
Métodos de previsão quantitativa, 379–381
México, 32–33
Midway Airport (Chicago), 30–32
MII. *Ver* Cláusula de participação majoritária (MII)
Military Airport Program (MAP), 76–77, 437
Mineta, Norman, 282–283
Mix de aeronaves, 383–384, 413–414, 418–419
MOA (áreas de operações militares), 169–170
Modais de transporte público, 261
Modelo causal (previsão), 379–381
Modelo de séries temporais (previsão), 380–381
Modelos de simulação, 425–427
Modelos predefinidos de pistas de pouso, 387–389
MPOs (Organizações de planejamento metropolitano), 258–259
MSL. *Ver* Nível médio do mar (MSL)
MTOW (Pesos máximos de decolagem certificados), 417–418
Mudança climática global, 460–461

N

Não *hubs*, 12–16
NASA (National Aeronautics and Space Administration), 180–181, 457–458
National Agricultural Aviation Association (NAAA), 24–25
National Air Transportation Association (NATA), 24–25
National Airport Plan (NAP), 57–59
National Airport System Plan (NASP), 9–11, 66–68
National Airspace System (NAS), 66–67, 444
  e a NextGen, 178–179
  gestão de tráfego aéreo, 160–162, 168–169
  modernização do, 159–160
National Association of State Aviation Officials (NASAO), 24–25, 368–369
National Business Aviation Association (NBAA), 24–25, 299
National Environmental Policy Act, de 1969, 352–353
National Fire Protection Association (Associação Nacional de Proteção Contra Incêndio), 202
National Oceanic and Atmospheric Administration (Agência Nacional Oceânica e Atmosférica), 387–389
National Plan of Integrated Airport Systems (NPIAS), 9–20
  aeroportos da aviação geral (AG), 12–18
  aeroportos de serviço comercial, 11–16
  aeroportos *reliever*, 16–19
  e a reorganização do NASP, 72–75
  e planejamento do sistema, 364–366, 405–406
  estimativas de necessidades no, 365–367
  programas governamentais de concessões, 333–334
National Transportation Safety Board (NTSB), 64–65
Navegação de área (RNAV), 170–171, 182–183
NDT (ensaio não destrutivo), 198–199
NEF (previsão de exposição a ruídos), 354–355
Newark International Airport (Nova Jersey), 83
Newell, Gordon, 433–434
Next-Generation Air Traffic Management System (Sistema de Transporte Aéreo de Útima Geração), 458–463
Next-Generation Air Transportation System Joint Planning and Development Office (JPDO), 89
Niagara Falls International Airport, 30–31
Níveis de atividade, 4–7, 11–12, 171, 178, 198
Nível médio do mar (MSL), 104–105, 168–169
Nível sonoro equivalente na comunidade (CNEL), 354–355
Nixon, Richard, 64–65, 277–278
Northwest Airlines, 456–457
NOTAMs (avisos aos aviadores), 161–162
Notificação de regulamentação proposta (NPRM), 218

O

O'Hare International Airport (Chicago), 161-162, 436, 441, 444
OACI (Organização da Aviação Civil Internacional), 7-10
OAG (*Official Airline Guide*), 433-435
Objeções a ruídos, 391-392
Objetos estranhos (FOD), 207-208, 219
Obrigações associadas a instalações especiais, 336-337
Obrigações associadas às receitas gerais do aeroporto (GARB), 335-337
Obrigações de qualidade alta, 338-339
Obrigações de qualidade excelente (*best grade*), 338-339
Obrigações de qualidade média, 338-339
Obrigações de qualidade superior à média, 338-339
Obrigações emitidas por Estados e municípios (GOB – *general obligation bonds*), 334-336
Obrigações GOB com autoliquidação, 335-336
Obstruções circunvizinhas, 390-391
ODALS (sistema de iluminação), 132-135
Office of Airport Safety and Standards (AAS), 7-9
Office of Planning and Programming (APP), 7-9
Official Airline Guide (OAG), 433-435
Oficiais para fiscalização e cumprimento da lei (LEOs), 285-286
OIG (Office of the Inspector General), 281-282
Ônibus, 253, 260-261
Ônibus agendados, 260-261
Ônibus e vans de serviço fretado, 260-261
Operação itinerante, 6-7, 383-384
Operações
  aeronaves
    como principal motivo de responsabilidade legal, 310-311
    diretrizes obrigatórias para, 86
    e acúmulo de gelo, 208-211
    e classes de espaço aéreo, 163-164
    em aeroportos da aviação geral, 6-7, 12-16
    tipos de, 383-384
  área de operações aéreas (AOA), 278-279
  componentes do lado ar, 99
  diretor adjunto de, 37-38
  empresas aéreas, 189-193
  redistribuição de, 441
  regulares/não regulares, 189-190
  simultâneas, 458-460
  tipos de, 383-384
Operações de pouso curto (LAHSO), 139-142, 416, 458-459
Operações em horários de pico, 383-384
Operações locais, 6-7, 383-384
Operadores com base fixa, 41-42, 284-285, 350-351
Operadores militares (em aeroportos civis), 382-383
OPSNET (Air Traffic Operations Network System), 433-435
Orçamento base zero, 313-315
Orçamento item por item, 313-314
Orçamento operacional, 312-315
Ordem de "tolerância zero", 289-290
Organização da Aviação Civil Internacional (OACI), 7-10
Organizações de planejamento metropolitano (MPOs), 258-259
Organizações profissionais, 22-25
Organograma, gestão aeroportuária, 32-34
Orientação de pista de pouso, 386-389

P

PAMA (Professional Aviation Maintenance Association), 24-25
PANCAP (capacidade prática anual), 413-414
Papel econômico dos aeroportos, 346-349
  no estímulo do crescimento, 347-349
  nos transportes, 346-348
Papel político dos aeroportos, 348-353
  relacionamentos entre aeroporto e aviação geral, 351-353
  relacionamentos entre aeroporto e concessionário, 350-352
  relacionamentos entre aeroporto e empresas aéreas, 348-351
PAPI (indicador de trajetória de aproximação de precisão), 136-139
Passageiros,
  em planos de área de terminal, 392-394
  embarcados, 382-383
  medida do número de atendimentos, 4-6
  revista de, 285-290
  tipos de, 245-246
Passageiros de chegada, 245-246
Passageiros de partida, 245-246
Passageiros domésticos, 245-246

Passageiros em conexão, 5–6, 245–246, 441
Passageiros internacionais, 245–246
PATCO (Professional Air Traffic Controllers Organization – Organização Profissional de Controladores de Tráfego Aéreo), 159–160
Pátio, 124–125
  inspeção de segurança de, 214–215
  no projeto de área de terminal, 393–395
  receitas potenciais de, 399–400
Pavimentos, 104–106
  de pistas de pouso, 104–106
  ensaio não destrutivo (NDT), 198–199
  esboroamento, 196–197
  flexíveis (asfalto), 104–106, 195–197
  fricção superficial de pista de pouso, 199–200
  gestão de, 194–200
  manutenção de, 197–198
  padrões mínimos de qualidade, 194–196
  reabilitação de, 197–198
  reconstrução de, 197–198
  rígidos (concreto), 104–106, 195–197
Pentágono, 83
Período limite, 243–244
Períodos de pico, 417, 431–433
Pernoite (RON), 241–242
Peso bruto máximo de decolagem, 104–105
Pesos máximos de decolagem certificados (MTOW), 417–418
PFCs. *Ver* Cobranças pelo uso de dependências por passageiros (PFCs)
PGP. *Ver* Planning Grant Program (PGP)
PHOCAP (capacidade prática horária), 413–414
Pilot Program on Private Ownership of Airports (PPPPA), 30–31
Pirataria aérea, 276–282
Pista única, capacidade de, 414–415
Pistas de pouso, 100–118. *Ver também* Pavimentos
  acostamentos, 112–113
  áreas de segurança, 112–115
  comprimento e largura, 104–105
  designação de, 104
  designadores, 106
  faixas laterais, 111–112
  flexíveis (asfalto), 104–106
  fricção superficial de, 199–200
  iluminação, 130–142
    iluminação interna da pista, 139–141
    indicador de ângulo de aproximação visual (VASI), 135–137
  indicador de trajetória de aproximação de precisão (PAPI), 136–139
  indicadores visuais de rampa de planeio, 135–136
  luzes de zona de toque (TDZL), 139–141
  luzes para operações de pouso curto, 139–142
  sistemas de iluminação da linha central da pista de pouso (RCLS), 139–141
  sistemas de iluminação de aproximação (ALS), 132–136
  linhas centrais, 109
  marcações de cabeceira, 109
  marcações de zona de toque, 111
  marcações para, 106–112
  pavimentos para, 104–106
  pontos de mira, 111
  principais, 102
  principais paralelas, 102–104, 414–415
  programas de autoinspeção para, 215–216
  rígidas (concreto), 104–106
  sinalização
    sinais de delimitação, 128–130
    sinais de distância à pista de pouso, 130–132
    sinais de localização, 128–132
    sinais de posição de espera, 125–127
    sinais de posição de espera para área de aproximação, 125–128
  superfícies imaginárias de, 114–118
  vento de través, 102, 387–389
  zonas de proteção, 113–114
Pistas de táxi, 117–122
  colocação de, 436
  de contorno, 117–119
  de entrada, 117–119
  de saída, 117–119
  iluminação, 141–143
  largura de, 118–119
  linha central, 118–119
  marcações para, 118–120
  paralelas, 117–119
  programas de autoinspeção para, 215–216
  Traffic Alert and Collision Avoidance System, 120–122
Planning Grant Program (PGP), 65–66, 68–69, 326–328, 365–366
Plano de Aumento de Capital (CIP), 159–160
Planos e planejamento, 363–406
  alternativas de projeto, 386–398
  análise de espaço aéreo, 389–390

comparações de custos entre locais, 391–393
condições meteorológicas, 391–392
economia na construção, 391–392
escolha do local, 386–387
expansão, disponibilidade para, 390–391
objeções sonoras, 391–392
obstruções circunvizinhas, 390–391
orientação das pistas de pouso e análise do vento, 386–390
planos de acesso aeroportuário, 396–398
planos para área de terminal, 392–397
população, conveniência para, 391–392
serviços, disponibilidade de, 391–392
ambiental, 403–405
estratégicos, 364–365
exigências de instalações, 384–386
horizonte de planejamento, 364–365
master plan, 370–375
  como um "documento vivo", 404–405
  dados de atividade aeronáutica no, 372–374
  elementos do, 371–372
  estrutura do espaço aéreo e NAVAIDs no, 372–373
  fatores socioeconômicos no, 373–375
  inventário no, 371–372
  objetivos do, 370–372
  revisão histórica no, 371–372
  usos de solo relacionados ao aeroporto no, 372–373
planejamento ambiental, 363–365
planejamento de instalações, 363–364
planejamento do sistema, 364–370
  em âmbito estadual, 368–370
  em âmbito nacional, 364–367
  em âmbito regional, 366–369z
planejamento econômico, 363–364
planejamento financeiro, 363–364
planejamento organizacional, 364–365
plano de *layout*, 374–378
planos financeiros, 397–402
  avaliação econômica, 397–401
  receitas potenciais, 399–401
  registro de ponto de equilíbrio (*break-even*), 398–400
previsões, 378–384
  análise por regressão, 380–382
  de demanda por aviação, 382–384
  método Delphi, 379–380

métodos qualitativos, 378–380
métodos quantitativos, 379–381
uso de solo, 401–404
Plataformas de redes sociais, 461–462
Pontos de espera, 122–124
Pontos de mira, 111
População, conveniência para a, 391–392
Port Authority of New York and New Jersey, 367–368, 440
Portão
  conceito de chegada em, 226–228
  processamento de passageiros no, 250–251
  tabela de utilização, 243–244
  tempo de ocupação, 241–243
  tipo de acesso controlado, 295–296
Pórtico detector de metais (WTMD), 286–287
Posição competitiva (no *master plan*), 374–375
Práticas de sustentabilidade, 359–360
Prazo de acordos de uso, 317–319
Precificação
  de áreas arrendadas, 322–324
  de concessões de área de terminal, 320–322
  de instalações de componentes e transportes terrestres, 321–323
  de instalações do aeródromo, 319–321
  e acesso aeroportuário, 442
Precificação diferencial, 442–443
Precificação para recuperação dos custos, 318–319
Precificação por custo marginal, 443
Preço por tempo de uso, 443
Prédios de terminal, receitas potenciais de, 399–400
Prédios e hangares. *Ver também* Terminais
  despesas operacionais de, 309–310
  programas de autoinspeção para, 216–217
Preparação/avanço na carreira, 43–44
President's Commission on Aviation Security and Terrorism (Comissão Presidencial sobre Terrorismo e Segurança na Aviação), 77–78, 280–281
Previsão de exposição a ruídos (NEF), 354–355
Previsões, 378–384
  análise por regressão, 380–382
  de demanda de aviação, 382–384
  método Delphi, 379–380
  métodos qualitativos, 378–380
Previsões de atividades operacionais, 382–384
Primeira Guerra Mundial, aviação na, 51–52
Privatização, 30–33, 341–343
Procedimentos de aproximação, 170–171, 178

Procedimentos de chegada por instrumentos (IAPs), 170–171
Procedimentos de controle de identificação, 286–287
Procedimentos de saída (DPs), 170–171
Procedimentos de saída padrão por instrumentos (SIDs), 170–171
Processamento de passageiros no portão, 250–251
Processo de *check-in* de passageiros, 247–248
Professional Air Traffic Controllers Organization (PATCO), 159–160
Professional Aviation Maintenance Association (PAMA), 24–25
Programa "doze-cinco", 300
Programa de *charter* privado, 300
Programa de instalações e equipamentos (F&E), 332–333
Programa de Negócios Empresariais Minoritários, 333–334
Programa de Segurança Aeroportuária (PSA), 278–279, 282–286
Programa de seguranças federais a bordo de aeronaves, 86, 277–280
Programa de Torres Contratadas, 167–168
Programas DBE (para Empreendimentos Desfavorecidos), 73–75, 251–252
Programas de autoinspeção, 214–218
  componentes dos, 218
  de áreas de pátio/rampas para estacionamento de aeronaves, 214–216
  de instalações de abastecimento, 216–217
  de pistas de pouso, 215–216
  de pistas de táxi, 215–216
  de prédios e hangares, 216–217
Programas de concessão, 326–335
  Airport Improvement Program (AIP), 327–331
  cartas de intenção federais (LOI), 332–334
  cobranças pelo uso de dependências por passageiros (PFCs), 330–332
  garantias para concessões, 334–335
  programa de instalações e equipamentos (F&E), 332–333
  programas governamentais, 333–335
Programas de concessão a fundo perdido, 65–66
Programas de desafio, 293–294
Programas de dotações estaduais, 333–335
Propósito da viagem, 246–247

Propriedade
  dos aeroportos, 3–5
  e operação, 28–31
Público empresarial, 46–47
Público externo, 46–47

Q

Qualidade da água, 357–358
Qualidade do ar, 355–358
Quesada, Elwood R., 62–63
Quiosques CUSS (de uso comum para autoatendimento), 155

R

RAA (Regional Airline Association), 24–25
Radar, 157–159
  Áreas Aeroportuárias de Serviço Radar (Classe C), 164–167
  Áreas Terminais de Serviço Radar (Classe B), 163–164
  radares de vigilância aeroportuária (ASR), 157–158
  Sistema Automatizado de Radar de Tráfego Aéreo (ARTS), 158–159
  Terminal Doppler Weather Radar Systems (TDWR), 159–160
  Terminal Radar Approach Control (TRACON), 162–163
Radar de vigilância aeroportuária (ASR), 149–150, 157–158
Radiofaróis não direcionais (NDB), 144–145
Radiofaróis onidirecionais em VHF (VOR), 144–146
Rafael Hernandez Airport (Aguadilla, Puerto Rico), 30–31
RAIL (sistema de iluminação), 132–135
Raios X AT (Tecnologia Avançada), 287–289
Razões de desempenho financeiro, 336–338
RCLS (sistemas de iluminação de linha central de pista de pouso), 139–141
Reautorização, FAA, 461–462
Receita
  de áreas arrendadas por empresas aéreas, 312–313
  de áreas de concessão, 311–312, 320–322
  de cobranças pelo uso de dependências por passageiros, 331–332
  de estacionamentos, 321–322, 350–351
  de locadoras de veículos, 321–322, 350–351
  de publicidade, 322–323
  de terminais, 311–312

de transporte terrestre, 311–313
do sítio aeroportuário, 311–312
não relacionadas a empresas aéreas, 31–32
operacionais, 311–313, 324–326
potenciais, 399–401
Recessão econômica, 460–461
Recursos de alocação, 328–331
Recursos para aeroportos principais, 78–79
Redistribuição de operações, 441
Regional Airline Association (RAA), 24–25
regras de voo por instrumentos (IFR), 160–167, 385–386, 427
Regras de voo visual (VFR), 162–167, 414–415, 427
Regras/regulamentações, 19–23. *Ver também* Federal Aviation Regulations (FARs); Legislação
Regulamentações, 19–23
REILs (luzes indicadoras de final de pista de pouso), 139–140
Reino Unido, 32–33
Relacionamento entre aeroporto e empresas aéreas, 348–351
Relacionamento entre proprietário e locatário, 351–352
Relacionamentos entre aeroporto e aviação geral, 351–353
Relacionamentos entre aeroporto e concessionários, 350–352
Relações públicas, 45–48
  como função gerencial, 45–46
  gerente de, 36–37
  objetivos, 47–48
  tipos constituintes, 46–47
Remoção química de neve e gelo, 206–212
Renda disponível *per capita*, 373–374
Renda líquida, 316–317
Required Navigation Performance (RNP), 170–171, 178, 182–183
RESA (Área de Segurança das Extremidades da Pista de Pouso), 112–113
Resgate e combate a incêndio em aeronaves (ARFF), 200–205
  equipamento, 67–68, 201–202
  financiamento federal para, 460–461
  inspeções, 193–194
  instalações, 100–101
  sistema de índices, 200–202
  tempo de resposta, 202
  treinamento e simulações, 204–205

Resource Conservation and Recovery Act, de 1976, 358–359
Responsabilidade social, 359–360
Resposta a incidentes, 285–286
Resposta de contingência, 285–286
Restrições temporárias de voo (TFR), 169–170, 298
Revisão dos *hubs* 438
Revista de bagagem de mão, 286–287
Revista de bagagens despachadas, 290–292
Revista de passageiros, 285–290
Revista de segurança, 248–251
Revistas manuais, 286–287
Ridge, Tom, 282–283
Riscos oferecidos por aves e animais selvagens, 211–213
RNAV. *Ver* Navegação de área (RNAV)
RNP. *Ver* Required Navigation Performance (RNP)
Road Rater, 198
Rollout RVR, 148–149
RON (pernoite), 241–242
Ronald Reagan Washington National Airport, 161–162, 441, 444
Roosevelt, Franklin Delano, 54–57
ROT (tempo de ocupação de pistas de pouso), 418
RPZ. *Ver* Zonas de proteção de pista de pouso (RPZ)
RSA (Áreas de Segurança de Pistas de Pouso), 112–113
Ruídos, 352–357
  Aircraft Noise and Capacity Act, de 1990, 353–354
  FAR Parte 150 – Planejamento de Compatibilidade Sonora em Aeroportos, 353–355
  FAR Parte 36 – Níveis Certificados de Ruídos de Aviões, 352–354
  impactos dos, 352–354
  mensuração de, 353–357
  programas de redução de, 355–357
  responsabilização civil por danos causados por, 354–355
RVR (alcance visual de pista de pouso), 148–149

S

SA (disponibilidade seletiva), 179–180
Sabotagem de aeronaves comerciais, 76–78
Saguões, 230–238, 252–253
Saguões avançados, 234–235

SASP (planos de sistema estadual de aviação), 368–370
Saturação (aeroporto), 432–433
Screening Partnership Program (SPP), 289–290
Secret Service (Serviço Secreto), 88
"See Something. Say Something", 299
Segmento do itinerário, 245–246
Segurança, 276–301
    Aviation and Transportation Security Act, de 2001, 81–88
    e o Transportation Security Administration (TSA), 281–285
    e os ataques de 11 de setembro, 86–88
    em aeroportos da aviação geral, 297–300
    em aeroportos de serviço comercial, 284–296
        acesso controlado, 294–295
        biometria, 294–295
        identificação de funcionários, 291–294
        resposta da aplicação da lei, 285–286
        revista de bagagem despachada, 290–292
        revista de passageiros, 285–290
        segurança de perímetro, 295–296
    futuro da, 300–301
    história da, 276–282
    sabotagem de aeronaves comerciais, 76–78
Segurança operacional, programas de autoinspeção, 214–218
Seguranças federais a bordo de aeronaves, 86, 277–280
Seguros, 309–311
Separação longitudinal, 419
Sequestros, 276–282
Serviço de correio aéreo, 51–54
Serviço de Vigilância Dependente Automática por Radiodifusão (ADS-B), 178–181, 458–459
Serviço ferroviário, 260–261
Serviços, disponibilidade de, 391–392
Serviços de combate a incêndios. *Ver* Resgate e combate a incêndio em aeronaves (ARFF)
Serviços de Inspeção Federal (FIS), 251–252
Setor Aeronáutico (Department of Commerce), 54–56
SICP (plano de controle de neve e gelo), 204–205
SIDA. *Ver* Área de apresentação de identificação de segurança
SIDs (Procedimentos de Saída Padrão por Instrumentos), 170–171

SIMMOD™ (Airport and Airspace Simulation Model), 425–427
Sinais de delimitação de área crítica, 128–130
Sinais de delimitação de pista de pouso, 128–130
Sinais de posição de espera para área de aproximação, 125–127
Sinais de posição de espera para pista de pouso, 119–120
Sinais de proibição de entrada, 127–128
Sinalização (aeródromo), 125–132
    de destinação, 130–132
    de direção, 130–131
    de distância à pista de pouso, 130–132
    de informação, 130–132
    de instrução obrigatória, 125–128
    de localização, 128–131
Sistema Automatizado de Observação de Superfície (ASOS), 150–151
Sistema Automatizado de Observação Meteorológica (AWOS), 150–151
Sistema Automatizado de Radar de Tráfego Aéreo (ARTS), 158–159
Sistema Consultivo de Segurança Nacional (HSAS), 285–286
Sistema de detecção de explosivos (EDS), 290–292
Sistema de luzes de pista de pouso de baixa intensidade (LiRL), 139–140
Sistema de Operações Consolidadas e de Análise de Atrasos (CODAS), 435
Sistema de pátio e portões, 238–244
    gestão de portões para aeronaves, 241–244
    tipos de estacionamento de aeronaves, 239–242
Sistema de Posicionamento Global (GPS), 178–183
Sistema de pré-revista de passageiros assistida por computador (CAPPS), 281–282
Sistema de processamento de passageiros, 243–258
    check-in, 247–249
    fluxo de distribuição vertical, 253
    instalações acessórias de terminal, 251–253
    instalações de alfândega e patrulha de fronteiras, 251–252
    instalações de processamento, 245–247
    manuseio de bagagens, 253–258
    nos portões, 250–251
    revista de segurança, 248–251
Sistema de quotas, 440–441
Sistema de vagas, 440–441
Sistema *hub and spoke*, 11–12

Sistema *lead-in-light*, 132–135
Sistema LIRL (luzes de pista de pouso de baixa intensidade), 139–140
Sistema onidirecional de iluminação de aproximação, 132–135
Sistemas Automatizados de Movimentação de Passageiros (APMs), 230–233
Sistemas avançados de informação aos viajantes (ATIS) 268–272
Sistemas de alinhamento de elementos, 135–140
Sistemas de boletim meteorológico, 150–153. *Ver também* Condições meteorológicas em aeródromos, 150–153
Sistemas de Gestão de Segurança (SGS), 218–221, 460–461
Sistemas de iluminação da linha central da pista de pouso (RCLS), 139–141
Sistemas de iluminação de aproximação (ALS), 132–135
Sistemas de iluminação de aproximação de média intensidade, 132–135
Sistemas de iluminação de bordas de pista de pouso, 139–141
Sistemas de iluminação simplificados de aproximação curta, 132–135
Sistemas de luzes de pista de pouso de média intensidade (MIRL), 139–140
Sistemas de Pouso por Instrumentos (ILS), 67–68, 127–128, 144–149
Sistemas de Segurança para Área de Movimentação em Aeroportos (AMASS), 149–151
Sistemas HIRL. *Ver* Luzes de alta intensidade de pista de pouso
Sistemas MIRL (luzes de pista de pouso de média intensidade), 139–140
Skinner, Samuel R., 75–76
Small Aircraft Transportation Systems (SATS), 180–181, 457–459
SMGCS (Surface Movement Guidance Contral System – Sistema de Controle de Orientação de Movimentação por Superfície), 120–122
SMSA. *Ver* Área metropolitana estatística padrão (SMSA)
Sobretaxas de horário de pico, 443
Southwest Airlines, 456–457
Special Traffic Management Program (STMP), 161–162
SPP (Screening Partnership Program – Programa de Revistas em Parceria), 289–290

SSALF (sistema de iluminação), 132–135
SSALR (sistema de iluminação), 132–135
State Block Grant Program (Programa Governamental de Concessão de Recursos), 77–78
Stewart International Airport (Newburgh, Nova York), 30–31, 440
STMP (Special Traffic Management Program – Programa de Gestão de Tráfego Especial), 161–162
Subleito, 195–196
Superfície imaginária cônica, 115–117
Superfície imaginária de aproximação, 115–117
Superfície imaginária de transição, 117–118
Superfície imaginária horizontal, 115–117
Superfície imaginária primária, 114–117
Surface Movement Guidance Control System (SMGCS), 120–122
Surface Transportation Assistance Act, 73–75

T

TAAM™ (Total Airport and Airspace Modeler), 427
Tabela de dados básicos, 376–377
Tabela de pátio, 243–244
Tabelas aeronáuticas, 163–164
Tabelas de aproximação (FAA), 424–425
Tabelas de Gantt, 243–244
Tabelas para Estimativas de Análise de Capacidade (FAA), 424–425
Tamanho do grupo de passageiros, 246–247
Tarifa por cabeça, 73–76
Tarifa por cliente da instalação (CFC), 321–322
Tarifas aéreas, 89, 325–326
Tarifas cobradas de usuários, 65–66, 72–73
Taxas de pouso
  e gestão de demanda, 442
  e precificação de sítios aeroportuários, 319–321
  em abordagem de custo residual, 315–316, 322–323, 325–326
  precificação diferencial, 355–357
  receitas operacionais derivadas de, 311–312
Táxis, 259–260
TCAS (Sistema de Alerta de Tráfego e Prevenção de Colisões), 180–181
TDWR (Terminal Doppler Weather Radar Systems), 159–160
TDZL (luzes de zona de toque), 139–141
Tecnologia Avançada (raios X AT), 287–289
Tecnologia Avançada de Imagem (AIT), 286–287
Tecnologia de codificação por *transponder*, 157–158

Tecnologias de raios X, 287–289
Tempo agendado de ocupação de portão, 241–243
Tempo de ocupação de pistas de pouso (ROT), 418
Terminais
  componentes dos, 238–258
  desenvolvimento histórico dos, 225–239
    conceito de componentes do lado ar e componentes do lado terra, 236–237
    conceito de *lounge* móvel ou transportador, 231–235
    conceito de terminal unitário, 225–228
    conceitos de terminal lineares, 227–230
    geometrias híbridas de terminal, 234–236
    terminais externos ao aeroporto, 236–238
    terminais píer *finger*, 230–231
    terminais píer satélite, 230–233
    terminais satélite remoto, 230–233
  despesas operacionais de, 308–310
  manuseio de bagagem, 253–258
  receitas operacionais de, 311–312
  sistema de pátio e portões, 238–244
    gestão de portões para aeronaves, 241–244
    tipos de estacionamento de aeronaves, 239–242
  sistema de processamento de passageiros, 243–253
    check-in, 247–249
    fluxo de distribuição vertical, 253
    instalações acessórias de terminal, 251–253
    instalações de alfândega e patrulha de fronteiras, 251–252
    instalações de processamento, 245–247
    processamento no portão, 250–251
    revista de segurança, 248–251
  tempos atuais, 237–239
Terminal Doppler Weather Radar Systems (TDWR), 159–160
Terminal Instrument Procedures (TERPS), 170–171
Terreno, disponibilidade para expansão, 390–391
Terrorismo, 276–282
Tetraedro, 152–153
TFR. *Ver* Restrições temporárias de voo (TFR)
Tipos de aeronaves (por peso de decolagem), 417–418
Torre de controle de tráfego aéreo (ATCT)
  e segurança de perímetro, 296
  exigências de local, 148–150
  operação da FAA de, 7–9, 166–169
Torres contratadas federais (FCTs), 167–168

Total Airport and Airspace Modeler (TAAM^{TM}), 427
TRACON. *Ver* Terminal Radar Approach Control (TRACON)
Traços de explosivos, 286–288
Traffic Allert and Collision Avoidance System (TCAS), 180–181
Transmissor de *glide slope*, 146–148
Transmissor localizador, 146–148
Transmissores direcionais, 146–148
Transportador, 231–235
Transportadoras regionais, 382–383
Transportation Security Administration (TSA), 86–88, 250–251, 281–283, 289–290, 299
Transportation Security Regulations (TSRs), 21–22, 282–283, 300
Transporte expresso, 260–261
Transporte multiparadas, 260–261
Transporte terrestre, receitas operacionais derivadas de, 311–313
Treinamento e formação, 43–44
T-routes, 168–169, 179–180
Turbulência de esteira, 419
Turismo, 347–348

U

U.S. Civil Aviation Security System, 77–78
United Airlines, 83, 456–457
University Aviation Association (UAA), 43
Uso de solo, 372–373
Usuários de aeroportos civis, 382–383

V

Valores a receber por instalações de cargas, 78–79
Valores comunitários (no *master plan*), 374–375
Valores imobiliários, 348–349
Vancouver International Airport, 31–32
Vans, 260–261
Vans de deslocamento compartilhado, 260–261
Vans porta a porta, 260–261
VASI. *Ver* Indicadores de ângulo de aproximação visual (VASI)
Veículos de carga pesada, 202
Veículos de cortesia, 259–260
Veículos de funcionários de empresas aéreas, 259–260
Veículos de intervenção rápida (VIRs), 202
Veículos para funcionários, 259–260

Veículos privados, 258–259
Velocidade de aproximação, 418
Vento de proa, 102
VFR virtual, 458–459
Viabilidade econômica, 400–402
Victor Airways, 168–169
Vision 100–Century of Aviation Reauthorization Act, 88–90, 461–462
Visitantes que vão recepcionar/se despedir, 261–262
VMC (condições meteorológicas visuais), 414–415
Voos de chegada, 417
Voos livres, 179–180

W

WAAS (Wide Area Augmentation System – Sistema de Reforço de Área Ampla), 179–181
Wendell H. Ford Aviation Investment and Reform Act for the Twenty-First Century (AIR-21), 79–82
Wide Area Augmentation System (WAAS), 179–181
Wind tee, 152–153
Works Progress Administration (WPA), 54–56
World Aviation Directory, 23–24
World Trade Center, 83–84
Wright, Orville and Wilbur, 51–52, 102
WTMD (pórtico detector de metais), 286–287

Y

YVR Airport Services, 30–32

Z

Zona desobstruída da pista de pouso, 390–391
Zonas (grupos de embarque), 250–251
Zonas de Controle (CZ) (Classe D), 164–167
Zonas de proteção de pista de pouso (RPZ), 113–114, 390–391, 460–461
Zonas livres de objetos, 460–461